“十二五”“十三五”国家重点图书出版规划项目

China South-to-North Water Diversion Project

中国南水北调工程

● 文明创建卷

《中国南水北调工程》编纂委员会　编著

·北京·

内 容 提 要

本书为《中国南水北调工程》丛书的第九卷，由国务院南水北调办负责队伍建设、新闻宣传、文明工地建设、党建及群众工作的人员撰写。本书涉及南水北调系统文明创建工作的主要内容，共八章，包括绪论、人才队伍建设、文明工地创建、新闻和文化宣传、党建与精神文明建设、群众工作、精神与人文风貌、南水北调核心价值理念培育等部分。

本书内容丰富，体系完整，为社会公众了解南水北调文明创建工作提供了全面、准确、翔实的资料参考和经验借鉴。

图书在版编目（CIP）数据

中国南水北调工程. 文明创建卷 / 《中国南水北调工程》编纂委员会编著. -- 北京 : 中国水利水电出版社, 2017.12
ISBN 978-7-5170-6050-5

Ⅰ. ①中… Ⅱ. ①中… Ⅲ. ①南水北调－水利工程－概况②社会主义精神文明建设－中国 Ⅳ. ①TV68 ②D648

中国版本图书馆CIP数据核字(2017)第281731号

书　名	中国南水北调工程　文明创建卷 ZHONGGUO NANSHUIBEIDIAO GONGCHENG WENMING CHUANGJIAN JUAN
作　者	《中国南水北调工程》编纂委员会　编著
出版发行	中国水利水电出版社 （北京市海淀区玉渊潭南路1号D座　100038） 网址：www.waterpub.com.cn E-mail: sales@waterpub.com.cn 电话：（010）68367658（营销中心）
经　售	北京科水图书销售中心（零售） 电话：（010）88383994、63202643、68545874 全国各地新华书店和相关出版物销售网点
排　版	中国水利水电出版社装帧出版部
印　刷	北京市密东印刷有限公司
规　格	210mm×285mm　16开本　32.5印张　863千字　16插页
版　次	2017年12月第1版　2017年12月第1次印刷
印　数	0001—3000册
定　价	280.00元

2014 年 7 月 15 日，国务院南水北调办党员干部参观中国人民抗日战争纪念馆

2015 年 5 月 26 日， 国务院南水北调办主任鄂竟平讲“三严三实”专题党课

2015 年 7 月 30 日，国务院南水北调办党员干部参观北京市焦庄户地道战遗址纪念馆

2016 年 4 月 19 日，国务院南水北调办召开廉政工作会议

2014 年 6 月 10 日，国务院南水北调办领导观看丹江口库区移民题材戏剧《我的汉水家园》并慰问演职人员

2016 年 6 月 2 日，国务院南水北调办主任鄂竟平讲“两学一做”专题党课

2016 年 8 月 2 日， 国务院南水北调办党员干部赴北京市西城区检察院预防职务犯罪教育基地接受警示教育

2017 年 1 月，人力资源和社会保障部、国务院南水北调办表彰东、中线一期工程建成通水先进集体、先进工作者和劳动模范

2016 年 6 月 30 日，国务院南水北调办领导为“两优一先”代表领奖

2017 年 4 月 1 日，国务院南水北调办副主任陈刚在惠南庄泵站园区参加义务植树活动

2010 年 10 月 14 日，国务院南水北调办副主任张野接受中央电视台记者采访

2015 年 9 月 23 日，国务院南水北调办召开南水北调系统机关党建工作座谈会

2014 年 12 月 17 日，国务院南水北调办副主任蒋旭光在《水脉》研讨会现场接受采访

2012 年 4 月 12 日，《经济日报》“对话”栏目集体访谈

2015 年 7 月 10 日，河南省委原书记徐光春演讲“社会主义核心价值观与移民精神”

2016 年 9 月 6—9 日，湖北、河南、陕西水源三省群众代表考察中线工程

2015 年 12 月 12 日，庆祝南水北调中线一期工程通水一周年

2015 年 10 月 13—16 日，北京、天津市民代表参加“金秋走中线 饮水话感恩”考察活动

2017 年 9 月 11—15 日，“南水北调一生情”南水北调工程建设者代表回访考察活动

2010 年 5 月，国务院南水北调办与国务院新闻办组织外国媒体记者赴中线水源地采访工程建设和移民工作

2007 年 7 月 1 日，湖北南水北调博物馆挂牌

2008 年 6 月 24 日，中央电视台《当代工人》栏目现场录制节目。图为主持人与工程技术人员现场交流

2011 年 5 月，国务院南水北调办与中国作家协会联合举办采访采风活动。图为深入淅川县移民家中了解情况

2012 年 4 月，国务院南水北调办与中国作家协会联合举办东线采访采风活动

2014 年 10 月，南水北调大型文献纪录片《水脉》开播

2014 年 10 月，南水北调主题电影《天河》公映

2014 年 12 月，南水北调移民题材电影《汉水丹心》公映

南水北调主题曲《人间天河》登上 2015 年中央电视台春节联欢晚会

中国文联组织艺术工作者赴南水北调工程现场慰问演出

首都艺术家到丹江口库区开展文化慰问活动

中国文联副主席刘大为为南水北调工程建设者创作《筑梦者》

国家一级演员姜昆为南水北调工程创作的书法作品

首都市民参观南水北调中线五省市老年书画展览

网易客户端政务号开通

南水北调中线工程成果展海报

南水北调工程标志

R 62
G 114
B 185

R 91
G 193
B 208

标准用色

南水北调工程标志及其标准用色

南水北调工程部分出版物

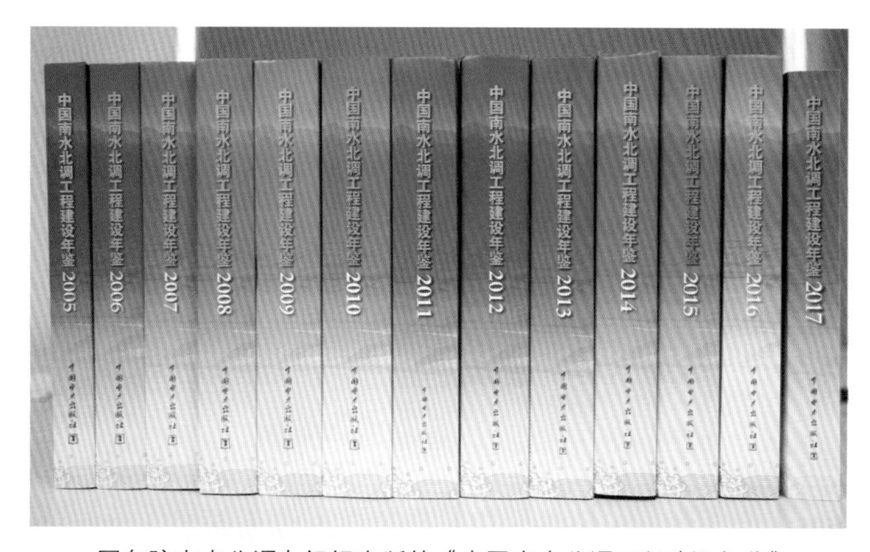

国务院南水北调办组织出版的《中国南水北调工程建设年鉴》

蔡建平荣获“全国劳动模范”称号

陈建国荣获“全国劳动模范”称号

高必华荣获“全国先进工作者”称号

蔡建平、马黔荣获中央国家机关“五一劳动奖章”

南水北调工程文明工地评选现场

湖北省赵久富（右一）当选 2014 年度“感动中国”人物

“青年文明号”代表合影

国务院南水北调办直属机关妇工委荣获“中央国家机关优秀妇女组织”称号

国务院南水北调办经济与财务司财务处被授予“全国三八红旗集体”称号

胥元霞荣获“中央国家机关巾帼建功先进个人”称号

胡敏锐获“全国五好文明家庭”称号

2007 年 9 月，河北省青联赴滹沱河工地演出

2012 年 4 月，邯石段 SG6 标安全生产“三无目标计时牌”

2011 年 3 月，邯石段 SG14 标开展青年文明号创建

2012 年 4 月，南水北调山东干线有限责任公司泵站运行人员技能鉴定考核

2011 年 5 月，河北省南水北调建管中心共产党员示范工作面授旗仪式

河南省移民办宣传栏

河南省移民办举办移民工作展览

天津市、陕西省举办南水北调干部业务培训班

2010年11月，南水北调东线山东段两湖段工程长沟泵站项目部“青年文明号”授牌授旗仪式

2013年4月，溪山行旅——画家写生采风活动在济平干渠工程现场启动

湖北省南水北调办开展“法律进工地”活动

湖北省南水北调办开展“书香机关、践行梦想”读书演讲比赛

湖北省武当山遇真宫实施顶升工程

◆《中国南水北调工程》编纂委员会

◆《中国南水北调工程》编纂委员会办公室

◆《文明创建卷》编纂工作人员

主　　编：程殿龙　耿六成

副 主 编：杜鸿礼　卢胜芳　苏克敬　井书光　杜丙照　袁文传

撰 稿 人：（按姓氏笔画排序）

马永征　王　琦　王宝恩　井书光　卢胜芳　由国文　白咸勇
刘　岩　刘晓杰　刘德莉　孙　卫　严丽娟　苏克敬　杜丙照
杜鸿礼　李小卓　李笑一　杨　益　杨成宏　吴燕燕　何韵华
张　杰　张　栋　张　晶　张元教　张景芳　张德华　陈　梅
范乃贤　周　波　侯　坤　秦颢洋　袁文传　耿六成　倪春飞
高立军　程殿龙　普利锋　谢民英　管玉卉　管永宽　熊雁晖
潘新备

审稿专家：汪易森　谢良华

照片提供：（按姓氏笔画排序）

王乃卉　王志文　朱文君　许安强　李　萌　宋　滢　张存有
武　娇　赵柱军　胡敏锐　秦颢洋

序

水是生命之源、生产之要、生态之基。中国水资源时空分布不均，南多北少，与社会生产力布局不相匹配，已成为中国经济社会可持续发展的突出瓶颈。1952年10月，毛泽东同志提出“南方水多，北方水少，如有可能，借点水来也是可以的”伟大设想。自此以后，在党中央、国务院领导的关怀下，广大科技工作者经过长达半个世纪的反复比选和科学论证，形成了南水北调工程总体规划，并经国务院正式批复同意。

南水北调工程通过东线、中线、西线三条调水线路，与长江、黄河、淮河和海河四大江河，构成水资源“四横三纵、南北调配、东西互济”的总体布局。南水北调工程总体规划调水总规模为448亿m^3，其中东线148亿m^3、中线130亿m^3、西线170亿m^3。工程将根据实际情况分期实施，供水面积145万km^2，受益人口4.38亿人。

南水北调工程是当今世界上最宏伟的跨流域调水工程，是解决中国北方地区水资源短缺，优化水资源配置，改善生态环境的重大战略举措，是保障中国经济社会和生态协调可持续发展的特大型基础设施。它的实施，对缓解中国北方水资源短缺局面，推动经济结构战略性调整，改善生态环境，提高人民生产生活水平，促进地区经济社会协调和可持续发展，不断增强综合国力，具有极为重要的作用。

2002年12月27日，南水北调工程开工建设，中华民族的跨世纪梦想终于付诸实施。来自全国各地1000多家参建单位铺展在长近3000km的工地现场，艰苦奋战，用智慧和汗水攻克一个又一个世界级难关。有关部门和沿线七省市干部群众全力保障工程推进，四十余万移民征迁群众舍家为国，为调水梦的实现，作出了卓越的贡献。

经过十几年的奋战，东、中线一期工程分别于2013年11月、2014年12月如期实现通水目标，造福于沿线人民，社会反响良好。为此，中共中央总书记、国家主席、中央军委主席习近平作出重要指示，强调南水北调工程是实现我国水资源优化配置、促进经济社会可持续发展、保障和改善民生的重大战略性基础设施。经过几十万建设大军的艰苦奋斗，南水北调工程实现了中线一期工程正式通水，标志着东、中线一期工程建设目标全面实现。这是我国改革开放和社会主义现代化建设的一件大事，成果来之不易。习近平对工程建设取得的成就表示祝贺，向全体建设者和为工程建设作出贡献的广大干部群众表示慰问。习近平指出，南水北调工程功在当代，利在千秋。希望继续坚持先节水后调水、先治污后通水、先环保后用水的原则，加强运行管理，深化水质保护，强抓节约用水，保障移民发展，做好后续工程筹划，使之不断造福民族、造福人民。

中共中央政治局常委、国务院总理李克强作出重要批示，指出南水北调是造福当代、泽被后人的民生民心工程。中线工程正式通水，是有关部门和沿线省市全力推进、二十余万建设大军艰苦奋战、四十余万移民舍家为国的成果。李克强向广大工程建设者、广大移民和沿线干部群众表示感谢，希望继续精心组织、科学管理，确保工程安全平稳运行，移民安稳致富。充分发挥工程综合效益，惠及亿万群众，为经济社会发展提供有力支撑。

中共中央政治局常委、国务院副总理、国务院南水北调工程建设委员会主任张高丽就贯彻落实习近平重要指示和李克强批示作出部署，要求有关部门和地方按照中央部署，扎实做好工程建设、管理、环保、节水、移民等各项工作，确保工程运行安全高效、水质稳定达标。

南水北调工程从提出设想到如期通水，凝聚了几代中央领导集体的心血，集中了几代科学家和工程技术人员的智慧，得益于中央各部门、沿线各级党委、政府和广大人民群众的理解和支持。

南水北调东、中线一期工程建成通水，取得了良好的社会效益、经济效益和生态效益，在规划设计、建设管理、征地移民、环保治污、文物保护等方面积累了很多成功经验，在工程管理体制、关键技术研究等方面取得了重要突破。这些成果不仅在国内被采用，对国外工程建设同样具有重要的借鉴作用。

为全面、系统、准确地反映南水北调工程建设全貌，国务院南水北调工程建设委员会办公室自2012年启动《中国南水北调工程》丛书的编纂工作。丛书以南水北调工程建设、技术、管理资料为依据，由相关司分工负责，组织项目法人、科研院校、参建单位的专家、学者、技术人员对资料进行收集、整理、加工和提炼，并补充完善相关的理论依据和实践成果，分门别类进行编纂，形成南水北调工程总结性全书，为中国工程建设乃至国际跨流域调水留下宝贵的参考资料和可借鉴的成果。

国务院南水北调工程建设委员会办公室高度重视《中国南水北调工程》丛书的编纂工作。自2012年正式启动以来，组成了以机关各司、相关部委司局、系统内各单位为成员单位的编纂委员会，确定了全书的编纂方案、实施方案，成立了专家组和分卷编纂机构，明确了相关工作要求。各卷参编单位攻坚克难，在完成日常业务工作的同时，克服重重困难，对丛书编纂工作给予支持。各卷编写人员和有关专家兢兢业业、无私奉献、埋头著述，保证了丛书的编纂质量和出版进度，并力求全面展现南水北调工程的成果和特点。编委会办公室和各卷编纂工作人员上下沟通，多方协调，充分发挥了桥梁和纽带作用。经中国水利水电出版社申请，丛书被列为国家“十二五”“十三五”重点图书。

在全体编纂人员及审稿专家的共同努力下，经过多年的不懈努力，《中国南水北调工程》丛书终于得以面世。《中国南水北调工程》丛书是全面总结南水北调工程建设经验和成果的重要文献，其编纂是南水北调事业的一件大事，不仅对南水北调工程技术人员有阅读参考价值，而且有助于社会各界对南水北调工程的了解和研究。

希望《中国南水北调工程》丛书的编纂出版，为南水北调工程建设者和关心南水北调工程的读者提供全面、准确、权威的信息媒介，相信会对南水北调的建设、运行、生产、管理、科研等工作有所帮助。

前言

南水北调工程是缓解中国北方水资源严重短缺局面的重大战略性基础设施，是事关发展全局和保障民生的重大工程，也是继承中华民族优良传统、弘扬现代文明成果的精神丰碑。南水北调工程在长达数十年的规划、勘测、建设、运行进程中，孕育了博大、深邃的行业文化和工程文明，成为“国字号”工程在文明建设领域的典范。文明创建是南水北调工作的重要组成部分，始终贯穿建设全过程，为南水北调工程的建设、运行、管理等提供了支撑和保障。

《文明创建卷》真实记录南水北调工程行业文明、机关文化、队伍建设、党群建设等工作，系统回顾、总结、思考文明创建工作的经验、做法，展示特有的南水北调工程核心价值理念、典型的文明工地创建经验、昂扬的人物精神风貌和强大的新闻宣传力度，为人们系统了解、借鉴南水北调工程文明创建工作提供全面、准确、翔实的资料参考和经验借鉴。

《文明创建卷》涉及南水北调系统文明创建工作的主要内容，包括绪论、人才队伍建设、文明工地创建、新闻和文化宣传、党建与精神文明建设、群众工作、精神与人文风貌、南水北调核心价值理念培育等八个部分。为方便阅读，本卷在正文之前安排了反映文明创建的重要图片，正文之后附载了文明创建的大事记和重要文件（如规章、制度等）目录。

《文明创建卷》于2012年开始编纂，由负责队伍建设、新闻宣传、文明工地建设、党建及群众工作的人员，利用近五年的时间，经过全面收集相关资料，反复讨论，多次修改完善而成。

在《文明创建卷》的编纂过程中，有关单位和部门分工协作，共同完成编纂工作任务。人才队伍建设内容，由程殿龙、普利锋、刘德莉、管玉卉等同志撰稿；新闻宣传内容，由程殿龙、卢胜芳、杜丙照、何韵华、杨益、张栋等同志负责撰稿；党群工作内容，由杜鸿礼、刘岩、普利锋、严丽娟、倪春飞等同志负责撰稿；文明工地创建内容，由苏克敬、井书光、袁文传、白咸勇等同志负责撰稿。蒋旭光、汪易森、谢良华等同志对本卷稿件进行了认真审核把关。另外，中国水利水电出版社及汤鑫华、胡昌支、王丽等同志对编辑出版工作给予了大力支持和帮助。在此，向以上同志一并表示感谢！

鉴于南水北调工程时间跨度较长，有些资料难以查齐，加之认识水平及总结能力有限，不足之处难免存在，欢迎大家批评指正。

目录

第一章　绪　　论

南水北调工程是优化中国水资源配置、缓解北方水资源严重短缺局面的战略性基础设施，也是中国乃至世界历史上规模最大、受益人口最多的跨流域调水工程，更是一座造福当代、惠及千秋、继承和弘扬中国优秀文明成果的精神丰碑。

南水北调工程总体规划分东、中、西三条线路，从被誉为世界第三长河、亚洲第一长河的长江引水北送，涉及16个省（自治区、直辖市），国务院批准的总体规划总调水规模达448亿m^3，是优化水资源配置的生态工程、民生工程、德政工程。南水北调工程在长达数十年的勘测、规划、建设进程中，孕育了博大、深邃的行业文明、工程文化、工作理念和精神内核，成为“国字号”工程在文明建设领域的典范。

行业文明创建方面，南水北调从无到有，经历了梦想酝酿、勘测设计、规划论证、规划决策、建设实施等阶段，形成了一以贯之、始终不渝的文化内核。南水北调工程参与前期工作的单位数以百计，人员不计其数，涉及计划、财政、水利、交通、国土、环保、科技、住房建设、林业、文物、电力等众多领域，历时整整50年，付诸了几代人的心血和智慧，很多人没有能够看到工程的开工建设，留下了终身的遗憾。其中，支撑前期工作锲而不舍、持续深入开展的关键因素是精神力量。没有这种精神的支撑，前期工作的顺利开展是不可想象的。

工程开工以后，国内数以千计的建设单位投身南水北调工程建设，形成了优秀参建单位的大会战。数百万工程建设者忘我工作、精心施工、默默无闻、甘于奉献，用实际行动构筑起这一泽被后世的民心工程。南水北调工程参建单位和建设者广泛开展文明工地创建、青年文明号评选、劳动竞赛等活动，形成比学赶帮超的积极氛围。组织开展无障碍施工环境建设活动，为南水北调工程建设和运行创造条件。南水北调工程实行“建委会领导、省级政府负责、县为基础、项目法人参与”的征地补偿和移民安置工作管理体制，抓好补偿安置政策的顶层设计，以人为本，精心组织，如期实现搬得出、稳得住、逐步能发展，使其生活水平达到或超过原有水平。34.5万丹江口水库移民和10万干线征迁群众体现了顾全大局、舍家为国、无私奉献、自力更生的家园情怀。各级移民干部勇于担当，协力拼搏，无怨无悔。在此过程中形成的移民精神是一笔宝贵的社会财富，是南水北调这样伟大工程孕育出的伟大精神。南水北调工程统筹兼顾，精心协调，确保要害工程率先实施并及时发挥效益，使工程沿线各地和人民群众及早喝上放心水，使沿线群众真真切切感受到南水北调工程带来的实惠，感受到改革开放和经济社会发展取得的成果。而且，南水北调工程相关的新闻、文化、艺术等宣传工作扎实开展，扩大南水北调工程在社会上的积极影响，凝心聚力，鼓舞士气，为南水北调各项工作的顺利开展营造良好的舆论氛围和社会环境。

南水北调工程将文物保护工作放在重要位置。工程在实施过程中不断优化设计方案，避让重点文物，尊重和保护历史遗存，实现民生工程和历史文化的有机结合。南水北调工程穿越中国历史上众多重要的文化区域，东、中线一期工程共涉及文物710处。其中，中线609处，包括地下文物572处，地面文物37处；东线101处，包括地下文物86处，古脊椎动物与古人类文物6处，地面文物9处。在工程沿线考古调查工作中，新发现了大量文物点，为第三次全国文物普查工作提供了重要支持。河北磁县东魏元祜墓、赞皇西高北朝家族墓地，河南新郑望京楼夏商时期城址等入选“全国十大考古发现”，实现了工程建设和文物保护互利共赢的良好局面。

为打造文明工地、建设无障碍施工环境，南水北调工程现场通过各种方式加强管理，欢迎举报，鼓励监督，营造良好的社会环境。国务院南水北调工程建设委员会办公室（以下简称国务院南水北调办）从制度层面入手，建立文明工地创建、青年文明号评选等实施办法，并多次组织开展活动，取得了良好的导向效果。还倡导并在沿线设立了工程建设质量举报牌、运行管理举报牌等，实施举报奖励制度，积极运用社会力量加强工程监管，形成了外部举报和内部监管的合力，营造了风清气正的建设氛围。国务院南水北调办充分利用门户网站信息公开的这一媒体平台，及时公布参建单位的不良行为和诚信记录，起到了明显的警示作用。

机关文明创建方面，以国务院南水北调办为主导，在工程沿线各级南水北调办事机构、移民机构、环保机构、项目法人单位和工程施工、设计、监理、运行、管理等参建单位，倡导一切为了工程、一切围绕工程、一切服务工程的行业文化，确保如期实现工程建设各阶段的工作目标。树立和弘扬科学建设、团结协作、攻坚克难的机关文化，急工程之所急，想工程之所想，办工程之所盼，形成全国上下一盘棋通力协作的工作机制体制。通过自我加压、自查自纠等方式，建立事项督办、工作考核、案例示范等制度，进一步强化内部监督，确保工程安全、资金安全、干部安全，形成积极向上、风清气正的工作环境。

机关建设是文明创建的关键。南水北调系统各单位把配好用好干部作为重要工作来抓，及时充实和调整工作力量，为各项工作的开展提供了人力和智力保障。根据国家和地方相关政策，严格落实干部职工的相关待遇，尽可能解决饮食、交通、住房等实际困难，排除各种安全隐患，为大家干事创业解除了后顾之忧。通过公务员年度考核，优秀共产党员、优秀党务工作者、先进党组织以及文明职工、文明家庭、文明处室等评选，树立良好工作导向，营造了学习先进、宣传先进、争当先进的风尚。

精神的力量是无穷的。南水北调工程数百万建设者用实际行动展现着对工程的担当和对事业的忠诚，并在长期的实践中进一步锤炼和升华这种内化于心、外化于行的精神。2011年之后，通过基层调研、收集意见、研究对比、座谈研讨等方式，国务院南水北调办全面梳理了60多年来积淀的南水北调精神和文化。并经过反复选比、精炼和提升，形成了以“负责、务实、求精、创新”为主旨的南水北调核心价值理念。2013年，国务院南水北调办正式印发南水北调核心价值理念及其阐释，成为南水北调人为之骄傲、为之奋斗的精神所寄。

第一节 行业文明创建

世纪工程，人才至上。南水北调工程是经过50年的论证、勘测、设计，在经济、社会、技术等飞速发展的21世纪之初开工建设的。无论是工程技术、建设管理，还是运行管理、自动调度等，都具有很好的基础和条件，同时也面临着前所未有的困难和挑战。南水北调工程线路长，项目繁杂，跨越多个流域、多个行业、多个省（自治区、直辖市），加上建设队伍流动性强，人员素质层次不一，管理任务艰巨，对南水北调行业文明建设提出了更高的要求。

南水北调工程实行“政府宏观调控、准市场机制运作、现代企业管理和用水户参与”的体制原则。南水北调工程建设管理分为政府行政监管、工程建设管理和决策咨询三个层面。

政府行政监管层面。国务院南水北调工程建设委员会（以下简称国务院南水北调建委会）作为工程建设高层次的决策机构，决定南水北调工程建设的重大方针、政策、措施和其他重大问题。国务院南水北调办作为建设委员会的办事机构，负责研究提出南水北调工程建设的有关政策和管理办法，起草有关法规草案，协调国务院有关部门加强节水、治污和生态环境保护，对南水北调主体工程建设实施政府行政管理。工程沿线的北京、天津、山东、河北、江苏、河南、湖北、陕西等省（直辖市）及其有关地、市、县成立南水北调工程建设领导小组，下设办事机构，贯彻落实国家有关南水北调工程建设的法律、法规、政策、措施和决定，负责组织协调征地拆迁、移民安置，参与协调有关部门实施节水、治污及生态环境保护工作，检查监督治污工程建设，负责配套工程建设的组织协调。

工程建设管理层面。以南水北调工程项目法人为主导，承担南水北调工程项目管理、勘测设计、监理、施工、咨询等建设业务单位的合同管理及相互之间的协调和联系。南水北调工程项目法人是工程建设和运营和责任主体，对工程建设的质量、安全、进度、筹资和资金使用负总责。

决策咨询层面。国务院南水北调建委会于2004年批准成立专家委员会，专门对南水北调工程建设中的重大技术、经济、管理及质量等问题进行决策咨询，对工程建设、生态环境、征地移民等工作进行检查、评价和指导。

管理层级的多元化、多层次，增加了行业管理的难度，对行业文明建设提出了更高的要求。多年来，南水北调系统借鉴相关行业的有效做法和成功经验，通过文明工地创建、青年文明号评比、新闻和文化宣传等形式，组织开展“法律进工程”“安全生产大检查”以及劳动竞赛等活动，在数千公里的建设战线上深入开展文明创建工作。

一、文明工地创建

文明工地创建是南水北调系统精神文明建设的有效载体，也是南水北调工程树立形象、展现成果的重要方式。南水北调文明工地创建，是在科学组织施工、保证工程质量优良和施工安全的前提下，创造舒适的生产、生活和办公环境，保持施工场地整洁、卫生，创建良好的工地文明气氛，组织严格、合力管理的一项施工活动。

南水北调工程文明工地创建活动坚持“以人为本，注重实效”的原则，贯穿在工程建设全过程，对营造和谐建设环境，实现管理规范高效，保证施工质量安全，促进工程顺利建设具有重要的作用。具体而言，将文明工地创建作为安全生产的重要组成部分和实现质量目标的有效保证，同时为工程提供了整洁、和谐的施工环境。

国务院南水北调办对文明工地创建工作高度重视，专门印发《南水北调工程文明工地建设管理规定》，推动文明工地创建活动有效开展。同时，先后出台《南水北调工程建设安全生产目标考核管理办法》《南水北调工程质量责任终身制实施办法（试行）》《南水北调工程建设质量问题责任追究管理办法》等规章制度，推动文明工地创建活动有序开展。

在国务院南水北调办的正确领导下，各地组织开展"安全生产年""安全生产月"等活动，保证安全生产目标落实。各项目法人单位开展安全目标考核工作，对评选出的优秀单位及个人等进行表彰。各管理层次制定了配套的规章、制度，采取一系列的保障措施开展文明工地创建活动，推动南水北调工程建设顺利进行。

国务院南水北调办组织开展文明工地评比和考核1次，分别授予37个项目、建设管理单位、项目经理部、工程监理部、工程设计代表组"文明工地""文明管理单位""文明施工单位""文明监理单位"和"文明设计服务组"称号，对文明工地创建工作中涌现出的先进工作者授予"文明先进个人"称号。

二、青年文明号评选

为引导南水北调系统广大青年树立以爱岗敬业、诚实守信、办事公道、服务工程和奉献社会的职业道德观，国务院南水北调办机关团委研究决定在南水北调系统开展青年文明号创建活动。2006年，国务院南水北调办成立了南水北调青年文明号创建活动指导委员会，具体指导和组织南水北调青年文明号创建工作，印发了《关于开展南水北调办青年文明号申报及评选工作的通知》《国务院南水北调办青年文明号活动管理办法》等文件。

2006—2013年，国务院南水北调办先后开展了7批青年文明号的评选和表彰活动，累计共有97个先进青年集体被命名为国务院南水北调办青年文明号。

青年文明号的评选，为文明工地创建、无障碍施工创造了条件。

三、新闻和文化宣传

宣传工作是南水北调工作的重要组成部分，并为之营造良好的舆论氛围和社会环境，发挥了沟通社会、展示成果、扩大影响、凝心聚力的重要作用。

南水北调宣传工作组织，主要分为国家和地方两个层面。在国家层面，国务院南水北调办协调中央宣传、文化、艺术、广电等主管部门，组织中央主要新闻媒体、国家重点新闻网站和文化艺术机构（团体），开展新闻、文化、艺术等方面的宣传。在地方层面，工程沿线各省（直辖市）南水北调办事机构、移民机构、环保机构，按照机构职责和工作分工，协调地方新闻媒体、网络媒体和文化艺术机构开展宣传工作。

南水北调工程开工建设以来的宣传工作，具体可分为三个阶段。

第一阶段是2002—2008年，宣传基调为多干少说，重点是新闻宣传。宣传工作仅限于沿线部分社会关注度高的设计单元工程，重点是其开工宣传。通常是组织中央和地方新闻媒体进行采访报道。

第二阶段是2009—2010年，宣传基调是边干边说，宣传方式是在新闻宣传的基础上兼顾文化宣传。以可行性研究报告批复为转折点，全社会高度支持南水北调工程建设。宣传从以设计单元工程为主转向南水北调工程整体效益为主，从以新闻宣传为主转向兼顾文化宣传，重点从工程建设为主转向工程建设、征地移民、治污环保等协同宣传。

第三阶段是2011年之后，宣传基调是多干多说，宣传重点是新闻宣传、文化宣传同步，注重扩大社会影响。本阶段，随着工程实体形象逐步形成，移民搬迁工程全力推进，治污环保工程备受关注。南水北调工程成为国内外共同关注的焦点和热点。宣传策划和组织力度加大，宣传工作的主动性、针对性和实效性进一步增强，宣传工作任务也大幅度增加。纪录片、报告文学、歌曲征集、工程丛书、公益广告、报纸专版等一大批宣传项目付诸实施，每年投入资金最高达800万元。

四、人文风貌

南水北调工程不仅仅是一项跨世纪的水资源配置工程，更是一项史无前例的精神丰碑和昭示后人的人文工程。南水北调工程在规划、论证、设计、建设等阶段耗费了一代又一代南水北调人的心血和生命，奏响了一曲荡气回肠、亘古不衰的主旋律。

南水北调工程前期工作繁杂而扎实，经历了整整半个世纪的规划、论证和设计。几代人参加了南水北调前期工作，付出了辛勤的劳动和无尽的血汗，甚至献出了宝贵的生命。还有很多人，黑发时开始参加前期工作，白发时仍在执着地坚守着中华民族共同的梦想，甚至没有熬到南水北调工程开工。他们默默无闻地工作，为南水北调这一战略工程做好铺垫。

2002年南水北调工程开工以后，数以百万计的建设者从四面八方汇集而来，绝大多数是各自工作领域的精英。南水北调工程成为各路精英协同配合的战场。

1. 在工程建设方面

高必华、宁勇、陈建国、蔡建平、吴德绪等人荣获全国“五一劳动奖章”或“劳动模范”荣誉称号，中国水利水电第十工程局有限公司第二分局南水北调中线干线镇平段施工三标项目部荣获“全国工人先锋号”荣誉称号。

南水北调中线方城段六标项目经理陈建国从2011年2月进现场，在工程一线奋战了30多个月，却始终难得休息一天，甚至在母亲和大哥去世前，都没能见上最后一面，这成了他终身的遗憾。无奈之下，只好带着老父修干渠。他的事迹被国家和地方新闻媒体广泛传颂，2012年入选中央电视台“感动中国”候选人，2013年被评选为“感动中原”十大年度人物，2014年荣获“全国五一劳动奖章”。

2015年4月28日，庆祝“五一”国际劳动节暨表彰全国劳动模范和先进工作者大会在北京人民大会堂隆重举行。南水北调中线建管局河南直管局副局长、南阳项目部部长、惠南庄建管部部长蔡建平荣获“全国劳动模范”光荣称号。2003年12月，蔡建平开始参与南水北调中线工程建设，从前期筹备干到后期收尾，历时十余年。在南水北调工程建设的高峰期和关键期，他坚守惠南庄建管部和南阳项目部，两线作战。克服了工程建设中的种种困难，保障了惠南庄泵站联调联试成功进行，提前完成南阳段工程建设任务，连续安全生产1465天，实现了质量、安全事故为零的目标，为中线工程如期通水作出了重要贡献。

2. 在治污环保方面

东线工程沿线各地政府及有关部门、企业、群众尽心尽力，团结协作，解决被视为河流治污“世界第一难”的难题，使全线水质达到规划的水质标准，向党和人民交上一份圆满的答卷。中线水源地河南、湖北、陕西三省各级政府和人民全力推进污染治理、污水处理、达标排放、水土保持等工作，形成了多元推动、齐抓共管的环保工作局面，为全国生态保护、污染治理树立了标杆。

3. 移民安置方面

河南、湖北两省数万移民干部和基层干部默默无闻，为移民搬迁安置保驾护航。由于长期超负荷工作，很多干部累倒、病倒在工作第一线，还有十几名干部因积劳成疾，献出了宝贵的生命。刘峙清、王玉敏、陈平成、马有志等为移民工作鞠躬尽瘁的先进事迹成为南水北调事业的精神丰碑，也成为新时期党员干部的楷模和榜样。

湖北省十堰市郧县余嘴村党支部书记赵久富为带领村民搬迁，主动放弃留下来的名额，告别80岁高堂老母，搬迁到黄冈市团风镇黄湖移民新村。2013年，余嘴村变成蓄满清水的库区。而移民们在赵久富的带领下，在新的家园走上了致富路。赵久富的感人事迹在全国广泛传扬，很多媒体称之为“移民书记”，他当选中央电视台2014年“感动中国”人物。

34.5万名移民群众，如何兆圣、丰廷彦等，舍小家、为大家、远迁他乡，展现出新时期中华民族的奉献精神。

第二节　机关文明建设

南水北调系统高度重视各级机关的文明建设，并积极为工程建设各项工作顺利推进创造条件。

南水北调机关文明建设，包括国务院南水北调办和工程沿线各省市县办事机构、移民机构、环保机构，以及项目法人单位的文明建设，具体涉及队伍建设、党的建设、群众工作、精神文明建设等工作。

国务院南水北调办以创先争优为抓手，在机关组织开展了先进党组织、优秀共产党员和优秀党务工作者，优秀团支部（团委）、优秀团员青年和优秀团干部，文明处室、文明职工、文明家庭等评选活动。按照中央部署，组织开展了“为民、务实、清廉”主题教育活动、先进性教育实践活动、学习实践科学发展观活动、党的群众路线教育实践活动、“三严三实”专题教育、“两学一做”学习教育，在南水北调系统发挥了示范带动作用。

一、队伍建设

南水北调队伍建设，按照行政管理体制实行分层负责、属地管理。国务院南水北调办作为国务院南水北调建委会的办事机构，直接对其负责。沿线各省市县各级南水北调办事机构、移民机构、环保机构，由沿线有关政府根据工作需要，分别设立新的机构或挂靠已有机构进行管理。根据南水北调工程总体规划和分期建设的要求，结合历史情况、现状条件和发挥工程效益的实际，组建项目法人，分别成立南水北调东线江苏有限责任公司、南水北调东线干线有限责任公司、南水北调中线水源有限责任公司、南水北调中线干线有限责任公司和湖北省南水北调建设管理局，并在工程建设管理中发挥责任主体作用。按照国务院南水北调建委会第七次会议

精神，于2014年10月20日揭牌成立南水北调东线总公司，其主要负责南水北调东线工程平稳顺利运行，完成每一次通水任务，发挥工程的经济效益、生态效益和社会效益。

南水北调系统以加强人才资源能力建设为主题，以调整和优化人才队伍结构为主线，以提高队伍整体能力与素质为重点，不断强化观念创新、政策创新和机制创新，建立比较完善的人才工作体制机制，尊重劳动、尊重知识、尊重人才、尊重创造，努力建设一支规模适度、结构合理、素质优良的队伍，为推进南水北调工程建设提供强有力的人才支持，为南水北调事业长远可持续发展奠定人力基础。

南水北调系统各单位紧紧围绕工程建设，加强主体和配套工程建设、治污环保、征地移民、文物保护等工作，并在机构设置、人力资源、人才培养等方面积极创造条件，为南水北调各项工作提供队伍保障。同时，针对工程建设期间参建单位和建设者流动性强、不便于管理的实际情况，坚持以人为本，以市场为导向，吸引和调配认真负责、经验丰富的优秀人才投入南水北调工程建设，把人力资源配置作为首要任务切实抓紧抓好，千方百计满足工程建设对人才、队伍的需求，确保南水北调工程实践中队伍建设的生机和活力。

二、党的建设

同其他行业一样，南水北调行业党的建设根据组织机构管理要求，实行在国务院南水北调办党组宏观指导下的属地管理。

党组是中国共产党在国务院南水北调办机关中设立的领导机构，在国务院南水北调办发挥领导核心作用。国务院南水北调办党组认真履行政治领导责任，做好理论武装和思想政治工作，负责学习、宣传、贯彻执行党的理论和路线方针政策，贯彻落实党中央和上级党组织的决策部署，发挥好把方向、管大局、保落实的重要作用。党组讨论和决定下列重大问题：需要向中共中央请示报告的重要事项，下级单位党组、机关和直属单位党组织请示报告的重要事项；国务院南水北调办内部机构设置、职责、人员编制等事项；国务院南水北调办重大决策、重要人事任免、重大项目安排、大额资金使用等事项；国务院南水北调办基层党组织和党员队伍建设方面的重要事项；国务院南水北调办意识形态工作、思想政治工作和精神文明建设方面的重要事项；国务院南水北调办党风廉政建设和反腐败工作方面的重要事项；其他应当由国务院南水北调办党组讨论和决定的重大问题。

办党组建立了党组会议制度和党组学习制度。党组会议由党组书记负责召集并主持，参加会议的党组成员不得少于2/3，会议时间、内容一般提前两天通知党组成员，并提供有关材料。党组会议实行民主集中制，按照集体领导、民主集中、个别酝酿、会议决定的方式，对讨论的问题作出决定。党组会议的记录，由党组秘书或召集人指定专人负责。党组会议原则上每月召开一次。党组学习制度分为党组中心组学习和党组中心组扩大学习，前者成员仅限于党组成员、机关党委专职副书记，后者还扩大至各司、各单位主要负责人。办党组工作接受上级党组织和党员群众的监督。

国务院南水北调办成立直属机关党委。机关各司、各单位设立党支部。直属机关党建工作在中央国家机关工委和办党组的正确领导下，在机关各司、各单位的积极支持和配合下，按照中央关于机关党建工作必须走在党的基层组织建设前头的要求，坚持围绕中心、服务大局，认真学习贯彻邓小平理论、“三个代表”重要思想、科学发展观和党的十八大以来习近平总书记系列重要讲话，紧紧围绕加强党的执政能力建设、先进性和纯洁性建设这条主线，以建设一支思想过硬、政治坚定、作风优良、具有高度责任感和使命感的党员队伍为目标，深入开展群众路线教育、“两学一做”专题教育等，切实加强思想建设、组织建设、作风建设、制度建设和反腐倡廉建设，增强自我净化、自我完善、自我革新、自我提高的能力，积极构建文明和谐机关，充分调动直属机关各级党组织和党员干部的积极性和主动性，为又好又快建设南水北调工程提供了坚强的思想政治保证。

三、群团工作

群团工作是中国共产党领导社会主义现代化建设事业的基础，是社会管理的基础性、经常性、根本性工作，也是推进南水北调各项工作的保障。国务院南水北调办直属机关工会、团委、妇委会，作为直属机关党的群众工作的重要组织和工作力量，在中央国家机关工会联合会、团工委、妇联的指导下，在直属机关党委的直接领导下，按照法律和章程独立自主开展工作，在保障直属机关干部群众主人翁地位，维护干部群众合法权益，丰富干部群众文化生活，有力调动广大职工、青年、妇女参与南水北调工程建设这个中心工作上做出了重要贡献。

国务院南水北调办机关工会的群众工作主要体现在四个方面：通过各种方式，维护职工的合法权益不受侵害；协助和督促有关部门办好职工集体福利事业，审议机关职工集体福利的有关事项并监督执行；组织职工开展群众性的、有益于职工身心健康的文娱、体育活动，丰富职工业余文化生活；协助党务、行政等方面做好干群职工的教育、管理等工作，引导干部职工为中心工作保驾护航。

国务院南水北调办机关团委结合机关青年人数多的实际，着力使团员青年工作更加紧密地围绕机关党的事业开展，发挥党联系青年的桥梁和纽带作用；积极探索团员青年工作新的实现形式，促进机关团员青年活动的项目化、系列化；竭诚服务机关青年，为青年成长创造条件，搭建平台；紧紧围绕工程建设大局，不断提高青年投身南水北调工程建设的能力和积极性。

国务院南水北调办妇工委在直属机关党委的领导下，认真贯彻落实中央国家机关妇工委的工作部署，紧密围绕南水北调工程建设中心任务，充分发挥女干部职工的作用；加强女干部职工政治理论和业务知识学习，全面提高女干部职工的素质，引领女干部职工立足本职、岗位建功；贯彻落实男女平等的基本国策，依法维护女干部职工的合法权益；积极开展内容丰富、形式多样的活动，促进和谐机关建设；积极发挥党政部门联系女干部职工的桥梁和纽带作用。

四、精神文明建设

国务院南水北调办机关精神文明创建工作坚持以邓小平理论和“三个代表”重要思想为指导，深入学习贯彻党的十七大、十八大、十九大精神，紧紧围绕南水北调工程建设的中心工作，以提高干部职工队伍整体素质和树立良好的精神风貌为重点，以“创建文明和谐机关，争做人民满意公务员”为载体，深入开展群众性爱国主义教育活动和丰富多彩的群众性文体活动，积极推进节能减排、安全生产、环境卫生、交通安全、计划生育等工作，努力构建和谐文明的机关。

国务院南水北调办机关文明创建围绕八个方面开展工作。

（1）以学习宣传贯彻党的十七大、十八大、十九大精神为主线，不断提高干部职工的理论

水平和政治素质，提高干部贯彻执行党的路线、方针、政策的水平和自觉性。

（2）扎实推进党风廉政建设和反腐败工作，制定《国务院南水北调办党组建立健全惩治和预防腐败体系2008—2012年工作要点》《国务院南水北调办组党风廉政建设责任制实施办法》《国务院南水北调办开展工程建设领域突出问题专项治理工作方案》，明确惩治和预防腐败的指导思想、工作目标、基本原则、主要任务和实施步骤，成立南水北调工程建设领域突出问题专项治理工作领导小组，将党风廉政建设各项任务分解落实到党政领导班子成员和有关单位，完善反腐倡廉目标责任考评机制。

（3）开展主题党日活动，增强党员党性意识。各级党组织充分发挥主观能动性，结合自身业务工作特点，大力开展主题党日活动。直属机关党委组织优秀共产党员、优秀党务工作者和先进党支部代表到革命圣地延安考察学习，组织青年同志赴天津接受革命传统教育，并对南水北调工程进行了调研，召开了青年干部座谈会。各党支部结合实际，开展了丰富多彩的主题党日活动。例如，有的党支部组织党员干部赴兰考县焦裕禄纪念馆、李大钊故居、董存瑞烈士陵园、微山岛和铁道游击队纪念馆参观学习，缅怀革命先烈，重温入党誓词；有的支部组织党员干部参观小浪底工程、北京市规划展览馆、十堰市的东风汽车集团有限公司商用车总装配厂，感受经济建设的巨大进步；有的党支部结合当前工作实际，与外机关工作的兄弟单位党组织一同开展了主题党日活动，增进了了解，加深了感情，密切了合作；有的党支部开展听党课、学习吴大观先进事迹活动，谈感受、讲体会，明确今后努力的方向。为促进交流，直属机关党委将各党支部（党委）组织开展主题党日活动的情况汇编印发。

（4）大力开展有特色的群众性文体活动，培育和弘扬具有南水北调特点的精神文化。机关工青妇组织充分发挥自身优势，积极开展适合机关特点的群体性文体活动。机关工会开展了跳绳、踢毽子等群众体育比赛活动，坚持开展足球、羽毛球、乒乓球、篮球的日常锻炼。妇工委组织全体女职工开展多项体育健身活动，如游泳、乒乓球、保龄球等体育运动，得到了大家的好评。

（5）关心职工生活，帮助解决困难。平时注重发挥党组织、工会组织等的作用，通过帮贫扶困、“送温暖”等方式解决职工中存在的实际困难，通过生日慰问金、探视住院职工等方式送去组织和集体的关心和问候。利用座谈会、调查问卷、个别访谈等方式，了解职工工作和生活中的合理诉求，并就有关问题进行及时疏导。组织职工观看心理健康讲座，组织举办业余文化生活，促进职工身心健康，为建立和谐机关作出贡献。

（6）扎实做好办机关节能减排和机关环境卫生工作。将节能减排作为机关后勤工作中的重中之重来抓，促进节水、节电、节纸、节油等工作。通过悬挂横幅、张贴宣传画、组织集中学习、签名活动、能源紧缺体验活动等多种形式，在办机关营造出“人人节约、处处节约；节约光荣、浪费可耻”的氛围，有力地促进了节约工作的展开。认真贯彻《国务院南水北调工程建办机关卫生绿化工作管理规定》，加强组织领导，每月主动对办公室卫生、绿化工作进行检查。

（7）加强机关综合治理及安全保卫工作，确保机关安全。建立定期安全检查制度，由综合司、机关党委共同组织检查，相关部门配合，定期对办公区域进行安全检查，及时发现和解决问题。加强了总值班室、机要部门、财务部门等重点部门、重点岗位的安全保卫工作，杜绝安全事故。对办公楼内进行24小时监控，保卫人员对办公楼前、后、内进行巡察。在交通安全上，通过全体车管干部和驾驶员的不懈努力，确保无重大责任事故，无重大伤亡事故。

（8）贯彻基本国策，做好计划生育工作。认真贯彻落实国家计划生育政策，抓好《北京市计划生育条例》《人口与计划生育法》的学习，坚持一把手亲自抓、负总责。进一步强化计划生育目标管理，不断深化计生宣传教育，特别是对机关青年同志的教育，及时掌握育龄女职工的思想动态，做到心中有数。与驻在地签订计划生育工作责任书，经常主动接受指导和监督。目前，较好地完成了各项人口控制目标，没有出现计划外生育等情况。

通过多年的努力，国务院南水北调办在各种文明创建活动取得较好的成效，未发生一起违法事件，连续多年被评为“中央国家机关文明单位”。

第三节 核心价值理念培育

核心价值理念是区别于其他社会组织的、不可替代的、最基本的、最持久的特质，是组织赖以生存和发展的内在动力，是组织文化的最核心部分。

南水北调工程从伟大构想到科学实施，充分反映了社会主义核心价值体系的基本观点和内在要求，是对社会主义核心价值体系的全面贯彻和生动实践。“负责、务实、求精、创新”理念是社会主义核心价值体系在南水北调工程建设中的具体体现，是南水北调人崇高精神和价值取向的高度总结和概括，也是南水北调工程建设客观实践的真实写照。

南水北调核心价值理念由来已久，但其形成大致经历了八个阶段。

第一阶段是蓄势积累。2002年南水北调工程开工建设以后，数以百计的企事业单位直接投入南水北调工作，数以万计的工程建设精英们汇聚在南水北调工程近3000km的战线上，规模空前的世界最大调水工程在中国广袤土地上一步步成为现实。期间，南水北调有关单位提出过多种凝聚着建设者意愿、展现国家意志、体现时代特点的主题口号、理念、精神等，内涵大致相似，但说法各有特点，角度不尽统一。国务院南水北调办也曾引用时任国务院副总理的温家宝对水利工作者提出的要求“献身、负责、求实”，作为南水北调工程建设队伍的宏观要求。但真实、客观、准确反映南水北调工程特点的核心价值理念一直没有形成，成为即将进入东中线工程通水倒计时的南水北调人面临的现实问题。

第二阶段是工作部署。国务院南水北调办党组高度重视南水北调核心价值理念总结提炼工作，2012年5月以国调办机党〔2012〕121号文件，向全系统下发开展南水北调核心价值理念总结工作的通知。

第三阶段是基层调研。2012年8月，赴北京、天津、河北、河南、山东、江苏、湖北等省（直辖市）相关部门进行调研访谈，获取一手资料和信息。

第四阶段是征集意见。南水北调系统各单位高度重视核心价值理念总结提炼工作，积极响应国务院南水北调办号召，认真组织干部群众集思广益，提出意见和建议。共收到18个部门和单位对南水北调核心价值理念的建议22项，为南水北调核心价值理念的最后形成奠定了基础。

第五阶段是总结归纳。国务院南水北调办在征集意见的基础上，先后总结归纳了两种表述形式。其一是“科学调水，奉献社会”。其二是“负责、求实、创新、奉献”。

第六阶段是会议研讨。2012年10月，召开十余次研讨会和座谈会，不同部门、不同岗位

的同志参加，大家集思广益、民主讨论，比较遴选、反复酝酿、深入推敲，进一步深化了南水北调核心价值理念提炼工作，初步确定了“负责、务实、求精、创新”的南水北调核心价值理念表述形式。

第七阶段是沟通反馈。2012年12月，国务院南水北调办以国调办机党〔2012〕273号文件向全系统下发了南水北调核心价值理念表述形式及含义说明，听取全系统对“负责、务实、求精、创新”的意见和建议。

第八阶段是正式发布。2013年1月，国务院南水北调办以国调办机党〔2013〕21号文件《关于印发南水北调核心价值理念及阐释的通知》正式向全系统公布南水北调核心价值理念，并在中国南水北调网站、《中国南水北调》报刊进行了宣传。

“负责、务实、求精、创新”是南水北调工程核心价值理念的高度总结和概括，是南水北调工程建设伟大实践的真实写照。从功能和结构上看，“负责”是基础，从责任的角度涵盖了务实、求精、创新的基本内容，是南水北调人的基本态度；“务实”是灵魂，南水北调工程必须实事求是，一切从实际出发，来不得半点虚假；“求精”是特征，是南水北调工程的具体实践要求，是评价尺度和方法工具；“创新”是精髓，是对务实和求精的进一步升华，如果只务实、求精而没有创新，只能固步自封，效率低下。这四个方面相互联系，相互贯通，有机统一，构成合理的稳固的价值关系，体现在南水北调工程建设的全过程中。

“负责、务实、求精、创新”的南水北调核心价值理念的形成和发展，有其深刻的社会和历史的原因，也有其鲜明的现实和时代的特征。它在中华民族优秀文化的熏陶中形成，在伟大的社会主义制度下发展，在建设有中国特色社会主义的新时期得以升华，铸成了人民性、科学性、传承性的基本特点。

与此同时，南水北调中线水源地河南、湖北两省根据繁重而艰巨的移民搬迁安置工作需要，从各自的角度，提出南水北调移民精神。为进一步统一移民精神的说法，国务院南水北调办专门召集会议研究移民精神的确切说法和科学内涵，将伟大移民精神说法凝结为“顾全大局，舍家为国，自力更生，勇于担当，以人为本，求真务实，众志成城，团结一心”。移民精神与“负责、务实、求精、创新”的南水北调精神高度契合，并融入其中，成为南水北调精神的重要组成部分。

南水北调精神是建设南水北调工程的精神动力。通过南水北调精神的培育和弘扬，可以焕发献身激情，增强负责意识，提升求实品格，激发创新活力，达到凝聚人心，统一思想，促进南水北调工程早日造福人民，惠及子孙。同时，弘扬南水北调精神，有利于民族精神的继承，有利于历史文化的弘扬，有利于制度优势的彰显，有利于时代旋律的倡导。南水北调精神是以改革创新为核心的时代精神的彰显，是弘扬生态文明、建设“美丽中国”的具体体现。

第二章　人才队伍建设

第一节　概　　述

人才是实现南水北调工程通水目标最重要的战略资源，是南水北调事业发展的第一要素，也是南水北调工程优质高效建设的根本保障。国务院南水北调办党组历来高度重视人才队伍建设工作，牢固树立科学人才观，认真贯彻落实党和国家提出的一系列加强人才工作的政策措施，始终把加强人才队伍建设放在南水北调工程建设与运行管理大局中谋划和推进，把培养和打造一支政治坚定、素质过硬、作风优良的人才队伍作为一项长期重点工作抓紧抓实。随着工程建设与运行管理的不断深入，对人才的需求量日益增大，国务院南水北调办党组作出了一系列加强人才队伍建设的重大决策，南水北调人才发展取得显著成就，党管人才工作格局基本形成，各类人才队伍不断壮大，有利于人才发展的制度体系进一步完善，为南水北调工程建设与运行管理扎实有序推进、南水北调事业长远可持续发展奠定了坚实的基础。

一、机遇与挑战

南水北调工程开工以来，是我国经济社会发展“十五”“十一五”“十二五”“十三五”规划实施的战略机遇时期，也是南水北调东、中线一期工程又好又快建设，并实现全面通水运行良好开局的重要历史时期。党中央、国务院把“人才强国”战略摆在更加突出的战略位置，社会经济的持续健康发展和南水北调工程的扎实有序推进，为南水北调人才队伍的壮大和人才事业的发展提供了良好平台。面对日趋激烈的人才竞争，南水北调系统不断增强责任感、使命感和紧迫感，主动适应经济社会发展的形势要求，适应南水北调工程建设与运行管理的实际需要，科学谋划，深化改革，重点突破，成效显著。

同时，必须清醒地看到，南水北调工程规模大、战线长、周期长，关键技术、征地移民、环境保护等领域面临的困难和挑战不断凸显，南水北调人才发展的总体水平同工程建设与运行管理的实际需要相比仍存在一定差距，与我国经济社会发展的大环境相比仍有许多不适应的地方，主要是一线工作生活条件艰苦，吸引、留住和使用人才的条件仍有不足，人才创新创业能

力不强，人才队伍整体素质有待进一步提高，人才结构和布局不尽合理，人才激励约束机制不够完善，人才资源开发投入不足、人才队伍的积极性、主动性和创造性未能充分发挥等。随着南水北调事业不断推进，人才工作仍然面临诸多挑战，迫切需要围绕解决人才队伍建设中的突出问题，集聚人才、培育人才、发展人才、用好人才，推动人才队伍全面发展。

二、指导思想

高举中国特色社会主义伟大旗帜，深入学习和贯彻落实党的十八大、十九大精神，以邓小平理论、“三个代表”重要思想和习近平总书记系列重要讲话精神为指导，全面贯彻落实科学发展观和科学人才观，把人才工作纳入南水北调工程建设总体规划和布局之中，坚持围绕中心、服务大局，坚持求真务实、开拓创新，坚持党管人才、人尽其才，遵循人才成长规律，着眼于“用事业凝聚人才，用实践造就人才，用机制激励人才，用制度保障人才”，紧紧抓住培养、吸引和用好人才三个环节，进一步深化干部人事制度改革，完善人才工作体制机制，优化人力资源配置，打造高素质人才队伍，营造有利于人才成长的环境，使人才队伍建设适应南水北调工程建设与运行管理的需要。

三、基本原则

南水北调人才队伍建设的基本原则是：服务建设、人才优先、以用为本、创新机制、高端引领、整体提高。

（一）服务建设

把促进经济社会发展和服务工程建设与运行管理作为人才工作的根本出发点和落脚点，紧紧围绕工程建设与运行管理目标确定人才队伍建设任务，根据事业长远发展需要制定人才发展规划和政策措施，用工程建设与运行管理成果检验人才工作成效。

（二）人才优先

确立在南水北调工程建设与运行管理各项工作任务中人才优先发展的战略布局，充分发挥人才的基础性、战略性作用，做到人才资源优先开发、人才结构优先调整、人才投资优先保证、人才制度优先创新，促进工程建设与运行管理方式向主要依靠科技进步、劳动者素质提高、管理创新转变。

（三）以用为本

把充分发挥各类人才的作用作为人才工作的根本任务，围绕用好用活人才来培养人才、激励人才、引进人才，积极为各类人才干事创业和实现价值提供机会和条件，努力开创人才辈出、人尽其才的新局面。

（四）创新机制

把深化改革作为推动人才发展的根本动力，坚决破除束缚人才发展的思想观念和制度障碍，构建与社会主义市场经济体制相适应、有利于南水北调事业科学发展的人才发展体制机制，最大限度地激发人才的创造活力。

（五）高端引领

培养造就一批具备良好的思想政治素质和较强的大局意识和责任意识、战略思考能力、果断决策能力、组织指挥能力和沟通协调能力的领导人才，一批经营管理水平高、市场开拓能力强的优秀企业管理人才，一批科研水平高、创新能力强的专业技术人才，充分发挥高层次人才在推进工程建设和人才队伍建设中的带头示范作用。

（六）整体开发

加强人才培养，注重理想信念教育和职业道德建设，培育拼搏奉献、艰苦创业、诚实守信、团结协作精神，促进人才的全面发展。关心人才成长，注重在实践中培养造就人才，构建人人能够成才、人人得到发展、人人都作贡献的人才培养教育机制。坚持以培养和选拔党政人才、专业技术人才、企业经营管理人才为重点，按照分类管理的原则，实行重点带动、整体推进，推动人才队伍建设全面发展。

四、工作目标

适应南水北调工程建设和事业发展的实际需要，坚持以加强人才资源能力建设为主题，以调整和优化人才队伍结构为主线，以提高人才队伍整体能力与素质为重点，以体制机制改革为动力，不断强化观念创新、政策创新和机制创新，建立比较完善的人才工作体制机制，尊重劳动、尊重知识、尊重人才、尊重创造，努力建设一支规模宏大、结构合理、素质优良的人才队伍，为推进南水北调工程建设提供强有力的人才支持，为南水北调事业长远可持续发展奠定人才基础。

人才队伍建设的总体目标是：人才队伍不断壮大，总量增加，人才结构与工作发展需要基本适应，人才队伍的整体素质明显提高。干部人事制度改革稳步推进，有利于优秀人才脱颖而出、人尽其才的有效机制逐步建立，人才管理制度日趋完善，人才成长环境进一步优化。

调整和优化人才队伍结构的主要预期目标是：人才在行业、地区间的分布趋于合理，人才的专业、年龄结构和高、中、初级专业技术人才的比例趋于合理，初步形成涵盖水利、经济、管理、环保等主要领域的人才队伍。

提高人才队伍整体素质的主要预期目标是：在提高思想政治素质、加强职业道德建设的同时，使人才的业务水平和能力素质整体提高，基本符合南水北调工程建设和事业发展的需要。

（一）加强党政领导人才队伍建设

重点建设能力强、素质好、结构合理的领导干部队伍。坚持德才兼备、以德为先的用人标准，坚持民主、公开、竞争、择优的方针，树立注重实绩、群众公认、重视基层的用人导向，规范完善领导干部选拔任用工作，加大优秀年轻干部和后备干部培养力度，努力打造一支信念坚定、为民服务、勤政务实、敢于担当、清正廉洁的高素质领导干部队伍，建设团结坚强、干事创业，具有较强的凝聚力、向心力和战斗力的领导班子。坚持和完善领导班子中心组学习、领导干部自学和脱产进修“三位一体”的理论学习机制，以提高科学决策能力、驾驭全局能

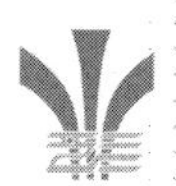

力、开拓创新能力为重点，构建党政领导干部核心能力框架，使领导干部知识结构更加合理，整体素质不断提高。

（二）加强机关公务员队伍建设

按照廉洁、勤政、务实、高效的要求，加强机关公务员队伍的作风建设和能力建设。按照中央组织部、人力资源社会保障部有关要求，坚持公开考试录用制度，总量按编制和职数从严控制；完善选调制度，注意选拔年轻干部、高知识层次干部以及具有基层工作经验的干部充实机关干部队伍；改进干部选拔任用工作机制，探索实施领导干部公开选拔和竞争上岗工作机制，疏通从企事业单位和其他社会机构选拔干部的渠道，增强干部队伍活力；加强学习培训和实践锻炼，提高公务员宏观决策、依法行政能力和工作创新能力。

（三）加强专业技术人才队伍建设

培养造就一支与南水北调工程建设与运行管理、南水北调事业长远可持续发展相适应的数量充足、结构合理、素质优良、门类齐全的专业技术人才队伍。以提高专业水平和创新能力为核心，以高层次水利工程建设与运行管理人才和科技人才为重点，培养一支思想政治素质较高，科研能力强，实践经验丰富，善于组织重大水利建设项目规划、研究、设计、建设、管理的中高级专业技术人才队伍。推进专业技术人才管理制度改革，完善专业技术职务聘任制度，严格执行评聘分开和职业资格证书制度。鼓励企业加大管理创新和人才开发投入，使企业真正成为吸纳人才的主体。加大优秀青年人才的选拔培养力度，创新人才培养模式，开展以新理论、新知识、新技术、新方法为主要内容的知识更新教育，加强实践锻炼。注重发挥离退休老专家的作用。

（四）加强企业经营管理人才队伍建设

南水北调东、中线一期工程建成通水后转入运行管理阶段，面对激烈的市场竞争环境，急需培养一批职业化、现代化的企业经营管理人才。以创新精神、创业能力和经营管理水平为核心，大力提高企业经营管理人才素质，打造一支思想政治觉悟较高，社会责任感较强，具有市场开拓精神和管理创新能力的高水平的企业经营管理人才队伍。深化企业人事制度改革，加快现代企业制度建设。研究企业经营管理人才成长规律，创造有利于企业经营管理人才成长的环境。完善企业后备人才制度，建立企业经营管理人才库。

五、工作思路和主要措施

（一）完善人才工作管理体制，提高人才工作管理水平

1. 建立党管人才的领导体制

坚持党管人才原则，创新党管人才方式方法，完善党组织统一领导，组织部门牵头抓总，有关部门各司其职、密切配合，南水北调系统广泛参与的人才工作格局。发挥党组织领导核心作用，统筹南水北调工程建设和人才发展，切实履行好管宏观、管政策、管协调、管服务的职责，用事业凝聚人才，用实践造就人才，用机制激励人才，用制度保障人才。党政主要负责人

强化人才意识，提高发现、培养、团结、用好和服务人才的工作水平。建立各级党组织人才工作领导机构和党组织听取人才工作专项报告制度，健全科学的决策机制、协调机制和督促落实机制，形成统分结合、上下联动、协调高效、整体推进的人才工作运行机制。

2. 改进人才管理方式

围绕用好用活人才，完善系统宏观管理、单位自主用人、人才自主择业的人才管理体制。通过多种渠道，加强对党政领导干部特别是主要领导干部、年轻干部的监督和管理，保证他们健康成长。改进宏观调控，推动人才管理职能向创造良好发展环境、提供优质服务转变，运行机制和管理方式向规范有序、公开透明、便捷高效转变。遵循放开搞活、分类指导和科学规范的原则，按照中央要求，稳步推进事业单位和国有企业人事制度改革，创新管理体制，转换用人机制，扩大和落实单位用人自主权，发挥用人单位在人才培养、吸引和使用中的主体作用。

（二）改进人才工作方式，开创人才工作新局面

1. 加强人才工作制度建设

坚持用制度保障人才，建立健全涵盖人才选拔任用、培训教育、监督管理、交流锻炼、考核激励、职业资格评审等人才资源开发管理各个环节的规章制度，推进人才管理工作科学化、制度化、规范化，形成有利于人才发展的制度环境。按照科学发展观要求，认真贯彻落实《党政领导干部选拔任用工作条例》和干部人事制度改革方面的法规文件，进一步深化党政干部人事制度改革。完善干部选拔任用工作制度，不断改进干部选拔任用机制。竞争上岗方式进一步优化党政干部队伍结构，增强干部队伍的生机活力。加大干部选拔任用工作的监督力度，研究建立领导干部选拔任用工作责任追究机制，防止选人用人上的不正之风。注重培养、选拔并合理配备青年干部、女干部和非中共党员干部。按照分类推进事业单位改革的总体要求，全面完成以实行聘用制和岗位管理为主要内容的事业单位人事制度改革，建立与聘用制度相适应的事业单位用人新方式，结合职能任务完成事业单位分类工作，逐步建立起权责清晰、分类科学、机制灵活、监管有力的事业单位人事管理制度。深化国有企业人事制度改革，完善国有企业领导人员管理体制，建立健全符合现代企业制度要求的企业人事制度，逐步建立和完善与社会主义经济体制相适应的人才管理制度。

2. 创新人才评价机制

建立以岗位职责要求为基础，以品德、能力和业绩为导向，科学化、规范化的人才评价机制。完善人才评价标准，克服唯学历、唯资历倾向，对人才不求全责备，注重靠实践和贡献评价人才。建立各类人才能力素质标准，改进人才评价方式，拓宽人才评价渠道。把评价人才和发现人才结合起来，坚持在实践和群众中识别人才、发现人才。研究和建立重在群众认可、体现科学发展观和正确政绩观要求的领导人才考核评价体系，积极推行党政领导班子和领导干部综合考核评价制度。按照干部管理权限，健全包括机关司局级干部、企事业单位领导班子成员在内的办管干部年度考核办法。完善重在业内和社会认可的专业技术人才职业水平评价办法，打破专业技术资格和职务终身制，坚持实行评聘分开，进一步规范开展专业技术资格评审工作。建立以岗位绩效考核为基础的事业单位人员考核评价制度和企业经营管理人才评价考核体系。探索建立在重大工程项目实施和急难险重工作中发现、识别人才的机制，真正使能干事、愿干事、敢干事的人才脱颖而出。

3. 改进人才选拔任用机制

坚持德才兼备，以德为先的用人标准，改进人才选拔使用方式，科学合理使用人才，促进人岗相适、用当其时、人尽其才，形成有利于各类人才脱颖而出、充分施展才能的选人用人机制。深化党政领导干部选拔任用制度改革，完善民主推荐、民意测验、民主评议制度，提高选人用人公信度。探索领导干部能上能下机制，加大年轻干部选拔工作力度，激发干部队伍活力。全面推行事业单位公开招聘、竞聘上岗和合同管理制度。完善事业单位聘用制度和岗位管理制度，健全事业单位领导人员委任、聘任、选任等任用方式。建立组织选拔、市场配置和依法管理相结合的国有企业领导人员选拔任用制度，加大市场化选聘力度。

（三）强化教育培养工作，全面提升人才队伍能力素质

1. 提升党政人才队伍执政水平

以加强党的执政能力建设和先进性建设为核心，围绕理论教育、专业培训和实践锻炼，大规模开展干部培训教育，提高干部能力与素质。大力加强各级领导班子思想、组织和作风建设，促进党政领导干部整体素质的提高。大力加强中青年后备干部的教育培训，选派优秀中青年干部到党校、行政学院、高等院校等各类培训机构进行培训，到国外境外有关机构学习培训，进一步提高组织领导能力、经营管理能力和依法办事能力。深化公务员初任、任职、专门业务和在职培训，提高公务员的业务素质和工作能力。有计划地选派一批骨干到国外、境外学习研修。坚持处级以上领导干部5年内参加脱产教育培训的时间累计不少于3个月，其他干部每年脱产培训累计不少于12天的培训制度。坚持在实践中、在艰苦的环境中培养锻炼干部，完善干部挂职锻炼制度，有计划选派干部到工程沿线各单位进行实践锻炼，提高基层调研能力和处理复杂问题的能力；妥善接收中央各部门、工程沿线各单位推荐选拔的干部到办机关和所属企事业单位挂职锻炼，进一步密切与各部门各单位之间的沟通联系，为干部交流锻炼搭建平台。

2. 提升专业技术人才队伍创新能力

以高层次专业技术人才培养为重点，大力加强专业技术人才队伍建设。充分发挥张光斗优秀青年科技奖、潘家铮奖和中国青年科技奖等学术奖项在培养选拔高层次专业技术人才中的带动作用，坚持有突出贡献中青年专家选拔制度、政府特殊津贴制度，学术、技术带头后备人选培养制度，实施专业技术人才知识更新工程，鼓励专业技术干部参加学习培训，不断提高专业技术水平。

3. 提升企业经营管理人才队伍综合竞争能力

围绕实施人才强企战略，适应提升企业核心竞争力和可持续发展能力的要求，着力提高企业家战略决策能力、经营管理能力、市场竞争能力。加大企业经营管理人才的培养，建立以需求为导向、项目为抓手、市场为重点的人才培养机制，重视在工程项目建设管理中培养人才，积极采取理论培训与实践锻炼、重点培养与全员培训、本地培训与外出培训相结合的办法，对企业经营管理人才进行多形式、多层次、多途径的培训，创新培训手段，增强培训的实效性。

（四）加大人才引进力度，促进人才合理流动

1. 积极实施“走出去”战略，加快人才结构调整步伐

充分发挥南水北调事业的发展优势和人才引进优惠政策，拓宽选人渠道，引进高层次、高

学历的专业技术人才，在重点岗位上发挥学术和技术带头人作用。对于条件艰苦的基层单位或工程一线引进急需人才和专业人才，适当降低学历、资历层次门槛，鼓励大中专毕业生到基层单位或工程一线工作。积极宣传南水北调工程建设的重大意义和发展机遇，加强与著名高校、科研机构的联系，通过聘请顾问、交流讲学、合作研究、共同开发等多种形式吸引科技、经济和管理等方面的学者、专家为南水北调工程建设与运行管理服务；积极选拔派遣行政管理、水利科技和经营管理等方面优秀人才参加国内外学习培训，提高人才国际竞争力和工程管理国际化水平。

2. 积极探索人才流动机制，用活人才

加强对人才流动的政策引导和监督，促进南水北调系统人才资源的合理配置与科学管理。畅通人才流动渠道，积极吸纳各类人才的同时，鼓励人才合理有序流动，变“堵”为“疏”。通过考试、考核等方式，坚持在各大重点院校吸纳品学兼优的大学生，为单位的蓬勃发展注入新鲜血液，建成一支人才梯队，为顺利完成人才交接做好准备。同时，企事业单位根据实际工作需要，通过社会招聘等方式公开公平补充人才。坚持“人尽其才，才尽其用”，鼓励人才在流动中寻找自己的最佳位置，力争通过采取灵活的用人机制，充分发挥人才的潜能，使人才结构趋于合理。

（五）建立健全激励保障措施，充分调动人才的积极性

1. 加大表彰奖励力度

结合南水北调行业特点，建立健全与工作业绩紧密联系、充分体现人才价值、有利于激发人才活力和维护人才合法权益的激励保障机制。坚持精神奖励和物质奖励相结合，对工程建设各个领域有突出贡献的各类人才予以大力表彰。一方面是按照国家有关评比达标表彰工作的规定，规范有序做好南水北调工程建设主要业务先进集体、先进个人评比表彰工作；另一方面统筹做好东、中线一期工程总结表彰，加强同国家表彰奖励办公室的沟通联系，与人力资源社会保障部联合开展东、中线一期工程建成通水先进集体、个人专项表彰活动，为表彰对象积极争取相关优惠政策。

2. 深化收入分配制度改革

建立与事业发展相适应、工作业绩紧密联系、鼓励人才创新创造的分配机制，统筹协调机关和企事业单位收入分配制度改革。建立高层次人才引进与培养奖励资助、工作和生活保障制度。积极稳妥地推进事业单位岗位绩效工资改革和企业负责人薪酬制度改革。建立以经营业绩为核心的国有企业分配体系，健全企业人才激励机制，推动形成合理有序的收入分配格局。逐步建立注重公平、实绩和贡献，向优秀人才、关键岗位和基层一线倾斜，形式多样、自主灵活、秩序规范、监管有力的分配激励机制。

3. 完善福利保障制度

认真落实住房、养老、医疗、保险等社会保障制度；建立定期体检制度，落实“带薪休假”制度，加强一线工作岗位安全保障条件建设，关心优秀人才的工作、学习和生活，充分调动各类人才的积极性、主动性，大力营造以事业留人、以感情留人、以适当的待遇留人的环境，为人才成长和创业提供条件。

六、人才队伍建设主要经验和成效

在党中央、国务院和国务院南水北调办党组的正确指导下，南水北调人才队伍建设坚持以邓小平理论、“三个代表”重要思想和科学发展观为指导，认真贯彻落实中央关于加强人才工作的各项部署要求，提高思想认识，落实工作责任，从南水北调事业发展需要和人才队伍建设实际出发，制定和完善南水北调系统人才发展规划，明确人才发展、目标任务、实施重点和保障措施，积极争取各方的重视和支持，加大对人才队伍建设的指导和监督检查，确保人才队伍建设各项工作落到实处，大批优秀人才脱颖而出、健康成长，为南水北调工程优质高效又好又快建设提供了强有力的人才保障。

（一）人才工作战略地位得到提升

南水北调系统高度重视人才工作，认真贯彻人才工作的各项方针、政策，人才工作位置更加突出，国务院南水北调办机关和各直属单位党组织负责、组织人事部门牵头抓总、有关部门各司其职、密切配合的人才新格局基本形成，统分结合、协调有效的人才工作机制初步建立，人才工作进入稳步发展期。

（二）人才工作政策体系逐步完善

适应新形势新任务的要求，国务院南水北调办先后制定出台了《〈关于贯彻党政领导干部选拔任用工作条例〉的实施意见》（国调办党〔2003〕6号）、《关于进一步加强人才队伍建设意见》（国调办综〔2006〕70号）、《关于加强干部教育培训工作的实施意见》（国调办综〔2006〕29号）等一系列加强人才工作的政策文件，人才工作的制度化、规范化建设不断加强。根据中央组织部、人力资源社会保障部、国家公务员局年度工作会议精神和年度干部教育培训、干部监督、公务员管理等各项工作要点，结合实际，研究制定南水北调年度干部人事工作要点，围绕年度重点工作任务，加强组织领导、细化措施、落实责任，确保实效。

（三）人才队伍素质不断提高

随着工程建设的顺利推进，南水北调人才队伍不断壮大，整体文化素质和学历水平不断提高，年龄结构、专业结构、专业层次进一步优化，业务工作急需紧缺的高水平人才培养引进力度不断加强，中青年干部人才培养数量逐步增加，人才资源分布更加科学合理，为扎实推进南水北调工程建设提供了强有力的智力支持。截至2016年12月底，南水北调系统共有干部职工近2000人，其中办机关干部职工100余人，所属事业单位干部职工近60人，所属企业干部职工1800余人，共有党员近1000人；拥有大学本科以上文凭的干部职工占80%以上，拥有各类专业技术职务任职资格的人员占90%以上，初步形成了结构与层次相对合理的人才队伍体系。

（四）人才发展体制机制充满活力

遵循人才成长规律，不断完善人才引进、培养、使用、评价和激励等方面制度；进一步规范领导干部公开选拔、任前公示、任职试用、竞争上岗、辞职辞退等制度；加强公务员管理，完善考核评价机制，不断提高信息化和科学化水平；以全面实施聘用制和规范岗位设置管理为重点稳步推进事业单位人事制度改革；坚持“公开、平等、竞争、择优”的原则，严格实施“凡进必考”和“公开招聘”的考录制度，努力形成广纳群贤、人尽其才、充满活力、有利于人才脱颖而出的选人用人机制。

（五）人才成长环境进一步优化

国务院南水北调办党组始终高度重视人才工作，科学人才观和人才资源是第一资源的战略思想不断深入人心，人才兴业战略进一步实施，人才工作的战略地位更加凸显，尊重劳动、尊重知识、尊重人才、尊重创造的观念深入人心。通过分层次、按需求开展大规模人才教育培训，加大后备领导干部、年轻干部、优秀青年科技人才、经营管理人才和专业技术人才的培养，逐步形成了有利于优秀人才脱颖而出、健康成长的事业环境，为实现人才资源整体开发和科学合理配置创造了有利条件。

第二节 机 构 建 设

国务院于2003年7月批准设立国务院南水北调建委会于2003年8月设立国务院南水北调建委会的办事机构——国务院南水北调办，级别为正部级，批准编制87人，其中行政编制81人、“两委”人员编制6人。国务院南水北调办成立后，按照主要职责和队伍建设有关规定，搭建起适应南水北调工程建设实际需要的组织机构基本框架，不断加强机构建设。一方面认真做好国务院南水北调办机关各司主要职责、内设处室和人员编制的调整工作，积极开展办机关离退休干部管理机构和纪检监察机构建设调研；另一方面，根据工程建设实际需要，及时组建直属事业单位和项目法人，并做好直属单位主要职责、内设处室（部门）和人员编制的制定和调整工作。

经中央机构编制委员会办公室（以下简称“中央编办”）批准，国务院南水北调办下设三个事业单位，分别是国务院南水北调办政策及技术研究中心（以下简称“政研中心”）、南水北调工程建设监管中心（以下简称“监管中心”）、南水北调工程设计管理中心（以下简称“设管中心”）；共有编制59人，分别为18人、22人、19人。

经国务院南水北调建委会批准，国务院南水北调办负责组建南水北调中线干线工程项目法人，即南水北调中线干线工程建设管理局（以下简称“中线建管局”），负责南水北调中线干线工程的建设与管理。按照国务院南水北调建委会第七次会议精神，批准成立南水北调东线总公司，负责南水北调东线干线工程的运行管理。南水北调组织机构到位并开始履行职责，建设管理模式基本确立，建管体系基本形成。

国务院南水北调建委会作为工程建设最高层次的决策机构，决定南水北调工程建设的重大方针、政策、措施和其他重大问题。国务院南水北调办作为建委会的办事机构，负责研究提出南水北调工程建设的有关政策和管理办法，起草有关法规草案；协调国务院有关部门加强节水、治污和生态环境保护；对南水北调主体工程建设实施政府行政管理。

工程沿线各省（直辖市）成立南水北调工程建设领导小组，下设办事机构，贯彻落实国家有关南水北调工程建设的法律、法规、政策、措施和决定；负责组织协调征地拆迁、移民安

置；参与协调省（自治区、直辖市）有关部门实施节水治污及生态环境保护工作，检查监督治污工程建设；受国务院南水北调办委托，对委托由地方南水北调建设管理机构管理的主体工程实施部分政府管理职责，负责地方配套工程建设的组织协调，研究制定配套工程建设管理办法。

南水北调工程建设组织以南水北调项目法人为指导，包括承担南水北调工程项目管理、勘测设计、监理、施工、咨询等建设业务单位的合同管理和相互之间的协调和联系。建设期间，主体工程的项目法人对主体工程建设的质量、安全、进度、筹资和资金使用负总责；负责组织编制单项工程初步设计；协调工程建设的外部关系。

一、国务院南水北调建委会机构建设情况

（一）成立情况

2003年7月，国务院下发《关于成立国务院南水北调工程建设委员会的通知》（国发〔2003〕17号），明确为确保南水北调工程的顺利实施，解决我国北方地区水资源严重短缺问题，实现黄淮海流域经济社会可持续发展，国务院决定成立由国务院总理温家宝任主任，国务院副总理曾培炎、回良玉任副主任的国务院南水北调建委会。

（二）调整情况

2008年8月，根据国务院机构设置及人员变动情况和工作需要，国务院办公厅下发《关于调整国务院南水北调工程建设委员会组成人员的通知》（国办发〔2008〕44号），对建委会组成人员名单进行调整，由国务院副总理李克强任主任，国务院副总理回良玉任副主任。

2012年2月，国务院办公厅通过国办发〔2012〕11号文件对国务院南水北调建委会组成人员进行了调整。

2013年6月，国务院办公厅通过国办发〔2013〕65号文件对国务院南水北调建委会组成人员作调整，由国务院副总理张高丽任主任，国务院副总理汪洋任副主任。

二、国务院南水北调办机构建设情况

（一）成立情况

2003年8月，国务院办公厅下发《关于印发国务院南水北调工程建设委员会办公室主要职责内设机构和人员编制规定的通知》（国办发〔2003〕71号），批准成立国务院南水北调办（正部级），作为国务院南水北调建委会的办事机构，并明确了国务院南水北调办的主要职责、内设机构和人员编制等。

1. 主要职责

（1）研究提出南水北调工程建设的有关政策和管理办法，起草有关法规草案；负责国务院南水北调建委会全体会议以及办公会议的准备工作，督促、检查会议决定事项的落实；就南水北调工程建设中的重大问题与有关省、自治区、直辖市人民政府和中央有关部门进行协调；协调落实南水北调工程建设的有关重大措施。

（2）负责监督控制南水北调工程投资总量，监督工程建设项目投资执行情况；参与南水北

调工程规划、立项和可行性研究以及初步设计等前期工作；汇总南水北调工程年度开工项目及投资规模并提出建议；负责组织并指导南水北调工程项目建设年度投资计划的实施和监督管理；负责计划、资金和工程建设进度的相互协调、综合平衡；审查并提出工程预备费项目和中央投资结余使用计划的建议；提出因政策调整及不可预见因素增加的工程投资建议；审查年度投资价格指数和价差。

（3）负责协调、落实和监督南水北调工程建设资金的筹措、管理和使用；参与研究并参与协调中央有关部门和地方提出的南水北调工程基金方案；参与研究南水北调工程供水水价方案。

（4）负责南水北调工程建设质量监督管理；组织协调南水北调工程建设中的重大技术问题。

（5）参与协调南水北调工程项目区环境保护和生态建设工作。

（6）组织制定南水北调工程移民迁建的管理办法；指导南水北调工程移民安置工作，监督移民安置规划的实施；参与指导、监督工程影响区文物保护工作。

（7）负责南水北调工程（枢纽和干线工程、治污工程及移民工程）的监督检查和经常性稽查工作；具体承办南水北调工程阶段性验收工作。

（8）负责南水北调工程建设的信息收集、整理、发布及宣传、信访工作；负责南水北调工程建设中与外国政府机构、组织及国际组织间的合作与交流。

（9）承办国务院和国务院南水北调建委会交办的其他事项。

2. 内设机构

根据上述主要职责，国务院南水北调办内设综合司、投资计划司、经济与财务司、建设管理司、环境与移民司和监督司6个职能机构。机关党委设在综合司。

3. 人员编制

国务院南水北调办机关行政编制为70人。其中：主任1人，副主任4人；司局级领导职数21人（含总工程师、总经济师和机关党委专职副书记各1人）。

4. 其他事项

（1）国务院南水北调办对南水北调工程质量、建设进度、资金安全等方面进行全过程监督和经常性稽查，全面承担工程监督职责；发展改革委按照有关规定派出国家重大建设项目稽查特派员，对南水北调工程项目进行外部稽查。国务院南水北调办和国家重大建设项目稽查特派员在监督检查和稽查中发现问题涉及国务院其他部门和有关地方人民政府职责权限的，移交有关部门和有关地方人民政府处理。

（2）国务院南水北调办与水利部的关系：南水北调工程建设期的工程建设行政管理职能由国务院南水北调办承担，南水北调工程的前期工作和工程建成后运行的行政管理职能由水利部承担。

（3）国务院南水北调办机关及直属事业单位经费实行部门预算管理，机关后勤及离退休人员事务由国务院机关事务管理局管理，具体工作由水利部承担。

（二）调整情况

2009年4月，中央编办印发《关于调整国务院南水北调工程建设委员会办公室有关职责和

内设机构的批复》（中央编办复字〔2009〕69号），根据工作需要，对国务院南水北调办有关职责和内设机构进行如下调整：南水北调工程初步设计、重大设计变更的审批和概算核定职责以及国务院南水北调办机关后勤与离退休干部管理工作由国务院南水北调办承担；将环境移民司分设为环境保护司和征地移民司，增加3名司局级领导职数。调整后，国务院南水北调办机关设置综合司、投资计划司、经济与财务司、建设管理司、环境保护司、征地移民司、监督司7个内设机构，机关行政编制仍为71人，其中司局级领导职数24人。

2010年1月，中央编办印发《关于调整南水北调办行政编制的通知》（中央编办发〔2010〕28号），核增国务院南水北调办行政编制10人。

2010年9月，中央编办印发《关于核定国务院南水北调工程建设委员会办公室“两委人员编制”的批复》（中央编办复字〔2010〕284号），核定“两委人员编制”6人。

（三）办机关机构建设情况

按照机构编制管理权限，国务院南水北调办在国务院办公厅和中央编办批复的“三定”方案的总体框架内，研究制定了机关各司“三定”方案，并结合工作需要进行了多次修订。2015年3月，为适应东、中线一期工程建成通水的新形势新任务的要求，国务院南水北调办重点对机关各司主要职责进行调整，并印发《关于调整国务院南水北调工程建设委员会办公室机关各司主要职责内设处室和人员编制的通知》（国调办综〔2015〕28号）予以明确，具体如下。

1. 综合司主要职责、内设处室和人员编制规定

（1）主要职责。组织起草南水北调工程建设有关法规草案和会议文件；组织研究、拟定南水北调工程建设有关政策和管理办法；组织实施机关有关规章制度；负责会议组织、文电管理、秘书事务、机要保密、档案管理和行政后勤等工作；组织南水北调工程建设有关信息、资料的收集、整理、发布和机关电子政务建设；组织南水北调工程建设的宣传，协调重大宣传活动；负责人民来信来访工作；组织协调南水北调工程建设中与外国政府机构、组织及国际组织间的合作与交流；负责机关及直属单位机构编制、人事管理、工资、培训和离退休干部管理等工作；负责机关、直属单位外事和出国（境）人员的审查工作；承办国务院南水北调办领导交办的其他事项。

（2）内设处室。

1）综合处：承办会议文件的起草、会议的筹备组织工作；承办组织拟订机关有关规章制度工作；承办机关总值班室工作，承担同国务院和各有关部委的联络及各有关省市负责同志来办商洽工作的联系和接待工作；承办党组会议、办务会议、主任办公会等会议的组织服务工作；承办机关公文处理、机关机要以及机要文件的运行管理工作；承办机关保密管理工作和机关保密委员会办公室日常工作，指导直属单位的保密工作；承担机关及工程建设档案管理工作，指导直属单位档案工作；负责机关人大建议、政协提案办理的组织工作；负责司内综合事务、司内文电管理工作；管理政务秘书事务；负责机关大事记的编辑工作；负责人民群众来信来访接待处理工作；负责机关后勤、保卫和基建工作；承办司领导交办的其他事项。

2）政策法规宣传处：协调提出并组织实施南水北调工程建设法律法规体系总体规划和立法计划；组织起草南水北调工程建设有关法律法规草案；组织研究或拟定南水北调工程建设有

关政策和管理办法；承办国务院及其各部门起草、审议的法规征求意见的答复工作；归口管理南水北调工程建设法律、法规、政策和管理办法解释及有关问题的答复等工作；负责南水北调工程建设有关信息管理工作以及资料的收集、整理、发布；制定南水北调工程宣传方案，提出对内对外宣传口径，承担南水北调工程日常宣传工作；承办南水北调工程重大宣传活动的组织协调工作；负责南水北调工程网站信息、简讯、杂志、年鉴编辑等的管理工作；组织机关电子政务的规划、建设与管理工作；承办司领导交办的其他事项。

3）人事外事处：制定并组织实施干部队伍建设规划和培训规划，组织开展机关和直属单位干部培训工作；承担机关及直属单位司局级干部、直属单位领导班子的管理工作；承办机关和直属单位的机构编制，机关公务员人事管理、工资、福利、社会保险、人事档案管理等工作；归口管理专业技术职务评审及职业资格管理工作；承办机关离退休干部管理有关工作；承办机关公务员、直属单位领导班子成员出国（境）人员政审工作；承办南水北调工程建设与外国政府机构、组织及国际组织间的合作与交流，协助有关方面办理南水北调工程建设引进资金和技术事宜的组织协调工作；承办机关出国团组计划的编制、执行工作；承办办领导有关出访和外事活动的安排工作以及代表团的派遣及接待工作；承办出国任务的审核、出国人员的外事教育和出国人员的有关管理等工作；承办司领导交办的其他事项。

（3）人员编制。综合司行政编制12人，其中司长1人，副司长2人；内设综合处、政策法规宣传处、人事外事处。

2. 投资计划司主要职责、内设处室和人员编制规定

（1）主要职责。协调南水北调东线二期、西线工程前期工作；管理南水北调工程和直属单位基本建设项目及重大专题、专项的投资计划；承办南水北调工程初步设计、重大设计变更、直属单位基本建设项目及重大专题、专项的审查审批及概算核定工作；承办年度投资计划编制、下达、调整等工作；组织南水北调工程投资静态控制和动态管理工作，承办项目管理预算、年度价差报告审查审批工作；承办南水北调工程投资结余使用计划审查审批工作；承办南水北调工程建设评价和基建、运行管理统计工作；研究制定投资计划管理等相关办法和制度；协调指导南水北调配套工程前期工作；承办办领导交办的其他事项。

（2）内设处室。

1）计划处：协调南水北调东线二期、西线工程前期工作；组织开展南水北调工程建设前期工作有关专题研究；承办南水北调工程前期工作的投资计划管理，及年度投资计划的编制、下达和调整等工作；承办南水北调工程初步设计审查和概算评审组织管理，及初步设计概算核定和初步设计审批工作；承办南水北调工程重大专题、专项审查审批，及重大专题、专项年度投资计划的编制、下达和调整等工作；承办南水北调工程基建投资统计、运行管理统计和建设评价工作；承办直属单位基本建设项目审查审批，及年度投资计划的编制、下达和调整等工作；组织制定南水北调工程初步设计管理及直属单位基本建设项目投资计划管理等相关办法和制度；协调指导南水北调配套工程前期工作；负责司内行政文秘、档案管理及其他综合事务；承办司领导交办的其他事项。

2）投资处：组织开展南水北调工程建设重大问题中有关投资计划管理协调工作；组织开展南水北调工程建设投资计划管理工作，承办南水北调工程年度投资计划编制、下达、调整等工作；组织开展南水北调工程投资静态控制和动态管理工作，承办项目管理预算、年度价差报

告的审查审批工作；承办南水北调工程重大设计变更审查审批工作；承办南水北调工程投资结余使用计划审查审批工作；组织研究拟定南水北调工程投资计划管理相关办法和制度；组织开展南水北调工程建设投资计划管理有关专题研究；组织协调南水北调工程与有关行业、部门投资计划管理相关事宜；承办司领导交办的其他事项。

（3）人员编制。投资计划司行政编制9人，其中司长1人，副司长2人；内设计划处、投资处。

3. 经济与财务司主要职责、内设处室和人员编制规定

（1）主要职责。协调、落实和监督南水北调工程建设资金的筹措、管理和使用；参与研究南水北调工程基金和重大水利工程建设基金的政策，协助督促基金征缴入库；参与研究制定南水北调工程建设投资控制机制和工程建设方案的经济合理性审查；参与制定南水北调工程经济运行机制和供水水价等经济政策；负责组织编制部门预算和年度财务决算，组织实施经批准后的部门预算；负责组织编制南水北调工程竣工财务决算和投资控制考核；负责制定南水北调工程建设资金管理的相关制度和措施；负责机关日常财务管理、会计核算及机关和事业单位资产管理工作；负责企业财务监管、资产监管工作，指导企业建立内部财务管理和会计核算制度；负责组织对南水北调工程及直属单位的财务收支及其有关的经济活动进行审计；配合国家审计机构做好审计工作；承办办领导交办的其他事项。

（2）内设处室。

1）经济处：协调、落实南水北调工程建设资金的筹措、年度资金配置和供应；参与研究南水北调工程基金的政策，协调、督促南水北调工程基金征缴入库；参与研究重大水利工程建设基金的政策，协调重大水利工程建设基金用于南水北调工程建设的资金总规模和年度基金额度，协调督促重大水利工程建设基金征缴入库；负责南水北调工程过渡性资金借款及本息偿还；参与研究制定工程建设投资控制机制和工程建设方案的经济合理性审查；参与研究制定和调整南水北调工程水价政策；参与研究南水北调工程经济运行机制和其他经济政策；负责司内行政文秘、档案管理及其他综合事务；承办司领导交办的其他事项。

2）财务处：负责研究制定南水北调工程建设资金管理的相关制度和措施，起草办机关和事业单位预算、财务、资产等管理制度；负责组织编制部门预算，组织实施经批准的部门预算；负责组织审查并汇总办本级、事业单位、项目法人编制的年度财务决算；监督南水北调工程建设资金的管理和使用；组织对南水北调工程、直属单位的财务收支及其有关的经济活动进行审计；配合国家审计、财政等机关做好审计、财政检查等工作；负责办理用款计划的汇总、申报、请拨款等事项；负责核准设计单元工程完工财务决算及投资控制考核工作；负责组织编制工程竣工财务决算工作；负责办机关日常财务管理、会计核算，办机关和事业单位资产、政府采购统计管理等工作；负责企业财务监管、资产监管工作，指导企业建立内部财务管理和会计核算制度；承办司领导交办的其他事项。

（3）人员编制。经济与财务司行政编制9人，其中司长1人，副司长2人；内设经济处、财务处。

4. 建设管理司主要职责、内设处室和人员编制规定

（1）主要职责。协调、指导、监督和检查南水北调工程建设与运行工作；监督管理南水北调工程建设与运行招标投标；指导监督南水北调工程安全生产管理；组织协调南水北调工程建

设与运行中的重大技术问题研究；组织管理南水北调工程建设与运行科研工作；组织制定南水北调工程建设与运行规章制度、技术标准；承办南水北调工程阶段性验收的组织协调工作及竣工验收的准备工作；组织开展南水北调工程建设与管理体制机制研究工作；承办办领导交办的其他事项。

（2）内设处室。

1）工程管理处：组织制定南水北调工程建设与运行规章制度并监督实施；监督南水北调工程建设程序的执行，审批工程项目的开工；协调管理南水北调工程建设进度计划，组织工程建设进度的监督检查；协调、指导、监督和检查南水北调工程运行工作；承办南水北调工程阶段性验收的组织协调工作及竣工验收的准备工作；组织管理南水北调工程建设与运行动态信息；承办司领导交办的其他事项。

2）技术管理处：指导监督南水北调工程建设与运行安全生产管理，组织开展安全生产检查活动；组织编制南水北调工程建设与运行专用技术标准、规程规范；组织协调南水北调工程建设与运行中的重大技术问题研究；组织管理南水北调工程建设与运行科研工作，指导科技成果应用；组织开展南水北调工程建设与运行经验及技术交流；监督管理南水北调工程建设与运行招标投标活动，管理评标专家库，组织核准工程建设与运行项目分标方案；组织开展南水北调工程建设与管理体制机制研究工作；负责司内行政文秘、档案管理及其他综合事务；承办司领导交办的其他事项。

（3）人员编制。建设管理司行政编制 10 人，其中司长 1 人，副司长 2 人；内设工程管理处、技术管理处。

5. 环境保护司主要职责、内设处室和人员编制规定

（1）主要职责。承办协调落实南水北调工程水源区和受水区“三先三后”有关工作；负责指导、协调、监督南水北调东、中线水源区及沿线生态环境保护、水质安全保障和污染风险防控工作；参与编制并负责协调监督实施南水北调东、中线治污环保及水土保持规划和年度计划；参与审核南水北调治污工程项目建议书、可行性研究报告；参与编制南水北调中线水源区经济社会发展规划和指导实施；监督管理南水北调工程建设项目区环境保护和生态建设工作；参与协调南水北调工程调水区及受水区水资源利用和生态环境监测工作；承担丹江口库区及上游水污染防治和水土保持部际联席会议办公室、对口协作工作领导小组的日常工作；承办办领导交办的其他事项。

（2）内设处室。

1）水污染防治处：参与南水北调有关治污环保规划的编制并协调监督实施；参与编制南水北调中线水源区经济社会发展规划和指导实施；承担丹江口库区及上游水污染防治和水土保持部际联席会议办公室日常工作；承担丹江口库区及上游地区对口协作领导小组日常工作；参与协调南水北调工程影响区环境保护和生态建设工作；承办司领导交办的其他事项。

2）水质安全保障处：指导、协调南水北调工程运行期间的水质安全保障工作；参与协调南水北调工程受水区节水及地下水压采有关工作；参与审核南水北调治污工程项目建议书、可行性研究报告；参与南水北调东线二期、三期及西线工程有关生态环境保护的前期工作；监督管理南水北调工程建设项目区环境保护和生态建设工作；负责司内行政文秘、档案管理及其他综合事务；承办司领导交办的其他事项。

（3）人员编制。环境保护司行政编制9人，其中司长1人，副司长2人；内设水污染防治处、水质安全保障处。

6. 征地移民司主要职责、内设处室和人员编制规定

（1）主要职责。负责指导、协调和监督南水北调工程征地移民规划的编制实施；研究拟订南水北调工程有关征地移民的政策和制度；参与指导、协调南水北调工程征地移民前期工作；指导库区移民安置年度计划工作，参与征地移民投资审查、审批工作；组织、协调、指导南水北调工程征地移民验收工作；研究并协调处置南水北调工程征地移民有关重大问题；参与协调、指导南水北调工程征地移民涉及的文物保护工作；承办办领导交办的其他事项。

（2）内设处室。

1）库区移民处：指导、协调和监督南水北调工程库区移民规划的编制实施；研究拟定南水北调工程库区移民政策和制度；参与指导、协调南水北调工程库区移民前期工作；指导库区移民安置年度计划工作，参与库区移民投资审查、审批工作；组织、协调、指导南水北调工程库区移民验收工作；研究并协调处置南水北调工程库区移民有关重大问题；参与协调、指导南水北调工程涉及的库区文物保护工作；承办司领导交办的其他事项。

2）征地拆迁处：指导、协调和监督南水北调工程征地拆迁安置规划的实施；研究拟订南水北调工程征地拆迁安置政策和实施管理制度；参与南水北调工程征地拆迁前期工作；参与南水北调工程征地拆迁投资审查、审批工作；研究并协调处置南水北调工程征地拆迁安置中的重大问题；协调指导南水北调工程征地拆迁验收工作；参与协调、指导南水北调工程干线影响区文物保护工作；负责司内行政文秘、档案管理及其他综合事务；承办司领导交办的其他事项。

（3）人员编制。征地移民司行政编制9人，其中司长1人，副司长2人；内设库区移民处、征地拆迁处。

7. 监督司主要职责、内设处室和人员编制规定

（1）主要职责。负责南水北调工程建设与运行的监督管理；组织编制南水北调工程建设与运行监督管理规章制度等；组织开展南水北调工程建设质量检查、认证、稽查、信用评价；组织开展南水北调工程运行管理行为和工程实体的检查、认证、稽查、管理评价；组织开展南水北调工程有奖举报工作；组织处置南水北调工程建设与运行重大质量问题；组织开展南水北调工程质量综合评价；协调配合国家有关部门对南水北调工程的稽查；承办办领导交办的其他事项。

（2）内设处室。

1）监督处：组织编制南水北调工程建设质量与运行监督管理规章制度；组织开展南水北调工程建设与运行管理监督检查；组织受理南水北调工程建设与运行管理有奖举报；组织开展南水北调工程建设质量站点监督工作；组织开展南水北调东线、汉江中下游治理工程运行管理评价；组织开展南水北调东线、汉江中下游治理工程质量综合评价；协调处置南水北调东线、汉江中下游治理工程建设与运行重大质量问题；负责司内行政文秘、档案管理及其他综合事务；承办司领导交办的其他事项。

2）稽察处：组织编制南水北调工程建设质量与运行监督管理规章制度；组织开展南水北

调工程建设质量检查、稽查、认证、责任追究；组织开展南水北调工程重要建筑物和典型渠段质量、运行管理监督检查；组织开展南水北调工程建设质量信用评价；组织开展南水北调中线工程运行管理评价；组织开展南水北调中线工程质量综合评价；协调处置南水北调中线工程建设与运行重大质量问题；协调配合国家有关部门对南水北调工程的稽查；承办司领导交办的其他事项。

（3）人员编制。监督司行政编制9人，其中司长1人，副司长2人；内设监督处、稽察处。

8. 直属机关党委主要职责、内设处室和人员编制规定

（1）主要职责。宣传和执行党的路线、方针、政策，宣传和执行中央国家机关工委、国务院南水北调办党组以及本组织的决议，围绕中心任务开展工作，发挥党组织的战斗堡垒作用和党员的先锋模范作用；组织党员干部学习马克思列宁主义中国特色社会主义理论，学习党的路线、方针、政策及决议，学习党的基本知识，学习科学、文化和业务知识，承办国务院南水北调办党组中心组理论学习的具体工作；负责直属机关党组织建设和党员的教育、管理、服务、监督工作，指导做好发展党员工作，组织开展司局级领导干部民主生活会和党员干部组织生活会；协助办党组管理直属机关党组织和群团组织的干部；配合干部人事部门对机关行政领导干部和直属机关党委、纪委领导班子进行考核和民主评议，对机关行政干部的任免、调动和奖惩提出意见和建议；了解掌握干部职工的思想动态，做好思想政治工作，协调并指导直属机关社会主义精神文明建设工作；负责直属机关党建研究和思想政治工作；负责直属机关纪律检查和党风廉政建设工作，组织协调反腐败工作，受理所属党组织党员的检举、控告和申诉，检查处理办直属机关党组织和党员违反党纪的案件，按照干部管理权限审批党员违反党纪的处理决定；领导直属机关工会、共青团、妇工委等群团组织，支持这些组织依据各自的章程独立负责地开展工作；协助办党组做好统战工作；承办上级领导交办的其他事项。

（2）内设处室。办公室（与综合司人事外事处合署办公）：拟定并监督落实党群和思想政治工作年度计划；承担直属机关党的宣传教育工作；承担直属机关组织发展、党员组织关系转递、党内统计和党费收缴、管理和使用工作；承担办党组中心组学习服务工作，起草中心组学习计划和总结报告；承担直属机关党员、入党积极分子的教育培训工作；承办直属机关纪律检查和党风廉政建设工作，组织开展反腐倡廉宣传教育，监督检查反腐倡廉建设责任制落实情况；承办所属党组织党员的检举、控告和申诉，及直属机关党员违法违纪案件查处等有关具体工作；承办统战和侨务工作，联络、协调机关工、青、妇等群团组织有关工作；承办直属机关精神文明建设的具体工作；承办直属机关党委、纪委领导交办的其他事项。

（3）人员编制。直属机关党委行政编制2人，其中，直属机关党委专职副书记1人。

三、国务院南水北调建委会专家委员会机构建设情况

（一）成立情况

为了更好地发挥各方面专家在南水北调工程建设中的作用，完善南水北调工程建设重大问题的科学民主决策机制，确保南水北调工程建设的顺利进行，2004年2月，国务院南水北调工程建设委员会印发《关于成立国务院南水北调工程建设委员会专家委员会的通知》（国调委发〔2004〕1号），批准正式成立国务院南水北调建委会专家委员会（以下简称“专家委员会”），

作为国务院南水北调建委会高级咨询组织。

专家委员会的主要任务是：对南水北调工程建设中的重大技术、经济、管理及质量等问题进行咨询；对南水北调工程建设中的工程建设、生态建设（包括污染治理）、移民工作的质量进行检查、评价和指导；有针对性地开展重大专题的调查研究活动；开展国内外专家的合作，及时反映广大专业人士的意见。

（二）专家委员会章程

2004年5月，国务院南水北调办印发《南水北调工程专家委员会章程》（国调办综〔2004〕19号），进一步明确了专家委员会的组织形式及专家聘任条件和管理方式等内容。

1. 专家委员会的组织形式

（1）专家委员会设顾问2人、主任委员1人、副主任委员3人，分设三个专业组。

（2）专家委员会成员主要由中国科学院、中国工程院、国务院南水北调建委会成员单位推荐产生，并吸收一部分有关勘察设计、科研、教育、施工、环境等单位的知名专家学者。

（3）专家委员会的日常管理工作由秘书处负责，秘书处在秘书长领导下负责专家委员会章程规定职责及专家委员会决议事项的组织落实工作。秘书处设在国务院南水北调办。

2. 专家条件

（1）工程技术、质量管理、移民安置和生态环保等行业的专业带头人，工程设计单位、政府部门、大专院校、科研院所的专家学者。

（2）具有较高的专业理论基础和丰富的实践经验，熟悉本行业的最新技术及发展动态，有较强的调研、分析、评价能力，在所从事的专业有较大成就和突出贡献，具有高级专业技术职称。

（3）热心南水北调工程的建设与管理，关心南水北调工程的发展。

（4）年龄一般不超过70岁，身体健康。

3. 专家的聘任与解聘

（1）专家聘任实行任期制，每届任期三年。

（2）聘任专家由国务院南水北调建委会颁发正式聘书。

（3）专家在聘任期满一个月内未收到续聘通知，即为解聘。

（4）专家聘期内因故不能履行专家的职责，由专家委员会秘书长提出建议解聘报告，经专家委员会主任批准，予以解聘。

（5）本人要求辞聘，视原因同意。

4. 专家的权利和义务

（1）及时了解南水北调工程的工程进展、工作重点。按有关规定阅读资料和文件。

（2）参加南水北调工程重大项目的质量检查、听取有关部门的质量汇报。

（3）参加南水北调工程有关项目（课题）的学术研讨和咨询活动。

（4）定期或不定期提出有关工程施工、移民安置和生态环保建设方面的建议和意见。

（5）专家报酬采取一事一议方式参照国家有关标准确定。

5. 专家委员会的活动形式及经费保障

（1）国务院南水北调办不定期邀请有关专家参与南水北调工程的质量检查、项目（课题）

评审、研讨咨询及作学术报告。

（2）专家委员调研咨询费用由工程管理费或专项研究费解决，质量检查及日常管理费用列入国务院南水北调办预算。

（三）专家委员会组成人员名单

2004 年 2 月，国务院南水北调建委会成立第一届专家委员会，名单如下：

职务	序号	姓名	职称	专业或专长	工作单位	备注
顾问	1	钱正英	院士	水利工程	中国工程院	
顾问	2	张光斗	院士	水利工程	清华大学	
主任	3	潘家铮	院士	水利工程	国家电网公司	
副主任	4	高安泽	教高	水利工程	水利部	
副主任	5	宁远	教高	水利工程	国务院南水北调办	
秘书长	6	张国良（2005 年） 汪易森（2006—2011 年）	教高	水利工程	水利部 国务院南水北调办	
一、工程技术及质量检查专家组 20 人						
委员	1	郑守仁	院士	水利工程	长江水利委员会	
	2	陈厚群	院士	水利工程	中国水利水电科学研究院	
	3	钱七虎	院士	地下工程	总参军事科学委员会	
	4	谭靖夷	院士	工程施工	水电第八工程局	
	5	朱伯芳	院士	水利工程	中国水利水电科学研究院	
	6	周镜	院士	岩土工程	铁道部科学研究院	
	7	曹楚生	院士	水利工程	水利部天津设计院	
	8	葛修润	院士	岩体力学	武汉岩土力学研究所	
	9	马洪琪	院士	工程施工	澜沧江水利开发有限公司	
	10	张超然	院士	水利工程	三峡开发总公司	
	11	陆佑楣	院士	工程管理	三峡开发总公司	
	12	曹克明	设计大师	水利工程	华东勘测设计研究院	
	13	林昭	设计大师	水利工程	水利部天津设计院	
	14	陈德基	勘测大师	地质工程	水利部长江委设计院	

续表

职务	序号	姓名	职称	专业或专长	工作单位	备注
委员	15	蒋国澄	教授	水利工程	中国水利水电科学研究院	
	16	汪易森	教高	水利工程	国务院南水北调办	
	17	马毓淦	教高	工程施工	水利水电规划设计总院	
	18	沈凤生	教高	水利工程	水利水电规划设计总院	
	19	沈日迈	教高	水利机械	江苏省水利厅	
	20	孙荣久	研究员	信息技术	南京自动化研究院	
二、生态环境专家组 8 人						
委员	1	陈志恺	院士	水资源	中国水利水电科学研究院	
	2	刘昌明	院士	水资源	中科院地理所	
	3	孙鸿烈	院士	土壤地理 土地资源	中科院地理所	
	4	金鉴明	院士	环境生态学	国家环保总局	
	5	钱易	院士	环境工程	清华大学	
	6	魏复盛	院士	环境监测	中国环境监测总站	
	7	夏青	研究员	环境标准 规划统计	中国环境科学研究院	
	8	曾肇京	教高	水利规划	水利水电规划设计总院	
三、工程移民专家组 4 人						
委员	1	潘文灿	研究员	工程政策	国土资源部	
	2	甘家庆	教高	工程移民	长江委设计院	
	3	张根林	教高	工程移民	水利水电规划设计总院	
	4	李德刚	高工	工程移民	国务院三峡办	

2011 年 11 月，根据工作需要，经国务院南水北调建委会领导同意，决定成立新一届专家委员会，名单如下：

职务	序号	姓名	职称	专业或专长	工作单位	备注
顾问	1	钱正英	院士	水利工程	中国工程院	
顾问	2	张光斗	院士	水利工程	清华大学	
顾问	3	潘家铮	院士	水利工程	国家电网公司	
主任	4	陈厚群	院士	水利工程	中国水利水电科学研究院	
副主任	5	高安泽	设计大师	水利规划	水利部	
副主任	6	宁远	教高	水利工程	国务院南水北调办	
副主任	7	张野	教高	水利工程	国务院南水北调办	

续表

职务	序号	姓名	职称	专业或专长	工作单位	备注
副主任	8	汪易森	教高	水利工程	国务院南水北调办	
秘书长	9	沈凤生	教高	水利工程	国务院南水北调办	
副秘书长	10	由国文	高工	水利工程	国务院南水北调监管中心	
一、工程技术及质量检查专家组37人						
委员	1	马洪琪	院士	工程施工	小湾水电工程建设管理局	
	2	王梦恕	院士	隧道工程	北京交通大学	
	3	吕志涛	院士	结构力学	东南大学	
	4	孙均	院士	岩土工程	同济大学	
	5	朱伯芳	院士	水利工程	中国水利水电科学研究院	
	6	吴中如	院士	观测	河海大学	
	7	张勇传	院士	水能	华中科技大学	
	8	张超然	院士	水利工程	长江三峡集团公司	
	9	陆佑楣	院士	工程管理	长江三峡集团公司	
	10	周镜	院士	岩土工程	铁道部科学研究院	
	11	郑守仁	院士	水利工程	长江水利委员会	
	12	钱七虎	院士	地下工程	总参军事科学委员会	
	13	曹楚生	院士	水利工程	水利部天津设计院	
	14	葛修润	院士	岩体力学	武汉岩土力学研究所	
	15	韩其为	院士	泥沙	中国水利水电科学研究院	
	16	雷志栋	院士	农田水利	清华大学	
	17	谭靖夷	院士	工程施工	水电八局	
	18	陈德基	勘测大师	地质工程	水利部长江委设计院	
	19	林昭	设计大师	水利工程	水利部天津设计院	
	20	曹克明	设计大师	水利工程	华东勘测设计研究院	
	21	马毓淦	教高	工程施工	水利水电规划设计总院	
	22	王长德	教授	水利工程	武汉大学	
	23	王光伦	教授	水利工程	清华大学	
	24	王振信	教高	隧道工程	上海地铁总公司	
	25	刘祖德	教授	岩土工程	武汉大学	
	26	刘斯宏	教授	岩土工程	河海大学	
	27	孙荣久	研究员	信息技术	南京自动化研究院	
	28	朱尔明	教高	水利工程	水利部	
	29	张镜剑	教授	水利工程	华北水电学院	
	30	沈日迈	教高	水利机械	江苏省水利厅	

续表

职务	序号	姓名	职称	专业或专长	工作单位	备注
委员	31	陈俊丰	教高	工程施工	天荒坪抽水蓄能发电公司	
	32	施济中	教高	观测	上海勘测设计院	
	33	殷宗泽	教授	岩土工程	河海大学	
	34	屠本	教高	水利工程	水利部天津设计院	
	35	崔玖江	教高	地下工程	二炮工程设计院	
	36	彭宝华	教高	桥梁工程	中交公路规划院	
	37	蒋国澄	教授	水利工程	中国水利水电科学研究院	
二、生态环境专家组11人						
委员	1	王浩	院士	水资源	中国水利水电科学研究院	
	2	刘昌明	院士	水资源	中科院地理所	
	3	孙鸿烈	院士	土壤地理土地资源	中科院地理所	
	4	张建云	院士	水文	南京水利水电科学研究院	
	5	陈志恺	院士	水资源	中国水利水电科学研究院	
	6	金鉴明	院士	环境生态学	国家环保总局	
	7	钱易	院士	环境工程	清华大学	
	8	魏复盛	院士	环境监测	中国环境监测总站	
	9	陈效国	教高	环境规划	黄河水利委员会	
	10	夏青	研究员	环境标准规划统计	中国环境科学院	
	11	曾肇京	教高	水利规划	水利水电规划设计总院	
三、工程移民专家组4人						
委员	1	甘家庆	教高	工程移民	水利部长江委设计院	
	2	张根林	教高	工程移民	水利水电规划设计总院	
	3	李德刚	高工	工程移民	国务院三峡工程建设委员会办公室	
	4	潘文灿	研究员	工程政策	国土资源部	

2012年5月，根据工作需要，经国务院南水北调建委会领导同意，决定增补钟登华（院士，天津大学）、吴斌（教授，北京林业大学）、张国良（教授级高级工程师，水利部）三名专家为国务院南水北调建委会专家委员会委员，其中钟登华为工程技术及质量检查专家组委员，吴斌、张国良为生态环境专家组委员。

四、所属事业单位机构建设情况

（一）成立情况

2004年4月，中央编办印发《关于国务院南水北调工程建设委员会办公室政策及技术研究中心等两个单位机构编制的批复》(中央编办复字〔2004〕49号),批准成立国务院南水北调工程建设委员会办公室政策及技术研究中心和南水北调工程建设监管中心。

2005年9月,中央编办印发《关于国务院南水北调工程建设委员会办公室成立南水北调工程设计管理中心的批复》(中央编办复字〔2005〕108号),批准成立南水北调工程设计管理中心。

根据中央编办的批复意见,按照机构编制管理权限,国务院南水北调办分别研究制定了三个中心的"三定"方案。

2004年6月,国务院南水北调办印发《国务院南水北调工程建设委员会办公室政策及技术研究中心和南水北调工程建设监管中心主要职责内设机构和人员编制规定》(国调办综〔2004〕28号),明确政研中心和监管中心"三定"方案。其中,政研中心的主要职责是受国务院南水北调办委托,负责南水北调工程关键技术、投融资计划、移民安置、生态环境、建设资金等重大课题的研究,负责有关政策和技术信息的收集及国外长距离调水工程信息的收集,负责南水北调工程建设的国际交流与合作、参与国务院南水北调办外事工作,参与组织南水北调工程建设政策和技术、工程建设法规和管理办法的研究,参与国务院南水北调办重大专题和特性项目任务书的组织编制及评审,提供调水工程的政策和技术咨询服务等;内设行政秘书处、研究一处、研究二处、国际合作处;人员编制为18人,司局级职数3人,处级职数9人(含总工1人)。监管中心的主要职责是受国务院南水北调办委托,为南水北调工程(包括治污及移民工程)的投资计划管理、建设管理、监督检查和经常性稽查提供技术支持和服务,负责南水北调工程项目技术经济、建设资金、造价的评估,南水北调工程(包括治污工程及移民工程)建设质量检测和质量评价,收集、汇总南水北调工程(包括治污工程及移民工程)建设监管信息,实施南水北调工程(包括治污工程及移民工程)建设质量监督,提供南水北调工程建设技术咨询服务,负责国务院南水北调办有关基础设施和能力建设项目的建议书组织编制及评审等;内设综合管理处、建设监管处、稽察一处、稽察二处;人员编制为22人,司局级职数3人,处级职数9人(含总工1人)。

2005年12月,国务院南水北调办印发《南水北调工程设计管理中心主要职责内设机构和人员编制规定》(国调办综〔2005〕112号),明确设管中心的主要职责是受国务院南水北调办委托,承担南水北调工程初步设计审查,重大设计变更审查,南水北调工程投资静态控制和动态管理,南水北调工程设计有关方案、管理办法的研究编制,南水北调工程规划设计管理、投资管理、建设评价、前期工作信息建设等咨询服务,参与相关部门组织的南水北调工程前期工作、有关研究成果审查、评估,参与相关行业规划、项目建设方案论证及与南水北调工程设计协调等工作;内设综合处、技术管理处;人员编制为15人,司局级职数3人,处级职数6人(含总工1人)。

(二)调整情况

2006年3月,根据工作需要,国务院南水北调办印发《关于调整政策及技术研究中心内设机构和人员编制的通知》(国调办综〔2006〕23号),对政研中心有关职责和机构编制进行如下调整:研究一处、研究二处合并为研究处,增设移民规划处;移民规划处由国务院南水北调办环境与移民司领导,工作对环境与移民司负责。主要职责是:承担组织南水北调东线、中线一

期工程总体可研批复后初步设计阶段水库移民安置规划及其变更的审查等相关工作；承办领导交办的相关事宜。移民规划处事业编制4人。其中：处长1人，副处长1人，处员2人。

2008年2月，根据工作需要，国务院南水北调办印发《关于调整政策及技术研究中心和设计管理中心内设机构和职责的通知》（国调办综〔2008〕17号），将政研中心移民规划处划转到设管中心，相应职责一并转入，政研中心和设管中心原事业编制不变。

2008年3月，根据工作需要，国务院南水北调办印发《南水北调工程设计管理中心主要职责、内设机构和人员编制规定》（综人外〔2008〕38号），将设管中心内设机构调整为综合处、技术管理一处、技术管理二处，处级职务调整为7人（含总工1人）。

2015年3月，为适应东、中线一期工程建成通水的新形势新任务的要求，国务院南水北调办对政研中心、监管中心和设管中心的主要职责和内设机构设置进行调整，并印发《关于调整国务院南水北调工程建设委员会办公室所属事业单位主要职责内设机构和人员编制的通知》（国调办综〔2015〕29号）予以明确，具体如下。

1. 政研中心主要职责、内设及人员编制规定

（1）主要职责。受国务院南水北调办委托，承担以下主要职责：组织开展南水北调工程“三先三后”有关工作的研究；负责组织开展有关南水北调后续工程筹划、中长期发展、经济社会影响等宏观问题专题研究；负责南水北调工程运行管理、生态环保、征地移民等重大课题的研究；负责组织开展国外有关调水工程综合信息的收集、整理与分析研究，承担国务院南水北调办外事服务工作；负责组织编纂《中国南水北调工程建设年鉴》；参与研究南水北调工程建设和运行管理的制度办法；提供调水工程的政策和技术咨询服务；承担国务院南水北调办交办的其他工作。

（2）内设机构。

1）综合处：承担行政事务、公文处理、电子政务、机要保密、档案管理、安全保卫和后勤保障等工作；承办人事管理、工资、福利、社会保险、人事档案管理等工作；负责编制并实施预算，编制年度财务决算，负责日常财务管理、资产管理等工作，配合做好审计工作；承担党务、纪检监察、精神文明以及工、青、妇等群团组织有关工作；承担国务院南水北调办交办的外事服务工作；承担中心领导交办的其他工作。

2）研究一处：组织开展南水北调工程“三先三后”有关问题的研究；负责组织开展南水北调后续工程筹划问题研究；负责南水北调工程对国民经济、社会、生态影响等重要课题研究；负责组织开展南水北调工程运行管理、生态环保、征地移民等综合性课题研究；承担中心领导交办的其他工作。

3）研究二处：负责组织编纂《中国南水北调工程建设年鉴》；参与南水北调工程建设和运行管理有关的法规、制度和办法的研究；负责组织开展国外有关调水工程综合信息的收集、整理与分析研究；提供调水工程的政策和技术咨询服务；承担中心领导交办的其他工作。

（3）人员编制。核定事业编制18人，其中司局级领导职数3人，处级职数7人（其中总工1人）。

2. 监管中心主要职责、内设及人员编制规定

（1）主要职责。受国务院南水北调办委托，承担以下主要职责：承办南水北调水质保护、工程运行监管具体工作；为南水北调工程（包括治污及移民工程）的投资计划管理、建设管

理、监督检查和经常性稽察提供技术支持和服务，承办有关工作；承担南水北调工程项目技术经济、建设资金、造价的评估工作；承担南水北调工程（包括治污工程及移民工程）建设质量检测和质量评价工作；收集、汇总南水北调工程（包括治污工程及移民工程）建设监管方面的信息；承担南水北调工程（包括治污工程及移民工程）建设质量监督的具体实施；承担南水北调工程建设技术咨询服务；承担国务院南水北调办有关基础设施和能力建设项目的建议书组织编制及评审；承担国务院南水北调办交办的其他工作。

（2）内设机构。

1）综合处：承担各种会议的组织工作，负责文秘管理、电子政务、技术档案管理等行政工作；负责人事劳资、党务、纪检监察、内部审计等具体管理工作；负责中心资金的计划、使用、检查与管理以及财务资产的管理；负责行政管理、对外联络与后勤保障工作；承担中心领导交办的其他工作。

2）监管处：负责为南水北调工程运行监管提供技术支持和服务，承办具体工作；承担南水北调工程（包括治污工程及移民工程）建设质量监督的具体实施；负责为南水北调工程（包括治污工程及移民工程）的建设管理、监督检查提供技术支持和服务，承办有关工作；负责南水北调工程（包括治污工程及移民工程）建设质量监督检测和质量评价工作；收集、汇总南水北调工程（包括治污工程及移民工程）建设监管方面的信息；承担中心领导交办的其他工作。

3）稽察处：负责为南水北调水质保护提供技术支持和服务，承办具体工作；负责为南水北调工程（包括治污工程及移民工程）投资计划管理、经常性稽查、专项专业稽查提供技术支持和服务工作，承办具体事项；负责为南水北调工程举报及调查提供支持和服务，承办具体事项；承担南水北调工程稽查专家管理工作；负责收集、汇总南水北调工程稽查信息，编发稽查报告；承担中心领导交办的其他工作。

4）技术处：负责“专家委员会”日常管理工作；负责南水北调工程质量、水质检测试验室建设与日常管理工作；承担南水北调工程质量认证工作；承担国务院南水北调办有关基础设施和能力建设项目建议书的组织编制及评审和项目日常管理工作；承担南水北调工程建设技术咨询服务；承担南水北调工程项目技术经济、建设资金、造价的评估工作；承担中心领导交办的其他工作。

（3）人员编制。核定事业编制22人，其中司局级领导职数3人，处级职数9人（其中总工1人）。

3. 设管中心主要职责、内设及人员编制规定

（1）主要职责。受国务院南水北调办委托，承担以下主要职责：参与南水北调东线二期、西线工程前期工作，参加工程规模、工程方案论证和工程经济分析等相关工作；负责组织南水北调工程初步设计审查、概算评审及相关工作；负责组织南水北调工程初步设计技术复核、重大设计变更审查及相关工作；承担南水北调工程投资静态控制和动态管理相关工作；承担国务院南水北调办信息化管理相关工作；承担南水北调工程完工（通水）技术预验收及竣工验收准备等相关工作；承担南水北调工程档案专项验收和管理相关工作；承担南水北调工程建设评价相关工作；承担国务院南水北调办交办的其他工作。

（2）内设机构。

1）综合处：负责制定中心内部管理相关规章制度；参与研究制定南水北调工程档案管理

相关办法；负责南水北调工程档案专项验收前检查评定；承担南水北调工程档案专项验收的组织、协调等相关工作；参与南水北调工程档案管理相关工作；负责人事劳资、财务和资产管理工作；负责综合性会议组织、文秘管理、保密等工作；负责综合事务管理和对外联络等工作；负责党务、宣传信息、纪检监察等工作；负责行政后勤工作；承担中心领导交办的其他工作。

2）技术管理一处：参与协调南水北调工程规划设计方面问题；参加南水北调工程项目建议书、可行性研究阶段工程规模和工程方案论证及工程经济分析等相关工作；负责组织南水北调工程初步设计、重大设计变更审查工作；负责组织南水北调工程初步设计概算评审和重大设计变更投资审查工作；负责组织南水北调工程初步设计技术复核及相关工作；承担南水北调工程投资静态控制和动态管理相关工作；承担南水北调工程建设投资控制跟踪分析相关工作；承担南水北调工程建设评价相关工作；承担南水北调工程风险分析与评价相关工作；承担中心领导交办的其他工作。

3）技术管理二处：参与研究制定南水北调工程验收相关规章制度；承担南水北调工程完工（通水）技术预验收及验收专家协调组织等相关工作；承担南水北调工程竣工验收准备等相关工作；参与制定南水北调工程信息化规划；负责组织制定南水北调工程信息化标准和规章制度；承担国务院南水北调办信息管理系统建设和运行维护；参与南水北调工程日常运行监管和应急会商管理；负责南水北调工程信息技术支持及信息技术应用研究；承担中心领导交办的其他工作。

（3）人员编制。核定事业编制 22 人，其中司局级领导职数 3 人，处级职数 9 人（其中总工 1 人）。

五、所属国有企业机构建设情况

根据南水北调工程总体规划和分期建设要求，国务院南水北调建委会于 2003 年 11 月制定了《南水北调工程项目法人组建方案》，考虑到历史情况、现状条件以及工程运用功能，对于主体工程，分别组建南水北调东线江苏有限责任公司、南水北调东线干线有限责任公司、南水北调中线水源有限责任公司和南水北调中线干线有限责任公司。其中，南水北调东线江苏有限责任公司和东线干线有限责任公司分别由江苏省在江苏供水公司的基础上、由山东省出资人代表组建。南水北调中线水源有限责任公司委托水利部在汉江水利水电（集团）有限责任公司基础上组建。

南水北调中线干线工程涉及河南、河北、北京及天津，各种关系复杂，有限责任公司的组建需要有关各方反复协调，为满足中线干线工程全面建设需要，由国务院南水北调办先期组建中线建管局，作为工程建设管理的责任主体履行建设期间的项目法人职责。

（一）中线建管局机构建设情况

1. 成立情况

根据国务院南水北调建委会的国调委发〔2003〕3 号文件，经国务院南水北调办批准，中线建管局于 2004 年 7 月 13 日正式成立，并在国家工商行政管理总局登记注册（注册资本 3 亿元）。中线建管局是负责南水北调中线干线工程建设和管理，履行工程项目法人职责的国有大型企业，按照国家批准的南水北调中线干线工程初步设计和投资计划，在国务院南水北调办的领导和监管下，依法经营，照章纳税，维护国家利益，自主进行中线干线工程建设及运行管理和各项经营活动，努力实现筹资、建设、运营、还贷、资产保值增值等目标；根据国务院南水北调建委会二次全会确定的直接建设管理、代建制建设管理和委托制建设管理三种管理模式，对中线干线工程进行建设管理。

中线建管局主要职责：贯彻落实国务院南水北调建委会的方针政策和重大决策，执行国家及南水北调工程建设管理的法律法规，对中线干线工程的投资、质量、进度、安全负责；负责中线干线工程建设计划和资金的落实与管理；负责中线干线工程建设的组织实施；负责组织中线干线工程合同项目的验收；负责为中线干线工程建成后的运行管理创造条件；负责协调工程项目的外部关系，协助地方政府做好移民征地和环境保护工作。转为运行管理后，负责中线干线工程的运营、还贷、资产保值增值等。

2. “三定”方案

2004年10月，国务院南水北调办对中线建管局组织机构和人员编制方案进行了批复，具体如下。

（1）组织机构。根据中线建管局主要职责，局机关内设11个管理部门，分别是：综合管理部、计划合同部、工程建设部、人力资源部、财务与资产管理部、工程技术部、机电物资部、移民环保局、审计部、党群工作部、信息中心。

1）综合管理部：建设管理局行政办事机构，归口管理全局行政事务。负责局长办公会和局内重要活动、会议的组织与协调；负责全局政务的综合协调、督办和检查；负责文秘、公文处理、综合信息和档案管理；负责机要保密和信访工作；负责法律事务工作；负责机关事务管理、办公基地建设和办公机动车辆的归口管理；负责局内外接待和外部公共关系的联络、协调；负责安全保卫工作和社会治安综合治理工作；负责新闻宣传联络和对外发布新闻。

2）计划合同部：负责制订计划、统计、合同、投资控制及招标投标等方面的管理办法；负责组织制定工程建设总体和分年度的投融资计划；负责工程项目的投资控制、价差管理和工程预备费的管理以及提出价格指数建议；负责建立统计信息管理体系，编制、汇总和上报有关统计报表；负责组织或参与编制初步设计报告并报批，参与项目可研等前期工作；建立招标投标管理体系，负责工程项目的招标投标管理工作，承担建设管理局招标委员会办公室的具体工作；负责合同管理工作，组织合同的评审、谈判及签订；负责工程价款结算及重大合同变更和索赔的核定与管理；参与单项工程验收、工程阶段性验收、工程竣工验收和竣工决算工作；负责项目的后评估工作；组织制定所属单位年度生产经营计划和经济责任制，并监督落实与考核。

3）工程建设部：负责南水北调中线干线工程建设实施的组织管理工作，编制工程管理、进度、质量、安全等管理办法；负责开工程序的管理及批准申请，工程总体施工进度计划的编制；负责对工程项目建设管理机构的建设管理行为和监理单位的监理管理行为进行监督检查；负责组建和归口管理直管工程项目部；参与工程建设的招标工作，监督工程合同的执行和管理；负责合同内工程量确认和合同变更的审查；建立质量安全管理体系，监督管理工程建设质量和安全生产工作，承担建设管理局安全生产委员会办公室的日常工作；负责工程施工信息管理工作；负责对工程建设所需主要材料的质量监控；组织制定、上报在建工程安全度汛方案，

并督促检查落实，承担建设管理局防汛领导小组办公室的日常工作；组织对工程施工中的重大施工技术问题进行研究；负责工程施工档案资料的收集、整理、归档工作；组织编制工程建设验收计划和工程竣工验收报告，组织或参与单项工程竣工验收，组织工程阶段性验收、工程竣工验收的准备工作；负责完建工程的接收和运行准备工作。

4）人力资源部：负责组织机构设置与工作岗位分析，制定编制、岗位和定员的方案；负责人力资源的配置与管理工作；负责人事、劳动工资、职工福利等方面相关规定的制定与实施；制定员工考核、奖惩、晋升等有关管理办法并负责日常管理工作；制定人才开发战略，负责职工教育培训和技术职称评审的管理工作；负责职工养老保险、医疗保险、失业保险、工伤保险及女工生育保险的建立与管理；指导监督二级单位的人事与劳动工资工作；协助生产管理部门指导监督安全生产，做好职工的劳动保护工作；负责人事档案的管理工作；负责退休职工的管理工作；负责出国人员政审工作。

5）财务与资产管理部：制定财务管理、会计核算和资金预算管理办法，组织财务管理和会计核算工作；负责工程建设资金的筹集、管理、使用和监督检查；编制年度建设资金预算，承担建设管理局资金预算管理委员会办公室的日常工作；办理工程价款的结算及支付；按月、季度编制会计报表，按年度编制会计决算报告，对外提供相关信息资料；负责资产的价值形态管理和局本部机关部门经费预算及日常财务的管理；参与工程项目概算、预算的审查及决算编制的组织工作；参与工程项目招标文件、项目变更合同的审查及单项工程验收、工程阶段性验收和工程竣工验收工作；参与经济责任制的制定和考核工作；负责财务人员的管理和后续教育工作。

6）工程技术部：负责南水北调中线干线工程建设前期及实施阶段的技术管理工作，组织或参与初步设计阶段和工程实施阶段重大技术问题的研究；参与可行性研究阶段设计文件的审查、评估，组织或参与初步设计阶段设计文件的审查；制定工程实施阶段的勘测、设计、科研的有关规定和要求；参与招标投标工作，负责对招标设计阶段技术方案、工程量、分标方案的审定；组织编制工程技术标准和规定（包括质量控制标准和要求），并监督执行；负责施工图阶段设计文件的质量管理；负责科研项目的管理和科技成果的推广应用；负责“四新成果”和专利等科技成果的归档管理；负责国际合作与技术交流的有关事宜；负责技术专家咨询的组织工作；参与单项工程验收、工程阶段性验收和工程竣工验收。

7）机电物资部：负责制定机电、物资、设备管理办法；编报机电、物资招标投标计划，管理机电、电力、通信、控制等设备的设计、技术和招标工作；对机电设备的采购、监造、交付、安装、调试和验收工作进行监督并提供技术服务；负责机电设备的安全管理工作；负责和监督工程建设所需主要材料的招标管理和供应管理工作，建立主要材料的全过程质量保证体系；负责机电等设备监理的管理工作；负责设备购置的报批及固定资产实物形态的管理。

8）移民环保局：负责中线干线工程建设的移民安置、土地征用、环境保护和文物处理工作；组织调查核实工程占地实物指标，审查移民安置规划，组织或参与移民安置规划变更的初步审查；编报移民安置、土地征用、环境保护工作计划，监督检查计划执行和资金使用情况，协调移民搬迁安置过程中的有关问题；负责办理工程占地的土地征用手续，协助地方办理移民安置土地征用手续；管理、协调工程项目区环境保护和生态建设工作，组织相关工程的招标投标工作；协调、监督工程影响区文物处理工作；负责委托征地补偿、移民安置、环境保护、水土保持及文物处理的监理、监评、补充设计移民安置效果评估工作；参与配合工程的移民、环境保护、水土保持和文物处理的验收工作；协助地方做好移民环保方面的政策宣传和信访工作。

9）审计部：负责监督检查遵守法律法规、执行上级决策的情况；依法对工程建设资金的使用、工程建设成本和费用支出及国有资产使用情况等进行审计监督；对大宗物资的采购以及工程招标活动的全过程进行监督检查，负责单位的内部审计工作；对干部任期内经济责任的履行和部门、单位内部控制制度执行的有效性进行审计评价。

10）党群工作部：负责党的路线、方针政策的宣传工作；负责党的组织建设工作和党员的发展、教育和管理工作；负责党风廉政建设及查处党员、干部违反党纪、政纪案件，按照有关规定对领导干部实行监督；纠正部门不正之风；负责精神文明建设、企业文化建设工作；负责共青团组织日常工作；负责机关职工代表大会的组织及日常工作；组织职工依法参与民主管理和民主监督；协调劳动关系，维护职工合法权益。

11）信息中心：制定近期和远期信息技术的应用与发展规划；负责信息系统的设计、开发和维护工作；参与签订并负责管理与信息技术有关的合同；负责员工的信息技术培训；负责建立和维护自动化办公体系。

（2）人员编制。建设管理局机关编制为139人。其中局长1人，副局长4人；总工程师、总经济师、总会计师、纪检组长各1人。各部门编制为：综合管理部19人，计划合同部18人，工程建设部24人，人力资源部9人，财务与资产管理部16人，工程技术部12人，机电物资部6人，移民环保局11人，审计部6人，党群工作部5人，信息中心4人。

3. 调整情况

2006年10月，根据南水北调中线干线工程建设需要，国务院南水北调办印发《关于同意设立南水北调中线干线工程建设管理局河北直管项目建设管理部的批复》（国调办综〔2006〕107号），批准中线建管局设立“河北直管项目建设管理部”，在河北省石家庄市工商管理机构注册登记为“非企业法人分支机构”，机构人员与临时派出机构漕河建管部为一套管理人员，由中线建管局授权独立开展工作。

2007年11月，根据南水北调中线干线工程建设需要，国务院南水北调办印发《关于同意南水北调中线干线工程建设管理局穿黄建管部更名的批复》（国调办综〔2007〕148号），批准中线建管局设立“河南省直管项目建设管理部”，在河南省郑州市工商管理机构注册登记为“非企业法人分支机构”，机构人员与临时派出机构穿黄建管部为一套管理人员，由中线建管局授权独立开展工作。

2008年2月，根据南水北调中线干线工程建设需要，国务院南水北调办印发《关于同意成立南水北调中线干线工程建设管理局天津直管项目建设管理部的批复》（国调办综〔2008〕23号），批准中线建管局设立“天津直管项目建设管理部”，作为中线建管局派出机构，代表项目法人负责中线天津干线工程项目建设实施的组织管理工作。

2008年7月，随着南水北调中线干线京石段应急供水工程基本建成，中线干线工程全面开工，中线建管局所承担的工程建设和先期完工项目运行管理任务日益繁重，国务院南水北调办印发《关于南水北调工程建设管理局成立工程运行管理部的批复》（国调办综〔2008〕117号），

批准中线建管局设立“工程运行管理部”。

2009年4月，为进一步加强南水北调中线干线工程纪检工作，国务院南水北调办印发《关于南水北调中线干线工程建设管理局成立监察部的批复》（国调办综〔2009〕56号），批准同意中线建管局成立监察部，与党群工作部合署办公，监察部部长（副部长）由党群工作部部长（副部长）兼任，2名专职纪检监察工作人员，编制在原有编制内调剂。

2009年6月，根据南水北调中线干线工程建设需要，进一步提高管理效率，国务院南水北调办印发《关于南水北调中线干线工程建设管理局直管建管部机构设置和人员编制的批复》（国调办综〔2009〕104号），批准同意中线建管局对各直管建管部（除惠南庄直管建管部外）的机构设置和人员编制进行调整，主要是将建管部原来的工程管理处按照工程标段分设成若干现场工程管理处，与建管处其他处室平行设置，本着机构精简的原则，批准河北直管建管部编制为78人，设部长1人，副部长3人，下设7个处；天津直管建管部编制为39人，设部长1人，副部长2人，下设6个处；河南直管建管部编制为113人，设部长1人，副部长4人，下设7个处；惠南庄直管建管部机构设置和人员编制维持不变，编制为51人。

2011年3月，为满足中线京石段工程（河北境内）接管后的运行管理工作，国务院南水北调办对中线京石段工程（河北境内）运行管理机构设置和人员编制及配备方案进行批复（国调办综〔2011〕51号），同意中线建管局按照工程运行管理机构按三级设置的要求，在河北直管建管部的基础上组建河北境内二级管理机构，即河北分局（分公司），下设9个职能处室，编制152人；京石段工程（河北境内）三级管理机构按9个管理处设置（含西黑山管理处），编制492人。

2011年4月，为进一步加强南水北调宣传工作，国务院南水北调办印发《关于南水北调中线干线工程建设管理局成立南水北调宣传中心的批复》（国调办综〔2011〕66号），批准中线建管局设立南水北调宣传中心，具体工作由国务院南水北调办机关综合司联系指导。南水北调宣传中心总编制12人，设主任1人，副主任1人，按照中线建管局部门正副职管理。下设新闻宣传部、网络部、《中国南水北调》编辑部，增加中线建管局机关编制10人，其余2人在原有编制内调剂。

2011年9月，考虑到中线河南省境内工程战线长、控制性工程多、技术复杂、建管难度较大，是决定中线干线工程总体目标能否按期实现的关键，为进一步加大监督管理力度，确保工程质量安全，加快推进工程建设进度，国务院南水北调办印发《关于调整中线建管局河南直管建管机构的批复》（国调办综〔2011〕247号），批准中线建管局对河南直管项目建设管理部的机构设置和人员编制进行调整，将河南直管项目建设管理部更名为河南直管项目建设管理局，设局长1人，副局长5人，下设9个处，编制调整为178人，新增65人。

2012年4月，为满足中线干线工程建设与运行维护的需要，国务院南水北调办印发《关于南水北调中线干线工程建设管理局机构编制调整的批复》（国调办综〔2012〕72号），撤销中线建管局工程建设部、信息中心，增加内设工程管理部、质量安全部，增设信息工程建设管理部为直管建管单位，调整后，内设机构13个，直管建管单位5个。增加中线建管局编制169人，其中机关8人，直管建管单位161人（用于增加河南直管建管局136人，核定信息工程建设管理部25人）。调整后，中线建管局共有编制1203人，机关157人，直管建管单位1046人（其中河北建管部644人，河南建管局314人，天津建管部39人，惠南庄建管部51人，信息工程建管部25人）。

2012年8月，为进一步加强南水北调中线水质保护工作，国务院南水北调办印发《关于南水北调中线干线工程建设管理局成立南水北调中线水质保护中心的批复》（国调办综〔2012〕208号），批准中线建管局成立中线水质保护中心，业务工作由国务院南水北调办机关环境保护司联系指导；新增中线建管局水质保护中心编制4人，中心主任由移民环保局局长兼任；增设副主任1人，按照中线建管局部门副职管理。

2012年10月，为满足中线干线待运行期工程管理维护和运行管理机构筹备工作的需要，国务院南水北调办印发《关于南水北调中线干线待运行期运行管理机构编制的批复》（国调办综〔2012〕251号），批准同意中线建管局工程运行管理部总编制40人，职数为正职1人、副职2人；相应增加局机关编制18人，部门副职1人，其余所需编制在原有机关编制内调剂。增加河南直管建管局编制130人，承担河南段工程及陶岔枢纽待运行期管理维护和运行筹备工作；同意关于惠南庄、天津及河北直管建管单位待运行期运行管理机构及职能的调整意见。调整后，中线建管局总编制1355人，含机关179人、直管单位1176人。

2014年10月，为满足中线干线运行初期的工作需要，国务院南水北调办印发《关于中线建管局通水运行初期职能编制的批复》（国调办综〔2014〕278号），批准同意增加中线建管直管建管单位编制118人，用于配备运行管理专业人员。其中河南直管建管局69人、河北直管建管部31人、天津直管建管部18人。

2015年5月，为适应中线干线转入全线通水运行的实际需要，国务院南水北调办印发《关于南水北调中线干线工程建设管理局组织机构设置及人员编制方案的批复》（国调办综〔2015〕54号），批准同意中线建管局按三级设置运行管理机构，其中一级管理机构内设综合管理部、计划发展部、人力资源部、财务资产部、科技管理部、审计稽察部、党群工作部（监察部）、工会工作部、宣传中心、档案馆、总调中心、工程维护中心、信息机电中心、水质保护中心（移民环保局）、质量安全监督中心等15个部门（中心）。二级管理机构设渠首、河南、河北、天津和北京5个分局。批准同意中线建管局运行期总编制1819人，其中一级管理机构197人，二级管理机构320人，三级管理机构1302人；局领导班子职数9人（包括局长1人，副局长4人，总工程师、总经济师、总会计师、纪检组长各1人），部门正职领导职数27人（机关21人，分局5人，保安服务公司1人），部门副职领导职数46人（机关26人，分局19人，保安服务公司1人）。

（二）南水北调东线总公司机构建设情况

1. 筹备组成立情况

2012年9月，为贯彻落实国务院南水北调建委会第六次会议精神，为东线一期工程如期建成通水、安全有效运行提供有力的组织保障，国务院南水北调办决定成立南水北调东线工程运行管理机构筹备组，开展南水北调东线运行管理有关筹备工作。设筹备组组长1人，副组长1人，筹备组下设综合组、财务组和工程组。筹备组主要工作任务：根据批准的组建方案提出东线运行管理机构的主要职责、组织机构和人员编制，按程序报批；协调、落实前期筹备工作经费和机构组建开办经费的筹措、管理和使用；组织编制内部管理制度，组织拟订东线工程运行管理的有关制度和办法；负责编制东线工程通水前运行管理工作计划并组织实施；组织开展东线工程供水调度及水量、水质监测等方案研究工作；参与东线工程专项验收及设计单元工程完工验收，了解工程建设及运行现状，做好工程有关技术文件、档案资料的收集和整理工作；参

与组织、协调部分未开工建设项目的有关事宜等。

2. 南水北调东线总公司成立情况

2014年9月，国务院南水北调办印发通知（国调办综〔2014〕263号），批准成立南水北调东线总公司（以下简称“东线总公司”）。2014年10月11日，东线总公司在国家工商行政管理总局登记注册（注册资本100亿元）。

2014年11月，国务院南水北调办印发《关于南水北调东线总公司主要职责、内设机构和人员编制规定的批复》（国调办综〔2014〕300号），对东线公司“三定”方案进行批复，具体如下。

（1）主要职责。统一管理东线一期新增主体工程，负责全线工程运行、偿还贷款和维修养护，组织尾工施工建设；负责与受水区人民政府授权的单位签订供水合同；负责输水沿线关键断面水质内部监控，协助做好水质保护工作；负责做好供用水计量，及时向有关部门及受水区人民政府通报用水情况；按照水量调度有关要求做好相关工作，参与协调省际供水有关事宜；负责从事与供水工程有关业务的开发和经营；负责经营、管理东线工程新增国有资产，承担保值增值责任；承担国务院南水北调办交办及有关部门委托的其他工作。

（2）内设机构。根据东线公司主要职责，东线公司内设7个职能部门，分别是：综合管理部、计划资产部、财务部、人力资源部、工程运行部、监察审计部、党委办公室。

综合管理部承担总公司政务、后勤管理有关工作，负责文秘综合、督办检查、新闻宣传、法律信访、行政后勤、外事管理等工作。

计划资产部负责制定总公司发展战略及年度生产经营计划，监督计划执行情况；负责编制年度工程投资计划，组织项目前期论证分析；负责公司科学技术开发管理；负责项目招标和合同管理；负责国有资产经营管理，拟订国有资产保值增值考核指标并监督实施；负责统计工作，对总公司的经济运营状况进行综合分析。

财务部负责财务会计管理，拟订各种财务收支预算，做好会计核算和现金出纳、资金结算工作；负责应税项目的申报和核算工作；负责公司的资金筹集、使用和管理，负责水费计收工作；指导监督下属企业开展财务工作。

人力资源部负责制定公司人力资源发展规划，承担机构编制、人事管理相关工作；负责拟定薪资分配制度、工资总额计划；负责绩效考核方案的拟订和组织实施；负责员工社会保险和福利管理；负责人事档案管理工作；指导下属企业开展人力资源管理工作。

工程运行部负责组织工程调度运行，编制工程调度计划；指导工程运行生产，组织编制工程运行、安全生产管理规范并监督落实；负责实时监视水位、水量、水质和工程运行情况，汇总各项运行生产指标完成情况；负责办公、总调度系统的控制运行和维护工作；负责基本建设管理，组织东线一期未完工程及后续工程建设；负责完建工程接收，参与工程验收工作；负责建立健全工程管理制度，编制工程年度维修养护计划；负责工程监测和设备更新改造工作。

监察审计部负责纪检、监察工作，监督检查党风廉政建设和经济责任制执行情况；负责内部审计工作，对财务收支、经营活动和管理过程进行审计监督。

党委办公室承担党的建设、群团等有关工作，负责机关党建、统战、工会、共青团、妇女和精神文明建设等工作。

（3）人员编制。东线公司总编制80人。其中，总经理1人，副总经理4人，总工程师、总经济师和总会计师各1人。综合管理部编制13人，其中部长1人，副部长2人。计划资产部编制15人，其中部长1人，副部长2人。财务部编制7人，其中部长1人，副部长1人。人力资源部编制7人，其中部长1人，副部长1人。工程运行部编制19人，其中部长1人，副部长2人。监察审计部编制6人，其中部长1人，副部长1人。党委办公室编制5人，其中部长1人，副部长1人。

第三节 队 伍 建 设

人才是实现南水北调通水目标最重要的战略资源，是南水北调事业发展的第一要素，也是南水北调工程优质高效建设的根本保障。国务院南水北调办自成立以来，始终坚持贯彻落实科学发展观和党管人才的原则，以科学化、民主化和制度化为根本方向，大力实施人才战略，切实加强人才选拔任用、教育培养和监督管理。加强人才队伍建设既统筹考虑促进工程建设、优化队伍结构等工作目标，也充分考虑人才队伍成才进步的内在需求；既不断健全科学管用的选人用人机制，体现公开、公平、公正，努力把政治思想坚定、作风纪律优良、工作实绩突出，能干事、会干事、干成事的优秀人才选拔上来，又树立以人为本的理念，注重关怀培养人才，充分调动人才队伍的积极性、主动性和创造性。经过十多年的实践和积累，国务院南水北调办统筹抓好领导人才、企业经营管理人才、专业技术人才等队伍建设，培养造就了一支规模宏大、政治可靠、业务过硬的高素质人才队伍，为南水北调事业的发展奠定了坚实的人才基础。

一、机关人才队伍建设

（一）构建科学管理体制，加强队伍建设组织领导

1. 坚持党管人才原则

切实加强党对人才工作的领导，将人才工作列入党的重点工作，主要领导亲自抓，分管领导具体抓，在完善工作格局、健全工作机制、创新工作方式方法上下功夫；探索建立能上能下、能进能出、有效激励、严格监督、竞争择优、充满活力的用人机制；完善干部人事工作统一领导、分级管理、有效调控的宏观管理体系；形成符合机关、事业单位和项目法人不同特点的、科学的分类管理体系；健全干部人事管理制度体系，有效遏制了用人上的不正之风和腐败现象。

2. 加大对人才工作的投入

牢固树立人才投入优先的观念，加大对人才工作全面发展的投入。各单位把人才工作经费纳入年度预算，并根据业务发展需要逐步加大对人才队伍建设的投入，用于人才的引进、培养和使用。充分挖掘潜力，多渠道筹集资金，根据不同领域人才的实际要求，采取重点支持的办法，加大对高层次人才和紧缺人才的引进培养以及基层人才的开发使用，为各类人才的培养提供必要的支持。

3. 扩大人才工作舆论宣传力度

充分利用国务院南水北调办主办的《中国南水北调》报、中国南水北调网站以及中央、地

方各大新闻媒体，积极宣传南水北调人才政策和人才工作的主要做法。同时，利用中国南水北调网站及时公布干部任免情况，增强干部人事工作的透明度。《中国南水北调》报、中国南水北调网站等办属新闻媒体充分发挥宣传导向作用，大力宣传党和国家以及国务院南水北调办的人才队伍建设思路，宣传优秀人才的先进事迹和培养优秀人才作的先进经验，为南水北调人才队伍建设营造了良好的舆论环境。

4. 建立人才工作目标责任制

各级党组织主要领导提高对新形势下加强人才队伍建设重要性和紧迫性的认识，不断解放思想，更新观念，切实加强对人才工作的领导，把人才队伍建设摆上重要议事日程，纳入领导责任制。建立各级党组织听取人才工作专项报告制度，每年要召开专项会议研究和解决人才队伍建设中遇到的新情况、新问题，提出对策与方法，确保人才队伍建设各项工作任务真正落实到位。结合工作实际，研究制定人才中长期规划，明确发展目标和思路。

5. 加大检查和考核力度

干部人事部门负责牵头抓总，国务院南水北调办人事部门切实履行职责，采取多种加强对人才队伍建设进行宏观统筹、分类指导、组织协调和督促检查。各有关部门各司其职，密切配合，形成抓人才工作的合力。将人才工作纳入领导干部综合考核指标体系，作为考核各级领导干部尤其是一把手工作业绩的重要内容。

（二）统筹抓好各类人才队伍建设

1. 加强领导干部队伍建设

政治路线确定之后，干部就是决定因素。选好选准干部关系南水北调事业兴衰成败。国务院南水北调办认真贯彻《党政领导干部选拔任用工作条例》，坚持德才兼备、以德为先的标准，坚持群众公认和注重实绩的原则，围绕又好又快实施南水北调工程建设与运行管理，选好用好人才，以提高素质、优化结构、改进作风、增强能力为重点，选好配强领导班子，加强各级领导班子思想政治建设、组织建设、作风建设、制度建设和廉政建设。建立健全科学规范的领导干部选拔任用制度，形成富有生机与活力的选人用人机制，注重考察考核干部的立场、品德和作风，特别是关键时刻的表现，切实将想干事、能干事、干成事，在工程建设中奋发有为的干部及时选拔到领导岗位上来。进一步优化党政领导干部的年龄、知识和专业结构，把各级领导班子建设成为政治坚定、求真务实、开拓创新、勤政廉政、团结协调、奋发有为的坚强领导集体，打造了一支具有强烈的事业心和政治责任感，有实践经验，有胜任领导工作的组织能力、文化水平和专业知识的领导干部队伍。

2. 加强公务员队伍建设

公务员队伍素质直接影响领导水平和执政能力，决定行政管理的水平和效率。加强公务员队伍建设是提高南水北调工程建设行政管理的内在要求，也是提高人才队伍凝聚力和战斗力的迫切需要。国务院南水北调办认真贯彻实施公务员法，积极推进公务员制度建设，依法管理好公务员队伍。以思想政治建设为根本，以能力建设为重点，开展公务员职业道德建设，按照严格依法办事和提高行政效率的要求，进一步提高公务员依法行政能力、学习创新能力和处理复杂问题能力。按照公务员法及其配套政策法规，全面实施录用、考核、职务任免、职务升降、奖励、惩戒、培训、交流与回避、工资福利保险、辞职辞退、退休、申诉控告等各项管理制度，保持公务员队伍的稳定。不断提高公务员队伍的政治素质，加强作风建设，促进勤政廉政，提高工作效能，努力建设忠诚、干净、担当的公务员队伍。

3. 加强企业经营管理人才队伍建设

按照德才兼备的原则，努力建设一支通施工、懂法律、善经营、会管理的复合型人才队伍。严格按照项目法人责任制、招标投标制、建设监理制和合同管理制要求实施市场准入，优化企业经营管理人才资源配置，建立符合企业特点的考核评价制度，健全企业经营管理人才经营业绩评价指标体系，完善企业后备人才储备，探索有利于企业经营管理人才成长的新机制。加强企业经营管理人才培训，提高战略管理和经营管理能力。严格组织选拔企业领导人员，健全企业经营管理者聘任制、任期制和任期目标责任制，规范薪酬管理。完善薪酬管理制度、协议工资制度和股权激励等中长期激励制度。

4. 加强专业技术人才队伍建设

强化南水北调工程建设急需的建设管理、投资计划、施工技术、运营管理、经济财务、合同管理、项目稽查、环境保护、移民征地、国际合作等领域高级人才和急需人才的引进和培养。鼓励干部、职工利用业余时间进行自学，积极参加专业技术资格评审和考试，进一步扩大专业技术人才队伍规模，提高专业技术人才创新能力。完善专业技术人才收入分配、激励和保障机制，拓展职业发展空间，营造“尊重知识、尊重人才”的良好事业环境。积极做好张光斗优秀青年科技奖、潘家铮奖、中国青年科技奖、百千万人才工程人选以及中国科学院、中国工程院院士以及水利其他学术奖项人选的提名推荐工作。加大优秀科技人才科研项目资助，加强政策研究科研项目管理，促进科技成果向现实生产力转化，为“建设世界一流工程”提供有力的人才保障。

推行“个人申报、评委会评审、单位聘用、组织调控”的职称评聘工作模式，规范专业技术职称评审工作。坚持评聘分开的原则，科学设置专业技术岗位，制定切实可行的专业技术职务聘任办法，规范聘任程序，破除论资排辈，取消专业技术职务终身制，打通专业技术人员晋升通道，充分调动干事创业的积极性。强化聘后管理，加强任期考核，把考核结果作为晋升、奖惩的主要依据，充分发挥职称评聘对科技人才成长的激励导向作用。推进专业技术人员职业资格证书制度，对从事南水北调工程建设的人员要实行市场准入，要符合规定的资质条件，要在注册工程师、质量监督人员、信息技术工程师、招投标师、各类经纪人等专业技术人员中，执行职业资格证书制度。

5. 不断健全和完善专家库

完善重大决策的规则和程序，发挥专家委员会的作用，实行专家咨询制度，对事关南水北调工程建设全局的重大问题，坚持充分听取专家意见，不断提高决策的科学化、民主化水平。加强同中国科学院、中国工程院等专家管理部门以及高校的联系，充分利用社会资源，多渠道建立专家信息反馈系统，加强与各领域专家的交流，吸收专业经验，发挥专家在重大决策中的参谋咨询作用。同时加强与外国专家局的联系，发展与国外专家的合作，做好国外引智工作，拓宽工程建设的视野。建立和完善领导干部联系专家制度，及时掌握专家有关情况，做好专家服务工作，密切沟通联系。

6. 加强后备人才队伍建设

突出抓好各类后备人才队伍建设，引导和督促各单位加强对后备人才队伍的培养，确保南

水北调事业健康持续发展。选拔一批年轻、文化水平高、思想素质好、能担当重任的优秀人才进行跟踪培养，通过选派参加高层次的学习培训，让他们丰富经验、拓宽视野、增长才干。注重抓领导干部、企业经营管理、专业技术等各类后备人才的引进和培养，鼓励和支持通过社会公开招聘、公开选拔、竞争上岗等多种方式选拔和配备一批复合型后备人才，保持人才培养的连续性。加大培养优秀年轻干部力度，遵循年轻干部的成长规律，以坚定理想信念、加强党性修养和弘扬优良作风为核心，全面提高年轻干部的思想政治素质；坚持重在实践锻炼的培养方针，有计划地选派年轻干部到工程一线挂职锻炼，为年轻干部创造更多机会，提高解决实际问题和驾驭复杂局面的能力。逐步建立完善优秀年轻干部破格提拔工作机制，及时发现使用年轻干部中能够担当重任的优秀人才，科学优化领导班子年龄结构，实行老中青结合的梯次配备，激励年轻干部奋发进取，充分调动干部队伍干事创业的积极性。

7. 加强干部人事部门自身建设

树立公道正派的工作理念，健全讲党性、重品行、作表率长效机制，突出加强理想信念教育、优良传统教育、公道正派教育，引导组工干部增强忧患意识、创新意识、宗旨意识、使命意识，带头服务大局、带头改进作风、带头学习实践、带头严格要求，把干部人事部门建设成为党性最强、作风最正、工作出色的部门。加强业务培训，注重提高组工干部准确掌握和执行干部人事政策法规的能力，研究解决组织人事工作中重点难点问题。严格按组织原则办事，按党组要求办事，按规章制度办事，坚持严于律己、从严要求。对干部真情关怀、真心爱护、真诚帮助，营造团结和谐的良好事业环境。结合工作实际，不断完善干部人事工作制度，形成管理规范、衔接有序、协调通畅、运转高效的工作机制，推进干部人事工作制度化、规范化、程序化，努力提高干部人事工作科学化工作，更好地服务南水北调工程建设大局。

8. 历年办管干部任免情况

2003年9月12日，国务院南水北调办以办任〔2003〕1号文，任命王志民为综合司司长；卢胜芳为综合司副司长；刘春生为投资计划司司长；朱卫东为经济与财务司副司长；李新军为建设管理司副司长；张力威为环境与移民司司长；汪易森为监督司副司长。

2003年10月24日，国务院南水北调办以办任〔2003〕2号文，任命汪易森为总工程师（正司级）（试用期一年），免去其监督司副司长职务；朱卫东为经济与财务司司长（试用期一年）；李新军为建设管理司司长（试用期一年）；彭克加为综合司副司长（试用期一年）；孙平生为投资计划司副司长（试用期一年）；李勇为建设管理司副司长（试用期一年）。

2003年11月24日，国务院南水北调办以办任〔2003〕3号文，任命王平生为投资计划司副司长。

2004年4月1日，国务院南水北调办印发办党任〔2004〕3号文：经全体党员大会选举，中共中央国家机关工作委员会批准；杜鸿礼任国务院南水北调办机关党委副书记（正司级）。

2004年8月6日，国务院南水北调办以办党任〔2004〕6号文，任命王春林为中线建管局党组书记；张野为中线建管局党组副书记；石春先、郑征宇为中线建管局党组成员。

2004年9月7日，经中央组织部《关于同意成立南水北调中线干线工程建设管理局党组的批复》（中组函字〔2004〕51号）批准，国务院南水北调办以国调办党〔2004〕8号文，决定成立中线建管局党组。中线建管局党组的日常工作，受国务院南水北调办党组指导。

2004年11月26日，国务院南水北调办以办党任〔2004〕7号文，任命曹为民为南水北调中线建管局党组成员。

2004年1月16日，国务院南水北调办以办任〔2004〕1号文，任命李鹏程为监督司司长。

2004年1月6日，国务院南水北调办以办任〔2004〕2号文，任命熊中才为经济与财务司副司长（试用期一年）；刘岩为监督司副司长（试用期一年）。

2004年4月28日，国务院南水北调办以办任〔2004〕3号文，任命袁松龄为环境与移民司副司长。

2004年4月30日，国务院南水北调办以办任〔2004〕6号文，任命张忠义为南水北调工程建设监管中心副主任（副司级）。

2004年5月13日，国务院南水北调办以办任〔2004〕4号文，免去王志民的综合司司长职务。

2004年5月13日，国务院南水北调办以办任〔2004〕5号文，任命王志民为国务院南水北调办政策及技术研究中心主任（正司级）。

2004年5月13日，国务院南水北调办以办任〔2004〕7号文，任命蒋旭光为综合司司长。

2004年6月3日，国务院南水北调办以办任〔2004〕8号文，任命徐子恺为国务院南水北调办政策及技术研究中心副主任（副司级，试用期一年）。

2004年7月13日，国务院南水北调办以办任〔2004〕9号文，任命张野为中线建管局局长（正司级）。

2004年8月6日，国务院南水北调办以办任〔2004〕10号文，任命王春林、石春先、郑征宇为中线建管局副局长（正司级）。

2004年9月3日，国务院南水北调办以办任〔2004〕11号文，任命赵月园为南水北调工程建设监管中心副主任（副司级）。

2004年11月11日，经任职试用期满考核合格，国务院南水北调办以办任〔2004〕12号文任命：汪易森为总工程师（正司级）；朱卫东为经济与财务司司长；李新军为建设管理司司长；彭克加为综合司副司长；孙平生为投资计划司副司长；李勇为建设管理司副司长。

2004年11月26日，国务院南水北调办以办任〔2004〕13号文，任命曹为民为中线建管局总工程师（副司级）。

2005年1月10日，国务院南水北调办以办任〔2005〕1号文，任命张忠义为南水北调工程建设监管中心主任（正司级，试用期一年）。

2005年1月19日，经任职试用期满考核合格，国务院南水北调办以办任〔2005〕2号文任命：熊中才为经济与财务司副司长；刘岩为监督司副司长。

2005年3月21日，国务院南水北调办以办任〔2005〕3号文，任命欧阳琪为国务院南水北调办政策及技术研究中心副主任（副司级，试用期一年）。

2005年4月15日，国务院南水北调办以办任〔2005〕4号文，任命王松春为建设管理司副司长。

2005年4月28日，国务院南水北调办以办任〔2005〕5号文，任命胡保林为国务院南水北调办主任助理（挂职一年）；黄荣为中线建管局副局长（挂职一年）。

2005年6月23日，国务院南水北调办以办任〔2005〕6号文，任命周宇为南水北调办监管中心副主任。

2005年7月5日，经任职试用期满考核合格，国务院南水北调办以办任〔2005〕7号文，任命徐子恺为国务院南水北调办政策及技术研究中心副主任。

2005年10月26日，国务院南水北调办以办任〔2005〕8号文，任命刘国华为环境与移民司副司长（试用期一年）。

2005年12月27日，国务院南水北调办以办任〔2005〕9号文，任命沈凤生为总工程师；免去汪易森的总工程师职务。

2006年1月4日，国务院南水北调办以办任〔2006〕1号文，任命刘春生为南水北调工程设计管理中心主任（兼）。

2006年1月19日，经任职试用期满考核合格，国务院南水北调办以办任〔2006〕2号文，任命张忠义为南水北调工程建设监管中心主任。

2006年3月13日，因工作调动，国务院南水北调办以办任〔2006〕3号文，免去周宇的南水北调工程建设监管中心副主任职务。

2006年4月22日，经任职试用期满考核合格，国务院南水北调办以办任〔2006〕4号文，任命欧阳琪为国务院南水北调办政策及技术研究中心副主任。

2006年5月23日，国务院南水北调办以办任〔2006〕5号文，任命吴尚之为中线建管局副局长兼穿黄工程建设管理部副部长（挂职一年）、蔡昉为中线建管局副局长兼漕河项目建设管理部副部长（挂职一年）。

2006年6月26日，国务院南水北调办以办任〔2006〕6号文，任命张景芳为南水北调工程设计管理中心副主任（试用期一年）。

2006年6月26日，国务院南水北调办以办任〔2006〕7号文，任命苏克敬为综合司副巡视员。

2006年6月26日，国务院南水北调办以办党任〔2006〕1号文，任命韩连峰为中线建管局党组成员、纪检组长。

2006年6月26日，经报中央国家机关工委批准，国务院南水北调办以办党任〔2006〕2号文，任命彭克加为国务院南水北调办机关党委副书记。

2006年7月26日，国务院南水北调办机关党委印发机党〔2006〕22号文：经国务院南水北调办党组同意并经机关党员大会选举，中央国家机关工委批准，彭克加任国务院南水北调办第一届机关纪委书记。

2006年11月16日，经任职试用期满考核合格，国务院南水北调办以办任〔2006〕8号文，任命刘国华为环境与移民司副司长。

2006年12月11日，国务院南水北调办以办任〔2006〕9号文，任命赵月园为国务院南水北调办政策及技术研究中心副主任，免去其南水北调工程建设监管中心副主任职务；欧阳琪为南水北调工程建设监管中心副主任，免去其国务院南水北调办政策及技术研究中心副主任职务。

2006年2月13日，国务院南水北调办以国调办综〔2006〕12号文件，决定汪易森任国务院南水北调建委会专家委员会秘书长，张国良不再担任国务院南水北调建委会专家委员会秘书长职务。

2007年6月5日，国务院南水北调办党组以办党任〔2007〕1号文，任命胡浩为中线建管局党组成员（挂职一年）；左敏为中线建管局党组成员（挂职一年）。

2007年6月5日，国务院南水北调办以办任〔2007〕1号文，任命胡浩为国务院南水北调办主任助理（挂职一年）；左敏为中线建管局副局长（挂职一年）。

2007年9月3日，经任职试用期满考核合格，国务院南水北调办以办任〔2007〕2号文，任命张景芳为南水北调工程设计管理中心副主任。

2008年1月8日，国务院南水北调办以办任〔2008〕2号文，任命石春先为中线建管局局长；曹为民（排韩连峰之前）、李长春为中线建管局副局长。免去张野的中线建管局局长职务；王春林的中线建管局副局长职务；曹为民的中线建管局总工程师职务。

2008年1月8日，国务院南水北调办以办党任〔2008〕2号文件，任命石春先为中线建管局党组书记；韩连峰为中线建管局党组副书记；李长春任中线建管局党组成员。免去王春林的中线建管局党组书记职务；张野的中线建管局党组副书记职务。

2008年1月8日，国务院南水北调办以办任〔2008〕3号文，任命王春林为综合司巡视员。

2008年1月31日，国务院南水北调办以办任〔2008〕4号文，任命李勇为南水北调工程设计管理中心主任（试用期一年）。免去刘春生的南水北调工程设计管理中心主任职务。

2008年1月31日，国务院南水北调办以办任〔2008〕5号文，任命苏克敬为建设管理司副司长（试用期一年），免去其综合司副巡视员职务。免去李勇的建设管理司副司长职务。

2008年1月31日，国务院南水北调办以办任〔2008〕6号文，任命吴健为南水北调工程建设监管中心副主任（试用期一年）。

2009年3月9日，经任职试用期满考核合格，国务院南水北调办以办任〔2009〕1号文，任命苏克敬为建设管理司副司长；吴健为南水北调工程建设监管中心副主任；李勇为南水北调工程设计管理中心主任。

2009年5月26日，国务院南水北调办以办任〔2009〕2号文件，任命张力威为总经济师兼环境保护司司长，免去其环境与移民司司长职务；袁松龄为征地移民司司长（试用期一年），免去其环境与移民司副司长职务。

2009年6月10日，国务院南水北调办以办任〔2009〕3号文件，任命刘国华为环境保护司副司长，免去其环境与移民司副司长职务；邓培全为征地移民司副司长（试用期一年）。

2009年6月15日，国务院南水北调办以办任〔2009〕4号文件，任命范治晖为环境保护司副巡视员，陈曦川为征地移民司副巡视员。

2009年6月16日，国务院南水北调办以办任〔2009〕5号文件，任命卢胜芳为综合司巡视员；王松春为建设管理司巡视员；王平生为监督司巡视员，免去其投资计划司副司长职务；王平为投资计划司副巡视员。

2009年7月1日，国务院南水北调办以办任〔2009〕6号文件，任命谢义彬为经济与财务司副司长（试用期一年）。

2009年8月27日，国务院南水北调办以办任〔2009〕7号文件，任命耿六成为南水北调工程设计管理中心副主任。

2010年4月12日，国务院南水北调办以办任〔2010〕1号文件，任命欧阳琪为投资计划司副司长（试用期一年），免去其南水北调工程建设监管中心副主任职务；徐子恺为环境保护司副司长（试用期一年），免去其国务院南水北调办政策及技术研究中心副主任职务；张景芳为

征地移民司副司长（试用期一年），免去其南水北调工程设计管理中心副主任职务；皮军为监督司副巡视员；根据中央国家机关工委《关于印发〈中央国家机关部门机关党委和机关纪委书记、副书记任免审批工作办法〉的通知》（国工办发〔2010〕1号）精神，确定彭克加行政级别为正司级；根据《中共中央办公厅印发〈关于领导干部机要秘书选拔任用的意见〉的通知》（中办发〔2009〕10号）精神，任命袁其田为副司级秘书。

2010年6月2日，国务院南水北调办以办任〔2010〕2号文件，任命刘远书为国务院南水北调办政策及技术研究中心副主任（试用期一年）；由国文为南水北调工程建设监管中心副主任（试用期一年）；谢民英为南水北调工程设计管理中心副主任（试用期一年）。

2010年7月2日，国务院南水北调办以办任〔2010〕3号文件，经任职试用期满考核合格，任命：袁松龄为征地移民司司长；谢义彬为经济与财务司副司长；邓培全为征地移民司副司长。

2011年5月3日，国务院南水北调办以办任〔2011〕1号文件，任命程殿龙为综合司司长；免去蒋旭光的综合司司长职务。

2011年6月10日，国务院南水北调办以办任〔2011〕2号文件，经任职试用期满考核合格，任命欧阳琪为投资计划司副司长；徐子恺为环境保护司副司长；张景芳为征地移民司副司长。

2011年6月13日，国务院南水北调办以办党任〔2011〕2号文件，任命张忠义为中线建管局党组书记，免去石春先的中线建管局党组书记职务。

2011年6月13日，国务院南水北调办以办任〔2011〕3号文件，任命张忠义为中线建管局局长；免去石春先的中线建管局局长职务。

2011年6月20日，国务院南水北调办以办任〔2011〕4号文件，任命孙平生为投资计划司巡视员，免去其投资计划司副司长职务；任命皮军为监督司副司长（试用期一年），免去其监督司副巡视员职务。

2011年6月21日，国务院南水北调办以办任〔2011〕5号文件，免去王平生的监督司巡视员职务。

2011年7月1日，国务院南水北调办以办任〔2011〕6号文件，任命石春先为环境保护司司长（试用期一年），免去张力威的环境保护司司长职务。

2011年7月19日，国务院南水北调办以办党任〔2011〕4号文件，免去于合群的中线建管局党组成员职务。

2011年7月19日，国务院南水北调办以办任〔2011〕7号文件，任命于合群为南水北调工程建设监管中心副主任（挂职），主持工作，免去其中线建管局副局长职务；免去张忠义的南水北调工程建设监管中心主任职务。

2011年8月24日，国务院南水北调办以办任〔2011〕8号文件，经任职试用期满考核合格，任命刘远书为国务院南水北调办政策及技术研究中心副主任；由国文为南水北调工程建设监管中心副主任；谢民英为南水北调工程设计管理中心副主任。

2011年9月14日，国务院南水北调办以办任〔2011〕9号文件，免去邓培全的征地移民司副司长职务；按照国家有关退休政策及《中华人民共和国公务员法》规定，批准退休。

2011年10月21日，国务院南水北调办以办任〔2011〕10号文件，任命袁其田为监督司副巡视员，免去其副司级秘书职务；刘岩为南水北调工程设计管理中心副主任，免去其监督司副司长职务；耿六成为中线建管局副局长，免去其南水北调工程设计管理中心副主任职务。

2011年10月24日，国务院南水北调办以办党任〔2011〕7号文件，任命耿六成为中线建管局党组成员。

2011年11月9日，国务院南水北调办以办任〔2011〕11号文件，任命陈曦川为征地移民司副司长（试用期一年），免去其征地移民司副巡视员职务；王宝恩为征地移民司副巡视员。

2012年2月7日，国务院南水北调办以办任〔2012〕1号文件，任命李新军为投资计划司司长，免去其建设管理司司长职务；任命李鹏程为建设管理司司长，免去其监督司司长职务；任命刘春生为监督司司长，免去其投资计划司司长职务；因工作调动，免去欧阳琪的投资计划司副司长职务。

2012年2月28日，国务院南水北调办以办党任〔2012〕2号文件，任命刘宪亮为中线建管局党组成员（挂职一年）。

2012年2月28日，国务院南水北调办以办任〔2012〕2号文件，任命刘宪亮为中线建管局副局长（挂职一年）。

2012年4月27日，国务院南水北调办以办任〔2012〕3号文件，免去孙平生的投资计划司巡视员职务；因干部到龄，按照国家有关退休政策及《中华人民共和国公务员法》规定，批准退休。

2012年5月7日，国务院南水北调办以办任〔2012〕4号文件，任命于合群为南水北调工程建设监管中心主任（试用期一年）。

2012年5月10日，国务院南水北调办以办任〔2012〕5号文件，任命王平为投资计划司副司长（试用期一年），免去其投资计划司副巡视员职务；任命韩占峰为投资计划司副巡视员；任命赵世新为监督司副巡视员。

2012年5月21日，国务院南水北调办以办任〔2012〕6号文件，任命赵登峰为建设管理司巡视员兼东线运行管理机构筹备组组长。

2012年5月21日，国务院南水北调办以办党任〔2012〕5号文件，任命鞠连义、刘杰为中线建管局党组成员。

2012年5月21日，国务院南水北调办以办任〔2012〕7号文件，任命鞠连义为中线建管局副局长（试用期一年）。

2012年5月23日，国务院南水北调办以办任〔2012〕8号文件，免去张力威的总经济师职务；因干部到龄，按照国家有关退休政策及《中华人民共和国公务员法》规定，批准退休。

2012年8月24日，国务院南水北调办以办任〔2012〕9号文件，经任职试用期满考核合格，任命皮军为监督司副司长。

2012年9月4日，国务院南水北调办以办任〔2012〕10号文件，经任职试用期满考核合格，任命石春先为环境保护司司长。

2012年12月5日，国务院南水北调办以办任〔2012〕11号文件，经任职试用期满考核合格，任命陈曦川为征地移民司副司长。

2013年4月19日，国务院南水北调办以办任〔2013〕1号文件，任命王志民为综合司巡视员；李勇为投资计划司巡视员，免去其南水北调工程设计管理中心主任职务；井书光为建设管

理司副巡视员；徐子恺为环境保护司巡视员，免去其环境保护司副司长职务；王松春为南水北调工程设计管理中心主任（试用期一年），免去其建设管理司巡视员兼副司长职务。

2013 年 4 月 24 日，国务院南水北调办以办党任〔2013〕2 号文件，任命刘杰为中线建管局党组副书记（试用期一年）。

2013 年 5 月 9 日，国务院南水北调办以办任〔2013〕2 号文件，任命范治晖为环境保护司副司长（试用期一年），免去其环境环保司副巡视员职务。

2013 年 5 月 16 日，国务院南水北调办以办任〔2013〕3 号文件，任命刘宪亮为中线建管局副局长。

2013 年 5 月 16 日，国务院南水北调办以办党任〔2013〕4 号文件，任命刘宪亮为中线建管局党组成员。

2013 年 6 月 20 日，国务院南水北调办以办任〔2013〕4 号文件，经任职试用期满考核合格，任命王平为投资计划司副司长；于合群为南水北调工程建设监管中心主任。

2013 年 7 月 22 日，国务院南水北调办以办任〔2013〕5 号文件，经任职试用期满考核合格，任命鞠连义为中线建管局副局长。

2013 年 8 月 26 日，国务院南水北调办以办任〔2013〕6 号文件，任命韩占峰为投资计划司副司长（试用期一年），免去其投资计划司副巡视员职务；任命袁其田为监督司副司长（试用期一年），免去其监督司副巡视员职务。

2013 年 9 月 12 日，国务院南水北调办以办党任〔2013〕6 号文件，免去韩连峰的中线建管局党组副书记、纪检组长职务；因干部到龄，按照国家有关政策，批准退休。

2014 年 2 月 8 日，国务院南水北调办以办党任〔2014〕1 号文件，任命刘杰为中线建管局纪检组长。

2014 年 4 月 10 日，国务院南水北调办以办任〔2014〕1 号文件，免去徐子恺的环境保护司巡视员职务；因干部到龄，按照国家有关政策，批准退休。

2014 年 5 月 19 日，国务院南水北调办以办任〔2014〕2 号文件，任命戴占强为中线建管局总经济师（试用期一年）。

2014 年 5 月 19 日，国务院南水北调办以办党任〔2014〕2 号文件，任命戴占强为中线建管局党组成员。

2014 年 5 月 26 日，国务院南水北调办以办任〔2014〕3 号文件，任命井书光为建设管理司副司长（试用期一年），免去其建设管理司副巡视员职务；任命袁文传为建设管理司副巡视员。

2014 年 5 月 30 日，国务院南水北调办以办任〔2014〕4 号文件，经任职试用期满考核合格，任命王松春为南水北调工程设计管理中心主任。

2014 年 5 月 30 日，国务院南水北调办以办党任〔2014〕4 号文件，经任职试用期满考核合格，任命刘杰为中线建管局党组副书记。

2014 年 6 月 16 日，国务院南水北调办以办任〔2014〕5 号文件，经任职试用期满考核合格，任命范治晖为环境保护司副司长。

2014 年 9 月 28 日，国务院南水北调办以办任〔2014〕6 号文件，经任职试用期满考核合格，任命韩占峰为投资计划司司长，袁其田为监督司副司长。

2014 年 9 月 30 日，国务院南水北调办以办任〔2014〕7 号文件，任命赵登峰为南水北调东线总公司总经理，免去其建设管理司巡视员职务；任命赵存厚为南水北调东线总公司副总经理；任命赵月园为南水北调东线总公司副总经理，免去其国务院南水北调办政策及技术研究中心副主任职务。

2014 年 10 月 14 日，国务院南水北调办以办任〔2014〕8 号文件，任命高必华、胡周汉为南水北调东线总公司副总经理（试用期一年）。

2014 年 11 月 26 日，国务院南水北调办以办任〔2014〕9 号文件，免去王志民的综合司巡视员职务；因干部到龄，按照国家有关政策，批准退休。

2015 年 3 月 3 日，国务院南水北调办以办任〔2015〕1 号文件，因到龄，免去王春林的综合司巡视员职务，按照国家有关政策，批准退休。

2015 年 4 月 13 日，国务院南水北调办以办任〔2015〕2 号文件，因工作调动，免去沈凤生的总工程师职务。

2015 年 4 月 13 日，国务院南水北调办以办任〔2015〕3 号文件，任命李新军为国务院总工程师（试用期一年），免去其投资计划司司长职务；任命朱卫东为总经济师（试用期一年），免去其经济与财务司司长职务；任命于合群为投资计划司司长（试用期一年），免去其南水北调工程建设监管中心主任职务；任命熊中才为经济与财务司司长（试用期一年）；任命苏克敬为国务院南水北调办政策及技术研究中心主任（试用期一年），免去其建设管理司副司长职务。任命王松春为南水北调工程建设监管中心主任，免去其南水北调工程设计管理中心主任职务。任命耿六成为南水北调工程设计管理中心主任（试用期一年），免去其中线建管局副局长职务。

2015 年 4 月 13 日，国务院南水北调办以办党任〔2015〕2 号文件，免去耿六成的中线建管局党组成员职务。

2015 年 5 月 13 日，国务院南水北调办以办任〔2015〕4 号文件，任命杜丙照为综合司副巡视员；任命朱涛为建设管理司副巡视员；任命郭鹏为环境保护司副巡视员。

2015 年 5 月 20 日，国务院南水北调办以办任〔2015〕5 号文件，任命张景芳为征地移民司巡视员，免去其征地移民司副司长职务；任命袁文传为建设管理司副司长（试用期一年），免去其建设管理司副巡视员职务；任命王宝恩为征地移民司副司长（试用期一年），免去其征地移民司副巡视员职务。

2015 年 7 月 13 日，国务院南水北调办以办任〔2015〕6 号文件，经任职试用期满考核合格，任命井书光为建设管理司副司长。

2015 年 8 月 18 日，国务院南水北调办以办任〔2015〕7 号文件，任命李开杰为综合司副巡视员；任命谢民英为经济与财务司副司长（试用期一年），免去其南水北调工程设计管理中心副主任职务；任命赵世新为环境保护司副司长（试用期一年），免去其监督司副巡视员职务；任命刘国华为国务院南水北调办政策及技术研究中心副主任，免去其环境保护司副司长职务；任命孙庆国为南水北调工程设计管理中心副主任（试用期一年）。

2015 年 10 月 28 日，国务院南水北调办以办任〔2015〕8 号文件，经任职试用期满考核合格，任命戴占强为中线建管局总经济师。

2015 年 12 月 4 日，国务院南水北调办以办任〔2015〕9 号文件，经任职试用期满考核合格，任命高必华、胡周汉为南水北调东线总公司副总经理。

2016 年 1 月 7 日，国务院南水北调办以办任〔2016〕1 号文件，免去孙庆国的南水北调工

程设计管理中心副主任职务（保留原待遇）。

2016年3月1日，国务院南水北调办以办任〔2016〕2号文件，任命王仲田为综合司巡视员。

2016年3月22日，国务院南水北调办以办任〔2016〕3号文件，确定卢胜芳职级为正司级。

2016年5月4日，国务院南水北调办以办任〔2016〕4号文件，经任职试用期满考核合格，任命李新军为总工程师，朱卫东为总经济师，于合群为投资计划司司长，熊中才为经济与财务司司长，苏克敬为国务院南水北调办政策及技术研究中心主任，耿六成为南水北调工程设计管理中心主任。

2016年5月19日，国务院南水北调办以办任〔2016〕5号文件，经任职试用期满考核合格，任命袁文传为建设管理司副司长，王宝恩为征地移民司副司长。

2016年6月27日，国务院南水北调办以办任〔2016〕6号文件，任命曹为民为国务院南水北调办政策及技术研究中心副主任（列苏克敬之后），免去其中线建管局副局长职务；任命刘远书为南水北调工程建设监管中心副主任，免去其国务院南水北调办政策及技术研究中心副主任职务；任命赵存厚为南水北调工程设计管理中心副主任，免去其东线总公司副总经理职务；任命由国文为南水北调东线总公司副总经理（列赵登峰之后），免去其南水北调工程建设监管中心副主任职务。

2016年6月27日，国务院南水北调办以办党任〔2016〕3号文件，免去曹为民的中线建管局党组成员职务。

2016年7月4日，国务院南水北调办以办任〔2016〕7号文件，任命李开杰为中线建管局副局长（试用期一年），免去其综合司副巡视员职务。

2016年7月4日，国务院南水北调办以办党任〔2016〕5号文件，任命李开杰为中线建管局党组成员。

2016年7月14日，国务院南水北调办以办任〔2016〕8号文件，免去卢胜芳的综合司副司长职务；任命刘岩为综合司副司长（试用期一年），免去其南水北调工程设计管理中心副主任职务；任命谢义彬为投资计划司副司长，免去其经济与财务司副司长职务；任命王平为经济与财务司副司长，免去其投资计划司副司长职务。

2016年7月15日，国务院南水北调办以办任〔2016〕9号文件，因到龄，免去王仲田的综合司巡视员职务，批准退休。

2016年8月23日，国务院南水北调办以办任〔2016〕10号文件，免去朱卫东的总经济师职务。

2016年8月25日，国务院南水北调办以办任〔2016〕11号文件，经任职试用期满考核合格，任命谢民英为经济与财务司副司长，赵世新为环境保护司副司长。

2016年11月2日，国务院南水北调办以办任〔2016〕12号文件，任命史晓立为经济与财务司副巡视员。

2016年11月21日，国务院南水北调办以办任〔2016〕13号文件，任命耿六成为综合司司长（试用期一年），免去其南水北调工程设计管理中心主任职务；免去程殿龙的综合司司长职务。

2016年11月21日，国务院南水北调办以办任〔2016〕14号文件，任命石春先为投资计划司司长，免去其环境保护司司长职务；任命张忠义为环境保护司司长（试用期一年），免去其中线建管局局长职务；任命于合群为中线建管局局长，免去其投资计划司司长职务。

2016年11月21日，国务院南水北调办以办党任〔2016〕11号文件，任命于合群为中线建管局党组书记，免去张忠义的中线建管局党组书记职务。

2016年11月30日，国务院南水北调办以办任〔2016〕15号文件，任命程殿龙为总经济师（试用期一年）。

2016年12月6日，国务院南水北调办以办任〔2016〕16号文件，因到龄，免去彭克加的综合司副司长（正司级）职务，批准退休。

2016年12月9日，国务院南水北调办以办任〔2016〕17号文件，任命赵存厚为南水北调工程设计管理中心主任（试用期一年）。

2017年1月3日，国务院南水北调办以办任〔2017〕1号文件，任命井书光为综合司副司长，免去其建设管理司副司长职务。

2017年1月16日，国务院南水北调办以办任〔2017〕2号文件，因到龄，免去李新军的总工程师职务，批准李新军、杜鸿礼退休。

2017年1月16日，国务院南水北调办以办任〔2017〕3号文件，免去卢胜芳的综合司巡视员职务。

2017年2月10日，国务院南水北调办以办任〔2017〕4号文件，任命马黔为建设管理司副司长（试用期一年）。

2017年3月6日，国务院南水北调办以办任〔2017〕5号文件，确定陈曦川行政级别为正司级，免去其征地移民司副司长职务。

2017年3月28日，国务院南水北调办以办任〔2017〕6号文件，任命张忠义为总工程师（试用期一年）；任命王松春为监督司司长（试用期一年），免去其南水北调工程建设监管中心主任职务；任命由国文为南水北调工程建设监管中心主任（试用期一年），免去其南水北调东线总公司副总经理职务；任命蔡建平为南水北调工程设计管理中心副主任（试用期一年）；免去刘春生的监督司司长职务；免去李长春的中线建管局副局长职务。

2017年3月28日，国务院南水北调办以办党任〔2017〕5号文件，任命刘春生为中线建管局党组书记；任命于合群为中线建管局党组成员，免去其中线建管局党组书记职务；任命李长春为东线总公司党委书记，免去其中线建管局党组成员职务；免去赵登峰的东线总公司党委书记职务。

2017年5月4日，国务院南水北调办以办任〔2017〕7号文件，免去张景芳的征地移民司巡视员职务，批准退休。

2017年5月23日，国务院南水北调办以办任〔2017〕8号文件，任命苏克敬为环境保护司司长（试用期一年），免去其国务院南水北调办政策及技术研究中心主任职务；任命刘岩为综合司巡视员，免去其综合司副司长职务；任命姜成山为综合司副巡视员；任命孙卫为经济与财务司副巡视员；免去张忠义的环境保护司司长职务。

2017年6月1日，国务院南水北调办以办任〔2017〕9号文件，任命曹为民为国务院南水北调办政策及技术研究中心主任（试用期一年）。

2017年6月14日，国务院南水北调办以办任〔2017〕10号文件，任命杜丙照为综合司副司长（试用期一年），免去其综合司副巡视员职务；任命曹纪文为征地移民司副司长（试用期一年）。

2017年6月29日，国务院南水北调办以办任〔2017〕11号文件，任命戴占强为中线建管局副局长。

2017年7月4日，国务院南水北调办以办任〔2017〕12号文件，任命曹洪波为中线建管局副局长（试用期一年）。

2017年7月4日，国务院南水北调办以办党任〔2017〕8号文件，任命曹洪波为中线建管局党组成员。

2017年9月5日，国务院南水北调办以办任〔2017〕13号文件，经任职试用期满考核合格，任命李开杰为中线建管局副局长。

2017年9月5日，国务院南水北调办以办任〔2017〕14号文件，任命张玉山为国务院南水北调办政策及技术研究中心副主任。

（三）规范和加强人才队伍的管理与监督

1. 规范人才队伍日常管理

按照中央组织部、人力资源社会保障部要求，深入贯彻实施公务员法，严格按照规定的范围、对象、条件和程序，及时做好公务员登记；严格按照核定的编制员额和职数合理设置职位，规范职位管理；加强公务员管理信息系统建设，建立公务员信息数据库，做好系统维护和使用，提高公务员管理科学化、信息化水平；持续深入开展“做人民满意公务员”活动，积极引导机关公务员以“忠于国家、服务人民、恪尽职守、公正廉洁”为主题，围绕中心、服务大局，立足岗位、创先争优，转变作风、提高效能，不断增强服务南水北调工程建设、服务人民群众的素质和本领。

开展事业单位岗位设置改革等相关工作，制定《国务院南水北调办事业单位岗位设置管理实施意见》并报原人事部批复，在此基础上对直属事业单位改革现状进行调研，督促各单位按照批复的岗位总量、结构比例和最高等级全面实现岗位设置管理和岗位聘任。同时协调直属事业单位和项目法人严格按照人力资源规划，做好毕业生接收计划和京外调干等工作；执行处级干部选拔任用备案报告制度，将直属事业单位处级干部和项目法人中层正职纳入备案范围。加强对直属单位选人用人情况的监督检查，预防和纠正不正之风。规范合同制员工的聘用管理，加强考核，积极构建和谐劳动关系，维护队伍稳定。

2. 建立科学的选人用人机制

坚持好干部标准，严把选人用人关。严格按《党政领导干部选拔任用工作条例》规定的基本原则、标准条件、程序方法、纪律要求选人用人，坚持按岗选人、人岗相适，突出抓好各级领导班子，尤其是一把手的选拔配备，既坚持党管干部，又注重发扬民主，既坚持好干部标准，又遵循干部成长规律，既坚持民主推荐，又防止简单以票取人，既考察工作能力，又考察思想政治素质，既看日常工作实绩，又看关键时刻表现，真正把“想干事、能干事、干成事”的优秀干部选拔到领导岗位上来。考察任用干部时，认真做到纪检监察部门意见“凡提必听”、个人有关事项报告“凡提必核”、干部档案“凡提必审”、信访举报“凡提必查”，坚决防止

“带病提拔”“带病上岗”。

扩大选人用人民主，切实贯彻民主集中制。完善民主推荐、民意测验、民主评议制度，进一步落实干部群众对干部选拔任用工作的知情权、参与权和监督权。坚持把民主推荐作为选任干部的必经程序，适当扩大民主推荐范围，明确职位空缺情况及任职资格条件，并将投票推荐和谈话推荐结果相印证，提高民主推荐的质量。选拔司局级干部过程中，在党组会议研究决定拟提拔人选后，任职公示前，开展群众满意度测评；多数群众不赞成的，不予提拔任用。科学运用民主推荐和民主测评结果，既充分尊重群众意见，又避免简单地以票取人，既对事业发展负责，又对干部健康成长负责。同时，加强对干部选拔任用工作的监督，严格执行干部选拔任用“一报告两评议”，建立干部选拔任用工作责任制，追究用人失察失误责任，营造风清气正的选人用人环境。

探索公开选拔领导干部工作。结合领导班子和干部队伍建设实际加大竞争上岗工作力度，注重选拔年轻有为、工作经验丰富的优秀人才充实领导干部队伍。2010 年，国务院南水北调办通过制定周密方案，严格工作程序，拿出三个副司级领导职位，面向机关和各直属单位开展竞争上岗工作，使一批素质高、能力强、作风硬的青年干部脱颖而出，激发了干部队伍的活力。

全面推行党政领导干部任职公示制和试用期制。处级及以上领导干部的提拔或调整，实行任前公示制，通过一定方式，在一定范围和期限内进行公布，广泛听取群众的反映和意见。对新提拔担任党政领导职务的处级及以上干部，实行试用期制，试用期为一年，试用期满，按照干部人事管理权限对领导干部所任职务的适应能力和履行职责情况进行考核，经考核胜任者正式任职，不胜任者解除试任职务。

拓宽选人用人渠道。研究制定具体标准和程序，对特别优秀的干部予以破格提拔，不拘一格选用人才。疏通从国有企业、高等院校、科研院所和其他社会机构中选拔党政领导干部的渠道。注重培养选拔优秀年轻干部，注重从基层和工程一线选拔干部，注重女干部、少数民族干部和非党员干部的培养，有效改善了干部队伍结构，增强了干部队伍战斗力。

完善干部奖惩、辞职、降职和辞退制度，推进干部优胜劣汰、能下能出。结合工作实际，对不称职、不胜任现职干部工作进行调整，妥善安置，做到人岗相适，人尽其才。

加快事业单位改革步伐，全面推行岗位聘用、岗位管理、公开招聘等新型事业单位人事管理制度，搞活用人机制。事业单位与职工按照国家有关法律法规，在平等自愿、协商一致的基础上，签订聘用合同，明确双方的责任、义务和权利，保障单位用人权和职工择业权的落实，保护单位和职工双方的合法权益。合理设置管理岗位和专业技术岗位，明确岗位职责、任职条件和聘任期限，竞争上岗，择优聘用，逐步实现职务聘任和岗位聘用的统一。除国家政策性安置、按干部人事管理权限由上级任命等，事业单位通过公开招聘补充管理人才和专业技术人才，国务院南水北调办负责对事业单位公开招聘工作进行指导、监督和管理，审查招聘计划和拟聘人员。

结合现代企业制度，建立相配套的企业人事管理制度，实行企业自主用人权，完善劳动合同制度，全面推行管理人员和专业技术人员聘任制。根据工作岗位需要量才聘用，竞争上岗，按业绩考核，真正做到能者上、庸者下，使一批能够解决关键技术难题的人才脱颖而出，让他们在实现自身价值的同时，为企业创造良好的经济效益。

3. 搭建干部交流锻炼平台

交流锻炼是避免干部队伍结构不合理、能力单一的客观要求，也是加强人才队伍建设的实际需要。国务院南水北调办在把握人才成长规律和人才管理工作规律的基础上，注意研究不同类型、不同层次、不同岗位人才履职和成长的个性化需求，制定了干部交流锻炼办法。一方面，为保持干部队伍稳定，有计划地组织机关管人、财、物等重点领域干部和其他业务部门干部进行内部交流；另一方面，加大轮岗交流力度，疏通人才交流渠道，推动党政人才、企业经营管理人才、专业技术人才合理流动，使更多的干部在不同岗位上得到锻炼，促进了干部健康成长、增强了人才队伍的生机活力。

树立注重基层的用人导向，鼓励干部到艰苦地区、复杂环境、关键岗位砥砺品质、锤炼作风、增长才干，有计划地选派优秀年轻干部到基层交流锻炼，积极稳妥做好派送干部到工程一线、沿线地方政府、部门挂职锻炼和选送干部援疆、对口扶贫、到西部地区、老工业基地和革命老区挂职锻炼等工作，在选拔任用干部时注重对具备基层工作经历特别是艰苦地区工作经历的同志给予优先考虑；有计划地选拔基层同志到国务院南水北调办机关借调，在规范借调干部日常管理的同时，注重在工作实践中培养、锻炼和考察干部，对特别优秀的通过选调等方式选拔到办机关工作；积极协助中央组织部、审计署等部门安排选派干部到南水北调沿线机构或工程一线挂职锻炼，加强同组织人事主管部门和兄弟部委的沟通联系，为更好地开展工作创造条件。

同时，逐步健全干部交流的激励机制和保障机制。把干部交流同培养使用结合起来，形成正确的政策导向，引导干部向工程一线和艰苦岗位交流。妥善解决干部交流工作中的各种实际问题，完善配套政策，严肃干部交流工作纪律。

4. 完善干部监督约束机制

通过一系列措施，不断完善科学的干部监督约束机制，规范选人用人行为，提高选人用人公信度。加强对党政领导干部特别是主要领导干部、年轻干部的管理监督，促进他们健康成长。严格落实干部选拔任用四项监督制度，认真开展干部选拔任用工作自查，深入整治选人用人上不正之风，严肃查处严重违规用人问题。深入贯彻《关于进一步从严管理干部的意见》，以主要领导干部和关键岗位为重点，从严选拔、从严教育、从严管理、从严监督干部。突出抓好干部队伍廉政勤政建设，引导各级干部增强法律意识、纪律意识和自律意识，切实做到自重、自省、自警、自励。坚持和完善干部选拔任用“一报告两评议”制度、领导干部报告个人有关事项制度、经济责任审计制度、领导干部重大事项报告制度、述职述廉制度和谈话提醒制度等，加强人事部门与纪检监察等部门的信息沟通，坚持干部选拔任用工作中听取纪检监察部门意见制度，形成了整治用人上不正之风的合力。

结合南水北调工程建设的特点和人才队伍的实际情况，国务院南水北调办积极探索建立南水北调工程预防和惩治腐败工作机制，建立健全责任追究相关制度，完善促使领导干部从严律己、严格教育约束亲属和身边工作人员的制度机制，提高干部管理监督工作的制度化、规范化水平。2006 年，国务院南水北调办印发了《关于在南水北调工程建设中预防职务犯罪的意见》（国调办综〔2006〕16 号）。2011 年联合最高人民检察院印发了《关于在南水北调工程建设中共同做好专项惩治和预防职务犯罪工作的通知》（高检会〔2011〕5 号）。2013 年印发了《国务院南水北调办领导干部问责办法（试行）》（国调办综〔2013〕23 号），为确保“工程安全、资金安全、干部安全”提供了坚强的制度保证和组织保证。并结合工作需要，于 2015 年进一步修订完善。

5. 改进人才考核评价工作

完善定期考核制度，建立并实施定性与定量相结合，体现科学发展要求的干部综合考核评价办法，完善干部岗位职责规范及其能力素质评价体系，改进工作实绩考核方法，加大考核结果运用的力度，建立考核举报、考核申诉、考核结果反馈等配套制度，推进干部考核工作科学化、规范化水平。

机关干部考核工作，按照中央“一个意见、三个办法”精神，以平时考核为基础，年度考核为重点，坚持客观公正、注重实效的原则，围绕完成年度工作职责和目标任务，全面总结、综合分析、正确评价机关干部职工的德、能、勤、绩、廉，形成正确的工作导向和激励机制。重点加强对办管干部的考核评价，研究制定办管干部年度考核办法，采取“上级、同级和下级”分层次分指标权重分析的综合评价方式，增强考核的全面性、准确性、公正性，并把年度考核情况作为干部选拔任用、培养教育、管理监督和奖励约束的重要依据。

改进干部考察方法，拓宽干部考察渠道，加大考察工作力度，提高考察工作质量。在任前考察中，对考察人选所在单位全体同志进行个别谈话，充分了解干部德、能、勤、绩、廉。同时，注意加强对干部思想动态、工作情况的经常性了解，重点了解被考察人在重大场合、重大时期、重大事项中的表现，通过多层次、多角度地广泛听取意见，全面、准确、及时地掌握情况，防止干部考察失真失实，做到客观公正地选拔任用干部，科学合理地调整配备领导班子。

6. 加强人才教育培训

强化用人单位在人才教育培训中的主体地位，把人才的教育培训纳入事业发展规划。适应科学发展要求和干部成长规律，分层次、按需求，开展大规模干部教育培训，促进干部素质和能力全面提高。贯彻落实全国干部教育培训规划，实施党政人才素质能力提升工程，构建理论教育、知识教育、党性教育和实践锻炼“四位一体”的干部培养教育体系。拓宽培训渠道，创新培训方式，实现理论教育、党性教育、知识教育和能力培养的相互补充，干部调训、自主选学、继续教育、网络培训与出国学习的有机结合，全面提高干部整体思想政治素质和业务能力。统筹做好领导干部任职培训、新录用公务员初任培训和后备干部培训，注重青年干部培养，有针对性地对青年干部进行知识“补缺”，促进青年干部成长。

（1）加强思想理论建设。坚持把思想政治建设放在首要位置，把社会主义核心价值体系教育贯穿全过程，引导广大人才尤其是领导干部坚定中国特色社会主义道路自信、理论自信、制度自信，牢固树立正确的世界观、权力观、事业观。加大人才队伍职业道德教育，大力弘扬“献身、负责、求实、创新”的南水北调精神，开展职业道德主题教育实践活动，提高人才队伍职业道德修养。提倡严肃、严格、严密、严谨的科学态度，实事求是、踏实认真的工作作风，尊重合作者和他人劳动、权益的崇高风尚和顾全大局、甘于奉献的精神。做好各类人才的思想政治工作，教育他们勇于实践、探求真知，增强爱国主义、理想信念和职业道德教育。倡导团队精神，建立人才梯队，通过“传、帮、带”的方法，加强优秀骨干人才的锻炼，增强献身南水北调工程建设的历史使命感和社会责任感。

（2）加强干部廉政教育。结合工程建设实际，把预防职务犯罪和治理商业贿赂专项工作的

重点放在工程项目审批、工程招投标、材料设备采购、工程价款结算等工程建设的主要环节，把党风廉政建设的责任落实到工程建设管理的各层次、各岗位，确保“工程安全、资金安全、干部安全”。

(3) 加强初任培训。坚持新录用工作人员在试用期内先培训后上岗制度，以公务员行为规范、依法行政、公文处理、电子政务和南水北调工程建设概括等为培训重点，全面提高新录用工作人员胜任本职工作的能力。

(4) 突出任职培训。根据所任职务分层次进行，重点提高新任职工作人员的政治理论水平、科学管理水平、依法行政能力、创新思维能力、组织协调能力、处理复杂问题的能力等；晋升副处级以上职务的，先培训后任职，特殊情况的，必须在任职1年内接受培训。

(5) 深化专业知识培训。坚持以用为本，落实“干什么学什么、缺什么补什么”专业知识培训要求，时间、内容和方式由各单位根据所承担的业务工作需要确定。结合南水北调工程建设需要，有计划地组织开展工程档案管理、投资计划、资金管理、安全生产、质量管理、移民帮扶、工程监督等业务知识和技能培训，使干部职工精通与自己工作领域相关的专业知识和技能，把握发展趋势，成为本领域业务方面的行家里手，有效履行自己的岗位职责。

(6) 强化更新知识培训。适应世界经济全球化、政府职能转变和南水北调工程建设的需要，加强公务员更新知识的培训。更新知识培训要突出前瞻性，重点是当代科技、现代经济管理等内容。同时，认真抓好干部职工的外语、计算机和办公自动化等方面的技能培训，提高工作技能。

(7) 重视出国培训。为使干部职工熟悉和掌握国际惯例和规则，提高外语技能、业务素质和履行岗位职责的能力，有计划地选派干部职工参加出国（境）培训，学习国外先进的管理理论、先进的科学技术，吸取有益经验与做法，培养一批能够与国际接轨的高素质人才。

(8) 建立健全继续教育体系。紧紧围绕经济社会发展重大战略问题和南水北调工程建设的中心工作组织培训，坚持理论联系实际，加强以创新能力为核心、以胜任本职工作为目标的相关能力的培养。确保处级以上党政领导干部5年参加培训累计不少于3个月，其他干部每年脱产培训累计不少于12天。综合运用组织调训与自主选学、脱产培训与在职自学、境内培训与境外培训相结合等方式，并鼓励干部职工本着学用一致的原则，选择对口、适应工作需要的专业进行继续教育和深造，进一步提高干部职工队伍的学历层次和知识结构。

7. 建立科学的人才激励保障机制

(1) 完善奖励表彰制度。研究制定干部考核评价办法，探索突出工作实绩、重视政治品德、兼顾平时表现，实现指标量化的干部考核方式，将考核结果与评优评先、教育培训、选拔任用等挂钩，加大对考核结果的运用，发挥考核工作的激励导向作用。按照国家评比达标表彰工作规定，坚持围绕中心、服务大局、促进工程建设，调整完善南水北调系统各类表彰奖励项目，规范评选办法，选拔出在工程建设管理、施工、技术、经营、科研等领域做出突出贡献的各类人才，赋予荣誉称号，增强南水北调建设者的荣誉感和责任感。注重向重点项目、关键岗位、工程一线人员倾斜，通过精神奖励与物质奖励相结合，充分发挥表彰奖励的示范导向作用，调动各类人才的积极性、主动性和创造性，努力营造学先进、转作风、提效率、促建设的良好氛围。

(2) 完善收入分配制度。加强薪酬分配宏观调控，严格企事业单位工资总额管理，扩大企事业单位内部分配自主权，吸引各类优秀人才到南水北调企事业单位工作。建立科学合理的收入分配秩序，根据“效率优先，兼顾公平”的原则，实行按岗定酬、按任务定酬、按业绩定酬的分配办法，将职工的工资收入与岗位职责、工作业绩、实际贡献以及成果转化中产生的社会效益和经济效益直接挂钩，逐步形成重实绩、重贡献，向优秀人才和关键岗位倾斜的分配激励机制。

(3) 完善福利保障制度。落实住房、养老、医疗等福利保障制度，保证干部职工福利待遇水平随着经济社会发展而不断提高；切实帮助广大干部职工解决工作、生活中的实际困难和问题，真正做到关心人、爱护人、理解人、信赖人，通过不断完善福利保障制度，维护好广大干部职工的切身利益。

(四) 重点表彰情况

国务院南水北调办高度重视南水北调队伍建设，并将表彰奖励作为重要的激励手段，调动参建单位和广大建设者的积极性、主动性和创造性。国务院南水北调办组织开展的表彰奖励项目比较多，涵盖工程建设、安全生产、征地移民、宣传信息等工作，起到了很好的激励和导向作用。

2009 年 1 月，国务院南水北调办专门印发《国务院南水北调办关于表彰南水北调中线京石段应急供水工程建成通水先进集体和先进工作（生产）者的决定》，并组织召开南水北调中线京石段应急供水工程建成通水表彰大会，全面总结了京石段工程建设经验，对工程建设中的先进集体和先进个人进行表彰。此次表彰中，有 57 个集体荣获“南水北调中线京石段应急供水工程建成通水先进集体”称号，52 名同志荣获“南水北调中线京石段应急供水工程建成通水先进工作者”称号，177 名同志荣获“南水北调中线京石段应急供水工程建成通水先进生产者”称号。

2014 年，南水北调东、中线一期工程全面建成通水，如期实现了中央确定的南水北调工程建设目标。2016 年，人力资源社会保障部、国务院南水北调办联合组织开展相应的表彰组织工作，并印发《关于表彰南水北调东、中线一期工程建成通水先进集体、先进工作者和劳动模范的决定》。2017 年 1 月，国务院南水北调办召开会议，向获奖集体、个人颁发了奖牌、证书。这是国务院南水北调办协调推动的最高规格的全面表彰。其中，授予 80 个单位“南水北调东、中线一期工程建成通水先进集体”荣誉称号，授予 60 名同志“南水北调东、中线一期工程建成通水先进工作者”荣誉称号，授予刘民等 20 名同志“南水北调东、中线一期工程建成通水劳动模范”荣誉称号。此次受表彰的名单如下。

南水北调东、中线一期工程建成通水先进集体名单（共 80 个）

北京市南水北调工程建设管理中心
北京市南水北调工程拆迁办公室
北京市南水北调工程质量监督站
北京市房山区水务局
天津市水利勘测设计院

天津市水务工程建设管理中心
天津市西青区水务局（南水北调工程征地拆迁办公室）
石家庄市南水北调工程建设委员会办公室
廊坊市南水北调工程建设委员会办公室
保定市南水北调工程建设委员会办公室
邢台市南水北调工程建设委员会办公室
邯郸市南水北调工程建设委员会办公室
河北省南水北调工程建设管理局
河北省水利水电第二勘测设计研究院
河北省水利水电勘测设计研究院
南水北调工程河北质量监督站
江苏省南水北调工程建设领导小组办公室建设管理处
江苏省环境保护厅流域水环境管理处
江苏省骆运水利工程管理处
徐州市国家南水北调工程建设领导小组办公室
扬州市水利局
宿迁市水务局
南水北调东线江苏水源有限责任公司工程建设部
江苏省水利工程科技咨询有限公司
江苏省水利勘测设计研究院有限公司
章丘市水务局
枣庄市南水北调工程建设管理局
济宁市水利局
德州市南水北调工程建设管理局
聊城市南水北调工程建设管理局
山东省水利厅发展规划处
山东省国土资源厅征地管理处
山东省胶东调水局工程建设处
南水北调东线山东干线有限责任公司
许昌市南水北调中线工程建设领导小组办公室
南阳市南水北调中线工程领导小组办公室
新乡市南水北调中线工程领导小组办公室
河南省南水北调中线工程建设管理局建设管理处
河南省南水北调中线工程建设领导小组办公室综合处档案室
河南省南水北调中线工程建设管理局南阳段建设管理处
河南省河川工程监理有限公司
河南科光工程建设监理有限公司
河南省水利勘测有限公司

南阳市移民局
新乡市移民工作领导小组办公室
平顶山市移民安置局
郑州市移民局
长江勘测规划设计研究院有限责任公司工程移民规划研究院
辉县市南水北调中线工程领导小组办公室
方城县南水北调中线工程领导小组办公室
淅川县移民局
湖北省南水北调管理局建设与管理处
湖北省汉江兴隆水利枢纽管理局
十堰市南水北调工程领导小组办公室
丹江口市南水北调工程领导小组办公室
湖北省水利水电规划勘测设计院
十堰市移民局
丹江口市移民局
郧西县移民局
襄阳市襄州区移民局
丹江口市龙山镇人民政府
十堰市郧阳区柳陂镇人民政府
宁强县汉源镇街道办事处
石泉县发展和改革局（南水北调办）
山阳县发展改革局（南水北调办）
陕西省发展和改革委员会区域发展处
中线建管局河南分局
中线建管局河北分局
中线建管局质量安全监督中心
中线建管局工程维护中心
河南省水利勘测设计研究有限公司
北京市水利规划设计研究院
中水北方勘测设计研究有限责任公司南水北调中线直管工程邢台段项目监理部
河南华北水电工程监理有限公司南水北调中线惠南庄泵站监理部
中国水利水电第四工程局有限公司南水北调中线一期工程总干渠沙河南-黄河南段沙河渡槽工程一标项目部
中国铁建大桥工程局集团有限公司南水北调中线直管工程磁县段三标项目部
中国水利水电十三工程局有限公司南水北调天津干线西黑山至有压箱涵段项目部
中国水利水电第七工程局有限公司北京惠南庄泵站机电安装项目部
南水北调中线水源有限责任公司综合部
安徽省南水北调东线一期洪泽湖抬高蓄水位影响处理工程建设管理办公室

南水北调东、中线一期工程建成通水先进工作者名单（共60名）

冯　启　北京市南水北调东干渠管理处主任
巢　坚（女）北京市南水北调工程建设委员会办公室综合处主任科员
刘秋生　北京市南水北调团城湖管理处泵站管理所所长
何占峰　北京市南水北调工程质量监督站监督二室副主任
刘家凯　天津市水利勘测设计院副总工程师
陈绍强　天津市南水北调工程建设委员会办公室建设管理处（环境移民处）副处长
陈曦亮　河北省南水北调工程建设委员会办公室投资计划处处长
李　梅（女）石家庄市南水北调工程建设委员会办公室总工程师
石聚成　元氏县南水北调办公室主任
刘皓瑾（女）永清县水务局南水北调办公室主任
耿子鑫　保定市南水北调工程建设委员会办公室综合处处长
李风起　易县南水北调工程建设委员会办公室常务副主任
赵爱辰　邢台市南水北调工程建设委员会办公室建设与设计环境管理科科长
郭彬剑　邯郸市南水北调工程建设委员会办公室规划建设处处长
陈俊田　河北省南水北调工程建设管理中心工程技术部副部长
徐忠阳　江苏省南水北调工程建设领导小组办公室拆迁安置办主任
丁里广　徐州市国家南水北调工程建设领导小组办公室综合处处长
范海平　淮安市水利工程质量安全监督站站长
陈敢峰　泰州市水利工程建设处主任科员
黄利民　徐州市环境保护局流域处处长
刘丽君（女）江苏省防汛抗旱指挥部办公室防汛抗旱督查专员
耿京华　淄博市南水北调工程建设管理局建设科副科长
王海伦　东营市南水北调工程建设管理局建设管理科科长
李伟建　寿光市水利局副科级干部
陈建国　东平县南水北调办公室党组书记、主任
程金明　临沂市南水北调中水截蓄导用工程管理处工程科科长
徐　鹏　滨州市南水北调工程建设管理局综合科科员
魏德义　菏泽市南水北调工程建设管理局副局长
郭　忠　山东省南水北调工程建设管理局建设管理处处长
王金建　山东省南水北调工程建设管理局总工程师
陈建国　河南省水利第一工程局方城六标项目部经理
符运友　河南省水利第二工程局潮河四标项目部经理
司大勇　河南省南水北调中线工程建设管理局新乡段建设管理处工程科科长
赵　南　河南省南水北调中线工程建设管理局焦作段建管处总工程师
秦水朝　河南省南水北调中线工程建设管理局平顶山段建设管理处总工程师
聂素芬（女）河南省南水北调中线工程建设领导小组办公室经济与财务处处长

孙向鹏 河南省南水北调中线工程建设管理局环境与移民处工程师
万汴京 河南省人民政府移民工作领导小组办公室副主任
李定斌 河南省人民政府移民工作领导小组办公室副主任
张松林 邓州市张楼乡人大主席
魏战标 襄城县南水北调中线工程建设及移民工作领导小组办公室主任
张清立 中牟县移民局副局长
李海军 平顶山市移民安置局环境移民科科长
门 戈（女）南阳市南水北调中线工程领导小组办公室征地移民科科长
郭淑蔓（女）安阳市南水北调工程建设领导小组办公室环境与移民科副科长
周文明 湖北省引江济汉工程管理局局长
袁 静（女）湖北省南水北调管理局规划处主任科员
赵康成 竹山县南水北调工程领导小组办公室主任
王文杰 湖北省移民局移民处处长
项 岛 十堰市张湾区移民局局长
薛明娥（女）十堰市武当山旅游经济特区移民局局长
李艳军 天门市移民局局长
叶倚虎 潜江市积玉口镇党委书记
李晓全 汉中市城固县城市管理综合行政执法局副局长、城市环境卫生管理所所长
张 鹏 安康市环境监察支队监督执法科科长
李孝弟 陕西省水土保持局生态建设处处长
聂 蕊（女，回族）安康市紫阳县焕古镇副镇长
汪伦焰 华北水利水电大学监理中心副主任、河南华北水电工程监理有限公司副总经理
李卫东 淮河水利委员会治淮工程建设管理局副总工、淮河水利委员会治淮工程建设管理局南水北调东线工程建管局局长
魏 伟 国务院南水北调办监督司稽察处处长

南水北调东、中线一期工程建成通水劳动模范名单（共20名）

刘 民 天津市泽禹工程建设监理有限公司工程师
刘 军 南水北调东线江苏水源有限责任公司党委委员、副总经理
白传贞 南水北调东线江苏水源有限责任公司工程建设部项目合同管理科科长
付宏卿 南水北调东线江苏水源有限责任公司计划发展部发展规划科科长
朱太山 河南省水利勘测设计研究有限公司总经理
童 迪 长江勘测规划设计研究院副总工程师
邝 宁 湖北华夏水利水电股份有限公司副总经理
丰廷彦 武汉市东西湖区辛安渡办事处红星大队副大队长
程德虎 中线建管局副总工兼河南分局副局长
王 博 中线建管局河北分局临城管理处处长
李英杰 中线建管局河北分局副局长

唐文富　中线建管局北京分局惠南庄管理处处长

谢　波　长江勘测规划设计研究有限责任公司南水北调中线一期工程总干渠邓州设计代表处处长

凌　霄　黄河勘测规划设计有限公司项目经理

岳朝林　黄河勘测规划设计有限公司南水北调中线工程淅川监理1标项目部总监理工程师

杨小东　黄河建工集团有限公司南水北调中线淅川段工程施工5标项目部常务副总经理

庞建军　平顶山华辰电力集团有限公司项目经理

冷洪明　中国水利水电第七工程局有限公司第六分局南水北调北汝河倒虹吸工程项目部常务副经理

许国锋　南水北调中线干线工程建设管理局河北分局高级工程师

熊刘斌　中国葛洲坝集团股份有限公司丹江大坝加高左岸工程施工项目部总工程师

（五）主要经验和成效

国务院南水北调办党组加强对机关、企事业单位人才队伍建设工作的统筹协调和宏观指导。指导办机关、企事业单位根据实际，编制人才发展规划，形成系统人才发展规划体系，建立考核评估机制，加强督促检查。同时，大力宣传党和国家人才工作的重大战略思想和方针政策，宣传加强人才队伍建设的重大意义，宣传工作中的典型经验、做法和成效，努力营造尊重知识、尊重人才的良好事业环境，形成全社会关心、支持南水北调人才发展的良好社会氛围。深入开展人才理论研究，积极探索人才资源开发规律，加大对人才资源开发投入，加大培训力度，提高人才队伍的政治素质和业务水平，逐步形成了与南水北调事业发展相适应的人才队伍梯次结构。通过建立健全激励保障机制，人才队伍的积极性、主动性和创造性被调动起来，形成了干事创业、比学习、比工作、比奉献的良好氛围，人才队伍建设全面加强。

同时，按照“分类管理、科学设岗、明确职责、严格考核、落实报酬”的总体要求，深入推进企事业单位分配制度改革，进一步明确了各单位各部门岗位职责，初步建立了规范的收入分配结构、有效的激励考核评价机制和科学的工资调整机制。

二、系统内建管队伍建设

按照《南水北调工程文明工地建设管理规定》，国务院南水北调办负责组织、指导和管理文明工地创建活动，国务院南水北调办建设管理司承担文明工地评审等具体组织管理工作。有关省（直辖市）南水北调办事机构，受国务院南水北调办委托，负责文明工地的初评，或参与国务院南水北调办组织的评审考核等工作。项目法人负责组织建设管理单位、监理单位、施工单位、设计单位等其他各参建单位开展文明工地创建活动。

在南水北调文明工地创建活动中，各管理层次（国务院南水北调办、各省、直辖市南水北调办、建管局，各项目法人，各建管单位）和各参建单位设置了创建文明工地组织机构，安排专人负责、协调文明工地创建活动，并对建设管理、施工、监理、设计单位的管理职能进行了明确。

国务院南水北调办建设管理司代表国务院南水北调办统一领导文明工地创建活动，明确文明工地创建的总体目标，承担文明工地评审等具体组织管理工作。各地成立文明工地创建活动领导小组，统一部署创建活动，定期进行文明工地考核，构建了“建管单位负责，监理单位控制，施工、设计及其他参建方保证”的文明工地创建管理体系。

（一）建管单位团队建设

实行“建管单位负责，监理单位控制，施工、设计及其他参建方保证”的管理体系。按照设计单元划分，成立文明施工管理领导小组，负责文明创建的组织、指导和管理。领导小组下设办公室，负责文明创建的具体工作，主要职责为以下几个方面。

（1）负责工程文明施工管理的组织工作，监督参建各方严格贯彻执行《文明施工管理实施细则》的各项规定。

（2）接受上级主管部门的监督、检查与管理，落实上级主管部门提出的整改意见。

（3）监督、检查参建单位现场文明施工工作；组织文明施工检查，对发现的问题限期整改并督促整改措施的落实；每季度组织召开文明工地管理会议，进行文明施工管理工作总结，发布文明工地管理简报。

（4）负责国务院南水北调办文明工地申报的组织工作。

（二）施工单位团队建设

各施工单位现场建立了以项目经理为核心的文明工地创建组织机构，开展全员参与的全过程文明工地创建活动，主要职责为以下几个方面。

（1）编制文明工地创建规划，对创建工作进行总体布置。

（2）督促各施工工区成立文明工地创建小组，开展创建工作。

（3）制定和完善各项管理制度。

（4）编制文明工地创建方案。

（5）督促项目部各部门、作业工区按照企业质量、安全、环保等管理体系，做好过程控制和持续改进工作。

（6）定期组织召开文明工地创建工作会议，对文明工地创建进展情况进行总结。

各施工单位职责落实到人，分工明确，管理过程不留死角。施工单位现场机构的主要管理人员和技术人员符合投标承诺条件，项目经理驻现场不少于22天。设立专项资金，专款专用，保证文明施工的投入，定期对责任人进行考核，做到责、权、利明确，将文明施工责任制落实到实处。

（三）监理单位团队建设

各监理单位成立了以总监为组长，副总监、总工、监理工程师等人员为组员的文明工地创建小组，明确了小组成员职责，将文明工地创建行为融入到工程建设监理工作中，主要职责为以下几个方面。

（1）审查施工组织设计中有关文明施工方案内容。

（2）督促施工单位建立健全文明施工保证体系。

（3）督促施工单位按批准的施工组织设计中有关文明施工的方案进行施工。

(4) 检查施工中的文明施工情况，如发现有违反文明施工的行为或因不文明施工而可能引发的事故隐患，及时通知施工单位进行整改，检查整改结果签署复查意见。

(5) 督促施工单位进行文明施工的自查工作，参加文明施工的现场检查。

各监理单位按照投标承诺和监理工作需要，配备专业人员，持证上岗。总监理工程师常驻现场。各监理单位在日常工作中分级、分类管理，各部门职责分工明确，对所辖监理范围内的工程文明施工活动进行全方位、全过程的控制、监督与管理，并做好现场巡查、检查和验收工作。

(四) 设计单位团队建设

以设计单元为单位成立现场设代组，代表设计单位行使相关权利和履行相应义务。参与文明创建活动中，设代组负责人作为文明创建的领导小组主要成员之一，具体履行设计单位文明工地创建工作职责，为施工单位文明创建活动提供技术支持。

三、省（直辖市）南水北调办（建管局）队伍建设实例

(一) 北京市南水北调办

1. 组织机构

为落实建设部《建筑施工企业安全生产管理机构及专职安全生产管理人员配备办法》，以文明工地建设为抓手，实现南水北调工程安全管理、文明施工管理两手都要抓、两手都要硬的目标，树立南水北调工程的良好形象，从建设管理部门到各施工单位都健全了安全生产领导机构，形成一把手负总责，各级各部门各负其责的安全生产责任制体系。

北京市南水北调办设置了安全督察岗位，组成相关人员进行安全巡查，对施工单位的违章、违规、不文明施工现象建立不良记录档案。建设管理中心成立了安全生产领导机构和事故应急处理领导机构，设立安全总监一职，由1名副处级领导担任，并根据工程进展需要，抽调1名正处级干部充实了安全生产领导工作。各现场项目管理部、施工、监理单位也相应成立了安全生产领导机构，44个施工单位和22个监理（监造）单位都健全了安全生产组织，每个标段至少有3名专职安全员，24小时轮流在施工现场进行巡查。从上到下形成了一个有效的安全管理网络，实现了上层有人抓安全，基层人人懂安全的良好局面。

2. 团队建设

建管中心成立了以中心为一级领导小组，各施工单位、各监理单位、设计单位为二级机构的安全生产管理机构网络。

(1) 建设单位团队建设。建管中心成立了安全领导小组负责安全生产（包括文明施工）管理。安全生产领导小组设组长一人、副组长三人，成员若干人，建管中心主任担任领导小组组长。

安全生产领导小组下设综合管理部，综合管理部设在建管中心工程部。综合管理部设主任一人、副主任两人、成员若干人，负责工程日常的安全监督、协调和事故统计工作，完成安全生产领导小组交办的事项。

建管中心职责如下：①贯彻执行国家、地方政府和中线建管局有关安全生产方针、政策、

法律法规和标准；②与中标单位签订工程承包合同和安全生产协议；③领导、监督参与工程建设的各单位安全生产的组织和管理；④审批和发布北京市南水北调工程各类安全生产规章制度；⑤落实安全生产所需经费，为安全、文明施工创造条件；⑥建立安全生产管理机构，配备专职人员。监督各施工单位建立安全生产管理机构和配备专职人员；⑦监督审查各施工单位主要负责人和安全生产专职管理人员的安全管理资格；⑧监督施工、监理等各参建单位对职工进行安全生产教育、执行安全生产规章制度、提供劳动防护用品、为职工办理工商保险等情况；⑨发生重大事故时积极组织抢救，协助事故的调查、处理；⑩负责与地方政府有关部门的联系，接收其对安全生产工作的行政管理；⑪负责监督各项安全规章制度、安全技术措施、事故预防措施和上级有关安全生产知识的贯彻执行；⑫分析工程建设中的安全薄弱环节，对事故隐患、危险点提出超前预防的措施意见；⑬协调解决各施工单位在交叉作业中存在的安全施工问题。

（2）施工单位团队建设。施工单位成立以项目经理领导下的，由质量安全副经理、总工程师及各部门负责人组成的施工安全管理领导小组，项目经理是本单位的安全第一责任人，保证全面执行各项安全管理制度，对本单位的安全施工负直接领导责任。各施工作业队设专职安全员，在质量安全部的监督指导下负责队、部门的日常安全管理工作，各施工作业班组班组长为兼职安全员，在队专职安全员的指导下开展班组的安全工作，对本班人员在施工过程中的安全和健康全面负责，确保本班人员按照发包人的规定和作业指导书及安全施工措施进行施工，不违章作业。

施工单位的主要职责范围如下：①负责承包工程项目的施工安全，接受监理单位的监督管理，承担施工安全协议规定的安全生产责任；②贯彻执行国家、地方政府和建管中心有关安全生产法律、法规、标准和规章制度；③建立健全安全生产管理机构和制度，配备符合资质要求的专职安全生产管理人员；④按国家有关安全生产及职业病方面的法律法规和合同等规定，在工程材料设备供应、设备安装和施工中应有足够的安全技术措施计划等安全投入，做到安全施工，减少或杜绝职业病的危害；⑤编制施工组织设计时，应制定安全技术方案、措施及其经费计划；重大安全技术方案、措施应经监理单位审核，由建管中心安全领导小组审批；⑥对全体职工（包括临时用工人员）进行安全教育和技术培训，坚持先培训后上岗和特许工种持证上岗的制度；⑦定期组织对施工现场进行安全检查，发现问题及时解决，并认真填写安全检查和整改记录；⑧对施工的安全技术措施、安全防护设施、工器具、运输设备和特种设备进行专门管理和检查；⑨危险性作业要有安全措施，专人管理和监护；危险性作业区域和设备设施要有安全标志；⑩为全体职工办理工伤保险，提供劳动防护用品；⑪制订应急预案，当事故或紧急情况发生时根据预案采取应急措施；⑫组织或协助安全生产事故的调查处理。

（3）监理单位团队建设。为了加强对施工单位安全生产的监督管理，监理部建立了总监负责制的安全生产管理体系，并配备专职安全监理工程师，监督、检查施工单位的安全生产保证体系运行情况及人员配置，督促施工单位履行合同中有关安全生产的措施和承诺。

施工过程中，加大对施工现场的检查、巡视力度，监理部保证每天都有专职安全监理工程师在施工现场检查、巡视，对安全生产情况做到心中有数。对检查出的各种安全隐患，督促承包单位认真整改。

监理部每周组织安全生产联合检查，全面检查承包人施工现场安全工作及安全内业资料整

理归档情况，参加人员有监理部专职安全工程师及驻地监理人员、各标段安全负责人与专职安全员。同时，针对施工特点，结合工程进展情况，重点对基槽开挖、大型吊装设备、防汛、高空作业、用电、冬季防火防滑措施等各个方面进行了多次有针对性的安全检查。对检查中发现的问题要求承包人立即整改，并组织复查。

监理单位的职责如下：①按照法律、法规和工程建设强制性标准实施监理，并对建设工程的安全生产工作进行现场监督管理；②审查施工组织设计中的安全技术措施和施工方案是否符合工程建设标准；③督促检查施工单位建立、健全安全管理工作体系和安全管理制度，督促检查施工单位认真执行国家及有关部门颁发的安全生产法规和规定；④核查施工单位安全资格认证和安全管理人员的上岗资格；⑤发现施工单位出现危及安全生产的重大问题时，应及时下达停工令，并及时报告建管中心，指令施工单位采取措施整顿或处理；⑥检查工程的安全度汛措施；⑦定期组织安全生产检查，发现重大问题及时向建管中心提出处理建议，一般问题有权进行现场处理；⑧参加安全事故的调查分析，审查施工单位的安全事故报告及报表，监督施工单位对安全事故的处理；定期（每月）向建管中心报告安全生产情况，并按规定编制监理工程项目的安全年统计报表；对出现重大安全生产事故必须按规定向建管中心报告。

（4）设计单位团队建设设计单位职责：①工程设计必须符合国家标准和部颁规程、规范，保证工程安全；②设计单位应把安全生产贯穿设计全过程，努力为安全生产创造条件，承担委托设计合同规定的责任，防止因设计不合理导致生产安全事故的发生；③设计单位必须充分考虑施工条件和施工技术对安全生产的影响，施工风险较大的项目，必须通过优化设计保证安全，必要时应参与编制重大安全技术方案、措施的工作；④应当考虑施工安全操作和防护的需要，对涉及施工安全的重点部位和环节在设计文件中予以注明；⑤对施工中遇到影响安全的各种险情，做好观测、预报工作，向建管中心及时提出采取有效技术防护措施的建议；⑥协助对安全生产事故的调查处理。

（二）天津市南水北调办

为将南水北调中线天津干线天津市1段工程安全生产管理工作落到实处，天津建管中心建立了完善的南水北调工程安全生产管理体系，健全了工程建设管理项目的安全生产责任制和相关管理制度。成立了以法人代表为组长的安全生产管理领导小组，并在质量安全部设立安全员岗位，专职负责天津市1段工程安全生产管理工作。在安全生产管理领导小组的管理下，成立了安全生产事故应急处理领导小组、安全度汛领导小组、安全生产与文明施工联合检查小组、文明工地创建工作领导小组，全面负责天津市1段工程安全生产和文明工地创建管理工作，通过完善的安全生产组织机构，直接增强了施工现场的安全生产管理工作。

四、项目法人队伍建设实例

（一）中线建管局

为了开展南水北调中线干线工程文明工地创建活动，各管理层次（国务院南水北调办、中线建管局、各建管单位）和各参建单位设置了专门的组织机构，安排专人负责、协调文明工地创建活动。

国务院南水北调办建设管理司代表国务院南水北调办统一领导文明工地创建活动，明确文明工地创建的总体目标，承担文明工地评审等具体组织管理工作。

根据国务院南水北调办文明工地创建的总体目标，中线建管局建立健全了文明工地创建体系，成立了文明工地创建活动领导小组，领导小组由局长、副局长组成，具体职能部门设置在工程建设部，统一部署创建活动，定期进行文明工地考核。

各建管单位具体负责组织落实文明工地创建活动，实行“建管单位负责，监理单位控制，施工、设计及其他参建方保证”的管理体系。建管单位按照设计单元分别成立了文明施工管理领导小组，负责文明工地创建活动的组织、指导和管理。文明工地创建领导小组由建管单位和各参建单位组成，组长由现场建管机构主要负责人（建管部长或建管处长）担任，副组长由主管生产的副部长（副处长）和各监理单位的总监担任，成员为建管部（处）各处室负责人、设计代表、施工单位负责人等。领导小组下设办公室，负责文明创建的具体工作，文明施工领导小组办公室设在各工程管理处。

各施工单位具体实施文明工地创建工作。根据自身工程实际特点，制定了切实可行的文明工地工作计划或实施方案，成立了以项目经理和总工为核心的文明工地建设领导小组，设置了文明工地创建机构。

（二）中线水源公司

中线水源工程开工后，中线水源公司一直将文明施工作为工程建设管理的重点工作，要求施工单位文明施工，营造和谐、整洁有序的施工环境。2006年7月公司成立了以公司总经理为组长，公司各部门、设计、监理、施工单位主要领导为成员的“丹江口大坝加高工程创建文明工地领导小组”，明确了领导小组及办公室的职责，建立了公司统一领导，监理单位现场监督管理，设计单位、运行单位、施工单位各负其责的文明工地创建管理机制。

公司成立之初，就按照现代企业制度的要求和思路，本着“因事设岗、提高效益”的原则，合理配置了人力资源。公司高峰期共有员工73人，其中管理岗位41人（教授级高工6人，高级职称29人，中级职称5人，初级职称1人），辅助岗位21人，人数、专业、资质均能满足工程建设需要。公司领导班子职责明确，各司其职，团结合作，为推进工程建设和规范公司管理提供了可靠的组织和领导保障。

各参建单位严格按照合同要求配备管理人员和施工人员，根据工程需要成立了现场管理机构，组织了精干高效的管理团队，特殊工种、专业技术人员均持证上岗，为工程顺利进行奠定了基础。

加强培训。一是按照“缺什么、补什么”的原则，开展了员工培训需求调查，为有针对性地开展员工培训提供依据，并组织员工参加上级部门组织的培训和考察活动。二是坚持党委中心组学习制度，并与周五的员工集中学习相结合，重点学习了重要会议和文件精神、工程建管知识、反腐倡廉警示教育、法律知识等内容。三是加强业务培训。先后举办了管理人员、档案管理人员、安全管理人员培训班；并组织有关人员到国内管理较好的水电施工项目进行考察学习，先后组织员工赴三峡、小浪底、金安桥、锦屏、百色等水利建设工地进行学习，提高建管人员工程建设管理能力。四是加强实践锻炼。通过现场管理、参加审查论证会、开展技术攻关和课题研究等活动，积累实践经验，拓宽工作思路。各参建单位也都根据实际情况，开展质

量、安全、环保等方面的培训和教育，提高了人员的素质。

五、施工单位队伍建设实例

（一）南水北调中线工程湍河渡槽

为进一步加强文明施工管理，维护正常工作秩序，确保工程达到南水北调文明工地要求，创造一个文明、安全、整洁的施工环境，项目部成立了文明施工领导小组，设置组长、副组长。成员组成：组长由项目经理担任，副组长由副经理担任，组员由安全、环境、质量等部门人员组成。组长全面负责文明施工全面工作；副组长负责文明施工图文资料的收集整理、宣传报道以及户外宣传策划、营地建设；成员负责现场文明施工组织、协调、调度管理并实施；负责项目部设备物质管理、环境保护和安全检查。

为了使文明工地创建持续有效地开展，按照《南水北调工程文明工地建设管理规定》要求，项目部自开工之日起，就将文明工地创建工作当做一件大事来抓，并将文明工地创建作为提高员工素质、提升企业形象、加快施工进度、保证工程质量的重要管理平台。在项目部文明工地创建领导小组的组织下做到每年年初首先制定文明创建规划，确定文明创建目标、安全工作目标、质量工作目标，以及创建工作重点和措施，并将文明工地创建的具体指标分解到各部门、厂队。

湍河渡槽工程自开工以来，项目部始终把文明工地创建作为重要工作来抓，本着“营造和谐施工环境，创建一流精品工程”的理念，做到了组织机构健全，领导分工明确，形成了党、政、工、团齐抓共管、全体员工参与的局面。

项目部管理机构由七部一室组成：即工程管理部、质量保证部、安全环保部、机电物资部、经营管理部、技术部、财务部、综合办公室。下设有测量队、试验室、造槽机运行队、水电队和一、二、三工区。具体结构如图 2-3-1 所示。

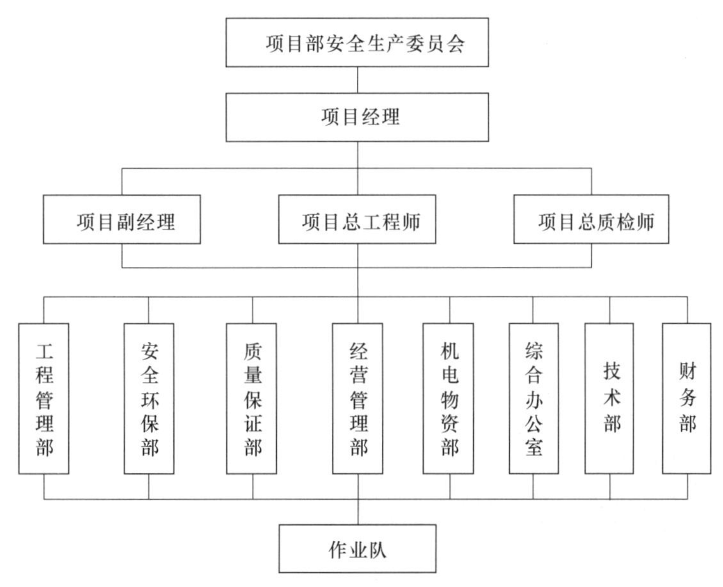

图 2-3-1　安全管理组织结构图

为进一步加强文明施工管理，维护正常工作秩序，确保工程达到南水北调文明工地要求，创造一个文明、安全、整洁的施工环境，项目部成立了项目部文明施工领导小组。

项目部成立有安全生产与环境保护管理委员会，项目经理为第一负责人，安全副经理为主管负责人，具体负责安全生产、文明施工、环境保护等工作。安全生产与环境保护委员会由项目部领导成员和各部门负责人、各队负责人组成。

项目部配备专职安全员3人，工区、厂队配有兼职安全员15人，负责对施工现场、生活区安全生产、文明施工及各项隐患的排查纠正工作，保证安全文明施工不留盲区。

（二）南水北调中线沙河渡槽工程

1. 组织结构

沙河渡槽项目经理部下设职能部门6个，包括工程管理部、生产协调部、安全环保部、物资设备部、经营财务部、综合管理部；划分制槽场和一工区、二工区、三工区；另设综合队、运架队、测量队、实验室等负责各住宅区、施工作业区的安全文明施工工作。

沙河渡槽项目部成立了安全生产和环境保护管理委员会（以下简称安委会），办公室设在安全环保部，负责落实安全环保、文明施工具体工作。项目经理为安全生产第一责任人，安全总监主管安全生产文明施工、环境保护工作。安委会委员由班子成员、各部门主任、各队负责人组成，如图2-3-2所示。

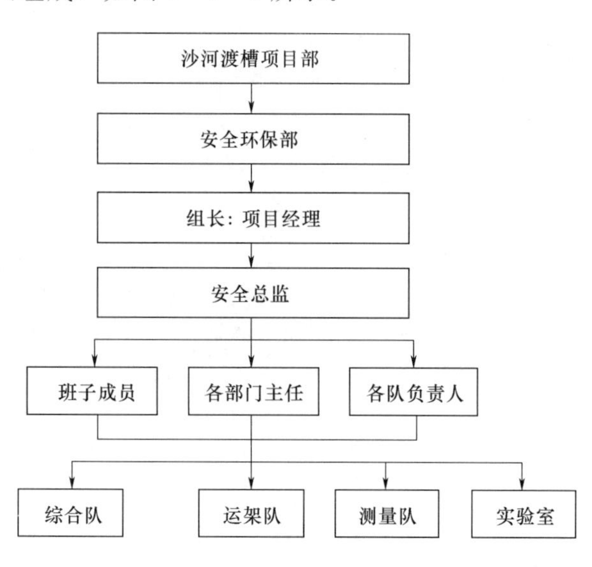

图2-3-2　沙河渡槽文明工地创建组织结构图

安委会的职责主要有以下几个方面。

（1）贯彻执行国家、地方及上级部门有关环境保护与安全生产方针、政策、法律、法规和标准，组织制定项目部环境保护与安全工作计划和管理制度，并组织实施。

（2）负责组织项目部安全生产大检查，对安全隐患和不符合文明生产要求的现象，负责督促整改。

（3）对各单位的安全业务管理负责检查、督促和指导，对施工安全实行“四全”动态管理。

（4）在日常工作中，随时倾听、征求业主、监理的意见和要求，做好沟通工作，在安全文明施工及工程进度上达到监理和业主满意。

（5）贯彻执行国家及上级部门环境保护和安全生产方面的方针、政策、法规和制度，在项目经理的领导下，负责环境与职业健康安全管理体系的组织协调、检查和考核工作。

（6）在项目部环境与职业健康安全管理体系主管领导的带领下，对项目部各单位、职能部门环境与职业健康安全管理体系运行情况进行定期检查、考核，解决运行工作中出现的问题。

（7）负责项目部环境与职业健康安全管理体系补充性文件的编写、修改及使用管理工作，负责对法律、法规文件条款进行符合性评价。

（8）根据项目部环境与职业健康安全管理体系运行情况，提出环境与职业健康安全培训建议。

（9）负责组织环境与职业健康安全大检查，纠正违章指挥和违章作业现象，督促解决环境和安全方面存在的问题，会同有关部门做好项目部环境与职业健康安全管理体系管理。

（10）会同有关部门对员工进行环境和安全知识教育，培训和新职工入场安全教育工作，督促各队、部门开展好岗前和岗位安全教育工作，协助项目部工会组织开展环境保护和安全生产活动。

（11）负责劳动保护用品的使用和检查指导工作，负责各类环境与安全事故的汇总、统计上报工作，参与事故的调查分析和处理。

安委会每季度召开一次会议，传达上级有关安全、环保方面的文件和要求，总结本季度安全工作，安排下季度安全工作重点。安全环保部每周四召开一次安全文明施工大检查，每周五召开一次安全周例会，讨论每周的安全文明施工及安全生产情况。

项目部设专职安全员3人，各工区、队设专（兼）职安全员10人，负责各作业队安全文明施工工作和现场隐患排查治理工作。专职安全员岗位职责主要有以下几个方面。

1）负责施工现场生产中的安全管理、监督和检查。

2）深入施工现场，随时了解生产中的安全情况。

3）参加每周的安全大检查，起草安全检查通报，对查出的不安全因素，下发《安全整改通知单》责令限期整改，并验证整改情况。

4）负责建立必要的安全管理台账，上报有关报表和资料。

5）根据项目部环境与职业健康安全管理体系管理者代表的要求或主任的安排，对项目部各队、职能部门环境与职业健康安全管理体系运行情况进行定期检查、考核。

6）负责项目部环境与职业健康安全管理体系补充性文件的编写、修改及施工管理工作。

7）根据项目部环境与职业健康安全管理体系运行情况，提出环境与职业健康安全培训建议。

8）会同有关部门对员工进行环境和安全知识教育、培训和新职工入场安全教育工作，监督各队、部门开展好岗前和岗位安全教育工作，协助项目部工会组织开展环境保护和安全生产活动。

9）负责劳动保护用品的使用和检查指导工作，负责各类环境与安全事故的汇总、统计上报工作，参与事故的调查分析和处理。

10）完成领导交给的其他工作。

2. 团队建设

依据《南水北调工程文明工地建设管理规定》文件要求，项目部从开工伊始就把创建文明工地作为提升企业形象、提高管理水平的首要任务来抓，努力营造安全、文明、和谐、有序的施工环境。为保证质量、安全、进度等控制目标的实现，建立健全组织机构，完善规章制度，制定文明工地创建计划，安全环保部主抓文明工地建设，工程管理部负责技术服务和质量控制。

每年项目部向建管单位及监理部报送了“沙河渡槽Ⅰ标安全文明施工工作计划暨文明工地创建计划”。通过开展创建文明工地相关活动，项目部安全生产、质量管理、文明施工、环境保护等各项工作逐步走向了制度化、规范化；员工的安全意识、环保意识、质量意识不断增强，施工环境有了极大改善，促进了工程建设，创建文明工地取得了显著成效。自2009年12月进场开工至今，未发生任何生产安全事故、交通事故、火灾事故、机械设备责任事故、环境污染事故、工程质量事故等。

（三）中国水电三局丹江口工程施工局

为加强对创建文明工地活动的领导，推动丹江口工程施工局文明工地的创建工作，中国水电三局丹江口工程施工局成立了创建文明工地活动领导小组，由施工局局长担任组长，副局长兼总工程师、党工委副书记兼工会主席、副总工程师担任副组长，施工局主体单位和有关部门负责人为领导小组成员。领导小组下设办公室，办公室设在施工局综合部，综合部主任负责人主持日常工作。

水电三局丹江口工程施工局成立于2005年8月，按照合同要求，施工局机关设有六部一室，即：施工部、质安部、管理部、劳财部、机电物资部、综合部、调度室等机构。下设四个工区，即：混凝土工区、拌和工区、金结工区、基础工区；另有综合加工厂、生活服务公司、试验室等单位。

在丹江口大坝加高右岸工程施工中，水电三局丹江口工程施工局在工地布置了2台塔机和3台高架门机，覆盖了全部施工部位，能够承担施工现场各种生产需要。安装3×1.5拌和楼、50强制拌和站各一台，日生产混凝土2680m^3，满足大坝加高和土石坝混凝土生产要求。各种施工车辆70台套，满足各项施工生产的需要。

施工局领导班子团结务实。七名班子成员都是大专以上文化程度，平均年龄不到40岁，专业知识互补。施工局局长兼党工委书记王宏民，大学本科文化，中共党员，高级工程师，一级建造师，曾经获得陕西省青年岗位能手和三峡工程优秀建设者称号。在班子建设中，施工局党政班子能够认真执行班子工作制度和议事制度，能够坚持“三重一大”民主决策制度，注重个人能力与整体功能发挥相结合。施工局能够坚持中心组学习，加强对班子成员的各方面教育，班子成员能够做到勤政廉政，无违规违纪现象，整体功能运行正常。

注重党组织政治核心作用的发挥，施工局从组织建设出发，认真抓好党建工作，以党建工作带动队伍建设。2006年5月丹江口工程施工局党工委成立以后，施工局立即组建了基层党支部。同时，建立健全党组织的各项工作制度，先后制定《水电三局丹江口工程施工局党工委工作实施细则》《水电三局丹江口工程施工局党内“创先争优”活动管理办法》。成立了党风廉政建设责任制领导小组、精神文明建设工作领导小组、厂务公开工作领导小组、厂务公开监督检查领导小组等，保证了丹江口工程施工局各项工作的顺利开展。在党组织建设上，施工局党工委每月工作有安排有布置，每月工作有检查有考核，并认真开展党内“创先争优”活动，狠抓党组织建设的制度化、正常化、规范化，保证党内各项工作的连续性和有效运转，充分发挥了党组织的战斗堡垒作用和党员的先锋模范作用。

俗话说：“党员看干部，群众看党员。”由于干部表率作用突出，党员先锋模范作用发挥得好，干部党员一身正气，带动了职工队伍建设的健康发展。此外，施工局设有治安保卫部门和专职保卫干部，治安保卫工作制度健全到位。职工能够自觉遵守法纪、企业法规和各项规章制度，没有违法乱纪和“六害”行为发生。

（四）中国葛洲坝集团股份有限公司丹江口大坝加高左岸工程施工项目部

“凡事预则立，不预则废。”南水北调工程举世瞩目，丹江口大坝加高更是南水北调工程的窗口。为使文明工地创建活动开展有计划、创建有组织、工作有标准，2006 年 7 月项目部根据国务院南水北调办印发的《南水北调工程文明工地建设管理规定》和《关于开展南水北调工程文明工地创建活动的通知》，成立了以项目经理为组长，分管领导和各部门、队（厂）负责人为成员的文明工地创建领导小组，制定完善了《中国葛洲坝集团南水北调中线水源工程文明工地创建计划》《中国葛洲坝集团丹江口大坝加高左岸工程施工项目部文明工地创建办法》。建立了安全生产、文明施工责任制，制定和完善了应急救援预案、安全保证体系、安全生产管理办法、防洪安全度汛预案，环境保护措施等多项制度，保证文明工地创建活动有计划、有规划、有成果，对大坝加高工作起到良好的推进作用。

领导班子团结，才能真正形成领导核心，出凝聚力，出战斗力，出新的生产力，班子团结了队伍建设才能上楼层。葛洲坝集团项目部通过开展“四好”班子建设、开展争创“四强”党组织和争做“四优”共产党员活动，强化班子成员全局观念、民主意识和廉政勤政，树立一盘棋的思想，使班子成员心往一处想、劲往一处使，做到同心同向、同频共振、政令畅通。

围绕职工职业道德建设，项目部首先从制度入手，先后制定了《丹江口项目部职工职业道德规范》《员工工作守则》等多项管理制度，对职工日常生活进行规范。其次通过开展时事政治、企业文化、职业道德、职业技能等方面知识培训，加强员工素质教育，使员工增长了知识，开阔了视野，推动了各项工作的开展。共培训人员 212 人次；通过树立典型和推选优秀员工参与集团先进评选等活动，培养和引导职工向先进模范人物看齐，激励、激发职工积极进取，在工作岗位上实现自我价值。第三，是在生活、思想上关心职工。通过建设和完善生活设施，开展拔河、乒乓球、猜谜、知识竞赛等丰富多彩的娱乐活动，关心职工的衣食住行，掌握职工思想动态，解决职工关心的问题和家庭困难，在项目部内营造了和谐关系，促进了各项工作的顺利完成。

六、监理单位队伍建设实例

（一）南水北调中线湍河渡槽工程

2010 年 12 月 1 日监理部进场后，就建立了以总监理工程师为第一责任人、副总监理工程师和安全管理专业工程师分工负责的安全文明施工控制体系，包括设立安全控制机构、配备合格的人员，制定安全生产管理制度、安全生产责任制、监理部生活办公区管理制度、监理部会议室管理制度。监理部安全文明施工控制组织机构如图 2-3-3 所示。

（二）南水北调中线沙河渡槽工程

监理单位在现场设立了沙河渡槽工程建设监理部，下设办公室、综合处、技术处、工程测量监测处、标段监理站等管理部门。监理单位文明工地创建组织包括组长、副组长和组员等。

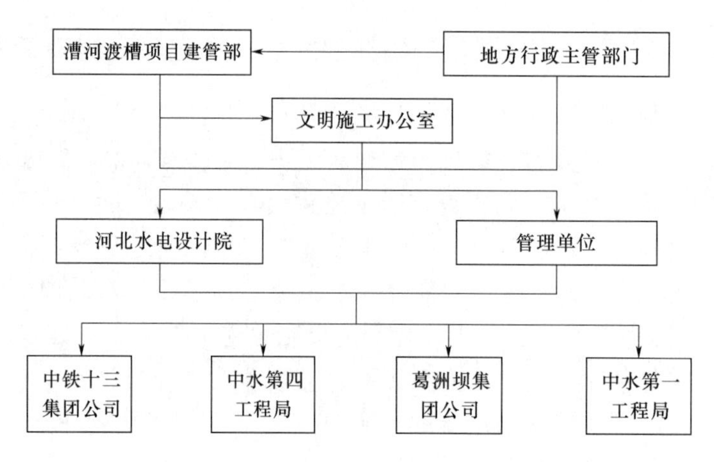

图2-3-3　沙河渡槽监理单位安全文明施工控制组织机构图

监理单位按合同文件规定全面落实监理部安全生产监管责任，各监理部门安全监理工程师巡视和各标段现场监理检查负责的原则，执行施工安全监督的程序与方法；结合施工安全技术措施的审查和施工过程安全检查的重点内容，做好各项施工安全监理工作，加强对安全生产工作的指导协调和监督检查。

监理单位从安全组织结构、安全投入、安全规章制度、安全教育培训、安全防护设施、文明施工现场管理和安全宣传牌、隐患排查治理、重大危险源监控、职业健康、应急管理以及事故报告、绩效评定等方面，严格对应评定标准要求，建立完善安全生产标准化建设。

七、建管单位队伍建设实例

（一）江苏省南水北调皂河站工程建设处

江苏省南水北调皂河站工程建设处，下设皂河一站工程部，为皂河站工程现场管理机构，内设综合科、工程科和财务科。工程建设之初，成立了质量管理、安全生产、文明创建专项组织，形成了建设处主任负总责，参建单位各负其责的领导体制。

工程进场后，建设处及时制订工作规则，职工理论学习、财务管理、报销、档案管理、后勤管理、廉政建设等10多项规章制度，明确各科室及岗位人员的工作职责，抓好制度执行，严格工作考核，保证了各项工作规范高效地开展。

2010年年初，建设处制定《2010—2012年度皂河站工程文明工地创建规划》，每年认真制定创建计划，及时分解创建目标，召开文明创建启动会，认真落实创建任务，定期组织人员开展检查考核，保证了创建工作扎实有效开展。

（二）江苏省南水北调金宝航道大汕子工程部

参建各方坚持以科学发展观为统领，以创建文明工地为动力，以规范、文明施工为准则，以建设优良工程为目标。大汕子枢纽工程开工之初，把文明工地创建就放在突出的位置，狠抓落实，要求监理、施工单位制订文明工地创建计划及措施，专人负责；工程部组建临时党支部，成立文明工地创建工作领导小组，由工程部主任担当领导小组组长，参建各单位主要负责人为领导小组成员；制定了大汕子枢纽工程文明工地创建计划，修订完善了工程

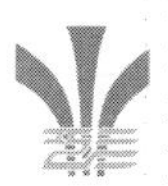

质量、安全、财务、档案、廉政等各类管理制度19项，为创建文明工地奠定组织基础和制度保障。

按照创建文明工地规划、学习计划和相关制度，工程部牵头不断组织参建单位学习政治理论、时事政治、安全知识、工程规范规程，不断开展党风廉政教育、反腐败警示教育以及职业道德教育，为提高参建人员的安全意识，开展安全知识竞赛、安全技术交底等活动，精心打造廉洁、自律、高效、文明的建设队伍。2011年五一期间，临时党支部组织前往淮海战役纪念馆进行革命传统教育，重温革命优良传统，再次接受革命精神的洗礼，为干部职工遵纪守法打下良好的思想基础，为文明施工、安全施工、筑精品工程创造了条件。

为增强参建各方人员的工作热情和团队精神，工程部不断组织开展工地文化体育活动和送温暖活动。如节假日联谊活动，扑克、象棋、乒乓球、羽毛球、拔河等比赛活动，同时动员干部职工根据本人的爱好和特长，适时开展读报、读书活动，太极拳、体操、早晚散步等体育锻炼活动，及种瓜、种菜等农田活动，项目部副经理吴刚还根据工地特点将他的工地卧室布置成带有浓厚的温馨气息的办公、休息为一体的工地示范卧室。尤其是从2011年2季度开始开展的“我为率先通水立新功”等劳动竞赛活动，工程部积极响应，结合现场实际情况筹划和组织，开展技能比赛活动，两批次评选出工人先锋号、先进工作者、操作能手、夏秋农忙坚守工地岗位先进个人等奖项，极大地增强了工地组织的向心力、凝聚力和号召力，有效地激发了建设者的劳动热情和积极性，又好又快地完成了套闸、节制闸的水下工程。

虽然工地建设条件艰苦，文明工地建设受到制约，但通过开展一系列的文明工地的创建活动，文明施工已成为每一个建设者的日常工作准则，积极向上、比学赶帮超的文明施工氛围已经形成，文明工地创建活动已成为工程质量和安全管理的保障体系。

（三）江苏省南水北调刘老涧二站工程

建立健全组织机构，制定并落实创建文明工地规划。建设处成立了以建设处主任为组长的精神文明建设领导小组，制定了《刘老涧二站工程2010年度创建文明工地实施计划》。施工单位淮阴水建公司刘老涧二站项目部作为创建文明建设工地的主体，成立了以项目经理为组长的文明工地创建领导小组，制订了创建文明建设工地计划。根据规划和工作计划，参建各方积极开展创建工作，并定期检查落实。

充分发挥党员的先锋模范作用和支部的战斗堡垒作用。经江苏省水利厅机关党委批准，建设处成立了临时党支部，共有党员10人，支部定期组织学习，不断增强创建文明建设工地的信心和决心，提高搞好工程建设的积极性和自觉性。“创优争先”活动开展期间，支部按规定程序组织各项活动，全体党员认真撰写共产党员承诺书。用自己的实际行动自觉做到吃苦在先，履行职责在先，敬业奉献在先，带动全体同志努力工作，发挥了工地党组织的战斗堡垒作用和党员先锋模范作用，推动了工程建设顺利进行。

重视政治思想教育，弘扬主人翁精神。结合工地实际组织开展了各种有益的学习、教育活动。工地生活区设置了黑板报和宣传橱窗，及时对广大职工开展政治、时事、道德、纪律等教育，弘扬正气，提高政治素质，项目部还组织了时事政治学习考试。

积极开展技能培训，不断提高队伍素质。人的素质决定工作质量，工作质量决定工程质量。因此，对广大职工加强职工道德和技能教育是保证工程质量的内在需要。项目部各类人员定期接受相关专业培训，针对不同工种人员开展岗位技能教育，对新进人员组织上岗前教育、培训，定期开展安全生产教育。同时，项目部还组织开展了群众性的质量管理小组（即 QC 小组）活动。按照安全生产的规定，所有特种作业人员一律持证上岗。在进水流道施工中，组织“创新立功竞赛活动”，不断提高队伍素质，营造积极向上的工作氛围。

加强廉政文化建设，树立良好的廉政形象。南水北调工程举世瞩目，建好工程责任重大。党风廉政建设是工程建设的重要组成部分，是确保工程“三个安全”的根本保障。江苏省南水北调办、江苏省纪委监察厅派驻南水北调工程纪检组、江苏水源公司一直高度重视，建设处成立了以建设处主任为组长的精神文明建设和廉政建设领导小组，设置了党风廉政监督员，制定了《刘老涧二站工程 2010 年度廉政建设活动计划》，对全年的廉政工作进行了全面的安排。建设处人员均与单位主要负责人签订了廉政建设承诺书，在办公室根据各人岗位情况设立廉政警示牌，以不断地提醒自己加强廉洁自律，筑牢道德防线。在工程建设过程中，将廉政建设纳入到工程招投标、质量控制、合同管理、文明工地、工程款支付、设计变更、索赔处理、财务管理等各个环节上，分别制定了处工作规则、廉政建设双合同制、财务管理制度、廉政建设承诺制、文明工地创建规划和年度实施计划等规章制度，有效地促进了廉政建设的深入开展。在工地现场办公、生活驻地醒目之处张贴廉政建设警示标语，设立廉政举报箱、公示牌，利用黑板报宣传廉政文化，创造良好的廉政建设氛围。建设处每季度组织参建各方管理人员观看党风廉政专题教育影片，自觉做到警钟长鸣。

坚持以人为本，尊重和关心人是精神文明建设的重要内容和不懈动力。建设处包括后勤服务人员共 17 位同志，来自全省各地多个单位，年龄从 20 岁到 60 岁，有干部，有工人，技术职称从初级到高级，为了一个共同的建设目标走到一起。建设处领导以身作则，大家工作上互相支持、积极配合、主动补位，生活上相互关心、理解谦让、和睦相处。每位同志的生日当天，届时食堂加菜共同庆贺，欢声笑语中体验了“家”的感觉。淮阴水建项目部定期为参建员工免费组织体检，极大地鼓舞和调动了大家的劳动热情和工作积极性。夏季高温施工，免费供应绿豆汤等清凉饮料，既是安全生产防暑降温的需要，又是对职工的关心和爱护。春节、中秋等重大节日，监理处、项目部食堂为职工免费加菜，体现了集体的温暖，凝聚了队伍，激发了员工爱岗敬业和为水利建设事业奉献的精神。

（四）江苏省南水北调洪泽站工程

建设处组建后，内部设置了工程科、综合科、财务科 3 个科室，配备有水工结构、金属结构、机电、造价、管理等专业高级工程师、工程师、助理工程师等技术管理人员 15 人，进行工程现场建设管理。同时，重视文明工地的建设，及时建立了以建设处主任为责任人的精神文明建设领导小组（创建文明工地和廉政建设）、安全生产领导小组、质量管理领导小组。由工程建设处、监理处、项目部等有关人员组成，并设立各专项领导小组办公室，聘任了精神文明建设宣传员、安全员、质量监察员，负责具体工作的落实。泵站主体工程项目部也建立了相应创建文明工地等领导小组。为进一步加强文明工地的建设，工程一开始，就成立了建设处党支部、项目部党支部，使工地形成了较为完整的文明工地创建组织机构和网络。建设处工作人员分工明确，团结协作，以创一流工程、精品工程的责任心做好各自的工作。

第四节　制　度　建　设

一、机关制度建设

制度建设是抓好工作的根本。邓小平同志曾极其精辟地指出："制度问题带有根本性、全局性、稳定性和长期性。"制度建设的关键是建立健全科学合理、切实可行的制度，国务院南水北调办自成立以来，办党组始终高度重视制度建设，注意在实际工作中不断总结和改进，坚持用制度保障人才工作。2006年，国务院南水北调办研究制定了《关于进一步加强人才队伍建设的意见》（国调办综〔2006〕70号），对全面系统、统筹协调加强南水北调系统人才队伍建设具有重要的指导意义。经过10余年不断地探索和实践，国务院南水北调办建立健全了与南水北调事业发展相适应，涵盖人才选拔任用、培训教育、监督管理、交流锻炼、考核激励等各个环节的制度体系，推进了人才队伍建设不断科学化、制度化、规范化，营造出了充满活力、富有效率、更加开放的人才制度环境，为建设一支高素质的人才队伍提供了坚强的制度保证。

（一）加强干部人事制度建设

1. 深化干部人事制度改革情况

深化干部人事制度改革，是加强干部队伍建设、防治和克服选人用人不正之风、提高选人用人公信度的治本之策。国务院南水北调办坚持按照科学发展观要求和中央统一部署，突出重点，统筹兼顾，全面深化干部人事制度改革。

（1）干部选拔任用。干部选拔任用是干部工作的首要问题。国务院南水北调办认真贯彻落实《党政领导干部选拔任用工作条例》，结合工作实际，研究制定了《中共国务院南水北调办党组关于贯彻〈党政领导干部选拔任用工作条例〉的实施意见》（国调办党〔2003〕6号），根据中央关于干部选拔任用工作的新精神新要求，不断加以完善，建立健全了科学的干部选拔任用机制和监督管理机制，推进了干部工作的科学化、民主化、制度化，解决了"选什么人，怎样选人"的问题，为建设一支朝气蓬勃、奋发有为的干部队伍提供了有力保证。

1）坚持用人标准，严格选拔条件。按照《干部任用条例》规定的基本条件，全面、客观、公正地衡量干部，坚持任人唯贤、德才兼备、群众公认、注重实绩的原则，切实把政治上可靠、工作上有能力、作风上过得硬的优秀干部选拔上来。同时，遵循干部成长规律，准确把握《干部任用条例》规定的任职资格，逐级提拔任用领导干部，保证所提拔的干部具有履行岗位职责所必需的综合素质和能力。不把学历、资历和任职年限的要求绝对化，结合岗位需要不拘一格地选拔人才。对德才素质好、发展潜力大、群众公认、实绩突出的特别优秀的年轻干部，以及工作所急需的领导人才或专业管理人才，适当放宽工作年限、基层工作经历、文化程度、任职年限等任职资格的限制。

2）扩大选人视野，完善民主推荐。除个别特殊需要的领导干部人选由组织推荐提名外，提拔任用领导干部，都要经过民主推荐提出考察对象。按照干部管理权限，国务院南水北调办干部（人事）部门负责组织直属单位领导班子和机关处级以上领导干部考察对象的民主推荐，一般采用会议投票和个别谈话等方式。直属单位领导班子和机关司局级干部的考察对象人选，由国务院南水北调办干部（人事）部门根据民主推荐情况，研究提出意见，报办领导确定后启动考察程序。

3）认真履行程序，遵守考察规定。干部考察采取个别谈话、民主测评、同考察对象面谈等多种方式。领导干部平级交流的，由干部（人事）部门根据年度考核、定期考核以及平时考核掌握的情况，研究提出任职意见，结合实际情况组织考察。领导干部提拔任职，由干部（人事）部门按照干部管理权限，对考察对象的政治思想、道德品质、能力素质、工作表现、廉洁自律等多方面进行严格考察。

4）充分酝酿人选，集体研究决定。决定干部任免之前，在一定范围内对拟任免人选进行酝酿，充分听取意见。酝酿一般采取个别征求意见的形式，由干部（人事）部门负责同志向本单位领导班子介绍拟任免人选的民主推荐、考察情况以及职务安排建议，听取其意见，并将有关情况向党组分管干部（人事）工作的领导同志及党组主要负责同志汇报。对拟提拔人选，还注意听取纪检监察部门的廉政鉴定意见。机关处级干部任免由国务院南水北调办人事司组织进行。直属单位处级干部任免由本单位干部（人事）部门组织进行，报国务院南水北调办备案同意后办理任职手续。机关司局级和直属单位领导班子任免由党组讨论决定，必须有2/3以上成员出席，并以应到会成员超过半数同意形成决定。

5）创新用人机制，规范干部管理。积极稳妥地推进领导干部竞争性选拔，严格实行党政领导干部任职前公示制度和任职试用期制度，公示的内容、方式、范围、程序、期限按有关规定执行。提拔担任非选举产生的司局级及以下领导干部试用期为一年。试用期从任免机关下发试用任职通知之日起计算。试用期满后，经考核胜任现职的，正式任职；不胜任的，免去试任职务。

6）加强选拔监督，防止不正之风。严格遵守干部任用条例“十不准”纪律，坚决维护组织人事工作的严肃性，切实减少和防止用人上的失察失误，提高干部选拔任用工作的质量和水平。探索干部推荐责任制、干部考察工作责任制、干部选拔任用工作责任追究制和干部选拔任用工作监督责任制，增强主动监督的意识，及时听取纪检监察部门的意见，沟通信息，交流情况，把监督关口前移，强化事前监督和事中监督，努力推进干部监督工作的科学化与制度化。重点加强对各单位主要负责人的教育、管理和监督，党组分管领导及干部（人事）部门主要负责人每年与各单位主要负责人进行一次谈心、谈话，使他们树立正确的权力观和用人观，提高贯彻执行《干部任用条例》的自觉性。领导班子内部进一步健全民主集中制，加强集体领导，防止个人专断、软弱涣散。把党组和领导干部，尤其是主要负责人执行《干部任用条例》情况纳入领导班子民主生活会的重要内容，认真进行对照检查，发现问题及时整改。建立“便利、安全、高效”的举报机制，增强干部选拔任用工作的透明度。干部（人事）部门公布干部监督举报信箱，认真对待举报线索，该立案的立案，该转办的转办。对打击报复举报人的，依纪依法严肃查处。

（2）干部监督管理。干部监督管理是干部工作的重要内容。国务院南水北调办始终深入贯彻中央《关于进一步从严管理干部的意见》，坚持以主要领导干部和关键岗位为重点，从严选拔、从严教育、从严管理、从严监督。严格落实“一报告两评议”、经济责任审计、领导干部报告个人有关事项等制度，结合南水北调工作实际，研究制定了谈话提醒、党风廉政责任、干

部问责等制度，探索建立南水北调工程预防和惩治腐败工作机制，完善促使领导干部从严律己、严格教育约束亲属和身边工作人员的制度机制，确保干部安全。

1）实行谈话提醒制度。2005 年，国务院南水北调办印发实施了《中共国务院南水北调办党组关于实行谈话提醒制度的暂行规定》（国调办党〔2005〕19 号），明确对遵守党的政治纪律、贯彻执行党的路线方针政策及执行上级决定不坚决的，不能坚持党员标准、严于律己、发挥先锋模范作用的，在勤政廉政、遵纪守法等方面有不良反映的，不严格遵守民主集中制原则、不讲团结协作、不顾全大局的，在道德品质、思想和工作作风等方面有不良苗头的，在选拔任用干部时有不坚持原则、不走群众路线、搞不正之风的以及在其他方面出现违纪苗头的党员及领导班子集体进行谈话提醒。

实行谈话提醒责任制，对党组书记、党组集体的谈话提醒，按中央和国务院有关规定办理，对党组成员的谈话提醒，由党组书记负责；对各司各单位主要负责人的谈话提醒，由分管办领导负责。对副职负责人的谈话提醒，由各司各单位主要负责人负责。必要时，办机关党委、综合司负责人参加；对处级党员领导干部谈话提醒，由各司各单位分管领导负责。必要时，各司各单位党组织组织委员、纪检委员、人事部门负责人参加；对处以下党员的谈话提醒，由所在党支部负责。

谈话提醒坚持原则，实事求是，与人为善，明确提出意见和要求，做到批评提醒到位，注意方式方法。对反映有违纪苗头的谈话提醒，事前做好必要的调查核实，在谈话中明确要求限期纠正。一般采取个别谈话提醒的方式，对普遍性问题或领导班子中存在的问题，采取会议提醒或集体谈话提醒方式。谈话时注意保护检举、反映意见的人。

建立和实行谈话提醒制度对贯彻落实从严治党、从严治政的方针，深入开展反腐败斗争，加强对党员干部的“严格要求、严格管理、严格监督”，推动领导干部廉洁自律；对坚持教育为主、预防为主，将监督的关口和防线前移，努力减少违纪现象的发生，提高党员的思想政治素质，增强党组织的凝聚力和战斗力，起到重要作用。

2）建立健全预防职务犯罪工作体制。预防职务犯罪是确保“工程安全、资金安全、干部安全”的重要措施。2006 年，结合工程建设的特点和干部职工队伍的实际情况，国务院南水北调办印发实施了《关于在南水北调工程建设中预防职务犯罪的意见》（国调办综〔2006〕16 号）。2011 年，国务院南水北调办与最高人民检察院联合印发了《关于在南水北调工程建设中共同做好专项惩治和预防职务犯罪工作的通知》（高检会〔2011〕5 号），在建立健全预防职务犯罪工作体制方面进行有益探索。

一是建立在国务院南水北调办党组统一领导下的预防职务犯罪网络体系。办机关、直属企事业单位明确预防职务犯罪工作领导机构并建立相关制度，加大指导、协调南水北调系统预防职务犯罪工作的力度，确定工作任务和重点。各省（直辖市）南水北调办事机构、项目法人、项目建设管理机构、征地移民管理部门要建立预防职务犯罪工作体系，检查督促南水北调工程建设中预防职务犯罪工作措施的落实。

二是健全分级负责的预防职务犯罪责任制。各级预防职务犯罪工作领导机构按照中央和国务院南水北调办有关反腐败斗争的部署要求，结合实际，制定本部门、本单位预防职务犯罪工作的方案和意见，明确职责，落实责任，按照“谁主管、谁负责”的原则，坚持一级抓一级，层层抓落实。

三是构筑预防职务犯罪的制度防线。从健全完善规章制度入手，着重加强规范、监管和公开的力度。建立结构合理、配置科学、程序严密、制约有效的权力运行机制，完善易发职务犯罪的关键领域、关键部位、关键环节、关键岗位的监督制约机制。突出管理、监督重点，针对不同专业、不同岗位，规范权力运作，防止权力滥用。规范“事权”，建立决策、实施、监督制约程序和管理规则；严格“财权”，实行资金收支情况的有效监控；监督“人权”，加强对各级领导干部的监督。在健全完善规章制度的同时，完善制度的运行程序，积极探索实施有效监督制约的途径及办法。

四是强化全方位监督的社会防线。在加强党内监督的同时，充分发挥人民群众的监督作用，保障群众的知情权、参与权、监督权。重视发挥好群众广开言路、依法监督、民主监督的作用。注意发挥好舆论监督特有的优势，加强新闻舆论监督。各单位切实加强和有关部门同时本单位部门之间、岗位之间的监督制约，以及权力运行中必经的程序、步骤和环节的互相制约。在形成有效监督机制的同时，以强有力的措施，提高监督权威，保证了监督渠道畅通。

五是建立预防职务犯罪工作机制。各单位积极主动与纪检监察、审计、重点建设项目主管和稽察部门以及有关单位进行联系和配合，对预防职务犯罪工作实行目标管理，加强对职务犯罪的内部控制、监督管理，把组织领导、宣传教育、制度健全、责任落实、监督质量以及预防成效作为各部门、各单位和各级党组织工作综合考评的重要内容，推动预防职务犯罪工作的规范化建设。

六是切实加强对重点岗位的监督。落实重点岗位监督的责任，各级工程建设单位的领导班子对项目建设全过程的同步预防职务犯罪工作负总责，对工程建设中重大事项和决策，必须经领导班子集体讨论决定，防止暗箱操作，个人说了算。加强对工程招标、资金管理、原材料采购、监理等重点岗位人员的监督，规范内部工作程序，建立内控和制约制度，切实防止在工程款结算、原材料采购、监理签证等环节中，主管人员利用手中权力收受贿赂，谋取私利。加强责任处理。建立完善廉政检查汇报制度和重大事项报告制度，增强项目法人的自律能力，对重点工程建设过程中有受贿行为的人员按照有关规定依法查处，情节严重的移交检察机关追究刑事责任；对设计单位、施工企业、监理单位有行贿行为的，视情节轻重降低或取消参与南水北调工程的资质。

国务院南水北调办坚持内部预防、专门预防和社会预防相结合，教育、制度、监督并重的原则，以治权为核心，以治财为重点，以管人为根本，切实加强和规范办机关、直属企事业单位、各省南水北调系统办事机构、项目法人、项目建设管理机构、各级南水北调征地移民管理部门的预防职务犯罪工作。同时，加强预防职务犯罪的对策研究，注意研究掌握工程建设中权力集中、资金密集、职务犯罪易发多发等领域职务犯罪的原因和症结，对暴露出来的苗头性问题和薄弱环节，深入开展系统调研、专题调研，制定防范对策。通过研究和剖析，掌握情况，找准对策，堵塞漏洞，切实加大从源头上预防和治理职务犯罪的力度，提高广大干部职工拒腐防变的免疫力，为实现工程建设目标打下坚实的基础。

3）建立健全加强党风廉政建设和反腐败工作机制。为加强党风廉政建设，明确领导班子和领导干部在党风廉政建设中的责任，2011年，国务院南水北调办印发了《国务院南水北调办党风廉政建设责任制实施办法》（国调办党〔2011〕2号），明确各部门、各单位主要领导作为第一责任人，签订党风廉政责任书，对职责范围内的反腐倡廉工作负总责。

国务院南水北调办党组和各级领导班子及其成员在南水北调党风廉政建设中承担以下领导责任：贯彻落实党风廉政法规制度，结合南水北调工程建设实际研究制定党风廉政建设工作计划、目标要求和具体措施，每年召开专题会议，部署党风廉政建设，明确职责和任务，并按照计划推动落实；开展党性党风党纪和廉洁从政教育，组织党员、干部学习党风廉政建设理论和法规制度，加强廉政文化建设；强化权力制约和监督，建立健全决策权、执行权、监督权既相互制约又相互协调的权力结构和运行机制，推进权力运行程序化和公开透明；加强作风建设，纠正损害群众利益的不正之风，切实解决党风政风方面存在的突出问题；领导、组织并支持执纪执法部门依纪依法履行职责，及时听取工作汇报，切实解决重大问题。

建立党风廉政建设责任制的检查考核制度，建立国务院南水北调办党风廉政建设责任制领导小组及其工作机构，负责对各部门、各单位领导班子、领导干部党风廉政建设责任制执行情况的检查考核。制定检查考核的评价标准和指标体系，确定检查考核的内容、方法、程序。检查考核工作每年进行一次，与领导班子、领导干部工作目标、惩治和预防腐败体系建设等年度考核相结合，必要时将组织专门检查考核，并在适当范围内通报考核检查结果。对检查考核中发现的问题，及时研究解决，督促整改落实。检查考核结果作为对各部门、各单位领导班子总体评价和领导干部业绩评定、奖励惩处、选拔任用的重要依据。

建立党风廉政责任追究制度，对党风廉政建设工作领导不力，以致职责范围内明令禁止的不正之风得不到有效治理，造成不良影响的；对上级领导机关交办的党风廉政建设责任范围内的事项不传达贯彻、不安排部署、不督促落实，或者拒不办理的；对本部门、本单位发现的严重违纪违法行为隐瞒不报、压案不查的；疏于监督管理，致使领导班子成员或者直接管辖的下属发生严重违纪违法问题的；违反规定选拔任用干部，或者用人失察、失误造成恶劣影响的；放任、包庇、纵容下属人员在南水北调工程建设中违反建筑市场监管法规和财政、金融、税务、审计、统计等法律法规，干预和插手工程建设和设备物资采购招投标以及转包和违法分包、挪用资金、私设小金库，以及其他违反法律法规、弄虚作假的以及有其他违反党风廉政建设责任制行为的，将严肃追究责任。

实施责任追究，坚持实事求是，分清集体责任和个人责任、主要领导责任和重要领导责任。情节较轻的，给予批评教育、诫勉谈话、责令作出书面检查；情节较重的，给予通报批评；情节严重的，给予党纪政纪处分，或者给予调整职务、责令辞职、免职和降职等组织处理。涉嫌犯罪的，移送司法机关依法处理。对职责范围内发生的问题进行掩盖、袒护的，干扰、阻碍责任追究调查处理的，从重追究责任。

此外，根据国务院年度廉政工作会议精神，国务院南水北调办均提出了贯彻落实的具体意见，结合各部门工作职责对党风廉政建设任务进行分解，明确各部门党风廉政风险防范的重点，为有针对性地开展党风廉政工作提供了重要依据。

4）建立健全领导干部问责机制。2013 年，根据《中华人民共和国行政监察法》《中华人民共和国公务员法》《党政领导干部选拔任用工作条例》《关于实行党政领导干部问责的暂行规定》等有关法律法规和规章制度，国务院南水北调办结合实际，研究制定了《国务院南水北调办领导干部问责办法（试行）》（国调办综〔2013〕23 号），对适用范围、问责情形、问责方式及问责程序等作出了具体规定，为加强南水北调系统领导干部管理，改进工作作风，提高工作效率，优化南水北调事业环境提供了有力的制度保障。2015 年，随着中心工作从建设管理向运行管理转移，围绕规范运行管理、落实“三先三后”、推进后续工程等重点工作任务，重点对领导干部问责的重点领域作了修订，切实提高问责的针对性和可操作性，确保干部监管不留空白。

按照干部管理权限，国务院南水北调办主要对机关司局级干部及直属单位领导班子成员违反法律、法规、规章、政策和内部规章制度，不履行、不正确履行职责或履行职责不力，作风不正，纪律不严，形象不良，对在南水北调工程建设和运行管理、“三先三后”职能落实、后续工程推进、投资计划、资金管理、安全生产、工程质量、征地移民、运行监管以及综合管理等方面造成重大损失、严重后果或不良影响的行为实施问责。

对领导干部实行问责，坚持严格要求、实事求是，权责一致、惩教结合，依靠群众、依法有序相结合的原则。问责分为责令公开道歉、通报批评、停职检查、引咎辞职、责令辞职、免职六种方式，对主动采取措施，有效避免损失或者挽回影响的，积极配合问责调查，并且主动承担责任的从轻问责，对干扰、阻碍问责调查的，弄虚作假、隐瞒事实真相的，对检举人、控告人打击、报复、陷害的等情形从重问责。领导干部受到问责，同时违反国务院南水北调办有关工程运行管理、投资计划、资金管理、工程质量、安全生产、运行监管、干部管理等相关业务规定的，按照规定予以处罚；需要追究纪律责任的，依照有关规定给予党纪政纪处分；涉嫌犯罪的，移送司法机关依法处理。负责办理问责事项的工作人员滥用职权、徇私舞弊、玩忽职守、泄露秘密的，按照有关规定追究责任。

对领导干部实行问责由办党组研究决定启动，干部（人事）部门受办党组委托按照权限履行有关职责，对拟被问责人员相关情况进行调查、核实，研究提出问责建议，听取拟被问责人员陈述和申辩，并予记录，由办党组会议研究决定问责后下达《领导干部问责决定书》，接受被问责人员申诉。

受到问责的领导干部，取消当年年度考核评优和评选各类先进的资格。引咎辞职、责令辞职、免职的领导干部，一年内不得重新担任与其原任职务相当的领导职务；一年后，可以根据工作需要以及本人一贯表现、特长等情况，按照干部管理权限酌情安排适当岗位或者相应工作任务，如果重新担任与其原任职务相当的领导职务，除按照干部管理权限履行审批手续外，还应征求上一级组织人事部门的意见。

（3）干部教育培训。加强干部教育培训，是适应时代发展和南水北调工程建设形势的必然要求，也是全面提高干部职工队伍素质和能力的重要途径。国务院南水北调办高度重视干部教育培训工作，研究制定了《国务院南水北调办关于加强干部教育培训工作的实施意见》（国调办综〔2006〕29号），对大力推进干部教育培训工作具有重要指导意义。

1）明确总体要求。坚持围绕中心、服务大局，坚持理论联系实际，重在加强以创新能力为核心、以胜任本职工作为目标的相关能力的培养。领导干部带头参加学习培训，各单位有计划地每年抽调一定比例的在职干部参加各类培训，五年内使全体在职干部普遍轮训一遍，保质保量地完成教育培训任务。确保处级以上党政领导干部5年参加培训累计不少于3个月，其他干部每年脱产培训累计不少于12天。

2）明确干部教育培训重点。根据南水北调工程建设发展需要，结合岗位职责要求和不同层次、不同类别干部的特点，以改善知识结构、增强创新能力、提高综合素质为目标，以政治理论、政策法规、业务知识、文化素质和技能培训等为基本内容，并以政治理论培训为重点，

综合运用组织调训与自主选学、脱产培训与在职自学、境内培训与境外培训相结合等方式，促进干部素质和能力的全面提高。

一是政治理论培训重点：进行马克思列宁主义、毛泽东思想、邓小平理论、“三个代表”重要思想和科学发展观的教育，党的历史、党的优良传统作风、党的纪律的教育，国情和形势的教育。把党章和社会主义荣辱观、社会主义核心价值观作为重要学习内容，进一步引导干部坚定共产主义理想和中国特色社会主义信念，坚持马克思主义的世界观、人生观和正确的权力观、地位观、利益观，夯实理论基础，开阔世界眼光，培养战略思维，增强党性修养。

二是政策法规培训重点：加强党的路线方针政策和国家法律法规的教育，进行南水北调法律法规的教育培训，提高各级领导干部科学执政、民主执政、依法执政的能力，增强全体职工知法懂法守法意识。

三是业务知识培训重点：加强履行岗位职责所必备知识的培训，提高干部的实际工作能力。

四是文化素质培训和技能训练按照完善干部结构、提高干部综合素质、适应工作需要的要求进行。

3）明确干部教育培训形式。根据中央有关要求和实际工作需要，综合运用组织调训与自主选学、脱产培训与在职自学、境内培训与境外培训相结合等方式，全面开展党员政治理论培训、初任培训、任职培训、专门业务培训、更新知识培训和出国培训，提高培训质量，注重培训实效，不断提高干部职工队伍的学历层次和知识结构。

4）明确职责分工。国务院南水北调办综合司是干部教育培训工作的归口管理部门，负责拟订总体培训方案并监督实施；负责司局级领导干部、机关公务员、中青年后备干部培训计划的制定和组织实施。机关党委负责办机关及直属单位党员的政治理论培训计划的制定和组织实施。其他司和单位负责本司（单位）干部及业务领域内相应干部的业务培训、更新知识培训等培训计划的制定和组织实施。各直属单位按照干部管理权限负责本单位干部和专业技术人员的培训计划的制定和组织实施。

5）明确组织保障。要求各单位切实把干部教育培训作为一项重要工作摆上日程，建立干部教育培训领导责任制和目标责任制。党政主要领导要亲自抓，及时解决工作中存在的问题。把干部教育培训工作任务的完成情况作为领导班子考察和领导干部年度考核的一项内容。领导干部发挥表率作用，带头积极参加各项培训。要求加大并保证对干部教育培训的经费投入，把干部教育培训经费列入年度经费预算，对重要培训项目予以优先保证。实行干部理论学习考核登记制度，做好干部教育培训工作的督促检查和年度教育培训统计，及时通报检查结果，切实保障干部教育培训工作任务的完成。

6）明确制度落实。要求各单位依据《干部教育培训工作条例（试行）》做好干部教育培训管理工作，全面实施干部教育培训登记制度，建立干部学习档案，为干部考核、上岗任用、职务晋升、专业技术职务评聘提供科学依据。进一步完善干部教育培训的激励和约束机制，逐步落实“不培训不上岗、不培训不任职、不培训不评聘专业技术职务”的“三不政策”。注重培训需求调查，科学设计培训方案，增强培训内容的针对性、实效性，逐步使教育培训由知识培训向能力培训转变。在继承传统培训方法和手段的基础上，积极引进和探索现代教育培训模式，提高培训质量和效益。

各单位坚持以“三个代表”重要思想和科学发展观为指导，紧紧围绕南水北调工程建设和干部队伍建设实际，充分认识干部教育培训工作的重要性，集中力量抓好干部教育培训，为全面推进南水北调工程建设提供坚实的智力和能力保障。

(4) 干部考核评价。干部考核是选拔任用干部的重要基础，管理监督干部的必要手段。国务院南水北调办高度重视干部考核工作，坚持贯彻中央提出的“德才兼备、以德为先”的用人标准，在长期实践中探索实践了一套行之有效的做法和制度，为树立科学发展的正确用人导向、科学规范地考核评价领导干部提供了可靠的制度保证。近年来，国务院南水北调办选人用人工作满意度逐年提高，年度考核工作不断规范有序。

1) 落实领导干部任职试用期满考核。为规范领导干部任职试用期满考核工作，国务院南水北调办研究制定了《关于领导干部任职试用期满考核的意见》(综人外〔2004〕51号)，明确对领导干部在试用期间的思想政治表现、组织领导能力、工作作风、工作实绩和廉洁自律等情况，重点对所任职务的适应能力和履行职责的情况进行考核。按照干部人事管理权限，司局级(含直属事业单位)领导干部任职试用期满，由综合司负责考核。处级领导干部任职试用期满，由机关各司或直属事业单位负责考核。

领导干部试用期考核按规定程序进行。由人事部门提前一个月通知考核对象填写《南水北调办公室领导干部任职试用期满考核表》，按考核要求做好述职准备。考核对象所在单位负责人主持召开述职会议，涉及正职领导干部述职，由其他副职主持。考核对象重点针对履行职责和工作业绩等情况进行述职后，由其他同志进行评议。参会人员一般包括领导班子成员、内设机构的中层干部及群众代表。人数较少的，由全体职工参加。司局级领导干部述职须通知综合司派人参加，处级领导干部述职由所在单位自行组织。在考核对象述职，听取群众评议的基础上，由所在单位领导班子集体研究，提出是否胜任试用职务的意见，并填写《南水北调办公室领导干部任职试用期满考核表》。机关司、处级领导干部、直属企事业单位领导班子填表后报综合司，直属企事业单位处级领导干部转正须报综合司备案同意。

综合司根据考核结果，提出对考核对象的任用意见，报办领导审批。直属单位处级领导干部任职试用期满后任职由本单位审批任命。考核合格者，办理正式任职手续；不合格者，按照干部管理权限审批或备案后，免去试任职务，一般按试用前原职级安排适当工作。

2) 改进干部年度考核。为进一步落实干部考核“一个意见、三个办法”，国务院南水北调办研究制定了《国务院南水北调办办管干部年度考核办法》，强化对干部品德的考核、作风考核、实绩考核。

一是理清考核思路，明确考核目标。分清责任，明确划分各司、各处、各单位职责范围，防止责权不明、推诿扯皮；分清优劣，建立科学有效的评价体系，将年终考核与日常工作表现有机结合，全面考核干部“德、能、勤、绩、廉”；分清奖罚，重视考核结果使用，好的予以奖励、重用，差的予以批评、诫勉谈话，必要时实行组织调整，真正让干部重视考核工作，让群众信任、拥护和积极参加考核工作。

二是量化考核能、勤、绩，突出考核德和廉。年度考核，指标是关键。国务院南水北调办所有工作都是围绕全面如期实现南水北调工程通水目标展开的，包括工程建设进度、工程质量、投资控制、征地移民、治污环保、科技攻关以及内部管理等内容，具有目标明确、时限性强和可量化的特点。年初时每个干部根据分解到各司、各单位的年度工程建设任务，结合各自

岗位职责，编制量化的年度业务工作指标，年终对照个人实际工作任务完成情况进行考核。

按照“一个意见三个办法”中加强对领导干部思想政治素质考核的要求，基于理想信念、宗旨意识、道德修养、廉洁自律以及学习实践等要素，编制统一的思想政治指标，突出考核干部的德和廉。干部年度考核等次结果综合考虑思想政治和业务工作两个指标体系的“优秀称职率”来确定。

三是找准切入点，加强日常考核。年度考核容易出现重年终、轻平时的问题。国务院南水北调办建立了重大事项督办制度，就日常工作中涉及工程建设的重大事项实行督促办理。将督办事项办理结果作为干部日常考核的切入点，既可以反映干部面临重大事项、处于关键时刻的工作表现，又实现了内部管理制度的衔接，不增加新的工作环节，既加大了督办工作力度，又基本解决了日常考核短缺问题。

四是扩大参评范围、体现考核民主。按照“一个意见三个办法”中提出的“实绩分析主要通过上级评价、相关职能部门评价、内部评价、群众评价和自我评价”等有关要求，结合实际，采用“上级、同级和下级”全方位评价来对干部进行年度考核。考虑到对干部工作的了解和领导负责制的要求，对各级评价赋予不同权重。实施过程中，采取措施增加透明度：①通过内网公示办管干部年度总结，公示参加投票人员名单；②设立专门举报电话和邮箱，接收任何关于考核的情况反映；③考核票的填写和投票分散进行，不搞集中填票、投票，杜绝评价过程的相互影响，以反映干部真实想法。同时，加强考核结果的运用，考核结果与干部选拔使用、教育培训等相衔接。

通过实施办管干部年度考核办法，提高了考核工作的科学化、规范化水平，进一步加强了干部队伍建设，增强了执行力和公信力，调动了干部队伍的工作积极性、主动性，为党中央、国务院，国务院南水北调建委会以及办党组决策部署的贯彻落实提供了有力保证。

2. 稳步推进企事业单位人事制度改革情况

（1）加强收入分配制度改革。2006 年，根据《事业单位工作人员收入分配制度改革方案》（国人部发〔2006〕56 号）和《事业单位工作人员收入分配制度改革实施办法》（国人部发〔2006〕59 号），结合工作实际，国务院南水北调办研究制定了《国务院南水北调办事业单位工作人员收入分配制度改革实施意见》（国调办综〔2006〕130 号），明确事业单位实行岗位绩效工资制度。岗位绩效工资由岗位工资、薪级工资、绩效工资和津贴补贴四部分组成，其中岗位工资和薪级工资为基本工资。

岗位工资主要体现工作人员所聘岗位的职责和要求。事业单位岗位分为专业技术岗位、管理岗位。专业技术岗位设置 13 个等级，管理岗位设置 10 个等级。不同的等级岗位对应不同的工资标准，工作人员按所聘岗位执行相应的岗位工资标准。

专业技术人员聘用在正高级专业技术岗位的人员，执行一至四级岗位工资标准，其中执行一级岗位工资标准的人员，需报国务院南水北调办并经人事部批准；聘用在副高级专业技术岗位的人员，执行五至七级岗位工资标准；聘用在中级专业技术岗位的人员，执行八至十级岗位工资标准；聘用在助理级专业技术岗位的人员，执行十一至十二级岗位工资标准；聘用在员级专业技术岗位的人员，执行十三级岗位工资标准。

管理人员按本人现聘用的岗位（任命的职务）执行相应的岗位工资标准。具体办法是：聘用在局级正职岗位的人员，执行三级职员岗位工资标准；聘用在局级副职岗位的人员，执行四级职员岗位工资标准；聘用在处级正职岗位的人员，执行五级职员岗位工资标准；聘用在处级副职岗位的人员，执行六级职员岗位工资标准；聘用在科级正职岗位的人员，执行七级职员岗位工资标准；聘用在科级副职岗位的人员，执行八级职员岗位工资标准；聘用在科员岗位的人员，执行九级职员岗位工资标准；聘用在办事员岗位的人员，执行十级职员岗位工资标准。

薪级工资主要体现工作人员的工作表现和资历。专业技术人员和管理人员均设置65个薪级，每个薪级对应一个工资标准。对不同岗位规定不同的起点薪级。工作人员按照本人套改年限、任职年限和所聘岗位，结合工作表现，套改相应的薪级，按《事业单位工作人员收入分配制度改革方案》规定的薪级工资标准确定薪级工资。

绩效工资主要体现工作人员的实绩和贡献。国家对事业单位绩效工资分配进行总量调控和政策指导。国务院南水北调办根据国家有关政策和规定，结合实际制定绩效工资分配的实施办法。事业单位在上级主管部门核定的绩效工资总量内，按照规范的分配程序和要求，采取灵活多样的分配形式和办法，自主决定本单位绩效工资的分配。绩效工资分配以工作人员的实绩和贡献为依据，合理拉开差距。事业单位实行绩效工资后，取消现行年终一次性奖金，将一个月基本工资的额度以及地区附加津贴纳入绩效工资。

事业单位津贴补贴，分为艰苦边远地区津贴和特殊岗位津贴补贴。艰苦边远地区津贴按照《完善艰苦边远地区津贴制度实施方案》（国人部发〔2006〕61号）的有关规定执行，不得擅自扩大实施范围、提高类别或标准。特殊岗位津贴补贴的政策和管理办法由国家统一制定和规范，特殊岗位津贴暂按国家现有政策执行，各单位不得自行建立特殊岗位津贴项目、扩大实施范围和提高标准。

同时，探索建立高层次人才分配激励机制，规范事业单位主要领导的收入分配，加强收入分配的调控与监管，要求事业单位按照《行政事业单位工资和津贴补贴有关会计核算办法》规定，设立专门账簿进行核算管理。事业单位发放给工作人员的收入一律纳入专门账簿核算，不得账外列支。事业单位建立工作人员个人工资银行账户，工资支付应以银行卡的形式发放，原则上不得发放现金。

各事业单位要严格执行国家的政策规定，一律不得在国家收入分配政策以及工资列支渠道之外，直接或变相发放津贴、补贴和奖金。国务院南水北调办加强对事业单位收入分配政策执行情况的监督检查，综合运用法律、经济和行政等手段，加大对违反政策行为的查处，维护收入分配政策的严肃性。

（2）加强事业单位人员岗位设置管理。2008年，按照《事业单位岗位设置管理试行办法》（国人部发〔2006〕70号）和《〈事业单位岗位设置管理试行办法〉实施意见》（国人部发〔2006〕87号），经原人事部审核同意，国务院南水北调办印发实施了《国务院南水北调办事业单位岗位设置管理实施意见》（国调办综〔2008〕26号），全面加强事业单位人员岗位设置管理。

事业单位人员岗位设置管理遵循科学合理、精简效能的原则，坚持按需设岗，竞聘上岗，按岗聘用，合同管理。事业单位岗位总量以“三定”规定为基数，分为管理岗位和专业技术岗位两类，具体将处级及以上职数核定为相应等级的管理岗位，其他编制数按4：4：2比例分别核定为高级、中级、初级专业技术岗位。据此，正式批复所属事业单位管理岗位32个，占

54%；专业技术岗位27个（高级11个，中级11个，初级5个），占46%，满足原人事部要求的“主要承担社会事务管理职责的事业单位，应保证管理岗位占主体，一般应占单位岗位总量50%以上”“高级、中级、初级专业技术岗位之间结构比例为4∶4∶2”的总体控制目标。

2011年，结合事业单位发展需要，国务院南水北调办按照原人事部核准的岗位类别设置要求和岗位结构比例，批复各事业单位岗位设置实施方案，要求事业单位现有工作人员按照现聘职务或岗位进入相应等级岗位；现有人员结构比例突破核准结构比例的，通过自然减员、岗位调整等方式逐步到位；尚未达到核准结构比例的，通过严控岗位聘用数量，根据事业发展要求和人员队伍状况逐步到位。同时，全面实现岗位聘任制，严格按照岗位核定工资待遇，事业单位聘用人员必须具备各类岗位及等级的任职年限、职务（等级）资格、工作能力等基本条件，否则不能聘用或转岗到相应岗位。

针对各事业单位具备高级职称人员的比例高，“双肩挑”情况比较突出，高、中、初级专业技术岗位结构比例略高于原人事部批复的4∶4∶2的现象，要求事业单位工作人员原则上不得同时在两类岗位上任职，并对事业单位领导班子作出统一按管理岗位聘任的要求；其他人员确因工作需要需兼任的由各事业单位自行研究审定，但要明确其主要任职岗位，按主要任职岗位确定工资待遇。

在做好事业岗位设置管理和岗位聘用工作的基础上，积极探索“以岗定薪、按劳分配、优绩优酬、兼顾公平”“职务能上能下、待遇能高能低”的奖惩激励机制，进一步构建配套衔接的公开招聘、岗位聘任、考核评价、培养培训、竞聘上岗等事业单位管理制度体系，促进人岗相适，优化人才资源配置。目前，国务院南水北调办所属事业单位岗位总量、结构比例和最高等级保持相对稳定，没有擅自提高岗位等级、突破结构比例、突击聘用人员和职务等现象。

（3）推进事业单位分类改革。2013年，按照事业单位分类改革有关要求，国务院南水北调办在完成初步清理规范任务的基础上，按时保质完成事业单位分类工作。根据中央编办批复和“三定”方案，国务院南水北调办直属3个事业单位主要职责均是受国务院南水北调办委托承担有关工作，仅为机关行使职能提供支持保障，未从事生产性营利活动，经费来源单一，全部由财政保障，符合“公益一类”划分标准，申报将3个直属事业单位划入“公益一类”。

（4）规范企事业单位公开招聘。公开招聘是补充人才的重要手段。国务院南水北调办切实加强对公开招聘工作的监督管理，督促事业单位按照中央《事业单位公开招聘人员暂行规定》《事业单位聘用合同（范本）的通知》等文件规范开展事业单位公开招聘和岗位聘任工作。2012年，国务院南水北调办研究制定了《关于预防公务员考录和企事业单位招聘中不正之风的实施意见》（综人外〔2012〕101号），明确要全面落实企事业单位公开招聘制度，按照“公开、平等、竞争、择优”的原则，健全制度、规范程序、严明纪律、强化监督，积极预防和坚决查处违反招录规程、暗箱操作、弄虚作假、徇私舞弊、失职渎职等行为，努力营造公开、公平、公正的招录环境，确保招录工作中的不正之风得以有效遏制，群众对招录工作的满意度进一步提升，人才队伍建设不断推进。

1）要求事业单位严格落实公开招聘制度，按照关于招聘范围、条件、程序、信息发布、资格审查、考试考核、聘用等方面的规定和要求实施公开招聘。结合事业单位特点，进一步规范细化公开招聘各个环节的操作办法和规则，建立健全相关工作制度，完善人才招录培养工作机制，积极稳妥地推进事业单位人事制度改革。完善公开招聘工作请示报批制度和拟录用人员登记备案制度，加强对公开招聘工作的政策指导、服务保障和监督检查，坚决查处和纠正公开招聘工作中的违规行为，不断提高公开招聘工作的科学化、规范化。

2）要求企业单位建立健全企业招聘制度，进一步规范和完善招聘程序，按照招聘条件公开、程序公开、结果公开的要求，做到招聘全过程公开透明，主动接受群众监督。建立公开招聘责任制，企业主要领导负主要责任，组织人事部门负直接责任。要求组织人事部门在招聘工作中敢于坚持原则，旗帜鲜明地同不正之风作斗争，抓好责任落实，认真履行职责。企业认真开展自查自纠，国务院南水北调办加强监督检查，及时纠正违规违纪行为。

招录工作具有高度严肃性、程序性、严密性和纪律性，国务院南水北调办积极探索优化招录工作的方式方法，真正把好人才队伍建设的“进口关”。为预防企事业单位公开招聘中的不正之风，建立健全监督了工作机制，针对突出问题和薄弱环节，认真总结经验教训，及时发现和纠正违反招录规程、暗箱操作、弄虚作假、徇私舞弊、失职渎职等行为；对群众举报投诉的问题进行深入调查，典型案件予以通报；把人才招录工作情况纳入领导班子年度述职述廉范畴，接受群众评议。同时加大发现和查处招录工作违法违规行为的力度，严肃追究责任，坚决抵制纠正选人用人上的不正之风。

（二）加强外事工作制度建设

1. 加强外事工作管理

（1）明确外事管理权限。外事工作是一项政治性、政策性很强的工作，国务院南水北调办始终按照中央外事工作有关要求，加强建章立制，规范外事管理。2003 年，在国务院南水北调办成立之时，研究制定《南水北调办公室外事工作管理办法》（国调办综〔2003〕16 号），明确了南水北调外事事项的审批和归口管理权限。

按照外事管理权限，出席或举办重要的国际会议，签订政府部门间双边合作协定、协议，请国家领导人会见应邀请来访的重要外宾或出席由国务院南水北调办举办的重要外事活动等重大外事事项，需报国务院审批。

国务院南水北调办外事工作计划和有关外事管理规定及规章制度，邀请国外现职部长级以上官员来华访问，司局级干部和事业单位领导班子成员出国访问，组织跨地区、跨部门公费出国（境）考察团组（双跨团组），举办国际性会议展览，拟订重要外事活动的方案和对外口径，签定政府部门间双边合作谅解备忘录、会议纪要等，领导会见外宾、接受外国媒体采访、约稿，出席重要外事活动等重要外事事项由办领导审批。

国务院南水北调办综合司作为外事工作具体承办部门，负责对各单位外事活动的归口管理、监督、检查和指导；按照党中央和国务院的有关外交方针政策，研究制定南水北调工程建设领域国际交流与合作的有关计划和规划，拟定国务院南水北调办涉外工作的规章制度，做好国际交流与合作的备案管理工作；归口管理与世界各国、国际组织和其他机构的国际合作，审核或报批出国或接待来华团组及有关举办、参加国际会议等活动方案和对外口径，负责报批并组织参与政府间、部门间协议和协定的谈判及签订工作，协调同国务院其他有关部门的涉外事务；组织制定有关外资项目管理办法，负责有关项目的申请并参与其规划和管理等。国务院南水北调办财务管理部门负责涉外事项财务审核。

（2）加强出国护照（通行证）管理。出国护照（通行证）管理是一项基础性工作，国务院南水北调办研究制定《护照（通行证）管理暂行规定》（综人外〔2003〕11号），切实加强护照管理。

规定明确，国务院南水北调办综合司统一负责办理和保管办机关及直属单位工作人员因公临时出国（境）护照（通行证），建立护照保管档案，对收缴的护照（通行证）及时做好登记、造册、归档，严格领用手续。要求出访人员回国（境）7天内交综合司集中保管；对没有交回护照（通行证）者，向外交部领事司等有关部门声明护照（通行证）作废，予以注销，并在1～3年内停止为其办理护照（通行证）；出访人员在国（境）外期间未妥善保管护照（通行证），证照丢失与被盗的，视情况给予批评。

规定要求，出访人员不能同时持有两本护照（包括因公、私以及通行证）出国（境），否则以违反外事纪律处理。国务院南水北调办机关及直属单位工作人员调离时，需将所持护照（通行证）上交综合司，方可办理调动手续。

（3）加强因公出国（境）管理。2009年，国务院南水北调办研究制定《国务院南水北调办司局级及以下人员因公出国（境）管理规定》（国调办综〔2009〕37号），规范因公出国（境）管理工作。2012年，根据中央关于加强和改进因公出国（境）人员审批管理工作有关精神，研究制定《因公出国（境）人员审批管理的实施办法》（国调办综〔2012〕100号），明确职责，简化程序，提高效率，进一步完善因公出国（境）人员审批工作机制，并将因公出访中的不正之风纳入干部监督、干部考核体系，进一步严肃外事纪律。2014年，根据中央关于进一步规范国家工作人员因公出国（境）管理的要求，进一步修订了《国务院南水北调办司局级及以下人员因公临时出国（境）管理办法》（国调办综〔2014〕5号）。

1）明确因公临时出国（境）管理原则。国家工作人员因公临时出国（境）应坚持统筹计划、统一管理、勤俭节约、务实高效的原则，必须有明确的公务目的和实质内容，不得安排一般性、考察性出访以及无实际需要的国（境）外培训。坚持因事定人，从工作需要出发安排出国（境）任务，不得把出国执行公务作为一种待遇，严禁借机公费旅游。

2）明确因公临时出国（境）管理要求。①因公临时出国（境）人员身份要与出访任务相符，不得出国（境）执行与本人工作无关的任务或本应由下级和专业人员执行的任务。②因公临时出国（境）须有国（境）外相应级别的业务对口单位（部门）或相应级别人员的邀请，严禁通过中介机构联系或出具邀请函。不得应境外中资企业（含各种所有制的中资企业）、海外华侨华人和外国驻华机构邀请出访。③严禁未经批准擅自增加前往国家或地区以及延长在外停留时间，或以各种名义前往未报批国家（地区），包括未报批的“申根国家”和互免签证国家。④短期内不得集中前往少数热点国家和地区，不得就相同或相似任务前往同一国家和地区。⑤严格控制双跨团组，仅限其他中央部门直属机关及南水北调相关地方省直部门和单位人员，并须事先征得部委外事司局或省级外办书面同意，不得指定具体人选。⑥已退休司局级及以下人员不再派遣出国（境）执行公务，严禁持因私护照出国执行公务。

3）建立因公临时出国（境）量化管理机制。因公临时出国（境）团组人数不得超过6人，培训团组不得超过25人，严禁拆分组团或组织“团外团”。

因公临时出国（境）团组每次出访不得超过3个国家和地区，出访1国不超过5天，出访2国不超过8天，出访3国不超过10天，离抵我国国境当日计入在外停留时间。赴拉美、非洲航班衔接不便的国家的团组，出访2国不超过9天，出访1国不超过6天。出席国际会议或其他特殊情况，在外停留时间根据任务需要和人员身份从严控制。

培训团组在外时间一般不少于21天，在1国内完成。

实质性公务活动时间应占在外日程的2/3以上。

同一单位（部门）的司局级人员6个月内不得分别率团出访同一国家（地区），不得同团出访。司局级及以下人员2年内因公临时出国（境）不得超过1次。

4）严格因公临时出国（境）团组审批。因公临时出国（境）团组由组团单位（部门）提出申请，综合司按照审批权限进行审核报批。机关各司、各直属单位主要负责人参加因公临时出国（境）团组，由国务院南水北调办分管领导和主要领导同意后报名；机关各司、各直属单位副职参加因公临时出国（境）团组，由国务院南水北调办分管领导同意后报名；机关各司、各直属事业单位处级及以下人员，中线建管局部门正职及以下人员参加因公临时出国（境）团组，经所在单位（部门）主要领导同意后报名。有关团组和人员信息，经综合司审核，报国务院南水北调办分管组团单位的领导和分管外事的领导审批。

建立公示制度，要求各组团单位和派出单位报送申请报告前，对包括团组全体人员的姓名、单位和职务，出访国家、任务、日程安排、邀请函、邀请单位介绍、经费来源和预算等内容进行公示，公示期限不少于5个工作。

5）加强因公临时出国（境）团组经费管理。实行因公临时出国（境）经费预算管理制度，严格控制出访费用预算。对于无出国（境）经费预算安排的团组，财务部门一律不得出具经费审核意见。要求因公临时出国（境）不得以任何形式由企事业单位出资或补助，不得向下属单位、企业和地方摊派、转嫁出国（境）费用。同时，强化对因公临时出国（境）团组的经费报销审核。除中央规定的特殊情况外，党政干部持因私出国（境）费用一律不予报销。

6）强化因公临时出国（境）教育监督。认真做好团组出国（境）前的外事纪律、保密和安全等方面的教育培训，在外时间较长的团组，建立临时党支部（党小组）。出访期间实行团长负责制，重要情况及时报告。

各单位（部门）主要负责人是本单位（部门）因公临时出国（境）管理工作的第一负责人，出国（境）请示件签发人对组团和派团负有直接责任。各单位（部门）因公临时出国（境）团组或人员遵守和执行因公临时出国（境）有关规定情况纳入国务院南水北调办干部年度考核内容。

出访团组回国（境）后，组团单位在1个月内向综合司报送出访总结报告，并在单位内部公布提交出国申请报告前所公示内容的实际执行情况和出访总结报告，自觉接受群众监督。未按规定公示公开的，综合司暂停审核审批其出国执行任务，财务部门不予核销出国费用。

国务院南水北调办人事外事、财务审计、纪检监察部门对司局级及以下人员因公临时出国（境）情况进行定期或不定期联合检查，对违纪单位和相关责任人按规定严肃处理。

7）加强因公出国（境）监督。出国（境）人员遵守和执行因公出国（境）有关规定情况纳入国务院南水北调办干部考核内容。国务院南水北调办人事、财务、纪检部门要加强对司局级及以下人员出国（境）情况的监督和检查，对违纪单位和相关责任人要按规定严肃处理。

2014年，根据《关于进一步加强领导干部出国（境）管理监督工作的通知》精神，国务院南水北调办研究制定了落实意见，要求各单位认真做好因公出国（境）人员选派和领导干部因

私出国（境）申请的审核把关，请示报批材料必须由主要负责人手签，不得用印代替。注意加强对领导干部欺瞒组织、私自获得外国国籍或国（境）外永久居留权、长期居留许可情况的了解；严格执行中央关于配偶已移居国（境）外和没有配偶、子女均已移居国（境）外的国家工作人员任职岗位管理规定；严格执行干部监督信息报送制度，凡发现有领导干部外逃或涉嫌外逃的，在24小时内报告综合司。同时，进一步明确出国（境）证件管理，对逾期不还的予以通报，并停办所在单位出国（境）手续。

（4）加强因私出国（境）管理。

1）建立国家工作人员因私出国（境）登记备案制度。将办机关各司、直属事业单位处级以上领导干部、离（退）休的厅局级以上干部，直属企业中层以上管理人员纳入登记备案范围，登记备案内容包括姓名、出生日期、性别、身份证号码、工作单位、职务职称、人事主管部门、政治面貌、户口所在地等。每年定期向北京市公安局出入境管理处登记备案，及时做好备案人员信息变更和人员新增或撤销。

2）加强因私出国（境）审批管理。为进一步规范工作人员因私出国（境）管理，研究制定《国务院南水北调办工作人员因私出国（境）管理暂行规定》（综人外〔2013〕9号），明确机关各司、各直属单位工作人员因探亲、访友、旅游及办理其他私人事务等原因出国（境）的，需按干部管理权限履行请假报批手续。国务院南水北调办外事部门负责登记备案人员因私出国（境）审批，其他工作人员由本单位审批。

机关各司、各直属单位正职因私出国（境），由本人提交书面申请，经综合司审核，报主任和相关副主任批准；机关各司副职及处级干部、各直属单位副职因私出国（境），由本人提交书面申请，经本司本单位主要负责人签署意见后，由综合司审核，报相关副主任批准。

直属事业单位处级干部和直属企业部门正副职干部因私出国（境），由本人向本单位人事部门提交书面申请，人事部门审核并经本单位主要负责人签署意见后，由综合司审核，报相关副主任批准。

机关各司、各直属单位因未按规定要求履行因私出国请假报批手续，造成国家利益或单位、部门工作损失的，视情节轻重追究直接责任人和主要责任人的责任。

2. 国际交流与合作成效显著

通过建立和完善一系列规章制度，南水北调系统出国考察、培训、来访接待等外事工作不断规范化、制度化。在此基础上，国务院南水北调办制定了“外事工作呈报单”，编写外事教育材料，建立护照管理数据库，有序开展外事工作，拓宽外事工作联络渠道，促进了南水北调国际交流与合作。

南水北调工程开工以来，得到了世界各国、各界的关注。2005年，南水北调系统国际合作的框架初步建立起来之后，国务院南水北调办先后接待了俄罗斯、美国、加拿大、巴西、日本、法国、荷兰、瑞典、印尼等几十个国家和地区代表团的来访，双方进行广泛深入的交流与探讨，并积极向国际社会宣传和介绍了南水北调工程建设的巨大成就和成功经验。

根据工程建设实际需要，围绕工程建设管理、水利移民政策调研、水质安全与水源保护、水利工程关键技术、长距离调水调度管理等为专题，每年有计划地派出办领导高级访问团、司局级考察团、培训团出国（境）考察学习，与国外水利机构进行会谈，就水资源管理体制、流域管理、水资源利用、污水处理、水价等内容交换了意见，实地考察了国外著名调水工程，学习和借鉴了国外先进技术和管理经验，有效提高了南水北调工程建设管理的能力和水平。

有关领域的交流与合作有序推进。结合南水北调工程建设特点和需要，2006年，国务院南水北调办与荷兰水利部就技术交流与合作达成共识。2007年，与荷兰水利、交通与公共工程部开展技术交流合作计划，通过组团赴荷兰开展专题学习培训，举办中荷南水北调工程建设与质量控制专题国际研讨和技术交流会议，组织技术交流专题讲座等形式，在工程自动化调度及运行管理决策系统，工程建设管理及质量控制等方面开展专题技术交流，取得预期效果。

（三）主要成效和经验

近年来，南水北调干部人事制度建设不断深化，干部管理模式更加科学有效，干部选拔任用方式更加民主公开，公开选拔干部工作日益完善，促进科学发展的干部考核评价机制正在形成，干部交流力度不断加大，干部管理监督得到切实加强，干部人事制度体系逐步形成，改革取得了重大进展；干部人事制度的配套性、协调性不断增强，选拔任用与管理监督、考核评价和激励保障等并重，并健全干部培训、经济责任审计、述职述廉、职级晋升、福利待遇等系列制度规定。

国务院南水北调办成立10多年来，在干部人事制度建设与改革道路上进行了积极探索和实践，积累了宝贵的经验，形成了许多规律性认识，对于进一步深化干部人事制度改革具有重要的借鉴作用。一是必须紧紧围绕实现工程建设各个历史阶段的重点任务，切实把服务大局和中心工作作为干部人事制度建设与改革的核心要求。按照中央人才工作总体要求，结合南水北调工作实际，国务院南水北调办深入贯彻落实科学发展观，及时建立完善干部人事工作制度，有力保障了高素质人才队伍的建设，推动了南水北调工程建设和运行管理。二是必须始终坚持党管干部原则，努力在干部工作中实现党的领导、充分发扬民主和严格依法办事的有机统一，才能不断提高干部人事工作的科学化、民主化、制度化水平。三是必须始终体现民主、公开、竞争、择优要求，不断健全干部选拔任用和管理监督科学机制，防止用人上的不正之风和腐败现象；必须坚持走群众路线，依靠群众选出德才兼备、实绩突出的优秀领导人才，切实提高选人用人公信度。四是必须尊重群众对干部人事制度改革的新期待和新要求，更好地顺应群众对干部工作的愿望和需求，充分调动和发挥各方面的积极性，在上级推动与基层创造的良性互动中推进制度建设与改革。五是必须正确处理继承与创新的关系，增强制度建设的协调性和计划性，积极稳妥、循序渐进地推进改革，切实提高改革的实际成效。

二、系统内建管制度建设

为使文明工地创建工作规范化、制度化，各管理层次建立起完善的文明工地创建规章、制度体系，为文明工地创建的实现提供了制度保障。

（一）文明工地评审制度

为规范南水北调工程文明工地管理工作，推动文明工地创建活动，国务院南水北调办印发《南水北调工程文明工地建设管理规定》，在南水北调工程从开工至竣工全过程开展文明工地创建活动。南水北调工程文明工地按照评审标准每年度评审一次。评为“文明工地”的项目（或施工标段），由国务院南水北调办授予有关项目（或施工标段）年度“文明工地”称号，授予

相关单位年度“文明建设管理单位”“文明施工单位”“文明监理单位”“文明设计服务单位”奖牌，同时授予有关项目建设管理、施工、监理单位现场负责人和设计单位代表年度“文明工地建设先进个人”荣誉称号。

（二）重特大安全事故应急制度

为规范南水北调工程建设重特大安全事故的应急管理和应急响应程序，提高事故应急快速反应能力，有效预防、及时控制南水北调工程建设中重特大安全事故的危害，最大限度减少人员伤害和财产损失，保证工程建设顺利进行，国务院南水北调办印发《南水北调工程建设重特大安全事故应急预案》。各项目法人、各建管单位根据工程实际制定配套应急预案，各施工单位配备应急救援器材、设备，组织应急管理和救援的宣传、培训和演练，配合事故调查处理，妥善处理事故善后事宜。

（三）安全生产目标考核制度

为进一步强化安全生产目标管理，落实安全生产责任制，防止和减少生产安全事故，国务院南水北调办印发《南水北调工程建设安全生产目标考核管理办法》，对各工程参建单位进行安全生产目标考核，依据考核结果评选安全生产管理优秀单位，并对单位以及相关人员予以表彰和奖励；被评为优秀的设计、监理、施工等单位，在参与南水北调工程其他项目投标时，其业绩评分根据国务院南水北调办有关规定可适当加分。

（四）安全隐患排查制度

隐患安全排查的主要工作内容：检查各参建单位各级安全生产责任制落实情况；安全生产规章制度建立和落实情况；安全生产管理机构设立、配备专（兼）职安全管理人员情况；各参建单位安全生产保障技术措施及现场安全管理情况，重点关注高空作业、地下工程、爆破、深基坑、高边坡作业施工，特种设备、施工运输车辆操作运行的安全措施以及安全隐患排查整改、重大危险源监控、施工安全度汛情况；事故应急预案及演练情况；查处转包、违规分包及对分包单位的安全监管情况；职工（包括农民工）安全培训教育情况；为从业人员缴纳保险费等情况；施工单位安全生产许可证、安全管理人员及特种作业人员持证上岗情况；安全事故处理和责任追究情况等。

（五）安全生产专项整治制度

为加强南水北调工程安全生产监督管理，落实安全生产主体责任，坚决遏制重特大事故发生，国务院南水北调办组织开展以预防坍塌、高处坠落事故为重点的安全生产专项整治工作，成立安全生产专项整治工作小组，负责整治工作的有关组织、检查、总结。南水北调工程各项目法人（项目建设管理单位）成立具体组织机构，按照国务院南水北调办统一部署，制定具体实施方案，组织项目建设管理单位、施工、监理、设计单位等参建各方具体落实。

（六）劳动竞赛制度

为充分调动参建各方的积极性，确保工期建设目标的实现，各地结合工程实际开展了形式多样的劳动竞赛活动。有关施工单位成立劳动竞赛领导小组，根据各自施工环境、工期节点、工作目标、组织结构设计的情况，制定项目内部的劳动竞赛考核办法，编制竞赛方案及措施，广泛宣传竞赛活动的意义，激发广大南水北调工程项目参建员工的积极性和创造性，紧紧围绕抓管理、保质量、促安全、降成本、出效益的目标，实现在建工程全面履约。有关建设管理单位（直管、代建项目按片区）成立由建管、监理、设计等参建方组成的评比工作小组，并针对劳动竞赛评比办法组织评选。

三、相关省（直辖市）南水北调办（建管局）制度建设实例

（一）北京市南水北调办

制度是建设管理的保障，运行机制的科学化、规范化、制度化是建设管理的基石。北京市南水北调建管中心作为北京市境内的南水北调工程建设管理单位，在北京市南水北调办的领导下，严格执行基本建设的“四制”管理：项目法人负责制、工程招投标制、工程监理制、合同管理制。根据北京段工程建设的特点，在汲取国内外工程建设科学管理成熟经验的基础上，逐步建立了项目法人负责制、工程招标投标制、工程监理制、工程合同管理制等多项制度。

1. 项目法人负责制

为加强南水北调工程项目的建设管理，明确建设管理责任，规范建设管理行为，确保工程质量、安全、进度和投资效益，国务院南水北调办组建中线干线工程项目法人——中线建管局，按照《南水北调工程委托项目管理办法（试行）》的要求，中线建管局与建管中心签订建设管理委托合同，明确了双方的职责。

建管中心受中线建管局委托，承担委托项目在初步设计批复后建设实施阶段全过程（初步设计批复后至项目竣工验收）的建设管理。并依据国家有关规定以及签订的委托合同，独立进行委托项目的建设管理并承担相应责任，同时接受依法进行的行政监督。

2. 工程招标投标制

北京段工程采取委托招标的方式，由北京市首建招标公司对招投标进行全程代理。招标均采用公开招标的方式，招标公告在中国南水北调网、中国政府采购网、中国招标与采购网及中国水利报上发布。评标委员的专家均从国务院南水北调办专家库中随机抽取。根据评标情况，有专家组直接定标。

按照国务院南水北调办和北京市南水北调办将南水北调工程建设成为“阳光工程”的要求，严格遵守“三监督，六严禁”工作纪律。建管中心在工程招投标过程中，坚持“公平、公正、公开”和诚信的原则，严格执行相关人员“回避”制度。

3. 工程监理制

建管中心严格执行工程监理制，监理均实行公开招标，打破行业、地域限制，选择高资质、社会信誉好、业绩优秀的监理队伍参与南水北调工程建设中来。建立激励机制，为监理单位创造良好的监理工作环境，提供良好的工作和生活条件。

在工程建设过程中，以安全、质量为重点，统筹兼顾，全面抓好建设监理工作。要求监理单位认真落实总监理工程师负责制，严格履行监理职责。通过运用先进的检测、检验手段，提高监理工作质量。

4. 工程合同管理制

建管中心严格按照国务院南水北调办制定的《南水北调工程建设管理的若干意见》，实行合同管理。工程施工、监理、咨询等合同签订均采取了规范性合同范本。合同内容均有法律顾问进行审核、把关，并签署意见。

在工程建设期内，建立完善的合同管理体系，制定有关合同管理制度，通过加强计量支付、变更索赔管理，各项合同的履约顺利进行，使工程进度按计划完成，工程质量达到优良，工程总投资得到有效控制。

除了上述“四制”之外，建管中心还编制了规章制度汇编，明确了建设管理的质量、安全、进度、合同等18项制度。

为了进一步加强安全生产管理，建管中心制定了《北京市南水北调工程安全生产管理办法》《北京市南水北调工程安全生产教育培训管理制度》《北京市南水北调工程施工安全管理制度》《北京市南水北调工程安全生产检查管理制度》《北京市南水北调工程事故调查处理和应急管理制度》等安全管理制度。

建管中心还重新修订了《北京市南水北调工程安全生产管理体系联络簿》，对北京市南水北调工程建设管理单位、干线及市内配套工程共67个中标单位的所有安全生产管理人员逐一进行了登记，同时重新编绘了安全生产管理网络图，极大地方便了安全生产管理工作。

为了规范南水北调工程的安全生产管理工作，编制了《南水北调北京段工程2007年安全教育计划》《南水北调北京段工程2007年安全生产检查计划》。

为了快速、有效地处置施工过程中发生的事故，减少事故带来的经济损失，组织编制了《北京市南水北调工程安全生产事故应急预案》。各施工单位也都分别制定了多种安全生产规章制度和各工种的安全生产操作规程。编制了塌方、物体打击及高空坠落、地面沉降、地下水位上涨、地面出现隆起、触电、火灾、食物中毒等常见事故的应急预案。

为使PCCP爆破工程顺利进行，保障沿线人民的生命财产安全，组织房山区公安分局和房山区民爆公司成立了PCCP工程爆破施工领导小组，制定了爆破作业、重大危险源管理实施细则和231文件，即2个制度：《爆破工地安全领导责任制》《持证上岗，标识上岗，实行交接班制度》；3个规定：《爆破现场安全警戒规定》《关于签发爆破令的十项规定》《关于爆破清场的有关规定》；1个要求：《爆破施工工序安全管理纪事要求》。

（二）湖北省南水北调办

南水北调工程自开工建设以来，湖北省南水北调办（局）按照国务院南水北调办的统一要求和部署，在沿线地方政府的大力支持与配合下，始终坚持“以人为本，注重实效”的原则，紧紧围绕“管理高效、质量优良、施工安全、干部廉洁、环境友好”的工程建设目标，强化党风廉政建设，全面推进工程质量、安全管理及文明工地创建工作。工程建设中全过程、全方位开展文明施工，提高了各参建单位的质量、安全意识和管理水平，规范了建设管理程序，工程质量明显向好，安全生产常抓不懈，建设环境和谐稳定，有效地调动了各参建单位和全体建设者的积极性，做到现场整洁有序，实现管理规范高效，有力地保证施工质量和生产安全，促进工程顺利建设。

在工程建设之初，根据国务院南水北调办的有关要求，湖北省南水北调办（局）就明确工程建设管理目标，对文明工地创建活动进行统一部署安排，及时成立了以省南水北调办（局）主任（局长）为组长，分管领导为副组长的文明工地创建活动领导小组。研究制定了文明工地创建活动工作方案，明确每一个阶段的工作任务。湖北省南水北调办（局）文明工地建设领导小组经常组织检查督办，力促各施工单位将精神文明建设和物质文明建设两手抓的宗旨贯穿到工程建设管理的全过程，扎扎实实地开展文明工地创建活动。同时，积极组织各参建单位相应成立文明工地建设领导小组，制定了文明工地创建活动计划，落实了主要领导亲自抓文明工地创建工作，安排具体工作人员专门管。

为加强对文明工地建设工作的组织领导，成立了以主要负责人为组长，各科室主要负责人和施工单位负责人为成员的文明工地创建领导小组，并明确岗位职责，建立工程质量、安全管理体系。在工程建设之初，就依照国务院南水北调办的工作要求，编制完成了《引江济汉工程文明工地建设管理规定》《引江济汉工程文明工地建设管理办法（暂行）》《引江济汉工程质量管理办法（暂行）》《引江济汉工程安全生产管理办法（暂行）》《兴隆水利枢纽工程安全生产事故隐患排查治理制度》《兴隆水利枢纽工程金属结构及机电设备项目管理办法》《兴隆水利枢纽工程安全生产及防洪度汛管理办法》《南水北调中线汉江兴隆水利枢纽工程合同管理制度》《兴隆水利枢纽工程变更管理办法》《兴隆枢纽工程档案管理办法》《兴隆水利枢纽工程建设处建设管理费用管理办法》《兴隆建管处考勤管理规定》《兴隆建管处车辆管理规定》等一系列文件。同时，结合实际，制定创建文明工地规划、学习计划和工程质量、安全、财务、档案等管理制度，有效地保障和推动了工程建设和文明工地的创建工作。

四、有关项目法人及建管单位制度建设实例

为了使文明工地创建工作规范化、制度化，国务院南水北调办、项目法人、各参建单位制定一系列的规章、制度，建立起自上而下的文明工地创建的完善的规章、制度体系，为文明工地创建的实现提供了制度保障。

（一）中线建管局

1. 劳动竞赛制度

为充分调动参建各方的积极性，确保工期建设目标的实现，要求参建各方要以超额完成年度计划为目标，高起点、高质量、高效率的推进南水北调中线干线工程又好又快的建设，自2007年始，南水北调中线干线工程开展了形式多样的分时段、分片的劳动竞赛活动。2007年9月，中线建管局印发了《关于开展“决战京石段、大干一百天”劳动竞赛优胜施工单位评选活动的通知》，对评选对象、评选条件、评选组织、评选程序和表彰奖励等进行了具体的规定。2010年，为确保工程建设总体目标的实现，中线建管局编制了《南水北调中线干线工程劳动竞赛实施方案》，为更好地开展劳动竞赛活动提供了支持。

《南水北调中线干线工程劳动竞赛实施方案》规定，各施工单位成立劳动竞赛领导小组，由组长、副组长、组员和劳动竞赛办公室组成，办公室具体负责劳动竞赛事宜。根据各自施工环境、工期节点、工作目标、组织结构设计的情况，制定项目内部的劳动竞赛考核办法，制定好各自的竞赛方案和措施，充分利用各种宣传阵地，广泛宣传竞赛活动的意义，激发广大南水北调工程项目参建员工的积极性和创造性，组织好施工资源的联动，做到各种资源优化，竞赛

中加快施工生产进度，整合、优化各种资源，发挥各种设备的功效，紧紧围绕抓管理、保质量、促安全、降成本、出效益的目标，实现在建工程全面履约。

各有关建设管理单位（直管、代建项目按片区）成立由建管、监理、设计等参建方组成的评比工作小组实施评比工作，并针对本次劳动竞赛制定具体的评比办法，按照中线建管局给定的劳动竞赛评比推荐名额组织评选，将推荐结果报中线建管局进行审定。

中线建管局和各建管部门针对南水北调中线工程制定的相关规章、制度，主要有《文明施工管理实施细则》《建设期施工场区管理规定》《环境保护和文物保护暂行规定》《道路交通安全管理规定》《质量管理暂行规定》《建管部质量管理体系》《施工车辆管理规定》《计划管理实施细则》《料渣场和废弃物处理管理办法》《中线干线工程劳动竞赛实施方案》《安全生产管理实施细则》《安全事故应急预案》《安全隐患排查整改制度》《安全事故报告制度》等，涵盖了质量、进度、安全、环境等文明工地创建的各个方面。

施工单位根据各管理层次颁发的规章、制度要求，制订了《环境、职业健康安全管理制度》《文明施工及环境保护管理办法》《文明施工及环境保护责任制度》《劳动保护用品管理发放与使用管理规定》《质量、环境、职业健康安全管理体系运行实施管理办法》《交通安全管理规定》《消防管理制度》《安全员管理规定》等，做到在项目部内部安全文明施工“有法可依、有章可循、贡献有奖、违规必惩”。同时，细化了现场文明施工责任制、文明施工管理办法及考核细则、文明施工评比挂牌制度、文明施工“三工制”制度（工前站班会制度、工中检查制度和工后讲评制度）、文明施工例会制度等相关制度，并组织现场管理人员集中学习宣贯。

为贯彻“安全第一、预防为主、综合治理”的安全生产方针，保证南水北调工程建设的安全生产，有效减少各类安全生产事故，保障从业人员的安全、健康和国家财产安全，加强和规范工程建设过程中的安全管理工作，国务院南水北调办、中线建管局、建管单位以及各参建单位针对安全生产管理工作，制定了一系列的规章、制度，形成了南水北调工程安全生产管理的制度体系。

2. 管理层安全管理制度建设

（1）安全生产目标考核制度。依据《南水北调工程建设安全生产目标考核管理办法》（国调办建管〔2008〕83号），安全生产目标考核工作由国务院南水北调办统一领导，省（直辖市）南水北调办事机构、项目法人分级负责组织实施。安全目标考核对象分别为项目法人、建设管理单位（包括代建单位、委托建设单位）、勘察（测）设计单位、监理单位、施工单位等工程参建单位。安全目标考核每年至少一次，分层次进行。安全生产目标考核合格是参加文明工地评选的必备条件。

（2）安全隐患排查制度。依据《关于开展南水北调工程建设安全生产隐患排查治理专项行动的通知》，隐患安全排查的主要工作内容：检查各参建单位各级安全生产责任制落实情况；安全生产规章制度建立和落实情况；安全生产管理机构设立、配备专（兼）职安全管理人员情况；各参建单位安全生产保障技术措施及现场安全管理情况，重点关注高空作业、地下工程、爆破、深基坑、高边坡作业施工、特种设备、施工运输车辆操作运行的安全措施及安全隐患排查整改、重大危险源监控、施工安全度汛情况；事故应急预案及演练情况；查处转包、违规分包及对分包单位的安全监管情况；职工（包括农民工）安全培训教育情况；为从业人员缴纳保险费等情况；施工单位安全生产许可证、安全管理人员及特种作业人员持证上岗情况；安全事故处理和责任追究情况等。

安全生产隐患排查治理专项行动分五个阶段进行。

安排部署阶段：各项目法人根据本通知要求，结合工程建设的实际，研究制定开展安全生产隐患排查治理专项行动的具体实施方案，并督促各参建单位认真落实。

自查自改阶段：各参建单位按照工作内容要求，深刻吸取本单位和其他同类企业以往发生的事故教训，结合工程实际制订具体工作方案，认真开展自查，全面治理事故隐患。各工程项目要将隐患排查及治理情况及时上报项目法人。

项目法人检查总结阶段：各项目法人要组成检查组，对所管理工程开展安全生产隐患排查及治理工作情况进行督促检查。完成对所管理工程安全生产隐患排查治理工作的检查和总结，并将专项行动开展情况及取得的成果报我办安全生产领导小组办公室。

督查阶段：根据国务院安全生产委员会的统一部署，国务院南水北调办将会同有关省（直辖市）南水北调办事机构组织对各工程项目开展隐患排查治理专项行动的情况进行抽查。

"回头看"再检查阶段：为巩固隐患排查治理专项行动成果，确保取得实效。主要检查各参建单位对排查出的重大隐患是否治理到位，隐患排查监管机制是否建立健全等。

（3）安全事故应急制度。进一步加强安全生产管理，国务院南水北调办印发了《南水北调工程建设重特大安全事故应急预案》（国调办建管〔2005〕109号）。中线建管局和项目管理单位要按照《南水北调工程建设重特大安全事故应急预案》（国调办建管〔2005〕109号）的要求，建立健全各个层次的工程事故应急预案，落实预案各项措施。应急预案要求：项目管理单位要及时对工程建设重大危险源进行排查、登记、现场标识和管理。重大危险源动态管理情况每月报中线建管局备案，中线建管局每半年汇总报国务院南水北调办。

各类工伤、死亡及其他事故统计信息，由项目管理单位按月上报中线建管局，中线建管局应每半年汇总上报国务院南水北调办。重大事故应及时上报，不得瞒报、缓报、漏报。建立工程参建单位安全生产记录档案，对发生事故的记入该单位安全生产记录档案。

项目管理单位要督促检查施工单位对专职安全员和新进场施工作业人员的安全培训。

发生安全生产事故，除按国家有关法规和合同约定进行处罚外，Ⅲ级及以上事故由国务院南水北调办对事故有关责任单位进行通报批评；发生Ⅳ级事故的，由中线建管局对事故单位进行通报批评。

（4）安全生产专项整治制度。根据《2007年南水北调工程安全生产专项整治工作实施方案》，为加强南水北调工程安全生产监督管理，落实安全生产主体责任，夯实南水北调工程安全基础管理，坚决遏制重特大事故发生，经研究决定开展以预防坍塌、高处坠落事故为重点的南水北调工程安全生产专项整治工作。国务院南水北调办成立安全生产专项整治工作小组，专门负责整治工作的有关组织、检查、总结工作。各项目法人可根据具体情况成立专门或兼职的组织机构。专项整治的工作方式为：国务院南水北调办统一部署，各南水北调工程项目法人（项目建设管理单位）根据各自实际，制定具体实施方案，组织项目建设管理单位、施工、监理、设计单位等参建单位具体落实。

3. 参建单位安全管理制度建设

中线建管局建立了安全生产管理委员会，各建管单位建立起了安全领导小组，安全领导小组在安全生产委员会的指导下开展工作。安全领导小组包括安全生产领导小组、防洪度汛领导

小组、安全事故综合应急领导小组。根据国务院南水北调办相关安全制度，中线建管局制定了《南水北调中线干线工程安全生产管理办法》《南水北调中线干线工程建设管理局安全生产管理办法》《南水北调中线干线工程安全生产领导小组和事故应急处理领导小组组成单位职责划分》等；各参建单位制定了《安全生产管理实施细则》《安全事故应急预案》《安全隐患排查整改制度》和《安全事故报告制度》等制度，并及时修订、完善。

各参建单位加强安全生产组织管理，及时调整安全生产机构人员，确保机构健全，明确责任。要求施工单位严格落实施工现场领导干部带班制度，及时解决现场安全生产中遇到的突出问题，进一步从组织上保证施工安全。

各施工单位根据各自情况建立了安全生产组织机构，建立健全了安全责任体系、安全监管体系、安全技术管理体系、安全实施体系，制定了相应的安全生产制度，如安全生产责任制、安全例会制度、安全教育培训制度、安全检查制度、危险源报告制度、安全奖惩制度、安全施工措施及作业管理制度、安全防护设施管理制度、危险作业审批制度、事故调查处理统计报告制度、文明施工及环境保护管理制度、防火防爆和危险物品管理制度、分包工程安全管理制度、安全用电管理制度、机械设备和工器具管理制度、车辆交通安全管理制度、未成年工和女工特殊保护管理制度、施工现场安全保卫制度、职业危害控制管理制度等。

（1）安全生产责任体系。施工单位成立了由项目经理为主任、分管安全副经理为副主任、其他班子成员及各部门、厂队第一责任人为成员的项目部安全生产管理委员会。同时实行了以项目经理为安全生产第一责任人，各级行政正职为本部门、厂队安全生产第一责任人，负责贯彻安全管理法律、法规，制定制度并组织实施，对本单位、部门安全生产负全面领导责任。在“谁主管谁负责”“管生产必须管安全”和“安全生产，人人有责”原则的前提下，全员参与安全管理，执行“全员安全风险”制度，贯穿于项目部各职能、各层次，各司其责，认真履行各自安全职责。

针对南水北调工程对安全生产、文明施工及环保水保的施工高标准要求，形成以“南水北调工程文明工地评比标准”为基准的项目管理标准，每年年初各施工单位制定“年度安全生产管理目标”，由项目经理与项目部各职能部门、作业队签订《年度安全生产、文明施工责任书》，作业队的安全生产目标管理执行“风险抵押金制度”，并根据《安全检查制度》《安全生产考核管理办法》等进行过程控制，严格按《安全生产考核管理办法》《车辆安全管理办法》及其他安全生产管理规章制度进行月度考核和兑现。综合生产进度、质量情况对作业队的安全生产、文明施工情况进行月度安全考核，并坚持“重奖重罚”的原则兑现奖罚。

（2）安全生产监管体系。为加强安全监督管理，施工单位设置了独立的环境安全部作为安全管理、环境保护的监督机构——环境安全部，配置经过培训，持证上岗的安全监察人员，具体负责日常的安全监督和环境保护、安全教育和培训，传达有关安全工作的指示精神，并监督落实。

各施工单位设置了安全生产专职职能部门，建立了以安全总监为首，专职安全人员、兼职安全员、各施工厂（队）长等全员参与的安全管理监督体系。负责监督、检查项目部安全制度的落实。各厂、队专职安全员受环境安全部和作业厂、队的双重领导。

（3）安全生产技术管理体系。为充分发挥安全技术对安全生产的支撑和保障作用，施工单位制定了《安全技术管理制度》，建立以总工程师为主要责任人的安全技术管理体系。对各级管理人员的技术管理职责进行了详细规定，并在施工过程中遵照执行。

对专业性强、危险性大的分项工程，认真收集相关信息和依据，辨识出危险源，并经过相关部门评审，确保措施的合规性、可行性、可靠性、经济性，结合本工程的特点与现场实际生产情况，编制专项安全技术方案，采取相应的安全技术措施，保证施工安全。

(4) 安全生产实施体系。施工单位高度重视安全实施体系建设，安全实施体系是“四体系”中的重要一环，安全管理重在落实，是“责任体系、技术体系、监督体系”建设的最终“落脚点”。安全生产实施体系是实现安全管理目标的关键。

施工单位建立以生产副经理为主要负责人、各级职能部门、各作业厂队为实施主体的“安全生产实施体系”，通过执行“领导现场带班值班”“全员安全风险抵押金”，有效落实各级、各工种“安全生产责任制”；坚持“管生产必须管安全”“谁主管、谁负责”“谁施工、谁负责”“一岗双责”等制度。

（二）中线水源公司

中线水源公司制定了《丹江口大坝加高工程文明工地建设管理办法》；设计、监理、施工单位也成立了文明工地创建机构，制定了创建计划。严格考核奖惩，公司根据文明工地管理办法中对质量、安全的评分标准，结合工程建设的实际情况，制定了《丹江口大坝加高工程质量管理奖惩办法》和《丹江口大坝加高工程安全管理奖惩办法》，设立了占合同总价1%的工程质量、安全奖，按月考核，奖优罚劣，大大提高了施工单位进行质量、安全管理的责任心和积极性，有效地促进了文明工地创建活动的深入开展。

中线水源公司先后制定80多项关于质量、安全、环境保护、综合管理等方面的规章制度，监理编制了40余项监理规划、细则等规章制度，施工单位制定了多项管理制度，使文明工地建设有了制度上的保证。公司绘制了施工形象进度图、总平面布置图、典型断面图等图纸，并以展板的形式在施工现场、公司办公场所及会议室进行了布置，施工单位也在施工现场设立了安全、质量、文明施工公示牌，明确了责任人。

鉴于丹江口大坝加高工程复杂而严峻的安全生产管理形势，水源公司从建章建制入手，理顺各方关系，明确各方职责，进行有效的安全生产管理。制定了《丹江口大坝加高工程安全生产奖惩管理办法》，编制了《南水北调中线水源工程安全事故应急预案》，出台了《丹江口大坝加高工程文明工地建设管理办法》及《丹江口大坝加高坝区安全生产协调管理办法》，完善了安全生产管理制度。监理单位和施工单位在2005年的基础上，完善了各项管理制度，满足了工程建设安全管理的需要。这些制度结合工程实际，绝大部分具有很强的针对性和可操作性，尤其是《丹江口大坝加高工程安全生产奖惩管理办法》将工程安全生产同南水北调办下发的文明工地建设中的安全管理有关内容结合起来，实行月考评制度，按照考评结果奖优罚劣，有效地促进了工程的安全管理。

监理单位制定了《安全生产监理工作实施细则》《安全文明施工监督检查管理办法》《施工爆破安全管理规定》《安全文明施工监理工作周报、月报制度》《专项安全技术措施监理审批制度》等安全管理的制度。

施工单位在安全管理工作中，全面贯彻执行了“五个同时”，即同时计划、同时布置、同

时检查、同时总结，编制了各工种的安全操作规程、安全生产的规章制度以及重大风险安全预防事故应急预案。

（三）天津市南水北调建管中心

根据国务院南水北调办、天津市南水北调办和中线建管局的有关规定，天津建管中心制定了南水北调中线一期天津干线委托天津管理项目《安全生产管理办法》《安全生产例会制度》《安全生产与文明施工检查制度》与《安全生产与文明施工检查表》和《天津市1段工程总体度汛方案》《天津市1段工程基槽防淹泡方案》《南水北调天津干线天津市1段工程安全事故综合应急预案》下发各参建单位遵照执行，并报有关主管部门备案。2011年，天津建管中心根据工程实际情况，对部分安全生产管理方案、制度进行了更新和修订，确保了各项制度、方案的及时性和可操作性。

（四）江苏省南水北调洪泽站工程建设处

为加强工地精神文明建设，促进工程顺利实施，保证文明工地建设有计划的开展，建设处制定了《创建文明建设工地规划》，确定了文明工地建设的指导思想、创建目标和工作措施。提出了坚持“科学求实、创新创优、廉政勤政，和谐高效”的建设理念和“确保省水利文明工地，争创国家南水北调、省级文明工地”的创建目标。此外还制定了《开展廉政文化活动实施方案》和2011年度、2012年度《洪泽站工地文明工地和廉政建设工作计划》，按照计划、方案组织文明工地创建工作。工程开工后，高度重视文明建设工地创建活动，努力做到思想认识到位，工作措施落实到位，创建活动组织到位。

建设处重视制度的建设，通过制度加强管理和检查，努力实现规范运作，科学管理。主要建立了《建设处工作规则》《各科工作职责》《质量管理制度》《档案管理实施细则》《公文处理办法》《财务管理办法》等制度，及时转发省南办、水源公司《工程质量管理办法》《工程建设管理职责（直接管理模式）暂行规定》《工程档案管理暂行办法》《安全生产管理办法》等工程建设管理制度，并将有关制度汇编成册，要求各参建单位认真贯彻执行。监理处制定了《监理工作职责》《监理规划》《监理管理制度》等，项目部也建立了《施工质量保证体系》《施工质量管理办法》《安全生产管理制度》《文明安全施工管理制度》等，形成了按章办事，规范运作、科学管理的氛围。

五、施工单位制度建设实例

（一）南水北调中线湍河渡槽工程

项目部坚持将“安全第一、预防为主、综合治理”作为安全文明施工指导方针，认真开展项目部的安全环保管理体系建设，不断健全项目部安全环保管理组织机构，完善安全环保管理规章制度，确保安全环保工作有章可循，项目部制定的主要安全环保规章制度有：《项目部安全生产责任制》《环境保护管理办法》《安全检查制度》《安全生产管理办法》《生产安全事故管理办法（暂行）》《安全会议制度》《安全、环保责任书考核奖惩兑现办法》《现场违章行为和管理缺陷的处罚规定》《安全环保教育培训制度》《安全生产奖惩与考核制度》《触电应急预案和响应措施》《防大风应急预案》《高处坠落应急预案与响应措施》《防火灾应急救援预案与响应措施》《机械伤害、车辆伤害应急预案》《项目部安全保证体系》《项目部安全文明施工措施》《成立项目部安全环保管理工作委员会的通知》《坍塌事故应急预案与响应措施》《2012年安全环保管理工作计划》等。

为了确保安全生产、文明创建工作落到实处，满足南水北调中线工程文明工地创建要求，项目部本着“依法、从严、精细”的治企方针和“消除一切隐患风险，确保全员健康安全”的安全理念，制定了项目部安全生产责任制、环境保护管理办法、安全检查制度、安全生产管理办法、安全、环保责任书考核奖惩兑现办法、现场违章行为和管理缺陷出发规定等21项管理制度，将形成的各项管理办法汇编成册，并印刷成员工手册。做到员工人手一册，让每一位员工都了解制度的内容。项目部形成了用制度管人、管事的局面，避免了“头疼医头脚疼医脚”的被动局面，使安全、文明施工深入人心，成为每一位员工的自觉行动。项目部自开工以来，没有出现一起安全事故，保证了工程的顺利实施。

1. 文明施工月检查制度

由项目部文明施工领导小组每月对施工现场、生活区、办公区进行检查。检查出的问题由综合办下发整改通知单，通知相关单位和个人限期整改，再由综合办复查，未完成整改的将受到经济处罚。

月检查的内容将按照南水北调河南建管局南阳项目部的检查内容为依据，制定符合项目部实际情况的文明施工月检查表，由文明施工领导小组检查评分。

2. 文明施工奖罚制度

对施工现场不文明行为实行奖罚制度，主要如下：①对在施工现场物料堆放不整齐，处罚50～100元；②施工现场没有做到日产日清的处罚100～500元；③生产区周边，生活区内有垃圾未及时清理的处罚100元；④生活区有污水和积水未及时清理的处罚100元；⑤生活区宿舍内有床铺不整齐、宿舍内部卫生，有生活垃圾处罚50元；⑥对于检查中各项文明施工要求做得好的单位和个人，进行通报表扬，并奖励200元；⑦禁止侵犯当地群众利益，严禁出现干涉、侮辱民族风俗和宗教的言行，如有违反，视情节轻重分别给予批评、警告，并罚款100～500元；⑧禁止扰乱办公、生产、生活秩序，如有违反，每次罚款100～200元。

项目部严格执行文明施工奖惩措施，做到文明施工，做好文明施工，确保湍河渡槽文明施工达到南水北调文明工地标准。

（二）南水北调中线沙河渡槽工程

为了落实“项目安全管理体系、安全技术管理体系、项目安全监督管理体系、安全生产实施体系”的建设、加强对班组安全建设工作的支持和指导，强化班组管理，改善劳动条件，减少职业危害，保障员工生命安全和身体健康，项目部各级领导高度重视安全生产工作、重视生命价值，树立安全工作理念，用科学发展观和“安全发展”为指导，与各工区、部门签订了安全生产责任书，逐级细化落实安全生产责任制度。每年3月上旬由项目经理和各部门、各作业队负责人签订安全生产、环境保护责任书，明确安全环保责任及目标、指标。

项目部依据《南水北调工程文明工地建设管理规定》，出台了安全管理制度及措施，如学习及会议制度、文明施工管理办法、劳务管理办法、安全生产管理办法、特种设备管理制度

等。项目部以“科学管理，精心施工，铸建精品工程；安全生产，文明施工，构建和谐社会”为指导方针，依靠这些健全的项目规章制度、管理规定，通过“全员、全过程、全方位”的管理以及全体员工勤恳的工作态度、一流的服务意识、强烈的社会责任感，为业主提供了满意的优质精品工程，确保了项目经理部的健康、稳定、持续发展。

在安全管理制度建设方面，沙河渡槽工程有《管理文件汇编》项目经理部领导、各职能部门工作职责16篇，综合管理类13篇，经营财务管理类5篇，生产安全管理类5篇，技术质量管理类5篇，物资设备管理类8篇；其他11篇，包括《职业危害控制管理制度及措施》《女职工和未成年工特殊保护管理制度》《安全生产考核制度》《消防安全管理制度》《紧急避险安全管理制度》《沙河梁式渡槽架槽机、运槽车转线施工组织措施》《沙河梁式渡槽运槽车、架槽机转线作业专项安全措施》《文明施工管理办法》《安全技术措施（方案）管理制度》《安全确认制度》《特种设备管理制度》等。

（三）南水北调中线穿黄Ⅱ-A、Ⅱ-B标段工程

1. 文明工地创建组织机构管理人员职责

（1）项目经理职责。

1）项目经理是项目部文明工地创建的第一责任人，对各级文明施工责任制的建立健全与贯彻落实负全面领导责任。

2）贯彻执行国家及发包人有关文明工地创建的政策、法规、制度和有关规定。

3）及时了解项目部文明工地创建的管理情况。对文明工地创建重大整改问题作出决策。

4）负责项目部文明工地创建管理人员的配置和经费投入，并指派主管生产副经理分管项目部文明工地创建工作。

5）在布置生产任务的同时，同时布置文明工地创建工作，严格执行“三同时”制度。

（2）主管生产副经理职责。

1）协助项目经理分管项目部文明工地创建工作，承担直接领导责任。

2）指导安全质量部、工程管理部等部门的文明工地创建工作，协调各种生产关系，确保文明工地创建管理体系有效运作。

3）审定文明工地创建的措施计划，并督促各参建人员实施。

4）参加文明工地创建检查和会议，了解文明工地创建和各种规章制度的贯彻落实情况。

（3）总工程师职责。

1）负责项目部文明工地创建的技术监督和指导。

2）组织编制年度文明工地创建措施计划，并督促措施计划的具体落实。

3）参加文明工地创建大检查，深入了解文明工地创建情况，帮助解决文明工地创建方面的技术难题。

（4）安全质量部职责。

1）负责制定项目部文明工地创建管理办法和规章制度，并在颁布后监督执行。

2）负责项目部文明工地创建工作的监督和检查，执行考评和奖罚。

3）负责“三废”、噪音等环境污染项目指标的监测。

4）负责组织文明工地创建大检查和日常巡查工作，并监督整改措施的落实。

5）负责项目部文明工地创建工作报表、管理文件的编制和报送工作。

6）负责项目部文明工地创建方面对外的协调和沟通工作。

（5）工程管理部职责。

1）在编制施工组织设计的同时编制文明工地创建工程技术措施。

2）对工程施工过程中的文明工地创建重大问题提出技术处理方案。

3）负责项目部文明工地创建工程项目施工技术方案的编写和施工指导。在“三新”使用推广过程中，负责员工文明工地创建方面的知识培训和技术交底。

4）负责工程文明工地创建保障措施的组织与实施，在布置、检查施工生产计划的同时检查、布置文明工地创建工作。

5）处理好文明工地创建工作与生产进度的关系，对施工中文明工地创建方面的整改与治理要有计划地实施，力求与生产同步。

6）参加项目部组织的文明工地创建大检查，对检查出的不合格的项目负责督促整改、治理和协调。

（6）其他部门职责。

1）其他部门行政正职是本部门文明工地创建工作的第一责任人，对本单位文明工地创建工作负直接领导责任。

2）组织本部门员工做好文明工地创建工作，支持、指导文明工地创建监督员的工作。

3）负责对本部门员工文明工地创建方面的教育工作。

2. 制度建设

现场项目部根据国务院南水北调办、中线建管局和建管处印发的文明工地创建相关制度，结合南水北调穿黄工程的具体情况，制定了《南水北调穿黄工程环境、职业健康安全管理制度》《南水北调穿黄工程文明施工及环境保护管理办法》《南水北调穿黄工程文明施工及环境保护责任制度》《南水北调穿黄工程劳动保护用品管理发放与使用管理规定》《南水北调穿黄工程质量、环境、职业健康安全管理体系运行实施管理办法》《南水北调穿黄工程交通安全管理规定》《南水北调穿黄工程消防管理制度》《南水北调穿黄工程安全员管理规定》等，做到在项目部内部安全文明施工“有法可依、有章可循、贡献有奖、违规必惩”。同时细化了现场文明施工责任制、文明施工管理办法及考核细则、文明施工评比挂牌制度、文明施工“三工制”制度、文明施工例会制度等相关制度，并组织现场管理人员集中学习宣贯。

（1）文明施工责任制。按施工作业面的分布情况划分文明施工责任区，逐级签订文明施工责任书，年终进行考核兑现。

（2）文明施工管理考核制度。主要考核内容包括各级施工管理人员的文明施工职责；施工人员着装、持证及精神面貌的要求；施工现场规划布置、材料堆放、设备的停放、施工风水电管线的布置、照明情况的规定；施工道路、场地的卫生、平整、排水及各种标示、标志的设置；库房整治、废旧物资处理及无用设备清退出场；文明施工检查、考核及奖罚等。

（3）文明施工评比制度。根据各施工作业面每月的文明施工检查和日常巡查情况，项目部将评出“优秀文明施工样板工作面”进行挂牌奖励，对文明施工最差的作业面挂黄牌“文明施工重点整改作业面”并进行处罚。

（4）文明施工“三工制”制度。项目部在各施工班组推行“三工制”制度，即在施工前，

施工过程中，施工完成时，要求各班组做到文明施工，规范作业，场地清洁。

(5) 文明施工例会制度。由项目部文明施工领导小组每月召开一次文明施工月例会，会议将对上一月文明施工管理情况进行总结评价，对本月的文明施工清理整顿作出安排。

南水北调穿黄工程工作面较多，劳动安全管理涉及领域广泛，既包括行车、施工作业、设备检修等方面的人身劳动安全，又包括大型盾构机、特种设备等的操作安全。为了保证安全保证体系的有效进行，南水北调穿黄工程现场项目部建立以项目经理为核心的各级人员安全生产责任制，制定了《安全生产管理办法》《安全生产考核办法》《劳动防护用品管理办法》《施工用电安全管理规定》《施工安全防护技术手册》《安全生产责任制度》《安全生产检查管理办法》《安全生产教育培训管理办法》《分包队伍与临时用工安全管理办法》《安全操作规程》《安全文明施工奖罚实施细则》《南水北调中线一期穿黄工程安全生产管理规定》《穿黄工程工区内道路交通安全管理规定》《穿黄工程安全生产事故应急预案》《穿黄工程防汛抢险应急预案》《穿黄工程竖井龙门吊应急救援预案》《穿黄工程隧洞内衬施工安全应急预案》等安全管理制度，建立了有效的安全生产保证体系。项目施工前，做好安全措施的编制和落实工作，做到施工技术措施与施工安全措施同步。施工过程中，自始至终地开展安全教育工作，技术交底的同时进行安全交底，施工安排的同时进行安全生产安排，施工检查的同时进行安全检查。

（四）南水北调中线南沙河倒虹吸工程

河北建管部分别制定了《南水北调中线工程河北直管建管部文明施工管理办法（试行)》(中线局冀直技〔2010〕57号)、《南水北调中线工程河北直管建管部文明工地创建工作计划（试行)》(中线局冀直技〔2010〕67号)、《南水北调中线干线工程河北直管项目施工考核办法（试行)》(中线局冀直技〔2010〕56号）和《南水北调中线干线河北直管项目监理工作考核办法（试行)》(中线局冀直技〔2010〕55号)，每年分别制定当年的文明工地创建计划，指导现场的文明施工开展工作。

项目部高度重视文明工地的创建工作，本工程在开工前即确定了申报南水北调工程文明工地的目标，在施工中项目部依靠公司的技术优势，认真贯彻落实文明施工、安全管理的各项标准，坚持以“科学求实、开拓进取、文明规范、优廉高效”为建设理念，一手抓工程建设，一手抓精神文明建设，规范工程建设行为，提高工程管理水平，营造体现天津市水利工程有限公司的企业文化，突出企业特点的绿色文明工程，真正做到高标准、高起点。根据上级创建文明工地的有关规定，结合工程的实际，进一步完善文明施工，打造了具有公司企业文化特点的文明施工示范工程，确立争创文明工地的创建目标。

项目部依照集团总公司“三合一管理体系”要求，确立各类“安全生产责任制”共9篇，责任人均签字确认；确定各类“安全操作规程”24篇，悬挂操作岗位；确定各类“安全生产管理制度”40余篇，对安全施工方案的编制、审核、批准，安全技术交底，安全检查，安全教育，分包及用工管理等作出具体规定；编制了《职业健康安全与环境管理方案》《应急准备与响应预案》共10篇；根据工程进度实时更新《安全隐患排查和控制措施》，以《安全施工手册》的形式分发施工班组和施工人员手中，通过公示上墙和安全教育的形式进行常态化管理。

根据现场管理机构的职责，结合实际，公司先后制定和完善了根据相关规定，从安全生产责任、安全培训、生产区和生活区管理等方面制定了制度，主要有《安全生产责任制考核制度》《责任目标考核制度》《主要负责人、专职安全员、特殊工种持证上岗制度》《安全生产资金保障制度》《安全生产奖惩制度》《安全培训教育制度》《安全生产检查制度》《施工组织设计及方案的执行制度》《安全标志牌管理制度》《生产安全事故报告处理制度》《安全防护用具及机械设备管理制度》《安全例会制度》《文明施工管理规定》《区域环境保护措施》《食堂卫生保证措施》《职业健康安全与环境保护实施计划》《施工现场环境管理规定》《办公室卫生管理规定》《施工现场火源安全管理规定》《危及施工安全的工艺、设备、材料淘汰制度》《明火作业审批制度》《场区划分和物料定置管理制度》。

（五）中国水电三局丹江口工程施工局

为了使创建文明工地活动有章可循，创出成效，丹江口工程施工局制定了《水电三局丹江口工程施工局文明工地创建活动规划》和《丹江口工程施工局现场文明施工考评办法》。

创建文明工地活动是一个综合性的工作，它体现了一个企业综合管理水平，包含着企业各方面工作。因此没有制度作保证，文明工地创建工作不可能取得成效。水电三局丹江口工程施工局自进入丹江口大坝加高工地之日起，就把制度建设纳入到工程建设当中。制度建设涵盖了机械设备管理、质量安全管理、经营管理、施工技术管理、行政后勤管理、团队建设管理等方面。建立的各种管理制度和办法超过 100 项。这些制度的有效实施，保证了施工局各项工作的顺利进行，也保证了文明工地创建工作有效开展。

第三章　文明工地创建

第一节　文明工地创建概述

一、文明工地创建目的和意义

（一）文明工地创建目的

文明工地创建，是指在科学组织施工、保证工程质量优良和施工安全的前提下创造舒适的生产、生活和办公环境，保持施工场地整洁、卫生，创建良好的工地文明气氛，也是组织严格、合力管理的一项施工活动。为了在工程建设中全过程、全方位提倡文明施工，营造和谐建设环境，调动各参建单位和全体建设者的积极性，做到现场整洁有序，实现管理规范高效，保证施工质量安全，促进工程顺利建设，南水北调工程开展了文明工地创建活动。

（二）文明工地创建的意义

文明工地创建活动坚持“以人为本、注重实效”的原则，贯穿在工程建设全过程，对营造和谐建设环境，实现管理规范高效，保证施工质量安全，促进工程顺利建设具有重要的作用。

1. 文明工地创建是安全生产的重要组成部分

通过组织安全生产，加强现场管理，保证施工有序，提高投资效益，保证工程质量。通过安全目标考核和文明工地评比，提高各建设单位与建设者的积极性，营造抢进度、保质量安全、以人为本、文明施工的良好氛围，确保工程各项建设目标的顺利实现。

2. 文明工地创建是质量目标实现的有效保证

通过文明工地创建，规范质量目标管理、控制工序程序，减少了野蛮施工等不文明现象，形成了文明施工的良好局面，为质量目标的实现提供了有效保证。

3. 文明工地创建为工程提供了整洁、和谐的施工环境

通过文明施工措施和积极营造和谐施工环境，使施工现场、生活环境整洁有序，减少施工

人员职业病风险；通过与当地政府和周边群众和谐相处，为工程顺利进展提供和谐施工氛围，提高施工单位的经济效益和项目管理水平。

二、文明工地创建开展情况

国务院南水北调办高度重视文明工地创建工作，印发《南水北调工程文明工地建设管理规定》，推动文明工地创建活动有效开展。先后出台《南水北调工程建设安全生产目标考核管理办法》《南水北调工程质量责任终身制实施办法（试行）》《南水北调工程建设质量问题责任追究管理办法》等规章制度，落实文明工地创建活动。

在国务院南水北调办的正确领导下，各地组织开展“安全生产年”“安全生产月”等活动，保证安全生产目标落实。各项目法人单位开展安全目标考核工作，对评选出的优秀单位及个人等进行表彰。各参建单位制定了配套的规章、制度，采取一系列的保障措施开展文明工地创建活动，推动南水北调工程建设顺利进行。

三、文明工地创建成果与经验

（一）文明工地创建成果

南水北调工程自开工以来，文明工地创建活动取得了丰硕的成果。国务院南水北调办组织开展文明工地评比和考核 1 次，分别授予 37 个项目的建设管理单位、项目经理部、工程监理部、工程设计代表组为“文明工地”“文明管理单位”“文明施工单位”“文明监理单位”和“文明设计服务组”称号，对文明工地创建工作中涌现出的先进工作者授予“文明先进个人”称号。组织开展安全目标考核 4 次，无考核不合格单位。极大地鼓舞了广大建设者斗志，促进工程建设有序推进，质量优良，管理规范。

（二）文明工地创建经验

在南水北调工程文明工地创建实践中，在国务院南水北调办的统一领导下，各参建单位齐心协力，积极主动开展文明工地创建活动，取得了显著的成效，积累了丰富的经验。

1. 坚持“以人为本、注重实效”原则

文明工作环境，体现在安全防护、安全作业、清洁作业和文明作业等方面；文明生活环境，体现在清洁生活环境、关心和重视参建人员的身心健康等方面；文明外部环境，与当地居民文明共建，与当地政府加深沟通与积极协调。通过文明工地建设，激发广大职工的荣誉感和责任感，进一步调动工作积极性、主动性和创造性。

2. 坚持两个文明建设一起抓

坚持工地环境建设、职工精神面貌两个文明建设一起抓。通过培训、经验交流等形式把工地办成培训班、大学校，使各参建单位、人员整体素质得到提高；通过开展丰富多彩的文体活动，有效提升参建单位员工的团队协作精神，推动整个项目乃至整个行业水平提升。

3. 加强领导狠抓落实

建立健全组织机构，分阶段制定创建工作计划，依据管理标准实施创建工作，加强全过程管理和检查，定期进行考核和评价。通过检查、评比，取长补短，不断改进和完善管理体系，

树立典型，加强互相学习和交流，切实提高外在形象和内部管理水平，实现工程建设全面提升。

4. 加强工作宣传

各地充分利用各种宣传工具，发挥舆论及社会监督的作用，使文明工地创建成为弘扬企业文化、树立企业形象的窗口。

5. 规范化、制度化管理

各参建单位制定文明工地创建制度，工程建设与文明工地创建同步进行，用文明工地创建促进工程建设。加强日常监督检查，牢固树立文明施工意识，将创建活动贯穿始终，形成长效机制。

第二节　文明工地建设

一、综合管理

南水北调工程文明工地创建综合管理主要涵盖文明工地创建的组织机构建设、制度建设、团队建设、和谐环境建设和宣传与教育等五个方面。

（一）组织机构建设

各地、各管理层次建立了专门的组织机构，安排专人负责、协调文明工地创建活动。

国务院南水北调办建设管理司代表国务院南水北调办统一领导文明工地创建活动，明确文明工地创建的总体目标，承担文明工地评审等具体组织管理工作。各参建单位成立文明工地创建活动领导小组，统一部署创建活动，定期进行文明工地考核，构建了“建管单位负责，监理单位控制，施工、设计及其他参建方保证”的文明工地创建管理体系，如图 3－2－1 所示。

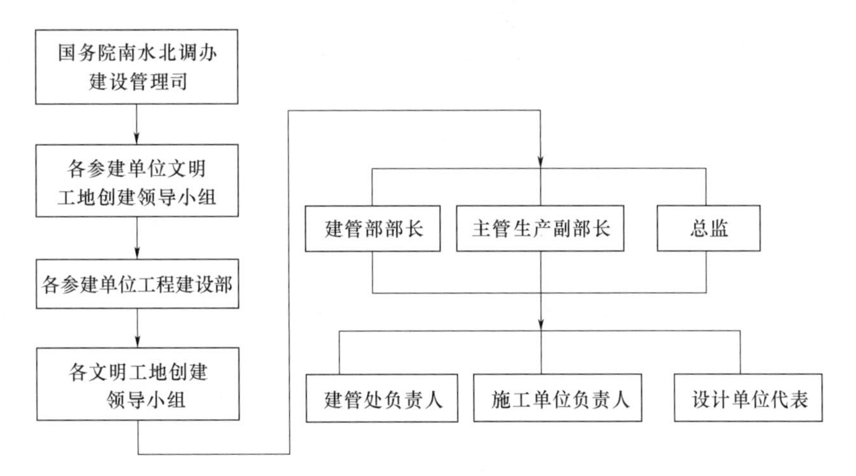

图 3－2－1　南水北调工程文明工地创建管理体系图

（二）制度建设

为使文明工地创建工作规范化、制度化，各参建单位建立起完善的文明工地创建规章、制度体系，为文明工地创建的实现提供了制度保障。

为规范南水北调工程文明工地管理工作，推动文明工地创建活动，国务院南水北调办印发《南水北调工程文明工地建设管理规定》，在南水北调工程从开工至竣工全过程开展文明工地创建活动。南水北调工程文明工地按照评审标准每年度评审一次。评为“文明工地”的项目（或施工标段），由国务院南水北调办授予有关项目（或施工标段）年度“文明工地”称号，授予相关单位年度“文明建设管理单位”“文明施工单位”“文明监理单位”“文明设计服务单位”奖牌，同时授予有关项目建设管理、施工、监理单位现场负责人和设计单位代表年度“文明工地建设先进个人”荣誉称号。

（三）团队建设

在南水北调工程文明工地创建活动中，各地均建立了创建组织机构，并对建设管理、施工、监理、设计单位的管理职能进行了明确。

1. 建管单位团队建设

实行“建管部负责，监理单位控制，施工、设计及其他参建方保证”的管理体系。按照设计单元划分，成立文明施工管理领导小组，负责文明创建的组织、指导和管理。领导小组下设办公室，负责文明创建的具体工作，主要职责为以下几个方面。

（1）负责工程文明施工管理的组织工作，监督参建各方严格贯彻执行《文明施工管理实施细则》的各项规定。

（2）接受上级主管部门的监督、检查与管理，落实上级主管部门提出的整改意见。

（3）监督、检查参建单位现场文明施工工作；组织文明施工检查，对发现的问题限期整改并督促整改措施的落实；每季度组织召开文明工地管理会议，进行文明施工管理工作总结，发布文明工地管理简报。

（4）负责国务院南水北调办文明工地申报的组织工作。

2. 施工单位团队建设

各施工单位现场建立了以项目经理为核心的文明工地创建组织机构，开展全员参与的全过程文明工地创建活动，主要职责为以下几个方面。

（1）编制文明工地创建规划，对创建工作进行总体布置。

（2）督促各施工工区成立文明工地创建小组，开展创建工作。

（3）制定和完善各项管理制度。

（4）编制文明工地创建方案。

（5）督促项目部各部门、作业工区按照企业质量、安全、环保等管理体系，做好过程控制和持续改进工作。

（6）定期组织召开文明工地创建工作会议，对文明工地创建进展情况进行总结。

各施工单位职责落实到人，分工明确，管理过程不留死角。施工单位现场机构的主要管理人员和技术人员符合投标承诺条件，项目经理驻现场每月不少于22天。设立专项资金，专款专用，保证文明施工的投入，定期对责任人进行考核，做到责、权、利明确，将文明施工责任制落实到实处。

3. 监理单位团队建设

各监理单位成立了以总监为组长，副总监、总工、监理工程师等人员为组员的文明工地创

建小组，明确了小组成员职责，将文明工地创建行为融入到工程建设监理工作中，主要职责为以下几个方面。

（1）审查施工组织设计中有关文明施工方案内容。

（2）督促施工单位建立健全文明施工保证体系。

（3）督促施工单位按批准的施工组织设计中有关文明施工的方案进行施工。

（4）检查施工中的文明施工情况，如发现有违反文明施工的行为或因不文明施工而可能引发的事故隐患，及时通知施工单位进行整改，检查整改结果签署复查意见。

（5）督促施工单位进行文明施工的自查工作，参加文明施工的现场检查。

各监理单位按照投标承诺和监理工作需要，配备专业人员，持证上岗。总监理工程师常驻现场。各监理单位在日常工作中分级、分类管理，各部门职责分工明确，对所辖监理范围内的工程文明施工活动进行全方位、全过程的控制、监督与管理，并做好现场巡查、检查和验收工作。

4. 设计单位团队建设

以设计单元为单位成立现场设代组，代表设计单位行使相关权利和履行相应义务。参与文明创建活动中，设代组负责人作为文明创建的领导小组主要成员之一，具体履行设计单位文明工地创建工作职责，为施工单位文明创建活动提供技术支持。

（四）和谐环境建设

和谐的建设环境，是工程建设顺利实施的必要条件，工程建设过程中，内部或者外部的环境都可能对工程建设造成影响。南水北调工程建设过程中，各参建单位通过各种措施，减少建设环境对工程建设的影响，努力构建和谐的建设环境。

1. 和谐的内部建设环境

内部建设环境影响，包括各参建单位之间、参建单位内部行为可能对工程建设造成的影响。

各建设管理单位着重加强参建各方的工作协调和配合，通过月进度协调会的方式，解决工程建设过程中出现的不协调现象，及时发现并解决存在问题，确保工程建设顺利进行。

监理单位发挥协调作用，及时协调建设过程中出现的意见、分歧，重点加强涉及工程进度、安全、质量等重大建设目标的沟通协商，保证工程建设有序开展。

设计单位应按照其职责分工，为工程建设提供技术支持，及时解决设计文件以及施工过程中的各种技术问题。

施工单位通过精细化的管理，本着“一切皆为生产服务”的宗旨，全力协调工程建设中人员、技术方案、机械设备、材料采购等内部环境，保障工程建设的顺利进行。

2. 和谐的外部建设环境

外部建设环境影响，包括自然界以及外界单位、组织、个人行为可能对工程建设造成的影响。各建管单位及参建各方通过开展形式多样的文明工地创建活动，为工程建设创造了良好的外部环境与和谐的建设氛围。各施工单位加强与工程沿线地方政府和村镇居民的沟通，做好宣传工作，开展与地方治安管理部门协调工作的机制，力争做到建设不扰民，为当地居民生产生活提供力所能及的便利条件。有关施工单位通过雇佣当地劳动力、送温暖、开展联谊活动等形式，加强与地方群众和政府的沟通，努力创建和谐的外部建设环境。

3. 农民工的和谐稳定

各地将一线建设职工的权益保护和农民工稳定作为首要工作，与施工单位签订保障农民工权益的协议，通过资金监管手段，对其进行引导、控制，严格执行劳动法。通过现场询问、问卷调查等方式保证全额、及时支付农民工工资。开展重大节日、重大事件期间的工地慰问，通过多种措施保护农民工利益，保证农民工群体的稳定和工程建设的顺利实施，防止不良的群体性事件的发生。

（五）宣传与教育

1. 宣传与教育的目的和意义

南水北调工程项目投资规模大，社会影响广，领导重视程度高，是社会各方关注的热点和焦点，对传承水利工程建设的光荣传统，提高南水北调工程建设水平和声誉，给国家重点工程创造良好的舆论氛围和外部条件具有重要意义。

通过宣传教育，使文明工地创建的理念、目的和意义深入人心，使各层次参建人员了解文明工地创建的具体要求，并积极主动地履行文明工地创建职责，提高各参建单位和工作人员的管理水平、技术水平，确保文明工地创建落实到位。

2. 宣传与教育的途径

（1）宣传的途径。南水北调工程文明工地创建活动中，各地采取了多层次、多渠道的宣传方式，广泛宣传南水北调工程文明工地建设，取得较为显著的宣传效果。在南水北调工程文明工地创建活动网站建立活动栏目，对文明创建活动工作动态、相关文件、工作图片等进行发布，构建文明工地交流和宣传平台。发挥新闻发布会、记者现场采访、报告文学等媒体宣传作用，通过《中国南水北调报》《南水北调与水利科技》等期刊；中央电视台、各地方电视台等平面媒体；《人民日报》《光明日报》等大型国家级报刊和地方报刊；新华网、人民网等大型网络媒体，对文明创建活动工作举措及成果进行宣传。

（2）教育的途径。各项目法人、建设管理单位主要通过会议、培训、演讲比赛和现场交底等形式开展文明工地创建宣传活动。通过施工质量培训会、质量缺陷分析交流会、施工安全培训专题会、施工环境培训专题会等系列交流培训工作，进一步规范参建各方的管理行为，增强管理意识，提高了全体参建人员管理水平。通过开展“质量月”等主题教育活动，为进一步调动广大员工的质量意识，提高一线职工的质量意识，为工程建设质量管理工作奠定坚实基础。通过加强施工人员培训教育，提高参建人员质量意识、专业素质和整体水平。

3. 宣传与教育的效果和作用

南水北调工程作为国家重点工程建设项目，通过对工程重大意义和巨大的社会经济效益的宣传，提高了社会对南水北调工程的认知程度，获得了社会各界的普遍支持，为工程建设提供了良好的舆论氛围。通过宣传报道，总结交流了大量先进工艺、先进技术的应用、先进管理经验，推出一大批先进典型和事迹，及时总结了各阶段的建设成果，激发了各单位之间比、学、赶、帮、超，争当先进的建设热情，对文明工地创建起到了很好的促进作用。

通过教育培训，提升了参建人员的安全质量意识和环境保护观念，提高了参建人员的技术水平和作业能力，规范了工程建设行为，为工程建设又好又快地开展奠定了坚实的基础。

二、安全管理

安全管理是对安全生产进行的计划、组织、指挥、协调和控制的一系列活动，以保护劳动者和设备在生产过程中的安全，保护生产系统的良性运行，促进企业改善管理、提高效益，保障生产的顺利开展，是文明工地创建的重要组成部分。

（一）安全事故预防、报告与处理

1. 安全事故预防

安全事故的预防需要做到以下几点。

（1）切实加强安全生产的领导，牢固树立“安全第一，预防为主”的思想，各参建单位的主要负责人作为安全生产第一责任人，把安全工作作为头等大事来抓。

（2）各施工单位须建立健全安全生产管理体系，制定安全生产责任制，建立健全各项规章制度，并认真贯彻执行。

（3）在施工组织设计中，应编制施工安全技术措施，施工过程中不断完善并切实加以落实。

（4）检查并消除施工人员、设备器材、施工环境中的不安全因素，加强劳动保护、机械设备的维修保养，在作业场所设置警示标志等。

（5）认真对待施工中已遂和未遂安全事故，切实做好事故的调查、分析和处理，做到“四不放过”，以警醒和教育职工、吸取教训，提高认识。

2. 安全事故的报告与处理

事故的报告和调查处理，必须坚持实事求是、尊重科学的原则，不得隐瞒不报、大事化小。

（1）凡在施工生产中发生的各类安全事故，都必须按国家规定，由事故发生单位逐级快速及时上报。

（2）按事故等级划分，一般轻伤事故由事故发生单位调查处理，发生重伤以上的事故应及时报告省（直辖市）项目办、市水利局并通知事故发生地的安全生产监管等部门，按国家有关规定进行调查处理。

（二）安全生产日常管理

为提高员工的安全意识和自我保护能力，掌握所需的安全知识和安全生产技能，确保人身安全，避免安全事故的发生，各参建单位先后结合工程建设实际制定了安全生产教育培训管理制度，对安全教育培训的实施程序、内容、形式等进行了规定。

1. 安全教育程序

安全教育的程序，包括分析培训需求、制定培训计划、实施培训、考核、建立培训档案。参与工程建设的各单位开展安全教育培训时均应按以上程序执行。

2. 安全教育内容

安全教育的内容，主要包括安全思想教育、安全技术知识教育、岗位安全知识和安全技能教育、安全管理知识教育、劳动卫生技术知识教育等。

（1）安全思想教育。安全思想教育，旨在提高员工的安全生产的自觉性和责任心。主要内容包括安全生产方针、政策、法律法规和劳动纪律、安全规章制度的教育，从而实现员工的遵纪守法，保障安全生产。

（2）安全技术知识教育。安全技术知识教育目的，是提高员工的安全素质，增强岗位作业的安全性。主要内容包括企业内危险区域、施工过程中的危险源，所有设备、工器具的安全注意事项，有毒有害物质的防护知识、电气安全知识、起重安全知识、高处作业安全知识、防火防爆安全知识、事故案例、发生事故紧急救护和自救知识及运输安全知识等。

（3）岗位安全知识教育。企业职工必须具备本岗位及相关岗位的安全基本常识，必须按规定接受安全知识的教育和培训，专职安全管理人员每年应集中培训，经考核合格后才能上岗。

（4）安全技能教育。国家规定的特种作业人员，如电工作业、金属焊接切割作业、起重机械作业、登高架设作业、压力容器作业、爆破作业、厂内机动车辆驾驶、锅炉作业等，必须进行专门的安全技术培训，经考试合格后方准独立作业，并持证上岗。

（5）安全管理知识教育。安全管理知识教育的目的，是使各级管理人员熟知，掌握安全管理的理论、手段和方法，不断提高安全管理水平和绩效。主要内容是现代安全管理知识及有关法律法规和各项安全规章制度等。

（6）劳动卫生技术知识教育。劳动卫生技术知识教育的目的，是使广大员工熟知生产过程和生产环境中对人体健康有害的因素，并采取防范措施保护员工的身体健康。其主要内容是防毒技术、防尘技术、噪声控制技术、振动控制技术、射频控制技术、高（低）温作业技术等。

3. 安全教育形式

安全教育的主要形式，包括三级安全教育、特种作业专业教育、定期安全教育、特殊情况安全教育和经常性安全教育等。

（1）三级安全教育。新进入单位或施工现场的人员，如新分配的学生、招收的合同工、临时工、外包队人员等，必须进行全面系统的安全教育，一般由施工单位、厂队、班组三部分组成，称为三级安全教育。凡经安全教育的人员要建立三级教育卡，不少于24学时。复岗、转岗人员必须进行相应的安全教育。

（2）主要负责人和安全管理人员的安全管理资格教育。各级主要负责人和安全生产管理人员安全资格培训时间不得少于24学时；每年再培训时间不得少于8学时。施工单位主要负责人和安全生产管理人员安全资格培训时间不得少于48学时；每年再培训时间不得少于16学时。上述人员必须经考核合格后方能上岗。

（3）特种作业教育。按有关规定，起重、焊接、爆破、起重机械操作，特殊高处作业和架子工、厂内机动车辆驾驶，接触易燃易爆、有害气体、射线、剧毒等作业，属特种作业。对上述人员必须进行操作技术和安全知识的培训，经有关部门考试合格并取证后，方可上岗。

（4）日常安全教育。定期开展工程技术人员、管理人员、专职安监人员、班组长和施工人员的全员安全教育培训和考试，教育内容要分层次，有针对性，除此之外，对新开工程项目要结合工程特点进行安全教育。各单位日常可采取多种形式开展经常性的安全教育，如：安全简报、安全活动日、安全知识竞赛、安全广播、安全录相、安全板报、安全展览、安全会议、安全讲座、专题培训、班前班后会等。

4. 劳动保护

各施工单位均按照相关法律、法规、规范的要求，建立健全专门管理制度和档案。为施工

人员配备安全帽、安全带、手套等劳动保护用品，为特种作业人员配备绝缘鞋、绝缘手套、焊帽等劳动保护用品。在临高部位设置规范的安全防护栏杆、防护罩、安全网等防护设施；对开挖成型的基坑及时进行边坡防护；施工现场危险部位，按规定设置明显标志和围栏，夜间应设红灯警示。未成年工和女工不得从事标准规定的重体力劳动，不超过规定的作业时间，不从事规定的禁忌作业，组织女工每年定期进行体检。

（三）安全生产日常检查

1. 检查形式

南水北调工程对安全生产检查主要采用“飞检”（飞行检查，是在被检查单位不知晓的情况下进行的安全工作检查，按照事先设定的检查内容，行动快，可以及时掌握真实情况）和专项检查，加强工程过程控制，及时发现工程建设中的安全隐患和问题，及时提出整改意见消除安全隐患。各参建单位按季度对在建工程进行安全生产全面检查，各建管单位每月对管辖范围内的工程进行安全生产专项检查，监理、施工单位进行周检和日常安全巡检。

2. 检查内容

各建管单位负责施工现场日常安全检查，各现场建管机构履行日常安全管理职责。日常检查内容，包括人的不安全行为、设备设施的不安全状态和不安全措施，施工现场人员的习惯性违章、安全隐患排查、重大危险源控制等方面。结合施工各区间的气候特点，加强汛期安全生产、冬季安全生产措施的准备情况和落实情况检查，通过日常检查和重点检查相结合，确保安全生产措施的落实，促进整体安全管理水平的提高。

各施工单位在施工过程中建立健全组织机构、完善安全生产制度，及时进行自查自纠。施工单位厂队、班组对施工责任区进行日常检查，包括作业环境、安全设施、作业人员、机械设备、工器具及个人防护、施工通道、材料堆放等。施工单位专职安全管理人员每日检查一次，施工单位领导不定期抽查。

（四）安全生产目标考核与评比

为进一步强化安全生产目标管理，落实安全生产责任制，各项目法人（建设管理单位）均建立了相应的安全生产考核机制。安全生产目标考核对象分别为项目法人、建设管理单位（包括代建单位、委托建设单位，下同）、勘察（测）设计单位、监理单位、施工单位等工程参建单位。

1. 考核组织机构

安全生产目标考核工作，由国务院南水北调办统一领导，省（直辖市）南水北调办事机构、项目法人分级负责组织实施。

（1）国务院南水北调办负责对项目法人进行安全生产目标考核。

（2）相关省（直辖市）南水北调办事机构受国务院南水北调办委托，负责对东线工程和汉江下游治理工程项目法人进行安全生产目标考核。

（3）相关省（直辖市）南水北调办事机构会同项目法人，负责对中线干线工程委托项目建设管理单位进行安全生产目标考核。

（4）项目法人（建设管理单位）负责对直管和代建工程建设管理单位进行安全生产目标考

核，协同相关省（直辖市）南水北调办事机构负责对委托项目建设管理单位进行安全生产目标考核。

（5）项目建设管理单位负责对设计、监理、施工等参建单位进行安全生产目标考核。

2. 考核内容及形式

安全生产目标考核，分为安全生产工作目标和生产安全事故控制指标考核。安全生产工作目标，分为通用目标和项目适用性目标。生产安全事故实际发生率超过控制指标时，考核对象的安全生产目标考核结果为不合格。安全生产目标考核合格是参加文明工地评选的必备条件。

（1）通用目标是考核对象应当完成的安全生产目标，考核采用合格制。考核组织单位可以在附件的基础上根据考核需要，经国务院南水北调办同意增加考核项目。考核项目中有一项不具备时，则考核结果为不合格。

（2）项目适用性目标考核是在通用目标考核合格的基础上，根据工程项目具体情况进行的评估考核，考核采用四级等级制（Ⅰ、Ⅱ、Ⅲ、Ⅳ）。考核组织单位可以在附件的基础上根据考核需要增加考核项目以及细化考核内容和权重。

安全生产目标考核采取自查自评与组织考核相结合、年度考核与日常考核相结合的办法，每年至少进行一次。

3. 奖惩措施

通用目标考核不合格的单位，应当及时进行整顿，限期达到合格标准。年度通用目标考核不合格或发生造成人员死亡的一般及等级以上生产安全事故的直接责任单位，不得评先评优。发生较大生产安全事故时，取消负有直接责任的单位，包括代建、施工、勘察（测）设计、监理等单位，一年内参加南水北调主体工程有关项目的投标资格。发生重大、特大安全事故时，由有关部门按照国家有关法律法规暂扣或者吊销直接责任单位有关证照，并取消其2～3年内参加南水北调主体工程有关项目的投标资格。生产安全事故等级执行国务院《生产安全事故报告和调查处理条例》的有关规定。

通用目标考核合格且未发生造成人员死亡的一般及等级以上生产安全事故或事故非直接责任单位，适用性目标考核结果分为四个等级，其中Ⅰ级，应当90%以上（包括本数，下同）的考核内容评估为A级，没有D级；Ⅱ级，应当80%以上的考核内容评估为A级，没有D级；Ⅲ级，考核内容评估为D级的不超过20%；Ⅳ级，考核内容评估为D级的超过20%以上。

国务院南水北调办在考核结果为Ⅰ级的单位中评选安全生产管理优秀单位，并对单位以及相关人员予以表彰和奖励。被评为优秀的设计、监理、施工等单位，在参与南水北调工程其他项目投标时，其业绩评分根据国务院南水北调办有关规定可适当加分。

三、施工区环境管理

施工现场的管理与文明施工是安全生产的重要组成部分。安全生产是树立以人为本的管理理念，保护社会弱势群体的重要体现。文明施工是现代化施工的一个重要标志，是施工企业一项基础性的管理工作，坚持文明施工具有重要意义。安全生产与文明施工是相辅相成的，建筑施工安全生产不但要保证职工的生命财产安全，同时要加强现场管理，保证施工井然有序，对提高投资效益和保证工程质量也具有深远意义。

（一）场地管理

施工现场的场地应当整平，清除障碍物，无坑洼和凹凸不平，雨季不积水，暖季应适当绿化。施工现场应具有良好的排水系统，设置排水沟及沉淀池，现场废水不得直接排入市政污水管网和河流；现场存放的油料、化学溶剂等应设有专门的库房，地面应进行防渗漏处理；地面应当经常洒水，对粉尘源进行覆盖遮挡。

（二）施工区道路管理

施工现场的道路应畅通，应当有循环干道，满足运输、消防要求。主干道应该平整坚实，且有排水措施，硬化材料可以采用混凝土、预制块或用石屑、煤渣、砂石等压实整平，保证不沉陷、不扬尘，防止泥土带入市政道路。道路应当中间起拱，两侧设排水设施，主下道宽度不宜小于3.5m，载重汽车转弯半径不宜小于15m，如因条件限制，应当采取措施。

（三）封闭管理

施工现场的作业条件差，不安全因素多，在作业过程中既容易伤害作业人员，也容易伤害现场以外的人员。因此，施工现场必须实施封闭式管理，将施工现场与外界隔离，防止“扰民”和“民扰”问题，同时保护环境、美化市容。

（四）临时设施管理

施工现场的临时设施比较多，主要包括施工期间临时搭建、租赁的各种房屋临时设施。临时设施必须合理选址、正确用材，确保使用功能和安全、卫生、环保、消防满足要求。

1. 临时设施的种类

办公设施包括办公室、会议室、保卫传达室；生活设施包括宿舍、食堂、厕所、淋浴室、阅览娱乐室、卫生保健室；生产设施包括材料仓库、保护棚、加工棚（站、厂）、操作棚；辅助设施包括道路、现场排水设施、围墙、大门、供水处、吸烟处。

2. 临时设施的设计

施工现场搭建的生活设施、办公设施、两层以上、大跨度及其他临时房屋建筑物应当进行结构计算，绘制简单施工图纸，并经企业技术负责人审批方可搭建。临时建筑物设计应符合《建筑结构可靠度设计统一标准》（GB 50068—2001）、《建筑结构荷载规范》（GB 50009—2001）的规定。临时建筑物使用年限定为5年。临时办公用房、宿舍、食堂、厕所等建筑物结构重要性系数 $r_0=1.0$。工地非危险品仓库等建筑物结构重要性系数 $r_0=0.9$，工地危险品仓库按相关规定设计，临时建筑及设施设计可不考虑地震作用。

3. 临时设施的选址

办公生活临时设施的选址首先考虑与作业区相隔离，保持安全距离。其次，位置的周边环境必须具有安全性。安全距离是指在施工坠落半径和高压线防电距离之外，建筑高度2～5m，坠落半径为2m；高度30m，坠落半径为5m（如因条件限制，办公和生活区设置在坠落半径区域内，必须有防护措施）。1kV以下裸露输电线，安全距离为4m；330～550kV裸露输电线，安全距离为15m（最外线的投影距离）。

4. 临时房屋的结构类型

活动式临时房屋，如钢骨架活动房屋、彩钢板房。固定式临时房屋，主要为砖木结构、砖石结构和砖混结构。临时房屋应优先选用钢骨架彩板房，生活办公设施不宜选用菱苦土板房。

（五）施工现场的卫生与防疫

施工现场应设置保健卫生室，配备保健药箱、常用药及绷带、止血带、颈托、担架等急救器材，小型工程可以用办公用房兼做保健卫生室。配备兼职或专职急救人员，处理伤员和职工保健，对生活卫生进行监督和定期检查食堂、饮食等卫生情况。利用板报等形式向职工介绍防病的知识和方法，做好对职工卫生防毒的宣传教育工作。当施工现场作业人员发生法定传染病、食物中毒、急性职业中毒时，必须在2小时内向事故发生所在建设行政主管部门和卫生防疫部门报告，并应积极配合调查处理。

办公区和生活区应设专职或兼职保洁员，负责卫生清扫和保洁，应有灭鼠、蚊、蝇、蟑螂等措施，并应定期投放和喷洒药物。加强食堂卫生管理，具备卫生许可证。炊事人员必须持有身体健康证，上岗应穿戴洁净的工作服、工作帽和口罩，并应保持个人卫生。炊具、餐具盒、饮水器具必须及时清洗消毒。加强食品、原料的进货管理，做好进货等级，严禁购买无照、无证商贩经营的食品和原料，施工现场的食堂禁止出售变质食品。

（六）警示标志布置与悬挂

施工现场施工机械、机具种类多，高空与交叉作业多，容易造成人身伤亡事故。施工现场应当根据工程特点及施工的不同阶段，有针对性地设置、悬挂安全标志。安全警示标志包括安全色和安全标志。安全警示标志应当明显，便于作业人员识别。如果是灯光标志，要求明亮显眼。如果是文字图形标志，则要求明确易懂。根据国家有关规定，施工现场入口处、施工起重机械、临时用电设施、脚手架、出入通道口、楼梯口、电梯井口、空洞口、桥梁口、隧道口、基坑边沿、爆破物及有害危险气体和液体存在处等属于危险部位，应当设置明显的安全警示标志。安全警示标志设置后应当进行统计记录，并填写施工现场安全标志登记表。

（七）施工区材料的堆放

建筑材料的堆放，应当根据用量大小，使用时间长短，供应与运输情况确定。用量大、使用时间长、供应运输方便的，应当分期分批进场，以减少堆场和仓库面积。施工现场各种工具、构建、材料的堆放，必须按照总平面图规定的位置放置，便于运输和装卸，应减少二次搬运。地势较高、坚实、平坦、回填土应分层夯实，要有排水措施，符合安全、防火的要求。应当按照品种、规格堆放，并设明显标牌，标明名称、规格和产地等，堆放整齐。

主要材料半成品堆放时，大型工具，一头见齐。钢筋堆放整齐，用方木垫起，不宜放在潮湿环境和暴露在外受雨水冲淋。砖应丁码成方垛，不准超高并距沟槽坑边不小于0.5m，防止坍塌。砂应堆成方，石子应当按照不同粒径规格分别堆放成方。各种模板应当按规格分类堆放整齐，地面应平整坚实，叠放高度一般不宜超过1.6m。大模板存放应放在经专门设计的存架上，采用两块大模板面对面存放，当存放在施工楼层上时，应当满足自稳角度并有可靠的防倾倒措施。混凝土构件堆放场地坚实、平整，按规格或型号堆放、垫木位置要正确，多层构件的垫木要上下对齐，

垛位不准超高。混凝土墙板宜设插放架，插放架要焊接或绑扎牢固，防止倒塌。

作业区及建筑物楼层内，要做到完场地清，拆模时应当随拆随清理运走，不能马上运走的应码放整齐。各楼层清理的垃圾不得长期堆放在楼层内，应当及时运走，施工现场的垃圾也应分类集中堆放。

（八）社区服务与环境保护

1. 防治大气污染

（1）施工现场宜采取硬化措施，其中，主要道路、料场、生活办公区域必须进行硬化处理，土方应集中堆放。裸露的场地和集中堆放的土方应采取覆盖、固化或绿化等措施。

（2）使用密目式安全网对在建建筑物、构筑物进行封闭，防治施工过程扬尘。拆除旧有建筑物时，应采用隔离、洒水等措施防治扬尘，并应在规定期限内将废弃物清理完毕。不得在施工现场熔融沥青，严禁在施工现场焚烧含有有毒、有害化学成分的装饰废料、毛毡、油漆、垃圾等各类废弃物。

（3）进行土方、渣土和施工垃圾运输应采用密闭运输车辆或采用覆盖措施。

（4）施工现场出入口应采取保证车辆清洁的措施。

（5）施工现场应根据风力和大气湿度的具体情况，进行土方回填、转运作业。

（6）水泥和其他易飞扬的细颗粒建筑材料应密闭存放，砂石等散料应采取覆盖措施。

（7）施工现场混凝土搅拌场所应采用封闭、降尘措施。

（8）建筑物内施工垃圾的清运，应采用专用封闭容器吊运或传送，严禁凌空抛散。

（9）施工现场应设置密闭式垃圾站，施工垃圾、生活垃圾应分类存放，并及时清运出场。

（10）城区、旅游景点、疗养区、重点文物保护地及人口密集区的施工现场应使用清洁能源。

（11）施工现场的机械设备、车辆的尾气排放应符合国家环保排放标准要求。

2. 防治水污染

（1）施工现场应设置排水沟及沉淀池，现场废水不得直接排入市政污水管网和河流。

（2）现场存放的油料、化学溶剂等应设有专门的库房，地面应进行防渗漏处理。

（3）食堂应设置隔油池，并应及时清理。

（4）厕所的化粪池应进行坑渗处理。

（5）食堂、盥洗室、淋浴间的下水管线应设置隔离网，并应与市政污水管线连接，保证排水通畅。

3. 防止施工噪声污染

（1）施工现场应按照现行国家标准《建筑施工场界噪声限值》（GB 12523—2001）及《建筑施工场界噪声测量方法》（GB 12524—1990）制定降噪措施，并应对施工现场的噪声值进行监测和记录。

（2）施工现场的强噪声设备宜设置在远离居民区的一侧。

（3）对因生产工艺要求或其他特殊需要，确需在22时至次日6时期间进行强噪声施工的，施工前建设单位和施工单位应到有关部门提出申请，经批准后方可进行夜间施工，并公告附近居民。

（4）夜间运输材料的车辆进入施工现场，严禁鸣笛，装卸材料应做到轻拿轻放。

（5）对产生噪声和振动的施工机械、机具的使用，应当采取消声、吸声、隔声等措施，有效控制降低噪声。

4. 防止施工照明污染

夜间施工严格按照建设行政主管部门和有关部门的规定执行，对施工照明器具的种类，灯光亮度加以严格控制，特别是城市市区居民居住区内，减少施工照明对城市居民的危害。

5. 防止施工固体废弃物污染

施工车辆运输砂石、土方、渣土及建筑垃圾，采取密封、覆盖措施，避免泄露、遗撒，并按指定地点倾卸，防止固体废物污染环境。

第三节　文明工地评比与考核

为规范南水北调工程文明工地管理工作，推动文明工地创建活动，国务院南水北调办印发《南水北调工程文明工地建设管理规定》，适用于南水北调东、中线主体工程建设。国务院南水北调办负责组织、指导和管理文明工地创建活动，国务院南水北调办建设管理司承担文明工地评审等具体组织管理工作。

一、文明工地评比标准

文明工地评比标准包括综合管理、质量管理、安全管理和施工区环境四个方面。

（一）综合管理

文明工地创建工作计划周密，组织到位，制度完善，措施落实；参建各方信守合同，全体参建人员遵纪守法，爱岗敬业；倡导正确的荣辱观和道德观，学习气氛浓厚，职工文体活动丰富；信息管理规范；参建单位之间关系融洽，能正确协调处理与周边群众的关系，营造良好施工环境。

（二）质量管理

质量保证体系健全；工程质量得到有效控制，工程内在、外观质量优良；质量缺陷处理及时；质量档案资料真实，归档及时，管理规范。

（三）安全管理

安全生产责任制及规章制度完善；制定针对性和操作性强的事故或紧急情况应急预案；实行定期安全生产检查制度，无重大安全事故。

（四）施工区环境

现场材料堆放、施工机械停放有序、整齐；施工道路布置合理，路面平整、通畅；施工现场做到工完场清；施工现场安全设施及警示提示齐全；办公室、宿舍、食堂等场所整洁、卫生；生态环境保护及职业健康卫生条件符合国家标准要求，防止或减少施工引起的粉尘、废水、废气、固体废弃物、噪声、振动及施工照明对人和环境的危害。

建设单位、施工单位、监理单位和设计单位具体考核标准见表3-3-1～表3-3-4。

表3-3-1　　　　南水北调工程文明工地评分标准（建设单位）

评比项目	评比内容		标准得分
一　综合管理（25分）	团队建设（10分）	文明工地创建工作组织机构健全（1分）；有文明工地创建计划（2分）；规章制度完善，主要规章制度上墙（1分）；形象进度图、工程布置图等施工图表齐全、上墙（1分）	5
		管理人员及技术人员配备合理，分工明确（1分）；业务能力及素质满足建设管理需求（1分）	2
		内部团结、协调，作风好，责任心强	1
		定期开展职业道德和职业纪律教育，有完整的学习计划和记录（1分）；定期对人员进行业务培训（1分）	2
	其他（15分）	积极协调施工外部环境，关系融洽，建设环境和谐文明（3分）；与参建单位及地方配合密切，参建各方及地方关系融洽（2分）	5
		对参建单位规章制度落实情况进行经常性监督检查，记录齐全（2分）；对参建单位履行合同职责进行经常性监督检查，记录齐全（3分）	5
		认真履行合同职责，公文处理规范及时	1
		职工遵纪守法，无违规违纪现象发生	1
		设有档案资料管理人员（1分）；档案资料制度健全、管理有序（1分）	2
		信息管理规范，报送及时、准确，无瞒报、漏报、迟报	1
二　质量管理（25分）	质量管理措施（13分）	质量管理体系健全，各项质量目标明确	1
		监督检查参建各方质量体系的建立和运行情况以及质量计划的制定落实情况，记录齐全	5
		定期对工程质量进行检查及考核（2分）；及时通报检查和考核情况（1分）	3
		定期、及时组织对工程质量情况进行统计、分析与评价，并及时上报	1
		及时上报工程建设中出现的质量事故（1分）；及时进行工程质量缺陷与质量事故的调查处理工作（1分）	2
		及时对工程施工过程中产生的重大技术变更进行审查论证	1
	质量评定、验收（6分）	按照规定程序及时组织或参加工程验收	1
		已评定单元工程全部合格（1分）；优良率在85%以上（1分）；主要单元工程质量优良（1分）	3
		建筑物外观质量检测点合格率90%以上	2
	质量事故（6分）	未发生质量事故	6

续表

评比项目	评比内容		标准得分
三　安全管理（30分）	制度与责任制落实（5分）	安全生产管理机构健全	2
		严格落实各级安全生产责任制（2分）；与施工单位签订安全生产责任书（1分）	3
	安全技术管理措施（17分）	督促参建各方落实安全生产责任，认真执行安全生产各项制度	2
		督促检查施工单位配备落实防汛设备、物资和人员	2
		督促检查参建单位组织开展安全生产培训和考核	2
		实行定期安全生产检查制度（2分）；对检查中存在的问题进行跟踪，督促责任单位做好整改（2分）；建立安全生产检查档案（1分）	5
		定期召开安全会议，总结布置安全生产工作，记录完整	3
		及时组织编制各项应急预案（2分）；督促检查施工单位各项应急预案（1分）	3
	目标、安全事故处理（8分）	事故处理坚持“四不放过”原则	3
		未发生安全生产责任事故	5
四　施工区环境（20分）	管理措施（13分）	监督检查参建单位环境管理和环保措施等制度的贯彻落实，对违反环境保护相关法规的行为进行制止	4
		遵守相关法律法规，在施工过程中无破坏国家文物等有价值物品的现象	3
		定期开展对施工区环境的检查，督促责任单位搞好整改（4分），整改效果良好（2分）	6
	生活区布置及管理（7分）	有职工文化活动和学习场所（1分）；职工食堂干净卫生，符合卫生检验要求（2分）；办公室、职工宿舍整洁、卫生（2分）	5
		设立文明工地创建工作宣传栏、读报栏、黑板报等，各种宣传标语醒目	2
合计			

表 3-3-2　　南水北调工程文明工地评分标准（施工单位）

评比项目	评　比　内　容		标准得分
一　综合管理（20分）	团队建设（10分）	班子团结务实，职工队伍工作作风好，责任心强，有良好的精神风貌	1
		文明工地创建工作组织机构健全，有创建工作计划（1分）；规章制度完善，主要规章制度上墙（1分）	2
		项目经理和技术负责人为投标书承诺的人员（2分）；项目经理出勤天数不少于合同约定天数（2分）	4
		人力资源符合合同约定（1分）；机械设备配置和数量及其他资源投入符合合同约定（1分）	2
		定期开展职业道德和职业纪律教育，对人员进行各项业务培训	1
	其他（10分）	施工网络计划图、形象进度图、工程布置图等施工图表齐全、上墙	1
		安全保卫措施完善（1分）；职工遵纪守法，无违规违纪现象发生（1分）	2
		与其他参建各方关系融洽（1分）；正确协调处理与当地政府和周围群众的关系（1分）	2
		设有档案资料管理人员（0.5分）；档案资料制度健全、管理有序（0.5分）	1
		劳务分包管理规范	2
		无违规分包	2
二　质量管理（25分）	规章制度、机构及人员（5分）	质量保证体系健全	1
		落实质量责任制（1分）；工程质量有可追溯性（1分）	2
		专职质检人员数量和能力满足工程建设需要，工作称职（1分）；持证上岗（1分）	2
	质量保证措施（7分）	有独立的质检机构，现场配备合同承诺、满足要求的工地试验室或具有固定的委托试验室（1分）；测试仪器、设备通过计量认证（1分）	2
		原材料、中间产品等检测检验频次、数量和指标满足规范设计要求（2分）；严格执行三检制（2分）	4
		对外购配件按规定检查验收，妥善保管	1
	施工记录（2分）	施工原始记录完整，及时归档（1分）；有施工大事记（1分）	2
	质量评定、验收（8分）	对已完成的单元工程及时开展质量评定（1分）；已评定单元工程全部合格，优良率在85%以上（1分）；主要单元工程质量优良（1分）	3
		建筑物外观质量检测点合格率90%以上	3
		按基建程序及时准备资料，申请验收，严格按照规程规范填写验收及评定资料（2分）	2
	质量事故（3分）	无质量事故	3

续表

评比项目	评　比　内　容		标准得分
三　安全管理（30分）	制度、机构及人员（6分）	安全生产管理组织机构健全	1
		建立健全安全生产责任制，安全生产管理有明确的目标（1分）；配备齐全的专职安全技术人员，岗位职责明确（1分）	2
		严格执行安全生产“五同时”（同计划、同布置、同检查、同总结、同评比）	1
		制定针对性和操作性强的事故或紧急情况应急预案	1
		为施工管理及作业人员办理意外伤害保险	1
	安全技术措施（11分）	防汛设备、物资、人员满足防汛抢险要求	1
		严格执行安全生产管理规定和安全技术交底制度（1分）；施工作业符合安全操作规程，无违章现象（1分）	2
		火工材料的采购、运输、保管、领用制度严格（1分）；道路、电气、安全卫生、防火要求、爆破安全等有安全保障措施（2分）	3
		施工现场有安全设施，如防护栏、防护罩、安全网（1分）；各种机具、机电设备安全防护装置齐全（1分）；安全防护用品配备齐全、性能可靠（1分）；消防器材配备齐全（1分）	4
		施工现场各种标示牌、警示牌齐全醒目	1
	安全教育培训（2分）	对各级管理、特殊工种和其他人员有计划进行安全生产教育培训和考核，并有记录（1分）；特殊工种人员持证上岗（1分）	2
	安全检查（4分）	实行定期安全生产检查制度（1分）；对检查中存在的问题进行跟踪，认真整改（1分）；建立安全生产检查档案（1分）	3
		安全记录、台账、资料报表管理齐全、完整、可靠	1
	目标、安全事故处理（7分）	安全事故按规定逐级上报，无隐瞒不报、漏报、瞒报现象（1分）；事故按“四不放过”原则处理（2分）	3
		无安全责任事故	4
四　施工区环境（25分）	场地布置及管理（8分）	施工场区按施工组织设计总平面布置搭设	2
		施工现场做到工完料净场地清（1分）；施工材料堆放整齐，标识分明（1分）	2
		施工区道路平整畅通，布置合理（1分）；及时养护，及时洒水（1分）	2
		现场主门悬挂施工标牌，进出口设企业标志（1分）；有门卫制度，施工现场管理人员佩带工作卡（1分）	2

续表

评比项目	评　比　内　容		标准得分
四 施工区 环境 （25分）	生活区布置及管理（6分）	生活区布局合理、环境卫生良好（1分）；有医疗保健措施，并设专职或兼职卫生员（1分）	2
		有职工文化活动和学习场所（1分）；职工食堂干净卫生，符合卫生检验要求（1分）；办公室、职工宿舍整洁、卫生（1分）	3
		宣传教育氛围浓厚，设立宣传栏、读报栏、黑板报，各种宣传标语醒目	1
	环境保护（11分）	施工区排水畅通，无严重积水现象（1分）；弃土、弃渣堆放整齐，垃圾集中堆放并集中清运（2分）	3
		采取有效的措施，防止或减少粉尘、废水、废气、固体废弃物、噪声、振动和施工照明对人和环境的危害和污染	2
		建立完善的环境保护体系和职业健康保护措施（2分）；无随意践踏、砍伐、挖掘、焚烧植被现象（2分）	4
		遵守相关法律法规，在施工过程中无破坏国家文物等有价值物品的现象	2
合　计			100

表3-3-3　　南水北调工程文明工地评分标准（监理单位）

评比项目	评　比　内　容		标准得分
一　综合管理 （25分）	团队建设（15分）	文明工地创建工作组织机构健全，责任制落实，有创建计划（1分）；规章制度完善，主要规章制度上墙（1分）	2
		内部管理规范，工作安排合理（1分）；监理人员持证上岗（1分）	2
		总监理工程师为投标书承诺的人员（2分）；出勤天数不少于合同约定天数（3分）	5
		人力资源符合合同约定，专业结构合理（2分）；设备配置和数量符合合同约定（1分）	3
		监理人员恪守监理职业道德准则，认真负责（1分）；熟悉监理业务，胜任岗位工作（2分）	3
	其他（10分）	与其他参建各方密切配合，协调有力	2
		定期召开工作例会，有专人记录（1分）；监理人员按规定填写监理日志和监理日记，记录翔实准确（1分）	2
		及时准确处理施工过程中产生的变更及合同纠纷	2
		认真审核工程款支付申请，及时签署支付证书	1
		设有档案管理人员（1分）；档案资料制度健全，管理有序（1分）	2
		无违规违纪事件发生	1

续表

评比项目	评　比　内　容		标准得分
二　质量管理（45分）	质量控制措施（22分）	质量控制体系健全（1分）；质量目标明确（1分）	2
		督促施工单位建立、审查质量保证体系、质量管理组织和检测试验机构	2
		工程质量控制计划和措施健全完善（1分）；质量控制点合理准确（2分）	3
		及时参加设计交底、核查并签发设计文件	3
		检查进场材料，确保进场材料符合质量标准（1分）；检查进场施工设备是否满足施工要求（1分）	2
		加强现场控制，关键部位及关键工序采取全方位巡视、全过程旁站	2
		严格落实现场质量登记和检查验收制度（2分）；审批施工单位的质量自检报告（1分）	3
		对工程材料、中间产品等进行平行检测，检测数量满足合同约定（3分）；对施工单位的试验室设备、仪器、人员资质进行检查和监督（2分）	5
	质量评定、验收（14分）	及时合理进行项目划分	5
		按规定及时客观进行验收	5
		对已完分部工程及时进行质量评定	2
		验收资料规范完备	2
	质量缺陷或事故处理（9分）	无质量事故	5
		对发现的施工质量隐患、质量缺陷或质量事故及时提出整改（2分）；按规定对质量缺陷或质量事故进行处理并进行归档（2分）	4
三　安全管理（20分）	制度建设（1分）	安全生产控制制度完善	1
	安全技术控制措施（12分）	督促施工单位落实各项安全规章制度，审查施工单位安全生产保证体系和方案，审查施工单位的《安全生产许可证》和有关人员的《安全生产考核合格证》（1分）；检查施工单位特殊工种人员持证上岗情况（1分）	2
		及时审查施工组织中的安全技术措施或者专项施工方案是否符合工程建设强制性标准	2
		审查施工单位各项应急预案（1分）；督促施工单位落实防汛设备、物资和人员的配备（1分）	2
		定期组织安全生产检查，检查记录完整，并对检查发现的问题及时督促落实整改	3
		工作例会中对安全生产提出要求（1分）；定期召开安全生产专题会（2分）	3
	目标、安全事故处理（7分）	按规定上报安全生产事故，并按照“四不放过”原则处理	3
		未发生安全生产责任事故	4

续表

评比项目	评比内容		标准得分
四　施工区环境（10分）	控制措施（6分）	审查施工单位的施工环境管理和环保措施等制度	3
		指定专人监督检查施工单位环境管理和环保措施等制度的贯彻落实	3
	生活区布置及管理（4分）	办公、生活区布局合理	2
		办公室、宿舍、食堂干净、整洁，摆放有序，环境卫生良好	2
合　计			100

表3-3-4　　南水北调工程文明工地评分标准（设计单位）

评比项目	评比内容		标准得分
一　综合管理（30分）	制度建设（5分）	设计文件审核、会签批准制度健全	5
	人员管理（25分）	现场设备人员数量和能力满足工程建设需要（10分）；能够及时解决现场出现的技术问题（10分）	20
		设计单位现场人员无违法违纪现象	5
二　质量管理（50分）	设计质量（25分）	按有关规程、规范和质量管理规定进行设计	5
		设计单位按合同要求及时提供图纸，满足工程施工要求	10
		设计意图表达准确、完整，绘注清晰，签名齐全，图面符合制图标准（5分）；设计无错误（5分）	10
	现场服务（25分）	设计交底及时，表述清楚、完整	15
		对设计变更响应、处理及时、合理，报批手续齐全	5
		设计单位及时参加有关验收、例会	5
三　安全管理（10分）	设计（8分）	对涉及施工安全的重点部位和环节在设计文件中注明并提出防范安全事故的处理意见（4分）；及时指出施工中发现的违反技术要求的操作或事故隐患（4分）	8
	人员现场安全（2分）	遵守现场安全生产的各项规章制度	2
四　施工区环境（10分）	设计（5分）	施工环境保护及水土保持设计方案合理，技术要求明确	5
	环境卫生（5分）	办公区、生活区整洁卫生	5
合　计			100

二、文明工地申报

南水北调工程文明工地原则上以项目建设管理单位所管辖的项目或其中的一个或几个标段（东线工程合同额大于等于1500万元，中线工程合同额大于等于3000万元）为单位进行申报。南水北调工程文明工地每年度评审一次，申报时间原则上在每年第四季度。

（一）申报程序

（1）东线工程和汉江中下游治理工程：由建设管理单位提出申请，项目法人提出书面评鉴意见，经相关省（直辖市）南水北调办事机构初评后报国务院南水北调办审定。

（2）中线水源工程：由中线水源公司提出书面意见后报送国务院南水北调办审定。

（3）中线干线工程：直管和代管项目，由建设管理单位提出申请，项目法人提出书面评鉴意见后报送国务院南水北调办；委托项目，由建设管理单位提出申请，项目法人提出书面评鉴意见（事前应征求省、直辖市南水北调办意见），经相关省、直辖市南水北调办提出意见后报国务院南水北调办审定。

（二）申报条件

南水北调工程文明工地申报应同时具备以下条件：①开展文明工地创建活动半年以上；②已完成工程量达到主体工程合同额的30%以上或完成主体工程合同额1亿元以上；③工程进度满足总体进度计划要求；④稽查、审计及各类检查中无重大问题。

对当年有下列情形之一的有关项目（或施工标段），不得列入当年文明工地评选范围：①发生人身死亡事故或其他重大安全责任事故；②发生重大及以上质量事故；③发生重大违纪事件和严重违法犯罪案件；④恶意拖欠工程款和农民工工资；⑤发生其他造成恶劣社会影响的事件。

三、文明工地评比程序

对施工、监理、建设管理、设计等单位按100分制分别打分，再进行加权汇总。建设管理、施工、监理、设计等单位在总分中的权重分别为20%、60%、15%、5%。如有多个施工、监理、设计单位，各单位应按评分标准分别打分，再按各自所占工作量的比例，加权计算得分。文明工地各参建单位得分不得低于80分，加权综合评分不低于85分。

通过评审确定的候选文明工地，由国务院南水北调办在中国南水北调网公示10天。公示期间有异议的，由国务院南水北调办建设管理司组织进行复审。

四、文明工地创建奖惩措施

评为“文明工地”的项目（或施工标段），由国务院南水北调办授予有关项目（或施工标段）年度“文明工地”称号，授予相关单位年度“文明建设管理单位”“文明施工单位”“文明监理单位”“文明设计服务单位”奖牌，同时授予有关项目建设管理、施工、监理单位现场负责人和设计单位代表年度“文明工地建设先进个人”荣誉称号。获得“文明工地”称号的代建、施工、监理、设计单位，在参与今后南水北调工程投标时，其业绩评分可适当加分。

第四节　文明工地创建实例

自2006年起，国务院南水北调办先后印发《南水北调工程文明工地建设管理规定》（国调办〔2006〕36号）、《关于开展南水北调工程文明工地创建活动的通知》（国调办建管〔2006〕39号）等文件，对文明工地创建进行了全面部署和总体安排。通过专家初审、现场评定、综合打分等程序，国务院南水北调办决定授予惠南庄泵站工程等148个项目为南水北调工程“文明工地”称号。在此，仅以惠南庄泵站工程文明工地建设为例，介绍南水北调系统文明工地创建、开展创建活动、评选及表彰等方面工作。

一、惠南庄泵站工程文明工地创建

（一）惠南庄泵站工程建设

惠南庄泵站是南水北调中线工程总干渠上的唯一一座加压泵站，是重要的控制性建筑物。泵站设计流量为60m³/s，总装机容量为56MW。惠南庄泵站流量大、扬程高、单机容量大、泵站特征参数变幅大，属大（1）型泵站，为Ⅰ等工程，主要建筑物为Ⅰ级，相应地震基本烈度为Ⅶ度。

惠南庄泵站前接北拒马河暗渠，后接PCCP压力管道，输水至大宁调节池。泵站起点桩号H0＋0.000，终点桩号H0＋427.79，全长427.79m。泵站位于北京市房山区大石窝镇惠南庄村东，与河北省涿州市相邻，工程所在地距北京市区约60km，距总干渠终点——颐和园团城湖约78km。

泵站内水泵机组等设备及各水工建筑物组成泵站的主要生产区。厂用变电站、油库、加氯间、抽水泵房、供水泵房和水处理站，以及检修车间、仓库、锅炉房等构成泵站的辅助生产区。泵站内设办公宿舍楼、食堂、车库、门卫等管理、生活、后勤保障等房屋，形成泵站的办公生活区。泵站生产区布置在厂区中央，形成泵站厂区的中轴线，辅助生产区和办公生活区分别集中设在生产区的东西两侧。泵站永久占地234亩，其中厂区占地189亩。施工工期为2005年7月至2008年9月。

项目法人：中线建管局

建管单位：惠南庄泵站项目建设管理部

设计单位：北京市水利规划设计研究院

监理单位：河南华北水电工程监理中心

施工单位：中国水利水电第一工程局

　　　　　中国水利水电第二工程局

（二）创建组织机构

工程开工之初，惠南庄建管部便大力倡导“文明施工，保护环境；以人为本，和谐发展”的建设管理理念，将文明工地建设作为一项重要的日常工作来抓。2006年5月，建管部下发《南水北调工程文明工地建设管理规定》，组织设计单位、监理单位和施工单位制定了文明工地创建计划，成立了“创建文明工地领导小组”。

惠南庄建管部组织监理单位、设计单位、施工单位等参建单位成立了惠南庄泵站工程安委会，各参建单位亦分别成立了以第一领导为核心的安全生产管理机构，配备专职安全管理人员。各参建单位内部由上到下、层层签订安全生产管理责任书，形成一个完整的安全生产保证体系和落实各级安全生产责任制，实行各级安全生产目标承诺制度。根据人员变动，惠南庄建管部及时对惠南庄泵站工程安委会成员进行了调整，建设期间共进行了3次调整。

（三）创建综合措施

1. 制度建设

惠南庄建管部根据有关规程、规范和南水北调有关行业标准和管理办法，有针对性地编制并下发实施了可操作性强的质量、安全、文明施工等管理实施细则及教育培训、安全生产例会、事故调查及报告、安全生产检查评比等一系列规章制度，开展日常文明工地管理工作，努力做到文明施工管理工作有章可循、职责分明，实现文明工地管理的制度化、规范化。

各参建单位依据惠南庄建管部编制的或转发国务院南水北调办、中线建管局等上级主管部门的管理办法、制度，针对所承担工程项目的内容、特点和实际情况，制定了各自的安全生产管理、消防、保卫、设备设施维修养护、事故应急预案等管理制度和各项应急预案。

2. 团队建设

中线建管局成立惠南庄建管部负责项目建设管理工作。施工单位为中国水利水电第二工程局，负责惠南庄泵站土建及金属结构安装施工，在现场组建了中国水利水电第二工程局惠南庄泵站项目经理部，施工高峰期作业人数约1000人，施工人员及施工设备配备符合投标文件及合同约定，满足工程现场施工需要。并根据需要，监理、设计和质量监督单位在现场分别组建了河南华北水电工程监理中心南水北调中线惠南庄泵站监理部、南水北调中线惠南庄泵站及北拒马河暗渠工程设代处、南水北调中线惠南庄工程质量监督项目站。

3. 定期开展培训与教育

各参建单位加强安全生产培训与教育工作，对新进人员进行上岗前的安全生产教育培训，同时定期或不定期开展职工安全生产教育活动，学习有关法律法规和上级主管部门关于安全生产工作的指示性文件，组织安全知识培训、消防培训等（图3-4-1和图3-4-2），提高全员安全生产意识，确保参建人员受到应有的安全工作规程、规定、制度和相应的安全与健康知识培训，具备相应的安全素质和工作能力。

图3-4-1 安全知识培训

图3-4-2 新消防法宣贯及培训

每周召开的监理例会将安全生产作为一项重要内容。施工单位在施工技术交底时也将安全生产注意事项作为一项重要内容。同时，各施工单位还针对工程实际编制了“安全防护手册”，详细规定了各类安全注意事项，并在安全培训和三级教育过程中予以贯彻。

惠南庄建管部在抓工程建设的同时，各参建单位始终重视思想政治教育和专业技能培训，联系工程建设实际制定了详细的学习计划，经常性地开展职业道德和职业纪律教育，深入开展创先争优活动，加强党风廉政建设（图 3-4-3），倡导正确的荣辱观和道德观，号召建设各方信守合同、遵纪守法、爱岗敬业（图 3-4-4 和图 3-4-5）。

图 3-4-3　学习《廉政准则》

图 3-4-4　社会主义荣辱观宣传教育

图 3-4-5　“增强团员意识，促进工程建设”主题教育活动

4. 创建和谐人文环境

在创建文明工地活动过程中，惠南庄建管部本着“以人为本，注重实效”的原则，大力倡导“文明施工，保护环境，以人为本，和谐发展”的建设管理理念，内外兼顾，双管齐下，把营造和谐建设环境纳入建设和谐社会的大课题中，取得了显著成效。

对内，各参建单位以工程建设为纽带，以合同为基础，充分沟通，大力协作；各单位之间相互借鉴，取长补短，共同进步。在工作中坚持以人为本的思想，高度重视并积极改善建设者的工作、生活条件，丰富精神文化生活，通过各种业余活动，沟通感情，增进友谊。在紧张的施工大干过程中先后组织了爬山、植树、片区篮球联赛、迎新年文艺汇演等形式多样的文体活动，丰富了建设者业余文化生活，增强了他们的凝聚力，调动了他们的工作积极性，营造了严肃紧张、团结活泼的建设氛围。各参建单位之间，工作上严格程序、恪守合同、相互配合，生活上平等相处、友谊深厚、关系融洽（图 3-4-6～图 3-4-10）。

图 3-4-6 惠南庄片区工程建设动员大会

图 3-4-7 惠南庄片区迎新联欢晚会

图 3-4-8 局工会慰问惠南庄泵站建设者

图 3-4-9 惠南庄建管部中秋茶话会

图 3-4-10 惠南庄片区篮球赛

对外，惠南庄建管部积极加强与各级南水北调办和地方政府的密切联系，及时协调解决工程建设中遇到的各类外部问题。各施工单位在大力提高文明施工水平，尽量减少施工扰民现象的同时，主动同当地村民交流，获得了广泛的理解与支持。主动搞好与周边居民的关系，努力营造团结协作、和谐共处的良好氛围。

另外，惠南庄建管部积极响应中线建管局号召，踊跃参与河北省唐县南水北调希望小学（原封庄小学）、2008年南方雪灾、汶川地震及玉树地震等的捐赠、捐献活动。安蓉建设总公司南水北调中线京石段直管第一标工程项目部组织开展了与当地村民的军民共建活动，在工程完工退场时，将营地整体移交了当地政府，用于改善当地村民的住房和生活环境。

5. 加强宣传与教育

加强宣传与教育，提高参建人员素质，增强安全防范意识，是减少人身伤害事故、保障生命财产和工程安全的重要途径。惠南庄建管部在抓工程建设的同时，始终重视思想政治教育和专业技能、安全防护等方面的教育与培训，联系工程建设实际制定了详细的学习计划，经常性地开展集中学习，定期组织以安全生产教育为主题的专题会议。同时，通过网络、宣传橱窗、悬挂安全文明标语和警示牌、发放安全生产及节能减排宣传画册、组织观看安全生产专题片和组织开展“安全生产月”活动等途径，加强安全生产法制教育、安全生产业务知识培训，倡导正确的荣辱观和道德观，普及安全防范自救常识，教育职工“遵章守法，关爱生命”，提高自我防护能力，号召建设各方信守合同、遵纪守法、爱岗敬业（图3-4-11和图3-4-12）。

图3-4-11　学习十七大精神，全力保通水

图3-4-12　开展创先争优活动宣传

同时，惠南庄建管部加大对外宣传力度，采用广告牌、标语、图片或通过报刊杂志、技术论文等途径介绍和宣传南水北调工程，让更多人了解南水北调工程建设的重要意义、特点及建设进展等情况，树立南水北调工程建设良好形象。

（四）创建安全管理措施

1. 安全管理制度建设

惠南庄建管部贯彻落实“安全第一、预防为主、综合治理”方针，牢固树立“安全生产责任重于泰山”的思想，始终把安全生产工作放在首要位置，以国家安全生产有关法律法规和国务院南水北调办、中线建管局有关安全生产的规章制度、办法为依据，制定针对性和操作性强的安全生产管理规章制度以及事故或紧急情况应急预案，坚持突出重点、标本兼治、重在治本的原则，全面落实参建各方的安全责任，预防和避免各类安全生产事故，保障从业人员的安全、健康和国家财产免遭损失，以遏制重特大事故发生和建立安全生产长效机制为目标，促进惠南庄建管部直管项目安全生产。

惠南庄建管部安全生产管理工作主要依据国务院南水北调办、中线建管局和惠南庄建管部制定的相关制度及管理办法，并结合各参建单位的招投标文件、合同文件依据法律法规开展日常管理工作。惠南庄建管部安全生产管理方面主要制度建设有：《南水北调中线干线工程安全生产管理办法》《中线建管局安全生产管理办法》《南水北调工程建设安全生产目标考核管理办法》《南水北调东中线干线一期工程建设安全事故应急预案编制导则》《南水北调工程建设重特大安全事故应急预案》《南水北调中线干线工程建设安全事故综合应急预案》《南水北调中线干线工程惠南庄建管部管辖项目安全生产与文明施工管理实施细则（试行）》《中线建管局惠南庄泵站项目建设管理部直管项目进度、质量、安全、文明施工考核办法》《惠南庄建管部直管项目安全生产百日督查专项行动实施细则》《惠南庄建管部所辖项目安全事故应急预案》等。

各参建单位依据惠南庄建管部编制的或转发国务院南水北调办、中线建管局等上级主管部门的管理办法、制度，针对所承担工程项目的内容、特点和实际情况，制定了各自的《安全生产管理制度》《安全生产管理办法和奖惩制度》《安全生产检查制度》《安全教育培训制度》《消防保卫管理制度》《大型施工设备维修保养使用管理规定》《安全防护手册》等管理制度以及《安全生产事故应急预案》《消防安全事故应急预案》《防汛预案》等应急预案（图 3－4－13）。

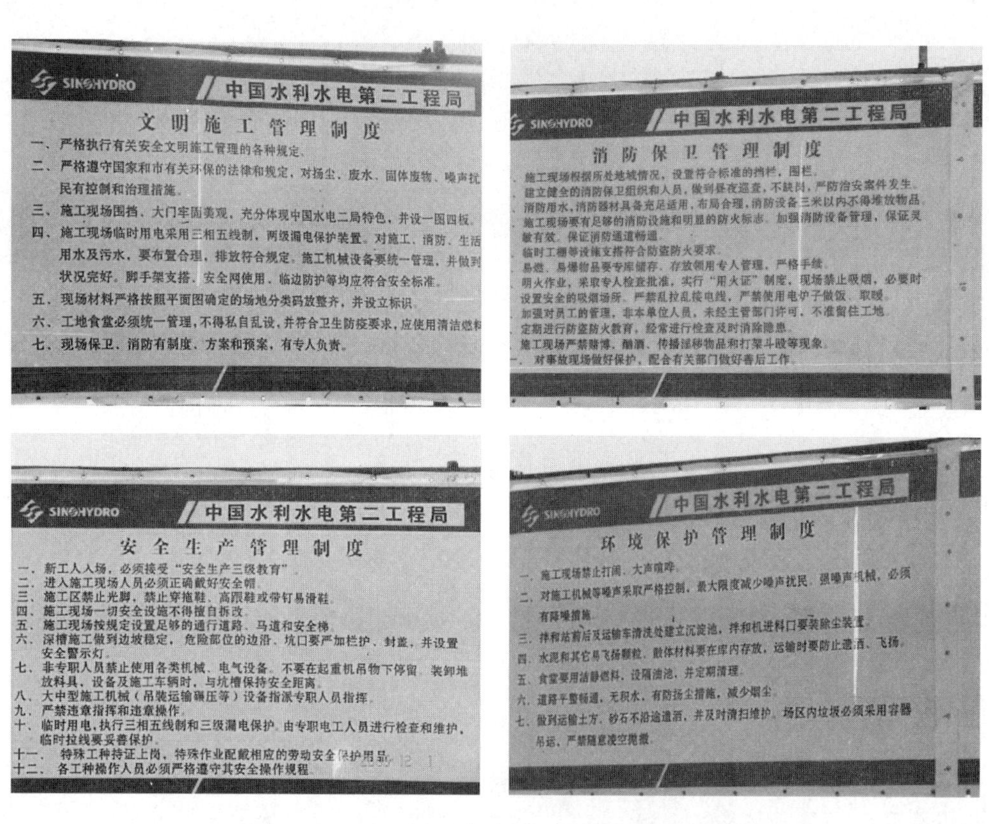

图 3－4－13　泵站土建施工标安全管理制度建设

2. 安全生产措施

（1）建立健全安全生产管理组织机构。惠南庄建管部组织各参建单位成立了安委会，成员由各参建单位的主要负责人组成。各参建单位依据安委会要求，分别成立了以第一领导为核心的安全生产管理机构，配备专职安全管理人员。参建单位内部，从职能部门到生产班组，也分别成立了由相关负责人任组长的安全生产小组，形成完整的安全生产监督和管理体系。

（2）制定完善并认真执行安全生产管理规章制度。惠南庄建管部依据中线建管局颁发的《南水北调中线干线工程安全生产管理办法》，结合工程特点编制了《惠南庄泵站工程安全生产与文明施工管理实施细则（试行）》，明确安委会、各参建单位的安全生产管理职责，制订了安全生产管理、教育培训、安全生产例会、事故调查及报告、安全生产检查评比等一系列规章制度，努力做到安全管理工作有章可循、职责分明，实现安全生产管理的制度化、规范化，并严格执行安全生产“一票否决制”及其他各项安全生产管理规章制度（图3-4-14）。

惠南庄泵站工程

土建工程安全生产责任制责任书

惠南庄泵站工程建设管理部（以下简称建设单位）建设南水北调中线干线惠南庄泵站项目工程土建及金属结构安装工程（合同编号：ZG/GC/SG-2005/001），由中国水利水电第二工程局（以下简称施工单位）中标承建。根据国务院《国务院关于特大安全事故行政责任追究的规定》（国务院令第302号）、国务院办公厅转发劳动部《关于认真落实安全生产责任制的意见》及国家、市有关安全生产的法令、法规、规定，参建各方建立安全生产负责制。经双方协议，签订本责任书。

1、本责任书主要依据

1）国务院《国务院关于特大安全事故行政责任追究的规定》（国务院令第302号）

2）国务院办公厅转发劳动部《关于认真落实安全生产责任制的意见》

3）依据合同规定的条款及内容：

（1）专用合同条款

（2）通用合同条款

（3）技术条款

（4）施工投标文件

4）《工程建设标准强制性条文》水利工程部分

2、双方安全生产管理责任

1）双方法定代表人（或委托代理人）按各自的职责对其施工期

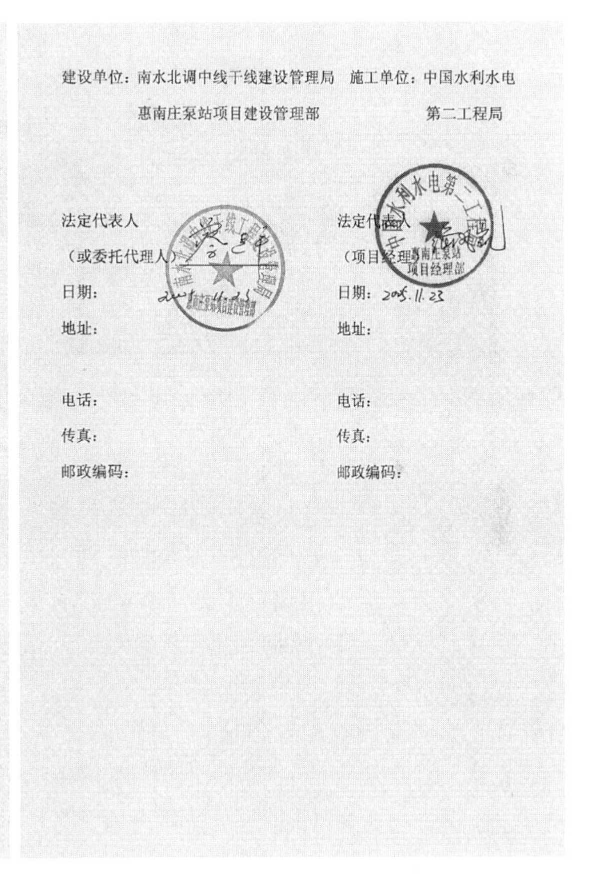
建设单位：南水北调中线干线建设管理局 惠南庄泵站项目建设管理部

施工单位：中国水利水电第二工程局

法定代表人（或委托代理人）

日期：

地址：

电话：

传真：

邮政编码：

法定代表人（项目经理）

日期：2005.11.23

地址：

电话：

传真：

邮政编码：

图3-4-14 惠南庄建管部与泵站土建施工单位签订安全生产责任制责任书

（3）落实安全生产管理责任制。安全生产贯彻“管生产必须管安全”和“谁主管、谁负责”的原则，同时建立健全安全生产保障体系和落实各级安全生产责任制，实行各级安全生产目标承诺制度。

惠南庄建管部、监理单位、设计单位、施工单位等参建单位行政一把手为本单位安全生产管理第一责任人，各单位专职安全生产管理人员对工程安全生产负直接责任。惠南庄建管部通过与各参建单位签订安全生产责任书及要求各参建单位内部签订安全生产责任书的方式，层层

落实安全生产管理责任制，将责任明确到人。通过签订责任书，明确了各级人员的安全职责，使安全生产工作形成自上而下各负其责、齐抓共管的局面。

（4）定期召开安全生产会议。工程建设期间，惠南庄建管部每月组织各参建单位召开一次安全生产、文明施工专题会议，对上个月安全生产情况进行分析和总结，交流工作经验和教训，通报各单位存在的安全隐患和安全文明生产管理措施，对成绩显著的给予肯定和表扬，对措施不利且隐患整改多的单位，给予通报批评并进行深入剖析、查找根源，限期解决，并结合下一月工程建设进度计划，部署安全生产工作，为工程建设保驾护航（图 3-4-15）。

图 3-4-15　惠南庄片区安全生产会议

（5）强化安全生产检查，严格落实整改措施。惠南庄建管部坚持“以人为本，注重实效”的原则，制定了安全生产与文明施工考核管理办法，在工程建设中全过程、全方位实施安全生产月检查和不定期的各类专项安全生产检查，组织开展了每年的安全月主题活动和安全生产百日督察专项行动，加强和规范了施工现场的安全生产监督与管理，营造了安全、和谐的建设环境，促进了工程建设顺利进行。安全生产检查结果以正式文件进行通报，并跟踪整改落实情况（图 3-4-16～图 3-4-18）。

安全生产检查内容主要包括：边坡防护、高空作业、机械操作及维护、施工用电、消防设施、食堂卫生、物资仓库及油库、炸药库等场所安全隐患、教育培训情况等，重点是“查制度、查落实、查隐患、查培训教育、查解决方案”。对火工材料，主要检查其管理制度建立情况、使用记录、安全技术交底情况及安全防护措施；对施工现场，主要检查安全防范措施设置情况，安全网、脚手架、操作平台等是否按要求设置，各施工工作面悬挂各类《安全操作规程》和安全警示标志牌，施工人员安全带和安全帽等是否按要求佩戴，施工用电是否规范，现场是否有安全人员巡视管理等。

另外，惠南庄建管部建立工地巡查制度，设置专职安全巡查人员，每日检查工地的安全生产情况，发现问题及时发出安全隐患整改通知，责令限期整改，并跟踪落实。

（6）建立完善事故应急预案并组织演练。为做到防患于未然，最大限度地避免或降低突发事件发生所造成的损失，惠南庄建管部根据国务院南水北调办公室颁发的《南水北调工程建设

文明工地检查签到表

日期：2008年1月21日

工程名称	南水北调中线京石段应急供水工程（北京段）惠南庄泵站项目			
检查名称	文明工地月检查			
被检查单位	惠南庄泵站中水二局、中水七局项目部			
组织单位	惠南庄泵站项目建设管理部			
参加人员				
序号	姓名	单位	职务	联系方式
1				
2	[illegible]	惠南庄建管部		
3	[illegible]	〃		
4	[illegible]	〃		
5	[illegible]	〃		
6	[illegible]	中水二局		
7	[illegible]	中水七局		
8	[illegible]	华水监理		
9	赵振通	〃		
10	[illegible]	华水监理		
11				
12				
13				
14				
15				
16				
17				
18				

南水北调工程文明工地评分标准（施工单位）

被检查单位：中水二局惠南庄项目部　　时间：2008年1月21日

评比项目	评比内容		标准分	得分
一 综合管理	团队建设（10分）	班子团结务实，职工队伍工作作风好，责任心强，有良好的精神风貌	1	1
		文明工地创建工作组织机构健全，有创建工作计划（1分）；规章制度完善，主要规章制度上墙（1分）	2	2
		项目经理和技术负责人为投标书承诺的人员（2分）；项目经理出勤天数不少于合同约定天数（2分）	4	3
		人力资源符合合同约定（1分）；机械设备配置和数量及其他资源投入符合合同约定（1分）	2	1
		定期开展职业道德和职业纪律教育，对人员进行各项业务培训	1	1
	其他（10分）	施工网络计划图、形象进度图、工程布置图等施工图表齐全、上墙	1	1
		安全保卫措施完善（1分）；职工遵纪守法，无违规违纪现象发生（1分）	2	2
		与其他参建各方关系融洽（1分）；正确协调处理与当地政府和周围群众的关系（1分）	2	2
		设有档案资料管理人员（0.5分）；档案资料制度健全、管理有序（0.5分）	1	1
		劳务分包管理规范	2	2
		无违规分包	2	2
	小计		20	18
二 质量管理	规章制度、机构及人员（5分）	质量保证体系健全	1	1
		落实质量责任制（1分）；工程质量有可追溯性（1分）	2	2
		专职质检人员数量和能力满足工程建设需要，工作称职（1分）；持证上岗（1分）	2	2
	质量保证措施（7分）	有独立的质检机构，现场配备合同承诺、满足要求的工地试验室或具有固定的委托试验室（1分）；测试仪器、设备通过计量认证（1分）	2	2
		原材料、中间产品等检测检验频次、数量和指标满足规范设计要求（2分）；严格执行三检制（2分）；	4	4
		对外购配件按规定检查验收、妥善保管	1	1
	施工纪录（2分）	施工原始记录完整，及时归档（1分）；有施工大事记（1分）	2	2
	质量评定、验收（8分）	对已完成的单元工程及时开展质量评定（1分）；已评定单元工程全部合格，优良率在85%以上（1分）；主要单元工程质量优良（1分）	3	3
		建筑物外观质量检测点合格率90%以上	3	3
		按基建程序及时准备资料，申请验收，严格按照规程规范填写验收及评定资料（2分）	2	2
	质量事故	无质量事故	3	3

评比项目	评比内容		标准得分	得分
	（3分）			
	小计		25	25
三 安全管理	制度、机构及人员（6分）	安全生产管理组织机构健全	1	1
		建立健全安全生产责任制，安全生产管理有明确的目标（1分）；配备齐全的专职安全技术人员，岗位职责明确（1分）	2	2
		严格执行安全生产"五同时"（同计划、同布置、同检查、同总结、同评比）	1	1
		制定针对性和操作性强的事故或紧急情况应急预案	1	1
		为施工管理及作业人员办理意外伤害保险	1	1
	安全技术措施（11分）	防汛设备、物资，人员满足防汛抢险要求	1	1
		严格执行安全生产管理规定和安全技术交底制度（1分）；施工作业符合安全操作规程，无"三违反"现象（1分）	2	2
		火工材料的采购、运输、保管、领用制度严格（1分）；道路、电气、安全卫生、防火要求、爆破安全等有安全保障措施（2分）	3	3
		施工现场有安全设施如防护栏、防护罩、安全网（1分）；各种机具、机电设备安全防护装置齐全（1分）；安全防护用品配备齐全，性能可靠（1分）；消防器材配备齐全（1分）	4	4
		施工现场各种标示牌、警示牌齐全醒目	1	1
	安全教育培训（2分）	对各级管理、特殊工种和其他人员有计划进行安全生产教育培训和考核，并有记录（1分）；特殊工种人员持证上岗（1分）	2	2
	安全检查（4分）	实行定期安全生产检查制度（1分）；对检查中存在的问题进行跟踪，认真整改（1分）；建立安全生产检查档案（1分）	3	3
		安全记录、台帐、资料报表管理齐全、完整、可靠	1	1
	目标、安全事故处理（7分）	安全事故按规定逐级上报，无隐瞒不报、漏报、瞒报现象（1分）；事故按"四不放过"原则处理（2分）	3	3
		无安全责任事故	4	4
	小计		30	30
四 施工区环境 25分	场地布置及管理（8分）	施工场区按施工组织设计总平面布置搭设	2	2
		施工现场做到工完料净场地清（1分）；施工材料堆放整齐，标识分明（1分）；	2	2
		施工区道路平整畅通，布置合理（1分）；及时养护，及时洒水（1分）	2	2
		现场主门悬挂施工标牌，进出口设企业标志（1分）；有门卫制度，施工现场管理人员佩带工作卡（1分）	2	2
	生活区布置及管理（6分）	生活区布局合理，环境卫生良好（1分）；有医疗保健措施，并设专职或兼职卫生员（1分）	2	2
		有职工文化活动和学习场所（1分）；职工食堂干净卫生，符合卫生检验要求（1分）；办公室、职工宿舍整洁、卫生（1分）	3	2
		宣传教育氛围浓厚，设立宣传栏、读报栏、黑板报、各种宣传标语醒目	1	1
		施工区排水畅通，无严重积水现象（1分）；弃土、弃渣堆放整齐，垃圾集中堆放并集中清运（2分）	3	2

评比项目	评比内容		标准得分	得分
四 施工区环境	环境保护（11分）	采取有效的措施，防止或减少粉尘、废水、废气、固体废弃物、噪声、振动和施工照明对人和环境的危害和污染	2	2
		建立完善的环境保护体系和职业健康保护措施（2分）；无随意践踏，砍伐、挖掘、焚烧植被现象（2分）	4	4
		遵守相关法律法规，在施工过程中无破坏国家文物等有价值物品的现象	2	2
	小计		25	23
合计			100	96
评分人姓名	[illegible]	单位	华水惠南庄监理部	

图 3-4-16　文明工地月检查记录

安全生产检查签到表

日期：　　年　月　日

工程名称				
检查名称	安全生产专项检查			
被检查单位				
组织单位	惠南庄泵站项目建设管理部			
参与人员				
序号	姓名	单位	职务	联系方式
1				
2	[illegible]	惠南庄建管部		
3	董磊	惠南庄建管部		61123482
4	[illegible]	华水监理	总监	
5	[illegible]	〃　〃		
6	[illegible]	惠南庄泵站项目部		
7	[illegible]	中水十四		
8	刘辉	〃		
9	[illegible]	华水监理		
10	[illegible]	〃　〃		
11	[illegible]	惠南庄建管		
12	[illegible]	—　—		
13				
14				
15				
16				
17				
18				

南水北调中线干线工程
惠南庄泵站项目建设管理部

安全生产检查记录表

日期：2008年11月7日

工程名称	惠南庄泵站
检查名称	安全生产专项检查
被检查单位	中水二局
组织单位	惠南庄泵站项目建设管理部

主要检查内容：

1、安全生产责任制和安全生产规章制度落实情况；
2、重大危险源管理及事故应急预案制订落实情况；
3、事故隐患排查治理工作落实情况；
4、人员安全培训情况，特种作业持证上岗情况；
5、冬季施工安全措施准备情况；
6、消防和施工用电安全情况；
7、特种设备使用情况；
8、安全生产目标考核工作落实情况。

处理意见：1. 现场管道施工期间，加强安全防护。
2. 场区材料堆放整齐。

附件：1.签到表

记录人：[illegible]

图 3-4-17　安全生产检查记录

南水北调中线干线工程建设管理局惠南庄泵站项目建设管理部文件

惠南庄工〔2008〕86号

关于对惠南庄直管项目文明工地五月份检查情况的通报

各有关单位：

2008年5月30日，惠南庄建管部组织有关单位对惠南庄泵站项目、直管河北一标、直管河北二标及生产桥标进行了五月份文明工地大检查。根据建管部质量、安全生产及文明施工管理实施细则，并依据国务院南水北调办公室颁发的文明工地检查办法，建管部对直管项目主要从质量、安全、文明施工等方面进行了检查，现将检查得分情况通报如下：

中国水电二局惠南庄泵站项目部得分94，中国水电七局惠南庄

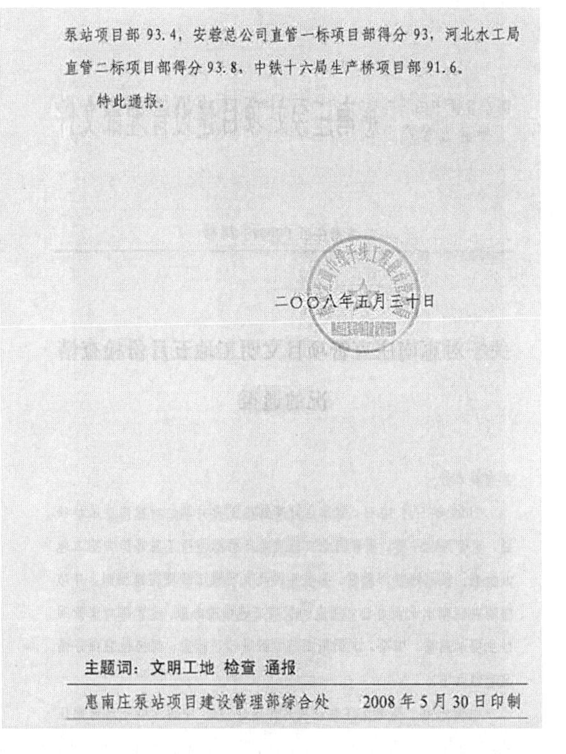

泵站项目部93.4，安蓉总公司直管一标项目部得分93，河北水工局直管二标项目部得分93.8，中铁十六局生产桥项目部91.6。

特此通报。

二〇〇八年五月三十日

主题词：文明工地　检查　通报

惠南庄泵站项目建设管理部综合处　　2008年5月30日印制

图 3-4-18　文明工地评分情况通报

重特大安全事故应急预案》编制并颁发了《惠南庄建管部所辖项目安全事故应急预案》，明确了安全事故应急处理组织体系及职责、预警预防机制、应急响应、后期处理及有关保障措施等。同时，各参建单位依据各自的安全生产责任分别编制了可操作性强的各类事故应急预案，预案涉及防汛、防火、防触电、防爆等多个方面，并针对各类突发事件制定相应的预防、应对、疏散、自救等措施，组织演练，并根据演练情况修订完善应急预案（图 3-4-19）。

图 3-4-19　消防演练

（7）排查治理重大危险源及事故隐患。对工程建设过程中的潜在危险因素进行全面的识别和评价，制定有效的应对措施，建立重大危险源和事故隐患管理台账，并明确责任人。根据中线建管局《关于转发〈关于开展南水北调工程安全生产百日督查专项行动的通知〉的通知》《关于进一步开展南水北调工程安全生产隐患排查治理工作的通知》（国调办建管〔2008〕27号）的要求，制定了百日督察专项行动实施细则，认真开展隐患排查治理工作，并编制了相关报告上报中线建管局。

（8）组织开展安全生产宣传与培训。各参建单位加强安全生产宣传、培训工作，对新进人员进行上岗前的安全生产教育培训。同时，定期或不定期开展职工安全生产教育活动，学习有关法律法规和上级主管部门关于安全生产工作的指示性文件，组织安全知识培训、消防培训等，提高全员安全生产意识，确保参建人员受到应有的安全工作规程、规定、制度和相应的安全与健康知识培训，具备相应的安全素质和工作能力（图 3-4-20～图 3-4-23）。

图 3-4-20　消防培训

图 3-4-21　安全宣传

图 3-4-22 安全提示

图 3-4-23 "安全生产月"活动宣传

每周召开的监理例会将安全生产作为一项重要内容。施工单位在施工技术交底时也将安全生产注意事项作为一项重要内容。同时，各施工单位针对工程实际编制了"安全防护手册"，详细规定了各类安全注意事项，并在安全培训和三级教育过程中予以贯彻。

（9）加强消防和施工用电安全管理。按照消防有关法律法规，督促各参建单位确保施工消防设施、设备齐全、完好，并有明显标识；各施工用电设备设置满足有关规定，并设置了安全防护标识（图 3-4-24 和图 3-4-25）。

图 3-2-24 施工现场消防设施

图 3-4-25 泵站施工供电电源

（10）加强特种设备使用安全管理。各特种设备均作为重大危险源或事故隐患备案，并有专人负责。检查各施工单位特种作业人员资质、持证上岗及特种设备定期检修、保养、操作规程及安全注意事项上墙等情况。

3. 安全日常管理

（1）岗位培训。安全教育和培训做到了全员、全面。在对象上，包括了施工现场上的所有从业人员。在内容上，既有安全法制和意识，又有安全知识和技能，既有一般常规教育和岗前教育，又有针对新工艺、新技术、新材料、新设备、新岗位的专项教育和事故案例分析。各参建单位所有从业人员在上岗前，接受职业健康安全教育和"三级"安全教育，学习《中华人民共和国安全生产法》《水利水电工程施工作业人员安全技术操作规程》等有关安全生产规章

制度。

安全教育和培训活动的开展贯穿于施工生产全过程，并体现层次性、针对性。考虑到施工现场从业人员的职责、工作内容、能力、文化程度以及所涉及安全风险和不利环境影响的不同，采取了分类进行安全教育培训：对各级管理人员，主要从加强安全素质，安全文化和安全技能，落实好管理人员的安全生产责任制上加大培训力度。针对每个施工班组施工特点的不同，建立相应的安全操作规程和规定，对每个班组单独进行了安全教育培训，并在每天作业前，进行班前讲话，针对当日施工任务，布置相应的防护措施，强调防护重点、安全注意事项及个人防护用品使用等。对于安全管理人员及电工、电焊工、起重工、司机（汽车司机、推土机、挖掘机、装载机及起重机等司机）等特殊工种，按照国家、行业的有关规定进行培训和考核，并且持证上岗。

通过加强安全教育培训，从业人员了解了安全生产的基本知识，懂得了安全生产的重要性，基本掌握了安全生产的基本技能，提高了安全素质，使其从“我要安全”到“我懂安全”的思想转变，从而自觉地遵守安全操作规程，规范操作行为，杜绝“三违”现象的发生，提高安全防范意识和自救能力，为遏制安全事故发生、顺利实现工程建设安全目标打下了坚实的基础。

（2）劳动保护。各参建单位按照国家劳动保护法的规定，定期发给在现场施工的工作人员必需的劳动保护用品，如安全帽、水鞋、雨衣、手套、手灯、防护面具和安全带等。施工单位还按照劳动保护法的有关规定发给特殊工种作业人员的劳动保护津贴和营养补助。施工单位依据国家颁布的各种安全规程，并结合所承担的合同工作内容和工程特点，编制适合工程施工需要的安全防护手册。安全防护手册除发给承包人全体职工外，还发给发包人、监理人。

（3）安全生产日常检查。安全生产日常检查是安全生产管理的重要手段。通过安全生产日常检查，可以及时地发现安全事故隐患，并及时采取相应措施消除这些事故隐患，预防安全事故发生，从而保障工程建设安全进行。

（4）安全生产考核评比。惠南庄建管部依据《惠南庄泵站工程安全生产与文明施工管理实施细则（试行）》《中线建管局惠南庄泵站项目建设管理部直管项目进度、质量、安全、文明施工考核办法》等有关规定，每月定期对监理及施工单位等进行安全生产与文明施工检查及考核评比，且公布考核评比结果。年度评比第一名者，惠南庄建管部将授予其“安全文明施工先进单位”称号，同时上报中线建管局，并函告施工单位上级主管部门（图3-4-26和图3-4-27）。

自2005年10月10日惠南庄建管部所辖工程开工建设至2010年12月所辖工程建设完工，惠南庄建管部共组织了23次安全生产及文明工地检查、评比，4次劳动竞赛、争先创优活动的检查、评比，3次安全生产目标考核。

通过考核评比，评选出了先进，树立了学习典型，起到了示范和带动作用，提高了各参建单位的工作积极性和安全生产管理水平，呈现出了你追我赶的良好局面。同时，保证了施工现场井然有序，安全防患措施到位、规范，创造了工程建设安全环境，从而保障了安全生产目标实现，促进了工程建设进度，为工程建设总体目标的顺利实现创造了强有力的条件。

南水北调中线干线工程建设管理局惠南庄泵站项目建设管理部
山西省万家寨引黄工程总公司南水北调北拒马河暗渠工程项目建设管理部文件
河南黄河水电工程建设有限公司南水北调中线干线工程代建Ⅰ标管理部

惠南庄工〔2007〕22号

关于2007年第一季度惠南庄片区劳动竞赛、争先创优活动检查情况的通报

各有关单位：

2007年3月27日，惠南庄片区争先创优领导小组组织有关单位对惠南庄片区各施工单位、监理单位进行了开展劳动竞赛、争先创优活动的检查。根据制定的检查评比管理办法，考核组分别对三个监理单位、六个施工单位进行了综合检查评比，检查内容主要是综合管理、质量管理、安全管理、施工区环境、进度控制等方面，现将检查得分情况通报如下：

监理单位排名及得分情况：

第一名：华北水院惠南庄泵站监理部 94.7

第二名：山西北龙直管或代建河北1-4标监理部 93.9

第三名：山东科源北拒马河暗渠监理部 92.8

施工单位排名及得分情况：

第一名：中国水电二局惠南庄泵站项目部 96.3

第二名：河北水工局直管河北二标项目部 95.56

第三名：安蓉公司直管河北一标项目部 94.55

第四名：葛洲坝集团代建河北四标项目部 94.48

第五名：中国水电十四局代建河北三标项目部 94.21

第六名：中国水电三局北拒马河暗渠项目部 93.8

特此通报。

惠南庄建管部　　北拒马河项目建管部　　代建Ⅰ标管理部

二〇〇七年四月二日

图3-4-26　劳动竞赛、争先创优活动评比情况通报

南水北调中线干线工程建设管理局惠南庄泵站项目建设管理部文件

惠南庄工〔2009〕7号

关于安全生产目标考核情况的通报

各有关单位：

依据《南水北调工程建设安全生产目标考核管理办法》（国调办建管【2008】83号）文精神，我部于1月15日组织对直管各标段参建单位进行了安全生产目标考核，考核情况总体良好。现将考核结果通报如下：

序号	标段名称	参建单位	考核结果
1	惠南庄泵站项目	设计单位：北京设计院	Ⅰ级
2		监理单位：河南华水监理	Ⅰ级
3		施工单位：中水二局	Ⅰ级
4		施工单位：中水七局	Ⅰ级
5	河北直管Ⅰ、Ⅱ标项目生产桥直管一标项目	设计单位：河北设计院	Ⅰ级
6		监理单位：山西北龙监理公司	Ⅰ级
7		施工单位：安蓉建设总公司	Ⅰ级
8		施工单位：河北水工局	Ⅰ级
9		施工单位：中铁十六局	Ⅰ级

（此页无正文）

二〇〇九年[illegible]月十九日

主题词：安全生产　目标考核　通知

抄　报：南水北调中线干线工程建设管理局

惠南庄泵站项目建设管理部综合处　　2009年1月19日印制

图3-4-27　安全生产目标考核评比情况通报

（五）文明工区环境创建

1. 施工区规划

按国家有关规定要求，所有生活、生产等设施布置要体现安全生产、文明施工；施工区与生活区分别布置，设施配备满足工程施工及人员办公及生活需要，排水系统布置完善，废水处理和生活垃圾处理等环境保护措施可靠，避免施工对公众利益造成损害。

2. 生产区布置与管理

施工场区周边设置彩钢围挡，实行封闭式管理。场内材料堆放区、钢筋加工区、混凝土拌和站、机械停放区等合理布局，各区之间采用围挡隔离，整齐而美观。场内主干道，宽 8m，碎石路面，平整畅通，无扬尘。醒目位置挂设各类宣传标语、宣传画、施工平面布置图、结构布置图、进度计划图、效果图等，场区围挡和主要道路两旁布置彩旗。各类警示牌、标示牌、操作规程、安全管理规定等牌匾齐全。施工作业面严格执行“工完场清”规定，施工作业紧张有序，环境清洁（图 3－4－28）。

图 3－4－28　泵站生产区、钢筋加工厂

3. 生活区布置与管理

办公生活用房为多采用轻型钢结构彩板房，规划布局合理。布置有办公室、职工宿舍、食堂、医务室、洗衣房和统一晒衣场、文化娱乐室、灯光球场、淋浴室及水冲厕所等。营地内设有花园式绿化带，绿化面积达 15%以上，花红草绿，生机盎然。通道采用鹅卵石路面或混凝土路面，路边设读报栏、宣传橱窗，宣传教育氛围浓厚，各种宣传标语醒目，体现了南水北调中线工程的特色。整个生活及办公区布置整齐、环境优美、干净卫生，洋溢着健康、恬静的生活气息和奋发向上的文化氛围（图 3－4－29）。

4. 道路与交通布置与管理

惠南庄泵站工程建设对外交通公路主要为房易公路，通往惠南庄泵站有简易道路与房易公路相连，该道路长 2.2km，路基宽 8m，碎石土路面，路况较差，不能满足施工需要。施工单位进场后立即对该道路进行了修整，整修为路基宽 8m、泥结碎石中级路面。

惠南庄泵站前池和主副厂房基坑开挖出渣道路分别从进口闸段及进水管段方向随开挖形成斜坡出渣道；施工区至临时堆料场及弃料场临时道路，采用泥结石路面。施工营地内生活及办

图 3-2-29　泵站生活及办公区

公区道路采用混凝土路面。

惠南庄泵站施工场地采取全封闭隔离措施，在道路和施工区域内设置交通标示及警示标志，保证施工和交通安全。晴天经常洒水，抑制扬尘，并派专人养护，保证道路平整畅通。

5. 环境保护

施工单位均按照国家环境保护的法律、法规和规章，编制环境保护措施计划，做好施工区的环境保护工作，防止由于工程施工造成施工区附近地区的环境污染和破坏。水质保护重点是对施工生活污水、生产废水进行处理实现达标排放。通过采取施工运输车辆采用封闭和遮盖，配备洒水车，遮盖现场待回填土料，控制车辆排放标准等措施，做好施工大气污染防治。同时，通过加强施工噪声、施工固体废弃物防护、施工迹地恢复等措施，加强施工环境保护。

二、创建成果

通过开展文明工地创建活动，规范了各参建单位的安全生产管理工作，提高了参建单位的管理水平；通过文明工地检查、考核，评选出了先进，树立了学习典型，起到了示范和带动作用，呈现出了你追我赶的良好局面；通过激励机制，对达到考核目标的施工单位给予适当的安全、文明施工措施费，极大地提高了施工单位的工作积极性，保证了施工现场井然有序，安全防患措施到位、规范，创造了工程建设安全环境。总之，通过文明工地创建，确保了工程建设安全和施工质量，促进了工程建设进度，为工程建设总体目标顺利实现创造了强有力的条件。

经参建各方的共同努力，惠南庄泵站工程安全与文明施工情况良好，自开工建设至建设完工，未发生安全生产事故，实现了安全生产与文明施工目标，并获得了“南水北调工程文明工地”荣誉称号（图 3-4-30）。惠南庄泵站工程先后获得 16 个文明工地创建方面的奖项，见表 3-4-1，部分奖状见图 3-4-31～图 3-4-36。

国务院南水北调工程建设委员会办公室文件

国调办建管〔2008〕24号

关于表彰南水北调工程2006、2007年度文明工地的通知

各项目法人：

根据《南水北调工程文明工地建设管理规定》（国调办建管〔2006〕36号），经综合评定，决定授予南水北调中线干线工程京石段应急供水工程（石家庄至北拒马河段）代建项目建设管理Ⅱ标等37个项目南水北调工程2006、2007年度“文明工地”称号，授予北京中水利德科技发展有限公司南水北调中线干线工程代建Ⅱ标管理部等单位年度“文明建设管理单位”称号、授予中国水利水电第七工程局南水北调中线干线京石段第九标项目经理部等单位年度“文明施工单位”称号、授予黄河工程咨询监理有限责任公司南水北调中线沙河（北）倒虹吸工程监理部等单位年度“文明监理单位”称号、授予水利部河北水利水电勘测设计研究院沙河（北）渠道倒虹吸工程设计代表组等单位年度“文明设计服务单位”称号，同时授予拜振英等同志年度“文明工地建设先进个人”荣誉称号。

希望获奖单位及个人珍惜荣誉、发扬成绩、再接再厉，在文明工地创建方面取得更大的成绩。各有关单位要学习借鉴获奖单位及个人的成功经验和好的做法，在工程建设中全过程、全方位提倡文明施工，营造和谐建设环境，保证施工质量安全，为南水北调工程建设做出新的贡献。

附件：南水北调工程2006、2007年度文明工地获奖名单

二〇〇八年二月二十二日

附件：

南水北调工程2006、2007年度文明工地获奖名单

（排名不分先后）

申报项目（标段）	建设管理单位	施工单位	监理单位	设计单位
南水北调中线干线工程京石段应急供水工程(石家庄至北拒马河段)代建项目建设管理Ⅱ标	北京中水利德科技发展有限公司南水北调中线干线工程代建Ⅱ标管理部 项目负责人：拜振英	中国水利水电第七工程局南水北调中线干线京石段第九标项目经理部 项目负责人：陈旭东	黄河工程咨询监理有限责任公司南水北调中线沙河（北）倒虹吸工程监理部 项目负责人：吕占彪	水利部河北水利水电勘测设计研究院沙河（北）渠道倒虹吸工程设计代表组 项目负责人：马宝祥
南水北调中线京石段应急供水工程（石家庄至北拒马河段）直管或代建项目第二施工标	南水北调中线干线工程建设管理局惠南庄泵站项目建设管理部 项目负责人：蔡建平	河北省水利工程局南水北调中线直管河北Ⅱ标项目经理部 项目负责人：李保林	山西北龙工程监理有限公司南水北调中线工程直管或代建监理Ⅰ标项目监理部 项目负责人：刘俊亭	水利部河北省水利水电勘测设计研究院南水北调中线工程1至4标设计代表组 项目负责人：赵文清
南水北调中线一期穿黄工程（Ⅰ标、Ⅱ-A标、Ⅱ-B标、Ⅲ标、Ⅳ标）	南水北调中线干线工程建设管理局穿黄工程建设管理部 项目负责人：高必华	Ⅰ标：中国水利水电第十一工程局南水北调中线施工局 项目负责人：肖明方 Ⅱ-A标：南水北调中线一期穿黄工程中隧集团葛洲坝集团联合体项目经理部 项目负责人：李荣智 Ⅱ-B标：南水北调穿黄工程中铁十六局集团水电七局联合体项目部 项目负责人：陈建军 Ⅲ标：中国水利水电第四工程局南水北调穿黄工程项目部 项目负责人：刘玉瑶 Ⅳ标：河南黄河工程有限公司南水北调穿黄工程Ⅳ标项目经理部 项目负责人：李老虎	小浪底工程咨询有限公司穿黄工程建设监理部 项目负责人：李鸿君	长江勘测规划设计研究院南水北调穿黄工程设计代表处 项目负责人：符志远 黄河勘测设计有限公司中线穿黄工程设计代表处 项目负责人：凌霄
南水北调中线京石段应急供水工程（石家庄至北拒马河段）漕河段工程Ⅱ、Ⅲ标	南水北调中线干线工程建设管理局漕河渡槽段工程项目建设管理部 项目负责人：李长春	Ⅱ标：中国水利水电第四工程局南水北调漕河工程项目部 项目负责人：刘玉龙 Ⅲ标：中国葛洲坝水利水电集团有限公司南水北调中线漕河渡槽Ⅲ标段施工项目部 项目负责人：贾志营	中水北方勘测设计研究有限责任公司南水北调漕河渡槽段项目监理部 项目负责人：王庆新	水利部河北省水利水电勘测设计研究院漕河项目设代处 项目负责人：袁浩
南水北调中线京石段应急供水工程（北京段）惠南庄泵站工程	南水北调中线干线工程建设管理局惠南庄泵站项目建设管理部 项目负责人：蔡建平	中国水利水电第二工程局惠南庄泵站项目经理部 项目负责人：张凤凯	河南省华北水电工程监理中心南水北调中线惠南庄泵站监理部 项目负责人：汪伦焰	北京市水利规划设计研究院惠南庄泵站及北拒马河暗渠工程设计代表处 项目负责人：史文彪
南水北调中线京石段应急供水工程（石家庄至北拒马河段）直管或代建项目第五施工标	南水北调中线干线工程建设管理局漕河渡槽段工程项目建设管理部 项目负责人：李长春	中国水利水电第十三工程局南水北调京石段直管项目五标项目部 项目负责人：戚维舫	江河水利水电咨询中心南水北调中线工程京石段直管项目第Ⅱ工程监理部 项目负责人：牛福钰	水利部河北省水利水电勘测设计研究院南水北调中线工程中5至中8标设计代表组 项目负责人：袁浩
南水北调中线京石段应急供水工程（石家庄至北拒马河段）直管或代建项目第七施工标	南水北调中线干线工程建设管理局漕河渡槽段工程项目建设管理部 项目负责人：李长春	中国水电建设集团十五工程局有限公司南水北调中线京石段七标项目部 项目负责人：黄炎兴	江河水利水电咨询中心南水北调中线工程京石段直管项目第Ⅱ工程监理部 项目负责人：牛福钰	水利部河北省水利水电勘测设计研究院南水北调中线工程中5至中8标设计代表组 项目负责人：袁浩
南水北调中线京石段应急供水工程（北京段）惠南庄～大宁段PCCP制造第一标段	北京市南水北调工程建设管理中心 项目负责人：王晓华	北京河山引水管业有限公司/成都金玮制管有限公司联合体南水北调工程惠南庄～大宁段PCCP制造一标段 项目负责人：田玉波	山西黄河北龙公司南水北调PCCP工程监造项目部 项目负责人：张成军	北京市水利规划设计研究院 项目负责人：杨进新

图3-4-30 惠南庄泵站工程获“南水北调工程文明工地”称号文件

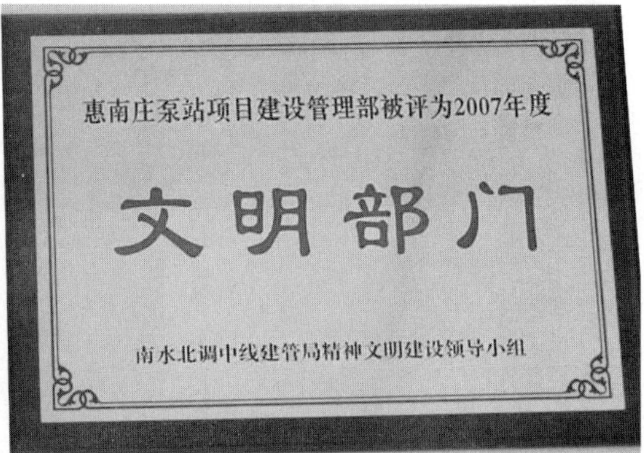

图 3-4-31 惠南庄建管部获“文明单位”“文明部门”称号

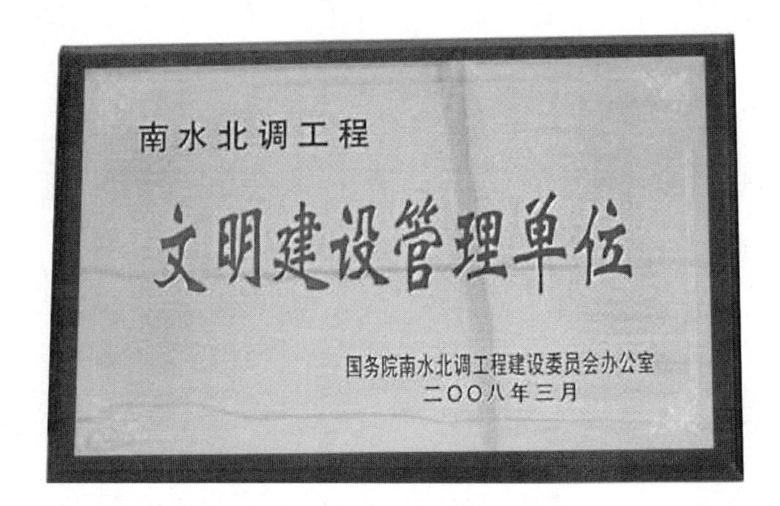

图 3-4-32 惠南庄建管部获“文明建设管理单位”称号

图 3-4-33 惠南庄建管部获2006年、2007年度“文明建设管理单位”称号

图 3-4-34　惠南庄建管部工程管理处获“青年文明号”称号

图 3-4-35　中水二局惠南庄项目部获 2006 年度国调办“青年文明号”称号

图 3-4-36　中水二局惠南庄项目部获 2006 年度“优秀建设单位”称号

表 3-4-1　　惠南庄泵站工程在文明工地创建活动中获奖情况

序号	获奖名称	获奖者	授奖单位
1	南水北调工程2006年、2007年度文明工地	惠南庄泵站工程	国务院南水北调办
2	2006年度南水北调中线干线工程优秀建设单位	惠南庄建管部	中线建管局
3		河南华北水电工程监理中心惠南庄泵站监理部	中线建管局
4		中国水利水电第二工程局惠南庄泵站项目经理部	中线建管局
5	2006年度南水北调中线干线工程优秀建设者	边秋璞	中线建管局
6	南水北调中线京石段应急供水工程建成通水先进集体	惠南庄建管部	中线建管局
7		河南华北水电工程监理中心惠南庄泵站监理部	中线建管局
8		中国水利水电第二工程局惠南庄泵站项目经理部	中线建管局
9	南水北调中线京石段应急供水工程建成通水先进生产者	蔡建平、张瑞鹤、吕玉峰、李铁强、杨少山、刘攀、罗陈、吕志刚	中线建管局
10	2006年度文明单位	惠南庄建管部	中线建管局
11	2007年度文明部门	惠南庄建管部	中线建管局
12	2006年、2007年度文明建设管理单位	惠南庄建管部	国务院南水北调办
13	2008年度南水北调工程文明建设管理单位	惠南庄建管部	国务院南水北调办
14	2007年度中央国家机关青年文明号	惠南庄建管部工程管理处	中央国家机关
15	2008年度国务院南水北调办青年文明号	惠南庄建管部工程管理处	国务院南水北调办
16	2006年度国务院南水北调办青年文明号	中国水利水电第二工程局惠南庄泵站项目经理部	国务院南水北调办

三、创建经验

（一）领导重视，真抓实干，是开展创建活动的关键

各参建单位主要负责人要树立“文明施工，保护环境，以人为本，和谐发展”的建设管理

理念，将文明工地建设贯穿工程开工至竣工全过程，并作为一项重要的日常工作来抓，成立专门的文明工地创建组织管理机构，建立健全文明工地创建监督与保障体系，严格落实安全生产责任制，配备专职安全生产及文明工地创建管理人员，制定可操作性强的管理规章制度并严格执行，特别是要为文明工地创建提供充裕的资金，从而使文明工地创建有组织保障、制度保障、人员保障及资金保障。

（二）全员参与，狠抓落实，是开展创建活动的基础

开展经常性的宣传、教育与培训，提高参建人员的安全防范及文明施工意识；层层落实安全责任制，明确参建人员职责，做到人人促文明、人人保安全，创造安全、文明、和谐的建设环境，从而使参建人员立足本职岗位，从我做起，自觉遵守各项安全与文明施工管理规定及操作规程，规范工作行为，杜绝“三违”现象发生，保持施工现场安全与文明施工措施到位、规范，保证施工现场整洁有序和“工完场清”，从而确保安全与文明施工。

（三）奖惩制度，示范带动，是开展创建活动的手段

实行文明工地建设奖惩制度，通过考核评比，奖优罚劣，提高参建单位的工作积极性。同时，通过树立学习典型，可以起到示范和带动作用，创造你追我赶的文明工地建设局面，也是促使参建单位重视文明工地建设，并将其作为日常管理工作常抓不懈的重要手段。

第四章　新闻和文化宣传

第一节　概　　述

一、新闻与文化宣传的必要性

南水北调工程自2002年开工建设以来，宣传工作已成为南水北调工程的重要组成部分，得到全系统上下的高度重视。宣传就是力量，宣传就是形象，宣传就是丰碑。宣传工作成为内聚力量，外塑形象的有效手段。加强新闻和文化宣传，是社会对南水北调这一世纪工程的基本信息需求，也是南水北调工程自身发展的客观需要，是营造良好舆论氛围，加快推进工程建设，保证如期实现通水目标，确保长期稳定运行达效的有效手段和必要措施。

（一）南水北调工程受到广泛关注

南水北调工程是缓解我国北方水资源严重短缺局面的重大战略性基础设施，是事关发展全局和保障民生的重大工程。建设南水北调工程对于贯彻落实科学发展观，优化我国水资源配置，促进生态文明建设，实现人口资源环境与经济社会协调、可持续发展具有极为重大的意义，影响深远。在1992年，中国共产党第十四次全国代表大会的报告中，南水北调工程就与长江三峡工程、西煤东运新铁路通道等作为我国的世纪工程纳入国家的重点骨干工程建设范畴。作为关系到国家可持续发展的特大型基础设施项目，作为世界上规模最大的调水工程，南水北调工程一开工就受到全社会乃至全世界的广泛关注。

南水北调工程规划历时50年。几十年来，各级人大代表、政协委员提了大量的提案、建议，社会各界民众提出了大量的观点看法，专家学者给予了充分的研究论证。工程技术界各方面的技术专家更是从技术上提出了100多个各类南水北调工程技术设想与方案。相关主管部门先后举办95次专家座谈会、咨询会和审查会，与会专家6000多人次，其中中国科学院、中国工程院院士29人126人次。参与论证的专家学者，包含水利、农业、地质、环保、生态、工业、工程、经济等各学科和专业。在社会上，从10来岁的小学生到80多岁的老人，社会民众

都对南水北调工程倾注了大量热情。大家从国内外来信、来电，对南水北调工程的规划提建议或咨询有关问题，希望科学论证南水北调，尽早实施。据不完全统计，仅在2001年，南水北调工程规划设计管理工作部门就收到了23件有关南水北调的全国人大代表和全国政协委员的提案和建议，其中22件都是要求尽快实施南水北调工程。

南水北调工程开工建设，作为世纪之初的一件重大新闻，更是引起了国内外媒体的广泛关注。在国内，《人民日报》、中央电视台、中央人民广播电台等主流媒体都对南水北调工程的开工建设进行了重点报道，中央其他重要新闻媒体和沿线各省级主要媒体以及新闻性的互联网站也都进行了报道，在媒体上即刻掀起了南水北调的宣传高潮，更加引起了全社会对南水北调工程的关注。除国内媒体外，国外媒体的关注度也越来越高。美国、英国、法国、俄罗斯、澳大利亚、日本、韩国、印度等国家的多家主要媒体都对南水北调工程多次作出报道，国外媒体递交的采访申请和采访次数逐年上升。随着工程建设的不断推进，国家跨世纪的四大重点工程中三峡工程、青藏铁路、西气东输相继完工并投入运行，只有南水北调工程因周期长依然在建。国内外媒体、社会的注意力进一步向南水北调工程集中。

（二）南水北调工程信息需求不断增加

南水北调工程无论是建设阶段还是运行阶段都涉及多地区、多部门和数以亿计人民群众的切身利益，随着工程建设的不断推进，工程沿线广大人民群众对工程的各类信息需求越来越多，范围也越来越广。

南水北调工程规划东、中、西三条调水线路分别从长江流域的下游、中游和上游调水送往我国的北方地区，规划最终调水规模达448亿m^3，相当于给我国北方地区新增加了一条黄河的水量，规划受水区面积145万km^2，占全国的15%，人口4.4亿人，超过全国人口的1/3。仅东、中线一期工程就涉及北京、天津、河北、江苏、山东、河南、湖北、安徽8个省（直辖市），直接供水的县级以上城市就有253个，直接受益人口达1.1亿人。作为这些地区人民群众的直接饮用水源，人们对工程进度、工程何时发挥效益、工程如何发挥效益、调水水价、调水水质等信息高度关注。

东、中线一期工程干线全长近3000km，需要永久征地90多万亩，涉及7省（直辖市）、25个大中城市，150多个县（市、区）、近3000个行政村（居委会），搬迁水库移民和沿线群众近60万人。其中中线丹江口水库移民34.49万人，迁建16个城（集）镇，复建和一次性补偿160家企业，609家单位，规划复（改）建等级公路300多km，各类码头54座，库周道路近1600km，复建电力线路800多km、通信线路1200多km、广播电视线路800多km。广大移民对工程建设进度、移民搬迁政策的制定和落实、工程实施对生产生活的影响等都极为关注。

此外，中线水源区还涉及丹江口库区及上游陕西、河南、湖北3省。在这些地区，为了确保中线水质安全，对采矿、冶炼、印染、化工等高污染行业的发展都进行限制，同时采取了一些水污染治理和生态环境建设的措施。在东线，沿线以南水北调工程为契机大力加强水污染治理和生态环境建设。中线水源区和东线江苏、山东沿线地区高度关注南水北调工程进展、水污染治理项目的实施、生态环境建设的成效，以及国家对实现经济社会与生态环境协调可持续发展采取的各项措施等。

因此，南水北调这样规模浩大的调水工程，与受水区、沿线周边和水源区广大人民群众的切身利益都密切相关，随着工程建设的不断推进，人们对工程的关注度不断增加，对各类信息的需求也不断增多，加强南水北调相关信息的发布和宣传是大势所趋、迫在眉睫。

（三）工程成为媒体关注的热点和焦点

南水北调工程点多线长，规模宏大，投资巨额，涉及面广，涵盖工程建设、生态环保、征地移民、文物保护等多个领域，是一个具有工程多样性、投资多元性、管理开放性、效益综合性的超大型项目集群。

工程建设方面，南水北调点多、线长，东、中线一期工程包含单位工程2700余个。这些单位工程不仅有一般水利工程的水库、渠道、水闸，还有大流量泵站，超长、超大洞径过水隧洞，超大渡槽、暗涵等。有些单项工程，规模宏大，施工难度大，在国内乃至世界都是首次尝试，例如世界首次大管径输水隧洞近距离穿越地铁下部——中线北京段西四环暗涵工程，世界规模最大的U形输水渡槽工程——中线湍河渡槽工程，国内穿越大江大河直径最大的输水隧洞——中线穿黄工程隧洞等，这些工程的实施，不仅在水利工程界，甚至在整个工程建设领域，都引起了较大的关注。

生态环保方面，无论在南水北调规划、论证阶段，还是在实施阶段，都是媒体关注的热点，也易成为关注和争论的焦点。主要体现在中线调水对汉江下游生态环境的影响，东线调水对长江河口区域生态环境的影响，西线调水对长江上游调水区生态环境的影响，以及调水水源地水污染治理和生态环境的保护，沿线水生态环境的保护，如何确保调水水质安全等。此外，调水实施后，对北方地区地下水超采的控制，对北方生态用水的补充，对北方地区水生态环境的改善等也是大家非常热衷和关注的话题。

征地移民方面，南水北调东、中线一期工程搬迁水库和沿线群众近60万人，其中丹江口库区移民达34.49万人。根据国务院南水北调建委会确定的目标，库区移民“四年任务，两年完成”，移民搬迁强度空前。在搬迁规模上有23万人需要出县安置；在搬迁日均强度上，基本上平均每天搬迁500人，年度搬迁安置强度即搬迁安置人口在国内和世界上均创历史纪录，在世界水利移民史上前所未有。此外，丹江口库区移民搬迁非常复杂，新老移民交替，既有大规模外迁，又有大量移民后靠。移民搬迁号称“天下第一难”，如何处理好新老政策的衔接，如何体现新时期以人为本、构建和谐社会、贯彻落实科学发展观的要求，南水北调移民引起举国上下甚至全世界的高度关注。

文物保护方面，南水北调工程穿越中国历史上众多重要的文化区域。中线工程沿线是中国东西两大文化板块之间的文化交汇地带，是中华民族形成和发展的重要地带。东线工程涉及齐鲁文化和我国著名的文化遗产京杭大运河。根据文物保护专题报告，东、中线一期工程共涉及文物点710处，其中，中线609处，包括地下文物点572处（古人类与古生物点74处，古文化遗址256处，古墓群242处），地面文物点37处；东线101处，包括地下文物点86处，古脊椎动物与古人类文物点6处，地面文物点9处。如何确保众多文物得到妥善保护，如何确保工程还能顺利实施，引起全社会的广泛关注。

（四）通过宣传树立形象

南水北调工程，是党中央、国务院站在新世纪全面建成小康社会的高度，统筹考虑人与自

然全面、协调、可持续发展要求，建立在“先节水后调水、先治污后通水、先环保后用水”原则基础上作出的重大决策。南水北调工程实施后，将大大提高黄淮海地区的水资源环境承载能力，增加洁净的饮用水，提供良好的人居环境和生态产品，支撑和保障国家主体功能区战略的实施，进一步优化国土空间开发格局，促进区域人口与资源环境协调发展。

工程实施后，将大大提高北方地区水资源环境的承载能力，促进人口资源环境相均衡。南水北调工程的实施将为黄淮海流域每年提供448亿 m^3 水量，相当于为北方地区新增了一条黄河。工程的实施，还将实现社会、经济、生态效益相统一。社会效益方面，受水区控制面积145万 km^2，约占全国的15%，共14个省（自治区、直辖市）受益，受益人口约5亿人。不仅解决北方地区的水资源短缺问题，促进这一地区经济、社会的发展和城市化进程，还构筑成“南北调配，东西互济”的大水网格局，为国家可持续发展提供水资源保障。经济效益方面，南水北调工程通水后，中国北方增加了水资源的供给，有效弥补了水资源的缺口。利用南方地区水资源的优势，提高了受水区水资源的承载能力，为工农业发展创造了条件。同时，促进受水区产业结构调整的优化升级，保障国家战略的实施。生态效益方面，水资源是生态系统的控制因素，南水北调工程通水后，可以有效地缓解受水区的地下水超采局面，增加生态供水，使生态恶化的趋势得到缓解。环保治污力度加大，促进水源区和工程沿线环境改善，提升水环境承载能力，有利于生态环境的修复。

南水北调工程的实施，对调整空间结构、优化国土空间开发格局也将发挥重要的作用。南水北调受水区大部分是中国主体功能区划中的优化开发和重点开发地区，水源区属于限制开发和禁止开发地区。南水北调工程的实施，在两者之间构建了一条生态产品交换的渠道，将水源区优质的水资源调往受水区用以保障经济社会的持续发展，这些区域取得的经济成果再通过生态补偿、财政转移支付等方式转移到水源区，以支持其进一步制造更多的生态产品，实现了水资源的空间结构与城市化布局、农业发展格局、工业发展格局相协调，为进一步优化中国的国土空间开发格局提供保障。

南水北调工程作为我国水资源宏观配置的战略性措施，对于遏制和缓解北方地区日益恶化的生态环境，实现北方地区经济社会与生态环境协调、可持续发展具有十分重要的战略意义，是实现“中国梦”、建设“美丽中国”的重要措施之一。在全社会都在大力转变发展方式，加强生态文明建设的大背景下，对南水北调重大意义和作用的宣传不可或缺、不容懈怠。通过对南水北调工程在生态文明建设中的重要意义和作用，南水北调工程巨大的综合效益，北调水的来之不易等方面进行全面深入的宣传报道，让更多的人了解南水北调工程，关心支持南水北调工程。

（五）通过宣传凝心聚力

南水北调工程是一项规模宏大，投资巨额，涉及范围广，影响深远的战略性基础设施。南水北调工程无论规模还是难度在国内外均无先例。东、中、西线干线总长度达4350km。东、中线一期工程干线总长为2899km，加上沿线六省（直辖市）一级配套支渠约2700km，总长度达5599km。东、中线一期工程土石方开挖量17.8亿 m^3，土石方填筑量6.2亿 m^3，混凝土量6300万 m^3。可研总投资2546亿元。参建单位近300多家，建设期间每天有近10万建设者在现场施工。南水北调工程建设管理的复杂性、挑战性都是以往工程建设中不曾遇到的。

南水北调工程开工建设以来，按照“政府宏观调控、准市场机制运作、现代企业管理、用水户参与”的指导原则，建立了以项目管理为核心的工程建设管理体制。国务院南水北调建委会作为工程建设高层的决策机构，研究决定南水北调工程建设的重大方针、政策、措施和其他重大问题。国务院南水北调办作为建委会的办事机构，负责研究提出南水北调工程建设的有关政策和管理办法，起草有关法规草案；协调国务院有关部门加强节水、治污和生态环境保护；对南水北调主体工程建设实施政府行政管理。

国务院南水北调建委会定期召开会议，对南水北调工程建设做出重大决策部署。国务院南水北调办要根据建委会做出的重大部署，对工程进度、质量、资金等实施行政监管，与各有关部门和沿线地方各省（直辖市）加强协调，促进南水北调前期研究、工程建设、安全保障、道路交叉、治污环保、文物保护、项目法人治理结构等各方面工作顺利开展。作为上传下达的有效手段，要求宣传工作将领导的指示、上级部门的决策部署等及时、全面、准确地传达给每一位南水北调建设者，让全体建设者都能够将思想和行动统一起来，上下同心，合力攻坚，确保工程建设又好又快推进。同时，将工程建设过程中发现的问题和存在的困难等，及时准确地传达到上级部门，为上级部门决策部署提供参考依据。

此外，宣传还是凝心聚力、提振精神、鼓舞士气的有效手段。南水北调工程是一个管理开放性的复杂系统工程，需要通过宣传充分调动沿线地方、参建各方的积极性和主动性，形成全社会团结共建、齐抓共管、攻坚克难的强大合力，确保南水北调工程建设有序推进。

（六）南水北调精神文化值得宣传传承

南水北调工程在十多年的建设过程中，形成了“负责、务实、求精、创新”的南水北调精神，尤其是广大建设者夜以继日、战风霜斗严寒，献身工程建设的奉献精神，广大移民群众舍小家、为国家，背土离乡的献身精神，都在我们社会主义精神文明建设中写下了浓墨重彩的一笔，值得我们大书特书。

在工程建设领域，涌现出了一批大禹式的建设者。如河南省水利一局中线河南段方城 6 标项目经理陈建国，长年工作在一线，一心扑在工程建设上。面对工程技术难度大、工期紧迫的严峻形势，他积极主动，千方百计抓进度，不留情面抓质量。家人的相继离世，他默默承受，带着 75 岁多病的老父亲住到工地，左肩扛着工程，右肩扛着亲情，顽强拼搏，无私奉献。在数十万的南水北调工程建设者中，像陈建国这样的还有太多太多，默默无闻地工作，承担着工程的责任，做好自己的职责。南水北调被誉为是世界水利史上的奇迹，而建造出这座奇迹的，正是这些最普通的劳动者。

在移民征迁领域，广大移民干部洒下泪水、汗水甚至血水。有的高效组织，团结协作，全力保障征地移民工作；有的以身作则，身先士卒，发挥“领头雁”作用，带头实施搬迁；有的长期工作在移民搬迁工作第一线，直面矛盾，攻坚克难；有的深入群众，苦口婆心，宣讲政策，落实政策，以自己的实际行动维护和执行党的政策；有的视群众为亲人，心系群众，不顾劳累，长期带病坚持工作，甚至倒在了移民搬迁工作岗位上……正是他们的榜样作用，有力促进了“顾大局、讲奉献、肯吃苦、能战斗”的南水北调征地移民工作队伍的形成，有力地促进了南水北调工程征地移民工作的开展。广大移民干部崇高的品格是时代精神的生动体现，是社会主义现代化建设中宝贵的精神财富，是国家行动的具体体现，是激励一代代中国人团结奋

斗、勇往直前的强大精神力量。

南水北调工程在中华民族的历史长河中，不仅留下一份造福百姓、荫及子孙的物质遗产，还将成为传承我国人民在改革开放中奋斗进取、奉献牺牲的精神遗泽。在社会主义文化大发展、大繁荣的时代背景下，要当好弘扬发展南水北调精神和文化的生力军，统筹兼顾，积极推进南水北调文化宣传、艺术宣传、形象宣传，着力打造南水北调工程的精神丰碑。

二、指导思想

南水北调宣传工作坚持“围绕中心、服务大局、边干边说、多干多说”的工作理念，一切服务工程建设，一切保障工程建设，一切为了工程建设。充分发挥宣传工作在传达方针政策、反映建设实践、交流工作经验、引导社会舆论、弘扬南水北调精神、创建南水北调文化、凝聚各方力量方面的重要作用，紧密围绕国务院南水北调建委会和国务院南水北调办党组的决策部署，立足主动宣传、立体宣传、深度宣传，全面落实各项宣传措施，强化宣传工作手段，丰富宣传工作载体，全方位、多层次加强工程必要性和紧迫性、决策部署、工程建设、团结共建、南水北调精神等方面的宣传工作，统筹兼顾成就宣传、典型宣传、专题宣传、文化宣传和形象宣传。为优质高效又好又快推进工程建设，确保如期实现工程通水目标提供思想保证、舆论支持、精神动力、文化条件和社会氛围。

三、工作概况

南水北调宣传工作紧密围绕工程建设中心，找准宣传重点，拓宽宣传途径，创新宣传手段，丰富宣传载体，加强宣传管理，紧密结合社会主流媒体的舆论重点，以南水北调工程建设中的关键节点为宣传切入点，积极策划组织一批有影响、有分量的重点宣传活动，在做好日常信息发布和新闻宣传工作的同时，组织实施了一系列重大宣传项目，使南水北调宣传工作紧跟工程建设有序开展，逐步推进，层次分明，丰富多彩，有声有色，大力宣传了南水北调工程建设不断取得的最新成果和工程发挥的巨大效益，不仅为工程建设，而且为运行管理和长远的发展布局，都营造了良好的舆论氛围。

（一）明确宣传重点和内容

南水北调宣传工作紧密结合工程建设，重点加强南水北调在工程建设、治污环保、征地移民、文物保护等方面取得成果的宣传，展示南水北调工程的社会效益、经济效益和生态效益。

1. 大力宣传南水北调工程的必要性和紧迫性

深入宣传南水北调工程对于缓解北方地区水资源短缺、调节区域资源环境承载能力、合理使用水资源、改善生态环境和人民生活的重大意义。紧密联系国情和工程建设实际，客观、全面、准确地反映我国经济社会发展对水资源科学配置的迫切需要，反映广大人民群众对南水北调工程早日建成并发挥效益的迫切要求，反映南水北调工程对改善保护生态环境和建设资源节约型、环境友好型社会的显著作用，进一步提高大家对南水北调工程重要性、必要性和紧迫性的认识，为工程建设顺利推进提供广泛的群众基础。

2. 加强宣传南水北调在促进科学发展中的重要作用

南水北调工程建设，旨在优化水资源配置、缓解北方水资源短缺；干线征地和库区移民，涉及民生，改善群众生产生活条件。东线治污和中线水源保护，关系到沿线的生态环境改善和水质长期达标。这些都是贯彻落实科学发展观和“五大发展理念”的重要内容和具体措施。南水北调宣传工作紧密联系实际，用生动事例和翔实数据向调水区、受水区和工程沿线广大干部群众阐述南水北调工程坚持统筹协调、南北双赢、以人为本、和谐建设的理念，取得充分理解和支持。大力宣传南水北调工程在促进经济平稳较快发展，以及经济发展方式转变、经济结构调整优化等方面发挥的重要作用。

3. 突出宣传中央关于南水北调的工作方针和部署

全面把握中央关于南水北调工作的总体要求，深入宣传国务院南水北调建委会关于工程建设的重要决策和国务院南水北调办党组的工作部署，使沿线各级党委政府、广大工程建设者和有关各方，深刻理解和认识南水北调工程建设的任务和目标，强化如期实现通水目标不动摇意识、质量安全意识、和谐征迁移民意识、生态环保意识。突出宣传国务院南水北调建委会和国务院南水北调办工程建设工作部署，统一思想，振奋精神，促进南水北调工程团结建设、科学建设，确保南水北调各项工作任务全面完成。

4. 及时宣传南水北调工程建设进展和效益发挥情况

加强宣传策划，大力宣传全系统各单位、各方面积极推动工程建设的重要举措和取得的成效，宣传好重要节点工程建设成果和已建工程发挥效益的情况，宣传好南水北调工程建设取得的重要进展，宣传好征地移民在关注民生、改善环境、提高群众生活水平方面取得的新成效，宣传好治污环保在治理污染、保护生态、促进经济增长方式转变等方面的示范促进作用，宣传好南水北调工程在制度创新、技术创新、管理创新、政策创新等方面取得的成果，充分展示南水北调工程在基础设施建设领域的辐射带动作用。

5. 广泛宣传南水北调工程团结共建的良好局面

团结共建是南水北调工程的重要特点和基础保障。大力宣传社会主义集中力量办大事的制度优越性和南水北调系统上下一盘棋的大局观念，大力宣传沿线地方各级党委、政府重视和支持南水北调工程建设的重大举措，深入宣传各单位、各部门为促进工程建设采取的举措。充分宣传库区、沿线广大人民群众深明大义、为国家重点工程做出的贡献。持续、深入宣传党和政府为移民和征迁群众着想，制定合理政策，千方百计为移民征迁群众办实事的措施。协调有关部门、地区从不同的角度加强宣传工作，巩固团结共建的良好局面。

6. 积极宣传南水北调精神和作风

适应时代发展的要求，大力宣传和弘扬负责、务实、求精、创新的南水北调精神，积极倡导求真务实、清正廉洁、联系群众、艰苦奋斗、勤思爱学的工作作风。大力宣传弘扬广大建设者献身国家重点工程，库区移民舍小家、为大家，沿线群众支持工程建设的感人事迹和奉献精神。统筹兼顾、积极推进南水北调文化宣传、艺术宣传、形象宣传，着力打造南水北调工程的精神丰碑。

（二）创新宣传形式和载体

南水北调宣传工作不断解放思想，转变观念，创新思路，丰富手段，促使宣传工作水平不断提高。

1. 充分发挥各类新闻媒体的作用

加强同中央和地方主流媒体的沟通，发挥其在宣传报道方面的导向作用。加强策划，精心

组织，选好切入点、找准结合点、抓住闪光点，充分利用新闻发布会、新闻通气会等新闻发布平台，积极探索现场采风、集中采访等有效方式，增强宣传报道的生动性和感染力。充分发挥报纸、电视、广播等传统载体在新闻报道中的作用，形成全方位、多层次的宣传工作格局。为不断增加宣传报道的深度和力度，积极创新和完善宣传载体，通过制作电视宣传片、纪录片、文艺片等形式，使南水北调工程的形象和影响渗入到千家万户，发挥宣传在动员群众、推动工作中的作用。

2. 统筹利用好社会上的各种宣传资源

深入挖掘、发现南水北调工程建设中先进人物和典型事迹，推动以负责、务实、求精、创新为主题的南水北调精神的塑造，使南水北调精神更加具有亲和力、感染力和影响力。充分利用社会上的文化、艺术等机构和团体，编创一批反映南水北调工程形象、展现建设者风貌、富有时代特色和生活气息的文艺作品，全方位展示南水北调工程的人文情怀。协调有关文化机构和社会团体开展文艺演出、送戏下乡、电影进工地等活动，进一步丰富工程建设者的文化生活。加强南水北调工程文艺创作、文化传播等工作，协调社会有关机构编创电视连续剧、主旋律电影、系列纪录片等，为记录和再现南水北调工程建设历程创造条件。

3. 策划组织重点宣传活动

结合工程建设进展和阶段性成果，邀请中央主流媒体进行集中宣传报道。如对试通水、正式通水等重大事件，组织中央电视台、地方电视台等对通水过程进行现场直播，记者在现场采访有关领导及工作人员，组织召开新闻通气会，组织多家媒体前往集中报道，在媒体上掀起南水北调的宣传高潮，同时在报道时配合播出南水北调宣传短片，背景资料介绍等，集中展现南水北调工程的宏伟风采和工程巨大的经济、社会和生态效益，让全社会都关心、关注南水北调工程，对工程有客观、全面、深入的认识。协调《瞭望》《中国新闻周刊》等著名期刊专访国务院南水北调办领导、专家学者，并发表署名文章，深刻阐述南水北调工程的重要性、必要性和战略意义等，扩大南水北调工程在社会上的影响力。沿线各单位主动加强与中央媒体、地方媒体的协调，组织新闻记者深入一线现场采访，发表反映南水北调工程的作品，掀起深度报道的热潮。

4. 组织实施重大宣传项目

在做好日常新闻宣传的同时，积极组织实施一批重大宣传项目，实现南水北调工程的长效宣传，打造精品力作。

（1）开展南水北调工程纪录片《水脉》摄制工作。通过专家采访、工程现场、移民搬迁、治污环保、文物保护等的拍摄，全方位展现南水北调工程的形象面貌。

（2）开展歌曲创作、摄影、绘画、征文等活动，通过向全社会征集南水北调主题歌曲、摄影、绘画、文章等，扩大南水北调在各行业及专业人士的关注度，通过歌曲、画册、书籍的投放，举办展览等多种形式，进一步扩大南水北调工程在全社会的影响。

（3）制作播出公益广告，协调中央电视台在黄金时段集中播出，形成声势，积极宣传南水北调的效益、水资源的来之不易、水污染治理的成就、移民的艰辛等。

（4）创作一批报告文学，委托知名作家启动南水北调全景式的报告文学创作，以及工程建设、库区移民、治污生态等角度的报告文学创作。

（5）启动一批普及性读物和画册的编辑工作。各地各单位也结合本地实际，开展课题研究、科普读物、戏曲创作、公益广告、报告文学、征文、摄影绘画等为载体的重大宣传项目。

5. 积极探索宣传南水北调精神的有效载体

研究建设南水北调工程展览馆、博物馆、沙盘、电子演示系统等，提供更加直观、生动、形象的物质模型，并通过争办爱国主义教育基地等活动，加强在青少年及社会各界的普及宣传。注重统一工程沿线管理设施的建设风格，进一步突出南水北调特色。在工程建设现场周边交通干道、城镇附近，设立现场标识、宣传牌匾等，项目法人将这些措施纳入建设合同，进一步塑造、巩固南水北调工程的良好形象。积极研究面向社会的科普读物、网络展览、博客留言、公益广告、手机报等宣传方式，扩大南水北调工程在新兴载体上的影响。组织编创南水北调主题歌曲、选拔工程形象代言人等，从文化层面提升南水北调精神。加强参建单位与沿线各级党委、政府和人民群众的交流沟通，加深了解，增进共识，为工程争取良好的外部环境。

（三）搭建多层次宣传渠道

1. 加强与宣传主管部门的沟通

积极争取将南水北调工程纳入国家宣传工作大格局。紧跟中央宣传工作部署，主动加强同中宣部、文化部、广电总局、中国文联、中国作协等部门的沟通协调，并将南水北调工程纳入国家新闻宣传、文化发展的总体格局，积极争取中宣部在重要宣传报道方面给予支持，做好工程建设宏观宣传报道工作。沿线省（直辖市）积极争取省（直辖市）党委宣传部门的支持，为宣传工作的顺利推进、形成声势创造条件。

2. 加强与各级媒体的联系

国务院南水北调办和各省南水北调办、移民办（局）、项目法人不断加强并巩固与中央主流媒体和地方主流媒体的工作渠道，促请其在刊（播）发稿件的数量、版面、时段上给予倾斜。通过走出去、请进来等不同方式，加强与记者的联系，经常互通信息，了解各媒体选题重点，策划新闻议题，营造出良性互动、和谐双赢的氛围。

3. 加强宣传主阵地建设

国务院南水北调办成立伊始，及时开通了中国南水北调网站。建立健全网站管理制度，专门制定了《国务院南水北调办网站信息管理办法》，规范了网站栏目管理、内容审查及安全运行等工作。中国南水北调网站已经成为中国最权威的发布南水北调工程建设信息的窗口。沿线北京、天津、河北、江苏、山东、河南、湖北等省（直辖市）南水北调网站和中线建管局、中线水源公司网站也相继开通，与中国南水北调网站共同组成了南水北调网站群，在宣传工程、发布信息、沟通社会等方面发挥着重要作用。筹办《中国南水北调》（报纸，内部资料），由国务院南水北调办主管，中线建管局东线总公司主办。报纸旨在传达国务院南水北调建委会决策部署和国务院南水北调办工作安排，反映工程建设，活跃一线生活，自2009年1月1日起出版发行。

4. 热情接待境外媒体采访

国务院南水北调办积极与中央主流媒体对外频道和版面建立联系，构建对外宣传平台。南水北调系统各单位严格按照《中华人民共和国外国常驻新闻机构和外国记者采访条例》《外国

记者和外国常驻新闻机构管理条例》等有关要求，扎实做好涉外记者采访管理工作，热情周到接待外国记者，妥善安排采访对象和项目，客观介绍有关情况。系统上下各单位积极配合，周到安排，提供准确、权威信息，正面引导国际舆论，为南水北调工程营造良好国际舆论环境，维护南水北调工程的良好形象。

（四）加强政务信息管理

1. 建立并畅通信息渠道

（1）国务院南水北调办建立与中央办公厅、国务院办公厅的信息渠道，及时编印、呈报信息专报。

（2）国务院南水北调办建立与各项目法人、沿线各省市南水北调办事机构及环保、移民机构的信息渠道，建立南水北调政务信息网络。

2. 建立信息报送制度

在工作调研基础上，结合南水北调工程建设实际，2005 年 11 月印发《关于加强综合政务信息的通知》，对南水北调信息工作进行了全面部署，明确了信息专报、工作简报和网站信息等 3 种信息载体方式。各单位按照工作要求，落实信息报送制度，通过信息专报、工作简报等方式报送具有决策参考价值的工作信息。

3. 加强简报工作

经向国务院办公厅备案，编印反映工程建设大事、要事的《南水北调简报》。《南水北调简报》除上报中央办公厅、国务院办公厅、全国人大办公厅、全国政协办公厅、中央军委办公厅等上级部门，还送国务院南水北调建委会各成员单位（中央有关部门和沿线七省市人民政府）、各省市南水北调办事机构、项目法人以及中央主要新闻媒体，发挥上情下达、下情上报的作用。

4. 加强信息采用工作

除对各单位报送信息编发《南水北调简报》，向上级部门、国务院南水北调建委会成员单位反映外，及时将各单位上报的信息专报呈送国务院南水北调办领导，国务院南水北调办领导多次在信息专报上作出重要批示，为工程建设的决策提供了信息支持。对各单位报送的专报信息和简报信息，及时进行编发、转发、摘发，通过中国南水北调网站发布；同时，加强对各单位网站发布信息的转发、摘发力度。

5. 组织开展信息公开工作

信息公开是推进社会主义民主、完善社会主义法制的重要举措，是加快政府职能转变、充分发挥政府信息对人民群众生产、生活和经济社会活动服务作用的必然要求。按照中央加大政府信息发布力度的要求，国务院南水北调办编制了《国务院南水北调办政府信息公开指南》《国务院南水北调办政府信息公开目录》。需要主动公开的内容有工程建设相关法律法规、规章制度，工程招投标情况，工程建设进展及重要举措。同时，公民、法人或者其他组织还可以根据自身生产、生活、科研等特殊需要向有关政府部门申请获取相关政府信息。基本做到有关南水北调工程建设的大政方针、相关法律法规与规章制度、工程建设进展、招投标等政务信息及时公开，主动向社会提供信息。同时，扎实做好政府信息申请公开的办理工作，及时回应社会关切，满足其工作、生产、生活方面的信息需求。按照国家有关规定，定期公布每一年度的政府信息公开工作报告，接受社会的监督。

（五）加强宣传工作管理

1. 加强宣传工作的领导

宣传工作是南水北调工作的重要组成部分，也是加快推进各项工作、保证实现通水目标的有效手段和必要措施。为加强南水北调宣传工作的统筹协调，国务院南水北调办党组会、主任办公会多次专题研究宣传工作。各单位成立宣传工作领导小组或宣传工作联席会议制度，定期通报工作计划和进展，及时沟通宣传工作信息。各部门根据所管辖工作的实际需要，及时提供工作计划、关键节点、重大成果、效益发挥等宣传线索和材料，并确定宣传工作联系人，为宣传工作顺利开展创造条件。各单位、各部门统一思想，提高对南水北调宣传工作重要性的认识，把宣传工作放在南水北调工作的重要位置来抓，纳入重要工作日程，与工程建设一同研究部署，一同组织落实，一同督促检查。各部门、各单位主要领导亲自部署、经常过问，分管领导用心指挥、协调落实，使宣传工作与日常业务紧密结合起来，使宣传工作成为创造条件、改善环境、营造氛围的重要措施。

2. 加强对全系统宣传工作的指导和协调

国务院南水北调办先后印发了《2011—2015年南水北调宣传工作计划》《2017—2022南水北调工程宣传工作规划》，对南水北调宣传工作的指导思想、工作目标、基础宣传项目、重点宣传内容及有关保障措施进行了明确。每年印发宣传信息工作要点，对全年宣传信息工作作出部署。各单位在此基础上，研究细化了本辖区的宣传工作实施方案，为有条不紊地开展工作奠定了基础。

为加强南水北调新闻宣传工作管理，组织修订并印发《国务院南水北调工程建设委员会办公室新闻宣传工作管理办法》。通过召开宣传工作暨总结表彰会，交流座谈宣传工作开展情况，统一思想，凝聚力量，为工作开展铺平道路。

工作中，注意各单位宣传部门保持密切联系，加强工作指导力度，牢牢把握宣传口径，积极推动各项宣传工作。积极与中宣部新闻局取得联系，编发宣传口径，指导各级新闻单位做好宣传报道工作。

3. 规范宣传工作考核

为树立宣传工作导向，国务院南水北调办制订并印发了《南水北调宣传工作考核办法》，创新对宣传工作成果进行量化计分，确保考评结果客观公正。河北、山东、湖北等省结合工作实际，建立完善了宣传工作考核奖励制度，极大调动了宣传部门及其工作人员的积极性。

4. 强化新闻应急管理

针对南水北调工程战线长、管理层次多、项目种类复杂的特点，为应对突发事件，正面引导舆论，维护工程形象，确保社会稳定，国务院南水北调办研究编制了《南水北调工程突发事件新闻发布应急预案》，并于2011年以国调办综〔2011〕292号文印发，明确了突发事件的适用范围、事件分级、各级新闻发布的应急响应、组织指挥体系和职责等。印发后，国务院南水北调办进一步督导该预案的贯彻落实，对沿线有关领导干部和宣传工作人员进行培训，提高其应急宣传应对的能力和水平。此外，对于试通水、正式通水等重大事件，还制定专门的新闻宣传应急预案。2013年印发了《关于加强突发事件新闻发布应对工作的通知》，以指导全系统加强应急宣传工作。

5. 加强舆情分析

及时跟踪舆情动态，掌握舆情动向，是有针对性地做好宣传工作的基础。自 2004 年开始，国务院南水北调办主动收集媒体报道，不定期开展舆情分析，并于 2013 年 3 月起委托有关单位开展专业网络舆情收集，在为国务院南水北调办领导提供信息参考的同时，也为有针对性做好宣传应对工作奠定了基础。

6. 加强宣传力量

国务院南水北调办是在南水北调工程开工以后成立的办事机构，宣传机构和人员相对紧缺。为进一步做好南水北调宣传工作，国务院南水北调办协调中线建管局成立南水北调宣传中心，指导宣传中心在系统新闻宣传组织、重大项目协作实施、通讯员队伍建设等方面发挥重要支撑作用。各单位进一步明确新闻宣传责任部门，落实人员、设施和经费，为南水北调宣传工作的全面开展提供人才、物力、财力等保障。

四、总体成效

南水北调宣传工作按照统一部署和要求，紧密围绕工程建设，扎实工作，开拓创新，通过系统上下连续十余年的共同努力，南水北调宣传工作风生水起，渐成体系和规模，取得了很大成效。通过信息及时发布，新闻有序宣传以及各类重大宣传项目的策划和实施，对传递工程信息，宣传工程建设成就，展现工程风采，突出工程的重大战略意义和巨大效益等发挥了重要作用，营造了良好的舆论氛围，有力保障了工程建设顺利实施。

（一）协调纳入国家宣传总体格局

南水北调工程开工之初，国务院南水北调办就主动加强同中宣部、文化部、国家广电总局、中国文联、中国作协等部门的沟通协调，取得中央宣传主管部门的支持，将南水北调工程的宣传纳入中央宣传大格局。

2005 年，将南水北调工程纳入中宣部组织开展的“经典中国·重点工程篇”系列宣传活动，通过与主要新闻媒体共同策划，召开了专门通气会，组织记者联合采访了国务院南水北调办领导，组织完成中央电视台《决策者说》节目录制以及张基尧作客人民网“强国论坛”与网民实时在线交流活动。在中央新闻媒体的大力支持下，直接发稿 24 篇。由于报道时间集中，气势宏大，形成了南水北调工程宣传报道的高潮。

2006 年国庆节前，根据中宣部“我和我的祖国”迎国庆专题宣传部署，争取中央主要新闻媒体宣传报道南水北调工程。《人民日报》、新华社、《求是》杂志、《经济日报》《科技日报》《工人日报》等相继作出报道。《求是》杂志 10 月 1 日刊发张基尧的署名文章，《工人日报》在 9 月中旬推出治污组稿后 10 月 1 日刊发题为“南水北调：人与自然和谐相处的典范”的消息报道。组织中国水利报国庆节前后推出“调水沿线巡礼”（江苏篇）系列报道。由于报道时间集中，产生了较好的宣传效果。

2008 年，中宣部两次将南水北调工程列为重点宣传报道对象（纪念改革开放 30 周年重点、学习实践科学发展观活动），通过“经典中国·辉煌 30 年”栏目和学习实践活动专栏进行报道。协调中央新闻媒体和国家新闻网站对中线京石段应急供水工程通水进行了集中宣传报道，展示了南水北调工程开工之后取得的第一个重大成果。

2009 年，中宣部将南水北调工程纳入庆祝新中国成立 60 周年总体方案。围绕新中国成立 60 周年成果展示，中央媒体记者集体采访国务院南水北调办领导，组织新华社、《人民日报》、中央电视台等中央主要新闻媒体和人民网、中国网、中国经济网等国家重点新闻网站对南水北调工程建设成果进行集中报道，为工程建设营造良好氛围。

此后，南水北调宣传与中央宣传、新闻、文化、文艺主管部门，以及与中央主要新闻媒体、文艺协会等的关系越来越密切，形成了良好的工作机制。南水北调工程的宣传正式纳入到国家舆论宣传工作格局和文化大发展格局。2014 年，中宣部将南水北调中线通水及南水北调东中线全面建成通水列为新中国成立 65 周年重点宣传内容。

各新闻单位充分认识南水北调工程的重要意义，切实加强南水北调在工程建设、治污环保、征地移民、文物保护等方面取得成果的宣传，展示南水北调工程的社会效益、经济效益和生态效益，为工程建设和通水运营营造良好的舆论氛围和社会环境。重点宣传南水北调工程在贯彻落实科学发展观，优化水资源配置，保障北方地区经济社会可持续发展促进建设“美丽中国”等方面的重要意义。大力宣传东、中线一期工程在促进节约水资源、保护生态环境、促进发展方式转变、优化经济发展结构等方面的重要作用。积极宣传南水北调工程建设尤其是东、中线一期工程取得的成绩和经验，介绍江苏、山东、安徽等省在实现东线一期工程建设目标方面采取的有效措施，介绍北京、天津、河北、河南、湖北、陕西等省（直辖市）完成主体工程建设任务的主要做法。深入宣传南水北调工程在治污环保方面取得的成就，突出宣传沿线积极调整经济结构、加大治污环保力度的典型经验和工作成果，大力宣传社会主义制度集中力量办大事的优越性。大力宣传南水北调征地移民工作中取得的积极进展。结合丹江口库区移民帮扶发展，宣传移民搬迁后居住、交通、教育、医疗、就业等条件的改善，介绍移民群众发展致富、安居乐业等情况；宣传移民为国家舍小家、无私奉献的崇高精神，宣传移民干部默默无闻、敢于担当的高尚情操。加强宣传南水北调工程对国家经济社会发展的战略意义。从南水北调工程规划布局、调水线路、调水规模等角度，宣传工程对促进沿线地区经济社会发展，推动城镇化建设，保障国家主体功能区战略实施等的重要意义。

结合党和国家重大节庆、工程建设重要节点等，通过统一宣传部署，组织中央媒体对南水北调工程进行集中采访报道，不定期在主流媒体上掀起南水北调宣传的高潮。同时，围绕重点工作加强宣传策划，组织开展公益广告、书画摄影展览、作家采风、电影电视摄制等多种形式的宣传项目，加强南水北调工程的长期宣传，进一步扩大工程的影响力。

（二）策划制定宣传报道方案

在宣传过程中，南水北调各级部门主动谋划，与报纸、电视、网络等众多新闻媒体建立日常工作联系，集思广益，开拓创新，围绕工程建设、征地移民、治污环保等方面，策划了一系列宣传报道方案，实施了一系列重大宣传项目，及时配合新闻宣传报道，让南水北调宣传角度更加立体，内容更加丰富，层次更加鲜明，形式更加多样，影响更加深远。

国务院南水北调办层面，一是协调策划组织记者、作家等多次到现场采访，挖掘深度报道。《人民日报》及其海外版采访，《光明日报》中线蹲点采访，中央媒体东线治污成效宣传、库区移民干部先进事迹宣传、丹江口库区水源保护宣传等。与中国作协三次合作，分别组织开展的“南水北调进行时”“南水北调东线行”“圆梦南水北调”作家采访采风活动，在《人民日

报》《光明日报》、新华社等中央新闻媒体刊发出相关文章，在社会上引起强烈反响。二是策划出有影响力的通讯。协调新华社、《人民日报》《人民日报海外版》《经济日报》赴东、中线调研采访，发表治污环保、通水效益等方面的长篇通讯，引起社会广泛关注。三是策划深度宣传。协调《经济日报》、中国经济网就移民工作进行对话访谈，并以专版形式刊发；协调《光明日报》赴中线工程现场、移民新村调研，通过图片报道、通讯、蹲点日记等形式，记录南水北调工程建设进展。四是策划扩大影响力。协调做好标语标牌设置工作，扩大南水北调工程知名度，维护和提升南水北调工程的社会形象。主动配合国务院新闻办公室完成了南水北调对外宣传片的制作发行，并在十余个国家播出。

沿线各省有关单位也有一些好的做法。如湖北省南水北调办创新思路，提出“力度统一论”（工程建设力度有多大，宣传报道的力度就要有多大），抓好“宣传六个一”工程（电视专题片、画册、新闻报道集、工程建设管理论文集、大事记、规章制度各一本），并在全省范围内开展宣传工作考核和奖励。湖北省移民局拓宽工作思路，主动协调中央电视台围绕移民工作，以“为了南水北调”为题连续报道，在社会上引起良好反响。

河南省南水北调办、移民办组织媒体，围绕党委、政府、人大、政协、军区协调会战开展集中宣传报道，介绍南水北调工程建设过程采取的有效措施、成功经验、工作成效等，为南水北调系统宣传工作树立了标杆。

北京市南水北调办努力争取市党委、政府的重视，将中线一期工程通水作为展示工作成果、宣传工程效益、扩大社会影响的契机，推动了南水北调主题电影、展览、广告、讲座等系列宣传活动，汇编了《饮水思源——南水北调中线工程图录（文化篇、建设篇）》并荣膺2015年第66届美国班尼印制大奖优秀奖，营造了积极、有利的舆论氛围和社会环境。

中线建管局针对建设“高峰期”“关键期”以及“通水期”重要节点密集林立的客观形势，梳理重要节点工作，积极应对工程建设中重大新闻事件的宣传效果更加凸显。形成了“黄河以南连线开工大会”“湍河渡槽第一榀架设完成”“京石段工程供水达10亿”“穿黄工程充水试验”“黄河以北充水试验开始”“中线通水”等宣传亮点，取得了良好的宣传效果。

（三）启动了重大宣传项目

结合书籍、电影、电视等多种有效载体，从多个层面宣传南水北调工程取得的巨大成就和效益，引起社会各阶层和群体的广泛关注，南水北调的社会影响力得到进一步提升。一是开展了南水北调纪录片《水脉》的摄制工作，通过对专家采访、工程现场、移民搬迁等的拍摄，全方位记录南水北调工程建设历程，全景展示工程建设面貌和风采。该纪录片通过中宣部协调中央电视台多个频道播出后，播出时间达5000分钟。通过电视收看的观众达1.3亿人，通过网络收看主要视频片断的约8000万人，并得到社会各界一致好评。工程沿线有关省市电视台也安排播出，开创了行业纪录片的收视纪录。同时，摄制组深入挖掘资料，制作完成2集移民专题片《王品兰移民记》、4集东线治污专题片《东线水事》、2集文物保护专题片《遇真宫重生记》，并协调在中央电视台多次播出。二是开展歌曲创作和征文活动。南水北调歌曲征集300余首歌词，并组织部分作者赴东线工程及大运河沿线完善歌词创作。南水北调精神和文化征文活动征集作品260多篇，其中不乏立意和文笔俱佳之作。三是公益广告制播效果很好。协调中央电视台相继播出南水北调利国利民、珍惜水资源、治污环保、移民搬迁、中线通水等南水北调公益广告，每次都在中央电视台综合频道、新闻频道等播出，持续时间约20余天，有的播出时间长达2个月，形成了声势。四是创作了一系列报告文学。国务院南水北调办委托知名作家中国报告文学学会副会长李春雷启动南水北调全景式的报告文学创作，委托作家赵学儒创作移民题材报告文学《向人民报告——南水北调大移民》、工程建设报告文学《圆梦南水北调》，委托作家裔兆宏创作反映南水北调治污环保工作的报告文学《美丽中国样本》。其中，因社会反响好，移民题材报告文学《向人民报告——南水北调大移民》、治污环保题材报告文学《美丽中国样本》等被推荐为对外宣传用书，出版了英文版书籍并在国外公开发行。《圆梦南水北调》由北京新闻广播录制为纪实文学联播节目，取得很好的效果。五是启动一批普及性读物和画册的编辑工作。《为了生命之水——中国南水北调工程科普读本》《南水北调工程知识百问百答》等图书得到社会各界的好评，也积极回应了社会各界乃至国际舆论的担忧和质疑。六是协调有关单位拍摄的主题电影《天河》已在全国公映，得到广泛好评。其主题歌《人间天河》登陆中央电视台2015年春节联欢晚会。

工程沿线各地各单位结合本地实际，在重大项目上也取得很大成绩。如江苏省南水北调办、江苏水源公司主动策划，通过与中国作协、《中国水利报》等单位合作，创作出一批报告文学、通讯、人物访谈录等宣传精品。山东省南水北调建设管理局、山东干线公司注重策划宣传项目，以研究课题、戏曲创作、公益广告、报告文学、征文、摄影绘画等为载体，出了不少作品。河南省移民办创新形式，组织省内作家创作了《江河有源》《南水北调大移民》等反映库区移民工作的文学作品10余部（篇），会同河南省摄影家协会编印《南水北调丹江口库区移民迁安纪实》大型画册，策划豫剧《丹水情深》，组织了10余场大型文艺演出，深受移民和沿线群众喜爱。湖北省丹江口市自筹经费，拍摄制作电影《汉水丹心》，反映库区移民搬迁故事，在全国公映。中线建管局突出重点项目，出版了《南水北调新闻写作读本》《南水北调优秀新闻作品集》《十年——镜头中的南水北调》等一系列图书。策划实施了中线干线航空摄影摄像项目，动态记录了工程形象，为工程建设积累了一批价值较高的历史影像资料。与多种类型媒体及期刊开展合作，推出专题，通过纪录片拍摄，作家诗人、媒体记者采访采风等形式集中宣传展示南水北调工程形象和建设成就。

（四）建立完善信息工作网络

信息是宣传的基础。国务院南水北调办高度重视信息工作，建立并完善工作网络，确保信息畅通，发挥信息在要情汇报、决策参谋、情况反馈等方面的作用，为各级领导和部门及时、准确了解南水北调工程建设、运行和有关情况提供了重要保障。

1. 建立了完善和巩固的信息渠道

建立健全上通中央、下联各省（直辖市）南水北调办（局）、各项目法人的政务信息网络渠道，并在工作中积极发挥作用，为决策提供信息。加强与中央办公厅、国务院办公厅等上级信息主管部门联络沟通，畅通渠道；畅通与中央政府网站的信息渠道，通过专题信息、动态信息等形式，传递工程建设和政务信息；畅通与各省南水北调办（局）、各项目法人的信息渠道，确保政务信息工作反应灵敏、运行高效。在内部信息的传递上，形成以专报、简报，工程建设动态日报、周报为主的信息传递方式；在公共信息的传递上，形成了以网站为主，微博、微信、手机版移动客户端为辅的传递方式。

2. 确保信息质量和时效

充分发挥各类平台的作用，信息报送的质量不断提高，时效性不断增强。每年国务院南水北调办机关都收到各单位报送的专报、简报数百期。信息报送紧紧围绕领导关心的问题，工程建设中动态问题的反映，解决问题的思路和建议，反映各单位的工程部署和重要进展等不同的方面，信息的针对性、信息质量和时效性逐年提高。

3. 信息作用得到及时发挥

加大信息采编、网站发布、《简报》编印力度，充分发挥信息在了解情况、参考决策、服务公众等方面的作用。通过深入挖掘信息素材，增强上报针对性，提高信息采用率。每年向中央办公厅、国务院办公厅报送《信息专报》数十期，反映南水北调有关工作进展情况，供中央领导了解和掌握。热点问题得到及时反映，如穿黄工程进展、东线治污情况、中线水源地生态补偿等，积极约请或组织信息，国务院南水北调办领导多次作出重要批示，有力指导了各项工作。社会公众信息需求得到进一步满足，工程建设投资完成、建设进展、东线水质和水源地水质公告保持每月发布一次，相关政策法规、管理制度及时发布，建设动态得到及时反映，国务院南水北调办网站全年制作专题数十个，发布信息数千条。归口做好政府信息公开工作，在国务院南水北调办网站开设信息公开专栏，及时发布政府信息，每年都受理并妥善处置若干起公开申请。社会舆情跟踪反馈，及时收集整理国内外媒体报道情况，每年制发《近日媒体关注》近百期，供领导和各部门参阅。2016年建立舆情日报制度，做到南水北调舆情每日一报告。

五、宣传工作经验

南水北调系统通过十余年的宣传工作实践，积累了一定的经验，总结了一定的工作准则，努力推动南水北调宣传工作不断取得新的成效。

（一）宣传工作必须服务工程建设中心任务

宣传工作要为中心工作服务。对于南水北调系统来说，也就是为工程建设服务，脱离了这个中心，宣传工作将无法开展。南水北调宣传工作坚持“围绕中心、服务大局、边干边说、多干多说”的工作理念，全面落实各项宣传措施，切实发挥宣传在工程建设中的氛围营造、舆论引导、凝心聚力等作用。

（二）落实南水北调宣传工作领导责任

系统各单位、各部门高度重视宣传工作，自觉把宣传工作放在全局工作之中，摆在全局工作的重要位置，与工程建设业务工作一同研究部署，一同检查落实，一同考核表彰。落实领导责任制，主要领导亲自过问，分管领导具体负责，职能部门分工落实，形成推动和促进南水北调宣传工作的长效机制。明确宣传工作责任部门，落实人员编制，充实宣传队伍力量。同时，南水北调工程各参建单位树立起宣传意识，明确专人负责。建立了稳定、可靠的经费投入渠道，纳入年度预算，或在业务费用中安排一定比例的专项经费，为宣传工作顺利开展创造条件。

（三）加强南水北调宣传策划统筹

宣传工作无小事。国务院南水北调办既充分利用新闻媒体，做好主体工程关键项目、关键节点及工程效益发挥等宣传，又做好征地移民、治污环保、文物保护、配套工程等的宣传。既关注南水北调工程的宣传，又加强工程建设者、移民群众、移民干部等先进事迹的宣传。既加强新闻宣传，又加强精神文化宣传，突出做好南水北调精神、移民精神的宣传。加强与中共中央宣传部、文化部、国家新闻出版广电总局、国务院新闻办公室、中国文联等部门的沟通协调，各省也加强与省委主管部门的联系和沟通，积极争取新闻宣传主管部门的指导和支持，主动配合新闻宣传主管部门制定相应措施与计划。牢固树立系统上下“一盘棋”的思想，统筹各级南水北调办（局）、环保厅、移民办（局）和项目法人的宣传力量，加强系统内外宣传载体的统筹协调，充分发挥中央和地方主流媒体的作用。宣传部门加强与各业务部门内部沟通协作，业务部门把宣传工作作为开展业务工作的重要辅助手段，做到南水北调工程建设工作和宣传工作相互支持、相互促进。

（四）创新南水北调宣传载体和形式

在继续抓好报刊、广播、电视等传统媒体宣传的同时，积极迎合社会公众对信息载体的依赖，高度重视和妥善发挥网络媒体和微博、微信、手机报、移动客户端等载体的作用，努力使其成为南水北调宣传工作的前沿阵地和有效平台。精心策划，着力抓好纪录片等重大宣传项目，全景式展现工程建设的宏大场面。综合采用小品、戏剧、戏曲、相声、歌舞等群众和职工喜闻乐见、形象生动的宣传形式，积极推动南水北调宣传进一线工地、进移民新村、进环保企业，不断扩大南水北调宣传的社会影响力。做好南水北调公益广告的制播工作，精心组织策划一批反映工程、形式活泼、寓教于乐的公益广告精品。有条件的省（直辖市），通过宣传主管部门协调编创以南水北调工程为题材的电视、电影和电视剧作品。

（五）加强南水北调新闻宣传管理

各单位组织的宣传报道活动，凡涉及国务院南水北调建委会重大部署、重大突发事件、重大敏感问题的，及时向国务院南水北调办报告，没有可靠信息来源、未经调查核实的不予发表。积极稳妥做好南水北调工程突发事件宣传应对工作，完善工程建设、征地移民、治污环保、文物保护等领域突发事件新闻发布应急工作体系，形成响应迅速、渠道畅通、发布主动、声音权威、引导正确的应急新闻处置机制。加强对中国南水北调报、中国南水北调网及通联队伍的日常管理，引导各类媒体在南水北调宣传报道中讲原则、守纪律，确保工程建设报道客观公正，发挥在南水北调宣传工作的主阵地作用。

（六）加强宣传队伍建设

由于南水北调工程建设存在着范围广、周期长的特点，依靠几个人员的力量很难覆盖工作的各个领域，要想全方位的展示工程建设取得的成绩，就必须建立宣传报道网络。同时要求宣传工作人员除了具有一定的新闻写作知识，还必须讲政治，熟悉国家的大政方针，具有一定的工程建设方面的专业知识和一定的敬业精神。工作中，通过宣传工作会议、座谈会、培训班等

形式，切实加强宣传工作人员的政治理论和新闻素养培育，努力打造一支政治强、素质高、业务精、作风硬、纪律严的南水北调宣传队伍。

第二节　新　闻　宣　传

一、宣传管理

（一）宣传管理办法制定

为加强和规范南水北调新闻宣传工作，深入宣传贯彻党和国家关于南水北调工程的方针政策，维护南水北调工程良好形象，为南水北调工程营造良好的舆论环境，南水北调宣传工作从一开始就注意建章立制，用制度规范新闻宣传、综合信息等各项工作。十几年来，通过结合工作的实际情况，及时出台并修订了一系列管理办法。

1. 新闻宣传管理办法

2008年，根据《中华人民共和国外国常驻新闻机构和外国记者采访条例》和《台湾记者在祖国大陆采访办法》的有关要求，结合南水北调工程建设实际和宣传工作需要，下发了《关于外国、台湾、香港和澳门记者采访南水北调工程有关工作的通知》，进一步完善了外国和台湾、香港、澳门记者采访管理工作机制，加强涉外宣传工作的领导和组织，充分发挥涉外媒体在传播信息、引导舆论方面的作用。

2009年出台了《国务院南水北调办新闻宣传工作管理办法》。该办法适用于以国务院南水北调办名义，通过新闻媒体进行宣传报道的活动，明确了新闻宣传工作的归口管理单位为综合司。该办法对国务院南水北调办新闻宣传工作管理范围和内容、新闻采访协调制度、新闻发言人制度、新闻发布会的组织实施、新闻稿件审核制度、信息发布等有关事项作了详细的规定。该办法的制定实施，对于加强和规范国务院南水北调建委会办新闻宣传工作，深入宣传贯彻党和国家关于南水北调工程建设的方针政策，维护南水北调工程良好形象，为南水北调工程建设营造良好的舆论环境，发挥了重要作用。

2011年，南水北调工程进入高峰期、关键期。为进一步做好南水北调宣传工作，扩大工程在社会上的积极影响，营造良好的建设环境，为优质高效又好又快建设南水北调工程提供思想保证、舆论支持、精神动力和文化条件，研究印发了《关于进一步加强南水北调宣传工作的意见》，制定了《2011—2015年南水北调宣传工作计划》，并提出5点要求：①提高认识，加强领导，进一步加大宣传工作力度。②围绕中心，统筹兼顾，进一步掀起宣传热潮。③创新思路，丰富手段，进一步提高宣传工作水平。④畅通渠道，加大力度，进一步提高信息工作水平。⑤加强协调，全力支持，为宣传工作提供可靠保障。系统内各单位也制定了五年宣传工作计划，把宣传信息工作纳入南水北调工程建设目标管理考核，为抓好宣传信息工作创造了有利条件。

为规范和完善南水北调宣传管理，充分调动工程沿线各单位开展宣传工作的积极性和主动性，切实提高南水北调宣传工作管理水平，2011年制定印发了《南水北调宣传工作考核办法（试行）》。考核评比对象为主体工程沿线各省（直辖市）南水北调办（建管局）、移民办（局）

及项目法人宣传部门及宣传工作人员，沿线各市、县南水北调办（局）、移民办（局）及配套工程项目法人宣传部门及宣传工作人员。该办法对考核评比内容、评比办法、考评表彰程序等进行了规定。

为加强工程沿线各单位应对突发事件新闻发布工作的规范化、制度化建设，及时、准确发布有关信息，澄清事实，解疑释惑，主动引导舆论，维护社会稳定，为南水北调工程营造良好的舆论环境，2011年制定了《关于印发〈南水北调工程突发事件新闻发布应急预案〉的通知》。

2011年印发了《南水北调东、中线一期工程对外宣传标语标牌设置总体实施方案》。该方案对设置宣传标语标牌的目的、宣传对象、宣传标语标牌内容、形式及位置、宣传标语标牌实施组织及计划等进行了详细规定和说明。

结合新时期南水北调宣传工作实际，国务院南水北调办自2017年起建立并实施例行新闻发布制度，以国调办综〔2017〕102号文件印发，确定每年至少举行一次新闻发布会。

2. 综合信息管理办法

（1）中国南水北调网站信息管理办法。为加强中国南水北调网站的信息管理，维护南水北调工程的社会形象和政府信誉，规范信息发布行为，明确责权，2004年依据《中华人民共和国计算机信息网络国际联网管理暂行规定》《互联网信息服务管理办法》等有关法规，结合实际，制定了《国务院南水北调办网站信息管理暂行办法》。该办法明确了中国南水北调网站是由国务院南水北调办主办，面向社会提供南水北调工程建设权威信息，宣传国家有关南水北调工程建设大政方针和南水北调工程建设工作的政府网站，对网站栏目设置与调整、发布信息内容、信息组织与审查、信息发布、信息监管及安全等进行了规定。2013年进行了修订完善。2015年，国务院南水北调办进一步加强网站管理，建立网站信息发布的保密审查制度，由保密部门负责人对网站信息进行逐条审查，审查通过后方能发布，否则不予发布。

（2）南水北调信息公开管理办法。为规范国务院南水北调办政务信息公开工作，依据有关规定和要求，2005年制定了《国务院南水北调办政务信息公开管理办法》。该办法中的政务信息，是指国务院南水北调办在依法履行南水北调工程建设管理职能过程中，涉及社会公众利益，依据有关法律、法规、规定，应向社会公众告知的事项。该办法对政务信息公开的原则、归口管理部门、政务信息内容、公开程序、方式、监督检查等进行了说明。

为进一步做好信息工作，加强信息的沟通和发布，更好地为南水北调工程建设服务，2005年印发了《关于加强综合政务信息工作的通知》，对南水北调信息工作进行了全面部署，明确了信息专报、工作简报和网站信息等三种信息载体方式。该通知要求进一步加强信息专报、简报以及对社会的信息发布工作，明确了工作责任。

按照国务院办公厅《关于做好施行〈中华人民共和国政府信息公开条例〉准备工作的通知》，国务院南水北调办2008年印发了《国务院南水北调办政府信息公开指南》和《国务院南水北调办政府信息公开目录》。该指南将信息公开原则、公开内容、公开程序、公开方式等进行了说明。信息公开目录包括机构设置类、法律法规规章类、工程规划类、公共信息类、建设进展类等五大类，对信息条目和公开方式分别进行了明确。

为规范南水北调系统综合政务信息工作，加强信息的沟通、公开和使用，更好地为南水北调工程建设和运行管理服务，依据国家有关法律、法规和制度，结合工作实际，2015年印发了《南水北调综合政务信息工作管理办法》。

（3）沿线有关单位宣传信息工作制度。系统内各单位也结合工作实际情况，制定相关工作制度，陆续出台了《北京市南水北调工程建设委员会办公室新闻宣传工作管理办法》《北京市南水北调工程建设委员会办公室通讯员工作制度》《河北省南水北调工程建设委员会办公室新闻宣传工作管理办法》《山东南水北调工程建设声像工作暂行规定》《山东省关于进一步加强宣传信息工作和文化建设的通知》《关于规范对外新闻宣传管理工作的通知》《关于加强南水北调工程建设声像资料管理工作的通知》《河南省南水北调办公室新闻宣传工作暂行办法》《湖北南水北调网管理办法》《南水北调中线干线建设管理局宣传工作管理办法》《南水北调中线水源工程宣传信息工作管理办法》《南水北调中线水源工程宣传信息工作表彰奖励办法》等，明确新闻宣传的范围和内容，建立新闻采访协调制度、重要会议和活动报道制度、新闻发布制度，明确新闻宣传工作规律等，确保南水北调新闻宣传工作的正确方向和效果。

（二）宣传管理工作成效

在加强南水北调宣传工作的总体思路下，通过不断开拓和积极探索，宣传管理工作在加强同媒体联络、加强同主管部门联系、加强激励考核、加强项目策划组织、加强宣传队伍建设等各方面取得了一定成效。

1. 加强同媒体的联络

新闻宣传是南水北调宣传工作的重要部分。从国务院南水北调办成立伊始，就积极与中央新闻媒体建立起联络渠道，探讨如何加强南水北调工程的宣传工作、取得理解与支持。宣传工作中，建立了良好工作联系的媒体有《人民日报》、新华社、《光明日报》《经济日报》、中央人民广播电台、中央电视台、《中国日报》《科技日报》、中国新闻社、《中国水利报》《工人日报》《中国青年报》《中国环境报》《中国经济导报》、新华社电视台、国际广播电台、《法制日报》《瞭望》周刊、《学习时报》《环球时报》《北京周报》《财经》《第一财经日报》《21世纪经济报道》《中国新闻周刊》《半月谈》、中国网、《香港文汇报》、中华英才、《新京报》等。

在日常工作中，国务院南水北调办宣传部门注意加强与中央新闻媒体的工作联系，与中央、地方主要新闻媒体形成了紧密和顺畅的联系，而且保持联系的媒体数量逐渐增多。通过走出去、请进来等不同方式，经常互通信息、了解各媒体选题重点、及时提供资料，密切与跑口记者的关系，建立起经常性的沟通渠道，保证工程建设权威信息的及时传播。结合工程建设不同阶段和不同重点，积极主动地组织选题，提供给媒体记者参考，充分调动双方的资源，形成宣传合力，共同营造工程建设宣传与合作媒体报道的双赢局面。系统内各单位也积极联系地方主流媒体和中央媒体驻地方分社记者站，建立了良好的工作关系。南水北调工程建设的全过程，离不开新闻媒体的关注和支持。中央和地方媒体通过报纸、网站、电视、期刊等发表了一系列新闻报道，为南水北调工程建设、征地移民、治污环保、文物保护等各项工作的开展创造了良好的舆论氛围和社会环境。为进一步扩大宣传的深度和广度，国务院南水北调办与中国作家协会、中国新闻工作者协会、中国文学艺术界联合会等单位取得联系，争取其对工程的更多关注和支持。

2. 加强同宣传主管部门的联系

在南水北调宣传工作过程中，争取宣传主管部门的支持和指导，加强与宣传主管部门的沟通联系，积极争取将南水北调工程纳入中宣部的重点宣传范围，紧跟中央宣传工作部署，做好工程建设宏观宣传报道工作。一是巩固工程宣传在国家宣传大格局中的地位。中宣部多次将工程列为重点宣传报道对象，通过“经典中国·辉煌30年”“砥励奋进这五年”等栏目进行报道。二是在日常宣传工作以及重大工程节点宣传中，积极联系宣传主管部门，通过去函联系以及向中宣部《内部通信》投稿等形式，取得了中宣部等的大力支持。中宣部《内部通信》刊物上多次刊发南水北调宣传的指导意见，专门发文加强南水北调工程通水宣传。中央互联网信息工作领导小组办公室在网络宣传、舆论引导方面为国务院南水北调办献言献策，有力地促进了南水北调工程宣传工作。系统内各单位在宣传工作中，积极联系党委宣传部门，取得工作的支持指导。

3. 明确宣传工作激励导向

为促进宣传工作的开展，组织开展宣传工作的量化考核，明确宣传工作激励导向，评选先进集体和个人，突出重点宣传项目的权重，促使沿线各单位加大社会宣传的投入，进一步激发工作的积极性、主动性和创造性。通过历年的宣传工作考核，评选表彰了先进集体和个人，促进了宣传计划的落实和南水北调宣传各项工作的开展，为南水北调工程又好又快建设营造了良好的氛围，鼓舞了干劲，促进了工程建设，扩大了南水北调工程的社会影响，赢得了社会各界的广泛支持。系统各单位结合实际情况，分别制定了量化考核办法，组织开展宣传信息工作评先推优，对表现突出的单位和个人予以表彰，激励各单位和具体工作人员加大工作力度，提高工作水平。

4. 加强宣传项目的策划和组织

为真实记录南水北调工程建设、征地移民、治污环保、文物保护等工作历程，展现南水北调工程科学建设、和谐征迁、注重生态的理念，全面反映南水北调工程建设者、移民干部、移民群众的奉献精神，国务院南水北调办宣传部门利用文化、文艺、影视等社会资源优势，加强宣传项目的策划和组织，通过专业人员、设备及制作经验，确保宣传项目和留存资料的质量和价值。

为真实记录南水北调工程建设情况，扩大南水北调工程积极影响，大力弘扬南水北调精神，国务院南水北调办请中央电视台科教频道进行了大型纪录片《水脉》摄制工作。通过几年的拍摄，完成东线航拍、专家访谈、西线拍摄等任务，通过纪实、采访、访谈等多种形式，以水利与人类文明、中华文明、世界文明的关系为线索，重点讲述南水北调工程的论证历史、建设历程、移民搬迁、文物保护、环保治污等内容，以多维视角的生动影像述说宏大背景下的南水北调工程及其重大现实意义和战略意义。该片于2014年10月17日在中央电视台综合频道、科教频道、纪录频道、财经频道等相继播出，约有1.3亿人通过电视收看，另外通过网络收看主要片段的也达8000万人之多。此后，中央电视台英语频道（CCTV－NEWS）播出英语版，工程沿线的北京、河南、湖北、山东、陕西等省市电视台也相继播出，观众估计2亿人次。《水脉》被国家新闻出版广电总局列入2014年第四批推荐优秀国产纪录片目录，2015年荣获“优秀系列片”。观众称赞该片是一部恢弘的纪录巨篇，是践行和实现中国梦的生动教材。该片的同名图书《水脉》由中国水利水电出版社出版发行。

为进一步提高社会各界对南水北调工程的科学认知，国务院南水北调办与北京市政府于2014年12月在首都博物馆共同举办了“饮水思源·南水北调中线工程展览”。展览表达了饮水思源的感激之情，启迪人们思考人与自然的和谐关系，取得了很好的宣传效果。

湖北省十堰市委宣传部、十堰市移民局、十堰市广播电视台联合摄制的《南水北调中线大移民》、山东广播电视台摄制的50分钟电视纪录片的《脉动齐鲁——南水北调的故事》等都生动地再现了工程建设和移民搬迁的场景，起到了良好的宣传效果。系统内宣传主管部门和有关单位也进一步加强宣传项目的策划和组织，通过书画、摄影、征文、公益广告制播、宣传品制作、文学作品创作等多种形式，宣传南水北调工程。

5. 加强宣传队伍建设

进一步明确宣传工作责任部门，落实人员编制，充实宣传队伍力量。在全系统建立了政务信息和宣传工作联系人制度，系统各单位也明确了专门的宣传负责人。各参建单位树立起宣传意识，明确专人负责。建立了稳定、可靠的经费投入渠道，将宣传经费纳入年度预算，或在业务费用中安排一定比例的专项经费，为宣传工作顺利开展创造条件。通过宣传工作系统会和通联会等各种形式，进一步加强宣传工作人员培训，提高宣传工作能力和业务水平。北京在参建单位设立信息宣传员，组织建立北京段通讯员制度和通讯员体系。天津切实加强宣传工作的组织领导，明确专人负责，保证了宣传工作的连续性和系统性。河南省移民办专门成立了宣传组，确定了通联网络。湖北省移民局加大通讯员队伍建设力度，不断提高通讯员写作水平和质量。中线建管局根据工程建设特点，组建包括建管、施工、设计、监理单位的通讯员网络。2011年成立了南水北调宣传中心，下设新闻宣传部、编辑部和网络部，宣传队伍力量得以壮大。

二、宣传项目

南水北调宣传工作紧密围绕工程建设中心，将工程建设的重大节点和社会舆论关注点有机结合，认真策划重大宣传活动。宣传工作中注重以新闻宣传为基础，丰富宣传载体，拓宽宣传途径，采取报刊宣传、电视宣传、网络宣传等多种载体宣传南水北调工程，形成立体宣传声势，营造良好的社会舆论氛围。

（一）宣传活动

南水北调工程自开工以来，备受社会和媒体关注，做好工程的正面宣传工作尤为重要。国务院南水北调办发挥中央各大新闻媒体的宣传主渠道作用，积极开展南水北调的正面宣传工作。

国务院南水北调办围绕前期工作、项目开工、工程建设、组织机构建设、治污环保、制度出台、水价基金、文物保护等重要工作、重要会议、重要活动，协调策划组织中央媒体记者集中采访，并多次到现场采访，挖掘深度报道，大力宣传报道南水北调工程建设取得的巨大成就，集中展示南水北调工程的风采和巨大效益。据不完全统计，自国务院南水北调办成立以来，共策划组织较大的报道活动逾50次。新华社、《人民日报》、中央电视台等中央主要新闻媒体发表了1817篇（条）南水北调稿件，共计400万字。工作中，加强策划，精心组织，选好切入点、找准结合点、抓住闪光点，充分利用新闻通气会等平台，积极探索现场采访、集中采访等方式，增加宣传报道的灵活性和生动性。每次宣传活动都做到“六个一”，即精心制定一个策划方案、准备一套素材（包括新闻通稿、图片及其他背景材料）、组织一次活动、报送一期信息专报、编印一期《简报》以及整理一期《近日媒体关注》，切实起到了宣传工程、促进建设的目的。

(1) 结合重大宣传部署，围绕工程建设成果的宣传，展示南水北调工程形象。随着南水北调工程相继建成，并逐步发挥效益，南水北调宣传工作及时跟进，大力宣传工程的巨大效益和意义。2006 年围绕三阳河潼河宝应站工程和济平干渠工程完工并发挥效益进行了重点宣传报道。2007 年组织对东线三阳河潼河宝应站工程和济平干渠完工并发挥效益展开积极宣传。2008 年以中线京石段主体工程建成并向北京应急供水为契机，组织开展重点宣传策划报道，充分展示工程建设全貌，组织中央媒体和河北、北京媒体对京石段工程临时验收及通水仪式的集中报道，利用电视、平面媒体、电子媒体等，以新闻、通电、新闻分析、新论评论、图片、专题报道等形式，形成立体宣传效应，取得良好效果。2010—2012 年，南水北调工程进入高峰期、关键期，进一步加大新闻宣传，为南水北调工程建设营造良好舆论氛围。2013 年和 2014 年，以东线试通水和中线正式通水为契机，通过中央电视台现场直播报道、现场采访、空中航拍等多种形式，全面展现通水全景。同时组织《人民日报》、新华社、《光明日报》等多家中央主流媒体进行集中报道，并通过网络媒体及时转载。报道内容以通水为切入点，全面介绍南水北调工程概况，集中展示南水北调工程在工程建设、建设管理、科技创新、治污环保、征地移民、文物保护等方面取得的巨大成就，突出宣传工程带来的巨大经济效益、社会效益和生态效益，介绍工程在保障北方水资源、促进经济社会发展、提升生态文明、建设“美丽中国”的重要作用，强调宣传东线、中线、西线构成的南水北调工程整体架构对国家、对民族、对群众的不可替代的作用，进一步说明中央决策实施南水北调工程的长远战略意义和重要现实意义，扩大南水北调工程的社会影响。2015—2016 年，结合南水北调工程全面通水一周年、二周年，中线调水超 30 亿 m^3，东线工程年度调水启动及完成，实现全线供水目标，东、中线一期工程通水 100 亿 m^3 等重要节点，对工程运行、工程效益情况进行重点报道。组织北京、天津市民代表和中央媒体记者考察南水北调工程，进一步扩大南水北调工程的社会影响，使京津人民增加对工程的了解，感恩库区移民群众和工程建设者。组织中线水源区陕西、河南、湖北三省群众代表到北京、天津考察南水北调工程，了解工程效益发挥情况，增强水源区人民群众的荣誉感和责任感。

(2) 围绕工程开工建设、重要节点工程完工报道，展示南水北调工程新进展。2002 年年底，工程开工建设之际，就组织多家中央主流媒体进行集中宣传报道，此后，围绕各主要单项工程的开工和完工等节点都组织媒体进行集中报道，积极展现工程建设取得的新成就、新进展。如：2004 年围绕中线京石段唐河釜山工程、骆马湖至南四湖段江苏境内工程（解台泵站）、山东韩庄运河工程（万年闸泵站）等项目开工建设进行报道；2005 年围绕丹江口大坝加高、中线穿黄、漕河渡槽、西四环暗涵等重点工程开工建设进行了宣传；2006 年，先后组织开展了蔺家坝泵站开工建设、岗头隧洞贯通、丹江口大坝“一枯”目标完成以及“二枯”施工启动等，组织中央主要媒体进行了直接报道；2007 年围绕中线总干渠膨胀岩（土）试验段工程开工、中线穿黄工程盾构始发、中线漕河渡槽主体工程完工、东线穿黄工程及截污导流工程开工等，组织中央主要媒体进行了集中报道；2008 年先后组织中央和地方媒体积极开展宣传策划，对济南市区段、天津干线段、河南南阳段和黄羑段、徐州截污导流等一批项目开工，以及丹江口大坝加高“三枯”施工、中线穿黄盾构机掘进、天津段两侧水源保护区划定、东线截污导流工程全面开工等关键环节，进行全方位、多角度报道，达到传播工程建设声音、营造工程建设氛围目

的；2009 年围绕东线截污导流工程、兴隆水利枢纽、南四湖至东平湖、洪泽湖至骆马湖段、郑州段、天津干线河北境内工程等重要项目开工，丹江口库区移民试点搬迁、加高工程坝顶全线贯通、库区征地移民现场会、库区生态补偿转移支付资金下达等工作先后组织中央和地方媒体积极开展宣传报道；2010 年围绕河北邯石段、江苏运西线、湖北引江济汉等工程开工，京石段二次供水、丹江口大坝加高到顶、东中线穿黄工程贯通、丹江口库区第一批移民集中搬迁等工作集中宣传报道；2011 年围绕丹江口库区移民搬迁基本完成、通水倒计时揭牌、京石段输水等重要事件重点宣传，报道及时，形式多样，覆盖面广；2012 年工程通水倒计时等方面进行重点宣传报道；2013 年组织记者对中线源头水质列入地方政府考核指标、丹江口库区移民安置通过蓄水前终验、丹江口大坝加高工程通过蓄水验收、世界最大 U 形输水渡槽主体工程完工、中线干线河北段全线贯通等节点进行专题宣传，为工程建设营造声势；2014 年围绕中线工程充水试验、通水验收、引江济汉工程通水、南水北调工程助力抗旱救灾等节点进行专题宣传，为工程通水营造氛围。各省（直辖市）结合配套工程开工，组织召开新闻发布会，组织记者深入配套工程建设一线进行多角度报道。随着工程建设逐步推进，各主要工程节点的完工达效成为新闻宣传的热点和切入点，在媒体上都会形成一波南水北调宣传的高潮，实现了宣传报道及时性和持续性的统一，做到报纸上经常能见文字、广播上经常有声音，电视上经常有图像。

（3）围绕重要会议、决策部署、领导调研考察等及时报道，传达决策部署。重点围绕历次国务院南水北调建委会会议全面宣传报道，向沿线各省（直辖市），南水北调全系统传达党中央、国务院的重大决策部署，统一思想，形成共识，协调配合，形成合力，全面推进南水北调工程建设。此外，围绕历次国务院南水北调办召开的系统年度工作会议、总结表彰会、工作座谈会、现场交流会等，及时组织媒体宣传报道，传达会议精神，或统一认识，或部署工作，或鼓舞士气。在南水北调工程建设中，南水北调系统大抓工程进度、狠抓质量安全、严抓投资控制，细抓征地移民，深抓治污环保，强抓技术攻关。国务院南水北调办领导和各级南水北调工程建设部门负责同志，地方省（直辖市）领导多次深入工程调研。如国务院南水北调办领导多次对工程密集进行突击式“飞检”，在检查过程中，一路轻车简从，直接到达施工现场了解情况，及时发现并解决工程建设中存在的问题。结合各级领导的调研指导，及时组织媒体跟踪报道，传达领导指示，展示工程形象并通过评论文章等形式，进一步提高各有关部门和参建各方的认识，提高工作效率。

（4）结合重要工作，组织专题采访报道。主要有《人民日报》及其海外版采访，《光明日报》中线蹲点采访，中央媒体东线治污成效宣传、库区移民干部先进事迹宣传、丹江口库区水源保护宣传，《中国环境报》东线专题采访，与中国记协联合组织“关注南水北调、共建生态文明”中线主题采访，庆祝南水北调工程开工十周年、南水北调工程质量集中整治、举报牌揭牌、中线水质突发水污染应急演练等。组织召开多次新闻通气会，向媒体分别介绍库区移民干部先进事迹、东线治污工程成效、中线水源保护等，为深入宣传报道创造了条件。配合中宣部做好“经典中国·重点工程篇”之南水北调工程篇的报道。积极与参与报道的中央新闻单位沟通，了解报道需求，共同策划宣传报道方案。组织召开媒体记者通气会，介绍南水北调工程建设情况，组织记者联合采访国务院南水北调办负责人。组织做好访谈类节目的制作工作。

各省（直辖市）南水北调办、项目法人、移民机构及治污机构组织地方媒体积极开展宣传策划，配合整体宣传工作，达到传播工程建设声音，营造工程建设氛围的目的。北京市2005年组织开展了“首都市民走进重点工程之南水北调工程”的宣传，2013年以北京举办第九届中国国际园林博览会契机，创办南水北调工程展台，宣传南水北调工程。山东省结合“世界水日”“中国水周”宣传活动，在南水北调工程沿线各市区开展“人人爱护南水北调”宣传活动，起到了社会宣传的效果。为了全面反映宏伟的南水北调工程和湖北人民的贡献，落实中宣部和省委领导关于加强南水北调工程宣传的指示，湖北日报社经反复策划，组织记者实地踏访写作、摄影，编辑精心编排版面，推出8个版连版印刷的巨幅全彩特刊《南水北调造福中华》。

（二）电视宣传

随着生活水平的提高，电视成为普及率最高的家用电器之一，电视宣传理所当然成为最具广泛性的宣传方式；电视常会采取直播方式传达实况，这使得其具有实效性。电视节目均由各电视台录制播出，因而较之网络更具真实性及权威性。南水北调宣传工作高度重视电视宣传形式，在日常宣传工作中，协调中央电视台综合、新闻、科教、农业、英语等多频道数次就南水北调工作进行报道，全方位展示了开工建设、污染治理、环境保护、移民搬迁、文物保护等各项工作进展和成果。配合中央电视台做好重点工程巡礼——南水北调工程篇的制作工作。通过中央电视台《当代工人》栏目，展示南水北调建设者风貌；通过中央电视台专题片《水问》，展示了南水北调工程巨大的经济效益、社会效益和环境效益。组织做好相关访谈类节目的制作工作，先后组织完成中央电视台《决策者说》“专访张基尧：六问南水北调工程”节目录制。通过与中央电视台协调，拍摄播出了《国家大工程探秘——南水北调中线工程“水之梦”》，介绍了中线水源工程情况。中央电视台科教频道拍摄制播了《国家动脉　千里水脉》等科普宣传片，介绍了南水北调工程建设情况，反响很好。通过湖北省移民局协调，以“为了南水北调”为题，对丹江口库区移民搬迁进行系列报道，中央电视台新闻频道发布8条消息，综合频道《新闻联播》发布5条消息。通过中央电视台地方部，结合东线水污染治理实际，对山东泰安、济宁等地工作进展及成效进行系列报道。协调完成沙河、穿黄等工程的拍摄播出工作。2011年中央电视台英语新闻频道制播8集专题节目。2014年中央电视台《焦点访谈》栏目两次正面宣传报道南水北调工程，经济频道《经济半小时》《中国经济报道》栏目重点介绍南水北调工程及效益。系统内各单位也制作了多部南水北调工程有关的专题片，在省内电视媒体播放，宣传了南水北调工程。同时，结合工程节点，制作了形象生动的电视新闻，及时传递了工程信息。

（三）报刊宣传

报刊新闻性强、可信度较高，具有保存价值。报刊在印刷方面能够图文并茂，印刷成本较低。报刊的发行面广，覆盖面宽。在我国，报刊历来是主要的媒介形式，发行量大，传播面广，读者众多，遍及社会的各阶层。报刊的出版频率高和定时出版的特性，使得信息传递准确而及时。因此，报刊宣传一直以来是南水北调宣传工作的重点。

2005年《经济日报》发表题为“接受世纪工程的挑战”专访。《求是》杂志2006年刊发署名文章，《工人日报》刊发题为“南水北调：人与自然和谐相处的典范”的消息报道，《科技日报》以“软科学经典案例：南水北调的半个世纪论证”为题发表专访文章。2006年，中央主要

媒体按照中宣部组织开展的“我和我的祖国”系列专题报道的要求，集中对包括南水北调工程在内的重点工程进行报道。2007年，中央报刊围绕漕河渡槽完工、京石段工程建设、丹江口大坝加高工程动工、穿黄工程开工发表了系列报道。2009年，围绕中线应急供水任务完成、中线移民搬迁启动、兴隆水利枢纽截流等重大节点刊发了多篇报道，营造了声势。2010年，结合东线穿黄工程顺利贯通、丹江口大坝加高到顶、中线穿黄隧洞全线贯通、移民搬迁完成等重大节点，采写了多篇生动报道。2011年在《人民日报》《光明日报》《中国青年报》和河南、湖北省主要媒体推出33个宣传专版。针对丹江口大坝加高工程、中线穿黄工程等重点工程的开工建设，《人民日报》分别以“南水北调工程进入建设高峰”“南水北调中线提速”为题连续两天进行报道。《人民政协报》发表国务院南水北调办主任鄂竟平的专访文章，《科学世界》发表副主任张野的署名文章，《瞭望》先后发表专访副主任蒋旭光、于幼军的深度报道。协调《人民日报》《人民日报海外版》赴东线、中线调研采访，发表治污环保、通水效益等方面的长篇通讯，引起社会广泛关注。协调《经济日报》就移民工作进行对话访谈，对中线通水进行重点报道，并以专版形式刊发。协调《光明日报》赴中线工程现场、移民新村调研，通过图片报道、通讯、蹲点日记等形式，记录南水北调工程建设进展。《人民日报》就东、中线一期工程通水，刊发了专版，对南水北调工程进行了全方面介绍，影响深远。《北京日报》《河北日报》《湖北日报》等省级报刊多次专版报道省（直辖市）内南水北调工程效益、工程建设等情况。

2013年、2014年分别是东、中线一期工程通水之年。中央和地方的主要新闻媒体给予重点关注和报道。《人民日报》分别开设专题版面8个，对东、中线一期工程通水进行报道，宣传工程建设的艰难历程、创新成果、综合效益等。《经济日报》先后利用7个版面，进行了专题宣传报道。《光明日报》《人民政协报》也通过各自方式，对其进行了重点宣传报道。

南水北调工程开工建设后，《中国水利报》加大对南水北调工程建设的宣传报道力度。2003年2月创办了“南水北调”专版，每周一期一个版面；5月将报头改为“南水北调专刊”，9月起增至每周一期两个版面。2003年，《中国水利报》围绕南水北调工程建设中心工作，组织记者深入报道，全年共出版40期56个版，近50万字。2005年，中国水利报《南水北调专刊》共出版45期90个版，近70万字，全面及时地报道了南水北调工程的方方面面。2006年，《南水北调专刊》共出版46期89个版，近85万字。全年开设“聚焦在建工程”项目，通过图文并茂的方式进行了多角度、多层次、全方位的连续报道。

2007年，委托中国水利报开办《中国南水北调周刊》（一周四版，逢周五出版，随《中国水利报》一并发行），作为南水北调宣传的重要平台。全年共出版48期192版，字数达105万字，图片702张。《中国南水北调周刊》立足工程，全面、及时、准确地报道南水北调工程建设，在传递工程建设信息、反映工程建设进展、展示工程建设形象、丰富建设者精神文化生活等方面起到了指导和促进作用。2008年，《中国南水北调周刊》共出版47期188版，字数达120万字。

为进一步加强报刊宣传工作，准确传达国务院南水北调建委会及国务院南水北调办党组有关要求，达到鼓舞建设队伍、促进工程建设的目的，国务院南水北调办宣传部门协调中线建管局创办《中国南水北调》报，研究版面风格、栏目设置，做好重要稿件的内容审查。《中国南水北调》报纸于2009年1月1日成功创刊。自创刊以来，截至2017年9月，已经出版报纸312期。报纸发行范围覆盖南水北调工程建设各参建单位以及沿线市县水利部门，社会有关人士，受众达20余万人。编辑部相继建立了《报纸编辑流程》《新闻采写业务基本规范》《新闻编辑业务规范》《报纸校检业务基本规范》《稿费发放制度》《评报制度》《编前会制度》《好新闻好版面评选制度》《编辑与通联站联系制度》等，从报纸诞生之日起，就步入规范化轨道运行。

编辑部注重发行工作，当天通过邮局寄发各建管单位、监理单位、施工单位、设计单位，直至班组；特别是新开工的项目，尽量做到将报纸邮到工地，发送到刚进点人员手中。同时，邮寄南水北调沿线地方政府各部门和各流域机构，以及各省（自治区、直辖市）、副省级城市的水利部门。一些参建单位主动张贴读报栏上，供建设者阅读。《中国南水北调》报纸坚持做到以下几点：

（1）传递国务院南水北调建委会决策部署和国务院南水北调办党组工作安排及时有力。围绕历次建委会的召开，编辑部坚持发表系列评论，开设《坚定通水目标不动摇访谈》《决战2012》系列专访、《聚焦通水倒计时》等栏目，宣传各地贯彻落实情况，展示建设成就，鼓舞了士气，凝聚了力量。紧跟办党组重大部署，做好重大任务、重大活动的宣传报道，及时配发评论，专题版配合跟进，文化版重点呼应。注重整体宣传报道的延展性和连续性，在二版或三版给予解读和深度报道，起到了良好的宣传效果。

（2）宣传工程建设、热情讴歌建设者精神全面深入。配合办党组工作重点，积极宣传在工程建设、征地移民、治污环保中的新举措、新进展、新经验、新成效。集中推出了一批先进人物的报道，反映建设者的情感世界，推出刘峙清、陈建国典型人物报道，各地深入宣传学习刘峙清、陈建国精神，为中央媒体集中宣传提供了有力支撑，还在四版大力展现广大建设者共同奋斗、开拓创新、无私奉献的崭新风貌，弘扬南水北调精神。

（3）报纸覆盖面和影响力持续增强。2012年1月1日，《中国南水北调》报纸推出电子报，还与数字报专业网站"喜阅网"链接，已经出版的报纸全部实现了电子化，读者不仅分布在南水北调沿线，而且遍布全国各行业，补齐了各地及时阅读报纸信息的短板，还方便查询和下载，提高了报纸利用率。通过电子报，读者群发展到新疆、广东、福建、湖南等20多个省（自治区、直辖市）。

（4）通联队伍建设工作扎实有效。每年都举办了南水北调系统宣传通联业务培训班，共有2160人参加培训。各通联站也组织了灵活多样的培训和实地采风，锻炼了队伍。编辑部每年都组织年度中国南水北调报宣传通联工作会议，表彰了标兵通联站、先进通联站和优秀记者、优秀特约记者、标兵通讯员、优秀通讯员。

《南水北调手机报》自2013年5月创刊，是依托手机终端，传递南水北调新闻信息的多媒体发布方式，内容精短图文并茂，传递快捷精准，阅读随时随地，互动交流便于改进。截至2015年3月，已经编发手机报87期，专题新闻10期，质量监管通报14期。南水北调报手机用户达1万人。

河北省南水北调办主管的《南水北调与水利科技》期刊，在宣传党中央、国务院有关南水北调工程的方针政策和南水北调工程的重要意义方面做了大量工作，对南水北调前期准备工作和开工后的各阶段工作及重大活动以图文并茂的形式进行了报道。

（四）网络宣传

网络宣传具有制作成本低，速度快，更改灵活，交互性强等特点，同时具有最有活力的消费

群体。中国目前庞大的上网人群，使得任何消息在网络上传播的速度和社会影响力都已经远远超过传统的报纸、电台、电视等传统的宣传方式，成为新的大众化的媒体传播形式。

国务院南水北调办成立后，高度重视网络这一新媒体宣传，于2003年9月1日正式开通了中国南水北调门户网站，充分利用网络传媒覆盖面广、方便快捷的特点，向社会发布南水北调工程建设权威信息。据网站管理人员统计，自网站开通以来，共发布信息60000余条，其中转载有关媒体信息8000余条。充分发挥中国南水北调网站的宣传平台作用，围绕工程重大进展，建立与各省（直辖市）南水北调办的信息渠道，广泛收集信息。对各单位报送的专报信息和简报信息，及时进行编发、转发、摘发，并通过中国南水北调网站反映出来。把好内容审查关，确保发布信息权威、准确、及时。中国南水北调网站的开通，对于沟通社会大众、宣传工程建设、传递真实信息、引导社会舆论起到了重要作用，中国南水北调网站成为发布南水北调工程建设信息的最权威窗口。在工作中，进一步做到网站升级，配置服务器，新增分类统计、即时更新等功能，版面风格、页面设计、项目设置等有所创新，增强了网站的生动性和信息量。系统各单位先后建立了工作网站，传递工程建设信息，宣传南水北调工程。

畅通与中国政府网的信息渠道，编发微博、微信信息，及时传递工程建设和政务信息。在巩固与人民网、新华网等国家重点新闻网站合作的基础上，国务院南水北调办加强同社会商业网站（如新浪、搜狐、网易、腾讯等）的合作，促请其及时转发有关媒体的报道，在网络上的影响力明显加强。

国务院南水北调办组织系统内各单位举办庆祝新中国成立60周年南水北调工程网络展览，研究编制了《南水北调工程网络展览实施方案》，组织召开南水北调系统网络宣传工作会议，组织征集网络展览相关作品，扎实开展作品征集、内容审查、展区设计及系统网站群建设等相关工作，举办工程网络展览暨网站群开通仪式，正式对外发布，生动形象地展现了南水北调工程建设形象。中央新闻媒体对此次活动进行了报道。

河南省南水北调办成功组织了“网络媒体南水北调河南行”活动，深入报道基层干部群众“舍小家、为国家”的感人事迹，生动展示河南人民平凡之中的伟大追求、平静之中的满腔热血、平常之中的极强烈的责任感，推动形成全社会共同关心南水北调工程，积极支持中原经济区建设的良好舆论氛围。

三、媒体采访

（一）媒体采访制度

结合南水北调工作实际，出台了《国务院南水北调办新闻宣传工作管理办法》。该办法规定建立新闻采访协调制度。综合司负责受理和协调组织新闻媒体对国务院南水北调办的采访。

做好涉外媒体管理工作。为迎接北京奥运会、残奥会，国家对涉外媒体采访管理政策进行了调整。为做好奥运期间的新闻宣传工作，结合国务院颁布的《北京奥运会及其筹备期间外国记者在华采访规定》，国务院南水北调办印发了《关于实施〈北京奥运会及其筹备期间外国记者在华采访规定〉有关问题的通知》，对有关涉外宣传工作进行部署，还编制了《北京奥运会及其筹备期间南水北调工程建设宣传工作预案》。根据国家有关外国、台湾和港澳记者采访管理工作的政策，拟定并印发《关于外国、台湾、香港和澳门记者采访南水北调工程有关工作的通知》，对有关工作提出明确要求。

（二）媒体采访工作

2005年组织安排20余次媒体来访，其中包括英国BBC、挪威电视台、日本共同社、法国《费加罗报》等涉外媒体，安排中央电视台、中央人民广播电台采访近10次。2006年接待14次媒体来访，包括澳大利亚《金融评论》、日本NHK电视台、韩国MBC摄制组、英国《WALL TO WALL》电视制作公司、《今日美国报》《华尔街日报》等涉外媒体6次，安排《人民日报》《经济日报》《科技日报》《中国财经报》采访8次。2007年，组织安排接待23次媒体采访，其中，包括美国《纽约时报》、欧洲新闻图片社、澳大利亚广播公司、路透社、英国广播公司（BBC）、法国《观点周刊》、日本《读卖新闻》等涉外媒体采访13次，安排中央文献研究室、中央电视台、中国国际广播电台等国内媒体（单位）采访10次。2008年安排接待了中央电视台、美国《华尔街日报》、美联社等机构采访。2009年接受了英国路透社、英国独立电视新闻、英国广播公司、英国《金融时报》、荷兰《金融日报》、芬兰《赫尔辛基新闻报》、瑞士德语广播电台、《科技日报》、中央电视台等单位采访。2010年接到西班牙独立电视、英国天空新闻频道，2011年接到英国广播公司、西班牙加泰罗尼亚电视台、路透社等12家外国媒体采访。2012年共接到瑞士国家广播电台、香港《文汇报》《人民日报》、中央电视台、《楚天都市报》等30余家媒体近50次采访申请。

2013年和2014年，东、中线一期工程先后建成通水，媒体采访量达到最高峰。2013年接待媒体采访51家，其中，国内媒体43家，国外媒体8家，协调有关单位接待安排，发布正面声音。2014年，东、中线一期工程全面通水，采访量空前，安排接待媒体采访98次，客观报道了南水北调工程情况，为工程通水营造了舆论氛围。

各省（直辖市）南水北调环保机构、移民机构和企业、法人单位也制定了新闻采访接待规定，准备相关背景资料，成功接受了各级媒体采访。

四、信息工作

（一）加强信息上报工作

为加强与中央领导机关的信息沟通，经向中央办公厅、国务院办公厅备案同意，建立了信息报送制度，报送《信息专报》，印发《南水北调简报》，及时反映南水北调工作动态，发挥信息在国务院南水北调建委会成员单位之间沟通情况、凝聚共识、促进工作的作用。2008年向中央办公厅、国务院办公厅报送《信息专报》25期，使南水北调工程建设的热点难点问题得到及时反映。2010年，向上报送专报21期、简报13期、特稿专稿4件，被国务院《昨日要情》、国务院办公厅秘书局等采用。2011年之后，向中央办公厅、国务院办公厅报送《信息专报》《南水北调简报》数量大幅增加，其中，《信息专报》69期，《南水北调简报》40期，其汇报工作、交流信息的作用得到充分发挥。

（二）做好舆情分析工作

对社会有关敏感内容的报道进行摘编，编印《近日媒体关注》，供领导决策参考。国务院

南水北调办负责人多次作出重要批示，为开展有针对性的宣传工作指明了方向。2005 年编印 87 期，涉及媒体 300 多篇报道。2006 年编印 63 期，涉及报道 200 多篇。2007 年编印 102 期，涉及报道 115 篇。2009 年制发 56 期。2010 年制发 57 期。2011 年 63 期。2012 年 38 期。2013 年 44 期。2014 年 68 期。2015 年编制 54 期。

结合工作实际，每月编制《南水北调舆情摘要》，统计每月与南水北调相关的新闻报道数量，分析新闻量走势，研究媒体类型分布变化，对网络类媒体信息、平面媒体信息、新闻转载情况进行分析，并按月摘录当月重点信息做好舆情分析。自 2016 年 1 月 1 日起，委托新华社舆情监测分析中心每日报送《南水北调舆情日报》，及时掌握舆情，为领导提供参考。针对突发网络舆情，做好《南水北调网络舆情》整理分析，为领导决策、舆论引导提供了参考和依据，为南水北调工程建设营造良好舆论氛围。

重点收集全国“两会”代表、委员的建议和提案，开展舆情收集工作。结合工作进展，加强网络舆情监控，随时进行分析研判，进一步增强舆情引导的针对性和实效性，为国务院南水北调办机关提供及时、准确的媒体舆论动态。

（三）及时公开相关信息

按照党中央、国务院有关政务公开以及加大政务信息发布力度的要求，组织制定了《国务院南水北调办政务信息公开管理办法》，编制了与其配套的《政务公开目录》，组织开展了南水北调工程建设的政务信息公开工作。协调机关各司、直属各单位，及时发布工程建设、征地移民、治污环保、文物保护等工作信息，满足社会公众的信息需求，做到了有关南水北调工程建设的大政方针、相关法律法规与规章制度、工程建设进展、招投标、水质等政务信息及时公开，主动向社会提供信息。政务信息的及时公开发布，不仅向社会提供权威信息，而且也满足了社会大众对南水北调工程的信息需求。研究提出国务院南水北调办加强综合政务信息工作的意见，下发各有关单位执行。组织起草《加强政务信息工作的通知》，对各项目法人和各省（直辖市）南水北调办事机构简报报送、信息专报、网站开设等工作提出要求。各项目法人和省（直辖市）南水北调办事机构、环保机构、移民机构也及时开通了门户网站，及时向社会发布工程进展信息。

建立完善南水北调机关政府信息公开工作的制度、流程和范本，及时公开相关信息，树立国务院南水北调办的良好形象。妥善处理政府信息公开申请，几年来未发生政府信息公开工作领域内的行政诉讼、行政复议案件。

通过生动形象的方式，进一步增强南水北调门户网站的吸引力、亲和力。网站对各类工程信息以图表、音频、视频等方式予以展现，使信息传播更加可视、可读、可感。拓展网站互动功能，围绕重点工作和公众关注热点，公布了工程项目举报、新闻联络采访、信访电话、信箱等，并确保公开的电话有人接、及时答复公众询问。完善网站服务功能，设置工程招标专栏，将群众关心的招标公告、评标结果公示、中标结果及时公开，确保公众能获得便利的在线服务。

（四）促进信息收集工作

在南水北调系统建立简报报送制度，督促各项目法人、各省（直辖市）办事机构环保机构、移民机构都建立了简报报送制度，做好简报编发工作。在项目法人、勘察设计、施工、监理、质量监督等单位中均明确了专门信息员，建立广泛的信息网络，并及时报送简报。建立并实施每季度政务信息通报制度，促进各单位加强信息报送工作。

加大对各地区、各单位情况的反映力度。及时研究并转报各地区、各单位重要信息，做到重要信息不漏报、不迟报。加强工作研究，开展有针对性地约请信息，满足国务院南水北调办负责人、机关各司对重要信息的需要。通过编发《南水北调简报》《信息专报》，在中国南水北调网站发布等方式，对各地区、各单位报送的重要信息进行编发、转发、摘发，扩大其积极影响。

五、政策法规及普法工作

按照“三定”规定，综合司负责组织起草南水北调工程建设有关法规草案和会议文件；组织研究、拟定南水北调工程建设有关政策和管理办法；组织、督促实施机关有关规章制度等。为做好有关政策法规及普法工作，综合司努力做到成为“一个支撑”，做好“两个衔接”，积极发挥在政策法规方面的作用。

（一）加强政策法规基础工作研究，成为政策法规工作的支撑

在2004年提出国务院南水北调办立法对策建议基础上，先后编印了《行政立法相关资料汇编》《相关业务法律法规汇编（国家法律卷、行政法规章规卷和地方法规规章卷）》等4本资料汇编，供办领导和机关各司工作参考。在此基础上，对国务院南水北调办制定管理制度涉及的名称、内容格式、制定程序及有关要求等提出规范性的建议。

（二）做好拟出台制度与现有法律法规制度之间的衔接

结合南水北调工程建设业务工作，就有关法规、办法制定提出意见建议，如《南水北调工程建设资金管理办法》《南水北调工程完工项目运行管理与维护养护办法》《南水北调工程建设市场主体信用管理办法》《南水北调工程安全事故应急预案编制导则》《南水北调供用水管理条例》《南水北调干线工程征迁安置验收办法》《南水北调工程征地移民档案管理办法》《南水北调中线一期工程丹江口水库建设征地补偿和移民安置验收管理办法》《南水北调工程建设质量问题责任追究管理办法》等规章及规范性文件的审查工作。

按照国务院办公厅要求，协调国务院南水北调办机关各司做好面向南水北调系统的规章及规范性文件清理工作，将清理结果报国务院，现行有效的规章和规范性文件通过网站向社会公布。为服务和保障工程建设，编辑出版南水北调工程规章汇编。做好国务院法制办公室的有关法律法规征求意见工作、全国普法办公室布置的有关工作。承担完成国务院法制办公室有关法律法规草案征求意见的反馈工作。

（三）承担南水北调系统法制宣传教育工作

在工作中，以普法为抓手，以提高依法行政、依法管理、依法建设水平为目的，积极推进“法律进工程”活动的开展。制定了《国务院南水北调办“五五”普法工作实施意见》。该实施意见明确要在学习宣传宪法和经济社会发展相关法规基础上，加强工程建设相关法律法规的学

习，着力营造依法行政、依法建设、依法管理、依法办事的工程建设氛围，确保实现“工程安全、资金安全、干部安全”的目标。各项目法人单位和部分省（直辖市）南水北调办事机构制定了“五五”普法工作实施方案（规划），建立了普法工作领导机构。

国务院南水北调办结合工程建设实际，向直属事业单位、沿线办事机构和各项目法人印发《关于开展“法律进工程”活动的通知》，以此作为南水北调“五五”普法重点工作把“法律进工程”活动与文明工地创建活动结合起来，共同构建规范有序、和谐协调的建设氛围，着力加强建管单位、参建单位等工程建设一线法律普及教育工作，使其真正深入到工程中去，为工程建设营造良好的法制环境。组织了“法律进工程”知识竞赛，南水北调东、中线一期沿线7省（直辖市）南水北调办事机构、各单项工程参建人员（主要是管理和技术人员）5500余人参加了竞赛。竞赛的内容以《宪法》《刑法》《水法》《防洪法》《水污染防治法》《招标投标法》《合同法》《安全生产法》《建筑法》《建设工程质量管理条例》《文物保护法》《统计法》《档案法》等与工程建设紧密相关的法律法规以及南水北调工程建设管理制度相关内容为主。通过知识竞赛活动，进一步调动了各单位普法积极性和参建个人学法的积极性，促进了参建人员学法、知法、懂法、用法，建管单位依法建设、依法管理意识明显增强。中国南水北调网开设“法律进工程”专栏，及时发布活动有关文件、会议精神和最新动态，取得了一定宣传效果。国务院南水北调办组织开展的“法律进工程”活动得到全国普法办的好评和关注。各项目法人及工程沿线省（直辖市）南水北调办事机构高度重视，加强领导，积极行动，分别制定具体活动方案，通过多种形式开展法制宣传活动取得实效，促进了南水北调各项目现场依法管理和依法建设，营造了良好的施工环境，有力促进了工程建设。

紧紧围绕南水北调建设中心工作，在已建立的普法工作格局下，加大普法工作力度，先后研究制定南水北调系统“六五”、“七五”法制宣传教育工作规划，安排部署普法工作。

一是紧紧围绕南水北调工程建设中心工作，在已建立的普法工作格局下，加大普法工作力度，促进工程建设和通水运行。二是坚持“贴近工程、贴近一线”的原则，利用宣传信息工作及时总结和交流普法工作经验。三是以“法律进工程”活动为抓手，加强对普法工作的指导和督促，促进工程依法管理和依法建设，增强工作人员的法律意识。四是做好日常法制宣传工作。结合“12·4”法制宣传日等活动，通过张贴橱窗宣传画等手段，营造浓厚的守法氛围。

第三节　文　化　建　设

一、总体情况

南水北调系统在做好新闻宣传的同时，高度重视文化建设，积极推进南水北调精神宣传、文化宣传、形象宣传。文化是非常广泛的概念，既是一种社会现象，是人们长期创造形成的产物，又是一种历史现象，是社会历史的积淀物。南水北调工程不仅要成为物质形态的工程，更要形成精神形态的文化。作为南水北调文化建设的主力军，南水北调系统各单位宣传工作部门积极发挥主导作用，把推动文化建设作为重要任务，以宣传南水北调精神和文化为中心，大力加强普及传播工程文化知识，联合社会文学、艺术团体，加强文化宣传，推进文化创新，对扩大南水北调工程在社会上的积极影响，争取更多的社会资源关心和支持南水北调工作，为又好又快建设南水北调工程创造良好的社会环境和外部条件等都发挥了非常重要的作用。

纵览古今中外，人类历史上的伟大工程、建筑不胜枚举，然而真正能够为世人熟知称颂的，大多借助文学作品之力得以流芳千古。伟大的工程为文学、艺术传作提供了素材与灵感，经典的文学、艺术作品又赋予了工程新的生命力，赋予了工程更加深刻的文化魅力。只有让创作灵感与工程建筑相互碰撞，才能闪耀出具有时代精神的文化火花，相得益彰。

南水北调工程是党中央、国务院根据经济社会发展需要，优化我国水资源配置作出的重大决策，是有效缓解北方水资源严重短缺的战略性基础设施，是事关发展全局和保障民生的重大工程。正因如此，这片沃土为文学、艺术创作提供了素材与灵感，为社会主义文化大发展、大繁荣提供了广阔的平台。南水北调工程是一座物质丰碑，更是一座体现时代特征、民族精神的文化丰碑。南水北调是一座文化的富矿，值得挖掘、探寻和解读。十余万建设者长期奋战在工程一线，丹江口库区 34 万余移民舍家为国、扎根他乡，数万名移民干部默默工作、无私奉献，20 余党员干部为此付出了宝贵的生命。同时，南水北调工程穿越中华文明的主要发祥地，文化遗产厚重，长江、黄河千年的历史文化与数千里的生态自然景观珠联璧合，形成南水北调工程独有的自然人文景观文化。南水北调工程蕴含的人文精神与文学气息，为文学、艺术创作提供了不竭的灵感与源泉，也激发了广大文化、艺术创作者的热情与激情。

南水北调文化建设紧密围绕以下三个方面开展工作：①真实记录南水北调工程建设、征地移民、治污环保、文物保护等工作历程，展现南水北调工程科学建设、和谐征迁、注重生态的理念；②全面反映南水北调工程建设者、移民干部、移民群众的奉献精神，讴歌南水北调精神；③利用社会文化、文艺、影视等资源优势，通过专业人员、设备及制作经验，确保资料的质量和价值。

为做好南水北调文化的宣传工作，南水北调系统宣传部门主动策划，开展了一系列重大宣传项目。通过组织文学、艺术工作者走进工程、深入基层，挖掘素材，创作出版了一系列影视作品、报告文学、小说、诗歌、散文、通讯等文学体裁的深度作品；征集创作一批反映南水北调主题的歌曲、小品、戏曲等文化作品，并评选出精品，进一步推向社会增强影响；创作制播南水北调题材的公益广告，加强面向社会的科普宣传；组织编制颁布南水北调生态文化旅游产业带规划纲要，以南水北调工程为依托，融合工程周边富集的文化、旅游资源，着力打造生态优美、文化丰富、景色诱人的生态文化旅游长廊；此外，还通过南水北调的标语标牌制作，设计和推广应用南水北调形象识别系统，突出工程特色，展现工程良好形象。

南水北调文化建设，在南水北调系统的共同努力下，在社会文化、艺术、宣传系统的大力支持下，紧密结合工程建设、征地移民、治污环保、文物保护、科技创新等方面的工作亮点，深入挖掘，用心感受、用心描绘，编创出了一批反映南水北调工程形象，展现建设者风貌、富有时代特色和生活气息的文艺作品，全方位、多层面展示南水北调工程的风采，扩大工程的社会认知度和影响力，为南水北调工程营造良好的建设氛围、舆论支持、精神动力和文化条件。

二、影视作品创作

影视是现代科学技术和现代生活方式发展到一定阶段的综合艺术。20 世纪以来，影视从无声到有声，从黑白到彩色，从平面到立体，从宽银幕到全息，从模拟化到数字化，都伴随着物

理学、电学、光学、声学、化学等科学技术的最新成就而进步。影视作品以一幅幅形象生动的画面配合声音和音乐的伴奏，记录着一个个珍贵的历史瞬间，并通过蒙太奇的方式将一个个定格的画面串联起来，将近景远景有机结合，细节和宏观完美统一，使表达形式更加直观、细致、生动，可观赏性、可接受性强，受众对象也更加宽泛，影视作品已经成为深刻地改变人类生活方式和审美方式，当今世界影响最大、受众最多的艺术门类。

南水北调工程规模浩大，点多、线长、面广，东、中线一期工程包含单位工程2700余个，不仅有一般水利工程的水库、渠道、水闸，还有大流量的泵站，超长、超大洞径过水隧洞，超大渡槽、暗涵等。东、中线一期工程涉及北京、天津、河北、江苏、山东、河南、湖北7省(直辖市)，全长2899km。除了工程建设以外，还涉及征地移民、治污环保、生态建设、文物保护等众多领域。工程历史久远，从提出设想到工程完工整整跨越了半个多世纪。因此，只有通过影视作品的创造才能把规模如此宏大、时间跨度如此久远的工程有机地整合起来，以很好的艺术表现形式真实记录工程从规划到建设完工整个过程中发生的一件件真实感人的故事，把工程从一幅幅图纸变成一座座单项工程建筑设施，再到纵贯华夏大地的千里水脉，由小到大，由近及远，从过去到现在，再到未来，把不同空间、不同时间的定格画面整合成为一部鸿篇巨制，直观地呈现在观众面前，给观众留下深刻的印象，其宣传效果必定是深入人心的，而且是影响深远的。

南水北调系统上下高度重视影视作品的创作，将其作为南水北调宣传和文化建设的重要内容加以组织实施。在工程建设过程中，各级部门高度重视影像资料的留存，凡涉及重大项目开工、完工、竣工验收，重要会议，移民搬迁，文物发掘，水污染治理等重要活动和事件，都全程摄影摄像，留下珍贵的历史画面和瞬间，为影视作品的创作留下最原始的资料。建设期间，国务院南水北调办、中线建管局还多次组织对东、中线工程进行航拍，沿着正在施工建设的东、中线渠道从空中俯瞰工程建设的形象面貌，拍摄纪录这一宏大的工程布局由设想成为现实的过程，特写一个个巨型建筑物从图纸跃然于神州大地的风采。在影像资料留存的基础上，南水北调部门、沿线地方政府等积极与中央和地方电视台合作，创作了一批反映南水北调工程建设或以南水北调工程为背景的纪录片、电影、电视等影视作品，题材涉及南水北调工程介绍、实况纪录、情景再现、专家人物访谈、移民故事等内容，既有知识性、趣味性为主的纪录片，又有真实感人、催人泪下的电影、电视剧。这些南水北调题材的影视作品在社会上引起了强烈反响和共鸣，不仅对当代人起到了很好的宣传效果，而且为子孙后代留下了一笔宝贵的精神财富。

(一) 南水北调宣传片

南水北调工程自开工建设以来就受到全世界的广泛关注，为了满足社会各界对工程认识的需求，国务院南水北调办于2005年、2009年分别组织制作了两批南水北调宣传光盘，并成为南水北调工程对外宣传的重要媒介和载体。几年来，通过分发、赠送等形式，向社会人士、新闻记者、外国客人等全面介绍南水北调工程情况，起到了非常好的宣传效果。随着工程建设不断推进并接近尾声，各项工作都已取得巨大进展，各项数据都有较大变化，建设场面日新月异，2013年又组织对原有宣传片的内容进行了修订更新。

1. 第一批宣传片

第一批宣传片摄制于2005年，工程刚刚开工建设不久，对工程建设的内容介绍和画面相对较少，主要从工程的背景、规划历程、工程布局、开工建设、建设管理、工程效益等方面做了较为详细的介绍和说明，比较清晰地展现了南水北调工程的历史背景、整体情况和发展脉络。

2. 第二批宣传片

第二批宣传片摄制于2009年，工程建设已经初具规模，治污环保、征地移民、文物保护等各项工作也已全面展开，部分工程建成并开始发挥效益，配合工程建设取得的进展和成效，国务院南水北调办及时对宣传片进行了更新和完善。

全片分片头，历史与工程论证，工程概况，现状、远景与展望，结尾五个部分。

第一部分，片头。配合恢宏的交响乐和航拍南水北调工程波澜壮阔的工程段，集中展现工程的宏大场面，给人以震撼的视觉效果。

第二部分，历史与工程论证。首先用黄淮海流域现代化的大都市，快节奏的工农业生产，欣欣向荣的生活，忙碌的人群以及市民的用水镜头和停水时居民排队打水的画面，反映南水北调受水区黄淮海流域经济社会的快速发展和水资源短缺的严峻形势，用快节奏的画面和详细的解说词勾勒出了南水北调工程建设的原因和背景。随后，画面回到1952年，毛泽东主席在黄河岸边提出了南水北调的伟大设想，而后，邓小平、江泽民、胡锦涛历届党和国家领导人对工程高度重视，广大科技工作者在50多年的时间里不断研究论证，激烈争论，最终于2000年确定了东线、中线、西线调水的实施方案。

第三部分，工程概况。主要结合工程三维演示图，分别介绍了东线工程、中线工程和西线工程的规划布置和线路走向等基本情况，全面展现南水北调三条调水线路与长江、黄河、淮河和海河四大江河的相互联系，构成我国水资源“四横三纵、南北调配、东西互济”的总体格局。

第四部分，现状、远景与展望。首先从工程开工讲起，配合人民大会堂和工地现场的开工画面，并着重介绍了国务院南水北调建委会领导及对工程的关心和指示。随后配合关键项目丹江口大坝加高、穿黄、黄羑段、京石段、兴隆枢纽等工程画面，解说工程的资金规模、土石方量等，集中展现工程的宏大、复杂。紧接着，通过三维示意图对南水北调工程的建设管理体制作了详细介绍。然后，分别对工程建设、治污环保、征地移民、文物保护等方面进行了具体而详细的介绍，集中展现了南水北调开工建设以来，全系统在各方面所开展的工作和取得的成就。最后，通过南水北调工程部分项目建成并发挥效益的场景，东线、中线、西线三条线路工程建成通水的模拟展示，工程受水地区涉水的主要自然景观以及人与自然和谐相处的场景，重点讲述了工程通水以后巨大的经济、社会和生态效益。

第五部分，尾声。伴随优美的画面和舒缓的音乐，展望着南水北调工程的未来，在中央的领导下，一个跨世纪的伟业将于几年后完工。曾经吹绿了江南岸的春风，今后也会被南来的江水挟着，流淌在北方人民的身边。

3. 第三批宣传片

随着工程建设不断推进，工程建设场面日新月异，东线一期工程于2013年建成通水，中线穿黄工程、沙河渡槽、湍河渡槽等特大型建筑物陆续完工，并于年底实现全线贯通。在工程建设、质量监管、征地移民、水质保护等各方面都有创新发展并取得了重大成就。国务院南水北调办又组织在原来宣传片的基础上进一步补充完善，力求全面真实地展现工程建设的宏大场

面和突出成就。

全片共分七节。

第一节，用生动的画面和翔实的数据对比，突出反映我国北方地区缺水的严峻现实，缺水已经成为了北方地区经济社会可持续发展和生态文明建设的重要瓶颈，如何解决日益严重的生态环境危机引起世人深思。

第二节，从1952年毛泽东主席提出南水北调的宏伟设想开始，按照时间顺序，全面讲述了工程从提出到研究论证，到规划批复的整个历程，再现了南水北调规划论证秉承的认真、严肃的科学精神和所经历的艰难和不易。同时，通过三维影像，介绍了东线、中线、西线三条调水线路的基本布置情况。

第三节，从工程开工建设讲起，首先介绍了国务院南水北调建委会的基本情况和历届领导；随后结合浩大的工程建设场面，配合工程土石方量、混凝土量、施工人数等数字介绍，烘托出工程建设的宏大性、复杂性和艰巨性。完成如此艰巨的工程建设任务，有科学有效的建设管理体制，有质量监管的创新举措，有技术攻关的一系列创新，确保了工程优质高效地建设完成，攻克了一个个世界性的技术难题。

第四节，主要讲述了东线水污染防治取得的巨大成就和中线水源保护所开展的一系列工作。通过东线治污前后水体画面的对比，数字的诠释，再现了那一湖“酱油”、曾一度鱼虾绝迹的南四湖重现生机和活力，创造生态奇迹的艰难历程。通过丹江口库区及上游水污染防治和水土保持两期规划的实施，确保了丹江口水库水质长期保持Ⅱ类标准，青山绿水的优美画面将水源地良好的生态环境展现在眼前。

第五节，着重讲述了库区移民的基本情况。用一幅幅移民搬迁的画面，全面介绍丹江口库区移民的规模、强度和工作的艰难。用移民前后生活条件的变化情况，着重讲述了南水北调移民政策充分保障移民的生存权与发展权，尽量为移民创造新的生产、生活条件，体现了新时期移民政策以人为本的基本理念。

第六节，结合忙碌的考古镜头、重要的文物画面，以及遇真宫加高实景拍摄和动画演示，着重介绍了南水北调工程建设对历史文化的充分尊重和保护。工程建设中，重要的文化遗存和文物得到妥善保护，考古发掘成果丰硕。

第七节，通过工程布局的模拟展示、已建工程的宏大镜头，以及通水以后的滚滚浪花，解说用舒缓的语气向大家述说着工程通水以后将给沿线带来的巨大社会效益、经济效益和生态效益。南水北调，这一古往今来最为恢弘最为浩大的水资源配置工程，必将凝聚起时代的自信与力量，推动中国走向生态文明，走向现代化，为实现民族复兴的“中国梦”做出重要贡献。

（二）南水北调纪录片

纪录片是以真实生活为创作素材，以真人真事为表现对象，并对其进行艺术的加工与展现，以展现真实为本质，并用真实引发人们思考的电影或电视艺术形式。纪录片的核心为真实。

南水北调工程建设是最真实的过程，最需要体现的也是真实。作为一个世界上规模最大的调水工程，它是在图纸上一笔笔勾勒出来的，是由一个个数据计算出来的，是由一方方混凝土浇筑起来的，是由一根根钢筋绑扎起来的，是由移民的一步步脚印铺垫起来的，是由广大建设者数十载挥汗如雨的时光凝结起来的。因此，纪录片是南水北调工程建设历程展现的最好宏观表现形式，将一幕幕真实的瞬间，一个个感人的故事，一段段激情的岁月原原本本地留存下来，再通过适当的艺术加工，将这些影像资料串联整合，通过巧妙的组合成为一部部形象生动的视频材料，突出反映南水北调工程建设的艰辛，展现工程建设的宏大场面，以及工程完工后巨大的社会、经济和生态效益。

南水北调系统、沿线地方政府以及有关新闻机构在工程建设过程中组织拍摄了多部反映南水北调工程建设、征地移民、工程效益等方面的纪录片，如国务院南水北调办组织摄制的《水脉》，《王品兰移民记》《东线水事》《遇真宫重生记》，湖北省十堰市组织摄制的《南水北调中线大移民》以及山东广播电视台组织摄制的《脉动齐鲁之南水北调的故事》，Discovery 探索频道组织摄制的《建筑奇观　南水北调》等。

1.《水脉》

由国务院南水北调办和中央电视台联合摄制的 8 集大型高清文献纪录片《水脉》，以南水北调工程为主线，全面系统介绍南水北调工程实施背景、前期论证、建设历程、技术创新、征地搬迁、移民安置发展、文物保护、水污染治理和水质保护、工程效益等方面的情况，同时贯穿了对世界、中国水资源状况和国内外水利工程的介绍，贯穿了对水与人类文明发展以及中国治水历史的回顾，贯穿了对水与人类生产生活密切关系的深入思考，充分体现了南水北调工程的重要性、必要性和可行性，充分展现了南水北调工程建设取得的巨大成就，充分展望了南水北调工程的巨大效益和重要作用。

《水脉》贯穿“国家叙事”“历史叙事”两条主线，站在国家和民族发展的高度去看待南水北调工程，站在全球的视野去看待南水北调工程，展示了几代中国人为实现我国水资源合理开发利用所做出的不懈努力，充分体现了国家的伟大，人民的伟大，南水北调工程的伟大。用历史的眼光来看待南水北调工程，传承和体现了我国人民改天换地、艰苦奋斗、百折不挠、自强不息、奉献牺牲的伟大民族精神，同时又引发当下的人们深入思考，促使人们更加关注水资源与人类生存发展的内在关系，更加珍惜爱护来之不易的水资源。《水脉》既有对宏大决策部署的反映，又有对局部施工场面的特写；既有对政府领导、专家学者的采访，又有对陈建国、王品兰等普通建设者、移民群众工作生活的真实记载；既驻足现实，又追溯历史，关照未来；既立足中国，又放眼全球。全片共分八集，涵盖了南水北调论证历史、建设历程、技术创新、移民迁安、文物保护、环保治污、综合效益等方面的情况。由于工程进度的不可复制性，它称得上是一部当代中国的“影像工程”。

第一集，通过回望人类文明的起源，展现人与水息息相关的历史，通过实景拍摄中国北方地区江河干涸的实景场面和采访国内外著名水资源专家，反映人类社会正在面临一场日益严峻的水资源危机。纵观全球，调水已经成为世界各国解决缺水地区水资源供需矛盾和水资源空间分布不均的有效措施，建造南水北调工程、构建中国大水网的世纪梦想呼之欲出。

第二集，世纪梦想。通过长江、黄河的镜头切换，从孙中山的《实业计划》到毛泽东提出南水北调工程的伟大构想，通过不同时空图像的巨大转换，营造出南水北调工程提出的时代大背景。从丹江口大坝的规划实施，到南水北调工程规划的启动，勘探、论证一直到工程的开工建设，通过采访南水北调工程规划的亲历者、有关专家、官员，配合历代领导人关心指导南水北调的实况画面，专家论证会议的场景，实地勘探的录像，以及东线、中线、西线三条规划调

水线路的动画示意等，将南水北调这一世纪构想一步步成为现实的历程跃然眼前，追古朔今，给观众留下深刻的记忆和印象。

第三集，纵横江河。通过对穿黄工程、丹江口大坝加高、东线大型泵站群、中线大型渡槽等的介绍，通过采访设计、施工等工程技术人员，配合现场施工画面，以及模拟动画的展示等，科普性地介绍这些工程的技术难度和科技创新，南水北调工程建设者如何发挥聪明才智，克服一道道技术难关，让一些不可能完成的任务成为了现实，创造了一项项世界性的纪录，集中展示了南水北调建设者不畏困难、勇于探索、开拓创新、艰苦奋斗的时代精神，正是凭着数十万建设者的努力，才让南水北调这一新时代的人工大河穿越了黄河，穿越了大山，穿越了历史，让世纪构想成为了华夏大地上宏伟壮丽的建筑奇观。

第四集和第五集，题目分别是“告别家园”“他想故乡”。主要反映南水北调丹江口库区30多万移民艰难的搬迁经历和感人故事，同时反映了在社会主义现代化建设的过程中，各级政府如何组织配合，完成了这一号称“天下第一难”的国家行动，实现几十万移民和谐搬迁、安居乐业和可持续发展。纪录片通过移民搬迁过程的真实镜头纪录，移民采访并结合移民代表的真实故事，以小见大地展现了30多万移民搬离故土的宏大场面和细致入微、感人至深的移民故事，集中反映了广大移民群众舍小家、为国家的高尚品质和崇高情怀。通过移民干部、各级政府领导的采访，移民政策的介绍，移民新村和故居的实景对比，移民心声的采访等，真实纪录了党和政府视移民为亲人，在政策上、经济上、生活上、情感上都给予悉心关怀和照顾，让移民摆脱生活的困难、情感上的损伤，平稳度过阵痛期，在新的家园安居乐业、发展致富的真实过程。

第六集，国宝新生。以中线丹江口水库淹没区的武当山遇真宫抬升为切入点，再现了南水北调工程文物保护这一继三峡工程之后中国又一项规模宏大的文物拯救行动。纪录片全程拍摄记录了遇真宫抬升加高的场景，通过采访文物保护方面的专家、官员，介绍了南水北调工程所涉及的文物保护规模和措施，做到了文物保护与工程建设同步进行，体现了南水北调工程对历史文化负责，对子孙后代负责，对国家和人民负责的崇高精神，是现代工程尊重文化、保护遗址的典范。

第七集，激浊扬清。重点介绍了南水北调东线治污措施及取得的巨大成效，以及中线水源区如何实现生态建设与经济社会协调发展。全集通过东线治污工程实施前后东线沿线河道、湖泊的对比图像，鲜明显现出东线十年治污取得的积极成效，南四湖由一滩死水、臭气熏天的酱油湖变成了碧波荡漾、鱼鸟成群的生态湖泊，通过采访沿线的老百姓谈切身感受和体会，通过访谈沿线地方环保部门官员和东线治污规划编制的负责同志，介绍东线治污采取了哪些措施，甚至以壮士断腕的慷慨气势艰难地攻克了东线水污染难关，确保了东线通水前水质达到Ⅲ类标准。中线丹江口库区通过访谈地方政府领导，介绍如何通过发展生态农业和生态产业等实现生态效益与经济效益的双赢，确保中线水源水质长期稳定达标。集中展示了南水北调工程所包含的尊重自然、顺应自然、保护自然的理念，工程的实施对促进沿线地区生态环境改善、促建“美丽中国”的巨大作用。

第八集，上善若水。以南水北调中线工程的终点北京颐和园为切入点，通过分别采访北京、天津、河北、江苏、山东、河南、湖北7省（直辖市）政府的领导和相关部门负责人，介绍南水北调工程的实施对各省（直辖市）带来的巨大影响，各地方和相关部门将如何利用好这远调而来的宝贵水资源，与当地水源合理配置，有效遏制对生态用水的挤占，保障工农业生产的持续发展和促进生态环境的改善。南水北调这一功在当代、利在千秋的世纪工程必将成为干涸的北方地区的生命之泉，承载着上亿华夏儿女继续在神州大地上生存繁衍的重任。

全片以震撼的镜头、宏大的场面从历史视角、国际视野、国家责任见证了南水北调这一气壮山河的英雄壮举，用厚重的历史展现中华文明的深厚根基，用周密的决策、科学的论证传导“为民谋福祉”的执政理念，用生动的故事、打动人心的细节讲述中国故事、传播中国声音，强调了工程所承载的历史使命和重大意义，充分展示了中国力量、民族力量、制度力量，凸显了社会主义集中力量办大事的优越性。《水脉》让看不见的水脉被世人看见；《水脉》让容易被遗忘的历史被重新记起；《水脉》让冰冷的钢筋混凝土变成充满温度和热情的民生民心工程；《水脉》让断裂的历史片断串联起文明的脉络。

为配合中线通水宣传，尤其是东中线全面建成通水该纪录片于2014年10月在央视1套、2套、4套、10套等频道陆续播出，而后又陆续在南水北调沿线各省（直辖市）电视台播出。播出以来，有上亿观众观看，在社会各界和国内外引起强烈反响。舆论称赞《水脉》在弘扬中国精神、凝聚中国力量的同时，大大增强了人们的民族自信心、自豪感，深切感受到国家综合实力的提高，是一部践行和实现“中国梦”的生动教材。国家新闻出版广电总局发文将《水脉》入选2014年第四批优秀国产纪录片。

2.《王品兰移民记》

《王品兰移民记》是记录南水北调丹江口库区移民搬迁过程的专题纪录片，由国务院南水北调办委托中央电视台制作。南水北调中线水源地丹江口库区有34.5万群众需要移民搬迁安置。为真实记录丹江口库区移民搬迁安置的过程，中央电视台科教频道（CCTV-10）专门抽调骨干人员，历时9个月，对河南省南阳市淅川县移民王品兰及其全家的搬迁过程进行了全方位的拍摄，制作了《王品兰移民记》专题纪录片，并于7月9日、10日通过《讲述》栏目连续播出。

河南省淅川县仓房胡坡的南水北调移民就要开始了，乡村代课教师王品兰心事重重，她担心未来她到了新的移民定居点后，还能不能做一名代课教师。她的婆婆担心和女儿离得太远，但同时他们也有憧憬，对未来的新家以及孩子的学业。在端午节即将来到的时刻，一家人聚在一起，享受着一份美好的亲情。等待已久的搬迁开始了，这是一个激动人心的场景。胡坡160个家庭，648个人，在清晨离开故乡，踏上了去往新乡辉县之路。在辉县，王品兰没有选择继续任教，她觉得自己的路更加广阔，她进了当地最大的超市做了一名理货员，女儿也在村里的小学上了学，移民们的生活逐渐丰富多彩起来。

全剧真实记录了一位普通移民的真实心路历程和经历，反映了移民搬迁前那种对亲情的难舍，对故土的难离，对生活的忧郁，对未来的彷徨和期待的复杂的心理状态，最后还是经过激烈的思想斗争，排除了各种忧虑和不安，走上了搬迁的征程。以小见大地展现了广大移民群众舍小家、为国家的无私奉献精神。同时，通过王品兰搬迁前后真实生活工作状况的记录，反映了党和政府高度重视移民的搬迁和后续发展，在搬迁过程中充分尊重移民意愿，完善移民政策，多种形式给予支持，确保广大移民群众搬得出、稳得住、能发展、可致富。节目播出以后，让全国人民能够更加真实地了解这一当今中国最大移民行动的真实故事，也在广大移民群众中引起了共鸣，反响很好。

3.《东线水事》

为迎接南水北调东线一期工程通水，国务院南水北调办中央电视台现场采访录制了系列专题纪录片《东线水事》，共四集，题目分别是《水往高处流》《源头治污》《解困山东》《湿地的功劳》，于2013年10月在央视科教频道（CCTV-10）《走近科学》栏目播出。

第一集《水往高处流》讲述了工程如何克服落差将长江水调往北方，以及如何克服工程建设过程中遇到的技术难题。全片首先从山东威海的一个中学课堂水资源课讲起，从威海的缺水状况，到山东半岛的缺水状况，再到整个华北平原的缺水状况，河流断流、湖泊干涸、地下水超采，用生动形象的画面和详实的数字对比，清晰地勾勒出了南水北调工程建设的背景。随后用动画演示展示了东线工程的走向和布局，再用工程的纵剖面图介绍了13级泵站的布局，如何将长江水提高水位到达东平湖，再自流到北方地区，生动地讲述了让水往高处流的工程技术原理。全片还重点讲述了江苏的睢宁二站和山东的八里湾泵站建设过程中遇到的强震区域软土地基、高地下水涌水等技术难题，以及工程技术人员是如何多方借鉴施工经验，开拓创新，合力攻坚，成功攻克一个个技术难关的艰难历程和技术原理。

第二集，源头治污。重点讲述江苏省在水污染防治方面作出的积极努力和取得的成绩。首先从天津引滦入津工程通水讲起，突出反映天津人民对水的渴望，但是面对曾经污染严重的东线水，天津人民婉拒了东线工程通往天津，进一步凸显了规划之处东线沿线水污染的严重程度。随后，用触目惊心的水污染画面再现了1994年淮河污染事件、2000年太湖蓝藻事件、2002年扬州邵伯湖水污染事件，加强源头污染治理迫在眉睫。通过淮安里运河清淤，淮安截污导流工程建设，江都源头工厂整顿搬迁、关停等，讲述了江苏省对东线水污染防治工作中开展的工作和其中的困难。通过各级政府部门和沿线人民的共同努力，东线江苏省内监测断面全部达到规划要求。扬州海事局人员接受采访时表示他们已经在东线取水口三江营附近发现了销声匿迹很久的江豚，再次证明了江苏省在源头治理取得的重大成就。

第三集，解困山东。讲述了山东省水污染严重局面，以及各级政府、科研团队和企业如何不懈努力，成功攻克号称流域治污“世界第一难”的艰难历程。该集首先调出《铁道游击队》的画面，将人们引入到了微山湖那优美的环境中。接着，通过采访山东省环保厅张波厅长、南四湖渔民讲述2003年左右南四湖水污染的严重程度，配合褐色、黑色的水流，漂满死鱼的水面画面，让人对当时南四湖的水污染严重程度感到震惊。如何完成这不可能完成的任务，山东省各级政府、科研团队、企业都在不懈努力，积极行动。山东省政府颁布实施了比国家更加严厉的水污染物排放标准，倒逼企业加强污水治理；环境科研团队戮力攻坚，成功将造纸企业的污染物排放量达到了山东省颁布实施的严格标准；企业也在不断自主创新，加强末端治理和循环利用，甚至超越了科研院所的研究成果，将污染物排放量进一步减少。同时，山东省通过兼并重组将200多家造纸企业减少到了10多家，产值增加了2.5倍，而污染物排放量却减少了60%。污染减少了，南四湖的水变清了，湖中的鱼虾又多起来了，歇网多年的渔民又重操旧业，渔歌唱晚的动人画面又映入了我们的眼帘。

第四集，湿地的功劳。重点介绍了山东省湿地治污的成功经验。即使实行最严格的排放标准加强源头治理，排放的污水仍然达不到调水目标要求，而进一步加强治理的难度已经非常大，如何实现经济和环境的协调发展，是摆在山东环保部门面前的一道重大难题。科研团队回到大自然，通过建设人工湿地模拟大自然的天然净化作用，有效破除了这道难题，经污水处理厂处理达标的废水进入人工湿地沉淀净化后，完全达到了Ⅲ类水质标准，积累了根据水深、水质等选择不同植物进行水质净化的成功经验，成功破除了冬季湿地净化、蓝藻有效控制等难题。南四湖的水质已经完全达到了调水标准，渔民也开始养殖对水质没有污染，对水质要求更高的水蛭等水生物。南水北调东线工程建设全线完工，水质完全达标。随着通水一声令下，滚滚长江水源源不断地沿着古老的京杭大运河流向干涸的北方地区。

4.《建筑奇观　南水北调》

由 Discovery 探索频道组织摄制的《建筑奇观　南水北调》，是着重反映南水北调工程建筑设施的纪录片。

开篇首先简要介绍了中国目前的发展形势和北方地区水资源紧缺的局面，随即转入了南水北调工程的展示。通过工程现场的拍摄，工程一线建设者和有关设计人员的采访，配合形象的动画和详细的解说，全面介绍了丹江口大坝加高工程、穿黄河工程、大型渡槽工程、东线泵站群工程等一系列世界之最的工程设施，凸显了南水北调工程设施的宏大，技术难度的艰难，施工条件的复杂等，也反映了广大南水北调工程技术人员聪明的才智、卓越的技能和吃苦耐劳的精神，通过数十万建设者的艰苦努力，成功攻克了一道道技术难关，铸就了南水北调工程这一世界水利建筑奇观。

5.《遇真宫重生记》

《遇真宫重生记》是国务院南水北调办委托中央电视台拍摄的记录南水北调文物保护的专题纪录片。为真实记录丹江口库区重点文物遇真宫的前世今生及其保护过程，中央电视台科教频道（CCTV－10）专门组织拍摄该片。并于 2015 年 2 月在 CCTV－10 央视科教频道《探索·发现》栏目播出。

上集，主要介绍了遇真宫的基本情况以及与南水北调工程的关系。遇真宫位于湖北省武当山镇东 4km 处，由玄岳门向西约 0.5km，属武当山九宫之一。它背依凤凰山，面对九龙山，左为望仙台，右为黑虎洞，故有“黄土城”之称。明代初期，张三丰在此修炼，永乐年间皇帝命令在此地敕建遇真宫，于永乐十五年竣工，被尊为武当第二宫。它有着神秘的身世和传奇的过往，威仪无比的庙宇，妙不胜收的灵境，虽屡遭变迁，却岿然存在。由于其地处南水北调中线丹江口大坝加高淹没区，随着丹江口大坝加高和蓄水日益临近，保护这一国家级重点文物迫在眉睫。全片遇真宫及其文物的精美画面与南水北调工程施工紧张场景相互穿插，各有关方面积极行动，研究遇真宫的保护方案。再通过动画的形式，展示了全部拆除异地重建、围堰保护、就地全部抬升、部分抬升部分重建等保护方案，让观众对各种方案一目了然，也凸显了南水北调工程对保护遇真宫的高度重视。最后，通过综合比选，确定了部分抬升部分拆除重建的最终方案。

下集，主要讲述了遇真宫宫殿的拆除复建和三个山门的原地顶升过程。在拆除建筑构件时，施工人员对各构件一一编号，并仔细核查建立数据库，以确保复建时万无一失，同时通过各种手段保护好各构件不受损坏。在复建时，通过计算机模型，将各编号构件一件件调出，相互拼接在一起，确保建筑物与原貌一样。对三个山门就地顶升 15m，创造了国内文物建筑单体顶升高度之最。宫门顶升过程中，左右两侧宫墙必须同时抬升，一旦出现误差可能造成裂缝增大，如何控制好精度，顶升难度极大。该片通过动画的形式全面反映了顶升的过程以及难度所在，让观众对遇真宫的重生有了更加深刻的认识和了解。

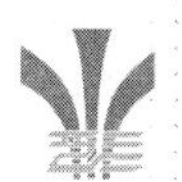

2013年1月16日，遇真宫三座宫门顺利达到预定高度，平地升起15m。丹江口水库在年内开始试验性蓄水，逐渐达到170m水位线。寸寸上涨的库水，将漫过遇真宫原来的地基，在全部复建完成之后，遇真宫将呈现三面环水的奇观。2013年12月南水北调中线全线贯通。2014年12月12日，南水北调中线一期工程正式通水。伴随这项世纪的工程建设，在丹江口水库淹没区以及南水北调干线流经区域共计九百多处文物古迹得到妥善保护。当清水滚滚北上，遇真宫与那些即将沉没的国家宝藏、与那些漂浮的文明根脉一起，最终化为永恒的守护。

6.《脉动齐鲁——南水北调的故事》

国家战略性工程——南水北调，经过十余年建设，东线一期山东段工程完成全线试通水。山东广播电视台摄制的50分钟电视纪录片《脉动齐鲁——南水北调的故事》，摄制组历时4个月，行程数千公里，真实记录了南水北调工程建设中一个个激荡心灵、感人至深的生动故事和鲜活人物。纪录片分为上、下两篇。上篇宏伟工程，主要讲述东线山东段工程建设。下篇清水长廊，主要讲述东线山东治污的艰难历程和成效。

上篇，宏伟工程。开篇以皲裂的土地、干涸的河湖图像，配合沉重的解说和低缓的伴奏，介绍了我国北方地区、山东半岛严峻的缺水形势，实施南水北调工程势在必行。结合南水北调东线工程的平面和纵剖面动画，详细介绍了东线工程的布局、规模和特点等。然后分别以采访南水北调工程建设者、亲历者，现场拍摄工程画面，航拍工程全景等形式，分别展示了东线穿黄工程、大屯水库、泵站、渠道等不同工程设施的建造过程。最后以各单项工程的竣工通水画面，配合激扬的音乐，展现了东线山东段工程经过广大建设者十年多的不懈努力，终于圆满完工的壮丽场景。

下篇，清水走廊。重点讲述了东线山东段工程如何攻克水污染难关，实现水质达标的艰难历程。早在南水北调东线工程规划论证阶段，就有人提出疑问：调水干线长达上千公里，水质如何保证？耗资数百亿的工程是否会因沿线水质污染而功亏一篑？有专家学者指出南水北调工程成败在治污，关键在山东，重点在南四湖。全篇通过采访山东省环保厅负责同志、地方领导、有关工业企业负责人等，着重介绍了山东省为解决东线水污染问题所采取的治、用、保并举的创新措施，通过实行严格的排放标准、产业结构调整、工业点源污染治理、污水再生处理回用、人工湿地等多措并举的有效方法，最后成功攻克了水污染难关，保证了经济的持续增长，并改善了沿线地区的生态环境，给广大人民群众带来了优美的人居环境。配合工程治理前后的画面对比，形象生动，真实感人，再现了一条鱼虾绝迹的污水沟如何变成绿树成荫、碧波荡漾的清水长廊的真实历程。

7.《南水北调中线大移民》

《南水北调中线大移民》是湖北省十堰市委宣传部、十堰市移民局、十堰市广播电视台联合摄制，历时3年拍摄而成，集中反映南水北调中线工程核心水源区所在地十堰市18万移民搬迁安置的专题纪录片，分为《别了，我的家乡》和《再建新家园》上下两集，时长约50分钟，2012年该片荣获第八届“中国纪录片国际选片会”人文类三等奖。

南水北调中线工程丹江口水库移民，是我国继三峡工程之后最大的移民安置工程，湖北、河南两省总共有移民34.5万人。其中，湖北需移民18.11万人。《南水北调中线大移民》是反映中线工程核心水源区所在地十堰市18万移民搬迁安置的专题纪录片。该纪录片重现了十堰市为了一江清水送北方丹江口库区18万移民“舍小家、为国家”搬迁安置的珍贵历史镜头，展示了丹江口库区移民群众顾全大局、甘于奉献、艰苦奋斗、自强不息的移民精神，展示了库区广大移民工作者倾心尽责、细致务实、团结奉献、勇于担当的移民工作者精神，流露了广大移民群众对幸福生活的憧憬与建设美好家园的新期待，是一部向移民致敬的优秀作品。

（三）南水北调电影

电影是一种以现代科技成果为工具与材料，运用创造视觉形象和镜头组接的表现手段。在银幕的空间和时间里，塑造运动的、音画结合的、逼真的具体形象，以反映社会生活的现代艺术。电影能准确地"还原"现实世界，给人以逼真感、亲近感，宛如身临其境。电影的这种特性，可以满足人们更广阔、更真实地感受生活的愿望。南水北调工程建设过程中发生了许多真实感人的故事，除了纪录片真实记录以外，还可以通过在原型模板的基础上，通过剧本创作艺术加工，以剧情的形式把这些感人的故事艺术化地表现出来，使这些故事更加扣人心弦，感召心灵，可观赏性更强，以引起广大观众的共鸣和思考，以达到更加宽泛的宣传效果。

1. 汉水丹心

《汉水丹心》是我国首部以南水北调为题材，突出反映中线丹江口库区移民精神的电影。

2011年，湖北省丹江口市为宣传"南水北调"国家行动，展示水源地人民克难攻艰做好移民工作的信心和决心，展现水源地广大移民干部群众为南水北调所做出的巨大牺牲和奉献，弘扬移民精神，联合龙慧方照国际影业（北京）有限公司策划、筹备与拍摄电影《汉水丹心》。在湖北省移民局，十堰市委、市政府和丹江口市委、政府的大力支持下，影片于2012年7月24日在北京人民大会堂首映。

湖北省丹江口市是南水北调中线控制性工程——丹江口大坝加高工程所在地，是南水北调中线的核心水源区。为服务中线工程建设，丹江口市人民作出了巨大的牺牲和奉献。1958年，工程淹没丹江口市土地面积347km²，包括23万亩耕地，以及均州古城和大量的基础设施，先后动迁移民16万人。2005年，即丹江口大坝加高工程开工建设，又将淹没及影响丹江口市14个乡镇办事处、135个村、505个组，动迁人口近10万人，其中出市外迁安置4万余人；市内安置5万余人。湖北丹江口的新老移民占该市总人口的一半以上，淹没综合指标占南水北调中线五县市区的1/3以上，占湖北省四个县市区的2/3以上，是湖北省淹没面积最大、搬迁安置人口最多、移民工作任务最重的县市。

按照湖北省政府丹江口库区移民"四年任务两年基本完成，三年彻底扫尾"的精神，丹江口市2009年启动移民试点外迁工作后，一年半的时间里完成了高强度、大规模的移民外迁任务。随后又在一年多的时间内全面完成库区农村5万余移民市内搬迁安置，同时基本完成城集镇迁建、专业项目复建、工矿企业迁建任务。丹江口市两次淹没、两期移民、两度搬迁，国内少有。

作为一个集山区、库区、老区于一体的国家级贫困县市和国家移民大市，丹江口市肩负着沉重的移民任务和生态保护重担。自南水北调工程建设启动以来，全市上下讲政治，顾大局，坚决拥护中央决策，坚持"热心、爱心、责任心""优先、优越、优厚"原则，全力开展移民工作，涌现出一大批优秀的移民群众和移民干部，自2008年以来，该市先后有6名干部牺牲在移民工作一线。其中，牺牲在移民一线的该市均县镇移民干部刘峙清就是杰出的代表，被中宣部列为"身边的感动"重点宣传典型。

电影《汉水丹心》由著名编剧、导演彭景泉执导；著名演员陈旺林任制片人并领衔主演；著名演员郭凯敏、梁琳琳携孙中艺、宋之光、王艺瞳、迟国栋、齐景斌等联合主演。其中，陈旺林、梁琳琳曾在电视剧《亮剑》中有精彩的表演。影片以我国正在进行的伟大跨世纪工程——丹江口市倒在移民一线的移民干部刘峙清为原型，取材于丹江口市实实在在的移民工作，集中反映和展示了丹江口市移民精神，是一部记录和见证南水北调中线大移民，集思想性、艺术性和观赏性于一体的优秀主旋律电影。

影片通过一名青年电影导演在中线水源地丹江口市实地采风，耳闻目睹了发生在库区几代移民的生活，以及移民工作队员身上许多可歌可泣的感人事迹，亲身见证和体验了南水北调大移民工作的艰辛与任务的艰巨，逐渐被伟大的丹江口市移民精神所感动，产生了巨大的电影创作动力，进而筹备拍摄了一部移民电影，宣传南水北调伟大工程和移民精神，塑造和展现了丹江口市广大移民群众和移民干部的群像。

电影《汉水丹心》制作时，编剧和制片人先后多次深入丹江口市移民乡镇进行实地采风和体验生活，剧本从创意到策划，再到拍摄，先后几易其稿。2011 年 11 月 8 日影片开机，剧组演职人员和丹江口市工作人员的紧密配合，先后在丹江口市三官殿办事处、丹赵路办事处、凉水河镇、均县镇等移民乡镇以及中心城区进行艰苦的实景拍摄，后又在北京市进行外景拍摄，共拍摄各类场景 95 个。2011 年 11 月 29 日，电影《汉水丹心》顺利杀青。电影的主题曲《一江深情》由著名歌唱家祖海演唱。这首由丹江口市原创的移民赞歌，现已在该市广为传唱。

首映式上，剧组全体演职人员表示，南水北调移民搬迁是国家行动，剧组拍摄移民主题的电影，就是见证和记录这一国家行动，也是为南水北调做贡献。在党的十八大召开之前，电影《汉水丹心》为观众呈上这道精神大餐，不仅是为宣传南水北调、宣传丹江口，而且也宣传丹江口市人民为国家利益无私奉献的伟大精神，通过这个电影的拍摄和公映，集中展示水源地广大移民群众、移民干部的崭新风貌和时代精神，把丹江口市人民为南水北调工程建设和水源保护所做出的巨大牺牲和贡献宣传出去，把丹江口市人民克难攻坚来支持、服务好国家重点工程的决心和信心宣传出去，把伟大的移民精神传播出去，让全国人民都能感受到这种精神，以此来激励更多的人为国建功立业。

影片在全国公映以后，引起强烈的反响和共鸣。广大观众一致认为，通过电影《汉水丹心》让全国人民感受到崇高的南水北调移民精神，那是一种勇挑重担、造福北方的担当精神；是一种顾全大局、舍弃小我的牺牲精神，是一种精诚团结、付出所有的奉献精神，是一种克难攻艰、锲而不舍的拼搏精神。正是这种精神创造出了中国移民的“神话”，是社会主义现代化建设过程中难能可贵，值得大书特书的高尚品质和崇高情怀！

2. 天河

电影《天河》由国务院南水北调办指导，由北京市委宣传部、八一电影制片厂、北京市南水北调办等联合出品，是一部反映南水北调工程的现实题材电影，真实再现了建设者和移民为这项伟大工程所做出的奉献和牺牲，并为南水北调中线工程通水献礼。

电影《天河》主要以南水北调中线工程建设为背景，讲述了在工程建设、移民搬迁和环保治污中的感人故事，突出表现了工程建设的“险”和“辛”，移民搬迁的“情”和“痛”，环保治污的“艰”和“难”。

《天河》从立项到创作，到拍摄和后期制作，用了仅仅不到 3 个月的时间，真正拍摄只有 1

个多月。八一电影厂集中了各路精兵强将，召集众多一线演艺明星和著名艺术家倾情加盟，编剧、导演、演职人员加班加点，夜以继日地工作，几乎将时间用到了极致。为让观众更直观感受工程的宏大场面，摄影组从水源地丹江口水库开始，跨越了湖北、河南、河北、北京 4 省（直辖市），由南向北拍摄了丹江口大坝、陶岔渠首、湍河渡槽、穿黄工程等南水北调重点工程，行程超 1000km。影片阵容强大，老、中、青近百名演艺明星零片酬出演，许多艺术家为了在戏里客串一个小角色，推掉了其他活动，不计报酬主动加盟，李幼斌、俞飞鸿、段奕宏、高明、林永健、濮存昕、陈宝国等众多知名演员倾情出演。

创作《天河》的过程中，影片主创团队扎实深入到一线体验生活。他们深入南水北调中线工程水源地、渠首、沿线和受水区进行实地调研，与南水北调工程专家、移民干部、搬迁移民群众数次座谈，采集了生动鲜活的创作素材，从建设工人“夫妻并肩、兄弟同行、祖孙三代同上工地”的感人故事中寻找创作灵感，从搬迁移民故土难离、不忍割舍的乡愁中寻找感人的画面，一棵树、一条狗、一桶水、一捧土等真切感人的情景，都深深打动了每一个创作者。许多生活中的故事和人物都成为创作素材，在影片中得到了真实呈现。

《天河》的剧情围绕事关人民生存与发展大计的南水北调工程展开，讲述了一个又一个感天动地的奉献故事。

董望川（李幼斌饰）是南水北调中线工程的副总指挥，他与妻子周晓丹（俞飞鸿饰）为工程忙于各自工作，聚少离多，原本稳固的感情渐渐出现裂痕。在技术攻坚之时，董望川最得力的助手兼学生江浩（段奕宏饰）竟离他而去，跳槽到一家高薪企业，而家乡的亲人也因身处库区而坚决反对搬迁移民。面对空前压力的董望川选择自己坐镇一线，并推荐妻子周晓丹去接管移民工作，两人继续两地分居，为确保工程如期保质完成，付出了最大的牺牲和努力。

在《天河》中，段奕宏扮演的工程师江浩，是一位留德归来的博士，因为家庭困难等原因一度离开老师董望川，但这位高材生最后还是参与了南水北调工程，为了不耽误工程施工，他还把农村老家病重的父亲带到工地上照顾。影片中这个感人的情节，其实来源于真实生活——片中江浩的原型，就是因背着父亲上工地的南水北调工程项目经理陈建国。

《天河》是“用中国好故事，讲述中国梦，把南水北调这项恢弘壮阔的工程展现出来，把惊天动地的不朽精神表现出来，把生动多彩的感人故事拍摄出来。”《天河》于 10 月 29 日在北京举行了首映，并在全国公映，在社会上引起强烈反响。

中国作协影视文学委员会副主任范咏戈认为，《天河》达到了集思想性、艺术性与观赏性于一体的现实题材史诗巨片的水准。影片坚持以描摹人物和情感为主线的创作思路，故事丰满、节奏紧凑、高潮迭起、引人入胜，情感刻画细腻饱满、催人泪下，真实再现了工程建设者和移民作出的巨大牺牲，故事和画面具有极强的艺术冲击力。《天河》在南水北调的宏大背景下找到了很好的切入点，即从工程决策者、建设者和搬迁移民层面的典型人物身上，通过人物和家庭的命运去折射举世瞩目、辉煌壮丽的南水北调工程，从突出表现工程建设的“险”和“辛”，移民搬迁的“情”和“痛”，环保治污的“艰”和“难”完成它的精神书写。影片探讨并成功表现了个人利益、个人价值与现实中国梦之间密不可分的关系。随着情节的推进，其中的矛盾逐一解决，影片蕴含的时代意义获得彰显。

解放军艺术学院教授边国立认为，影片将宏大叙事的磅礴气势与充沛细腻的家国情怀融为一体，将“天河”工程的纪事性与故事片的情节性结合起来，在有限时空里，在三个有代表性

的叙述层面塑造人物，表情达意。以饱满的激情，壮观的画面，激情与柔情交融的音效，奏响一曲中国人民追梦、筑梦、圆梦的中国梦壮丽颂歌。

中国电影家协会副主席、著名编剧王兴东感慨，看《天河》电影，有如渴骥奔泉的感觉，因为知道北京太缺水了；有如猛浪出闸润大地，清泉洗心与尘远，好久没有看到这样表现中国人团结一心、奋战自然灾难的恢宏场面，洋溢着中华民族不屈不挠、改天斗地的英雄气概。这是任何炫富享乐、纸醉金迷、色情宫斗、雷人狗血的小时代电影所无法比较的。《天河》这样一部展现主人公爱国情怀和奉献精神的电影，鼓舞着我们作为中国人的自豪感，提升了民族的自尊感，这是真正展现中国气派和民族精神的画卷。

《天河》的主题曲《人间天河》也成功登上2015年中央电视台春节联欢晚会舞台，在零点钟声即将敲响之际，青年歌手阿鲁阿卓与著名歌唱家韩磊同唱了这一首反映南水北调现实题材的歌曲，为羊年春晚增添了一份“天地大爱”的深厚情怀。

（四）南水北调电视剧

电视剧是一种专为在电视荧屏上播映的演剧形式。它兼容电影、戏剧、文学、音乐、舞蹈、绘画、造型艺术等诸因素，是一门综合性很强的艺术。电视剧是一种适应电视广播特点、融合舞台和电影艺术的表现方法而形成的艺术样式。由于电视剧深入千家万户的特点，它与电影、戏剧等其他艺术表现形式相比受众更加广泛，影响更大，在潜移默化的日常生活中更加深入人心。以南水北调为题材的电视剧进入大量创作阶段，比较著名的一部就是在丹江口水源地拍摄的电视剧《湖光山色》。

《湖光山色》由中央电视台，河南省委宣传部，河南省广播电影电视部，南阳市委、市政府，中共淅川县委、县政府，西峡县委、县政府，河南电影电视制作集团联合摄制的以南水北调工程和河南省社会主义新农村建设为背景的22集电视剧，2011年《湖光山色》在中央电视台电视剧频道（CCTV-8）黄金时段播出。

《湖光山色》以南水北调水源地丹江口水库为背景，讲述在北京打工的女青年楚暖暖回到家乡，带领乡亲打破陈规陋习，发展旅游业，推进“山乡巨变”的故事。描绘了当代中原地区农村现代化进程中的痛苦、欢乐和希望，讴歌了中国传统文化中人与人、人与自然和谐发展的优秀传统理念，是一部带有浓厚乡土气息、怀乡感情的现实主义电视剧。

《湖光山色》在中央电视台电视剧频道播出以后，得到了广大电视观众的好评。该剧根据著名作家周大新荣获第七届茅盾文学奖的同名小说改编，以新农村建设时期和南水北调为背景，以一个新时代女性面对种种陈规陋习，不愿逆来顺受而奋起抗争的感情史、觉醒史为主线，描绘了当代中原地区农村现代化进程中的痛苦、欢乐和希望，展现了在面对新时期的困难和矛盾时，基层农村如何以公平正义、稳定和谐为前提，激发社会活力，维护人民群众权益，化解矛盾、自我完善的艰难过程。

首先，该剧反映出强烈的忧患意识和责任意识。《湖光山色》是一部农村题材的电视剧，是在社会主义新农村建设的大背景之下创作的，也是农村题材影视作品当中一种新的方式。通过这部剧，可以感觉到创作者强烈的忧患意识与责任意识。该剧对于在新的历史条件下农村如何致富，乡村政治建设如何进行，农民的精神现状和价值追求都有较深刻的思考，并且通过主人公楚暖暖形象的塑造传达了社会主义新农村建设亟待解决的一些问题，主题是积极的、格调是清新的。《湖光山色》的剧名也体现了创作者的立意，农业是传统产业，但是农业发展的历史条件是沉重的。社会主义新农村发展方式仅仅停留在劳动密集型的状态，是不能适应时代发展要求的，同时反映出智力经济和资源效益的发掘需要智慧型带头人。这部农村剧在立意上要高于“耍宝逗乐”和那些创作浮浅令观众反感的庸俗剧目，让观众看到真正的中国农村的生活现实。《湖光山色》不仅仅是展示了农村生活的“山”与“湖”那些亮丽的事物，从某种意义上说也是中国农村题材电视剧的一种湖光山色的展示。

其次，该剧为农村电视剧增添了新方向。《湖光山色》这部电视剧通过故事、人物所揭示的农村转型期、农村变革中所体现的社会意义，立足于河南的乡土生活，体现出了较强的地域文化特色。以往观众接触比较多的东北农村电视剧显著特点是火热、热闹，东南沿海农村电视剧有较快的节奏和较强的现代化色彩。而《湖光山色》的成功播出为当前我国农村电视剧增添了一个新的方向，这跟东北、东南沿海和西部的农村电视剧不同，生活节奏比西部快一些，却也不像沿海节奏那么快，也不像东北那么热闹，相对的比较平稳。该剧和河南原来的红旗渠战天斗地、初步脱贫的故事也不同，具有很强的时代特色，行云流水般地展现了当代我国中部农村和农民的现代化追求，使观众了解了他们在建设小康社会中的生活脚步、人生追求和现代农业发展等情况。该剧的创作成功，实际上标志着河南乃至全国农村题材电视剧在沿着百花齐放，弘扬主旋律和提倡多样化结合上又向前迈进了一步，这是很可喜的现象。

此外，该剧立意符合“和谐”这一时代指向。电视剧《湖光山色》对小说原有的文化内涵做了一定程度的取舍提升，原来的主线是楚暖暖夫妻和张氏父子的矛盾，以及伴随着楚暖暖当上村长这样一个权力中心变化而引发的人际关系的变化。但本剧并没有把个人和家族之间的恩仇关系推向极致，而是描绘了随着老百姓致富门路的逐渐增多，世代形成的家庭、个人之间的恩仇矛盾得到化解，大多数有着善良本性的人逐渐抛下昔日的恩仇，共同走上现代化的致富道路的故事。本剧的创作不追求农村题材电视剧里面热闹的场景，而是展示生活本身的流程，目的不在于树立一般英模人物，而是通过温馨和谐的剧情让观众慢慢体会改革的浪潮，体会到“和谐”已经成为一个不可阻挡的时代潮流。

三、报告文学创作

报告文学是从新闻报道和纪实散文中生成并独立出来的一种新闻与文学结合的散文体裁，也是一种以文学手法及时反映和评论现实生活中的真人真事的新闻文体。具有及时性、纪实性、文学性的特征。南水北调工程建设以其独有的宏大气势和近半个多世纪的规划、论证、建设历史，其间蕴藏了许多真实感人的动人故事和催人奋进的时代精神，是一座弥足珍贵的报告文学创作的富矿。南水北调报告文学创作不仅能够为南水北调工程留下一份珍贵的历史材料，而且也是社会主义文化大发展、大繁荣建设过程中一项重要而意义深远的重大项目。

2011 年以来，国务院南水北调办多次联合中国作家协会，组织作家们深入工程沿线进行实地采访采风活动。作家们用敏锐的视角和细腻的笔触挖掘记录了南水北调工程背后令人震撼、催人泪下的感人事迹，一部部经典的报告文学作品纷纷见诸报端、网络。如徐怀谦的《南水北调进行时》、梅洁的《迁徙的故乡》《永远的韩家洲》、张虹的《忠诚》、蒋巍的《惊涛有泪》、刘先琴的《淅川大声》、赵学儒的《南水北调大移民》《幸福路上》等。这些作品再现了南水北调工程长达半个世纪的科学论证过程，生动真实地记录了南水北调工程建设者攻坚克难、屡创

世界水利工程建筑奇迹的情景，图文并茂地勾画出工程移民故土难离、舍小家为国家的搬迁场景，真情讴歌了移民干部以人为本、鞠躬尽瘁的感人事迹。南水北调题材报告文学的推出，有力地宣传和推进了南水北调工程建设，用其独特的艺术形式，及时迅捷、真实形象地反映出南水北调这一典型民心工程在促进社会经济发展与南北文化交融中起到的重要作用，在工程沿线引起强烈反响，为南水北调工程营造了良好的建设环境和文化条件。

（一）《南水北调进行时》

在南水北调工程建设、征地移民、治污环保等工作进入关键阶段之时，2011年，国务院南水北调办与中国作协联合组织“饮水思源·共话南水北调工程伟业”作家采访采风活动。采访采风团沿中线工程深入调水源头河南、湖北，途经五市三县一特区，参观工程施工现场，走访多个搬迁原址和移民新村。采访结束后，广大作家创作出了一系列反映南水北调工程形象、展现建设者风采、体现伟大移民精神、富有时代特色和生活气息的文学作品，将这些文学素材汇编出版了《南水北调进行时——中国作家南水北调中线行》一书。

《南水北调进行时——中国作家南水北调中线行》通过诗歌、散文、小说、报告文学等形式，讲解了南水北调工程在优化配置水资源方面的重要意义，阐述了南水北调工程建设、征地移民、治污环保等工作进展及成效，颂扬了南水北调工程建设者、沿线群众和库区移民顾全大局、无私奉献的时代精神。其中收录了黑龙江作协副主席蒋巍的《惊涛有泪——南阳大移民的故事》，《人民日报》主任记者、副刊主编徐怀谦的《南水北调进行时》，河北省作协副主席梅洁的《迁徙的故乡》，陕西省作协副主席张虹的《忠诚》和刘先琴的《淅川大声——讲述一个你应该知道的故事》共5篇短篇报告文学。

蒋巍的《惊涛有泪——南阳大移民的故事》，以对河南省南阳市淅川县广大移民和移民干部的采访，真情记录了半个多世纪以来，广大移民群众为南水北调工程所做出的巨大奉献和牺牲，也记载了广大移民干部以身作则、身先士卒、忘我工作的感人事迹和崇高精神。

徐怀谦的《南水北调进行时》以对北方地区严峻的缺水形势和对南水北调工程的历史回顾，进一步阐述了南水北调工程建设的必要性和重要战略意义。接着用感人的笔触描写了南水北调工程建设和移民工作中，可歌可泣的移民群众、移民干部和广大南水北调工程建设者，让我们全景式地感受到了库区移民的奉献和牺牲，感受到了移民干部的艰辛与付出，领会到工程的恢弘与纷繁，了解了建设者们的平凡与伟大。进一步引发人们的思考，我们应当更加珍惜这来之不易的水资源。2012年《南水北调进行时》参加由中国报告文学学会、河南省文联、浙江省瑞安市委宣传部联合主办的第二届“华富杯”中国短篇报告文学奖，获二等奖。

梅洁的《迁徙的故乡》以湖北省陨西县安阳镇的一次移民为切入点，真实描写了从县长到乡长到一线移民干部在移民搬迁前繁重的工作和高度负责的精神状态，以细腻的笔法记载了安阳镇移民搬迁离开故乡时那种感人泪下，引人深思的动人场景。通过一个局部场面的特写，让读者更加深刻地体会广大移民和移民干部的付出和艰辛，值得我们永远铭记。

张虹的《忠诚》记录了湖北省郧县县委书记柳长毅在郧县10多年的从政生涯中，励精图治、开拓创新、忘我工作，为郧县的发展做出巨大贡献的感人故事，通过一项项宏大的项目，一个个真实的故事，领导、同事和老百姓发自肺腑的真情流露，描写了一名地方干部为库区发展所洒下的汗水与泪水，付出的艰辛与努力，在他身上体现了一名党员领导干部全心全意为人民服务、一心为了人民群众和家乡发展的崇高品质，为新时期广大领导干部树立了学习的榜样。

刘先琴的《淅川大声——讲述一个你应该知道的故事》以河南省淅川县移民何兆胜为背景，讲述了一生经历的3次举家迁徙故事，再现了广大移民群众为南水北调工程所付出的奉献和牺牲，值得我们永远铭记。通过移民干部安建成、向晓丽的描述，让广大读者能够更加身临其境地体会移民干部的付出和艰难。正是因为有了他们的奉献和努力，才确保了几十万南水北调移民的和谐搬迁，才确保了南水北调工程的顺利实施，我们有的不仅仅是感动。

（二）《奇迹就这样诞生》

2012年，国务院南水北调办与中国作家协会联合举办"南水北调东线行"作家采访采风活动。活动结束后，参加采访采风的作家们认真创作，一些作家在后续创作中再次赴现场进行深度采访，收集写作素材。此次活动创作以报告文学作品为主，共收到作家作品12件，版面字数约23万字，汇编出版了《奇迹就这样诞生——中国作家南水北调东线行》。该书全面、真实、客观地记录了东线工程建设、干线征地、治污环保、文物保护等方面取得的成果，以及发挥效益、改善民生方面发挥的作用。

中国作协全委会委员、中国报告文学学会副会长黄传会撰写《为了一江清水》，重点记录山东、江苏两省通过综合治理改善河湖水生态、水环境取得的重大成果。

著名作家梅洁创作了题为《走过东线》的报告文学，用细腻的笔触、翔实的数字，阐述东线工程在水污染治理、生态环境保护等方面取得的成绩。

中国报告文学学会副会长、河北省作家协会副主席李春雷创作了《三代人的穿黄情》，以第一人称叙事形式，生动再现东线穿黄工程背后的感人事迹。

中国煤矿作协副主席兼秘书长徐迅创作的报告文学《抱一壶长江水，我一路北上》，通过《北京日报》发表。作品选取东线代表性工程进行特写，以点带面，小中见大，用独特视角展现南水北调工程重要意义。

人民日报社记者周舒艺创作完成作品《运河奔涌大江潮》并通过《人民日报》公开发表，文章气势恢宏，充满历史责任感和厚重感，取得了良好的宣传效果。

著名作家、《江苏环保产业》杂志主编裔兆宏创作长篇报告文学《奇迹，就这样诞生》，具体记录两省以壮士断腕精神、打赢治污环保工作攻坚战的历程，在中国作协权威期刊《中国作家》全文发表。

青岛市文联专业作家铁流完成的《南水北调东线行》，从宏观角度展现南水北调工程的必要性和重要性。

河北省报告文学艺委会副秘书长赵枫莲创作完成《共引长江滚滚来》《特殊的部队》等作品，从工程建设、干线征迁、治污环保等视角还原东线工程场景，歌颂工程建设者。

中国水利报社记者赵学儒完成作品《水往高处流——南水北调东线见闻》，并已通过新华网、新华副刊发表。作品以采风活动行程为主线，对东线工程进行了全景式扫描。

（三）《向人民报告》

赵学儒的长篇报告文学《向人民报告——中国南水北调大移民》以翔实的资料、动人的故

事、充沛的感情给我们描绘了一幅中国移民的大画卷。

新中国成立后，一系列的国家行动让水造福于民，1958—1973年丹江口水库库区累计有50万余人次搬迁；2011年、2012年，南水北调工程的修建又让30多万丹江口库区人民背井离乡，迁徙异地。这些数字、这些文字是让人辛酸的、纠结的，同时也是让人感动的、欣慰的。

作者从水、旱灾开始讲述移民，引用了大量确凿、翔实的资料列举旱灾带给人类的罕见灾难。江河竭，种粒绝，赤地千里，“草根树皮，搜拾殆尽，流民载道，饿殍盈野，死者枕藉。”所以，为渡难关，“添粮不敌减口”，“卖一口，救十口”。而“妇女幼孩”则是为渡此难关的最“佳”牺牲品。“妇女幼孩，反接鬻于市，谓之菜人。屠者买去，如刲羊豕”。可怜这些妇女儿童，为救自己的家人，被亲人卖掉，生生做了别人的腹中餐，想来他们心中有多少不甘与愁怨！“易子而食”“人相食”，这些遥远的噩梦曾经那么真实地存在于我们的先祖身上，读来让人触目惊心，不寒而栗。多么可怕的旱灾呀！

可是水多亦为患。作者的笔触又转入另一个画面。“汉江水涨，堤防悉沉于渊。飘风刮雨，长波巨浪，烟火渐绝，哀号相闻。沉溺死者，动以千数，水面浮尸，累累不绝。”

旱灾水患像两条恶魔巨蟒吞噬着炎黄子孙的血肉之躯。而现代的人们对于这两条巨蟒也并非陌生。1998年的抗洪抢险、2010年的西南大旱，他们的恐怖背影相去不远，离去的脚步声依然回响在心头。

水满为患，水涸为灾。只有水旱相宜才是人类生存和发展的幸事。为了使水与人类相处和谐，治水，成为历代执政者的必然行动。移民，就这样以它的特殊身份诞生了。一代代移民为了治水离开了自己的家园，在一个陌生的地方重新开始自己的生活。

南水北调是当今世界最大的调水工程，是党和政府实施的利国利民的又一个国家行动。因为建设南水北调工程，又有许多水泽居民成为一代新的移民。过去，由于国家条件所限，移民的生活不能得到很好的安置和发展，移民为此经受了很多苦难，有的人一生历经多次移民。书中的何兆胜就是一个例子。只有到了现在，移民的生活，才能“搬得出、稳得住、能发展、可致富”。

作者通过南水北调丹江口库区移民的故事，讴歌了党和国家的好政策，介绍了移民工作的艰难和繁琐，赞颂了辛辛苦苦工作的移民工作者和移民朋友们“舍小家、顾大家，为国家、建新家”的奉献精神。移民实在太难了，有人说是“天下第一难”。国外很多工程都因为移民问题而搁浅，而南水北调库区移民又要在两年时间内完成，强度超过以往任何工程。但在广大移民干部的共同努力下，奇迹般地完成了30多万人的搬迁安置任务。两年，移民老乡舍小家，割舍故土，顾大家，远徙他乡，为国家，抛弃私情，建新家，发奋图强，大义大勇，千古绝唱。两年，移民干部迎难而上，携手并肩，千言万语做工作，千山万水送移民，千辛万苦办实事，汗洒江河，血染丰碑。两年，党和政府“以人为本”，把30多万移民送到了“心家园”，执政为民，鱼水情深。

若不亲身经历移民的生活，不走近那些移民工作者，难以想象移民的工作有多难，有多细致。“白+黑”，“5+2”，“雨+晴”，连续繁重的工作考验着移民工作者的爱心和毅力，甚至有人为此而献出了自己宝贵的生命。《向人民报告——中国南水北调大移民》，让人们了解了他们的生活，走进了他们的心灵。后半部分的故事感人至深，让人几次泪眼晶莹，不禁为这些移民工作者的忘我精神赞叹、歌咏。

《向人民报告——中国南水北调大移民》，洋洋洒洒 20 多万字，分六大部分，结构恢宏，语言丰富多彩。这是一部用心聚成的报告，这是一部用泪汇就的报告，这是一部用血凝结的报告，这是一部反映时代、讴歌民族的报告，一切都是向人民报告，让我们的心灵在纠结中感动，在感动中心疼，在心疼中又得以安慰。

（四）《美丽中国样本》

由著名作家裔兆宏创作的南水北调治污环保题材的长篇报告文学《美丽中国样本》，于 2013 年由中央文献出版社公开出版发行。

作者在南水北调这样规模宏大的工程建设中选择了生态环保这个独特的角度来详细阐述工程建设的背景、治污环保的艰辛和生态建设的成就，观点独到，内容新颖，紧跟美丽中国建设的时代步伐。作者在创作过程中查阅了大量历史资料，反复对比环境统计数据，采访调查了众多南水北调环保治污的见证者、参与者，正是有了大量一手数据和资料的支撑才确保了该书能够真实再现这场伴随南水北调工程建设的生态战争的整个历程，其中不乏鲜活人物和生动故事的描写，既确保了报告文学的真实性，又不乏文学作品的可读性。

《美丽中国样本》以宏大的气势、细腻的笔触，生动形象地勾勒出南水北调工程在水污染治理和生态环境保护方面做出的积极努力和取得的巨大成效，一个个翔实的数据、一段段生动的故事再现了南水北调十年治污历程的艰辛，凸显了南水北调工程在“美丽中国”建设中发挥的重要作用。整篇报告文学除去引子和尾声，共分九章。第一章“水患的九州”，用历史的追溯讲述中华民族与水抗争的历史，治水是伴随中华民族成长的永恒主题。第二章“大国行动”，用翔实数据和历史资料讲述华北地区严峻的水资源形势，为了实现华北地区经济社会和生态环境的可持续发展，从毛泽东提出南水北调伟大构想开始，一代代人不懈努力，这样一个宏伟的工程逐步从蓝图走向现实。第三章“绝望的河湖”，用了大量数据和笔墨向广大读者再现了 20 世纪末发生在我们身边的触目惊心的水生态危机场景，如对沿淮流域令人骇然的水污染事件和“癌症村”等均做了详细充分的报道和描写，凸显了打赢这场生态战争任务之艰巨。第四章到第九章，详细记载了南水北调东线治污、中线水源保护的艰辛历程，用大量生动的故事描写和历史事件记载，再现了治污过程中政府的艰难抉择，人民的执着斗争，局部与全局的博弈，利益与奉献的抗争，读起来慷慨激扬、思绪万千，犹如一个斗士在漆黑的夜晚通过不懈努力终于找到了一点亮光，并逐步豁然开朗。这里面饱含着激情，也饱含着辛酸，其中滋味非常值得回味和深思。

《美丽中国样本》是南水北调治污环保的一部珍贵史志，是一部富有感情与激情的文学作品，也是一部生态环保的教科书，一部与污染抗争的战斗檄文。《中国作家》杂志主编艾克拜尔·米吉提、中国报告文学学会常务副会长李炳银、《解放军报》文艺部原主任陈先义、《人民日报》文艺部原副主任王必胜，中国作协创联部处长李朝全等为该书撰写评论，并给予充分肯定和积极评价。其中，李炳银在序言中写道：“《美丽中国样本》这部作品，是迄今全面和客观地报告这个宏大工程的文本，为人们比较轻松和具体生动地了解感知‘南水北调’历史与实际进展结果提供的很好文学读本。”“作为重大的事件报告，因为有了这部《美丽中国样本》，‘南水北调’这样的人类宏伟工程，方在大量浩繁的工程建设档案资料之外，有了一部更多文学特点而又简练易读的真实报告。”

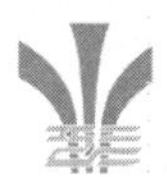

2013年10月，中国作家协会主管的期刊《中国作家》以“美丽中国样本”为题摘发该书的主要内容，字数达15万字。该书出版发行以后，引起了全社会的广泛关注，新华社、《人民日报》《光明日报》《人民政协报》等主要媒体均进行了报道，国务院新闻办公室下属的五洲传媒出版社计划将其作为国家重点外宣图书，翻译成英文对外出版发行，进一步扩大在国内外的积极影响。

（五）《圆梦南水北调》

为全面记录南水北调工程建设历程，国务院南水北调办研究决定委托中国作家协会会员、中国报告文学学会会员、中国水利报记者赵学儒撰写纪实报告文学《圆梦南水北调》。该书已于2014年由作家出版社出版发行。

作者深入南水北调工程建管单位、施工现场、移民中间、设计单位及设备供应单位采访，积累了大量的第一手材料。该书选择了南水北调工程建设历程中的20位个人或集体，涵盖了前期工作、工程建设、征地移民、治污环保、文物保护等领域，立体展现了奉献者的圆梦故事。

南水北调工程实施，无私奉献者众多，故事感人至深。该书选录了《南水北调追梦人》勘测设计者孙景亮、《顶起遇真宫》的吉尼斯世界纪录获得者戴占彪、《人称“智多星”》的陈学才、《向前向前》的南水北调前期工作者王金建等。无数的奉献者演绎了《我们正青春》《天下第一跨》《精品涅槃》《穿过黄河》《北京地下传奇》《重塑运河》《拯救微山湖》《驯服“拦路虎”》《圆梦江河》《为荣誉而战》等精彩故事。

四、公益广告制播

南水北调工程作为广大民众热切关注的社会公益事业，具有极强的公益广告宣传价值。国务院南水北调办高度重视公益广告的制播和宣传，将其作为一项重要的社会宣传措施加以实施。结合南水北调的特点，不断加强公益广告的策划传作，充分利用中央电视台这一权威媒体平台，从不同侧面面向公众展示南水北调精神与形象。同时，积极与中央电视台协调，争取支持和帮助，将公益广告项目系列化、常态化，打造宣传精品。

公益宣传片突出宣传南水北调工程对国家和社会的重要作用和战略意义，从社会效益、经济效益、生态效益等方面展现南水北调工程的重要性。宣传和感谢因为南水北调工程建设而背土离乡的广大移民群众无私奉献的精神，宣传和感谢南水北调工程的所有建设者和参与者。提醒和教育广大人民群众理解、支持、感激南水北调工程，珍惜身边来之不易的每一滴宝贵的水资源。

自2011年12月起相继在中央电视台播出了《利国利民篇》《珍惜水资源篇》《治污环保篇》《移民篇》《护水篇》《中线工程通水篇》和《效益篇》，分别在中央电视台1套、2套、3套、4套、7套、8套、10套、11套、14套、15套等节目频道播出高密度滚动播出，播出频次达5000多次，累计播出时长超过18小时，广告时间商业价值上亿元，创下各部委在央视播出公益广告之先河。除了中央电视台的播出外，广告还被土豆、优酷、中国公益等网站第一时间转载，新浪网、北青网、网易、搜狐等主流网站也对其进行了新闻报道。每次公益广告播出，都在社会上引起强烈的反响，引起全社会对南水北调工程的高度关注和热议，反响很好，达到了预期的宣传效果。

《利国利民篇》片头通过一片绿叶的表面变化寓意北方缺水状况的严峻，通过水滴沿着叶脉流动发生的变化寓示南水北调工程优化水资源配置、改善生态环境的重大战略意义，向观众展示了南水北调西线、中线、东线的整体工程规划。宏伟的水源地、壮观的输水渡槽、巨大的穿黄隧洞一个个镜头在片中次第展现，通过展示多组建设者风貌和建设工地现场画面，让人们看到了建设南水北调工程的伟大和艰辛。该片自2011年12月20日至2012年12月15日在中央电视台多个频道高频次播出，播出以后引起社会各界热烈反响。一些媒体人士热议，通过公益广告的形式，宣传南水北调的重大意义，让老百姓知道这是件利国利民的大事，公益宣传片起到了应有的作用。这部宣传片使得更为广泛人群了解了南水北调工程，很多观众表示："此片很吸引人，作用也很实在""以绿叶为喻，生动形象""片子很好地体现了工程特色""最后的点题之语真是铿锵有力，掷地有声""看到文字说明和工程线路示意很受震撼，原来我们国家正在建设一项这么伟大工程""开始并不了解南水北调，看过宣传片特意去百度搜了，才知道原来现在我们在北京喝到的水有一半受益于南水北调"。公益宣传片也引起南水北调建设者的强烈反响，很多职工感慨："非常好，就是太短了，还没看过瘾""看着一组组工程及建设场面闪过，自豪感油然而生，不禁激情澎湃，备受鼓舞""在这个时候看到这样的片子，干活儿更有劲儿了!"

《珍惜水资源篇》通过一个建设者的视角来感知南水北调工程，真实而生动地反映工程建设的宏大场面和建设者不辞辛苦、攻坚克难的精神风貌，从而引导民众理解和支持南水北调工程，珍惜来之不易的水资源。该片于2012年8月20日起在央视1套（CCTV－1）黄金时段正式播出，每日滚动播出10余次，连续播出近一个月。广告首播后，在南水北调系统内外引起强烈反响。大家认为该片贴近工程现场、贴近普通建设者，用以小见大的公益宣传方式，通过普通建设者的声音，宣传南水北调的重大意义，呼吁公众"珍惜水资源"，彰显了南水北调人投身公益工程建设，关注生态环境保护与资源节约的公益精神，内涵深刻，深入人心。

《治污环保篇》以南水北调东线工程输水线路和调蓄湖泊微山湖生态环境的巨大变化为切入点，体现了保护生态环境和治理水域污染的重要性，展示了东线治污从"世界第一难"到"清水走廊"的治理成果。该片通过灰鹤贯穿全篇，以灰鹤这一角色代表生命，意在表现生态与生命紧密相连，通过展现微山湖自然、污染、治理的三个阶段，唤起人们珍惜水资源、爱护水环境的环保意识。该片自2013年5月1日起在中央电视台各频道正式播出，每日滚动播出20余次，连续播出一个月。该片播出以后，在社会上反响强烈，配合南水北调东线一期工程即将建成通水的工程建设形势，积极宣传了东线治污工作的经验和成效，为东线正式通水营造了良好的舆论氛围。

《移民篇》以丹江口34.5万库区百姓为了国家利益，离别故土，远走他乡为切入点，在移民的故土难离、乡情乡愁中展现其无私与贡献，并通过鳞次栉比的移民新居和移民新生活的真实写照，反映南水北调移民正在融入当地经济社会，逐步走向了能发展、可致富的道路。《移民篇》于2014年4月8日在中央电视台各频道正式播出，各频道每日滚动播出20余次，连续播出一个月。2014年是南水北调中线工程通水之年，在此时间播出这部宣传片，有利于唤起公众感恩移民奉献、珍惜水资源的情怀，进而为南水北调中线顺利通水营造更加良好的社会环境和舆论氛围。

《中线工程通水篇》时长45秒，用数字说话，用事实说话，展现南水北调中线“每组数字”背后的故事。每组数字都透露出无数个艰辛的故事，通过每个节点，每组数据背后有代表性的画面，告诉全国人民南水北调工程是实现我国水资源优化配置、促进经济社会可持续发展、保障和改善民生的重大战略性基础设施。经过几十万建设大军的艰苦奋斗，南水北调工程实现了中线一期工程正式通水。《中线工程通水篇》于2014年12月16日起，在中央电视台各频道滚动播出。该宣传片旨在让全社会了解南水北调中线工程是有关部门和沿线省（直辖市）全力推进、20余万建设大军艰苦奋战、40余万移民舍家为国的成果，是造福当代、泽被后人的民生民心工程，呼吁大家树立“落其实者思其树，饮其流者思其源”的节约用水意识。

《护水篇》选择具有代表性的南水北调工作岗位进行宣传，通过寒冬风雪中坡道安全巡视员、安全监督员、水质检测员、调度员等工作画面，展现一线员工在艰苦工作环境下爱岗敬业、无私奉献、护送一渠清水润泽北方，呼吁社会各界爱水、节水、护水。2016年1月15日在中央电视台播出。

《效益篇》集中展示了南水北调工程通水以后取得的社会效益、经济效益和生态效益，用数字说话，列举了供水量、惠及城市数量、惠及人口数量等。该片通过生动丰富的镜头展示了南水北调人的无私奉献和砥砺坚守，对工程通水后的节水宣传，以及让社会公众理解南水北调工程，都有更为深远的意义。该片于2017年9月18日在中央电视台播出。

几年来，从南水北调公益广告在中央电视台策划投放的效果来看，因其不同于一般的新闻和商业广告，作为广大民众热切关注的社会公益事业的重要部分，兼具创意独特、内涵深刻、表现手段多样、可视性强等特点，并且在中央电视台各频道高密度、高频次地播出，覆盖人群非常广泛，更容易引起公众的关心和共鸣，宣传效果非常明显。

此外，有关省市南水北调部门也积极策划，在地方电视台播出南水北调公益广告，积极宣传工程建设的巨大成就和南水北调工程的效益。如山东省南水北调建管局于2011年12月在山东卫视黄金时段投放播出长约15秒的南水北调公益广告，通过决策、开工、建设、成果等精彩画面，突出反映实施南水北调是党中央、国务院做出的战略决策，是山东经济文化强省建设的重大基础设施，形象地介绍了南水北调山东段工程建设取得的丰硕成果。公益广告主题突出，画面生动，具有强烈的视觉效果，播出后即引起热烈反响。对大力宣传南水北调工程的重大意义和重要作用，在全社会提高工程的知名度和美誉度，树立工程良好形象起到了重要作用。

五、艺术作品创作

除了影视、文学作品以外，南水北调工程沿线各地还根据地方文化特色，编排了一些南水北调题材的戏剧、小品等形式多样的艺术作品，将南水北调工程移民搬迁、工程建设中发生的一些感人故事经适当艺术加工后搬上舞台，在当地引起了强烈的反响和共鸣，对宣传南水北调政策，促进有关工作的开展，营造良好的舆论氛围和社会环境发挥了重要作用。南水北调沿线省（直辖市）创作了戏剧《丹水情深》、小品《丹江水　移民情》、豫剧《家园》、二棚子戏《我的汉水家园》等。这些作品都是以南水北调移民搬迁过程中一些小故事为题材，反映广大移民群众舍小家、为国家做出的巨大奉献和牺牲，体现了移民群众朴素的性格和高尚的情怀，也体现了新时期各级党委、政府视移民为亲人，处处为移民着想，为移民解除后顾之忧的大好移民政策。演出以来，反响很好。

（一）戏剧《丹水情深》

戏剧《丹水情深》是河南省豫剧一团排演的大型新编现代豫剧，是一部反映几代中原儿女为支持修建丹江口水库、南水北调工程做出巨大牺牲的大型现代戏。故事发生在丹江流域的一个小山村，该村既是一个民族村，也是历史上修建丹江口水库的移民村。这里曾经十分贫穷，在各级党委、政府的关心下，各族乡亲紧密团结，肝胆相照，同舟共济，历经千辛万苦，甚至付出了生命的代价，终于开辟了一条致富的途径，然而，刚刚过上富裕生活不久，举世瞩目的南水北调中线工程上马，他们又面临着二次搬迁和一系列艰难的抉择。

《丹水情深》通过移民生活和搬迁的诸多细节与冲突，塑造了以女主人公李丹霞为代表的一代新型农民形象。该剧贴近实际、贴近生活、贴近群众，牢牢把握各民族共同团结奋斗、共同繁荣发展的民族工作主题，歌颂了党和政府对少数民族的关心以及各民族群众舍小家顾大家、牺牲小我成就大爱的美好情操，生动表现了中原人民"平凡之中的伟大追求、平静之中的满腔热血、平常之中极强烈的责任感"的精神，体现了中原人的群体性格，也在一定程度上折射出当代中国农村现代化的历程。该剧避开了主旋律题材最容易陷入的"概念化""肤浅化"误区，着力渲染了移民无私奉献的思想境界，使主人公性格、命运的处理都以伦理感情为中心，从而成功地调动观众的感情。

全剧跌宕起伏，厚重大气，富有激情，饱含深情，具有浓郁的中原特色，鲜明的时代精神，深刻的思想内涵和强烈艺术感染力。

（二）小品《丹江水　移民情》

《丹江水　移民情》由郑州市中牟县移民局编排的小品。小品讲述了移民搬迁时，移民父亲从一开始不愿意搬迁，经过移民干部耐心讲解移民政策，其儿子详细描述移民新村的真实情况以后，逐步转变观念，积极加入了移民大军。虽然故土难离，还是相信党、相信政府一定会给移民把生产生活安置好，建设更加美好的幸福生活。

小品情节虽然简短，但紧贴生活，通过移民父亲思想的转变，把移民搬迁时移民普遍存在的担心和纠结的心情真实反映了出来，同时详细介绍了新时期国家的移民政策，不仅让移民能够搬得出，还要让移民稳得住、能发展、可致富，正是有了大好的移民政策，并有效贯彻落实，才解除了移民的后顾之忧，消除了大家焦虑、彷徨的心情，积极支持国家的移民搬迁，让南水北调工程得以顺利实施。小品在移民群众中尤其能引起共鸣，反响强烈，对促进移民和谐搬迁有积极作用。

（三）豫剧《家园》

在南水北调中线工程通水之际，为艺术再现河南省丹江口库区移民及广大移民干部为南水北调工程作出的突出贡献，河南省移民办会同河南省文化厅组织编排了大型现代豫剧《家园》。

《家园》以河南省丹江口库区一个普通村落里，乡亲们为南水北调中线工程再次搬迁、艰难抉择的故事为背景，反映了三代移民群众为支持南水北调工程做出的巨大牺牲，凸显了乡党委副书记、包村干部马成亮和村支书何连香在做群众思想工作的同时，尽最大努力维护群众实

际利益的感人事迹，最终移民搬迁工作得以顺利进行。

《家园》由姚金成、韩枫编剧，李庚春导演，黄向峰担任唱腔设计，两位国家一级演员李斌和范静主演。

全剧紧扣“以人为本、民生优先，切实把南水北调工程真正建成民生工程、民心工程，确保移民搬得出、稳得住、能发展、快致富”的主题，展现了党和政府对移民群众的关心扶持以及中原儿女舍小家、顾大家、为国家的高尚情操，讴歌了广大基层移民干部忘我付出的奉献精神。2014年11月，该剧沿南水北调工程线路巡演。巡演过程中，每一场次都座无虚席，现场气氛十分热烈，观众深受感染，几度为移民们舍小家、顾大家的高尚情怀留下了感动的泪水，更多次为广大移民干部忘我付出、任劳任怨的奉献精神而鼓掌喝彩。

（四）二棚子戏《我的汉水家园》

南水北调丹江口库区移民题材的地方戏——郧阳二棚子戏《我的汉水家园》，由湖北省艺术研究所编剧、执导，是一部以南水北调工程移民搬迁为创作背景，反映移民包保工作组从做移民思想工作到移民顺利搬迁全过程，讴歌库区人民甘于牺牲、舍小家为大家的奉献精神的移民题材戏剧。该剧于2012年获得楚天文华大奖，并被评选为第四届全国地方戏优秀剧目。

《我的汉水家园》是根据湖北省郧县丹江口库区移民外迁的真实故事为背景创作的，以鄂西北地方独有戏曲郧阳二棚子戏为表演唱腔。剧情以年轻的女副镇长尹思媛劝说娘家人、婆家人外迁为主线，讲述了她面对为了支持国家建设，已经多次搬迁的汉桥村村民，强忍住自己故土难离和亲情撕裂的情感，晓之以理，动之以情，在付出惨痛的代价后，最终成功说服村民搬迁的故事。

全剧以汉水自然风光为舞台背景，时长两个小时，分为6个章节。主要情节是年轻的副镇长尹思媛作为包片的移民工作组组长，来到了婆家所在的移民点——汉桥村。汉桥村地处城乡结合部，村民们20年前内迁到此艰苦创业，如今早已安居乐业，移民工作难度可想而知。尹思媛的娘家和婆家都是移民对象，她感同身受，深知任何道理，在故土难离和亲情撕裂的村民面前都会显得苍白无力。她只能用一个女儿的真情大爱，先后艰难地说服了公爹公婆以及抵死不搬的爷爷，其后又通过现代网络平台召回了在外打工的青年农民工回乡搬迁。然而，在追劝沙场老板何汉生这最后一个“钉子户”时，她却付出了牵人情肠的惨痛代价……全剧就在这种浓浓的乡愁和浓烈的乡情中铺展开来。当移民们在冬夜熊熊的篝火旁等待搬迁时，无论是作为移民干部的尹思媛，还是台下的观众，都会透过移民们那一双双泪眼，为他们所作出的默默奉献和艰难担当所深深撼动。

该剧于2014年在南水北调工程调水沿线进行巡演。演出过程中，广大观众为库区移民难舍故土的情感、基层移民干部无私奉献的精神所动容，多次爆发出热烈的掌声，很多人留下了感动的泪水。

（五）歌曲《人间天河》

《人间天河》是南水北调题材电影《天河》的主题曲，由黄宏作词、王黎光作曲，汤非与阿鲁阿卓原唱。此歌曲列入2015年中央电视台春节联欢晚会，由韩磊、阿鲁阿卓共同演唱，这是南水北调文艺节目首次登陆中央电视台春节联欢晚会。

歌词原文：从前有人对我说，天上有条古老的河，七夕鹊桥鹊桥来相会，浩瀚苍穹不寂寞。今天我要对你说，地上有条年轻的河，清澈倒映两岸花，迷醉彩蝶水中落。天上的河，地上的河，天地大爱谁懂得，大爱谁懂得。一个是神仙的故事，一个是英雄的传说。

六、生态文化旅游产业带规划纲要颁布

南水北调是世界上最大的调水工程，是中华民族发展史上具有里程碑意义的大型人工建筑物。依托南水北调中线工程，充分挖掘工程蕴含的景观价值和文化内涵，融合周边生态、文化、旅游资源，打造精品旅游线路，建设生态文化旅游产业带，带动相关产业增长，对促进当地经济社会发展、造福为工程建设做出奉献牺牲的库区及沿线人民群众、宣传和展示南水北调工程建设的伟大成就、弘扬和传承中华民族的优秀文化都具有十分重大的意义。为了在中线全线范围内促进、指导和统筹做好中线旅游带建设，国务院南水北调办、国家旅游局、文化部在共同调研的基础上，于2012年组织编制了《南水北调中线生态文化旅游产业带规划纲要》。

该规划纲要提出了中线旅游带建设的指导思想、规划目标和基本原则，将其定位于“世界最大调水工程、国家生态战略屏障，中华历史文化富集地，中国一流旅游目的地”；确定了丹江口大坝、陶岔渠首、穿黄工程、团城湖等12处工程景观节点，初步编制了各景观节点的规划要点，规划了以工程景观为核心吸引物、融合周边旅游文化资源形成的12个特色旅游圈；通过生态带建设和现有的交通网络将各旅游圈串联形成中线旅游带，在南水北调的统一品牌下开展区域统筹协调和分工协作，促进周边旅游资源的开发、文化资源的融合利用和生态种养殖业的发展。

（一）工程雄伟壮丽，旅游资源丰富

南水北调工程建成后，必将引起全国的关注、世界的瞩目。依托南水北调中线工程发展生态、文化、旅游产业，具有天然的优势和有利条件。

首先，南水北调工程本身就是恢弘壮丽的景观。中线工程从长江支流汉江引水，跨伏牛山，穿黄河底，沿太行山东麓一路北上，全长1432km，贯通长江、淮河、黄河、海河四大流域，为干旱的北方输送汩汩清泉。这条由水库、高坝、渡槽、隧洞、倒虹吸、明渠等多种建筑物构成的新时代人工大运河，将在中华大地上展现出一幅气势雄伟、碧波畅流、绿树成荫、蔚为壮观的美丽画卷。

此外，中线工程流经了华夏文明的核心地带，库区和沿线富集荆楚、汉魏、商周、燕赵、元明清等不同朝代及地域丰富的历史古迹和灿烂的文化遗存。从中线水源丹江口库区顺流北上，可问道武当、参禅少林、推演太极，饱览黄河奔涌、云台飞瀑、卢沟晓月，探究安阳殷墟甲骨奇文，体味古都邯郸燕赵遗风，在白洋淀里荡舟休憩，在狼牙山、西柏坡前驻足沉思……诸多的世界自然和文化遗产、国家级风景名胜区、国家历史文化名城、国家级重点文物保护单位等，就像一颗颗璀璨的珍珠镶嵌在中线调水工程两侧，景色秀美独特，人文积淀丰厚，令人叹为观止、流连忘返。

再者，依托南水北调中线工程发展生态文化旅游产业条件优越，时机成熟。

一是沿线城市集中，交通便利，客源潜力大，有良好的旅游服务设施。中线沿线分布有北京、天津、石家庄、保定、邢台、邯郸、安阳、焦作、郑州、平顶山、南阳、十堰等城市群。

该区域人口密集、经济发达，人民消费水平达到较高水平。按照旅游产业发展规律，旅游消费将进入快速增长期。这种趋势将促进沿线旅游产业的跨越性发展，成为扩内需、促消费、保增长的推动力。初步估算，仅沿线这些城市就拥有近1亿旅游人次的市场需求，客源市场十分巨大。此外，中线沿线交通条件优越。铁路方面，与中线平行的有京广线、京九线等，其中京广高铁即将通车，与中线调水工程相交的有陇海线、宁西线等；公路方面，有京港澳、大广等南北向高速公路与中线平行，连霍、宁洛、沪陕、青银等东西向高速公路与中线交叉，沿途还有数十条国道、省道与中线总干渠靠近或交叉，沿线县级以上城市平均1小时就可以上高速；民航方面，石家庄、邯郸、郑州、南阳、襄阳等9座城市都有民用机场。

二是恰逢我国旅游业加快发展的新时期，发展机遇难得。2009年，国务院出台《关于加快旅游产业发展的意见》，将旅游产业定位为国民经济的战略性支柱产业和现代服务业。国务院2011年9月发布的《关于支持河南省加快建设中原经济区的指导意见》（国发〔2011〕32号）正式提出“建设南水北调中线生态文化旅游带”，国家旅游局编制的《中国旅游业“十二五”发展规划纲要》，提出要“加快建设南水北调中线生态文化旅游带”。“十二五”期间，随着我国经济社会的快速发展和人民生活水平的进一步提高，中线沿线的旅游业将呈现更加强劲的发展势头。

三是工程库区和沿线地方发展文化旅游产业的热情高涨。北京市、河北省、河南省和湖北省的十堰市已结合调水工程编制了相关旅游发展规划。如北京市组织编制了《南水北调终端地区景观规划》。《河北省旅游业发展“十二五”规划》与南水北调中线旅游带建设具有很好的结合点。《河南省“十二五”旅游产业发展规划》提出构建南水北调中线旅游带。湖北省十堰市编制了《十堰市丹江口库区生态旅游发展总体规划》等。这些都为规划和建设中线生态文化旅游产业带奠定了良好的基础。

（二）点、圈、带串联融合，调水与民生共赢

南水北调中线工程建设以来，在科学发展观的指导下，人与自然和谐相处的理念日益深入人心，统筹城乡、区域和经济社会协调发展已成为沿线干部群众的自觉行动。在这样的背景和形势下，如何使南水北调工程更好地体现人水和谐、人与自然协调共生的生态文明观，实现调水与民生、国家发展大局与沿线地区经济社会发展和生态文明建设的共赢，成为摆在国务院南水北调办面前的一项重大课题。为此，国务院南水北调办党组在又好又快推进工程建设的同时，提出规划建设“南水北调中线生态文化旅游产业带”的构想，即以南水北调中线大型工程景观为依托，融合沿线周边地区丰富的生态文化旅游资源，使两者交相辉映，相得益彰，把中线一千多公里的山水、古迹、工程景观串成一条蔚为壮观、内涵丰富的风景长廊，建设集景观游览、文化娱乐、城市游憩、生态休闲、科普教育等功能于一体的生态文化旅游带。这一构想得到了国务院主管领导的高度重视和国家有关部门的大力支持。

为落实这一构想，促进、指导和统筹做好中线旅游带建设，2012年3月，国务院南水北调办党组书记、主任鄂竟平主持召开主任专题办公会，研究决定联合国家旅游局、文化部成立规划编制领导小组，由国务院南水北调办原副主任于幼军担任组长，成员由国务院南水北调办和国家旅游局、文化部相关司局以及北京、天津、河北、河南、湖北5省（直辖市）南水北调办、旅游局、文化厅负责同志组成，负责组织开展中线生态文化旅游产业带规划的调研和编制工

作，并聘请委托曾编制《南水北调中线干线工程建筑环境规划》的清华大学教授、两院院士吴良镛担纲的专家团队承担规划的具体编写工作。2012年10月，国务院南水北调办、国家旅游局、文化部联合印发了该规划纲要，要求沿线5省（直辖市）的有关部门及中线工程项目法人贯彻实施。

《南水北调中线干线工程建筑环境规划纲要》（以下简称《规划纲要》）是对建设中线旅游带的纲领性规划，提出了指导思想、规划目标和基本原则。《规划纲要》将中线旅游带定位于“世界最大调水工程、国家生态战略屏障，历史文化富集地和国家级一流旅游目的地”；选择确定了丹江口大坝、陶岔渠首、穿黄工程、漕河渡槽、团城湖等12处工程景观节点，提出了各景观节点的规划要点；规划了以工程景观为节点，融合周边（半小时左右车程）生态旅游文化资源形成的12个别具特色的旅游圈；依托生态带建设和现有的交通网络，通过“点-圈-带”融合串联，形成以南水北调为品牌的中线旅游带；同时积极开展区域统筹和分工协作，促进周边旅游资源的开发、文化资源的利用和生态种养殖业的发展。

《规划纲要》是关于中线旅游带建设的指导性规划。它明确了国务院南水北调办、文化部、国家旅游局三部门的职责分工，并对中线工程项目法人、沿线5省（直辖市）地方政府开展相关工作提出指导意见。此外，《规划纲要》实施主要援用国家近年来已出台的旅游、文化、水利等方面的政策，从政府投资、基础设施建设、金融、土地等方面对中线旅游带建设给予支持。这些政策可提供给沿线地方政府和建设单位、社会投资者把握使用。

南水北调中线生态文化旅游产业带的建设，将充分展示工程蕴含的景观价值和科技内涵，展现中华民族的伟大智慧和我国的综合国力，对弘扬、传承和促进中华民族优秀文化的发展，具有十分重要的意义。建设这样一条旅游带，不仅是贯彻科学发展观和十七届六中全会精神、十八大精神的具体实践，是传播和弘扬中华民族悠久历史文化和现代文明的重要途径，也有利于充分发挥南水北调工程最大的综合效益，带动当地旅游产业发展，促进周边人居环境改善，造福为工程建设作出奉献牺牲的库区和沿线广大人民群众；还有利于进一步提升工程品位，借助南水北调的品牌效应，以更亲和的方式、在更广泛的意义上展示中国特色社会主义建设和改革开放的伟大成就。

（三）充分借鉴经验，传承精神遗泽

国内外利用大型水利工程提供的优质资源和环境条件发展文化旅游业并取得成功的例子不胜枚举，为中线生态文化旅游产业带的建设提供了良好的参考与借鉴。

世界著名的水利工程，如埃及的阿斯旺大坝、巴西和巴拉圭的伊泰普水电站、美国胡佛大坝和田纳西流域的水电群等，通过旅游开发均获得了巨大的旅游综合效益。如伊泰普大坝旅游年收益折合人民币达50多亿元，临坝城市伊瓜苏年接待游客达700多万人次，旅游收入折合人民币达500多亿元。胡佛大坝自1935年对外开放以来，已接待超过3500万人次游客，成为美国人游艇、滑水、钓鱼、探险、露营度假胜地。我国的三峡大坝景区被国家旅游局评为5A级景区，据统计，仅2010年就接待游客145万人次（其中国外游客33万人次），居全国103家工业旅游示范点之首。

这些成功的经验对建设中线旅游带具有借鉴意义。除中线周边现有的文化、旅游特色以外，南水北调还要充分发挥其自身特色，如“世界最大的调水工程”，“世界跨度最大的U形渡

槽”和“国内穿越大江大河直径最大的输水隧洞——穿黄工程”等世界和中国水利之最，力争打造出以南水北调工程为特色的精品旅游线路。

中国正处于文化大繁荣、旅游大发展、全面推进生态文明建设的有利时机。党的十八大发出了建设“美丽中国”的伟大号召。在中线工程沿线各方的共同努力下，通过《规划纲要》的贯彻和实施，中线工程在输送一泓清水北上的同时，还将建设成为生态环境优美、人文底蕴深厚、旅游产业发达、人民生活富足的一条绿色之带、文化之带和民生之带。这条人水和谐的“美丽中线”不仅惠泽了库区与沿线民生，而且将为建设“美丽中国”增添浓墨重彩的一笔。

水是生命之源，生产之要，生态之基。南水北调这项功在当代、利在千秋的民生工程，将为库区及沿线地区经济社会的全面、协调、可持续发展和人民脱贫致富奔小康做出应有的贡献。南水北调中线生态文化旅游产业带的建设，将为中国留下一份造福百姓、荫及子孙的物质遗产和传承民族精神、时代精神的精神遗泽。

七、南水北调形象系统建设

南水北调工程标志、标识，是南水北调工程构架的真实体现，是南水北调工程形象的对外展示，也是南水北调精神和文化的重要载体，南水北调工程形象建设十分重要。国务院南水北调办委托有关单位进行了标志的创新及改造，共收集34种标志设计方案。经比选审定，选定了最终的南水北调工程标志。同时，在国务院南水北调办选定标志的基础上，按照建筑外观、指示标牌、安全警示不同类别，分别进行了规范并在系统内发文公布。

南水北调形象系统包括南水北调工程标志。基础标识包括标志尺寸比例、网格尺寸比例、标准字、标志与标准字体的基本组合、标志使用禁忌；安全警示标识列举了渠道边警示牌、渠道桥头警示牌等形式；建筑外观标识列举了泵站主建筑标志牌、泵站（门牌）等形式；指示标识列举了建筑边标识牌、室外各类指示牌、公共区域立式指示牌、室外各类指示牌等形式；列举了南水北调精神标识形式。

系统内各单位在使用过程中，充分理解工程标志、标识的内涵，发挥其在宣传南水北调工程中的重要作用。进一步规范使用工程标志、标识，展示南水北调工程形象、扩大工程在社会上的积极影响。凡涉及南水北调对外形象的，如工程沿线、建筑外观、指示标牌、安全警示、水源保护区、移民新村、后靠安置点等，都严格按照规定的尺寸比例、颜色、字体等使用标志、标识，塑造和维护南水北调工程的整体形象。机关、企业文化的内部办公系统，参照使用工程标志、标识。

各单位通过广告、标语、标牌等方式和载体，使用南水北调工程标志、标识，宣传南水北调工程的布局、规模及其重要性，宣传南水北调工程在优化水资源配置、解决北方水资源问题的重要作用，为南水北调东、中线一期工程营造良好的社会环境。

为防止其他单位对该标志发生侵权行为，根据国家有关规定，国务院南水北调办申请了南水北调工程标志版权登记。经过相关工作程序，南水北调工程标志已经获得版权登记证书，受到国家版权保护。

八、户外标语标牌制作

通过在南水北调主体工程沿线、水源保护区、库区移民新村和干线征迁后靠安置点以及重点文物发掘现场，设立相应内容的宣传标语标牌，有利于进一步激发广大南水北调建设者、移民干部、移民群众的责任感、使命感和荣誉感；进一步提升工程品质，树立工程形象，扩大工程影响、增强社会公众的认同感；也便于社会公众直观形象地了解南水北调工程，提升工程在社会上的积极影响，争取社会各界更多地关心、支持南水北调工程。

宣传对象主要包括三方面：一是途径南水北调主体工程、水源保护区、移民新村、文物保护现场等的社会公众；二是工程水源区和工程沿线的人民群众；三是广大工程建设者、移民群众和移民干部等。

宣传标语标牌在内容上，紧紧围绕南水北调工程意义、决策部署、团结共建、重要成果、综合效益、南水北调精神等宣传重点。形式上充分利用宣传标牌、立柱、墙体、LED电子屏幕、横幅等多种户外宣传载体，扩大覆盖面和影响力。位置上选择工程沿线标志性建筑、重要标段、交通干线交叉处和出入口、人群集中场所等突出位置，以提高宣传效果。

（一）工程沿线标语标牌

深入宣传南水北调工程优化水资源配置、缓解北方地区水资源短缺、改善生态环境和人民生活的重大意义；突出宣传工程建设进展及成果；展现广大建设者艰苦奋斗、勇于拼搏，确保实现如期通水的精神风貌；树立生态工程、优质工程、精品工程、廉政工程、惠民工程的良好形象，营造有利于加快推进南水北调工程建设的良好氛围。

标语内容主要有：南水北调，造福百姓；南水北调，千秋伟业；南水北调，利国利民；南水北调，功在当代，利在千秋；团结共建南水北调工程；优质高效建设南水北调工程；润泽华北大地，造福子孙万代；把南水北调建成优质高效惠民工程。

在工程干线高填方区段，利用两侧山体和绿化带进行立体宣传；工程干渠和沿线城市交通干线交叉处，设置单柱或双柱支撑的宣传标牌；工程渠道与高速公路交叉处，设置单立柱（擎天柱、广告塔）大型标牌；在工程途径的重要城市，利用高层建筑物（公益设施、地标建筑、商用楼、写字楼等）设置巨幅标语标牌；在沿线城市的机场、火车站等交通枢纽、公共广场，利用LED显示屏、三面翻、立柱牌等户外媒体扩大宣传；选择电视、电影、公交车等流动载体，开展公益广告宣传。

（二）东线治污、中线水源保护区标语标牌

广泛宣传南水北调工程重大意义；宣传水源保护、水污染防治、改善生态环境、促进经济增长方式转变等方面的理念；增强南水北调水源保护意识，提醒社会公众自觉保护水生态、维护水环境，营造人水和谐的社会氛围。

标语内容主要有：送一江清水，惠沿线百姓；一江清水向北流；政绩融入清水里，丰碑写在青山上；把南水北调工程建设为绿色走廊、清水走廊、生态走廊；一池清水入库，一泓碧泉北上；保护水源安全，实现人水和谐；加强治污环保，建设清水走廊。

根据东线治污项目、水源保护区地理环境特征，在取水口、治污点、人群集中场所（居住区、旅游开发区等）、交叉路口、堤坝等处，设置宣传标语标牌。

（三）库区移民新村和干线征迁安置点标语标牌

大力宣传南水北调工程的重大意义；宣传征迁移民方面的优惠政策；弘扬移民干部群众舍

小家、顾大家、为国家的无私奉献精神；强化和谐征迁移民意识和大局意识。

标语内容主要有：南水北调，强国利民；南水北调，造福人民；南水北调，千秋伟业；南水北调，功在当代，利在千秋；做好移民工作，共建和谐社会；视移民为亲人，同走致富新路；服务南水北调，搞好移民安置；确保移民搬得出、稳得住、能发展、可致富；一切为了移民，一切围绕移民，一切服务移民；移民为国做贡献，我为移民多服务；南水北调利国利民，移民搬迁造福子孙；坚持以人为本，实现和谐移民。

在移民新村沿交通干道房屋外墙、围墙上喷涂宣传标语。在村庄地界、公共场所（文化广场、街心花园等）等处设置宣传标牌、单立柱。在移民新村周边的村镇，设立宣传标语标牌，悬挂横幅等。

（四）重点文物现场标语标牌

大力宣传南水北调工程重大意义；宣传南水北调工程在文物保护方面的思路、措施；营造重视文物保护、发掘的氛围。

标语内容主要有：南水北调，造福人民；南水北调，千秋伟业；南水北调，利国利民；南水北调，功在当代，利在千秋；调水工程文物保护两不误，造福人民传承文化双丰收；打造南水北调文化长廊。

在文物点的交通干道，喷涂宣传标语，设立单立柱、双立柱等形式的宣传标牌。

（五）宣传标语标牌组织实施

建设期间，由南水北调工程建设各项目法人或建管单位负责所辖范围及周边对外宣传标语标牌的设置工作；水源保护区由中线水源公司负责保护区及周边对外宣传标语标牌的设置工作；重点文物保护现场由各项目法人或建管单位协调地方文物部门负责文物点及周边对外宣传标语标牌设置工作；工程沿线外（如干线征迁安置点、途径重要城市等）由各项目法人或建管单位筹集资金，各省（直辖市）南水北调办、移民局（办）等负责协调落实。

运营期内，南水北调工程沿线内、水源保护区、文物发掘现场由各运营单位负责对外宣传标语标牌的设置工作。工程沿线外，由各运营单位筹集资金，各省（直辖市）南水北调办、移民局（办）等负责协调落实。

九、南水北调精神弘扬

南水北调工程在60多年的论证、规划、设计、建设过程中，经过几代人前赴后继、艰苦卓绝的探索与实践，已经从科学梦想变为伟大现实。在南水北调工程建设实践中，广大建设者默默无闻、无私奉献，攻克了无数技术难题，创造了一项又一项新纪录，涌现出一大批感天动地、脍炙人口的先进事迹。移民群众舍小家、顾大家，毅然决然离开故土迁居他乡。移民干部情系移民、勇于担当、拼搏奋进，用信念和忠诚谱写了一曲曲荡气回肠的英雄赞歌。治污环保、交通铁道、文物保护等工作协调配合，扎实推进，唱响新时期集体主义、爱国主义的主旋律，彰显社会主义制度集中力量办大事的优越性。

伟大的工程孕育伟大的精神。经过不断的培育、积淀和锻造，南水北调系统形成了以“负责、务实、求精、创新”为核心价值理念的南水北调精神。同时，南水北调精神也体现了南水北调文化的特征，体现了南水北调人的精神追求，体现了社会主义核心价值体系的要求，是南水北调工程之魂。

（一）南水北调精神与文化征文

精神是建设南水北调工程的不竭动力。弘扬南水北调精神，可以增强负责观念，提升务实品格，打造求精意识，激发创新活力，达到凝聚人心、统一思想、为南水北调又好又快建设提供精神支撑和提升文化软实力的目的，促进南水北调工程早日建成，造福于沿线人民，造福于中华民族。

为进一步弘扬南水北调精神，扩大南水北调文化影响，国务院南水北调办与光明日报社于2012年联合组织开展了“南水北调精神与文化”征文活动，得到了社会的积极反响，共收到稿件270余篇，其中审核有效的稿件235篇，包括：论文类稿件42篇、散文类稿件76篇、诗歌类稿件100篇、其他类稿件17篇。此次征文活动，作品内容基本覆盖了南水北调精神、丹江口移民精神、南水北调文化等主题。作品体裁以论文为主，散文为辅，还有一些诗歌作品。其中，很多作品观点鲜明、内容丰富、论述深刻，对南水北调宣传工作有重要促进作用。

活动开展以后，经过认真审核，择优整编了《南水北调精神大家谈》一书公开出版发行。通过此书，进一步加深对南水北调工程的认知和了解，进而更加深刻地认识南水北调工程对于优化配置水资源、缓解北方水资源短缺问题的重要作用，更加深刻地体会移民群众为南水北调工程作出的巨大贡献，更加深刻地领略南水北调工程建设者所表现出的“负责、务实、求精、创新”的南水北调精神，进一步激发南水北调工程广大建设者的热情，促进南水北调工程又好又快的建设，为弘扬生态文明、建设“美丽中国”作出新的贡献。

（二）南水北调精神集中报道宣传

南水北调系统及时总结发现在工程建设和征地移民等工作中涌现的先进事迹和先进个人，在宣传部门的积极支持和配合下，组织中央和地方媒体集中宣传报道。通过对先进个人和典型事迹的挖掘和深度报道，集中展现和讴歌广大南水北调建设者和移民身上所体现的崇高感人的新时代精神，作为社会主义现代化建设过程中宝贵的精神财富广为流传。

在工程建设中，涌现了一大批陈建国这样大禹式的南水北调建设者。陈建国是河南省水利一局中线河南段方城6标项目经理。他一心扑在工程建设上，长年工作在一线。面对工程技术难度大、工期紧迫的严峻形势，他积极主动，千方百计抓进度，不留情面抓质量，使方城6标在南阳段历次评比中均名列前茅，6次荣获第一。家人的相继离世，他默默承受，带着75岁多病的老父亲住到工地，左肩扛着工程，右肩扛着亲情，顽强拼搏，无私奉献。国务院原副总理、国务院南水北调建委会原副主任回良玉作出重要批示，高度赞扬陈建国为南水北调工程建设做出的突出贡献，号召学习总结、宣传陈建国的先进事迹。国务院南水北调办主任鄂竟平对陈建国先进事迹作出重要批示，号召南水北调工程建设者向陈建国学习，学习他负责、务实、求精、创新的精神。鄂竟平强调，只有发扬这种精神，南水北调工程才有希望。国务院南水北调办副主任蒋旭光也批示，要求做好陈建国典型事迹宣传，扩大在社会上的影响。《河南日报》通版刊发了“为使清水润华夏不惜此身做基石”的长篇通讯，宣传报道陈建国先进事迹。河南电视台、《大河报》《中国南水北调》报也分别进行了报道。河南省委宣传部组织大批媒体对陈

建国进行了专访报道。

2012年，在中线库区30多万移民顺利搬迁以后，国务院南水北调办主动协调中宣部，组织中央新闻媒体赴河南、湖北两省丹江口库区，集中采访报道移民干部先进事迹，到移民干部工作场所、家庭住所、移民新村，现场采访移民群众、移民干部、牺牲干部的同事和家属，听取情况介绍。中央各大媒体陆续发出报道，从多个角度、不同层次报道丹江口库区移民搬迁情况，积极宣传移民干部无私奉献的精神。

《人民日报》刊发题为“记南水北调工程移民干部群体先进事迹”系列报道，分为“做移民群众‘贴心人’”“高扬不褪色的党旗”上下两篇，突出真情、责任、奉献、担当、忠诚和拼搏6个主题，多个方面展现移民干部的先进事迹和可贵精神。文章配发题为“心中装着老百姓”的记者手记，突出移民干部心系百姓、执政为民的博大胸怀。新华社分别发出题为“清水写亲民 青山刻忠诚——记河南南水北调中线移民党员干部群体”“‘天下第一难题’背后的忠诚——记湖北省南水北调中线移民党员干部群体”的长篇通电，报道移民干部全身心投入移民事业的感人事迹。《光明日报》分别刊发题为“铁肩担大任热血谱华章——记河南省南阳市移民干部群体”“‘平凡的人’做‘伟大的事’——南水北调丹江口移民干部侧记”的报道，用多个鲜活事例，再现移民搬迁的宏大场景，展现移民干部群体的奉献精神。并分别配发题为“有一种使命叫担当”“他们是移民眼里‘最亲爱的人’”的记者手记，展现移民干部用信念和忠诚塑造的共产党员光辉形象。《经济日报》刊发题为“记南水北调中线移民干部群体先进事迹”系列报道，分为“把良心捧在手中”“这是一生最荣幸的经历”上下两篇，真实记录活跃在移民工作第一线的普通干部。中央人民广播电台《新闻和报纸摘要》连续两天分别播发题为“汉水丹心——均县镇的两位好书记”“学习县委机关党委副书记马有志的事迹 感受移民干部的贡献和情怀”消息，通过现场采访移民干部、家属、村民，介绍移民工作不易，表现移民干部的宽广胸怀。《工人日报》发出题为“那一江北上的清水会记得他们——记南水北调丹江口库区移民干部”报道，对移民干部忘我工作，甚至累倒在一线的事迹进行展现。配发记者手记“爱得深沉”，深情写出移民干部对老百姓的爱护之情。《中国青年报》以“12座坟茔见证忠诚——记河南南水北调中线移民党员干部群体”为题，介绍河南省牺牲移民干部的感人事迹。《农民日报》刊发题为“记为南水北调移民忘我工作的干部群体”系列报道，分为“一湖清水映丹心”“齐心合力大搬迁”上下两篇，同时配发题为“库区无处不感动”记者手记，通过亲身感受，展现移民干部对党和人民的忠诚。中国新闻社发出题为“‘南水北调’工作人员：只想大喝一场大睡一场”通电，对库区移民工作进展、移民干部奉献为民情况作出报道。中央电视台《新闻联播》两期专题报道。《中国日报》《人民政协报》《瞭望新闻周刊》《半月谈》等媒体也发出了相关报道。

2015年，由光明日报社、中国人民大学、中国伦理学会共同主办，由光明网、河南省委宣传部、南阳市委宣传部、淅川县委、淅川县人民政府承办的“核心价值观百场讲坛”第二十六场活动在南阳淅川举行。活动邀请中共第十六届、第十七届中央委员、中共河南省委原书记，中央马克思主义理论研究和建设工程咨询委员会主任徐光春，作题为《社会主义核心价值观与河南移民精神》的讲座，并与现场观众和网友进行了互动。

徐光春从社会主义核心价值观、南水北调工程的移民精神、新时代培育和践行社会主义核心价值观的启示三方面进行阐释。他指出，价值观是“脑神经”和“试金石”，它能判断一个国家、一个民族、一个人的思想和行为的优劣与对错。

“社会主义核心价值观是中国特色社会主义的‘心’，是中国特色社会主义的‘魂’。”徐光春指出，在社会主义核心价值观的激励和推动下，河南移民精神正深刻地影响着河南、改变着河南。

徐光春强调，河南移民精神的形成和发展，造就了伟大的南水北调工程，也造就了忠诚奉献、大爱报国的中原儿女。为全社会培育和践行社会主义核心价值观提供了深刻启示：“培育和践行社会主义核心价值观，一定要坚持以理想信念为核心；要三位一体，共同发力；要以人为本，服务人民；要联系实际，找好载体。”

河南省400余位观众到现场聆听了讲座，来自全国的411万网友收看了节目，32.9万网友通过微博、论坛等参与了交流互动。

十、宣传品制作

南水北调系统各单位为促进宣传工作的开展，在社会范围内加强南水北调工程宣传，精心制作了大量的南水北调宣传品，有力地促进了南水北调宣传工作，为工程建设营造了良好氛围。

国务院南水北调办编印了历年的《中国南水北调工程建设年鉴》《南水北调工程新闻集》等，科普图书《为了生命之水》《南水北调工程知识百问百答》，宣传画册《中国南水北调》等。

《中国南水北调工程建设年鉴》由中国南水北调工程建设年鉴编纂委员会负责编辑的专业年鉴。该年鉴主要反映南水北调工程建设、征地移民、水资源保护、投融资管理等过程中的重要事件，是集南水北调工程建设进程、技术资料、统计报表等的大型资料性工具书。该年鉴先后出版2005年卷、2006年卷等，共计13本。曾获“第五届全国年鉴编校质量检查评比特等奖”。

《为了生命之水》是南水北调工程首部科普读本，由国务院南水北调办组织有关方面的专家进行编写，由中国水利水电出版社出版发行。该书内容包括工程背景、工程规划、建设管理、科学技术、移民征迁、治污环保、综合效益等七个部分，详细说明工程建设起因、规划发展和未来前景，并列举了大量翔实数据，介绍了社会广泛关注的有关问题和知识。该书文字上通俗易懂，形式上图文并茂，是一本轻松有趣、意义深远的科学普及类图书，便于人民群众更加深入地了解南水北调工程，从而更加关心、支持南水北调工程建设。

《南水北调工程知识百问百答》是南水北调工程首部全面回应社会关切的科普图书，由科学普及出版社出版。该书采用问答的形式，用浅显易懂的语言，向读者详细阐述工程由来和建设进展，涉及工程基本情况、政策机制、建设进度和质量、技术挑战、征地移民、治污环保、文物保护等方面内容。该书由国务院南水北调办主任鄂竟平作序。

北京市南水北调办设计、推广39项72个单元的南水北调识别系统，策划、制作《北京南水北调宣传折页》3版、动漫7集、《北京南水北调报》《北京南水北调宣传片》《北京市南水北调工程知识100问》等一系列宣传品，用于支撑宣传活动。

河北省南水北调办编纂了《碧水情深》纪念画册、《南水北调中线邯石段和天津干线征迁工作新闻选集》。

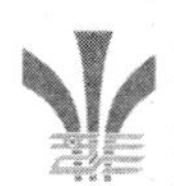

河南省移民办编印了《镌刻在世纪工程上的永恒记忆——河南省南水北调丹江口库区移民迁安纪实》大型画册。

山东省南水北调建管局组织编纂了《脉动齐鲁——南水北调工程》丛书和《长河赞歌》南水北调写生采风文献集。

湖北省移民局公开出版了《无私奉献的时代赞歌——湖北南水北调中线移民新闻作品集》《汉水大移民》。

中线建管局编辑出版了《南水北调优秀新闻作品集》《十年——镜头中的南水北调》《向北向北——南水北调摄影集》《长河印记——南水北调新闻摄影集》等。

中线水源公司编制了《清水源头筑丰碑》《创文明工地，建精品工程》《强化建设管理，创建文明工地》《水源丰碑》等专题片及宣传画册。

十一、组织文艺下基层活动

2013年12月，在中线工程主体完工之际，协调中国文联近百名艺术家赴湍河渡槽工程现场和湖北省十堰市丹江口市移民新村进行慰问演出。慰问演出不仅鼓舞了一线建设者士气，也在更高层面广泛宣传了南水北调形象与精神，同时一批著名书画摄影家为南水北调创作了20多幅珍贵的书画作品。

2014年12月，协调中国文联文艺志愿者小分队赴南水北调工程服务采风活动。在通水前夕，协调中国文联组织国内知名的艺术家团体以文艺志愿者小分队的形式，前往工程一线进行采风演出。在为期6天的活动中，带领艺术家小分队往返2000多km，考察了沿线重点工程，并成功举办了6场慰问演出，组织了5次创作笔会，开展了3场摄影、书画辅导讲座，为一线建设者送去欢乐和祝福，在工程现场营造了庆祝通水的欢庆氛围，成果丰富，影响深远。

第五章　党建与精神文明建设

第一节　党　的　建　设

国务院南水北调办直属机关党建工作在中央国家机关工委和办党组的正确领导下，在机关各司、各单位的积极支持和配合下，按照中央关于全面从严治党的要求，坚持围绕中心、服务大局，认真学习贯彻邓小平理论、“三个代表”重要思想、科学发展观和习近平总书记系列重要讲话精神，尤其是习近平总书记关于机关党建工作的重要论述，紧紧围绕加强党的执政能力建设、先进性和纯洁性建设这条主线，以建设一支思想过硬、政治坚定、作风优良、具有高度责任感和使命感的党员队伍为目标，加强思想建设、组织建设、作风建设、制度建设和反腐倡廉建设，增强自我净化、自我完善、自我革新、自我提高能力，积极构建文明和谐机关，充分调动直属机关各级党组织和党员干部的积极性和主动性，为南水北调工程又好又快建设和安全平稳运行提供了坚强的思想政治保证。

一、落实全面从严治党责任

国务院南水北调办各级党组织认真落实全面从严治党主体责任，层层传导压力，将责任落实到每个基层党支部、每个党员，做到真管真严、敢管敢严、长管长严。

（一）制定全面从严治党实施意见

根据《中国共产党党和国家机关基层组织工作条例》和《中央国家机关贯彻落实全面从严治党要求实施方案》，国务院南水北调办党组于2015年7月印发了《国务院南水北调办贯彻落实全面从严治党要求实施意见》，提出要以落实全面从严治党要求为主线，强化从严治党责任，全面加强机关党建工作。根据全面从严治党的实践、国务院南水北调办党组不断总结经验和做法，于2016年9月、2017年5月两次修订该意见，进一步强化从严治党力度。

（二）成立党建工作领导小组

国务院南水北调办党组书记、主任鄂竟平任党建工作领导小组组长，办党组成员、副主

任，直属机关党委书记蒋旭光任副组长，综合司、机关党委和纪委负责同志为领导小组成员，对国务院南水北调办直属机关党建工作统一领导、统筹规划、推动落实。设立了领导小组办公室，负责党建工作的具体组织和督促检查。构建了党组书记负总责、分管领导分工负责、机关党委推进落实、司局长“一岗双责”的党建工作格局。

（三）建立党建和纪检工作平台

为贯彻落实好全面从严治党要求，落实中央巡视组的整改要求，强化各级党组织全面从严治党主体责任的落实，全面加强机关党建工作，2016 年 5 月，国务院南水北调办党组印发了《国务院南水北调办党建工作联席会议制度》和《国务院南水北调办纪检工作联席会议制度》，通过建设平台，完善议事协调机制，形成齐抓共管党建和纪检工作的合力。

二、直属机关党的思想建设

国务院南水北调办机关党建工作始终把思想建设放在突出位置，坚持以理论学习为基础，不断提高党员干部思想政治素质，努力把各级基层党组织建设成为政治坚定、求真务实、开拓创新、廉洁勤政、团结坚强的集体。

（一）着力加强中国特色社会主义理论学习

以国务院南水北调办党组中心组理论学习为龙头，以处以上党员干部学习为重点，组织学习党的十六大、十七大、十八大、十九大精神，学习习近平总书记系列重要讲话精神，学习党中央关于加强党的执政能力建设和先进性建设、构建社会主义和谐社会、落实科学发展观、党的群众路线等重要战略思想，使党员干部的政策理论水平和思想政治素质明显提高。近年来，采取集中学习、短期培训、专家辅导、学习讨论、撰写体会等多种形式，组织党员干部深入学习历次党代会文件和中央领导同志讲话精神，学习《中国共产党党章》和《中国共产党历史》等重要书目，深入学习邓小平理论、“三个代表”重要思想和科学发展观，学习习近平总书记系列重要讲话精神，进一步增强了党员的党员意识、政治意识、大局意识和责任意识，增强了做好南水北调工作的自觉性和主动性。

（二）着力加强工程建设业务知识学习

组织广大党员干部认真学习贯彻习近平等中央领导同志关于南水北调或水资源工作的重要指示、批示精神，学习贯彻国务院南水北调建委会工作部署和南水北调系统工作会议精神，学习研究南水北调工程建设重大技术专题，开展深入细致的调查研究，总结工程建设和运行管理经验。通过学习，党员干部进一步加深了对中央关于南水北调工程建设的总体要求和目标任务的理解，增强了做好南水北调工作的紧迫感和责任感。

（三）深入学习中国共产党历史

直属机关党委把学习党的历史、党的知识和党的理论路线方针政策作为党员干部学习的重要内容。为党员干部购置了《中国共产党历史》《中国共产党简史》等学习资料。在党员干部自学基础上，邀请专家教授做学习辅导报告，使党员干部对中国共产党辉煌历程中所取得的主要成就、积累的宝贵经验和重要启示、经历的曲折和深刻教训有了深入的理解，进一步认识到只有中国共产党才能救中国，只有社会主义才能发展中国的深刻道理，决心牢记党的恩情，坚定地跟党走，在南水北调工程建设和运行管理中努力工作，用实际行动为党旗增光。

（四）深入学习《中国共产党党和国家机关基层组织工作条例》

坚持把学习贯彻该条例，作为直属机关各级党组织增强做好机关党建工作意识、落实党建工作职责的重要抓手，开展各种形式的学习讨论，使各级党组织和广大党员进一步领会了该条例修订颁布的重大意义、主要内容和基本要求，增强了贯彻好该条例和《中央国家机关工委贯彻〈中国共产党党和国家机关基层组织工作条例〉实施办法》的主动性和自觉性。

（五）深入开展学习型党组织创建活动

根据中共中央《关于推进学习型党组织建设的意见》要求和国务院南水北调办党组部署，在直属机关组织开展了学习型党组织创建活动。采取集中学习、短期培训、专家辅导、学习讨论等多种形式，发挥办党组中心组学习的带动作用，以处级以上党员干部学习为重点，加强面上党员干部的理论学习，进一步提高党员干部的党性修养、政策理论水平和业务素质，增强中国特色社会主义的道路自信、理论自信、制度自信和文化自信。

（1）积极做好党员干部经常性培训教育。坚持每年选派司局级、处级和科级党员干部到中央党校、井冈山干部学院、延安干部学院、中央国家机关党校学习，鼓励青年党员干部参加在职教育，提高了党员干部的党性修养、政策理论水平和业务素质。

（2）积极举办各类学习讲座。邀请国内知名专家学者到机关作学习辅导报告，举办了直属机关创建学习型党组织读书座谈会、青年读书演讲会，组织党员干部运用“中央国家机关理论武装在线”平台，进行网上学习，参加中央国家机关“强素质、做表率”读书活动。

（3）引导党员干部自学。从中央国家机关工委推荐的数目中精选了几十种书目，作为干部职工业余读书的指导书目。定期向各党支部发送《学习活页文选》《党风廉政建设》《紫光阁》《党建研究及内参》等学习材料。为党员干部推荐学习书目和网络在线教育，购买《中国特色社会主义学习读本》《科学发展观学习纲要》《习近平谈治国理政》《习近平关于实现中华民族伟大复兴的中国梦论述摘编》《中国共产党廉洁自律准则》《中国共产党纪律处分条例》《理论热点面对面》《好支部是这样炼成的》《领导干部从政道德启示录》等书籍，引导和督促党员干部好读书、读好书，加强理论修养。

（六）及时分析党员干部思想政治状况

在南水北调事业发展和队伍结构变化的各个时期，采取“机关党员和职工思想状况问卷调查”“基层党建工作状况调查”、谈心活动、座谈会等形式，及时了解掌握党员干部中产生的一些思想和实际问题，及时了解掌握机关党员干部的思想动态和基层党建工作情况，有针对性地开展思想政治工作，提出意见建议。教育党员干部牢固树立正确的世界观、人生观、价值观和权力观、地位观、利益观，坚持共产主义远大理想和中国特色社会主义共同信念，思想上、政治上与党中央保持高度一致，自觉立党为公，执政为民。在工资制度改革、住房调整等涉及职工利益或机构调整、干部交流选拔任用等干部思想易困惑、情绪易波动的问题上，各级党组织

及时了解情况，掌握信息，有针对性地开展思想政治工作，做好政策解释，沟通思想，解疑释惑，理顺情绪，化解矛盾，引导党员干部正确对待组织、群众和个人的关系。2015年举办了心理健康科普活动。积极健全和完善帮扶机制，在节假日走访慰问困难党员群众，送去党组织的关心。

（七）创新思想政治工作载体

在机关党建和思想政治工作中，各级党组织从实际出发，开展了大量富有成效、各具特色的思想教育活动，以党支部为单位组织党员和入党积极分子到井冈山、延安、西柏坡等地学习参观，在党的重要纪念地宣誓、重温入党誓词，组织瞻仰李大钊烈士墓，参观冉庄地道战遗址、焦庄户地道战遗址纪念馆、中国人民抗日战争纪念馆等；组织干部职工观看《公仆》《张思德》《一个人的奥林匹克》《周恩来的四个昼夜》《开罗宣言》等教育题材电影；举办职工书画、摄影、手工艺品等文化艺术展览；组织团员青年重访红旗渠、参观《复兴之路》《侵华日军南京大屠杀史实展》《我们的队伍向太阳》《延安精神永放光芒》等大型主题展览，召开“弘扬伟大长征精神，献身南水北调事业”等青年干部座谈会，进一步增强了广大党员干部的党性意识，增强了职工的爱国情怀和民族自豪感与历史责任感，坚定了为南水北调工程建设贡献智慧和力量的信心。

三、直属机关党的组织建设

直属机关党委始终把加强基层组织建设、造就高素质的党员干部队伍作为机关党建工作的着力点，采取多种措施，重点突破，整体推进。党支部（党委）做到“五好”：战斗堡垒作用发挥好，党员队伍好，工作机制好，工作业绩好，群众反映好。党员做到“五带头”：带头学习提高，带头争创佳绩，带头服务群众，带头遵纪守法，带头弘扬正气。

（一）建立和完善党的基层组织

健全组织，明确职责，夯实机关党建工作的组织基础。一是建立机关党组织。通过党员大会或党员代表大会选举产生直属机关党委和纪委。机关各司和直属事业单位都建立了党支部（党委），司局长“一岗双责”，兼任党支部（党委）书记。在国务院南水北调办机关退休党员逐渐增多的情况下，于2013年11月成立了退休干部党支部，健全了机关党的基层组织，更好地保障退休老同志“老有所教、老有所学、老有所乐、老有所为”。中线建管局成立了机关党委和纪委，设立了党群工作部和监察部，配备了专职干部；基层管理处全部成立了党支部，做到支部建在基层一线。东线总公司于2016年6月成立了党委和纪委，设立了党委办公室，配备了专职干部。二是根据实际需要及时完善机关党组织，在人员较多的出国团组中成立临时党支部，在临时机构如稽察大队成立了临时党支部。及时开展机关党支部换届改选工作，完善了支部选举制度，保障了党员民主权利。截至2016年，直属机关党委和各党支部（党委）已经进行两轮换届改选。在上级党组织的正确领导和机关广大党员的大力支持下，特别是在专兼职党务干部的共同努力下，国务院南水北调办直属机关党的组织健全，基础扎实，充满生机与活力。

1. 召开机关第一次党员大会

机关党委按照《中国共产党章程》和有关规定，在中央国家机关工委和国务院南水北调办党组的支持和指导下，2004 年 3 月 2 日，召开了机关党员大会。国务院南水北调办党组书记、主任张基尧出席会议并讲话，国务院南水北调办党组副书记、副主任、机关党委书记孟学农做工作报告，中央国家机关工委副书记臧献甫莅临会议指导并讲话。会议对国务院南水北调办机关党的建设和思想政治工作作了全面部署，明确了机关党建和思想政治工作的目标和任务。

会议选举产生了第一届国务院南水北调办机关党委，孟学农任书记（兼），全面负责机关党委工作；杜鸿礼任专职副书记，协助书记工作，负责机关党委的日常工作；彭克加任纪律检查委员，负责机关党的纪律检查和党的廉政建设工作；熊中才任组织委员，负责机关党的组织建设工作；陈曦川任宣传委员，负责机关党的宣传和思想政治工作；刘岩任群工委员，负责联系机关工会、妇委会等群众工作；孙平生任保卫委员，负责机关党的保卫和稳定工作；井书光任青年委员，负责联系机关共青团和青年工作；范治晖任学习委员，负责机关党的理论学习教育工作。

机关党委成立后，即着手机关和直属企事业单位党的基层组织建设。根据中央国家机关工委的要求，结合工作实际，在机关和直属事业单位建立了党支部，司局长一岗双责，兼任党支部书记，为司局领导坚持“两手抓，两手都要硬”的方针创造了条件。蒋旭光任综合司党支部书记，刘春生任投计司党支部书记，李新军任建管司党支部书记，朱卫东任经财司党支部书记，张力威任征移司党支部书记，李鹏程任监督司党支部书记，王志民任政研中心党支部书记，张忠义任监管中心党支部书记，王春林任中线建管局机关党委书记。

2. 召开机关第一次党员代表大会

2009 年 5 月 15 日，经国务院南水北调办党组同意和中央国家机关工委批准，中共国务院南水北调办直属机关第一次代表大会召开。会议充分肯定了机关党委在思想建设、组织建设、作风建设、制度建设和党风廉政建设等方面的工作，要求新一届直属机关党委坚持把围绕中心、服务大局作为党建工作的出发点和落脚点，紧紧围绕南水北调工程建设这个中心开展工作，动员广大基层党组织和共产党员充分发挥党支部的战斗堡垒作用和共产党员的先锋模范作用，大力开展创先争优活动，为把南水北调工程建设成为一流工程、廉政工程、利民工程、生态工程，实现“工程安全、资金安全、干部安全”而努力奋斗。

会议选举产生了第二届国务院南水北调办直属机关党委，李津成任书记（兼），全面负责机关党委工作；杜鸿礼任常务副书记，协助书记工作，负责直属机关党委的日常工作；彭克加任副书记，负责纪律检查和廉政建设工作；孙平生负责组织建设工作；李勇负责理论学习工作；袁松龄负责文体工作；欧阳琪负责联系妇女工作；韩连峰协助负责纪检工作；刘岩负责联系工会工作；井书光负责联系青年工作。会议选举产生了由王平、王松春、刘远书、陈曦川、彭克加、韩连峰、谢义彬等 7 名委员组成的第一届国务院南水北调办直属机关纪委，彭克加任书记，韩连峰任副书记。

根据直属机关党委的部署，直属机关各党的基层组织顺利完成换届。蒋旭光任综合司党支部书记，刘春生任投计司党支部书记，李新军任建管司党支部书记，朱卫东任经财司党支部书记，张力威任环保司党支部书记，袁松龄任征移司党支部书记，李鹏程任监督司党支部书记，王志民任政研中心党支部书记，张忠义任监管中心党支部书记，李勇任设管中心党支部书记，韩连峰任中线建管局机关党委书记。

3. 召开机关第二次党员代表大会

2013 年 12 月 24 日，经国务院南水北调办党组同意和中央国家机关工委批准，中共国务院

南水北调办公室直属机关第二次代表大会召开。

这次直属机关党代会是在南水北调工程建设“决战三个月、实现大目标”的关键时期召开的一次重要会议，是国务院南水北调办党内政治生活中的一件大事，对于以改革创新精神加强直属机关党的建设，推进机关各项工作，促进南水北调工程如期实现通水目标具有十分重要的意义。

鄂竟平在讲话中充分肯定了直属机关党委的工作。他指出，在中央国家机关工委的领导下，机关党委紧紧围绕“服务中心、建设队伍”核心任务，牢牢把握加强党的执政能力建设、先进性和纯洁性建设这条主线，在思想、组织、作风、制度和党风廉政建设等方面作了大量卓有成效的工作，充分发挥了党的组织优势和思想政治优势，为南水北调工程建设做出了积极贡献。他强调，新一届机关党委要进一步统一思想，提高认识，认真贯彻党中央新修订的《中国共产党党和国家机关基层组织工作条例》，全面加强学习型、服务型、创新型党组织建设，切实提高机关党建工作的规范化、科学化水平。要进一步巩固和发展党的群众路线教育实践活动成果，继续转变工作作风，坚决克服形式主义、官僚主义、享乐主义和奢靡之风，发扬钉子的精神和踏石留印、抓铁有痕的作风，在南水北调工程建设和运行实践中进一步锤炼共产党员的先进性和纯洁性，提高党组织的创造力、凝聚力和战斗力，为南水北调工程建设和运行管理提供坚强的思想政治保证。

于幼军代表国务院南水北调办直属机关党委向大会做工作报告。报告全面回顾了直属机关党委的工作，认真总结了直属机关党的建设所取得的成绩和经验，分析了直属机关党建面临的形势，提出了今后一个时期的工作目标和主要任务。

会议选举产生了第三届国务院南水北调办直属机关党委，于幼军任书记（兼），全面负责机关党委工作；杜鸿礼任常务副书记，协助书记工作，负责直属机关党委的日常工作；彭克加任副书记，负责纪律检查和廉政建设工作；石春先负责党委组织建设工作；苏克敬负责宣传工作；袁松龄负责统战和维稳工作；熊中才负责文体工作；袁其田负责党委文明创建工作；刘岩负责联系工会工作；刘远书负责联系青年工作；由国文负责联系妇女工作；刘杰协助负责纪检工作。会议选举产生了由王平、王松春、井书光、刘杰、陈曦川、谢义彬、彭克加等7名委员组成的国务院南水北调办直属机关纪律检查委员会，彭克加任书记，刘杰任副书记。

2015年4月，经国务院南水北调办党组研究，并经中央国家机关工委批准，蒋旭光任直属机关党委书记。

（二）深入开展创先争优活动

积极适应新时期工作的新特点，坚持以人为本，开展创先争优活动，激发党员干部献身南水北调事业的内在动力。直属机关党委成立伊始，就把创先争优活动作为增强机关党组织的创造力、凝聚力和战斗力，作为机关党建工作服务南水北调工程建设的一个重要载体，积极部署，稳步推进。大力营造比学习、比工作、比奉献的浓厚氛围，以深入学习杨善洲、沈浩等先进事迹为契机，开展向南水北调系统先进典型学习活动。举办了“身边的榜样”先进事迹报告会，在直属机关号召学习胥元霞、曹桂英、李耀忠立足本职、服务南水北调工程的先进事迹，自觉以身边的先进典型为榜样，找差距、定目标、当先锋，形成了浓厚的比学赶超氛围。先后组织开展了“破解难关战高峰，持续攻坚保通水”“创先争优保通水、岗位建功做贡献，向党的十八大献礼”等工程建设劳动竞赛，有力地调动了各方参与工程建设的积极性，推进了工程建设的进度。采取公开承诺、领导点评、群众评议、评选表彰等方式，围绕办党组确定的工作实绩考核指标，组织开展党员公开承诺活动，层层签订《党组织承诺书》和《党员承诺书》，将党支部承诺事项与党员承诺事项公之于众，接受群众评议和监督。组织以亮身份、亮标准的方式，在直属机关开展“党员先锋岗”活动，量化了“服务一线联系群众”“熟悉政策和技术标准”“熟悉工程一线”“熟悉业务流程”“工作行为规范”和“遵纪守法”等考评项目，提高了党员自觉服务的意识。组织开展主题为“创先争优、服务工程、迎接十八大”机关公文写作技能大赛，提高了机关干部的公文写作能力和水平。

通过开展创先争优活动，一批基层党组织切实发挥了战斗堡垒作用，一批平时能看得出来、关键时刻能冲得出来的优秀共产党员代表和为机关党的事业任劳任怨、倾情奉献的党务工作者脱颖而出，中央有关部门、直属机关党委及时给予了表彰，充分调动了基层党组织和广大党员干部的积极性。2003 年以来，中线建管局一线职工高必华、蔡建平先后荣获全国“五一”劳动奖章和全国劳动模范称号，国务院南水北调办机关干部马黔、中线建管局蔡建平荣获中央国家机关五一劳动奖章，中线建管局河南直管建管局、漕河项目建管部荣获中央国家机关“五一”劳动奖状；肖军、井书光等先后荣获中央国家机关优秀共产党员称号，杜鸿礼、胡周汉等同志先后荣获中央国家机关优秀党务工作者称号，中线建管局漕河项目建管部党支部、河北直管建管部党总支、河南分局党总支等先后荣获中央国家机关先进基层党组织称号；国务院南水北调办征地移民司被中央国家机关评为“创建文明机关 争做人民满意公务员”活动先进集体。2005 年至 2016 年，直属机关党委先后表彰优秀共产党员 200 名、优秀党务工作者 112 名、先进基层党组织 49 个。

（三）积极组织开展主题党日活动

直属机关党委积极组织开展各种活动。2009 年 7 月，直属机关党委组织优秀共产党员、优秀党务工作者和先进党支部代表到革命圣地延安考察学习，先后参观了枣园革命旧址、杨家岭革命旧址、王家坪革命旧址，瞻仰了延安宝塔山，参观了南泥湾展览馆，了解了南泥湾大生产情况。2011 年 9 月，直属机关党委组织“两优一先”代表赴井冈山进行党性教育，在江西干部学院举办加强党性修养专题培训班，采取现场教学、专题教学、互动教学等形式，对党员干部进行革命传统教育，瞻仰了井冈山革命烈士陵园并敬献了花圈，参观了小井医院并在小井红军烈士墓前宣誓，观看了《井冈山革命斗争全景画》，与烈士、将军和红军老战士曾志的后人进行了座谈交流。2011 年 6 月 23 日，直属机关党委组织党员干部瞻仰李大钊烈士墓，缅怀李大钊烈士光辉事迹，并在李大钊烈士墓前集体重温入党誓词，进行党性教育。2014 年 7 月 15 日，直属机关党委组织广大党员干部参观了中国人民抗日战争纪念馆。2015 年 7 月 30 日，直属机关党委组织广大党员干部参观了焦庄户地道战遗址纪念馆，进行爱国主义和革命传统教育，缅怀先烈，铭记历史。2016 年 8 月 2 日，直属机关党委组织广大党员干部到西城区人民检察院预防职务犯罪警示教育基地学习参观，接受警示教育。

各党支部（党委）结合实际和业务工作特点，以深化革命传统教育或深化南水北调工程认知为主题，开展了丰富多彩的主题党日活动，以支部为单位分别组织党员干部赴井冈山、延安、韶山、西柏坡、中共一大会址、李大钊故居、台儿庄抗日纪念馆、焦裕禄纪念馆、红旗渠

以及京郊革命传统教育基地参观学习，进行党性党史教育，或到南水北调工程建设一线调研考察，增强党员干部的群众感情和了解、观察、分析解决实际问题的能力。如经财司以“携手建设南水北调，共同营造美丽生态”为主题，组织党员干部参观白洋淀抗战纪念馆和冉庄地道战遗址，增强党员的党性观念，开展爱国主义教育。中线建管局以“走红色路线，传革命精神，以饱满热情献身南水北调”主题，组织党员干部赴河南驻马店竹沟革命纪念馆及烈士陵园、河北西柏坡纪念馆及廉政纪念馆，进行革命传统教育和爱国主义教育，并在两地举行了党员宣誓仪式。稽察大队临时党支部组织党员干部参观了淮海战役纪念馆，增强党员党性信仰。

通过深入开展主题党日活动，召开主题党日座谈会，重温入党誓词，组织党员赴爱国主义和革命传统教育基地参观学习，观看主题教育影片，深入基层开展考察调研等，丰富了组织生活，增强了组织活力，坚定了党员干部的理想信念和宗旨意识，广大党员干部进一步加深了对党的全心全意为人民服务宗旨的理解，增强了艰苦奋斗、爱岗敬业、执政为民、奉献社会的自觉意识。

（四）开展基层党组织建设专项活动

一是积极开展“讲党性、重品行、作表率”和争创“两优一先”等活动，充分发挥党支部的战斗堡垒作用和党员干部的先锋模范作用，机关各级党组织和广大党员在南水北调工程建设中走在前、作表率，营造学习先进、争当先进、赶超先进、积极向上的氛围。二是按照中央国家机关工委统一部署，认真开展“基层组织建设年”活动，对党支部进行分类定级，促进优化；按时开展党支部换届改选工作，进一步完善支部选举制度，保障党员民主权利，不断增强基层党组织的创造力、凝聚力和战斗力。三是按照中央国家机关工委部署开展支部工作法总结工作。2013 年，监管中心、稽察大队、中线建管局河北直管建管部 3 个党支部向中央国家机关工委报送了践行群众路线的支部工作法，投计司、环保司、监管中心、中线建管局河北直管建管部 4 个党支部向中央国家机关工委报送了践行群众路线、解决民生问题的典型工作经验。在评选中，国务院南水北调办直属机关党委被评为优秀组织单位，投计司党支部的“工程项目价差调整工作”被评为服务民生工作典型。四是举办支部书记培训班，先后举办了学习贯彻《中国共产党党和国家机关基层组织工作条例》、“加强基层组织建设，当好党支部书记”、党支部书记落实主体责任、“两学一做”学习教育等专题培训班，围绕党员领导干部如何贯彻该条例、保持党的纯洁性、基层党组织面临的形势任务、如何当好党支部书记、如何联系群众服务基层、如何落实主体责任、如何开展好“两学一做”学习教育等进行学习交流。

（五）尊重党员主体地位，推进党内民主建设

在机关党建工作中，各级党组织充分尊重党员主体地位，发挥党员主体作用，努力促进党内民主和机关民主建设。一是国务院南水北调办党组带头发扬民主作风。无论是在日常工作中，还是在历次教育实践活动中，机关党委都积极协助国务院南水北调办党组成员密切联系群众，充分利用各种机会，征求党内外干部群众的意见，提高党组科学民主决策水平。二是坚持开好司局级领导班子民主生活会和党员专题组织生活会。会前，各部门、各单位党组织负责同志带头，通过发函、设置意见箱、个别访谈、召开座谈会、开展谈心活动等方式，充分听取群众意见；各部门、各单位领导班子成员之间，班子成员与分管部门或处室的负责同志之间、与

普通党员之间普遍进行了谈心，从各个层面、各个角度了解了基层党组织和党员群众对党组织和党员领导干部的意见和建议，查找存在的主要问题和不足，并及时进行反馈。大家紧密联系思想、工作实际，认真撰写发言提纲。会上，积极开展批评与自我批评，在严肃、融洽的氛围中沟通思想，增进共识，提出改进工作的措施，进一步明确今后的努力方向。会后，切实改进思想和工作作风。广大党员干部严格按照有关要求，积极响应党组织活动安排，充分发表意见建议，建言献策。通过党性分析、工作作风剖析、民主评议讨论等形式，深入开展批评和自我批评，全面查摆作风方面存在的问题，及时进行整改。三是深化党务公开活动。提出了党务公开工作的指导性意见，明确党务公开目录、主要内容、形式和时限。四是在党内开展的各项选举和评选活动中，做到充分发扬民主，实行民主推荐、民主测评、民主选举，党内重大事项坚持集体研究，实行民主决策，努力使每一次党内活动都成为尊重党员民主权利、培养党内民主作风的实践过程。

（六）制定党建工作考评办法和实施细则，推进党建工作科学化

为实现直属机关党建工作科学化、规范化和制度化，探索直属机关党建工作量化管理的途径，围绕服务中心、建设队伍两大核心任务，认真履行党组织的协助和监督作用，根据《中国共产党章程》和《中国共产党党和国家机关基层组织工作条例》，2012 年 2 月制定并实施了《国务院南水北调办直属机关党建工作考评办法（试行）》及实施细则，对领导班子建设、思想政治建设、组织建设、作风建设和精神文明建设内容进行了细化，形成了管理指标量化考核体系。2014 年 1 月，进一步修订完善了机关党建工作考评办法，对考核内容作了适当的调整和充实，将贯彻落实中央八项规定、厉行节约反对浪费、反对“四风”等作为考核的内容，党建考评工作进一步科学化、规范化和制度化，形成了科学合理、公平公正、运行良好的党建考评体系。2015 年 12 月，根据中央国家机关工委统一部署，制定了直属机关党建述职评议考核实施方案，实施三级联述联考联评，直属机关党委书记、常务副书记、党支部书记、党员层层述职，进一步发挥了考核的导向作用。党建工作考评以来，得到了直属机关各级党组织的支持，强化了直属机关各级党组织做好工作的责任感，有效地发挥了党的思想政治优势、组织优势和密切联系群众的优势，增强了机关党组织的创造力、凝聚力和战斗力。

（七）做好日常组织管理工作

做好党员日常管理和组织发展工作，各项基础工作规范有序。一是积极稳妥地做好党员发展工作。认真贯彻“坚持标准、保证质量、改善结构、慎重发展”的方针，严格程序，将真正优秀、对党忠诚的人员吸收进党组织，为党组织注入新鲜血液。10 多年来，先后发展新党员 90 余名，约占党员队伍总数的 10％。二是做好党员日常管理。及时办理党员组织关系接转手续，规范党员管理；认真做好党内统计工作，及时掌握相关信息。三是党费收缴、使用和管理工作进一步规范化。党费实行专户管理，开设了党费专用账户，指定专人负责党费的收缴与管理，按时收缴、统计、上缴；党费管理严格按照有关规定办好交接手续；执行严格的交费登记程序，保证账目清晰。

四、直属机关党的作风建设

国务院南水北调办各级党组织和广大党员始终坚持遵章守纪，特别是认真贯彻中央八项规

定精神，整治“四风”问题和“不严不实”的问题，坚持以建设“为民、务实、清廉”的机关为目标，以开展讲党性、重品行、做表率活动为载体，充分发扬民主，大力弘扬求真务实、密切联系群众等党的优良作风，加强机关作风建设。近年来，通过开展党的先进性教育活动、学习实践科学发展观活动、创先争优活动、党的群众路线教育实践活动、“三严三实”专题教育和“两学一做”学习教育，激发了党员干部工作的热情和干劲，广大党员干部以“四讲四有”的合格党员标准严格要求自身，认真践行“负责、务实、求精、创新”的南水北调核心价值理念，尽心竭力干事创业，履职尽责创佳绩。

（一）切实加强作风建设

（1）加强思想作风建设。围绕机关干部职工存在的思想问题，协助办党组召开干部职工座谈会，听取意见建议，沟通思想，解疑释惑，使干部职工增强了信心，消除了疑虑。同时，机关还开展了爱国主义和革命传统教育。组织干部职工参观考察红旗渠和听取全国抗震救灾英模事迹报告会，接受艰苦创业传统教育和抗震救灾精神教育。

（2）加强工作作风建设。各级党组织和党员干部深入工地调查研究，现场了解情况，指导工作，掌握第一手资料，撰写了高质量的调研报告。机关党委及时对党员干部的调研报告进行汇编，实现了调研成果的共享。在国家加大基础设施投资、扩大内需、刺激经济增长的新形势下，国务院南水北调办全体干部职工克服人手少、任务重的困难，加班加点，扎实开展前期工作、工程建设、征地移民、治污环保等工作。

（3）加强生活作风建设。始终坚持把艰苦奋斗作为国务院南水北调办共产党员保持先进性和纯洁性的一项具体要求，在全体党员干部中提倡弘扬“意志上艰苦奋斗、思想上艰苦奋斗、工作上艰苦奋斗和生活上艰苦奋斗”的精神，取得了积极成效。

（二）做到“五个坚持”

国务院南水北调办党组领导班子大力弘扬求真务实精神，自觉端正思想作风、学风、工作作风、领导作风和生活作风，采取“五个坚持”做法，做到为民、务实、清廉。一是坚持深入工地进行调查研究。国务院南水北调办党组成员坚持一切从南水北调工程建设的实际出发，不惟上，不惟书，只惟实。经常深入南水北调工程沿线省（直辖市）调查工程建设情况，实地了解工程一线存在的问题，协调处理各方面的关系。制定了《国务院南水北调办党组关于领导干部深入基层开展调查研究的实施意见》，规定办领导每年至少抽出一个月的时间到基层调查研究，把调查研究工作作为一项经常性工作开展起来。二是坚持求真务实，提高办事效率。领导班子带头提倡精简会议、文件，坚持少开会、开短会，开解决问题的会；少发文、发短文，发解决问题的文。在实际工作中自觉转变观念，服务工程，服务基层，克服文来文往、互不通气、推诿扯皮的不良机关作风，使上下协调、人与人协调、部门与部门协调、国务院南水北调办与外单位协调和谐、顺畅。三是坚持走群众路线，加强思想交流。领导班子成员带头利用日常工作中接触普通干部职工较多的机会，注意与干部职工谈思想，谈体会，征求意见，了解群众所思所想，吸收群众智慧，达到了交流思想、增进团结的目标。四是坚持在南水北调工程建设中发扬意志、思想、工作、生活上艰苦奋斗的精神。坚持在工程建设中发扬艰苦奋斗的精神，把艰苦奋斗作为衡量国务院南水北调办共产党员保持先进性的一项具体要求，提出了要在

“意志上艰苦奋斗、思想上艰苦奋斗、工作上艰苦奋斗和生活上艰苦奋斗”的四个艰苦奋斗精神。五是实施“四个一线”的工作方法，即工作着力点向工程建设一线倾斜、信息在工程建设一线掌握、决策通过工程建设一线做出、问题在工程建设一线解决。

（三）强化“五种作风”

国务院南水北调办党组领导班子对南水北调系统干部队伍作风建设高度重视，以造就一支政治坚定、作风正派、求真务实、乐于奉献的队伍为目标，在全系统强化五种作风，形成五种风气。

（1）强化求真务实的作风，形成实干创新的风气。说了算，定了干，做到今天的事今天办，限时的事计时办，应急的事马上办，承诺的事一定办。吃透上情、了解下情，用足、用好制度优势和政策优势，找准上级政策与工作实际的最佳结合点，创造性地开展工作。

（2）强化清正廉洁的作风，形成秉公为政的风气。要洁身自好，生活正派，学会“拒绝”，不以私情废公事，不拿原则做交易，树立遵纪守法、照章办事、拒腐防变、清白做人的良好风尚。

（3）强化联系群众的作风，形成为民办事的风气。要把群众的安危冷暖时刻放在心上，勤于深入基层、深入群众，倾听群众呼声，把为民解困作为第一要事，扎扎实实地为人民群众解难事、办实事。

（4）强化艰苦奋斗的作风，形成勤俭节约的风气。挥霍浪费的陋习不能有，艰苦奋斗的精神不能忘，勤俭节约的传统不能丢，千方百计提高资金使用效益，把有限的资金真正用到刀刃上。

（5）强化勤思爱学的作风，形成积极进取的风气。把更多的心思用在学习上、用在干事上，做到工作学习化、学习工作化。始终保持昂扬向上、朝气蓬勃、奋发有为的精神状态，逢先必争，逢冠必夺，不断实现新跨越。

（四）深入贯彻落实中央八项规定精神

（1）组织开展节约型机关建设，厉行勤俭节约、反对奢侈浪费。认真执行会议、公务接待和差旅费管理有关规定，积极组织开展节水、节油、节电活动和“光盘行动”，节省办公经费。加强因公出国（境）管理，严把出国组团审批关，防止借学习、考察、培训等名义公费出国旅游。杜绝以各种名义用公款吃喝娱乐和用车住房上以权谋私问题。

（2）精简会议活动、文件简报。会议活动方面，明确规定全系统工作会议一般不超过两天，主报告一般不超过8000字。压缩会议数量和规模，严格控制司局级工作会议，会议只安排与会议内容密切相关的单位及人员参加。能通过文电、网络或其他方式传达会议精神、部署工作的不再召开会议，会议内容相同或相近的合并召开。工作会议一律不得摆花草，不制作背景板。除会议统一发放的文件、材料外，不发放任何参考材料、宣传材料、画册、文具用品、纪念品等。文件简报方面，减少发文数量，控制发文规格，控制文件简报的篇幅，规范文件简报报送程序和格式。

（3）坚持转变机关工作作风，提倡深入一线调查研究。按照项目管理的特点和国务院南水北调办党组的要求，各级党组织把调查研究作为一项经常性工作来抓，要求党员干部深入南水

北调工程建设一线，实地了解情况，掌握第一手资料，协调处理各种问题，撰写调研报告。各部门的调研报告汇编成册，促进了调研成果的共享。机关党员干部积极开展“走出机关、服务工程”活动，采取在工程现场一线蹲点、在征地移民工作一线任职等做法，真心诚意为工程建设一线服务，树立了办机关“走在前、作表率”的作风和形象。

（4）坚持求真务实，优化公务程序，提高办事效率。办机关提倡少开会、开短会；少发文、发短文。广大党员干部在实际工作中自觉转变观念，服务工程，服务基层，克服文来文往、推诿扯皮的现象。

（5）坚持发扬艰苦奋斗的精神。把保持党的艰苦奋斗作风作为衡量共产党员先进性的具体要求，提倡在“意志上艰苦奋斗、思想上艰苦奋斗、工作上艰苦奋斗和生活上艰苦奋斗”，弘扬了机关的清风正气。

（6）规范出国（境）管理。不安排与工作任务无关的出访，组织出国（境）培训注重实效；严格按照有关程序、标准安排团组活动，节约办团、严控“三公”经费；审核审批严格把关，严格执行团组信息公开公示制度。

五、直属机关党的反腐倡廉建设

国务院南水北调办党组高度重视反腐倡廉建设，坚持把党风廉政建设放在机关党建的突出位置，与业务工作一同部署、一同落实、一同检查、一同考核，以“工程安全、资金安全、干部安全”为目标，采取多种方式加强反腐倡廉工作，着力构建教育、制度和监督并重的惩治和预防腐败体系，取得明显成效。

（一）深入开展党风廉政宣传教育，切实提高党员干部廉政意识

坚持把纪律和规矩挺在前面，认真学习《习近平关于严明党的纪律和规矩论述摘编》，严明党的政治纪律和政治规矩，牢固树立“政治意识、大局意识、核心意识、看齐意识”，维护中央权威，确保政令畅通。坚持以领导干部为重点，深入开展以坚定理想信念、树立正确权力观和遵纪守法为主要内容的党风廉政宣传教育，广泛开展学习廉政勤政先进典型和警示教育活动。组织党员干部深入学习《中国共产党党内监督条例（试行）》《中国共产党廉洁自律准则》《中国共产党纪律处分条例》和党员干部廉洁从政的有关规定。紧密联系南水北调工程建设实际，加强正反两方面的典型教育。通过组织党员干部参加先进事迹报告会、观看《公仆本色》等专题片，积极宣传廉政勤政先进典型。同时选择有典型意义的案例进行警示教育，组织观看《大要案聚焦》《忠诚与背叛》《失德之害——领导干部从政警示录》等多部警示教育片，引导党员干部牢固树立正确的世界观、人生观、价值观，正确对待权力、地位和个人利益，收到了较好的效果，南水北调东、中线一期工程顺利建成通水，未发现一起重大贪腐案件。

（二）贯彻实施中央廉政建设规划和制度，推进惩治和预防腐败体系建设

各级党组织始终坚持把党风廉政建设放在机关党建的突出位置，与业务工作一同部署、一同检查、一同落实、一同考核。一是认真贯彻中央《建立健全教育、制度、监督并重的惩治和预防腐败体系实施纲要》，办党组制定和实施了《国务院南水北调办关于南水北调工程建设中预防职务犯罪的意见》《国务院南水北调办党组关于构建教育、制度、监督并重的惩治和预防

腐败体系实施意见》《国务院南水北调办党组建立健全惩治和预防腐败体系2008—2012年工作要点》《关于对党员领导干部进行诫勉谈话和函询的暂行办法》《国务院南水北调办建立健全惩治和预防腐败体系2013—2017年工作要点》《国务院南水北调办关于加强廉政风险防控的意见》等，基本形成了用制度规范从政行为、按制度办事、靠制度管人的有效机制，为惩治和预防腐败工作提供了制度保障。二是积极抓好《关于对党员领导干部进行诫勉谈话和函询的暂行办法》和《关于党员领导干部述职述廉的暂行规定》的贯彻落实，坚持做好领导干部个人重大事项报告、诫勉谈话和函询等制度的贯彻执行。

（三）落实党风廉政建设主体责任和监督责任，确保“三个安全”

（1）切实贯彻落实党风廉政责任制。学习中纪委监察部关于党风廉政建设责任制的有关规定，认真贯彻执行《国务院南水北调办党组党风廉政建设责任制实施办法》，国务院南水北调办领导与直属机关主要负责人签订了《党风廉政建设责任书》，积极抓好党风廉政建设责任制的责任分解、责任考核和责任追究三个环节工作，确保“两个责任”落地落实。加强同有关部门的联系，同中纪委、最高人民检察院建立了日常联系工作机制。积极配合治理商业贿赂专项工作领导小组办公室，做好在南水北调工程建设中开展治理商业贿赂专项工作，重点治理南水北调工程项目审批、工程招投标、材料设备采购、工程价款结算等环节的商业贿赂行为。

（2）及时查处涉及国务院南水北调办党员干部的人民群众来信来访、举报调查、上级转办的重要案件。对收到的人民来信和中纪委转来的信件及时进行核实；对涉及的无署名举报，也根据举报内容及时进行了分类梳理；对有关人员以正面教育的方式及时加以提醒教育，基本做到事事有结果，件件有答复。

（3）加强案件检查工作。积极加强对委托代建项目廉政建设的监督管理；做好在工程建设中治理商业贿赂专项工作；设置工程建设项目举报电话；组织开展本系统纪检监察干部职工会员卡专项清退活动；及时处理党员干部违纪违规问题。

（4）积极配合中央巡视组工作。2015年11月以来，中央第十五巡视组对国务院南水北调办开展巡视。国务院南水北调办对中央巡视工作积极配合，全力协助，自觉接受监督，服从巡视工作安排，实事求是地汇报情况，客观公正地评价干部。根据中央巡视组要求，国务院南水北调办党组认证查处党员干部违纪违规问题，给予8人党纪政纪处分。通过对存在问题的人和事的调查处理，举一反三，达到了惩戒错误、教育干部、警示一片的目的。国务院南水北调办党组按照中央巡视组的反馈意见认真进行整改，立行立改，以整风精神着力解决存在的问题。同时，国务院南水北调办成立了巡视工作组，开展内部巡视工作，通过听取汇报、问卷调查、个别谈话、查阅资料、召开座谈会、设立举报箱等形式对直属单位开展巡视。

（5）加强同有关部门的联系。同中纪委、最高人民检察院建立了日常联系工作机制，配合中纪委做好有关调研工作，深入研究南水北调工程预防和惩治腐败工作机制。这些廉政建设措施的制定和实施，有效保证了工程建设顺利进行和干部队伍健康成长。

六、直属机关工青妇工作和统战维稳工作

直属机关党委高度重视工青妇等群众组织的工作，认真贯彻落实中央党的群团工作会议精神和习近平总书记在会上的重要讲话精神，积极指导和大力支持机关工、青、妇等群众组织依

据各自章程、发挥各自特点开展工作。

（一）加强和改进直属机关党委对工青妇工作的领导

坚持把工青妇工作纳入机关党建工作的总体格局，纳入党建工作目标考核体系，统一筹划、统一部署、统一检查落实，形成党建带群建的良好格局。每年，直属机关党委都坚持听取工青妇工作汇报，专题研究工青妇工作，及时了解掌握情况，指导帮助解决工青妇工作的困难和问题。指导工青妇组织创新工作思路，注重活动特色和实效，使工青妇工作更好地体现党的要求，满足机关干部职工的需要。

（二）加强工青妇组织和干部队伍建设

按照“讲党性、重品行、作表率”的要求，加强工青妇干部队伍建设。在党组织换届中，按规定配强工青妇领导岗位，特别要把乐于做群众工作、善于做群众工作的优秀同志，配备到工青妇岗位上。加大对工青妇干部的培养力度，在工作任务十分繁重的情况下，积极为工青妇干部到国外培训、党校培训和上级部门组织的业务培训创造有利条件，开拓他们的视野，提高他们的综合能力。机关党委坚持不定期与直属机关各部门、各单位一把手沟通协调，积极争取他们对工青妇组织各项活动的支持。

（三）积极为做好工青妇工作创造条件

直属机关党委积极争取有关方面支持，及时安排工青妇负责同志做好调查研究，在每年的党组民主生活会上向国务院南水北调办党组提出意见和建议。在涉及干部职工切身利益的住房、福利等方面，积极支持机关工会承担重要任务，让工会有位有为、有为有位。加强与有关单位的沟通，在有限的办公条件下划出单独区域，为工青妇组织开展活动提供场地。每年直属机关党委都与经济财务部门研究，为工青妇组织开展活动解决经费难题。

（四）积极做好统战工作

按照中央国家机关工委的要求，有针对性地做好机关统一战线工作，特别是注重关心民主党派人员的工作、生活和思想情况，积极探索加强无党派人士思想建设的规律，努力团结和引导他们，激励他们用党的方针政策，特别是党的十七大、十八大和十九大精神统一思想，指导工作，鼓励和发挥他们在南水北调工程建设、运行管理和文明和谐机关建设中的骨干作用。直属机关党委不定期召开民主党派和党外干部座谈会，听取党外干部对机关党建等方面的意见和建议。在各项学习教育活动中，也注意听取他们的意见和建议。推荐他们参加中央国家机关统战部组织的培训。按照中央国家机关工委要求，认真做好北京市人大代表、政协委员候选人的民主推荐工作。

（五）做好新形势下的维稳工作

认真做好维稳工作，及时传达贯彻中央国家机关工委关于维稳工作的指示精神，时刻把稳定工作放在突出的位置，认真开展同“法轮功”等邪教组织的斗争。配合行政部门，完善安全检查和报告制度，不定期地对办公区域进行安全检查，加强总值班室、机要部门、财务部门等重点部门、重点岗位的安全保卫工作，保证机关的安全稳定。

七、直属机关党的制度建设和理论研究

在党的建设中，制度建设是更带有根本性、全局性、稳定性、长期性的建设，不断提高制度建设的科学化水平，加强党建理论研究，为机关党建工作真正落到实处、发挥作用提供宏观指导和机制保障，是落实全面从严治党责任、保持和发展党的先进性、巩固党的执政地位的重要保证。

（一）制度建设

国务院南水北调办直属机关在加强党的建设中，十分重视机关党的制度建设。根据中央国家机关工委要求，在国务院南水北调办党组指导下，直属机关党委结合工作实际，在党员干部党风廉政、学习教育、党员管理等方面做好建章立制工作，制定了《国务院南水北调办全面从严治党实施意见》《国务院南水北调办党建工作联席会议制度》等一系列制度规定，形成了内容科学、程序严密、配套完备、有效管用的制度体系。机关党建工作制度涵盖内容全面，适应工作实际，党建工作有章可循，有条不紊。

（1）在思想政治工作方面。为了加强领导班子思想政治建设，完善思想政治工作机制，制定了《关于进一步加强领导班子思想政治建设的意见》《机关思想政治建设情况分析例会制度》等，明确了实行党组全面负责，主要领导亲自抓，班子成员结合分工协助抓，机关党委督促落实，各部门、各单位党组织各司其职、齐抓共管的工作机制。

（2）在理论学习方面。为了促进基层党组织和党员干部的学习，不断增强党支部的活力和党员干部的素质，制定了《关于创建学习型党支部工作的意见》《党员干部理论学习考核办法》《党员领导干部讲党课制度》等，进一步规范机关党员领导干部讲党课有关工作，对党员干部加强理论学习提出了明确的要求，积极推进学习型党组织创建活动。

（3）在组织建设方面。为了保障党员的民主权利，完善党组织的日常管理，加强党员干部的沟通了解和团结和谐，制定了《关于领导干部深入基层开展调查研究的实施意见》《党员领导干部民主生活会和党员组织生活会制度》《党员日常管理办法》《党务公开暂行办法》《党员谈心暂行制度》《党建工作考评办法》《主题党日活动制度》等，对党员党内生活、党日活动、党建考评等做出了明确的规定。

（4）在反腐倡廉和作风建设方面。为了完善廉政制度，加强党员干部的工作作风建设，制定了《党风廉政建设责任制实施办法》《关于加强直属机关作风建设的意见》《建立健全惩治和预防腐败体系2013—2017年工作要点》《关于加强廉政风险防控的意见》《机关工作人员行为准则》以及先进性教育长效机制和创先争优长效机制等，对加强反腐倡廉和作风建设作出了明确的规定。这些制度得到了有效的贯彻落实，在机关党的建设中起到了十分重要的作用，有力地提高了机关党建工作的制度化、规范化、科学化水平。

（二）党建理论研究

加强机关党建理论研究工作是贯彻落实科学发展观、提高机关党的建设科学化水平的内在要求，是推动机关党建工作再上新台阶的重要举措。近年来，在中央国家机关工委的领导下，

在国务院南水北调办党组的正确指导下，直属机关党委坚持围绕中心，服务大局，紧密结合国务院南水北调办党员干部队伍特点和新时期对机关党的建设提出的新要求，组织力量对机关党建工作机制、工作内容、廉政风险防控等关键环节进行了研究，形成了有指导意义的理论成果，推动了机关党建工作实践。2009年《关于机关党建工作方式方法创新的研究》获中央国家机关党建课题研究成果优秀奖；2010年《认真贯彻〈条例〉是提高机关党的建设科学化水平的根本保证》获中央国家机关党建课题研究成果优秀奖；2011年《扎根基层优服务，筑牢堡垒聚人心》获中央国家机关党建课题研究成果三等奖；2012年《南水北调工程廉政风险防控机制初探》获中央国家机关党建课题研究成果二等奖；2013年《机关党建工作考评实践初探》获中央国家机关党建课题研究成果二等奖；2014年《坚持问题导向，认真贯彻〈条例〉，不断推进机关党建工作科学化——〈条例〉贯彻落实情况调查》获中央国家机关党建课题研究成果二等奖；2015年《以人为本，改进和加强机关思想政治工作——关于南水北调系统干部职工思想状况的调查》获中央国家机关党建课题研究成果一等奖。

（三）其他

（1）办好机关党建工作简报，加强信息沟通和交流。

（2）做好相关汇编工作。为便于基层党组织和广大党员对制度的理解掌握和贯彻执行，汇编了机关党建工作手册。为促进深入基层、调查研究工作，定期汇编机关干部调研报告文集。

（3）坚持办好党建工作网上信箱，在中国南水北调网站开设了党建工作信箱，畅通了民意渠道，拓宽了意见建议收集方式。

（4）及时向中央国家机关工委上报思想动态反映和有关信息。

八、党建工作的体会

南水北调工程开工建设以来，一直坚持业务工作和党建工作“两手抓、两手硬，两不误、两促进”。创建了一批富有凝聚力、创造力和战斗力的基层党组织；打造了一支素质高、能力强、作风正、业绩好的党务工作者队伍；培育了一支爱岗敬业、有责任意识、大局意识、效率意识和开拓创新精神的党员干部队伍；形成了一批融入中心、服务大局、适合南水北调工程建设特点、受到党员干部广泛拥护的活动载体，有力地推动了南水北调工程又好又快建设。

做好直属机关党建工作，必须做到以下几点：

（1）机关党建工作必须坚持正确的方向。高举中国特色社会主义伟大旗帜，以党的指导思想为统领，坚持党的群众路线，牢牢把握加强党的执政能力建设、先进性和纯洁性建设这条主线，不断增强基层党组织的活力，提高党员队伍的综合素质，增强自我净化、自我完善、自我革新、自我提高能力。

（2）机关党建工作必须坚持正确的领导。自觉接受中央国家机关工委的领导，按照工委的部署做好各项具体工作。要自觉接受国务院南水北调办党组的领导，紧紧围绕“服务中心、建设队伍”核心任务，为南水北调工程建设提供坚强的思想政治保障。

（3）机关党建工作必须坚持实事求是。密切结合实际，以服务南水北调工程建设为中心，紧紧围绕工程建设抓党建，紧紧依靠广大党员和专兼职党务干部，充分发挥各级党组织和干部群众的积极性、主动性和创造性，知难而进，开拓进取，真抓实干，争先创优，群策群力实现各项工作目标。

（4）机关党建工作必须坚持以人为本。充分尊重党员的主体地位，积极发挥党员主体作用，坚持党的民主集中制，尊重党员的知情权、参与权、选举权和监督权等民主权利，关心党员干部的政治、学习、工作和生活，着力增强党组织的凝聚力、创造力和战斗力，形成工程建设的强大合力。

（5）机关党建工作必须坚持与时俱进。积极探索新形势下思想政治工作的规律和特点，了解党员干部的需求，在收集信息、掌握动态、促进交流、做好服务上多下功夫，下深功夫，进一步激发各级党组织的生机活力，进一步规范各级党组织的运行管理，以改革创新的精神做好新时期的党建工作。

直属机关党建工作将继续高举中国特色社会主义伟大旗帜，以邓小平理论、“三个代表”重要思想、科学发展观和新一届党中央治国理政的新理念新思想新战略为指导，深入学习贯彻习近平总书记系列重要讲话精神和关于机关党建要“走在前，作表率”的要求，落实全面从严治党要求，牢牢把握加强党的执政能力建设、先进性和纯洁性建设这条主线，以服务工程建设管理和党员干部队伍建设为核心，深入贯彻党的群众路线，加强机关作风建设，进一步发挥基层党组织的战斗堡垒作用和党员的先锋模范作用，努力建设为民、务实、清廉的机关，开创机关党建工作的新局面，为南水北调事业健康发展提供坚强的思想政治保证。

第二节　精神文明建设

国务院南水北调办组建以来，就高度重视文明创建工作，及时成立了精神文明创建指导委员会（简称“文明委”），办党组副书记、机关党委书记任主任，文明委办公室（简称“文明办”）设在机关党委，文明办内设交通安全领导小组、卫生绿化领导小组、计划生育领导小组等3个专门工作小组，做到了机构落实、人员落实、责任落实。精神文明创建工作坚持以邓小平理论和“三个代表”重要思想为指导，牢固树立和落实科学发展观，认真贯彻落实中央党的群团工作会议精神和习近平总书记在会上的重要讲话精神，支持工青妇组织开展好群团工作，紧紧围绕南水北调工程建设中心，以提高干部职工队伍整体素质和树立良好的精神风貌为重点，深入开展群众性爱国主义教育活动，开展“讲文明、树新风”文明创建活动和丰富多彩的群众性文体活动，积极推进节能减排工作，做好机关安全、环境卫生工作，努力构建和谐文明的机关，增强了干部职工队伍的凝聚力、战斗力和创造力。国务院南水北调办机关一直被中央国家机关精神文明建设协调领导小组授予“中央国家机关文明单位”荣誉称号。

一、开展丰富多彩的精神文明创建活动

大力推进精神文明建设各项工作，广泛开展群众性精神文明创建活动，以活动为载体，推进道德文明建设，不断提高干部职工的思想道德素质和文明水平，为南水北调工程建设管理提供了坚强的精神动力。

（一）加强爱国主义宣传教育

（1）开展爱国主义学习宣传。认真贯彻落实《公民道德建设实施纲要》，深入开展“社会

公德、职业道德、家庭美德”教育和诚信教育。组织干部职工观看《公仆》《第一书记》《建国大业》《建党伟业》《雨中的树》《周恩来的四个昼夜》《天上的菊美》等主旋律影片，组织干部职工欣赏《玉管朱弦》民族音乐会、观看《格桑花》话剧、观看《我们的旗帜》大型文艺演出等等。

（2）组织各类爱国主义教育活动。近年来，国务院南水北调办先后组织干部职工参观了“我们的队伍向太阳——新中国成立以来国防和军队建设成就展”“全国检察机关惩治与预防职务犯罪展览”“新中国成立60周年成就展”“内蒙古新疆广西宁夏西藏自治区成就展”“复兴之路”主题展览、“科学发展、成就辉煌”大型展览、国家博物馆各类展览等。

（3）选派干部职工参加中央国家机关工委举办的大型歌咏、国庆群众游行等各类群众活动。通过这一系列的爱国主义宣传教育和实践活动，使党员干部深刻认识到，没有共产党就没有新中国，只有中国特色社会主义才能引领当代中国发展进步，实现中华民族伟大复兴的中国梦。

（二）学习践行社会主义核心价值观

推动以马克思主义指导思想、中国特色社会主义共同理想、以爱国主义为核心的民族精神和以改革创新为核心的时代精神、社会主义荣辱观为基本内容的社会主义核心价值体系建设，深化党的十六大、十七大、十八大及十九大精神和习近平总书记系列讲话精神的学习宣传，开展实现中华民族伟大复兴的中国梦宣传教育，坚定干部职工走好中国道路、实现中国梦的信念信心，增进道路自信、理论自信、制度自信和文化自信，教育党员干部带头践行社会主义核心价值体系，把社会主义核心价值观内化于心、外化于行，进一步弘扬“负责、务实、求精、创新”的南水北调核心价值理念，激发建设管理南水北调工程的热忱。

（三）开展南水北调工程宣传，展现建设者精神风貌

（1）积极开展媒体宣传。近年来，多次组织中央媒体记者赴工程建设现场开展采风活动，编制完成了南水北调工程建设宣传画册和光盘，为南水北调工程加快建设营造了良好环境。

（2）举办网络展览。2009年9月，国务院南水北调办结合工程建设举办了南水北调工程网络展览，征集干部职工和社会人士相关文化艺术作品共计12000余件，客观、全面、形象地介绍了南水北调工程及其建设成果。

（3）举办职工文化艺术展。为宣传建设中的南水北调工程，活跃和丰富干部职工精神文化生活，连续举办了国务院南水北调办职工文化艺术展览。展览吸引了国务院南水北调办机关、直属事业单位、中线建管局的广大干部职工的积极参与，参展作品包括书法、绘画、摄影、刺绣、手工艺等作品，集中反映了南水北调干部职工对生活的热爱和积极向上精神风貌，为广大职工营造了健康和谐的文化氛围。

（四）开展主题党日活动，增强党员党性意识

直属机关党委组织优秀共产党员、优秀党务工作者和先进党支部代表到革命圣地延安等地考察学习，组织青年同志赴天津等地接受革命传统教育。2014年组织党员干部参观了中国人民抗日战争纪念馆，2015年组织党员干部参观了焦庄户地道战遗址纪念馆，接受革命传统和爱国

主义教育。各级党组织充分发挥主观能动性，结合自身业务工作特点，开展了丰富多彩的主题党日活动。例如，有的党支部组织党员干部赴兰考县焦裕禄纪念馆、李大钊故居、董存瑞烈士陵园和铁道游击队纪念馆参观学习，缅怀革命先烈，重温入党誓词；有的支部组织党员干部参观小浪底工程、北京市规划展览馆、十堰市的东风汽车集团有限公司商用车总装配厂，感受新中国成立以来我国经济建设的巨大进步；有的党支部结合当前工作实际，与兄弟单位党组织一同开展了主题党日活动，增进了了解，加深了感情，密切了合作；有的党支部开展听党课、学习吴大观先进事迹活动，谈感受、讲体会，明确了今后努力的方向。

（五）抓素质锻炼，群众性文体活动蓬勃开展

精神文明创建工作，实行党组（党委）统一领导，党政工群齐抓共管，有关部门各负其责，全体干部职工积极参与的领导体制和工作机制。机关工青妇组织充分发挥自身优势，找准精神文明创建为南水北调工程建设服务的结合点，积极开展群众喜闻乐见、满足各层次需求、有益身心健康和陶冶情操、有利于增进交流和理解的各类活动，陶冶干部职工的情操，活跃机关文化生活，进一步调动广大干部职工为实现中华民族伟大复兴建功立业、拼搏奉献的积极性，营造机关精神文明创建的良好氛围。

机关工会积极开展健身活动，在上午、下午固定时间组织开展工间操活动，组织干部职工学习太极拳，增进干部职工的身心健康。组建了国务院南水北调办乒乓球队、足球队、篮球队和羽毛球队，有组织、有计划地开展活动，不定期地与兄弟单位开展友谊比赛，活跃了机关工作氛围。组织干部职工参加中央国家机关“公仆杯”象棋比赛、乒乓球联赛、羽毛球比赛，均取得良好成绩。每年不定期举办桥牌、五子棋、象棋、职工趣味运动会等群众喜闻乐见的文体活动，定期开展新春联谊活动等，受到了干部职工的欢迎。机关妇工委组织女职工参加社会实践活动，例如组织女职工观看芭蕾舞剧《红色娘子军》、欣赏“红妆国乐”音乐会等；组织女职工开展多项体育健身活动，如游泳、乒乓球、保龄球等体育运动，得到了大家的好评。机关团委在青年干部中开展读经典著作、听名家讲座等读书活动，在中国南水北调网上开设“青年读书活动”专栏，定期组织开展好书推荐、新书速摘、读书心得交流等活动，搭建青年干部读书学习交流平台。有计划地开展青年读书活动、五四主题演讲、拓展训练、座谈会、基层学习、保护母亲河行动春季植树等活动，吸引了广大青年干部职工的广泛参与。

（六）抓典型评先进，发挥示范带头作用

（1）为提高工作人员文明素质，根据中央国家机关“迎奥运、讲文明、树新风”活动的部署，印发了《国务院南水北调办机关工作人员“迎奥运、讲文明、树新风”活动要求》，规范了机关干部职工的文明礼仪规范。

（2）以深入学习杨善洲、沈浩等先进事迹为契机，举办了“身边的榜样”先进事迹报告会，开展了向南水北调系统先进典型学习活动，组织开展向全国先进工作者、中线建管局河南直管部部长高必华学习活动，号召学习胥元霞、曹桂英、李耀忠立足本职、服务南水北调工程的先进事迹，自觉以身边熟悉的先进典型为榜样，找差距，定目标，当先锋，形成了浓厚的比学赶超氛围，达到了明确方向、推进工作、鼓励先进、鞭策后进的目的。

（3）坚持开展文明创建“细胞工程”。每年开展评选“文明处室”“文明职工”和“文明家

庭”活动。

（4）深入推进青年文明号创建工作。深入开展“创建文明和谐机关，争做人民满意公务员”“创先争优”“创建学习型党支部”“青年文明号”创建等活动。

（5）评选表彰“三八红旗手”和“优秀妇女工作者”，推动妇女建功立业。

（6）开展“两优一先”评选表彰工作。评选表彰先进党支部、优秀共产党员和优秀党务工作者，进一步激励直属机关各级党组织和广大党员在推动又好又快建设南水北调工程建设中走在前、作表率 ，在机关形成了创优争优的良好氛围。各项选树先进活动的开展，激发了干部职工的积极性和主动性，为顺利完成南水北调工程建设各项任务奠定了坚实的思想文化基础。

二、抓好“五个一”文明建设

认真做好“一堂”“一队”“一牌”“一桌”“一传播”为内容的“五个一”文明建设，动员广大干部职工积极参与文明创建活动，推进国务院南水北调办精神文明建设工作深入开展。

（一）“一堂”：积极开展道德讲堂活动

设立国务院南水北调办道德讲堂，把社会公德、职业道德、家庭美德和个人品德教育纳入道德讲堂的内容。2015年开展了“中外名曲赏析”大讲堂，2016年开展了“机关工作礼仪与人际交往”大讲堂。为干部职工购置相关书籍，大力弘扬中华传统美德，广泛宣传道德模范和身边好人好事，结合中央国家机关妇工委组织的“家庭建设好经验”征集活动，宣传交流干部职工家庭建设的好经验好做法，传递道德正能量，培育勤劳节俭、尊德守礼、孝老敬老的社会风尚，营造崇尚道德模范、争当道德模范的浓厚氛围。

（二）“一队”：大力推进学雷锋志愿服务活动

紧紧围绕南水北调工程建设中心任务，广泛传播“学习雷锋、奉献他人、提升自己”的志愿服务理念，通过读书、报告会、参观等形式，学习雷锋和雷锋式模范人物的先进事迹。开展“学雷锋，争做南水北调优秀青年”倡议活动，引导团员青年立足本职岗位，争创一流业绩，发挥示范作用。开展“立足本职学雷锋，创先争优作表率”活动，成立学雷锋志愿服务队，结合南水北调工程建设实际，组织开展关爱他人、关爱社会、关爱自然的“三关爱”学雷锋志愿服务活动，尤其是针对工程沿线广大群众特别是困难群众的实际需求，组织志愿者开展便民利民、结对帮扶、敬老助残等志愿服务活动，增进参建单位与当地人民群众的和谐，为工程顺利建设营造良好的施工环境。

（三）“一牌”：设立“尊德守礼”文明提示牌

在办机关张贴社会主义核心价值观、北京精神和南水北调核心价值理念的宣传提示语，张贴节水节电节能、文明用餐、尊德守礼等体现道德建设、文明创建内容的提示语，让干部职工自觉地以文明的准绳来规范自我行为，营造浓郁的道德文化氛围，形成人人向善、人人崇善的社会道德风尚。

（四）“一桌”：积极开展文明餐桌行动

认真贯彻落实《党政机关厉行节约反对浪费条例》，开展“文明用餐，反对浪费”行动，加强对粮食、果蔬等原材料的采购和贮存管理，确保没有腐烂变质过期情况，降低仓储成本，合理配置食品供应量，引导干部职工积极参与文明餐桌、“少量多次，适量取用”“光盘”行动，做到文明用餐从我做起，反对浪费机关带头，不剩饭、不剩菜，厉行节约，反对浪费。

（五）“一传播”：建立网络文明传播平台

积极利用中国南水北调网传播文明风尚，开展道德及精神文明建设专栏，及时传播文明创建的声音，围绕群众关注的社会热点问题进行文明引导，传播正能量，使道德规范和文明意识深入人心，使网站成为精神文明传播的重要阵地。

三、热心公益事业，关心干部职工

热心各项公益事业，树立南水北调良好形象。关心干部职工，做好思想政治工作，积极排忧解难。

（一）坚持开展“送温暖、献爱心”社会捐助活动

（1）积极向灾区捐款捐物。2008 年 5 月 12 日汶川大地震后，国务院南水北调办党员干部先后开展三次捐款活动和一次缴纳特殊党费活动，向地震灾区捐款 198290 元。缴纳“特殊党费”，共计 165175 元，交 1000 元以上的有 78 人。此外，机关团委组织团员缴纳特殊团费 3058 元。2010 年，甘肃舟曲发生特大泥石流灾害，组织直属机关广大党员干部及时伸出援手，向灾区人民奉献爱心，共捐款 57020 元。其他地方受灾后，国务院南水北调办干部职工都能踊跃参加捐款捐物，充分体现了直属机关共产党员在人民群众最需要时刻的政治觉悟、责任意识和爱国情怀。

（2）捐资助建河北唐县封庄村“南水北调希望小学”。2008 年，国务院南水北调办机关党委与中线建管局、河北省南水北调办联合倡议，发动直属机关党员干部踊跃捐资 30 余万元人民币兴建唐县丰庄村“南水北调希望小学”，赢得当地群众和社会的称赞。2009 年，直属机关党委又组织干部职工捐款 5 万余元，将学校约 400m 长的泥土路硬化，改善学校的交通环境。“送温暖献爱心”活动的开展，进一步培养了机关干部职工的社会责任心和公德意识，密切了党群、干群关系，增强了机关的凝聚力和向心力，促进了和谐机关建设。

（二）坚持开展义务植树绿化活动

认真贯彻落实党中央、国务院关于国土绿化和生态环境建设的战略决策和方针政策，贯彻落实国家关于保护母亲河行动的有关精神，坚持在永定河畔、团城湖等地组织开展义务植树活动。国务院南水北调办机关各司、直属事业单位、中线建管局和北京市南水北调办、北京市建管中心、永定河管理处等单位一起参加义务植树活动，共建绿色走廊，恢复河流生态，美化工程环境，为建设“南水北调中线生态文化旅游产业带”做出积极贡献。

（三）加强人文关怀、心理疏导和健康普及

注重思想政治建设，定期开展谈心活动，了解党员干部思想状况，及时抓住思想倾向和苗头，开展有效的思想动员工作，积极化解不利因素，凝聚人心，汇集力量。

（1）注重教育引导。教育党员干部牢固树立正确的世界观、人生观、价值观和权力观、地位观、利益观，坚持共产主义远大理想和中国特色社会主义共同信念，思想上、政治上与党中央保持高度一致，自觉立党为公，执政为民。

（2）注重协调矛盾。在工资制度改革、住房调整等涉及职工利益或机构调整、干部交流选拔任用等干部思想易困惑、情绪易波动的问题上，各级党组织及时了解情况，掌握信息，有针对性地开展思想政治工作，做好政策解释，沟通思想，解疑释惑，理顺情绪，化解矛盾，引导党员干部正确对待组织、群众和个人的关系。

（3）及时听取意见建议。经常召开各种座谈会，谈心交心，听取意见建议。例如召开机关职工群众座谈会、退伍军人座谈会、党外人士座谈会等，听取对加强机关建设等方方面面的意见建议。

（4）认真贯彻干部职工休假制度。把落实好休假制度作为关心干部职工健康和生活，维护干部职工合法权益的重要内容，结合工作实际，合理安排好业务工作，为干部职工休假创造必要条件。

（5）加强健康知识普及。加强健身和健康知识的宣传普及，宣传健康常识，使健身意识和文明健康的生活方式深入人心。通过报纸、网站等宣传渠道，广泛开展健身行动知识宣传，提高全体职工健身意识，营造全员参与的良好氛围。2015 年 8 月，国务院南水北调办举办了涵盖心理减压、心理探索、心理体验、心理互动、心理自助等多项内容的心理健康科普活动。

（四）主动关心机关困难党员和职工

直属机关党委、工会多年来坚持开展慰问困难党员和困难职工活动，针对他们生活上的困难，每年元旦春节之际，都及时向他们送去慰问品和慰问金，表达组织的关心和爱护，帮助他们解除后顾之忧。每逢职工生日，都向他们送去生日的慰问。机关干部职工个人和家庭每遇红白喜事，直属机关党委、工会、妇工委都及时送上关心和温暖。这些活动，进一步增强了机关干部职工的凝聚力，密切了党群、干群关系，促进了和谐机关建设。

四、扎实做好节能减排和机关环境卫生工作

国务院南水北调办直属机关高度重视节能减排工作，将其作为机关后勤工作的重中之重来抓。在国家机关事务管理局等有关部门的指导下，努力推进节能减排工作有力、有序、有效开展，切实把节油、节电、节水、节粮和节约办公用品、耗材等各项措施落到实处，并建立长效机制，促进节能减排目标的实现。

（一）节约用电

国务院南水北调办机关把“确保实现年度中央和国家机关节电 5%的目标”作为硬指标，分解落实到各司、各单位。做好空调温度控制、照明和其他用电设备节电，同时做好宣传工作。

（1）控制空调温度。夏季不低于 26℃，冬季不高于 20℃，在办公时间之外停开空调。

（2）节约照明用电。白天充分利用自然光，一般不开灯；杜绝白昼灯、长明灯，做到人走灯灭、随手关灯。

（3）抓好办公设备节电。及时关闭计算机、打印机、复印机等办公设备。节假日和非工作时间，减少电梯、电热水器、饮水机等用电设备的开启数量和时间。

（4）开展能源紧缺体验活动。在6月23日停开办公区域空调一天，自驾车上下班的职工换乘公共交通工具、骑自行车或步行上下班一天。

（二）节约用油

国务院南水北调办机关所有车辆均实行统一管理调派，实行定点维修、定期保养、一车一卡加油。为提高驾驶员节油的积极性，设定了节油奖励办法，建立油耗公示制度，实行逐日逐月核定行车里程和用油额度，收到了良好的效果。

（1）进一步严格控制公务车使用。除安全、保密、外事等方面的重要公务活动和会议确需使用外，各部门、各单位严格控制公务用车使用，确需使用的严格履行审批程序。节假日期间除保证特殊工作需要的公务用车外，其他公务用车封存。一律禁止公车私用。出京执行公务一般乘用公共交通工具。

（2）倡导机关和各单位工作人员乘坐公共交通工具，每周少开一天私家车和骑自行车出行，并得到了积极响应。

（3）不折不扣地落实机动车限行规定，严格执行北京市公务用车限行规定。自2008年1月起，国务院南水北调办机关按照国管局要求，每月在公务车油耗及运行费用支出登记系统中填报数据，分析查找差距，积极解决问题。

（三）节约用水

协调物业管理单位加强用水设备的日常维护管理，安装或更换节水型龙头和卫生洁具；在使用非感应式自来水龙头时，避免跑冒滴漏；要求保洁人员在清扫卫生时，使用的拖布和抹布用水桶或水盆清洗，不得用自来水直接冲洗；在车辆清洁上，根据天气变化情况，适时擦洗车辆，严禁用自来水直接冲洗车辆。

（四）节约粮食

国务院南水北调办机关认真贯彻落实国管局、中直管理局《关于做好中央和国家机关节约粮食反对食品浪费工作的通知》要求，及时开展“文明用餐、反对浪费”宣传教育活动，开展“光盘行动”，发出通知对相关工作进行安排，对浪费粮食的现象进行反面警示教育，节约粮食、反对浪费的宣传教育活动深入人心。

（五）开展绿色办公

（1）减少会议和文件，改进会风和文风，提高办事效率。精简文件，少发文，发短文，减少发文数量，控制发文规格，控制文件简报的篇幅，规范文件简报报送程序和格式。努力精简会议和活动，控制参加人数，压缩会议数量和规模。

（2）加强“三公”经费管理，严格执行预算，严禁超预算或无预算安排支出。严格公务接待标准，不报销任何超范围、超标准以及与相关公务无关的费用。对国内差旅作出明确规定，按规定标准安排交通工具和食宿。规范出国（境）管理，严格按照程序标准安排团组活动。

（六）加强机关环境卫生管理

（1）认真贯彻《国务院南水北调办机关卫生绿化工作管理规定》，加强组织领导，每月主动对办公室卫生、绿化工作进行检查。

（2）定期对机关职工开展身体健康检查，注射预防流感疫苗。

（3）对食品的采购管理，对食堂工作人员严格要求，定期体检，有健康证、卫生培训证，炊事人员上岗时必须穿工作服，不得染指甲、戴戒指和耳环。食堂卫生制度健全，有专职卫生管理人员，责任落实到人。

（4）组织开展形式多样的禁烟控烟活动，倡导干部职工遵守公共场所禁烟规定，带头在公共场所禁烟，形成禁烟控烟的良好氛围，建设无烟机关、无烟单位。

（5）做好垃圾分类，开展“做文明有礼的北京人——环境建设垃圾减量分类”活动，倡导垃圾减量分类，倡导少用垃圾袋；在机关设立废旧电池回收处。

（七）加强机关安全和维稳管理

（1）加强机关保密管理，对机要保密人员进行定期教育，举办保密工作人员培训班，进行保密硬件设施改造，杜绝机要文件丢失和泄密等现象的发生。

（2）建立定期安全检查制度。由文明办组成检查小组，及时发现和解决问题。加强了总值班室、机要部门、财务部门等重点部门、重点岗位的安全保卫工作，杜绝安全事故。

（3）加强防火防盗工作。对食堂、电源等防火检查，消除隐患。注重加强对公共场所的安全保卫工作。严格检查控制进出大门的人员。对办公楼内进行24小时监控，保卫人员对办公楼前后内进行巡察。加强与驻在地派出所的联系共建工作，确保周边环境卫生。

（4）贯彻《道路交通安全法》，宣传“绿色出行文明交通从我做起”，确保机关车辆和干部职工交通安全，确保无违规事件。

（5）加强维稳工作。坚持把稳定工作放在重要的位置，在妥善处理多起群众集体上访的基础上，总结经验，改进不足，构筑了健全的信访工作机构和网络，多年未发生矛盾激化的事件。

（6）坚持反邪教有关工作。按要求，及时对有关“法轮功”邪教组织等危害稳定的情况实行零报告制度，认真做好排查，维护机关和谐稳定。

五、贯彻依法治国方略，做好机关普法和计划生育基本国策教育

认真贯彻依法治国方略，抓实机关普法活动，增强依法管理、依法建设工程的能力；认真贯彻国家计划生育基本国策，抓好计划生育有关工作。

（一）抓好机关普法教育

（1）组织开展国务院南水北调办“四五”“五五”“六五”“七五”普法工作，制定了《关于贯彻落实全面推进依法行政实施纲要的实施意见》和《普法工作实施意见》，积极推进南水北调系统普法工作。

（2）根据《中央宣传部、司法部、全国普法办关于开展“法律六进”活动的通知》要

求，国务院南水北调办开展了“法律进工程”活动。在活动中，着重以建设管理、安全生产、质量管理、合同管理、劳动保障等为重点，通过法制讲座、文艺演出、志愿者活动、宣传画等多种形式，深入工地现场开展法制宣传教育，为广大工程建设者提供方便快捷的法律服务。

（3）针对南水北调工程建设中法律意识相对薄弱的情况，组织开展了“法律进工程”法律知识竞赛。各省（直辖市）办事机构和项目法人踊跃参加，影响广泛，促进了参建者学法、知法、懂法、用法，在工程建设管理过程中，依法建设、依法管理意识明显加强。

（二）落实计划生育工作

（1）强化领导责任，贯彻党中央、国务院计划生育座谈会精神和《北京市计划生育条例》及《人口与计划生育法》，坚持党政一把手亲自抓、负总责。

（2）进一步强化计划生育目标管理，落实计划生育管理职责，不断深化计生宣传教育，大力提倡科学、文明、进步的婚育观念，弘扬家庭美德和社会公德。

（3）注重对机关青年同志进行教育，及时掌握育龄女职工的思想动态，做到心中有数。较好地完成了计划生育控制目标，没有出现计划外生育情况。

六、精神文明创建制度成果

在精神文明创建活动中，制度建设是更带有根本性、全局性、稳定性、长期性的建设。不断提高制度建设的科学化水平，这是保持和发展精神文明创建工作常态化和长效性的根本保证。国务院南水北调办直属机关在精神文明创建中，十分重视制度建设，根据中央国家文明创建协调领导小组的要求，制定了《国务院南水北调办机关精神文明建设实施意见》《国务院南水北调办机关创建文明单位管理办法》《国务院南水北调办机关工作人员行为规范》《国务院南水北调办机关计划生育管理规定》《国务院南水北调办机关卫生绿化工作管理规定》等一系列制度规定，在机关文明创建中起到了十分重要的作用，提高了机关文明创建工作的制度化、规范化水平。

（一）《国务院南水北调办机关精神文明建设实施意见》

《实施意见》提出，国务院南水北调办机关精神文明建设的指导思想是：坚持以马列主义、毛泽东思想、邓小平理论和“三个代表”重要思想为指导，牢固树立和落实科学发展观，坚持党的基本路线和基本方针，以人为本，不断提高职工队伍的思想道德素质和科学文化素质，造就有理想、有道德、有文化、有纪律的干部职工队伍，为南水北调工程的顺利实施提供精神动力和智力支持。

建设目标是：努力培养和造就一支思想过硬、作风过硬、业务过硬的职工队伍，使全体职工更加坚定建设中国特色社会主义的理想和坚持党的基本路线的信念，牢固树立和实践全心全意为人民服务的宗旨，倡导文明新风，创建文明和谐的工作环境，营造健康向上的文化氛围，树立国务院南水北调办机关良好形象，争创中央国家机关文明单位和首都文明单位。

主要措施是：一要加强思想建设，坚定理想信念。深入开展以“三个代表”重要思想、牢固树立和落实科学发展观为主要内容的理论学习；加强时事政治教育；坚持不懈地开展爱国主

义和艰苦创业精神的教育；深入开展法制教育。二要加强道德建设，提高道德素质。重点抓好职业道德建设，抓好社会公德和家庭美德建设，开展送温暖活动。三要加强教育培训，提高科学文化素质。采取多种形式，开展职工教育培训，提高文化水平、管理水平和业务技能。四要加强文化建设，提高生活质量。通过国务院南水北调办机关组织的各项文体活动，活跃和丰富职工的文化生活。要利用重大节日节庆活动，组织职工参观学习，增强了解，增进友谊，培养团队精神，增强凝聚力。五要积极开展群众性精神文明创建活动。深入发动、广泛开展创建文明处室、文明职工、文明家庭活动，通过文明处室评选表彰，提高处室整体综合管理水平，使处室管理更加民主科学、严格规范、务实高效；通过文明职工评选表彰，激发职工爱岗敬业、文明从业的责任感、荣誉感；通过评比表彰文明家庭，促进家庭美德的形成，提高国务院南水北调办机关和社会的整体道德水平。六要加强党对精神文明建设的领导。要建立党委统一领导，党政领导亲自抓，各部门和群众组织具体抓的领导体制和工作机制；切实增加精神文明建设的投入；从严治党，搞好党风廉政建设。

（二）《国务院南水北调办机关创建文明单位管理办法》

《管理办法》指出，创建文明单位，要以马列主义、毛泽东思想、邓小平理论和“三个代表”重要思想为指导，牢固树立和落实科学发展观，坚持党的基本路线、方针和政策，以提高办机关文明建设水平为中心，以培养人民满意的公务员队伍为目标，树立办机关良好形象，为国务院南水北调办机关的发展稳定创造有利条件，提供有力保证。

创建文明单位的基本原则：重在建设，以人为本，实事求是，注重实效，以全体职工参与为基础；实现物质文明、政治文明和精神文明建设的一体化管理，使文明建设相互促进，协调发展，共同提高。要把文明单位创建工作情况作为各类先进推荐、评比表彰的重要依据和考核干部工作成绩的重要内容，作为检验各单位文明建设成效的重要标志。

《管理办法》对国务院南水北调办文明处室、文明职工、文明家庭的评选条件、考评办法、表彰奖励等作出了明确具体的规定。

（三）《国务院南水北调办机关工作人员行为规范》

《行为规范》规定：一要政治立场坚定。以马克思列宁主义、毛泽东思想、邓小平理论和“三个代表”重要思想为指导，牢固树立和落实科学发展观，树立共产主义理想信念，坚持党的基本理论、基本路线、基本纲领和基本经验，坚定地走建设中国特色的社会主义道路，坚定不移地贯彻执行党和国家的路线、方针、政策，在思想上、政治上和行动上与党中央保持高度一致。二要忠于国家。热爱祖国，遵循宪法，维护国家安全、荣誉和利益，维护国家统一和民族团结，维护政府形象和权威，保证政令畅通。遵守外事纪律，维护国格、人格尊严，严守国家秘密，同一切危害国家利益的言行做坚决的斗争。三要勤政为民。忠于职守，爱岗敬业，勤奋工作，钻研业务，甘于奉献。热爱人民，一切从人民利益出发，全心全意为人民服务，密切联系群众，关心群众疾苦，维护群众合法权益，为人民群众办实事，解决实际问题，力戒形式主义，改进工作作风，讲求工作方法，注重工作效率，提高工作质量。自觉做人民公仆，让人民满意。四要依法行政。遵守国家法律、政策和规章制度，按照规定的职责权限和工作程序履行职责、执行公务。依法办事，严格执法，公正执法，文明执法，不滥用权力，不以权代法，做学法、守法、执法和维护国家法律、政策和规章制度的模范。五要务实创新。解放思想，实事求是，理论联系实际，说实话，报实情，办实事，求实效，踏实肯干，勤于思考，勇于创新，与时俱进，锐意进取，大胆开拓，创造性地开展工作。六要清正廉洁。克己奉公，秉公办事，遵守纪律，不徇私情，不以权谋私，不贪赃枉法。淡泊名利，艰苦奋斗，勤俭节约，爱惜国家资财，反对拜金主义、享乐主义和极端个人主义。七要团结协作。坚持民主集中制，不独断专行，不搞自由主义。认真执行上级的决定和命令，服从大局，相互配合，相互支持，团结一致，勇于批评与自我批评，齐心协力做好工作。八要品行端正。善于学习，终身学习，坚持真理，修正错误，崇尚科学，破除迷信。争先创优，助人为乐，谦虚谨慎，言行一致，忠诚守信，健康向上。模范遵守社会公德，举止端庄，仪表整洁，语言文明，讲普通话。

（四）《国务院南水北调办机关行为准则》

为进一步规范办机关工作人员行为，弘扬艰苦奋斗、勤俭节约的优良作风，建立厉行勤俭节约、反对铺张浪费长效机制，推进节约型机关建设，根据中央八项规定精神、《党政机关厉行节约反对浪费条例》和《党政机关国内公务接待管理规定》等有关文件，结合工作实际，2014年1月，补充制定了《国务院南水北调办机关行为准则》。《行为准则》是国务院南水北调办机关工作人员日常工作、执行公务、履行职责和接受监督的基本要求和依据，是在工作过程中必须遵守的行为规范。

《行为准则》规定：一是在会议活动方面，要压缩会议规模和数量，严格执行会议费开支范围和标准，严格培训审批制度，从严控制培训数量、时间、规模，严禁以培训名义召开会议。二是在文件简报方面，要减少发文数量，控制发文规格，控制文件简报篇幅，简化文件运行程序，加强对文件的行文依据、行文理由、文件内容、文件格式等方面的审核把关，严格执行国家保密法律、法规和其他有关规定，坚持实事求是、精简、高效的原则，做到及时、准确、安全。三是在公务用车方面，要严格执行公务用车配备范围和标准，不得擅自扩大专车配备范围或者变相配备专车，公务用车实行集中采购，严格按照规定年限更新，加强公务用车集中管理，统一调度，严禁分散管理使用。严格按规定使用公务用车，严禁违规用车、公车私用。四是在办公用房方面，严格管理办公用房，从严控制办公用房建设，严格执行办公用房建设标准、单位综合造价标准和公共建筑节能设计标准，符合土地利用和城市规划要求，严格按照有关标准和“三定”方案，从严核定、使用办公用房。五是在调查研究方面，要结合业务工作实际，围绕南水北调工程建设及运行管理工作中带有全局性、战略性和前瞻性的重大问题，基层和群众反映强烈的焦点、热点、难点问题，工程建设及运行管理实际中急需解决的问题，深入一线实地调研，接触群众，了解情况，解决问题，推动工作，严禁走过场、重形式。六是在公务接待方面，加强公务接待审批控制，科学安排和严格控制外出的时间、内容、路线、频率、人员数量，严格执行国内公务接待标准，实行接待费支出总额控制制度。七是在国内差旅和因公出国（境）方面，严格控制国内差旅人数和天数，严禁无明确公务目的的差旅活动，严禁以公务差旅为名变相旅游，严禁异地部门间无实质内容的学习交流和考察调研。八是在资源节约方面，要节约集约利用资源，加强全过程节约管理，提高能源、水、粮食、办公家具、办公设备、办公用品等的利用效率和效益，杜绝浪费行为。此外，还要加强宣传教育和监督检

查，实行严格的责任追究，对违反本准则造成浪费的，追究相关人员的责任，对负有领导责任的主要负责人或者有关领导干部实行问责。

（五）《国务院南水北调办机关计划生育管理规定》

《管理规定》指出，推行计划生育是我国的一项基本国策，是全社会的共同责任。国家提倡和鼓励晚婚晚育，少生优生，禁止超计划生育。夫妻双方都有实行计划生育的义务，实行计划生育的合法权益受法律保护。规定国务院南水北调办职工要认真贯彻执行有关计划生育的法律、法规和政策，提高认识，落实责任，积极开展计划生育工作的自我教育、自我管理、自我约束。《管理规定》还对国务院南水北调办计划生育工作的组织管理、生育截止、优生和节育措施等作出了明确的规定，并制定了奖惩措施。

（六）《国务院南水北调办机关卫生绿化工作管理规定》

《管理规定》提出，为加强国务院南水北调办机关环境卫生管理，使机关环境洁净、美观，形成人人讲卫生，讲文明的良好习惯，促进机关精神文明建设，根据《中央国家机关爱国卫生工作规范化管理办法》和国家有关法律、法规，制定本规定。《管理规定》强调，卫生、绿化工作是社会主义精神文明建设的重要组成部分，是以提高人民健康水平，推动经济发展和社会进步为目标，大力改进和提高环境卫生水平。国务院南水北调办机关卫生、绿化工作要按照“统一领导，部门协调，分工负责，群众动手，综合治理，依法监督，规范管理，科学指导”的工作方针，广泛深入地开展卫生、绿化活动。《管理规定》还对办机关卫生绿化工作的组织机构及相应的工作责任、卫生绿化的规范标准、奖励与处罚作出了明确的规定，要求各司各单位要严格执行卫生绿化规范标准。

国务院南水北调办精神文明创建工作在办党组的高度重视和广大干部职工的积极参与下，顺利推进，效果明显，营造了积极向上、团结和谐的氛围。深入学习贯彻党的十八大和十九大精神，以习近平总书记系列重要讲话精神为指导，坚持“两手抓，两手都要硬”的方针，紧紧围绕优质高效又好又快地推进南水北调工程建设的中心工作，扎实推进思想道德和文化建设，进一步搞好文明机关、和谐机关、效能机关建设，努力使办机关文明创建工作提高到一个新水平。

第三节　保持共产党员先进性教育活动

根据党中央的统一部署和要求，国务院南水北调办保持共产党员先进性教育活动在中央保持共产党员先进性教育活动第38督导组指导下，从2005年1月21日正式开始，到2005年6月20日结束，历时5个月。经过国务院南水北调办机关、直属事业单位和中线建管局各级党组织和广大共产党员的努力及广大群众的支持，顺利完成了先进性教育活动各阶段的任务，切实做到了“规定动作不走样，自选动作有创新”，党员队伍思想、组织、作风建设得到了明显加强，达到了“提高党员素质、加强基层组织、服务人民群众、促进各项工作”的目标要求，取得了显著的实践成果、理论成果和制度成果。

一、党的先进性建设的重大意义

（一）保持共产党员先进性教育活动是加强南水北调工程建设队伍建设的重要机遇

党的先进性建设重大战略思想，是党中央总结党的建设历史经验、借鉴世界上马克思主义政党建设和其他执政党建设的经验，站在国内国际形势发展全局的高度提出的党的建设新的伟大工程的行动指南。在全党开展的保持共产党员先进性教育活动，是新的历史条件下加强党的先进性建设的重大举措和重要实践。党的先进性建设是一项根本性建设，是党的根本特征，是生命所系、力量所在、执政所基。加强党的先进性建设必须同实现党的历史任务紧密结合起来，党的先进性应当在全面建设小康社会和构建社会主义和谐社会的具体实践中体现出来。

建设南水北调工程是党中央、国务院在统筹考虑新世纪我国经济社会发展要求，统筹考虑人与自然全面协调、可持续发展要求基础上做出的战略决策。南水北调工程建成后，长江、淮河、黄河和海河四大水系将联成一体，构成“四横三纵”的水网总体布局，向北方年调水总规模达448亿m^3，相当于为北方地区增加了一条黄河，对缓解我国北方地区水资源短缺局面，推动经济结构战略性调整，改善生态环境，构建和谐社会，实现全面建设小康社会的目标，具有十分重要的作用。

国务院南水北调办党组认识到，面对艰巨的南水北调工程建设任务和新的经济社会发展形势，以加强党员队伍建设为主体，建设好一支“政治强、业务精、纪律严、作风正”的工程建设管理队伍，是顺利实现中央确定的南水北调工程建设目标的关键。中央决定在全党开展保持共产党员先进性教育活动，对加强南水北调工程建设、队伍建设是一次难得的机遇。在先进性教育活动中，国务院南水北调办党组认真分析队伍建设面临的挑战和存在的问题，努力把握队伍建设的着力点，注意增强先进性教育活动的针对性，务求取得实效。

（二）南水北调工程建设的复杂性和艰巨性对队伍建设提出新的要求

南水北调工程跨区域、跨流域，规模大，投资多，涉及范围广，时间跨度长，意义深远。工程本身既有公益性，又有经营性。在工程实施中，既要遵循经济社会发展规律，又要遵循工程建设规律；既要遵循社会主义市场经济规律，严格实行项目法人责任制，又要发挥政府在工程建设中的宏观调控作用，即贯彻落实中央确定的“政府宏观调控，准市场机制运作，现代企业管理，用水户参与”的建管体制，实施项目法人主导下的代建制、委托制和直接管理相结合的建设模式，实施“建委会领导，省级政府负责，县为基础，项目法人参与”的征地移民工作管理体制；既要扎实搞好南水北调工程建设，保证工程建设的质量、安全和进度，又要适应改革、发展、稳定的需要，贯彻落实好中央确定的方针政策，处理好征地移民、生态环境保护、文物保护、产业结构调整等政策性强、敏感度高的社会层面的工作，在维持社会稳定的前提下，推动工程建设顺利实施。这就要求南水北调工程建设者不仅要具有驾驭工程建设的能力，而且要有统筹社会管理、协调各方面利益关系的能力；不仅要具有扎实的工程建设管理知识及丰富的市场经济知识，又要有求真务实、坚韧不拔和敢于负责的精神，特别是要善于科学准确地判断形势，立足工程，谋划全局，精心组织，严格管理，艰苦奋斗，开拓创新。

（三）以党的先进性建设和南水北调工程建设的要求把握党员干部队伍建设的着力点

南水北调工程建设管理机构是伴随着工程开工，在边组建机构、边充实人员、边开展工作的情况下组建起来的。队伍年轻而富有朝气，人员有的来自政府机关、事业单位，有的来自企业，有的来自科研院校；有的工作经历和经验丰富，有的是刚毕业的学生。面对新的工作环境和对象，在实际工作中存在着一些新的问题，比如一些同志习惯于用行业管理的方法处理南水北调工程建设管理中的问题，习惯于通过下发文件、召开会议部署工作；一些同志虽然工作环境变了、条件变了、工作对象变了，但思想观念和工作方式还没有随之转变；一些同志满足于既有工作经验的运用，缺乏对工程项目的调查研究；一些同志习惯于孤军作战，不善于集思广益；还有一些同志较多地关注个体利益、局部利益、现实利益，对整体利益、长远利益和国家民族利益的认同弱化，等等。这些现象与工程建设的需要，与党的先进性建设要求是不相符合、不相适应的。国务院南水北调办党组感到，在新的历史条件下，建设伟大的工程必须有一支用先进的思想和伟大的精神武装起来的党员干部队伍。因此，加强队伍建设的任务迫在眉睫。

中央对保持共产党员先进性教育活动作出部署后，国务院南水北调办党组按照中央对新时期保持共产党员先进性“六个坚持”的基本要求，深入分析队伍存在的问题，归纳梳理出南水北调党员队伍在理想信念、工作作风、奉献精神等方面存在的主要问题，即：①全面理解和掌握“三个代表”重要思想、牢固树立和落实科学发展观、坚定理想信念、保持共产党员的先进性还有差距，学习实践“三个代表”重要思想的自觉性还不足；②立党为公、执政为民和依法行政的自觉性还有差距，面对当前南水北调工程建设的工作条件和生活条件，艰苦奋斗、无私奉献的精神还不足；③针对南水北调工程的客观实际，转变工作作风、改进工作方式还有差距，以工程建设为中心确立项目观念、市场观念、效率观念还不足；④根据南水北调工程建设的不同情况，深入基层、深入工地，服务群众、服务工程还有差距，求真务实精神和协调能力还不足。

国务院南水北调办党组认为，这些问题的核心是要求党员队伍在南水北调工程建设实践中，进一步体现党的先进性，善于从历史与现实的结合上研究南水北调工程建设规律，从经济社会发展与工程建设进程中探索工程建设规律，从工程建设的共性与个性的比较中发现客观规律，从对工程建设重大意义的认识和投身工程建设实践、实现人生价值的结合上运用工程建设规律，把党的先进性建设建立在对工程建设规律的正确认识和把握的基础之上。党的先进性建设必须紧密结合南水北调工程建设的实践来开展，党的先进性建设成果要通过南水北调工程建设成就来检验。

二、主要做法

（一）深入思想发动，激发广大党员开展先进性教育活动的内在动力

（1）各级党组织负责人在先进性教育活动的每一个阶段都进行动员。国务院南水北调办党组书记、主任、先进性教育活动领导小组组长在先进性教育活动的各个重要阶段和关键环节都作动员讲话，明确工作任务和要求。各部门、各单位党组织在先进性教育活动的各个阶段、各个环节也都结合实际，分别采取动员会、学习会、讨论会等多种形式进行再动员、再部署。

（2）深入学习，统一思想，提高认识。通过组织广大党员以深入学习“三个代表”重要思

想为主线，集中学习《中国共产党章程》、胡锦涛在保持共产党员先进性专题报告会上的讲话、《保持共产党员先进性教育读本》等重要文件，不断提高广大党员参加先进性教育活动的思想认识和自觉性。国务院南水北调办党组成员分别结合分管工作做了专题辅导报告或讲党课，邀请中央党校教授、国家发展改革委宏观院专家作形势报告会，组织70余人次党员干部参加中央组织的有关国际关系、经济政策、财政政策等形势报告会和先进人物事迹报告会，以党支部为单位分别组织党员和入党积极分子到西柏坡学习参观，在党的七届二中全会会址前宣誓，重温入党誓词，使广大党员接受了中国共产党艰苦创业和“牢记过去、勿忘国耻”革命传统教育，党员保持先进性的意识显著增强。

（3）利用鲜活的典型材料，促使广大党员深入进行党性剖析，查找差距，剖析思想根源。联合国务院三峡办举行了“何贵平、张宇仙同志先进事迹报告会”，并以党支部为单位组织党员观看了牛玉儒先进事迹报告会录像，开展了以“学习先进、查找差距、分析评议、明确方向”为主题的保持共产党先进性专题讨论。同时，各党支部还组织党员干部观看了最高人民检察院拍摄的《职责与犯罪》警示片，进行警示教育。

（4）加强宣传，把握舆论导向。开办了国务院南水北调办先进性教育活动网上专栏；创办了国务院南水北调办先进性教育工作简报，共编印简报100余期，及时宣传贯彻了中央精神，反映办机关先进性教育活动的进展情况，总结了各部门、各单位在先进性教育活动中好的做法和经验。

（二）加强组织领导，统筹安排，周密部署，扎实推动先进性教育活动

（1）组建了先进性教育活动的专门机构。成立了以国务院南水北调办党组书记、主任为组长，国务院南水北调办党组副书记为副组长，其他党组成员为成员的国务院南水北调办先进性教育活动领导小组，成立了由机关党委常务副书记任主任、综合司副司长任副主任的领导小组办公室，以及综合司副司长任组长的督导组，并临时抽调了专门工作人员。机关各司和直属事业单位各确定了一名先进性教育活动的工作骨干，负责联络先进性教育活动的各项工作。

（2）切实加强对党支部书记和先进性教育活动工作骨干的培训。国务院南水北调办党组书记、主任在先进性教育活动的每一个重要环节开始前都亲自主持召开支部书记座谈会，传达贯彻中央精神，提出要求。国务院南水北调办党组副书记、副主任先后多次听取先进性教育活动工作汇报，及时提出指导意见，研究讨论先进性教育活动有关工作。

（3）统筹考虑，精心策划，制定切实可行的各个阶段实施方案和工作计划。在先进性教育活动的每一个阶段和“回头看”工作中，国务院南水北调办党组都认真按照中央文件精神，集体讨论实施方案，集体研究各项工作安排，做到统筹考虑，统一部署。

（4）制定了一套较完整的制度保障体系。根据中央要求和国务院南水北调办的实际，建立了先进性教育活动领导责任制，如党员领导干部联系点制度、督查制度、群众监督评价等一系列制度和办法，并认真付诸实施。

（5）加强对各部门、各单位的督查指导。先进性教育活动督导组认真贯彻办先进性教育活动领导小组的一系列指示精神，对各部门、各单位先进性教育活动的各个环节及时进行督导，保证了先进性教育活动各项活动安排顺利实施。

（三）党员领导干部自觉带头，发挥了示范带动作用

国务院南水北调办党组成员带头参加学习培训和撰写学习体会，带头讲党课、做专题报告，带头撰写党性分析材料，制定整改措施，落实整改责任。学习动员阶段，国务院南水北调办党组领导率先垂范，主持召开支部书记座谈会，为支部书记和先进性教育活动骨干作学习辅导报告，进行了6次集中（扩大）学习。张基尧为国务院南水北调办机关全体党员作了《搞好南水北调工程建设是南水北调办保持共产党员先进性的具体体现》的专题报告。孟学农讲了题为《树立正确的世界观、权力观，坚持立党为公、执政为民》的党课。李铁军、宁远同志分别以《坚持科学发展观，做好南水北调工程征地移民工作》《弘扬南水北调精神，建设世界一流水利工程》为题作了专题报告。

国务院南水北调办党组成员积极参加联系点活动，指导和督察联系单位的先进性教育活动。张基尧认真参加所在党支部活动和联系点活动，先后6次到中线建管局参加先进性教育活动。孟学农积极参加所在党支部的组织生活会并作党性分析发言。李铁军不仅带头搞好所在党支部的先进性教育活动，对联系点的各项工作也非常关心，认真审核分管单位的整改方案，提出具体修改意见。宁远认真参加所在党支部的每一次活动，对联系点先进性教育活动各项工作起到了积极的指导作用。

国务院南水北调办党组成员还经常深入群众，注意与干部职工谈思想，谈体会，征求意见，了解干部职工的思想动态。分析评议阶段，国务院南水北调办党组成员与党员干部开展谈心活动达50余人次。

各部门、各单位党员领导干部也都积极履行直接责任人的职责，带头参加教育活动，带头讲党课，带头写学习体会，带头查摆不足，带头制定整改措施，较好地发挥了带头示范作用。据统计，司局级党员领导干部先后为党员上党课、作专题报告25场次，撰写心得体会33篇，与党员干部开展谈心活动达到258人次。党员领导干部的实际行动，极大地调动了广大党员的积极性，带动了先进性教育活动的顺利开展。

（四）坚持边学边改、边议边改、边整边改

国务院南水北调办党组坚持边学边改、边议边改、边整边改的指导思想，针对党员群众提出的意见建议和工程建设中出现的矛盾和问题，认真研究，慎重决策，积极行动，采取有力的整改措施，切实整改，取得了明显的成效。

学习动员阶段，为了加强班子成员间的信息沟通，国务院南水北调办党组建立了每周一上午的碰头会制度。针对机关干部思想观念和工作方法中存在的不足，南水北调工程建设中的一些问题，及时提出了转变观念、服务一线的任务。针对南水北调工程建设涉及部门多、省（直辖市）多，管理难度大，协调工作量大等特点，国务院南水北调办逐步建立健全了中央层面、南水北调工程沿线省市政府层面、各级南水北调办层面和项目法人层面的工作协调机制。与南水北调东、中线一期工程沿线七省市人民政府有关负责同志签订了《南水北调主体工程建设征地补偿和移民安置责任书》，进一步落实了国务院南水北调建委会二次会议确定的南水北调工程征地移民工作实行“南水北调建委会领导、沿线省市负责、县为基础、项目法人参与”的管理体制。

（五）坚持发扬党内民主，走群众路线，开门搞教育

国务院南水北调办先进性教育活动充分相信和依靠群众，把走群众路线贯穿于先进性教育活动的始终。在学习动员阶段，主动吸收群众参与，召开座谈会听取群众对各级党组织的意见和建议，以座谈会等多种方式征求群众对保持共产党员先进性教育活动具体要求的意见；在分析评议阶段，邀请群众参加党员专题组织生活会，及时向群众通报办党组和司局级领导干部民主生活会情况；在整改提高阶段，广泛听取群众对党组整改方案的意见和建议，整改措施向群众公布，接受群众监督，广泛听取群众意见，自觉接受群众的评议和监督。每个阶段开展的“回头看”活动都重视听取群众的意见和反映，召开群众代表座谈会，先后三次进行群众问卷调查，使群众监督和评价制度得到了很好的落实。

（六）广泛讨论，形成共识，明确南水北调办保持共产党员先进性具体要求

学习动员阶段，国务院南水北调办始终把制定保持共产党员先进性具体要求作为重要环节来抓。国务院南水北调办党组根据党章规定、胡锦涛提出的“六个坚持”和华建敏在中央国家机关先进性教育活动动员大会上提出的“六点要求”，结合南水北调工程建设实际，提出了保持共产党员先进性具体要求征求意见稿，“三下三上”，六易其稿，制定了以“坚持理想信念，服务南水北调；坚持勤奋学习，提高综合素质；坚持党的宗旨，密切联系群众；坚持勤奋工作，做到恪尽职守；坚持廉洁自律，遵守党纪国法；坚持‘两个务必’，永葆政治本色”为主要内容的保持共产党员先进性具体要求。各部门、各单位按照办党组的统一要求，结合自己工作和岗位特点，明确了本部门、本单位乃至每个岗位始终保持共产党员先进性的具体要求。

三、取得的成果

在先进性教育活动中，办党组按照“提高党员素质、加强基层组织、服务人民群众、促进各项工作”的目标要求，结合南水北调工程建设党员队伍和工程建设的实际，有针对性地开展党的思想、组织、作风和制度建设，取得了明显成效。

（一）进一步坚定理想信念，增强践行“三个代表”重要思想、落实科学发展观的自觉性和主动性

国务院南水北调办党组始终坚持把党员队伍理想信念教育放在首位，把学习实践“三个代表”重要思想和党章作为整个先进性教育活动的主线贯穿始终，采取集中学习、党课教育、专题辅导、座谈讨论等多种方式，结合南水北调工程建设实际，开展党的宗旨、纲领、理想信念教育，取得了明显成效，特别是在人生观、价值观、权力观、利益观上取得了共识。大家认识到，从事南水北调这样一项伟大的事业，需要有伟大的精神和高尚的理想追求来支撑。要讲政治、顾大局、尽责任，不能贪图安逸，追求享受，要自觉发扬艰苦奋斗精神，克勤克俭办一切事业，甘于奉献，淡泊名利，力戒浮躁。大家表示，作为南水北调工程建设战线的一名党员，要把个人的理想追求与南水北调伟大事业有机结合起来，自觉地在工程建设中践行党的先进性，把“三个代表”重要思想、科学发展观的要求和党中央、国务院的决策部署落实到工程建

设的实际过程中，体现在工程建设的每一项具体任务上，高标准、高质量地建设好南水北调工程，为构建社会主义和谐社会、全面建设小康社会履行好共产党员的神圣职责。

（二）对工程建设管理规律的认识进一步深化，工作作风明显转变

在集中学习教育阶段，国务院南水北调办各级党组织负责同志带头为党员讲党课、做报告。国务院南水北调办党组领导分别为党员做了《保持共产党员先进性，为南水北调工程建设提供坚强的思想、政治和组织保证》《树立正确的世界观、权力观，坚持立党为公、执政为民》《坚持科学发展观，做好南水北调工程征地移民工作》《弘扬南水北调精神，建设世界一流水利工程》的党课，司局级领导为党员作专题报告25场次。这些活动与“我为南水北调工程献计策”主题实践活动紧密结合在一起，促成了一次工程建设管理思想的转变，加深了党员干部对南水北调工程建设管理规律的理解和把握。广大党员普遍认识到，南水北调工程建设必须遵循社会经济发展规律和工程建设自身规律，必须坚持解放思想、实事求是、与时俱进，必须从工作观念、工作思路、工作目标、工作职责、工作关系、工作层次、工作方式、工作方法、工作流程、工作考核等十个方面实现由行业管理向项目管理的转变，不断调整思维方式和行为方式，使各项管理工作更加符合南水北调工程建设的实际，机关工作作风发生了很大的转变，理解基层、服务基层、着力促进工程建设成为机关党员干部的共识和自觉行动。在工作中，宏观管理与微观指导结合起来开展工作的多了；在制定管理制度、办法时，到基层和工地考察调研、问计于基层的多了；在方式方法上，集中精力解决问题、推动工作取得实效，注重提高工作效率，进行面对面沟通协调的多了，文来文往的现象少了，文件运转效率高了。

（三）保持共产党员先进性的具体要求进一步明确，先锋模范作用进一步发挥，党员的先进性进一步体现

在先进性教育活动中，先后组织党员干部观看电影《牛玉儒》和聆听基层优秀共产党员先进事迹报告，开展争创“时代先锋”主题实践活动，特别是经过广泛讨论，形成了共识，明确了国务院南水北调办保持共产党员先进性具体要求：①坚持理想信念，服务南水北调；②坚持勤奋学习，提高综合素质；③坚持党的宗旨，密切联系群众；④坚持勤奋工作，做到恪尽职守；⑤坚持廉洁自律，遵守党纪国法；⑥坚持“两个务必”，永葆政治本色。榜样的激励，先进典型的引领示范作用，入脑入心的学习讨论，使广大党员干部心灵普遍接受了洗礼，政治素质和业务能力得到不同程度的提高，工作积极性、主动性明显增强，精神面貌焕然一新。许多机关干部主动提出到工程建设一线锻炼，到困难集中、矛盾突出的岗位工作，更好地在南水北调工程建设中体现党的先进性，实现自己的人生价值。

（四）和谐奋进的机关工作氛围已经形成，团结协作、艰苦奋斗、自觉奉献的意识明显增强

在分析评议和整改过程中，广大党员积极参加组织生活会，敞开思想，对自己进行深刻的党性分析，互相之间开展真诚的同志式的批评，普遍开展了多层次的谈心活动，积极制定和落实整改措施，党员与党员之间、党员与群众之间增进了了解，融洽了关系，形成了民主、和

谐、奋进的浓厚氛围。广大党员干部深刻认识到，南水北调工程是国家的战略性工程，工程点多线长面广，工作条件相对艰苦，尤其是工程建设处于起步阶段，工作头绪多，需要协调解决的问题多，面临的困难也多，要更快更好地推进南水北调工程建设，必须努力做到“意志、思想、工作、生活”四个方面的艰苦奋斗。在意志上，要坚定不移，知难而进，无怨无悔，鞠躬尽瘁；在思想上，要自觉排解困惑，承担委屈，迎接困难，挑战自我；在工作上，要勤恳敬业，执着追求，刻苦求索，求其完美，用力、用脑、用情、用心去工作；在生活上，要淡泊名利，力戒浮躁，以苦为荣，甘于奉献。

（五）建立保持共产党员先进性长效机制，完善规章制度建设

建立一套党员长期受教育，永葆先进性的长效机制，既是先进性教育活动取得实效的衡量标准，又是实现党的先进性建设长期任务的重要保证。为保证南水北调党员长期受教育，永葆先进性，按照中央先进性教育活动领导小组关于建立先进性教育活动长效机制“既要立足当前，又要着眼长远，既要继承又要创新，既要讲求系统配套又要注重务实管用，既要建章立制又要确保落实”的四项要求，国务院南水北调办党组认真总结先进性教育活动的经验和成功做法，结合党员干部队伍实际，制订了《国务院南水北调办党组关于建立健全保持共产党员先进性长效机制的意见》。《意见》指出，建立健全保持共产党员先进性长效机制，必须以实践“三个代表”重要思想为主要内容，坚持解放思想、实事求是、与时俱进的思想路线，努力推进思想政治建设；以各级领导班子建设和基层支部建设为重点，努力加强组织建设；以转变机关作风和深入开展反腐败斗争为重点，努力加强作风建设；以能力建设为核心，努力加强各级领导干部和公务员的教育培训；以全面提高素质为目的，进一步提高党员干部的政治素质、业务素质，更好地服从和服务于南水北调工程建设，永葆共产党员的先进性。《意见》明确建立长效机制的基本原则是：坚持求真务实；坚持群众路线、接受群众监督；坚持领导干部带头，发挥表率作用；坚持正面教育、自我教育为主。《意见》明确建立健全保持共产党员先进性长效机制的基本内容：①认真贯彻落实《中国共产党党和国家机关基层组织工作条例》，建立健全办机关党建工作责任机制；②加强思想教育和理论武装，建立健全学习教育机制；③坚持党要管党、从严治党，建立健全党员管理机制；④坚持党的群众路线，健全和完善密切联系群众机制；⑤切实保障党员权利，健全和完善党内民主机制；⑥坚持依法行政，廉洁从政，健全和完善反腐倡廉机制；⑦加强组织领导，建立健全落实长效机制的保障机制。

为进一步健全党内民主生活，加强党内监督，实现党员领导干部民主生活会和党员组织生活会制度化，根据《中国共产党章程》及有关规定，制定了《国务院南水北调办党员领导干部民主生活会和党员组织生活会制度》。《制度》指出，全体党员都应参加党员组织生活会。副司级及以上党员领导干部要参加双重组织生活会，既要以普通党员身份参加所在党支部或党小组的党员组织生活会，又要参加党员领导干部的民主生活会。民主生活会和组织生活会实行定期召开的制度。民主生活会每年召开一次，时间一般安排在6—8月之间；党支部召开的组织生活会，每季度召开一次；党小组召开的组织生活会，每个月召开一次。党支部、党小组每年应召开一次专题组织生活会。党员人数较少的党支部，民主生活会、专题组织生活会可合并召开。民主生活会和专题组织生活会的召开时间，一般应提前15天报告上级党组织。《制度》明确：民主生活会的基本内容是贯彻执行党的路线、方针、政策和决议的情况；加强领导班子自

身建设，实行民主集中制的情况；保持共产党员先进性，艰苦奋斗，清正廉洁，遵纪守法的情况；坚持群众路线，改进领导作风，深入调查研究，密切联系群众的情况；对照查找出的问题和制定的整改措施，交流整改情况；组织生活会的主要内容是传达上级党组织的决定和批示、汇报和交流思想、总结和报告工作、讨论决定党支部或党小组工作中的重大问题。《制度》要求，召开民主生活会应做好准备事项：①围绕中心工作和本部门、本单位存在的突出问题确定会议主题；②组织好学习，奠定开好会议的思想基础。学习时间一般安排3天左右，其中集中学习时间不少于1天；③广泛开展谈心活动，坦诚交流思想；④征求党内外群众意见和建议，并于会前转告出席会议人员或在会上通报；⑤出席会议人员要认真撰写书面发言提纲。《制度》强调，民主生活会和组织生活会应严格遵循团结—批评—团结的方针，充分发扬民主，开展积极的思想交流。民主生活会和专题组织生活会应围绕会议主题交流思想认识，总结经验教训，不得将民主生活会开成汇报工作或研究部署工作的会议。民主生活会和专题组织生活会应按照自我批评—相互批评—个人表态的步骤进行。民主生活会由党组织主要负责人或部门、单位党员主要负责人召集和主持。召集或主持人要带头开展批评和自我批评，引导大家畅所欲言。专题组织生活会由党支部书记、党小组组长召集和主持。因故缺席的人员可以提交书面发言。书面发言应在会上宣读并列入会议记录。会后，主持人或由主持人委托出席会议的其他同志将会议情况和批评意见转告缺席人。民主生活会、专题组织生活会后15天内，要向上级党的组织报送会议情况和会议记录。报告的主要内容是开展批评和自我批评的情况、检查出来的主要问题及所采取的整改措施。民主生活会、专题组织生活会内容适于向下一级党组织或本部门、本单位党员干部通报的应予通报。对于群众普遍关心的问题的整改措施，应采取适当方式公布，以便接受群众监督。党组书记和党支部书记是开好领导班子民主生活会的第一责任人。党支部书记或党小组组长是开好组织生活会的第一责任人。民主生活会、专题组织生活会要做到准备充分、时机恰当。准备不充分的，不要匆忙开会。开会时，主要负责同志要带头认真学习，带头进行自我检查和剖析，带头开展批评和自我批评，以自己的模范行动带动其他同志，提高民主生活会、专题组织生活会的质量。第一责任人要切实担负起制定和落实领导班子整改措施的领导责任。整改措施要具体，针对性强，切实可行，并明确具体责任人。实行民主评议党员制度。民主生活会和专题组织生活会后，要对所有党员的理想信念、宗旨、作风、遵守纪律、廉洁从政和立足本职发挥作用等方面的情况进行评议。对表现优秀的党员给予表彰和奖励；对不履行党员义务并坚持不改、又不接受党组织帮助和教育的党员，应按照组织程序予以处理。要按照一级抓一级的原则，加强对民主生活会的指导。国务院南水北调办党组民主生活会自觉接受上级党组织的指导。机关党委和人事部门应派人员参加机关各部门、各单位的民主生活会、专题组织生活会，了解掌握情况，沟通信息，加强指导。

为了加强对党员特别是党员领导干部的教育、管理和监督，进一步搞好党风廉政建设和反腐败工作，根据《中国共产党章程》《中国共产党党和国家机关基层组织工作条例》《中国共产党党员领导干部廉洁从政若干准则（试行）》等中央纪委的有关规定，结合实际制定了《中共国务院南水北调办党组关于实行谈话提醒制度的暂行规定》。《规定》指出，谈话提醒是党组织和党员领导干部按照有关规定的要求，对谈话提醒对象进行的一种教育和监督工作。谈话提醒的对象，主要是群众有反映或发现有违纪苗头和其他需要谈话提醒的党员及领导班子集体，重点是处以上党员领导干部及领导班子集体。有关党组织或党员行政领导在发现党员有违纪苗头时，要及时与其谈话，使其警醒和认真纠正自身存在的问题。在党员出差、出国执行任务，变动工作岗位、职务时，党组织应有针对性地对其提出纪律要求或应注意事项，以提高其廉洁自律的意识和能力。

《规定》明确，党员或领导班子集体有下列情形之一者，应及时进行谈话提醒：①遵守党的政治纪律、贯彻执行党的路线方针政策及执行上级决定不坚决的。②不能坚持党员标准，严于律己，发挥先锋模范作用的；③在运用权力、勤政廉政、遵纪守法等方面有不良反应的。④不严格遵守民主集中制原则，不讲团结协作，不顾全大局的。⑤在道德品质、思想作风和工作作风等方面有不良苗头的。⑥在选拔任用干部时，有不坚持原则，不走群众路线，搞不正之风有不良反应的。⑦在其他方面出现违纪苗头的。谈话提醒应区分内容，并按照逐级负责和党政配合的原则进行。对发现有第七条所列情形的党员进行谈话提醒，以党组织为主，必要时由党政领导共同进行；对出国、出差和工作岗位、职务变动等专项性谈话提醒，可以党员行政领导为主进行。

《规定》要求实行谈话提醒责任制：①对党组书记、党组集体的谈话提醒，按中央和国务院有关规定办理。②对党组成员的谈话提醒，由党组书记负责。③对各部门、各单位党政正职党员领导干部的谈话提醒，由分管的办党组成员负责。对副职党员领导干部的谈话提醒，由该部门、单位的党组织主要负责人负责。必要时，直属机关党委、人事部门负责人参加。④对处级党员领导干部谈话提醒，由所在部门、单位分管的党员领导干部负责。必要时，各部门、各单位党组织组织委员、纪检委员、人事部门负责人参加。⑤对处以下党员的谈话提醒，由所在党支部负责。谈话提醒要坚持原则，实事求是，与人为善，明确提出意见和要求，做到批评提醒到位，注意方式方法。对反映有违纪苗头的谈话提醒，事前一般要做必要的调查核实工作，并在谈话中要明确要求限期纠正。谈话提醒的方式，一般以个别进行为宜。谈话时要保护检举、反映意见人。对普遍性问题或领导班子中存在的问题，可以采取会议提醒或集体谈话提醒方式。重要的谈话提醒应做好记录。谈话提醒是党风廉政建设责任制的重要内容。要把谈话提醒制度实施情况列入党风廉政建设责任制落实情况一起考核。各级党组织要对谈话提醒制度执行情况加强检查监督。凡对所属党员、干部疏于教育和监督，发现苗头不及时谈话提醒，发生违纪现象，造成严重后果者，在追究违法违纪者本人责任的同时，要按照有关规定，追究有关党组织和党员领导干部的责任。谈话提醒制度要以保障党员的民主权利为前提。对不正确履行谈话提醒制度的有关规定的，被谈话人有权向上级党组织提出说明。

为进一步加强和改进谈心活动，在总结先进性教育活动实践经验的基础上，根据南水北调办党员干部的思想实际，制定《国务院南水北调办党员谈心制度》。《谈心制度》指出，开展谈心活动要坚持坦诚相见。坦诚相见，是谈心双方建立互信的前提条件。谈心双方在谈心的过程中，应坚持做到有什么问题谈什么问题，有什么意见谈什么意见，有什么希望谈什么希望，有什么想法谈什么想法，毫不隐瞒自己的观点，以达到交流思想、沟通感情、加强团结、同心同德、和谐共事的目的。要坚持实事求是。谈心双方在为对方指出缺点，或探讨工作方式方法，或谋划工作建议时，要坚持以事实为根据，一切从实际出发，不唯上，不唯书，只唯实，避免主观臆造。要坚持批评与自我批评。谈心双方交流思想，开展批评与自我批评，态度要谦虚诚恳，公正客观，特别是要善于发现和学习对方的长处，主动对自己的缺点和不足进行自我批评，并善于听取对方的批评意见，做到真诚中肯；对对方的缺点和不足，要从团结的愿望出

发，提出批评意见，同时，要善于听取对方的说明和辩解，做到与人为善，和风细雨，循循善诱，以理服人。要坚持求同存异。谈心双方在一些见解、认识上存在分歧时，要多找共同点，尽可能达成共识；对存在的分歧点多做理性的分析，甚至换位思考，做到尊重而不盲从，但对有异议的认识，可暂时存而不议，特别是在非原则问题上，不要急于证明孰是孰非，而要学会宽容，并且敢于和善于让实践和时间来检验是非。要坚持平等互信。开展谈心活动双方应互相尊重，互相信任，平等相待，共同营造宽松和谐、情谊融融的氛围。谈心双方要讲究谈心的艺术，注意选择谈心活动的时机、话题，掌握谈话的分寸，做到话题深浅适宜得体。特别是党员领导干部要注意在谈心活动中摆正自己的位置，主动赢得对方的信任。以期达到交流思想、沟通感情、增强信赖、达成共识、解决矛盾、增进团结、促进工作的目的。《谈心制度》明确要求，谈心活动主要内容是交流双方在贯彻执行党的路线方针政策和对南水北调工程建设和党建工作的认识，交流思想，沟通感情；交流双方对国务院南水北调办重大事项和本职工作的认识，启迪工作思路；兼听则明，虚心征求对方对自己工作的意见和建议，补充和完善自己的思想认识和工作思路；交流在工作、学习和生活中的经验和教训，互相切磋，共同提高；其他需要与领导、同事、下属分享的健康有益的话题。开展谈心活动的范围是领导班子成员之间；党员领导干部与所分管部门（单位）负责人之间。党员领导干部与普通党员之间；普通党员之间；党员与群众之间。《谈心制度》强调，谈心的方式方法有：①沟通式。谈心双方就工作或生活中某些问题的认识相互之间进行交流。通过沟通，取得对方的理解、信任和支持。这是一种比较常见的谈心活动方式。②讨论式。谈心双方就某个共同关心的问题进行研究性探讨，或结合个人工作或生活中发生的事情从理论和实践的结合上进行讨论，取得共识，达成理解、信任和支持。③征询式。谈心一方有意识地主动征求对方对自己工作或生活中某些言行或工作思路、计划的意见和看法。《谈心制度》强调，党员领导干部要带头开展谈心活动，主动了解领导班子和党员群众的思想、工作、学习等情况，听取他们的意见和建议；党员特别是党员领导干部每年都要主动开展一定人次的谈心活动，除党组织安排谈心谈话外，党员个人要积极主动进行谈心，关键是要取得实效；干部职工之间在工作、学习和生活中，产生误解或矛盾，原则上要相互谈心；必要时应将谈心情况向党组织汇报。

为履行直属机关党委在推进机关思想政治建设工作上承担的职责，落实中央国家机关工委和国务院南水北调办党组的有关要求，结合国务院南水北调办实际，制定了《国务院南水北调办机关思想政治建设情况分析例会制度（试行）》。《分析例会制度》指出，例会的主要任务是分析研究机关思想政治建设的情况，提出推动机关思想政治建设的工作建议；研究落实加强机关思想政治建设各项工作任务；沟通交流机关思想政治建设的情况；讨论审核向上级党组织有关机关思想政治建设情况的报告。例会成员由直属机关党委书记、副书记、委员、党委办公室负责同志组成。成员的职责和任务分工：党委办公室负责对机关思想政治建设综合情况、领导干部民主生活会情况、领导干部理论学习情况、领导干部作风建设和廉洁从政情况进行收集、整理、汇总、分析，起草有关报告，并将情况分送各分管委员，同时报直属机关党委书记、常务副书记。直属机关党委各位委员根据分工，与党委办公室一起研究有关情况，提出有关意见和建议。《分析例会制度》强调，例会由直属机关党委书记或委托常务副书记主持，原则上每半年召开一次。必要时，可临时召开。根据例会的议题，例会各成员同志要提前做好准备工作。例会的组织工作，由党委办公室承担。

(六) 工程建设得到有力促进，各项工作取得新进展

在党的先进性建设的促进下，南水北调工程建设各项工作取得显著成绩。

(1) 工程建设管理体制、机制和制度在实践中得到逐步完善。南水北调工程建设管理体制得到初步完善并良好运行。国务院南水北调建委会确立的单项工程实行“项目法人主导下的委托制、代建制和直接管理相结合”的新的建设管理模式付诸实施，部分项目委托协议正式签订，工程招投标、质量监督、安全生产、计划管理、资金管理、委托及代建管理等配套制度相继出台，为大规模开工奠定了管理基础。国务院南水北调建委会确定的“建委会领导、省级政府负责、县为基础、项目法人参与”的征地移民管理体制得到确立，工程征地移民管理办法及其配套规定得到实施，国务院南水北调办与沿线七省市分别签订了征地移民责任书，落实了地方政府和项目法人在征地移民工作中的责任，项目法人与开工项目的征地移民机构签订了工作协议或形成了会议纪要，征地移民工作稳步推进，工程基金征收及管理办法由国务院办公厅颁布实施，受水区六省市相继出台实施细则，逐步开展征缴工作。

(2) 控制性工程建设有新突破，在建工程进展顺利。东线一期工程苏鲁边界刘山蔺家坝等一批泵站项目开工建设，江苏三阳河潼河宝应站工程、山东济平干渠工程完工并投入试运行，开始单独发挥工程效益；中线一期控制性工程丹江口大坝加高和中线穿黄工程及京石段漕河渡槽工程、滹沱河倒虹吸工程、唐河倒虹吸工程、古运河枢纽工程、北京西四环暗涵工程、永定河倒虹吸工程、惠南庄泵站工程等相继开工建设。建设项目都按照建委会确定的管理体制，严格执行项目法人责任制、招标投标制、建设监理制和合同管理制，工程管理规范，工程质量总体良好，投资控制有序，进展顺利。

(3) 征地移民工作有序推进。在地方各级政府和征地移民机构的努力下，按照《南水北调工程建设征地补偿和移民安置暂行办法》确定的原则，南水北调东、中线一期工程用地预审已经国土资源部批准，已开工的东线济平干渠、中线京石段建设用地手续已办理。东线济平干渠被征地农民纳入社会保障体系，中线水源工程坝区移民得到妥善安置。

(4) 东线治污、中线水源保护工作有新起色。江苏、山东两省普遍提高了污水处理的收费标准，加大了对违法排污的查处力度。《南水北调东线工程治污规划》中明确的一期 260 项治污项目，已有 213 项开工建设，其中 83 项已建成投产。22 项截污导流工程中，已有 7 项完成可研报告。东线水质监测表明，约 40%的水体断面水质有所好转。《丹江口库区及上游水污染防治和水土保持规划》已经国务院批复，有关部门建立协调机制，研究实施意见。

(5) 文物保护工作进入正常轨道。国务院南水北调建委会二次会议以后，加强了文物保护工作的协调。文物保护专题报告已经专家审查，并纳入了东、中线一期工程总体可研，并已预安排投资 6000 万元，集中对六省市 45 处文物提前进行保护性发掘，文物保护滞后于工程建设的局面已逐步得到扭转。

四、进一步贯彻党的先进性建设重大战略思想，健全和落实长效机制，不断提高队伍建设水平，确保南水北调工程建设目标的实现

国家“十一五”规划要求，“十一五”期间完成南水北调东、中线一期工程建设任务。按照这一要求，南水北调东线和中线一期工程已多点开工，顺利推进。面对日益繁重而艰巨的工

程建设任务，国务院南水北调办党组深刻认识到，只有乘势而进，不断巩固和扩大先进性教育活动成果，使先进性教育活动的成功经验和做法制度化、规范化、长期化，才能不断加强党员干部队伍的思想、组织和作风建设，从而完成好党和人民赋予的历史使命，优质高效地建设好南水北调工程。

（一）继续加强党员干部队伍的理论武装和思想政治建设

继续加强理论武装，根本是要毫不动摇地在党员干部中坚持党的基本理论、基本路线、基本纲领、基本经验教育，牢固树立共产主义远大理想，脚踏实地、坚定不移地走中国特色社会主义道路，全面建设小康社会和构建社会主义和谐社会。要着眼于新的实践和新的发展，通过各种学习途径和培训方式，深入开展创建学习型组织、学习型机关活动，要结合实际深入学习邓小平理论、“三个代表”重要思想和科学发展观，以更好地指导工程建设实践。要结合南水北调工程建设实际，深入开展党的先进性建设理论研究，探索在工程建设实践中加强党的先进性建设，特别是发挥党支部战斗堡垒作用和党员先锋模范作用的规律，以更好地服务南水北调工程建设。要经常了解掌握干部队伍的思想状况，积极围绕南水北调工程建设这个大局开展思想政治工作。要采取灵活有效的方式，加强舆论宣传工作，把党中央、国务院关于建设南水北调工程的战略思想、重大决策部署讲清楚讲明白，积极引导南水北调系统干部职工切实转变观念；总结宣传在新形势下加快南水北调工程建设的经验、做法和成就，宣传南水北调工程建设中涌现出来的先进典型，进一步激发广大工程建设者的工作热情和创造精神。要开展深入细致的思想政治工作，针对党员干部队伍中存在的思想问题和模糊认识，采取谈心、专题组织生活会等有效方式，及时进行沟通和澄清。要大力提倡和弘扬科学民主、无私奉献、与时俱进、艰苦奋斗的南水北调精神，进一步团结和激励干部职工在工程建设中建功立业。

（二）深入贯彻落实科学发展观，以科学发展观统领南水北调工程建设

坚持以人为本，全面、协调、可持续的科学发展观，是党中央从新世纪、新阶段党和国家事业发展全局出发提出的重大战略思想，也是南水北调工程建设的根本指导思想。牢固树立和认真落实科学发展观，关键是要教育党员干部全面系统地掌握科学发展观的精神实质、主要内涵和基本要求，坚持用科学发展观武装头脑、研究问题、指导工作，增强以科学发展观统领南水北调工程建设全局的本领，提高科学行政、依法行政、民主行政的能力和水平。要教育广大党员干部自觉在实际工作中坚持贯彻落实“先节水后调水、先治污后通水、先环保后用水”原则，把节水、治污、生态环境保护放在突出位置。要深入分析研究工程建设中出现的利益关系和利益格局调整，正确处理局部和全局、当前和长远的关系，正确处理工程建设与征地移民、文物保护等的关系，努力做到凡是符合科学发展观的事情，就全力以赴地去做，不符合的就毫不迟疑地去改，使得南水北调工程建设的各项工作都经得起历史和人民的检验。

（三）大力加强南水北调工程建设队伍的组织建设

加强组织建设要着力在以下三个方面下工夫：

（1）要大力加强各级领导班子建设。各级领导班子是南水北调工程建设各项工作顺利推进

的关键。要通过各种教育培训途径进一步提高各级领导班子整体素质，增强班子成员的政治意识、大局意识、责任意识、纪律意识和奉献意识，进一步提高各级领导干部科学判断形势的能力、驾驭工程建设全局的能力、开拓创新的能力、综合协调的能力、应对复杂局面的能力、依法行政的能力。要认真贯彻落实集体领导和个人分工负责相结合的制度，发挥领导班子的整体优势，把各级领导班子建设成为政治坚定、求真务实、开拓创新、勤政廉洁、团结协调的坚强领导集体。要进一步深化干部人事制度改革，建立健全竞争激励机制，不断激发广大党员干部的工作积极性、主动性和创造性。

（2）要大力加强党的基层组织建设。党的基层组织是党的全部工作和战斗力的基础。要紧紧围绕南水北调工程建设中心任务，持之以恒地开展党的先进性建设，通过各种有效途径和措施，激发基层党组织的活力，真正把基层党组织建设成为南水北调工程建设战线富有创造力、凝聚力和战斗力的坚强堡垒。要教育广大共产党员自觉践行党的先进性，充分发挥党员的先锋模范作用。

（3）要大力加强人才队伍建设。要牢固树立和落实科学的人才观，紧紧围绕南水北调工程建设中心任务，以增强创新力为核心、以胜任本职工作为目标，创新教育培训机制，更新教育培训方式，加大教育培训投入，提高教育培训成效，努力营造鼓励人才干事业、支持人才干成事业、帮助人才干好事业的环境，建立和完善吸引人才、培养人才、用好人才的人才队伍建设机制，支持和鼓励各类人才为南水北调工程建设事业贡献聪明才智。

（四）进一步加强党员干部队伍作风建设

要积极采取有效措施，切实把干部队伍思想作风、工作作风、领导作风建设推进到一个新的水平。

（1）要认真学习贯彻胡锦涛关于社会主义荣辱观的重要讲话精神，深入开展社会主义荣辱观主题实践活动，教育党员干部以身作则、率先垂范、带头实践，在知行合一中牢固树立正确的世界观、人生观和价值观，做倡行社会主义文明新风、建设和谐单位、和谐机关的模范。

（2）要认真贯彻执行党的民主集中制原则，深入开展民主集中制教育，学习和掌握民主集中制的基本理论、基本要求、基本程序、基本方法，认真贯彻落实“集体领导、民主集中、个别酝酿、会议决定”的原则，对南水北调工程建设方向性、全局性、战略性的问题，在决策前要集思广益，注重征求专家、学者的意见，广泛听取群众的意见，推进决策的科学化和民主化。

（3）要坚持求真务实，增强服务工程、服务基层的意识，始终围绕工程建设这个中心，深入实际，调查研究，塌下身子，扎实工作，想工程所想，急工程所急，讲真话、出实招、办实事、求实效，努力为工程建设服务，为基层服务。

（五）扎实推进党风廉政建设

保持和发展党的先进性，必须坚持党要管党、从严治党的方针。要结合学习贯彻党章，深入贯彻落实“八个坚持、八个反对”的要求，进一步建立健全教育、制度、监督并重的惩治和预防腐败体系，扎扎实实开展好预防职务犯罪和治理商业贿赂专项工作，把党风廉政建设工作的重要意义、目标要求明确到工程建设队伍的每一个成员，把预防职务犯罪和治理商业贿赂专

项工作的重点放在工程项目审批、工程招投标、材料设备采购、工程价款结算等工程建设的主要环节，把党风廉政建设的责任落实到工程建设管理的各层次、各岗位，确保“工程安全、资金安全、干部安全”。

（六）全面推进南水北调工程建设各项工作

贯彻党的先进性建设重大战略思想，就要坚定不移地贯彻执行中央关于南水北调工程建设的各项方针政策和决策部署，加强体制创新和管理创新。要结合南水北调工程建设实际，进一步坚持和完善国务院南水北调建委会确定的建设管理体制、移民征地管理体制、治污工作体制，健全工程建设管理制度，统筹做好工程建设的质量、技术、安全生产、投资、进度等工程建设层面和征地拆迁、库区移民、东线治污、水源地保护、基金征收、文物保护等社会层面的工作，全面推进南水北调工程建设各项工作，努力实现“建设成世界一流工程”的目标，向党和人民交一份满意的答卷。

第四节　学习实践科学发展观活动

根据《中共中央关于在全党开展深入学习实践科学发展观活动的意见》（中发〔2008〕14号）精神，按照中央召开的全党深入学习实践科学发展观活动动员大会及第一批深入学习实践科学发展观活动工作会议部署，在中央学习实践科学发展观活动第22指导检查组的指导帮助下，国务院南水北调办从2008年9月至2009年2月，前后约半年时间，以办机关、直属事业单位和中线建管局司局级以上领导班子和处级以上党员领导干部为重点，组织全办255名党员干部开展了深入学习实践科学发展观活动，顺利完成了各项任务，取得了显著成效。

一、开展深入学习实践科学发展观活动的重大意义

在全党开展深入学习实践科学发展观活动，是用中国特色社会主义理论体系武装全党、普及科学发展观教育、推动科学发展实践、促进社会和谐稳定的重大举措，是提高党的执政能力、保持和发展党的先进性的必然要求，非常及时，意义重大。

（一）开展深入学习实践科学发展观活动，是党的十七大作出的坚持用马克思主义中国化最新成果武装全党、指导党和国家各项工作持续健康发展的重大决策

中国共产党是一个善于理论创新、重视理论武装的党。中国共产党把马克思主义基本原理同中国具体实践相结合，形成了毛泽东思想和中国特色社会主义理论体系，指导中国革命、建设和改革不断取得胜利。科学发展观作为中国特色社会主义理论体系的重要组成部分，是中国共产党站在历史和时代的高度，统筹国内国际两个大局、总结中国和世界经济社会发展实践，借鉴人类文明进步的积极成果，认真应对各种严峻挑战而创立的崭新理论成果，是发展中国特色社会主义必须坚持和贯彻的重大战略思想，也是新时期党的建设新的伟大工程的根本指导思想。党中央审时度势，总揽全局，带领全党全国各族人民深入学习实践、不断深化对科学发展观的认识，不断丰富科学发展观的内涵，不断完善落实科学发展观的政策措施，扎实推动了党

和国家各项事业的发展和进步，我国的经济建设、政治建设、文化建设以及党的建设都取得了举世瞩目的成就。但同时在现实生活中，一些党员干部对科学发展观的学习还存在浅尝辄止的现象，少数党员干部还没有完全做到真学、真信、真懂、真用，甚至一些人在世界观、人生观、价值观和权力观、地位观、利益观上发生了严重的扭曲，给党的执政形象和国家各项事业造成了严重损害。因此，开展深入学习实践科学发展观活动，是全党开展的保持共产党员先进性教育活动的继续和深化，是全党全国人民进一步普及科学发展观教育，用党的创新理论成果统一思想、推动工作的及时而重大的举措。国务院南水北调办开展深入学习实践科学发展观活动必将促使广大党员和干部群众进一步深化对科学发展观科学内涵、精神实质和根本要求的认识，进一步提高对南水北调工程建设重大意义的认识，进一步增强贯彻落实科学发展观、又好又快建设南水北调工程的自觉性和使命感。

（二）开展深入学习实践科学发展观活动，是推动我国经济社会又好又快发展的迫切需要

解放和发展生产力，推动经济社会又好又快发展，是当代中国共产党人的神圣使命。党的十六大以来，党坚持以邓小平理论和“三个代表”重要思想为指导，深入贯彻落实科学发展观，抓住重要战略机遇期，沉着应对各种困难和挑战，开创了中国特色社会主义事业新局面。特别是2008年以来，我国战胜了南方地区严重雨雪冰冻、四川汶川特大地震等重大自然灾害，成功举办了北京奥运会、残奥会，经济社会发展取得新的重大成绩。但同时我国经济社会发展中还存在不少突出矛盾和问题，面临新的困难和挑战，特别是城乡、区域经济社会发展不平衡、物价上涨压力增大、资源环境成本付出过高、市场诚信意识缺失、社会公平公正受到侵害等。这就要求我们加快转变发展方式、调整经济结构、推进改革创新、重视节能环保、进一步关注民生，做到全面、协调可持续发展。在全党开展深入学习实践科学发展观活动，正是党中央在我国改革发展进入关键阶段，着眼于在新的历史起点上继续解放思想、坚持改革开放、推动科学发展、促进社会和谐，为夺取经济社会又好又快发展和全面建设小康社会新胜利而采取的重大举措。

（三）开展深入学习实践科学发展观活动，是提高党的执政能力、保持和发展党的先进性的必然要求

执政能力建设是执政党的一项根本建设。保持和发展先进性是马克思主义政党建设的永恒主题。党的十六大以来，党坚持把执政能力建设和先进性建设作为主线，以改革创新精神全面推进党的思想建设、组织建设、作风建设、制度建设和反腐倡廉建设，党的执政能力得到新的提高，党的先进性得到保持和发展，特别是在前不久发生的汶川特大地震灾害中各级党组织和广大共产党员发挥了战斗堡垒作用和先锋模范作用，使党在人民群众心目中的形象更加高大。但面对新的形势和任务，党的执政能力还不同程度地存在着一些不适应、不符合的地方。这主要表现在，一些领导班子的工作体制和机制还不完善，不能适应科学执政、民主执政、依法执政的要求；一些领导干部的领导水平还不够高，驾驭工作全局、领导科学发展、解决复杂矛盾、开展群众工作等方面的能力还不强；一些党员、干部理想信念不坚定，缺乏严格的党性锻炼和党性修养，先进意识、党员意识不强，甚至头脑中还存在封建主义、资本主义的陈腐观念，党风、

政风不正，严重违法乱纪，败坏了党的形象，损害了国家和人民的利益。因此，开展深入学习实践科学发展观活动，教育全党特别是党的各级领导干部在改造客观世界的同时加强主观世界的改造，“讲党性、重品行、做表率”，自觉转变不适应不符合科学发展观的思想观念，着力解决影响和制约科学发展的突出问题，对于保证我们党始终走在时代前列、保持党的先进性、加强党的执政能力建设、提高党的执政水平和巩固党的执政地位具有十分重要的促进作用。

（四）开展深入学习实践科学发展观活动，是发扬党的优良传统、践行党的根本宗旨、密切党和人民群众血肉联系的时代要求

党的根本宗旨是为人民服务，对人民负责。科学发展观的核心是以人为本，是实现好、维护好、发展好人民群众的根本利益。改革开放以来，党带领全国各族人民聚精会神搞建设，一心一意谋发展，经济社会面貌发生了翻天覆地的变化，人民群众物质文化生活水平得到了很大提高，党赢得了人民群众的衷心拥护。但是，经济体制深刻变革、社会结构深刻变动、利益结构深刻调整、思想观念深刻变化，一些党员干部的思想、工作和生活作风受到了不同程度的消极影响，与人民群众的感情变浅了，与人民群众的关系疏远了。这些现象，在国务院南水北调办党员干部中也不同程度地存在。中央明确提出，这次学习实践活动的总要求是“党员干部受教育，科学发展上水平、人民群众得实惠。”这就告诉我们，这次学习实践活动的出发点和落脚点是使人民群众得实惠，是进一步体现人民群众的愿望和要求，更好地坚持立党为公、执政为民，更好地坚持以人为本，把人民群众的安危冷暖放在心上，真正做到“权为民所用、情为民所系、利为民所谋”。通过开展学习实践活动，就是要进一步提高党员干部的思想和认识水平，以科学发展观统领经济社会发展，切实解决人民群众最关心、最直接、最现实的利益问题，使党和人民群众传统的血肉联系进一步密切，党的执政基础更加巩固。

（五）开展深入学习实践科学发展观活动，对又好又快建设南水北调工程是机遇，是鞭策，是动力

建设南水北调工程，是党中央、国务院统筹考虑新时期我国经济社会快速发展的迫切需要，统筹考虑人与自然全面、协调、可持续发展的客观要求而作出的一项重大战略决策。南水北调工程本身就是党和国家站在全局的高度贯彻科学发展观的重大体现和生动实践。南水北调工程开工以来，在党中央、国务院亲切关怀和国务院南水北调建委会的正确领导下，在国务院有关部门、工程沿线地方政府和全国人民的大力支持下，工程建设各项工作都取得了长足进展，工程前期工作有序推进，征地移民稳步实施，治污保洁扎实开展，大部分控制性工程顺利开工，已建和在建工程质量、安全、进度情况良好，基本实现了国务院南水北调办党组提出的“工程安全、资金安全、干部安全”的目标要求。特别是南水北调中线干线京石段应急供水阶段性目标顺利实现。但是，就南水北调工程建设总体来看，工程前期工作、建设管理、水污染治理、征地移民工作等方面也还存在诸多不适应不符合科学发展观要求的问题。同时，虽然通过开展保持共产党员先进性教育活动，广大党员干部党性修养明显增强、思想作风显著改进，但是一些党员干部在大局意识、责任意识、协作意识、奉献意识方面也还或多或少存在不适应、不符合科学发展观要求和南水北调工程建设需要的问题。因此，通过扎扎实实开展好学习实践活动，特别是通过“上下互动、左右联动”的活动方式解决突出问题，进一步树立用科学

发展观统领南水北调各项工作的指导思想，着力构建有利于促进南水北调工程又好又快建设的体制机制和政策环境，着力提高南水北调工程建设系统党员干部贯彻落实科学发展观的认识水平和能力素质，对于圆满完成党和国家赋予我们建设“一流工程、生态工程、廉政工程、利民工程”的神圣使命，具有十分重大的现实意义。

二、深入学习实践科学发展观活动的主要做法

按照中央统一部署，结合南水北调工程建设实际，国务院南水北调办学习实践活动紧紧围绕“党员干部受教育、工程建设上水平、人民群众得实惠”和“提高思想认识、解决突出问题、创新体制机制、促进工程建设”的目标要求，按照“坚持解放思想、突出实践特色、贯彻群众路线、正面教育为主”的原则，精心准备、周密部署，认真组织开展了学习调研、分析检查、整改落实等3个阶段11个环节的活动。

（一）认真开展准备动员

2008年9月19日中央召开全党深入学习实践科学发展观活动动员大会和第一批深入学习实践科学发展观活动工作会议后，国务院南水北调办即着手开展学习实践活动准备工作，积极从思想上、组织上、工作上进行认真准备，制定实施方案，召开动员大会。

（1）成立组织机构，加强组织领导。根据中央要求，成立了国务院南水北调办深入学习实践科学发展观活动领导小组，及其办公室下设活动组织组、政策研究组和指导检查组，并专门抽调人员充实了学习实践活动的办事机构，同时各司各单位还配备了学习实践活动联络员。

（2）研究制定实施方案，明确活动总体目标和要求。国务院南水北调办党组高度重视学习实践活动，先后于2008年9月23日、26日和27日三次召开专题会议，研究部署活动有关准备工作。国务院南水北调办党组清醒地认识到开展学习实践活动对南水北调工程建设是机遇、是鞭策、是动力，强调抓住机遇，乘势而上，因势利导，推动工程建设优质高效又好又快进行。在认真调研，广泛征求意见建议的基础上，围绕科学发展主题，结合国务院南水北调办工作实际，制定了切实可行的学习实践活动实施方案，对学习实践活动3个阶段、11个环节的工作进行了详细的规划部署。

（3）召开动员大会，深入思想发动。2008年10月8日，国务院南水北调办组织召开了由国务院南水北调办机关各司、事业单位全体党员、中线建管局部门以上党员领导干部参加的深入学习实践科学发展观活动动员大会，国务院南水北调办党组书记、主任作动员讲话，对开展学习实践活动进行了全面动员和部署。中央学习实践活动第22指导检查组组长张福森、副组长郭汝琢等出席会议，张福森作了指导讲话，对学习实践活动提出了要求和希望。动员大会后，各司各单位又分别进行了再动员，进一步提高了广大党员干部对开展深入学习实践科学发展观活动重要性和必要性的认识，充分调动了广大党员干部参加学习实践活动的积极性，为全面深入开展学习实践活动奠定了良好的思想和舆论基础。

（二）扎实开展学习调研

学习调研阶段从2008年10月7日开始，到12月5日基本结束。这一阶段主要开展了以下几个环节的工作。

（1）组织党员干部深入学习中央规定的必读书目，开展集中学习培训。组织党员干部深入学习《毛泽东 邓小平 江泽民论科学发展》和《科学发展观重要论述专题摘编》，处级以上党员领导干部还认真学习了《深入学习实践科学发展观活动领导干部学习文件选编》，深入领会科学发展观的科学内涵、精神实质和根本要求，并及时学习贯彻党的十七届三中全会、中央经济工作会议、中央农村工作会议等重要会议精神，学习胡锦涛在全党深入学习实践科学发展观活动动员大会上的重要讲话和习近平、李源潮等中央领导同志关于学习实践活动的系列重要讲话和批示精神。在学习中，国务院南水北调办党组始终强调领导干部先学一步，多学一些，学深一点，做到带头学习，带头辅导。在党员干部充分开展自学的基础上，2008 年 10 月 20—22 日组织开展了为期 3 天的党员集中学习培训，机关各司、直属事业单位全体党员和中线建管局部门以上党员领导干部全部参加了学习培训。培训中，国务院南水北调办党组成员分别结合学习体会和工作实践做了学习辅导报告，并邀请中央党校专家做了《科学发展观与中国发展模式》的学习辅导讲座。此间，各司各单位也通过不同方式，组织开展了集中学习培训。通过集中学习培训，使党员干部进一步加深了对科学发展观的理解，增强了学习实践科学发展观的自觉性和坚定性。

（2）广泛征求意见。2008 年 10 月 21 日，印发《国务院南水北调办关于深入学习实践科学发展观活动中征求意见的函》，向中组部、中央国家机关工委、国家发展改革委、财政部、交通运输部、铁道部、住房与城乡建设部、水利部、国土资源部、环境保护部等 19 个中央和国家部委，以及工程沿线各省（直辖市）南水北调办事机构、移民机构、环保机构、南水北调工程各项目法人征求意见；10 月 23 日，印发《关于开展学习实践科学发展观活动问卷调查工作的通知》，广泛征求办内党员干部以及机关各司各单位的意见建议。征求意见函共收到反馈意见 18 份，其中中央和国家有关部门 9 份、地方有关方面 4 份、项目法人 5 份，反馈意见、建议共 24 条。问卷调查共反馈问卷 143 份，征集到意见、建议 289 条。经过梳理归纳，将这些意见整理为 11 大类 83 条。这些意见和建议为国务院南水北调办党组深入调研、查找影响南水北调工程建设及党员干部队伍建设的突出问题起到了重要作用。

（3）深入开展调查研究。围绕贯彻落实科学发展观，优质高效又好又快推进南水北调工程建设这个中心，国务院南水北调办党组在广泛征求意见的基础上研究确定了征地移民、治污环保、前期工作、建设管理等 4 个方面的调研重点。各司各单位也围绕这几个重点确定了 26 个调研专题。办领导和各司各单位分别成立了调研组，集中时间和人力，领导带队，深入工程一线，深入基层干部和群众，以座谈会、问卷调查、走访调查等形式开展调研，问政于民，问需于民，问计于民。整个调研活动期间，累计深入 80 多个基层单位，召开各种座谈会 90 余次，并撰写了 30 篇有分析、有论据、有观点、有措施、有针对性和指导性的调研报告。

（4）围绕科学发展开展解放思想大讨论。为了及时引导和广泛发动党员干部开展解放思想大讨论，国务院南水北调办学习实践活动领导小组及时印发了《关于深入开展“建设南水北调工程如何践行科学发展观”解放思想大讨论活动的通知》，提出了“如何认识中央提出科学发展观的重大理论和实践意义”“南水北调工程建设‘要不要科学发展、能不能科学发展、怎样科学发展’”“如何通过深入学习实践科学发展观，进一步推动南水北调工程又好又快建设”“如何在工程建设中以人为本，依法保障人民群众的利益，维护社会稳定”“如何在工程建设的同时防治水污染，促进生态文明建设”“在南水北调工程建设中，如何学习实践科学发展观，确保实现‘三个安全’、‘四个工程’的目标”“如何统筹兼顾，妥善处理工程建设各方面的关系，理顺体制机制，进一步提高工作效率”“如何通过贯彻落实科学发展观，加强和改进机关党的建设，加强领导班子思想政治建设，改进党员干部思想和工作作风，提高领导班子和党员干部推动科学发展和驾驭工程建设管理的能力”等八个方面的解放思想大讨论参考题目。为了把群众性的解放思想大讨论引向深入，国务院南水北调办党组两次召开专题会议，带头联系实际、解放思想，展开讨论，并及时向全体党员干部通报讨论情况，推动解放思想大讨论向深度和广度发展，开创了思想解放的新境界，在南水北调事业“要不要科学发展、能不能科学发展、怎样科学发展”等重大问题上，形成了广泛的共识。

（三）全面深刻开展分析检查

分析检查阶段从2008年12月5日正式开始，到2009年1月15日基本结束，这一阶段主要开展了以下几个环节的工作。

（1）精心组织召开领导班子专题民主生活会。为了切实开好领导班子专题民主生活会，国务院南水北调办研究制定了《国务院南水北调办领导班子专题民主生活会实施方案》。国务院南水北调办党组和各司各单位领导班子成员在广泛开展谈心活动，听取群众意见，以及认真撰写专题民主生活会发言材料的基础上，紧扣科学发展主题，组织召开了领导班子专题民主生活会。国务院南水北调办党组成员在专题民主生活会上充分结合学习培训、深入调研、解放思想大讨论和谈心活动的成果，紧密联系工作和思想实际，就个人和国务院南水北调办党组在贯彻落实科学发展观、影响和制约南水北调工程又好又快建设方面，在影响社会和谐稳定和党性党风党纪方面存在的突出问题，进行了严肃认真的分析检查。通过开诚布公地查找问题、分析原因、批评和自我批评，进一步统一了党组成员的思想认识，增进了班子团结，明确了下一步努力方向。同时，各司各单位领导班子也认真召开了专题民主生活会，并组织召开了党员专题组织生活会，按照科学发展观的要求和南水北调工程建设需要，认真分析检查存在的不足，明确了今后的努力方向。

（2）认真撰写领导班子分析检查报告。为确保分析检查报告的质量，努力形成一个推动南水北调工程优质高效又好又快建设的指导性文件，按照中央要求，国务院南水北调办党组书记、主任全程主持，党组成员全程参与了分析检查报告的撰写。报告撰写过程中，国务院南水北调办党组先后4次召开会议，确定分析检查报告基本框架和主要内容，反复进行专题讨论和修改完善。按照突出检查分析问题、理清发展思路的要求，国务院南水北调办党组着重在认真查找问题上下工夫，在深入分析原因上下工夫，在科学制定对策上下工夫。同时，通过不同方式反复征求各司各单位对办党组分析检查报告的意见建议，先后召开各司各单位负责人会议、办内党员干部座谈会、民主党派和党外群众座谈会，并以书面形式，征求部分老同志、老专家的意见和建议，使分析检查报告的撰写成为倾听民声、了解民意、凝聚民心、集中民智、动员民力的过程。根据大家的意见和建议，国务院南水北调办党组对分析检查报告进行了反复认真修改，并报送中央学习实践活动第22指导检查组审阅。根据中央指导检查组意见，办党组再次对分析检查报告进行认真修改后，报送国务院审阅。据粗略统计，国务院南水北调办党组分析检查报告重大修改达18次以上。可以说，国务院南水北调办党组分析检查报告是全办党员干部集体智慧的结晶、信心和决心的体现。分析检查报告既总结了南水北调工程开工建设以来

贯彻落实科学发展观所取得的成绩，更按照科学发展观的要求，分析检查了存在的突出问题及其原因，理清了优质高效又好又快建设南水北调工程的总体思路和主要措施。

（3）组织群众评议并公布分析检查报告。为了使群众评议工作公开、客观、真实、权威，国务院南水北调办制定了《国务院南水北调办深入学习实践科学发展观活动群众评议工作方案》。2009年1月12—13日，国务院南水北调办组织机关和事业单位全体干部职工、中线建管局处以上干部和有关专家，对党组分析检查报告进行评议；各司各单位也认真组织本单位党员群众对领导班子分析检查报告进行评议。群众评议对国务院南水北调办各级领导班子的分析检查报告给予了充分肯定。其中对党组分析检查报告的评议结果是：认为对科学发展观的认识“深刻”和“比较深刻”的分别占96.8%和3.2%；认为查找的问题“准确”和“比较准确”的分别占92.4%和7.6%；认为原因分析“透彻”和“比较透彻”的分别占91.8%和7.6%，认为“一般”的占0.6%；认为发展思路“清晰”和“比较清晰”的分别占95.6%和4.4%；认为工作措施“可行”和“比较可行”的分别占91.2%和8.2%，认为“一般”的占0.6%。2009年1月15日，按要求以书面形式在全办范围内公布了党组分析检查报告和群众评议结果。

（四）认真开展整改落实

整改落实阶段从2009年1月15日正式开始，到2月27日基本结束，这一阶段主要开展了以下几个环节的工作。

（1）制定整改落实方案。依据分析检查报告，按照远近结合、突出重点、分步实施、务求实效的原则，经过反复修改完善，先后四易其稿，逐步明确了整改思路和措施，制定了《中共国务院南水北调办党组深入学习实践科学发展观整改落实方案》。方案按照“四明确一承诺”的要求，确定了工程建设、前期工作、资金监管、征地移民、治污环保、监督管理、领导班子和队伍建设等7个方面78项整改措施；并按照轻重缓急和解决问题的难易程度，区别四种情况明确了整改落实目标和时限要求，其中，对于15项需要尽快落实且具备条件马上落实的整改措施，要求在学习实践活动期间整改落实；对于63项整改难度较大、需要较长时间才能落实的整改措施，也分近期、中期和长期三种情况，列出了整改时间进度表，其中要求2009年6月底前完成15项，2009年年底前完成18项，2009年后继续抓好整改落实30项，并强调能提前整改落实的尽量提前完成，不受时间表限制。为了使整改落实工作责任到人，不落空挡，在整改措施中特别明确了整改落实责任，国务院南水北调办党组书记、主任作为整改落实工作第一责任人，对整改落实负总责；国务院南水北调办党组成员分工负责，机关各司、各单位具体落实。2009年2月9日，在全办范围内公布了《国务院南水北调办党组深入学习实践科学发展观整改落实方案》，向干部群众公开承诺，并接受党员群众对整改落实情况的监督，确保不走过场，取得实效。

（2）集中解决突出问题。在边学边改、边查边改的基础上，国务院南水北调办党组和各司各单位领导班子本着实事求是。尽力而为、量力而行的原则，既积极主动、奋发有为，又立足现实、务求实效。截至2009年2月底，需要并且能够在学习实践活动期间整改落实的15项工作全部完成。

（3）完善体制机制。在全面清理规章制度工作的基础上，以科学发展观为指导，围绕优质高效又好又快推进南水北调工程建设中心工作，认真推进体制机制创新。新出台《南水北调工程建设期完工项目运行管理与维修养护办法》等制度办法7件；修订《国务院南水北调办司局级及以下人员因公出国（境）管理规定》等制度办法3件；废止《南水北调工程初步设计工作投资计划管理暂行办法》等制度办法9件。同时，积极开展有关制度办法修订工作，2009年底前修订完善制度11件。

（五）认真组织开展群众满意度测评和总结工作

为了促进学习实践活动全面、深入、扎实地开展，善始善终地完成各项任务，让广大党员群众全面了解学习实践活动的开展情况和取得的实效，在抓好整改落实工作的同时，认真组织开展了群众满意度测评和总结工作。

（1）认真组织开展群众满意度测评。为了真实了解民意，客观全面掌握活动开展情况，实事求是地评价活动成效，及时发现和弥补存在的不足，确保活动取得实效，在全办范围内组织开展了群众满意度测评。为确保测评工作科学合理、测评结果客观真实、准确可信，制定了《国务院南水北调办深入学习实践科学发展观活动群众满意度测评工作方案》，并先后两次召开会议进行布置，强调测评工作的重要性，要求注重测评对象的广泛性和代表性，防止片面追求高满意度比例。2009年2月26日，学习实践活动办公室组织机关和事业单位全体干部职工、中线建管局处以上干部，以及中线建管局财务与资产管理部、惠南庄项目建管部两个基层单位全体干部职工，对国务院南水北调办开展学习实践活动情况进行了满意度测评，一些在外地出差的同志也通过电话联系方式，积极表达了意见。参加测评的干部职工共200人，其中国务院南水北调办机关和事业单位131人，占机关单位总人数的91%；中线建管局69人，占基层干部职工人数的24%。测评结果：对学习实践活动表示“满意”和“比较满意”的达100%，其中认为“满意”的198人，占99%；认为“比较满意”的2人，占1%。对学习实践活动给予了充分肯定，并对国务院南水北调办下一步深入学习实践科学发展观，又好又快建设南水北调工程提出了很好的意见和建议。

（2）认真开展活动总结。根据中央学习实践活动领导小组统一部署，国务院南水北调办于2009年2月中旬布置开展学习实践活动总结工作，要求对照“党员干部受教育、工程建设上水平、人民群众得实惠”和“提高思想认识、解决突出问题、创新体制机制、促进工程建设”的目标要求，对学习实践活动开展情况及取得的成效进行全面总结和实事求是的评价，特别是认真总结学习实践活动取得的实践成果和思想认识成果，认真总结促进南水北调工程又好又快建设的好经验、好做法。国务院南水北调办党组和各司各单位对这项工作都非常重视，把总结工作作为学习实践活动的重要环节，作为进一步深化认识、促进实践的重要过程，作为巩固和扩大学习实践活动成果、创建学习实践科学发展观长效机制的重要内容来抓。主要领导亲自主持撰写总结报告，广大党员干部积极参与，收到了很好的效果。各司各单位学习实践活动总结工作于2月底完成，总结报告按期报办学习实践活动领导小组。学习实践活动总结报告经国务院南水北调办党组专题会议讨论一致通过，并经中央第22指导检查组审阅，得到了充分肯定。3月2日，国务院南水北调办党组召开学习实践活动总结大会，机关全体党员干部、直属单位全体党员干部、中线建管局部门以上党员干部参加会议，并邀请党外干部群众代表参加会议。国务院南水北调办党组书记、主任在会上全面总结通报了学习实践活动开展情况。中央第22指导检查组莅临指导，组长在会上讲话，对学习实践活动给予了充分肯定，并对整改工作提出了

指导意见。

(3) 认真组织开展“回头看”。在认真开展学习实践活动总结的同时，国务院南水北调办认真组织开展了“回头看”工作。要求把“回头看”作为进一步提高学习实践活动实效，保证广大党员全员参与、全程参与的一项重要举措来落实，着重检查广大党员干部是否通读了中央规定的学习书目、是否参与了解放思想的大讨论、是否参与了党员专题组织生活会、是否了解国务院南水北调办党组及本单位领导班子分析检查报告和整改落实方案；整改落实工作是否扎实开展、取得实效等。对存在不足的，要求及时进行“补课”，确保学习实践活动更深入、更广泛、更扎实、更富有成效。

三、深入学习实践科学发展观活动的组织领导工作

(一) 加强组织领导，精心部署实施

(1) 加强组织领导。国务院南水北调办党组及时成立了学习实践活动领导小组，组建了领导小组办公室。各司各单位由一把手亲自挂帅，做到了组织落实，人员落实，任务落实，确保了学习实践活动有序高效进行。

(2) 按照规定的3个阶段11个环节，制定详细的实施方案。按照中央部署，及时制定了深入学习实践科学发展观活动实施方案，在活动实施的每个阶段和关键环节又详细制定时间安排表和具体工作方案，如领导班子专题民主生活会实施方案、领导班子分析检查报告群众评议工作方案、学习实践活动群众满意度测评工作方案等。同时，坚持形式服从内容，时间服从效果，进度服从质量，保证各阶段重点突出、环环相扣、压茬推进、扎实有效。

(3) 积极协调督促，认真组织实施。在每个阶段开始，都召开动员大会，进行充分思想动员，做到思想统一，行动一致。每进行一个环节，都及时召开情况通报会，掌握活动进度情况，加强督促指导，确保活动顺利进行。每个阶段结束后，都召开总结会，认真进行总结，以便及时发现问题，及时补课，为学习实践活动顺利进行奠定基础。

(二) 坚持思想发动，营造浓厚氛围

搞好思想发动、形成活动氛围是开展好学习实践活动的重要基础。活动开始，国务院南水北调办组织召开了由机关各司、事业单位全体党员和中线建管局部门以上党员领导干部参加的动员大会，然后，各司各单位又分别再动员，层层深入进行思想发动。学习实践活动正式启动后，采取多种形式加大宣传力度，充分运用网络、报刊、简报等媒体进行广泛宣传，对内宣传通过创办网上专栏，共发稿88篇，编发简报、专报83期，展出宣传橱窗3期；对外宣传通过新华社、《人民日报》、中央电视台、中国政府网、央视国际、紫光阁等中央新闻媒体和网站发稿75篇。同时开展了廉政警示教育，开展了“我与南水北调”征文活动等。这些工作，为学习实践活动营造了良好氛围，调动了大家投身学习实践活动的积极性和主动性，深化了对科学发展观的理解和对学习实践活动重要性、必要性的认识，确保了开展学习实践活动的高起点、高标准、高质量。

(三) 加强理论学习，注重正面教育

坚持把理论学习贯穿于学习实践活动的始终，做到理论学习与学习实践活动各个阶段的有

机结合。在学习内容上，做到了“三个必学”：中央规定的学习实践活动重点书目必须学；胡锦涛等中央领导同志关于学习实践活动的重要讲话和批示精神必须学；党的十七届三中全会、全党深入学习实践科学发展观活动动员大会、中央经济工作会议、纪念党的十一届三中全会召开30周年大会、中纪委十七届三次全会等重要会议精神和胡锦涛等中央领导同志在会上的重要讲话必须学。在学习方法上，做到了“三个结合”：集中学习与个人自学相结合、辅导与促学相结合、理论学习与工作实践相结合。始终强调“三个注重”：注重深化党员干部的学习效果，不断加深对科学发展观的科学内涵、精神实质和根本要求的理解；注重增强党员干部学习实践科学发展观的自觉性和坚定性；注重查找和解决影响工程又好又快建设的突出问题，做到对事不对人，不纠缠历史旧账和个人责任。

（四）坚持领导带头，发挥表率作用

在学习实践活动中，注意发挥各级党员领导干部，尤其是国务院南水北调办党组和各司各单位领导班子成员的示范带动作用，强调做到“六个带头”，有效地推动了学习实践活动的深入开展。

（1）带头学习。国务院南水北调办党组把深入学习作为搞好活动的首要政治任务，先后组织了6次中心组理论学习。在办党组的带动下，各司各单位共组织各种形式的理论学习30余次。

（2）带头做学习报告。国务院南水北调办党组成员结合工作实践和学习体会作了学习实践科学发展观辅导报告，张基尧作了题为《深入学习实践科学发展观　又好又快推进南水北调工程建设》的报告，李津成、宁远、张野分别作了题为《深入学习实践科学发展观　做好南水北调水质保护工作》《科学认识南水北调　以科学发展观指导工程建设实践》《深入贯彻科学发展观　努力做好南水北调工程征地移民工作》的报告。学习报告准备充分，内容丰富，观点明确，联系实际，党员干部反响良好。

（3）带头调研。国务院南水北调办党组成员围绕征地移民、治污环保、前期工作、建设管理等4个重点问题，分别率队深入工程建设一线调研。各司各单位也结合各自业务，分别围绕一两个重点问题积极开展专题调研。

（4）带头征求意见。领导既能够积极参与机关召开的座谈会征求意见，也能够结合日常工作，特别是到工程一线检查指导工作时，通过个别谈话、召开座谈会等形式广泛征求意见。各司各单位领导班子成员也相应地广泛开展了征求意见活动。

（5）带头分析检查。在深入开展调查研究和广泛征求意见建议的基础上，国务院南水北调办党组和各司各单位领导班子牢牢抓住带有全局性、根本性、关键性的问题，认真召开领导班子专题民主生活会，着重查找贯彻落实科学发展观方面存在的突出问题、影响和制约南水北调工程又好又快建设的突出问题、影响社会和谐稳定的突出问题以及党性党风党纪方面群众反映强烈的突出问题，深刻剖析问题存在的原因，特别是主观方面的原因，真正做到触及思想，深挖根源，找到病因，对症下药，为撰写领导班子分析检查报告和整改落实方案以及开展整改落实工作奠定了坚实的基础。

（6）带头整改落实。在学习实践活动中，国务院南水北调办党组和各司各单位领导班子成员带头边学边改、边查边改，结合各自的分工，积极出主意、想办法，制定并落实整改方案，

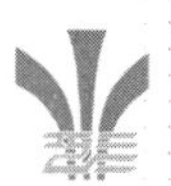

实现对群众的承诺，促进工程建设各项工作顺利开展。

（五）开门学习实践，接受群众监督

在整个学习实践活动中，国务院南水北调办始终强调开门搞活动，坚持走群众路线，做到了群众全程参与。在召开学习实践活动动员会、科学发展观专题辅导会、学习实践活动座谈会、党员专题组织生活会、学习实践活动总结大会等各种会议时，都注意邀请群众代表参加，让群众了解情况，接受群众监督和评议。在撰写领导班子分析检查报告、制定整改落实方案等环节中也都广泛吸收群众参与，征求老领导老同志意见，并专门召开民主党派和党外群众代表座谈会，虚心听取他们意见。在国务院南水北调办范围内开展了党组分析检查报告群众评议和学习实践活动群众满意度测评工作，赢得了群众的积极支持、广泛参与和充分肯定。

（六）突出实践特色，务求取得实效

学习实践活动中，国务院南水北调办紧紧围绕南水北调工程建设实际，开展了“贯彻落实科学发展观，又好又快建设南水北调工程”主题实践活动，着力在突出实践特色上下功夫。面对国际金融危机的严峻形势，国务院南水北调办党组认真贯彻中央部署，自觉把加快工程建设作为贯彻落实科学发展观和扩内需、调结构、保增长、保民生、保稳定方针的重要举措，把开展学习实践活动与贯彻落实中央应对金融危机的重大部署结合起来，与贯彻落实中央经济工作会议和国务院南水北调建委会第三次会议精神结合起来，与全面完成年度建设计划和应急投资任务结合起来，全面加快了工程建设步伐。

（七）坚持边学边改、边查边改，解决突出问题

国务院南水北调办党组始终把解决影响和制约南水北调工程又好又快建设的突出问题以及群众反映强烈的问题作为开展学习实践科学发展观活动的出发点和落脚点，做到边学边改、边查边改，切实转变不适应、不符合科学发展观要求的思想观念，完善工作制度，改进工作方法。充分考虑问题的轻重缓急和难易程度，对于具备条件解决的，马上进行整改，如合理调整征地移民房屋补偿标准等；对于通过努力能够解决的，提出了明确的解决期限，如补偿淹没线以上移民的林产补偿问题等；对于涉及多部门和单位的问题，积极采取联动解决问题的有效方式，促进了前期工作审批、水源区生态补偿机制建设、移民试点、关键节点工程开工等一大批突出问题的解决。

（八）坚持统筹兼顾，做到两手抓、两不误、两促进

学习实践活动伊始，国务院南水北调办党组就根据中央要求和南水北调工作实际，明确提出了“党员干部受教育，工程建设上水平，人民群众得实惠”的总要求，强调三位一体，相辅相成，不可偏废。活动开展过程正值南水北调工程建设掀起高潮和贯彻落实中央关于应对国际金融危机增加投资、拉动内需，“保增长、保民生、保稳定”一系列重大部署的关键时期。

国务院南水北调办党组清醒地把握形势，抓住机遇，始终坚持以深入学习实践科学发展观活动为动力，以又好又快推进南水北调工程建设为实践主体，做到统筹兼顾，协调部署，采取了切实有效措施，确保学习实践活动扎实有序开展、南水北调工程又好又快建设，实现了“两

手抓、两不误、两促进”。

四、主要成效

学习实践活动重在学习，贵在实践，要在取得实效。国务院南水北调办学习实践活动主要取得了以下几个方面的成效。

（一）进一步深化了对科学发展观的认识，增强了在工程建设中贯彻落实科学发展观的自觉性和坚定性

通过学习实践活动，国务院南水北调办广大党员干部进一步加深了对科学发展观科学内涵、精神实质和根本要求的理解和把握；进一步树立了优质高效又好又快建设南水北调工程的政治意识、大局意识、责任意识和机遇意识；进一步认清了以科学发展观统领南水北调工程建设的重要性、必要性和紧迫性；进一步增强了贯彻落实科学发展观的自觉性和坚定性。广大党员干部深刻认识到，科学发展观是马克思主义中国化的最新理论成果，是同马列主义、毛泽东思想、邓小平理论和“三个代表”重要思想既一脉相承又与时俱进的科学理论，是我国经济社会发展的重要指导方针，是发展中国特色社会主义必须坚持和贯彻的重大战略思想，也是南水北调工程又好又快建设的根本指导思想。建设南水北调工程是中央总揽全国经济社会发展大局，贯彻落实科学发展观，保增长、保民生、保稳定的重大战略举措。作为南水北调工程建设者，更应当时时刻刻、事事处处以科学发展观为指导，尊重社会发展规律和工程建设规律，按照以人为本的科学理念、全面协调可持续的基本要求和统筹兼顾的根本方法，正确认识和妥善处理好建设南水北调工程与促进国家经济社会发展的关系，与实现好、维护好、发展好人民群众根本利益和当前利益的关系，与国家各部门及沿线地方政府利益的关系，与生态建设、治污环保、文物保护的关系，以及工程建设进度与质量、安全、成本、效益之间的关系。大家深刻体会到，开展学习实践活动，对于增强广大党员干部对科学发展观的政治认同、理论认同和感情认同，切实按照科学发展要求，更新观念，转变作风，开阔视野，改进工作方式方法，自觉以科学发展观为指导，研究新情况，解决新问题，特别是在各种利益结合点上，妥善解决征地移民、治污环保、前期工作和建设管理等问题，推动南水北调工程优质高效又好又快建设，具有十分重要的现实意义。

国务院南水北调办党组深刻认识到，深入贯彻科学发展观，实现优质高效又好又快建设南水北调工程的目标，必须做到“七个始终坚持”。

（1）必须始终坚持科学发展观在工程实践中的统领地位，实现科学建设。科学发展观是建设中国特色社会主义必须长期坚持和贯彻的重大战略思想，更是南水北调工程建设必须始终坚持、一以贯之的根本指导思想。科学发展观的丰富内涵是正确认识和处理新时期南水北调工程面临复杂问题的强大思想武器，为解决制约南水北调工程又好又快建设的主要矛盾和突出问题提供了钥匙。要始终坚持以科学发展观为统领，把科学发展的理念及构建社会主义和谐社会的要求贯穿到工程建设各方面、各环节，并与解决影响工程优质高效建设问题的具体实践紧密结合起来，把科学发展观转化为促进南水北调工程建设的正确思路、精神动力和政策措施。

（2）必须始终坚持全面加快建设步伐，破解工程难题。科学发展观第一要义是发展。贯彻

落实科学发展观，结合当前国家扩大内需、拉动经济增长的要求，总结近年来南水北调工作中的经验教训，广大党员干部一致认为，毫不动摇地坚持发展是硬道理，是解决一切问题的根本方法，坚持在加快发展中统筹兼顾，转变发展方式，解决存在问题，推动科学发展，实现好、维护好、发展好最广大人民的根本利益。要利用国家扩大内需、拉动经济增长的有利条件，抓住国务院常务会议和第三次建委会作出决策部署的良好机遇，趁势而上，团结奋进，凝聚力量，破解难题，全面加快南水北调工程建设步伐。

（3）必须始终坚持改革创新，遵循客观规律。南水北调是当今世界上规模最大的水利工程，工程建设管理和协调难度都是前所未有的。针对南水北调特点，面对工程建设遇到的新情况、新问题，必须遵循经济社会发展规律和工程建设规律，突破传统观念、陈旧规定和不合理规范的束缚，以改革的精神，着力创新观念，创新管理体制，不断探索完善符合南水北调工程实际的管理体制、运行机制和建管模式，实现科学建设。通过实践，不断健全监督机制、协调机制、激励机制，充分发挥项目法人主导作用，有效实现工程建设质量、安全、投资全过程控制。注重对管理体制及规章制度的实施效果作出科学评价，及时调整完善。

（4）必须始终坚持维护群众利益，共享建设成果。科学发展观的核心是以人为本。南水北调工程的建设过程必须充分体现对人民利益的尊重和对社会和谐的促进。要坚持全心全意为人民服务的根本宗旨，高度重视维护人民群众的长远利益和沿线、库区群众的现实利益，把人民拥护不拥护、赞成不赞成、高兴不高兴、答应不答应作为评判工程建设成败的标准，真诚倾听群众呼声，真实反映群众愿望，真情关心群众疾苦，千方百计解决群众的合理诉求，使群众切实感受工程带来的实惠，共享工程建设成果。

（5）必须始终坚持统筹兼顾，突出工作重点。科学发展观的根本方法是统筹兼顾。必须始终坚持从各方利益的结合点上考虑问题、谋划工作，全面协调地推动各项工作。统筹处理好前期工作、工程建设、征地移民、文物保护、污染治理的关系，统筹处理好建设进度与质量、安全、投资控制的关系，提高工程质量，确保工程安全，控制工程成本，做到安全建设、节约资源、保护环境。在统筹安排各项工作中做到先后有序、轻重有别、积极稳妥、协调联动，着力营造各项工作相互支持、协调配合的良好局面。

（6）必须始终坚持团结协调，实现和谐共建。新时期搞好南水北调工程建设，实现团结共建，必须正确把握和处理好若干关系，做到几个结合：实现工程统一目标与实现分项目标、年度目标的结合；维护广大人民群众长远利益与维护沿线群众现实利益的结合；搞好工程建设与做好移民、环保工作的结合；发挥办公室职能作用与充分调动各部门积极性的结合。要在国务院南水北调建委会领导下，围绕统一的建设目标，进一步明确各有关部门、沿线各级地方政府的职责，进一步加强协调配合。工程建设既要实现统一管理，又要实施分级负责；社会层面工作既要发挥地方政府的主导作用，又要加强相关部门的检查监督。通过加强交流、明确责任、健全机制、密切协作，形成团结共建的良好局面。

（7）必须始终坚持党的领导，发挥政治优势。新的社会条件下建设南水北调工程，必须充分发挥我国独特的政治优势。要通过加强领导班子建设和干部队伍建设，做到工程建设与队伍建设相结合，精神文明与物质文明“两手抓”。适应工程建设的深入和外部环境的变化，通过政治学习、思想教育、专业培训、实践锻炼，进一步增强管理者的责任感、使命感、紧迫感和荣誉感，提高工程组织管理能力和协调处理复杂问题的本领，以队伍建设的成果促进工程建设。

（二）进一步理清了优质高效又好又快建设南水北调工程的思路和主要措施

1. 思路

通过系统学习、调查研究、解放思想讨论和分析检查，国务院南水北调办党组研究提出，南水北调工程建设实现科学发展的总体思路是：全面贯彻党的十七大和十七届三中全会精神，高举中国特色社会主义伟大旗帜，以邓小平理论和“三个代表”重要思想为指导，深入贯彻落实科学发展观，按照国务院有关会议部署和“三先三后”原则，着力研究和破解制约南水北调工程科学建设中的重点、难点问题，创新观念、体制和机制，以保证质量、安全，全面加快工程建设为中心，以加快项目审查缩短征地搬迁周期为抓手，以促进控制性项目开工为重点，以移民安稳和治污环保工作为保障，优化设计，规范市场，科学管理，严格监督，优质高效又好又快地建设南水北调工程，促进经济社会可持续发展，造福于广大人民群众。

2. 主要措施

国务院南水北调办党组认为，实现南水北调工程科学建设，在工作中迫切需要实现“四个转变”：①深刻理解科学发展观第一要义是发展的理念，破除行业管理的传统思维定势，实现向项目管理的转变，服务工程，加快建设。②深刻理解以人为本的核心理念，破除见物不见人的思想观念，实现与时俱进、关注民生、完善制度、和谐共建的转变。③深刻理解创新机制与搞好建设的辩证关系，破除重理论、轻实际的思想束缚，实现建设模式服务工程建设由单一型向多样化的转变。④深刻理解全面协调可持续发展的基本要求，破除重工程轻移民、重建设轻管理、重施工轻环保、重通水轻运行的做法，实现统筹兼顾协调建设的转变。主要措施有以下几个方面。

（1）进一步加强工程建设管理体系建设。紧紧围绕建委会确定的新的建设目标，以改革创新的精神，加大工程管理创新的力度，破除行业管理的传统思维定势，努力构建层次清晰、调控有力、监管有效、保障到位的建设管理体系。①在巩固工程建设管理体制总体框架的基础上，探索加强委托和代建项目监管的有效途径和办法，加强代建制有关政策研究。②加强工程质量管理。严格落实工程质量责任制度，制定并严格执行质量奖惩制度和事故追究制度，完善健全稽察监督制度，对工程质量实行全过程监督。③加强安全生产管理。进一步健全和落实安全生产责任制，严格执行责任追究制度，强化施工现场安全管理；加强安全生产的宣传和培训，完善突发事件应急预案。④加强工程进度管理。科学安排工期，精心组织施工，加快工程建设进度，确保工程建设目标的如期实现。⑤加强南水北调建筑市场管理。总结招标工作经验教训，进一步加强招标管理和监督。

（2）进一步加强前期工作体系建设。前期工作是南水北调工程建设顺利有序开展的前提和基础，也是工程成本和投资效益的关键控制点。要以提高前期工作质量和效率为突破口，进一步完善各司其职、各负其责、科学合理、协调统一的前期工作体系，为实现均衡生产、有序建设打下良好基础。①完善设计管理制度，落实设计责任，提高设计质量。建立健全初步设计复核和审查审批工作制度，以节约土地资源、降低工程造价为中心，加强设计复核和审查，改进审批方式，缩短审核周期。②根据工程建设总体目标，编制落实工程年度建设计划、资金流计划、搭桥资金使用计划以及项目预算、年度价差报告。落实概算及投资动态控制核定工作方

案。③建立初步设计激励机制，提高初步设计报告一审通过率。④倡导技术创新，积极组织、协调和研究解决重大技术问题，完善专用技术标准。

（3）进一步加强资金监管体系建设。南水北调工程动员资金多，社会关注度高。要加强资金监管，合理控制投资规模，以确保资金安全为目标，着力健全管理严格、监督到位、拨付及时、使用规范的资金监管体系，提高投资效益。①认真贯彻落实建委会批准的静态控制、动态管理规定，以及项目管理预算、年度价差编制办法及资金管理有关配套规定，严格控制可研估算、初设概算、项目管理预算三条投资控制线。②加强资金使用的监督和审计。完善和强化内部监督和外部监督相结合、稽察监督和审计监督相结合的全过程资金使用监督机制。③积极开辟新的资金来源，争取国债投资；协调督促有关省（直辖市）按时足额上缴南水北调基金；促进大型水利工程建设基金方案早日出台，提早研究重大水利基金使用管理办法。④严格合同管理。妥善处理变更、索赔及其他合同问题。严格控制管理费支出。加强合同、采购、财务等关键环节控制，确保资金安全。

（4）进一步加强征地移民工作体系建设。要牢固树立征地和移民安置工作与工程建设同等重要的观念，把实现好、维护好、发展好广大人民群众的根本利益作为南水北调工作的根本使命，完善权责分明、政策到位、措施落实、和谐稳定的征地移民工作体系，为工程建设创造良好环境。①进一步完善征地移民管理体制。进一步落实各级地方政府的征地移民安置工作责任，充分发挥地方政府及其征地移民机构的作用，支持和指导基层地方政府进村入户、包干到人，努力实现任务包干、投资包干的工作目标。②认真细致做好初步设计阶段征地移民安置规划及实施方案。深入调查研究，认真听取地方政府意见和专项设施产权单位的意见。用足现有的政策，实事求是研究和解决征地和移民安置中的实际问题。③充分发挥党的领导和社会主义制度优势，动员全社会力量，统筹各方面政策，紧紧依靠移民群众，使征地和移民安置工作成为移民群众改善生产生活条件的途径，把征地移民与新农村建设相结合，形成统筹规划、分项筹资、分步建设、综合使用的征地移民格局。④进一步完善工程沿线地方政府及公安部门参加的安全保卫和维护建设环境工作机制，建立多层次、多方位的征地移民工作协调机制。⑤积极研究新情况、解决新问题，认真研究干线工程同地不同价问题。在移民安置试点中，对库区移民特殊性问题及时研究提出政策建议。

（5）进一步加强水污染治理和环境保护体系建设。必须始终贯彻落实全面协调可持续的要求，处理好工程建设与水环境治理、水源地保护、调水区生态保护、受水区生态恢复以及施工对工程周围自然环境影响的关系，着力构建政府主导、点面结合、各方配合、协调有力的治污环保工作体系，以治污和环保的成果，促进人与自然和谐发展。①加大《丹江口库区及上游水污染防治和水土保持规划》实施力度，在评估的基础上修编治污规划，把水源地保护与推动区域生态文明建设、促进群众脱贫致富和经济社会可持续发展结合起来。②督促地方政府落实资金，加快截污导流工程建设、污水处理管网配套建设；加强东线水源地及沿线生态环境保护、湖滨及湖口湿地等规划外项目建设。③加强南水北调水源区和沿线治污关键性技术问题研究，加大黄姜加工技术指导，引进和推广清洁生产和污染治理技术；结合中线水源区经济社会发展规律，科学制定丹江口库区经济社会发展规划，做好生态补偿工作。④加强督促检查及社会监督。建立完善监测网络，建设水质预警系统。开展东线治污目标责任考核及有关部门联合执法，并定期公布调水沿线断面水质和治污项目进度，接受社会及舆论监督。

(6) 进一步加强监督管理体系建设。在南水北调工程建设中加强监督和廉政建设，预防和坚决惩治腐败，直接关系到实现“三个安全”“优质高效节俭廉洁工程”的建设目标。要着力加强政企配合、上下联动、重点突出、权威高效的监督管理体系，为工程建设的顺利推进提供有效保障。①充分发挥建设监理的作用。进一步强化工程监理责任追究制，加强工程建设全过程的工程稽察，加强质量检验、检查；注重稽察发现问题的整改落实，强化监督手段，树立监管权威。②抓好源头治理，加强项目审批、工程招投标、材料设备采购、工程价款结算重点环节的监督，切实建立起惩治和预防腐败的制度防线。③继续开展治理商业贿赂专项活动。坚决查处违纪违法案件，惩处腐败分子，严肃党的纪律，使广大党员干部受教育。④通过查办案件分析发生问题的原因和薄弱环节，督促有关单位及时完善制度，加强管理，堵塞管理漏洞，建立长效机制，确保建成廉洁工程。

(7) 进一步加强领导班子和干部队伍建设。

1) 加强思想政治建设。①坚定理想信念。用中国特色社会主义理论武装头脑，在思想上政治上行动上坚决与党中央保持高度一致，用科学发展观统领南水北调工程建设，不断增强领导干部政治意识、大局意识、责任意识、纪律意识和奉献意识。②加强思想政治工作。适应形势发展和工程建设的要求，注重思想政治工作实效，进一步激励广大党员干部在工程建设中建功立业，凝聚力量，团结共建。③大力弘扬社会主义核心价值体系，积极提倡献身、负责、求实、创新的南水北调精神，建设有理想、有道德、有文化、有纪律的南水北调干部队伍。

2) 加强党的组织建设。①加强党的基层组织建设。通过各种有效措施，加强党的先进性建设，开展各种创建活动，把基层党组织建设成为富有创造力、凝聚力和战斗力的坚强堡垒。②发挥党员先锋模范作用。坚持和完善有关规章制度，严格党的组织生活，加强党员管理和纪律约束，提高党员素质，发挥党员作用。③尊重党员主体地位，保障党员民主权利。进一步推行党务公开，为党员表达意见建议创造更多机会，营造平等讨论、坦诚交流的氛围。④深入开展创先争优活动。及时发现、广泛宣传工程建设中涌现出来的先进典型，营造比学赶帮超的浓厚氛围。

3) 加强机关作风建设。①加强思想作风建设。深入基层、深入实际、深入群众，听真话，访实情，求实效，问政于民，问需于民，问计于民，加快实现从行业管理向项目管理的转变。②加强领导作风建设。把求真务实、开拓创新、团结和谐、勤政廉洁作为班子建设的重要内容，身体力行，营造严谨高效的工作氛围。③加强工作作风建设。提倡说短话、写短文、开短会，大兴务实高效之风。

4) 加强工作制度建设。①健全民主集中制。不断完善民主集中制有关规定，实行民主决策、科学决策，不断提高决策的科学性、合理性、前瞻性、及时性；并在广泛民主的基础上实现有效集中，提高工作效率。②完善干部培养选拔机制。结合工程需要，关心干部成长，健全干部选拔、培养、使用、交流、锻炼等制度，促进更多青年干部脱颖而出。③建立健全干部考核评价体系。制订体现科学发展观要求、适应工程建设需要的干部实绩考核评价标准，建立干部考核的指标体系，并纳入干部选拔使用的工作范畴。④适应工程需要，健全干部教育培训机制，创新培训内容和方式。

5) 加强党风廉政建设。①完善廉政建设机制。坚持和完善办党组统一领导、党政齐抓共管、纪委组织协调、相关部门各负其责、干部职工支持参与的领导和工作机制，形成工作合

力。②认真学习贯彻胡锦涛总书记在中纪委十七届三次全会上的重要讲话和国务院廉政工作精神，加强廉政宣传教育和警示教育，使廉政教育入心入脑，增强拒腐防变的意识和能力。③切实抓好领导班子和领导干部的廉政工作，加强日常提醒和监督。④推进惩治和预防腐败体系的建设，把紧招标投标、监理和监督、审计和稽查、案件查处等重要关口，堵塞各种漏洞。⑤贯彻执行廉政建设责任制，将任务分解到各单位、各部门、各岗位，责任落实到人。⑥多管齐下，发挥举报调查、查办案件、专项稽察、审计和信访的重要监督作用。

（三）集中解决了存在的突出问题

1. 工程建设方面

（1）积极贯彻国务院常务会议及建委会第三次全会精神，落实中央关于进一步扩大内需、促进经济增长的工作部署，在保证质量、安全和控制投资的基础上，全面加快了工程建设进度，中央财政2008年年底追加的20亿元投资全部安排到位，并形成了实物工程量。

（2）中线天津干线、河南境内黄羑段、东线济南市区段、湖北兴隆水利枢纽工程和全部截污导流工程等项目实现开工建设。

（3）完善了监督检查办法，加强招标投标管理备案，及对施工现场项目负责人的管理，实现了责任落实到人。

（4）针对工程管理设施专项建设与主体工程建设分离的问题，研究并提出了工程项目管理设施建设方案，在明确工程管理设施总体方案的基础上，把经过审查的管理设施分散到工程项目进行建设，明晰了事权、物权关系。

2. 前期工作方面

（1）适应初步设计概算职能调整，实现了初步设计概算由发改委审批转交国务院南水北调办审批的职责转移，提高了初步设计审批质量和效率。

（2）明确了初步设计概算审查、审批工作程序和要求，健全了初步设计、概算核定等审批机构。

3. 资金监管方面

（1）根据建设目标、可研报告和筹资方案，结合前期工作及审查审批计划安排，编制完成了《东、中线一期工程分年度投资安排方案》。

（2）指导项目法人编制项目管理预算和年度价差报告，提出项目管理预算及动态控制核定的工作方案和计划。

4. 征地移民方面

（1）在已完成丹江口库区淹没线以上资源、人口及村组行政区划整合课题研究成果的基础上，对库区征地移民工作中亟待解决的问题及时研究提出了政策建议。

（2）针对国家高速铁路、公路等线型工程征地补偿标准和有关省（直辖市）制定的区片综合地价等情况，开展了工程征地专题调研，与国土资源部、水利部就同地不同价问题进行沟通，形成了政策建议。

（3）积极配合国务院办公厅秘书局完成南水北调征地移民社会保障政策协调工作，解决被征地农民的社会保障问题。

5. 治污环保方面

（1）配合财政部解决南水北调中线水源区生态补偿问题，并下达丹江口库区生态保护转移支付资金。

（2）组织开展了六部委对南水北调东线治污规划实施情况的全面检查，提出了下一步深化治理的意见并报国务院。

（3）协调国家发展改革委召开了中线水源地保护部际联席会议，明确了修编治污规划、编制经济社会发展规划等重大事项。

（4）召开黄姜清洁技术攻关研讨会，督促加快生产技术和工艺的创新。

6. 监督管理方面

做好工程建设稽查资源的整合工作，统筹检查项目，增加与有关方面的联合检查，进一步提高工作质量和效率。

7. 领导班子和队伍建设方面

（1）组织开展了京石段建成通水、年度考核表彰等活动，深入开展争先创优活动，大力营造积极向上的建设氛围。

（2）结合政府部门机构改革，积极开展“三定”规定职能调整，促进了南水北调工程体制机制的完善。

（3）开展了反腐倡廉警示教育。

（4）督促中线建管局健全完善反腐倡廉工作体制和机制，成立纪检监察室和机关纪委。

第五节　创先争优活动

在党的基层组织和党员中深入开展创先争优活动，是党的十七大和十七届四中全会提出的加强党的建设的一项重要举措。国务院南水北调办根据中央创先争优活动领导小组统一部署，在中央国家机关工委和办党组的正确领导下，紧密结合南水北调工程建设实际，大力开展创建先进基层党组织、争做优秀共产党员活动，充分发挥基层党组织的战斗堡垒作用和党员的先锋模范作用，有力地促进了南水北调工程又好又快建设。

一、深入开展创先争优活动的重大意义

（一）开展创先争优活动是巩固和拓展深入学习实践科学发展观活动成果的需要

根据中央部署，国务院南水北调办从2008年9月至2009年2月，以直属机关司局级以上领导班子和处级以上党员领导干部为重点，紧紧围绕“党员干部受教育、工程建设上水平、人民群众得实惠”和“提高思想认识、解决突出问题、创新体制机制、促进工程建设”的目标要求，组织开展了深入学习实践科学发展观活动，顺利完成了各项任务，有力地推动了南水北调工程建设各项工作，取得了显著成效。但学习实践科学发展观是一项长期的任务，整改落实任务的完成、向群众承诺的兑现、长效机制的完善都需要继续做出不懈的努力。这次创先争优活动，正是在前一时期深入学习实践科学发展观活动的基础上展开的，与学习实践科学发展观活动紧密衔接，对于巩固和扩大学习实践科学发展观活动成果，进一步解决南水北调工作中存在的突出问题，推动学习实践科学发展观向深度和广度发展，具有重要意义。

（二）开展创先争优活动是又好又快建设南水北调工程的强劲动力

国务院南水北调建委会第四次全体会议以来，南水北调工程全面推进，前期工作、工程建设、征地移民、治污环保等各项工作形势喜人，以又好又快推进南水北调工程建设为主要目标的劳动竞赛活动正顺利推进。2009年是南水北调工程建设进入“三年决战”的开局之年，计划投资总额达到480亿元，库区安排外迁移民14.5万人，初步确定中线工程京石段再次向北京供水2亿m^3，任务艰巨，责任重大。为实现这些目标任务，努力实现以下五个必须：必须保证初步设计审查审批工作适应当前工程建设需要，必须保证工程建设进度满足计划要求，必须保证工程运行调度安全通畅，必须保证工程建设环境和沿线征地移民社会稳定，必须保证水质持续改善。在这种形势下，紧密结合南水北调工程建设工作实际，深入扎实地开展创先争优活动，更好地把直属机关党组织和党员的智慧、力量凝聚到南水北调工程建设的大局上来，进一步激发直属机关各级党组织生机活力，引导广大党员干部认真履行职责、争创一流业绩，更好地把党的政治优势转化为促进工程建设的发展优势，把党的组织资源转化为促进工程建设的实际行动，把党的建设成果转化为促进工程建设的巨大动力，是又好又快推进南水北调工程建设的重要契机和内在要求。

（三）开展创先争优活动是加强机关党的基层组织建设的迫切需要

国务院南水北调办直属机关各级党组织的总体情况是好的，是有凝聚力、战斗力和创造力的，在南水北调各项工作和党的建设中较好地发挥了作用，但也存在一些不适应新形势新任务要求的问题。比如，有的党组织活动缺乏活力和效率，工作图形式、走过场，党建工作与干部队伍建设以及业务工作结合不紧密，党组织的凝聚力、战斗力和创造力不强。深入开展创先争优活动，对于夯实直属机关党的基层组织，建设为民、务实、清廉机关，使机关党组织建设努力走在工程一线基层组织建设的前头，更好地发挥党组织在南水北调工程建设各项工作中的战斗堡垒作用具有重要现实意义。

（四）开展创先争优活动是建设高素质党员干部队伍的迫切需要

毛泽东说过，正确路线确定之后干部就是决定因素。直属机关各级党组织党员集中、权力集中。党员干部的政治素质、业务能力、作风状况如何，直接影响南水北调工程建设管理水平的高低和“三个安全”目标的实现。近几年，通过开展保持共产党员先进性教育活动、学习实践科学发展观活动，广大党员干部党性修养明显增强、思想作风显著改进，涌现出一批像全国先进工作者高必华那样的好党员、好干部，但是也应当看到，有些党员领导干部模范带头作用还不够强、政治素质还不够高，驾驭工作全局、解决复杂矛盾、开展群众工作等方面的能力还不能很好地适应工作需要；有些党员干部的先进意识、大局意识、责任意识、协作意识、奉献意识还不够强；甚至还有党员工作拈轻怕重、作风漂浮、患得患失、斤斤计较，一事当前，先替自己打算，闹情绪，讲价钱，严重影响了党员先锋模范作用的发挥。通过扎扎实实开展创先争优活动，对于发挥机关党组织培养人、塑造人、凝聚人的功能，营造比、学、赶、超的积极氛围，促进党员干部在又好又快建设南水北调工程的伟大实践中立足本职、发挥才干、建功立业，具有重要的现实意义。

总之，认真组织实施好创先争优活动，对于进一步做好学习实践科学发展观活动整改落实工作，完善长效机制，保持和发展党的先进性，推动机关党的建设更好地服务南水北调工程建设具有十分重要的意义。要充分认识搞好创先争优活动的重要性和必要性，以高度的政治责任感履行职责，把创先争优活动扎实有效地部署好、开展好。

二、创先争优活动的总体要求、主要内容、主要方式和活动载体

（一）创先争优活动的指导思想和目标要求

根据中央部署，国务院南水北调办深入开展创先争优活动的指导思想是：认真贯彻落实党的十七大和十七届三中、四中全会精神，以邓小平理论和“三个代表”重要思想为指导，以深入学习实践科学发展观为主题，坚持从南水北调工程建设实际出发，改革创新，务求实效，充分发挥基层党组织的战斗堡垒作用和共产党员的先锋模范作用，在推动工程建设、促进社会和谐、服务人民群众、加强基层组织的实践中建功立业。贯彻落实这一指导思想，要努力实现四个方面的目标要求。

1. 推动工程建设

要求直属机关各级党组织深入贯彻落实科学发展观，紧紧围绕又好又快建设南水北调工程这个大局，认真履行职责，切实贯彻国务院南水北调建委会确定的各项方针政策和决策部署，深入基层，融入工程，转变作风，努力提高机关工作效能。要立足岗位，着眼全局，负责、务实、创新的南水北调精神，想工程所想，急工程所急，迅速形成工程建设新高潮，推动工程建设不断实现阶段性目标和“三个安全”，积极推进为民、务实、清廉机关建设。

2. 促进社会和谐

要求直属机关各级党组织深入贯彻“以人为本”科学理念，及时了解机关干部职工、基层群众的思想动态和利益诉求，研究政策规定，改进工作方法，有针对性地做好引导工作，积极推进和谐移民、无障碍施工环境建设和和谐机关建设；开展“创建文明机关，争做人民满意公务员”活动，践行社会主义核心价值体系，形成良好机关氛围；积极组织开展各种内容新颖、形式活泼、力所能及、简便易行的文明创建活动。主动了解掌握国务院南水北调建委会各项决策部署在南水北调工程建设中的贯彻落实情况；在急难险重任务和重大突发事件面前，立场坚定、旗帜鲜明，迎难而上，敢于负责，自觉维护社会稳定大局。

3. 服务人民群众

要求直属机关各级党组织牢固树立为人民服务的宗旨意识，充分尊重群众，紧紧依靠群众，注重调查研究，倾听群众呼声，反映群众意愿，又好又快地推进南水北调工程建设，为最大限度地实现调水区和受水区人民群众的根本利益服好务。同时，注重结合实际，帮助直属机关干部群众解决工作生活中遇到的实际困难，更好地为机关干部办实事、办好事。

4. 加强基层组织

要求直属机关各级党组织优化基层组织设置，实现党的组织和党的工作全覆盖，选好配强基层党组织负责人，创新活动内容和方式，积极推进学习型党组织建设，认真开展“讲党性、重品行、做表率”活动，增强党员干部队伍的生机与活力。要贯彻人才强国战略，加强人才队伍建设，在南水北调工程建设实践中发现人才、培育人才、使用人才、成就人才。要注意培养

锻炼一支高素质的专兼职党务干部队伍，充分发挥基层党组织的战斗堡垒作用。通过机关党组织建设，带动机关工青妇等群众组织建设。关心和重视民主党派和无党派人士工作，充分发挥他们的积极性、主动性和创造性。

（二）创先争优活动的主要内容

按照中央要求，这次创先争优活动，以创建先进基层党组织、争当优秀共产党员为主要内容。

1. 先进基层党组织基本要求

学习型党组织建设成效明显，出色完成党章规定的基本任务和办党组交给的任务，努力做到“五个好”。

（1）领导班子好。党组织负责人认真履行“一岗双责”；领导班子深入学习实践科学发展观，坚决贯彻党的路线方针政策和南水北调有关制度规定，团结协作，求真务实，勤政廉洁，有较强的凝聚力和战斗力。

（2）党员队伍好。积极建设学习型党组织，党员思想政治素质好，业务能力和作风过硬，党员意识强，先锋模范作用突出。

（3）工作机制好。规章制度完善，管理措施到位，工作运行顺畅有序。

（4）工作业绩好。自觉围绕中心、服务大局，出色完成各项工作任务，在南水北调工程建设中事迹突出。

（5）群众反映好。基层党组织在群众中有较高威信，党员在群众中有良好形象，党群干群关系密切。

2. 优秀共产党员的基本要求

模范履行党章规定的义务和党组织交给的任务，努力做到“五带头”。

（1）带头学习提高。认真学习实践科学发展观，自觉坚定理想信念；认真学习业务和政治、经济、文化、科技、管理等方面的知识，成为本职工作的行家里手。

（2）带头争创佳绩。具有强烈的事业心和责任感，爱岗敬业、埋头苦干、开拓创新、无私奉献，在南水北调工程建设中做出显著成绩，在创建学习型党组织、“讲党性、重品行、作表率”和“创建文明机关、争做人民满意公务员”活动中表现突出。

（3）带头服务群众。主动深入基层联系群众，积极为群众解难题、办实事，自觉维护群众正当权益。

（4）带头遵纪守法。自觉遵守党纪政纪，模范遵守国家的法律法规。

（5）带头弘扬正气。积极发扬社会主义新风尚，敢于同不良风气、违纪违法行为作斗争。

（三）创先争优活动的方式

根据中央要求，这次创先争优活动的主要方式有以下 4 种。

1. 公开承诺

直属机关各级党组织按照办党组统一部署，认真制定开展创先争优活动的具体方案，党组织和党员个人要紧紧围绕又好又快推进南水北调工程建设、早日实现东、中线一期工程通水目标，结合“五个好”“五带头”的基本要求和自身工作实际，明确短期、中期、长期的创先争优目标和举措，并在机关橱窗、南水北调网站向群众公布，作出承诺，接受群众监督。

2. 领导点评

办党组每年对基层党组织和党员开展创先争优活动情况进行总结点评，实事求是地肯定取得的成绩，指出存在的问题和努力方向。

3. 群众评议

直属机关党委每年组织党员、群众对基层党组织开展创先争优活动情况进行评议，基层党组织每半年组织党员、群众对党员开展创先争优活动情况进行一次评议，发扬成绩，纠正不足。

4. 评选表彰

办党组对基层党组织、基层党组织对党员开展创先争优活动情况进行考核，并及时评选表彰活动中涌现出的先进基层党组织和优秀共产党员，学习先进典型，推广先进经验。

（四）创先争优活动的载体

开展创先争优活动，要紧紧围绕贯彻落实科学发展观又好又快建设南水北调工程这个主题，本着有利于党组织开展活动，有利于党员参加，有利于活动取得实效的原则，确定具有自身实践特色的活动载体。直属机关开展创先争优活动要与创建学习型党组织、与“讲党性、重品行、作表率”和“创建文明机关、争做人民满意公务员”等活动有机结合起来，精心设计特色鲜明、务实管用的活动载体。

1. 组织开展党员先锋岗活动

结合南水北调工程建设全面开工的新形势、新任务，开展“党员先锋岗”劳动竞赛活动，动员广大党员干部为掀起南水北调工程建设新高潮、早日实现东中线一期工程通水目标建功立业。

2. 组织开展主题党日活动

直属机关各级党组织要在2010年、2011年和2012年，分别以“积极投身创先争优活动”“迎接建党90周年”“向党的十八大献礼”为主题，以“七一”“十一”等重大节日为契机，采取专题组织生活会、走访先进党组织和优秀党员、学习先进典型、接受传统教育、开展专题调研、社会实践、参观考察、交流互动等灵活多样的方式，集中开展主题党日活动。党员领导干部要带头参加主题党日活动。

3. 组织开展主题读书活动

结合创建学习型党组织和读书活动，适时举办主题读书演讲会，交流读书心得。

4. 组织开展专题调研活动

贯彻办党组关于领导干部深入基层开展调查研究制度，组织党员干部深入南水北调工程建设一线进行专题调研，了解掌握一线情况，用调研成果指导工程建设实践，及时汇编调研报告文集，实现调研成果共享。

5. 组织召开专题民主生活会

按期召开党员领导干部专题民主生活会和党员专题组织生活会，认真开展党性分析，强化党员意识和先锋模范意识。围绕加强党性修养、改进工作作风，提高工作效率，开展党性分析检查，明确整改目标和努力方向。

6. 组织开展反腐倡廉宣传教育活动

认真学习贯彻《中国共产党党员领导干部廉洁从政若干准则》，组织党员干部开展反腐倡廉专题学习和警示教育，加强廉政文化建设。

7. 开展“新机关新形象”精神文明创建活动

深入开展社会主义核心价值体系学习实践活动、“文明处室”“文明职工”和“文明家庭”创建活动、节能减排和资源节约活动，以及丰富多彩的职工文体活动等，严格执行计划生育基本国策，进一步做好社会维稳工作、交通安全工作和绿化工作等，努力使办公室机关精神文明创建工作迈上新的台阶。

三、创先争优活动的主要做法

（一）强化组织领导、注重宣传引导，营造创先争优浓厚氛围

中央部署创先争优活动后，办党组高度重视，迅速召开会议，认真传达学习胡锦涛、习近平等中央领导同志的重要讲话和中央文件精神，积极开展动员部署工作，坚持高起点、高标准、高质量，精心组织，狠抓落实，保障创先争优活动有序开展。

1. 国务院南水北调办领导高度重视并认真参加创先争优活动

国务院南水北调办党组书记、主任鄂竟平多次听取直属机关党委关于创先争优活动的汇报，并作出具体指示，亲自主持创先争优活动座谈会、点评会，要求党员干部加强作风建设。办党组成员、按照分工及时指导创先争优活动的开展，并认真参加了创先争优点评活动。国务院南水北调办党组成员、直属机关党委书记多次主持召开直属机关创先争优活动交流会，研究布置创先争优具体工作，指导和督促各部门各单位结合实际抓好各项工作落实。

2. 建立组织领导机构，研究制订实施方案

成立了创先争优活动领导小组，国务院南水北调办党组书记、主任鄂竟平任组长，党组成员张野、蒋旭光、于幼军任领导小组成员，落实领导责任；领导小组下设办公室，日常工作由直属机关党委承担，明确了各级党组织的责任，形成主要领导亲自抓、分管领导具体抓、班子成员认真抓、一级抓一级、层层抓落实的工作格局。国务院南水北调办各级党组织层层制定了创先争优活动方案，明确了活动的指导思想、目标要求和主要内容，要求党员干部将创先争优活动与学习实践科学发展观结合起来，与南水北调工程建设实际结合起来，与业已开展的创建学习型党组织活动、创建文明机关争做人民满意公务员活动、“讲党性、重品行、作表率”活动以及各种文明创建活动结合起来，以创先争优活动推动工程建设各项工作。

3. 召开动员大会迅速部署，各级党组织狠抓落实

2010 年 6 月 2 日，召开了直属机关创先争优活动动员大会，传达了中央的精神，对创先争优活动作了具体安排和部署，确定围绕南水北调工程建设中心任务开展活动：①组织开展党员先锋岗活动；②组织开展主题党日活动；③组织开展主题读书活动；④组织开展专题调研活动；⑤组织召开专题民主生活会；⑥组织开展反腐倡廉宣传教育活动；⑦开展“新机关新形象”精神文明创建活动，着力强化求真务实、清正廉洁、联系群众、艰苦奋斗、勤思爱学的五种作风，形成实干创新、秉公为政、为民办事、勤俭节约、积极进取的五种风气。按照国务院南水北调办党组的要求，直属机关各级党组织高度重视，结合实际制定了创先争优活动具体方

案，进行了再动员和再部署，通过不定期召开创先争优活动情况交流会，扎实有效地推动创先争优活动的深入开展。例如中线建管局河北直管建管部确立了“北保通水，南促建设，求真务实，勇创一流”的活动主题；河南直管建管部（局）制定了“工作争先，服务争先，业绩争先”的争创目标。

4. 开展形式多样的宣传，营造创先争优浓厚氛围

多种宣传营造氛围。通过南水北调网站、报刊、党建通讯等平台，及时传达中央关于创先争优活动的重要会议、文件精神，深入学习贯彻党的十七届中央委员会历次全会精神，大力宣传开展创先争优活动的重要意义，宣传基层党组织开展争创活动的经验。通过宣传，使各级党组织和广大党员干部充分认识到开展创先争优活动是巩固和拓展深入学习实践科学发展观活动成果的重要举措，是加强办公室和直属机关思想建设、组织建设、作风建设、制度建设和反腐倡廉建设的有效途径，是促进南水北调工程又好又快建设的一项经常性工作。

(1) 树立典型，重点宣传。把创先争优与“讲党性、重品行、做表率”活动紧密结合起来，大力营造比学习、比工作、比奉献的浓厚氛围。按照中央国家机关工委统一部署，国务院南水北调办以深入学习杨善洲、沈浩等先进事迹为契机，开展向南水北调系统先进典型学习活动。2011 年“七一”前夕，国务院南水北调办举办了“身边的榜样”先进事迹报告会，在直属机关号召学习胥元霞、曹桂英、李耀忠立足本职、服务南水北调工程的先进事迹，自觉以身边的先进典型为榜样，找差距、定目标、当先锋，形成了浓厚的比学赶超氛围，达到了明确方向、推进工作、鼓励先进、鞭策后进的目的。

(2) 表彰先进，弘扬正气。为进一步激励直属机关各级党组织和广大党员干部在南水北调工程建设中走在前、作表率，各级党组织认真开展了“两优一先”活动总结评比工作。2011 年 6 月，河北直管建管部党总支、建管司党支部井书光、综合司党支部胡周汉分别被中央国家机关工委授予中央国家机关先进基层党组织、中央国家机关优秀共产党员、中央国家机关优秀党务工作者称号。2011 年“七一”前夕，国务院南水北调办对在南水北调工程建设中涌现出的先进基层党组织、优秀共产党员和优秀党务工作者进行了表彰，共评选表彰 6 个先进党支部、21 名优秀共产党员、15 名优秀党务工作者。通过激励先进、弘扬正气，大力宣传先进典型事迹，进一步激发广大党员干部职工学习先进、争当先进，促进南水北调工程建设的热情。

5. 创新活动载体，促进创先争优

(1) 公开承诺明确责任。采取公开承诺、领导点评、群众评议、评选表彰等方式，扎实推进创先争优活动。围绕国务院南水北调办党组审定的 2011 年工作实绩考核指标，组织开展党员公开承诺活动，层层签订《党组织承诺书》和《党员承诺书》，将党支部承诺事项与党员承诺事项公示于众，接受群众评议和监督，直属机关共有 38 个基层党组织、506 名共产党员作出公开承诺。同时，以亮身份、亮标准等方式，在直属机关开展“党员先锋岗”活动，量化了“服务一线联系群众”“熟悉政策和技术标准”“熟悉工程一线”“熟悉业务流程”“工作行为规范”和“遵纪守法”等考评项目，提高了党员自觉服务的意识。

(2) 深入开展劳动竞赛。结合创先争优，国务院南水北调办在工程建设中开展各种形式的劳动竞赛，激励广大干部职工岗位建功。2011 年，组织开展了“破解难关战高峰，持续攻坚保通水”的劳动竞赛；2012 年，组织开展了“创先争优保通水、岗位建功做贡献，向党的十八大献礼”劳动竞赛，通过这些活动，极大激发了广大党员干部又好又快建设南水北调工程的

热情。

6. 坚持党建带群建，促进工青妇组织创先争优

直属机关党委以“七一”、党的十七大和十七届四中全会、建党90周年等重大节日或重要会议为契机，结合“讲党性、重品行、作表率”活动，开展“坚定理想信念”主题教育及党性教育活动。同时，直属机关党委积极支持工青妇组织结合自身特点开展工作，加强对工青妇组织领导，坚持党建带群团创先争优，党群共建，充分发挥工青妇组织在创先争优中的作用。机关工会组织开展了机关公文比赛等劳动竞赛活动。机关团委组织团员青年开展主题为“弘扬‘五四’精神，建功南水北调”青年座谈会，纪念“五四”运动，以岗位建功为重点，加大了对“青年文明号”创建工作的组织和指导力度。机关妇工委召开了庆祝“三八”妇女节座谈会，表彰了“三八红旗手”和“优秀妇女工作者”。

7. 创建文明机关，精神文明创建活动扎实推进

坚持把创先争优与创建文明机关活动紧密结合起来，活跃工作氛围。

(1) 积极开展文体活动。在繁忙的工作之余，积极开展各种形式的文体活动，组团参加了中央国家机关第三届干部职工运动会、公仆杯乒乓球赛、桥牌赛等，所参加的项目比赛均取得了较好的成绩。

(2) 组织开展各类活动。例如组织开展了“创先争优、服务工程、迎接十八大”公文写作技能大赛，并积极参加中央国家机关公文技能大赛，推荐选送的35篇公文获得奖励。

(3) 积极履行社会责任。当甘肃舟曲特大泥石流等灾害发生时，直属机关广大党员干部及时伸出援手，向灾区人民奉献爱心。这些活动的开展，丰富了办机关精神文明创建活动的内容，使党员干部陶冶了情操，升华了境界。

(二) 围绕中心任务，突出重点工作，确保创先争优取得实效

按照把南水北调工程建成世界一流工程的目标要求，把创先争优活动的重点放在破解南水北调工程建设的重点和难点上，精心组织，扎实推进，通过创先争优促进工程建设。

1. 突出重点推进度，促进工程又好又快建设

在抓工程进度中，国务院南水北调办以国务院南水北调建委会确定的通水目标为硬约束，以各项目标任务为硬指标，倒排工期，保证建设任务的按期完成。

(1) 严格制定工程进度计划。实行定工程进度计划、定进度责任和定奖惩，采取每月召开工程进度汇报会，每季度召开进度协调会，了解和解决进度问题。完成了东中线通水条件分析、工程进度计划网络、工程项目分阶段进度目标以及实现通水目标对参建各方的要求等专项工作研究，提出了建议方案；组织完成了东线济平干渠竣工验收，实现了设计单元工程竣工验收零的突破。

(2) 建立了工程建设进度协调会制度，加强运行管理。保持优良水质，有效缓解北方用水安全。

2. 突出高压抓质量，创新监督工作机制

坚持盯住质量安全问题不放松，确保施工管理到位，监督检查到位，问题处理到位，对质量安全责任一抓到底，绝不姑息。

(1) 完善管理制度。围绕强化工程质量管理工作，国务院南水北调办制定和完善了包括

《南水北调工程建设质量管理目标考核办法》《南水北调工程质量巡视管理办法》等在内的一系列质量工作管理制度。

（2）建立质量监管联动机制。与水利部、住房城乡建设部、工商总局、国资委联合印发通知，共同部署南水北调工程质量管理工作，加大质量监管力度。

（3）组建专门机构。抽调40余人组成工程建设稽查大队，3～5人一组随机到施工现场开展高频度飞检，即不打招呼、不定期地对在建工程质量进行检查，构建起质量飞检、质量问题认定和质量问题处罚三位一体的质量监管新体系。

（4）主动接受社会监督。在东、中线工程沿线的显著位置，每隔5km设立举报公告牌，并专门设立工程举报中心，对于群众举报，做到有报必受、受理必查、查实必究。

（5）从重处罚质量问题。不定期对项目法人、施工、监理、设计单位主要负责人进行集中约谈，通报问题，诫勉警告。对重大质量问题和严重违规行为，采取通报批评、留用察看、解除合同、清退出场等措施进行从重处理。

3. 突出帮扶稳移民，征地移民工作稳步推进

在征地移民工作中，认真贯彻“以人为本”的理念，对涉及移民群众生产生活的房屋、基础设施建设等各个环节的工作，做到细之又细，慎之又慎，妥善处理征地移民群众的各种诉求，及时化解各种矛盾。

（1）建立征移机制。建立丹江口移民进度定期商处制度和移民矛盾纠纷定期排查化解制度；建立移民权益保障机制和移民上访快速处理机制；对待来访群众做到热情、耐心做好政策解释工作，带着深厚感情做好信访工作，及时化解矛盾，不使问题积累、久拖不决，做到“件件有着落、事事有回音”。

（2）科学编制征地移民规划。注意做好房屋拆迁、土地征用等群众反映强烈的基本民生问题，确保移民搬得出、稳得住、能发展、可致富。在征地移民规划编制中坚持走群众路线，反复比选、科学规划，安置方案体现群众意愿。同时，注重文物保护，很多文物保护项目得到可研批复。

（3）妥善实施征地移民政策。督促地方各级干部严格执行政策、阳光操作、柔性操作，注意把握搬迁强度和节奏，保证工程建设用地和谐征迁，实现“平安搬迁、文明搬迁、和谐搬迁”。

4. 突出深化保水质，促进治污环保取得实效

在治污环保工作中，坚持人与自然和谐相处的科学理念。

（1）认真研究提对策。落实“先节水后调水，先治污后通水，先环保后用水”的原则，彻底摸清影响治污环保成效的制约因素，针对存在的突出问题和薄弱环节，研究具体对策，提出深化水污染治理的保障措施。

（2）抓好规划的落实。积极抓好《丹江口库区及上游水污染防治和水土保持规划》的落实工作，建立东线治污考核长效机制协调落实总干渠两侧水源保护区划定方案，实现建设清水廊道、绿色廊道的目标。会同环保部等5部委联合印发了《关于进一步深化南水北调东线工程治污工作的通知》，就深化东线治污环保工作提出具体要求。在中线水源保护方面，初步建立了水源区生态补偿机制。

5. 突出监控管资金，切实保障资金供应

国务院南水北调办大力加强投资控制和资金管理工作，为工程建设提供切实的资金保障。

（1）积极做好投资计划工作。全面开展了南水北调东、中线一期工程可研报告投资控制和设计单元工程初设批复投资分析工作。

（2）准确研判金融形势，保障资金供应。认真研究加强工程建设资金管理措施；积极与相关部门协调，保证各项预算资金及时到位；努力开展过渡性资金融资工作，与多家金融机构签订了过渡性资金借款合同。

（3）狠抓预决算和财会管理。解决了稽察大队、国际交流与合作项目、工程质量监督、机关服务采购等项目的经费缺口问题。

（4）强化资金监管。组织开展年度审计，深入开展小金库专项治理，建立审计稽察联动机制，互通信息，合理查处。

（5）出台资金管理制度。对资金计划的编制、预算执行、会计核算、审计整改、投资控制奖惩等做出了明确规定。

（三）着力加强基层组织建设，扎实推进作风建设

在创先争优活动中，注重加强理论武装和思想政治建设，强化作风建设，进一步增强党组织的凝聚力和战斗力，提高党员干部的政治素养和综合素质。

1. 积极开展学习型党组织创建活动

国务院南水北调办紧密结合工程建设实际，深化学习型党组织创建工作，把创建学习型党组织作为切实加强党组织凝聚力、战斗力和创造力的重要基础工作，作为提高党员干部综合素质的重要举措。

（1）深入学习贯彻党的十七届五中、六中全会精神。组织党员干部深入学习中国特色社会主义理论体系，学习胡锦涛在五中、六中全会上所作的工作报告和重要讲话，学习温家宝的重要讲话。

（2）深入学习胡锦涛“七一”重要讲话精神，举办党性修养专题培训班。

（3）深入学习中央水利工作会议精神。组织党员干部学习了胡锦涛、温家宝和回良玉在中央水利工作会议上的重要讲话精神，邀请北京市水务局局长程静作北京市水资源形势报告，邀请黄委设计院总工程师、西线调水项目设计总工程师景来红作西线调水专题报告。

（4）深入学习中国共产党历史。把党的历史和党的理论路线方针政策作为党员干部学习的重要内容，为党员干部购置了《中国共产党历史》《中国共产党简史》等学习资料，邀请中央党史研究室副主任龙新民做学习辅导报告。

（5）组织党员干部培训。加强党员干部经常性教育，选派党员干部到中央党校、井冈山干部学院、延安干部学院、中央国家机关党校学习。

（6）积极开展创先争优理论研讨。撰写并向中央国家机关创先争优活动领导小组报送了国务院南水北调办党组《关于在南水北调工程建设高峰期、关键期开展创先争优活动的实践与探索》一文。征地移民司党支部撰写的《以群众工作为中心推进创先争优 切实做好南水北调工程征地移民工作》在中央国家机关工委“创先争优：理论与实践”征文活动中获得优秀论文奖。

很多部门和单位已经建立了经常性的学习制度，提倡和鼓励党员干部写读书心得，有的开辟了读书角，有的在网上开设了学习专栏，有的组织开展了以革命传统教育为主题的党日活动等等。广大党员干部结合兴趣爱好，广泛阅读工程建设、经济政治、社会管理、科学技术、历

史文化等书籍，积极参加学习型党组织读书座谈会、青年读书演讲会。一系列活动的开展，丰富了学习形式和内容，营造了机关浓厚的读书学习氛围。

2. 着力加强基层党组织建设

创先争优活动开展以来，各级党组织按照办党组的要求，紧密联系南水北调工程建设工作实际，通过各种有效形式，落实创建“五个好”基层党组织、争做“五带头”共产党员的具体举措。

（1）建立基层党组织联系机制。争创活动开展以来，组织机关干部下基层，党员领导干部建立创先争优联系点，化解矛盾纠纷，调处信访案件，解决群众反映强烈的突出问题。

（2）做好基层党组织换届和培训工作。结合基层组织建设年活动，加强基层党组织建设，及时部署开展了党支部换届选举工作，组建了稽察大队临时党支部，实现党的组织和党的工作全覆盖。按照中央要求，选好配强基层党组织负责人，开展了基层党支部书记培训工作。

（3）建立党建工作考评机制。结合创先争优活动开展，国务院南水北调办建立了直属机关党建工作考评机制，制定并实施了《国务院南水北调办直属机关党建工作考评办法》，促进了党建工作科学化、规范化和制度化，进一步增强了支部书记工作的责任感，调动了支部开展工作的积极性和主动性。

3. 大力推进机关作风建设和党风廉政建设

国务院南水北调办党组高度重视党风廉政建设和机关作风建设，增强宗旨意识、忧患意识、大局意识和廉政意识，努力打造廉洁高效、作风优良的党员干部队伍。

（1）积极开展反腐倡廉学习宣传教育。深入学习第十七届中央纪委历次全会和国务院历次廉政会议精神，组织党员干部认真学习《关于实行党风廉政建设责任制的规定》等，国务院南水北调办领导与直属机关各部门各单位主要负责人签订了《党风廉政建设责任书》，并及时进行督促和总结。坚持经常性的廉政文化建设和警示教育，组织党员干部参加廉政知识竞赛活动，观看中央纪委监察部拍摄的宣传教育片《宋勇腐败案警示录》《刘志华腐败案警示录》。同时，加强同有关部门的联系，同中纪委、最高人民检察院建立了日常联系工作机制。

（2）深入开展强化作风建设活动。根据国务院南水北调办党组要求，以打造一支政治坚定、作风正派、求真务实、乐于奉献的队伍为目标，在直属机关部署开展了强化“五种作风”建设活动。组织直属机关党组织和党员开展了“南水北调工程建设高峰期、关键期”大讨论活动，通过党性分析、工作作风剖析、民主评议讨论等形式，深入开展批评和自我批评，全面查摆作风方面存在的问题，及时进行整改。结合党员干部作风建设实际，办公室制定了干部考核办法，实行领导干部年度业务目标考核制。大力开展调查研究工作，直属机关党委对司局级党员领导干部的工作调研报告及时汇编印发进行交流参考，机关党员干部积极开展“走出机关、服务工程”活动，采取在工程现场一线蹲点、在征地移民工作一线任职等做法，真心诚意为工程建设一线服务，树立了办机关“走在前、作表率”的作风和形象。

（3）认真召开党员领导干部民主生活会和党员组织生活会。围绕民主生活会的主题，通过设置意见箱、个别访谈等方式，广泛征求了意见和建议；各部门、各单位领导班子成员之间，班子成员与分管部门或处室的负责同志之间、与普通党员之间普遍进行谈心，从各个层面、各个角度了解了基层党组织和党员群众对党组织和党员领导干部的意见和建议，查找问题，及时反馈。生活会召开前，每个同志认真撰写发言提纲；会上，联系思想、工作实际，积极开展了

批评与自我批评，在严肃、融洽的氛围中沟通了思想，进一步明确了今后的努力方向。

四、创先争优活动的基本经验

开展好创先争优活动，关键是深刻领会中央精神，针对不同领域和行业基层党组织的职责任务、不同群体党员的岗位特点，明确创先争优的活动目标，大力营造比学赶超氛围，找准作风建设这个突破口。

（一）吃透中央精神，以高度的事业心和责任感抓好创先争优活动

首先吃透党的十七大和十七届三中、四中、五中全会精神，深入学习胡锦涛等中央领导关于创先争优活动的重要讲话、指示，充分认识开展创先争优活动的重要性、必要性和紧迫性，着力把握中央创先争优活动的总体要求、主要内容、活动主题和载体。其次吃透中央创先争优活动领导小组印发实施的各类文件精神。深入基层、深入群众，在充分调查研究基础上，紧密结合实际，采取有力措施，扎扎实实开展好公开承诺、领导点评、群众评议、评选表彰等活动，推动基层党组织充分发挥战斗堡垒作用、党的基层干部充分发挥骨干带头作用、广大党员充分发挥先锋模范作用，确保创先争优活动与中心工作融为一体，取得实效。

（二）明确创先争优活动目标，使广大党员创有目标、赶有方向

目标是引起行为的最直接的动机，设置科学合理的目标是激发动机的重要过程。只有明确了目标，各级党组织和广大党员才能清楚什么是先、什么是优的标准，争、创才能有立足点和落脚点。中央的创先争优目标是推动科学发展、促进社会和谐、服务人民群众、加强基层组织。具体到每个单位、每个部门，应结合实际，设定操作性强的总目标和阶段目标。国务院南水北调办在实践中，为保证实现建委会确定的南水北调东线一期工程 2013 年通水、中线一期工程 2014 年汛后通水的总目标，通过东中线通水条件分析、工程进度计划网络、工程项目分阶段进度目标以及实现通水目标对参建各方的要求等专项工作分析研究，明确了实现总目标的工程建设质量、进度、征地移民拆迁、水源保护及治污等细化目标。围绕这个总目标，倒排工期，确定了 2011 年南水北调工程建设的阶段目标，即：工程建设全年计划完成投资 520 亿元以上；完成丹江口库区 19.6 万移民搬迁任务；东线输水干线的水质断面达标率比去年提高 10 个百分点左右，黄河以南水质达标断面超 90%；中线丹江口库区水质稳定在地表水Ⅱ类。在目标设定过程中，注意让国务院南水北调办各级党组织和广大党员都充分参与到目标制订的全过程，让大家认识到实现目标必须全力以赴、一丝不苟、团结协作。

（三）注重激发党员干部参与创先争优活动的内在动力，大力营造比学赶超氛围

搞好思想发动、营造良好氛围是开展好创先争优活动的基础。在创先争优活动中，国务院南水北调办以深入学习杨善洲、沈浩等先进事迹为契机，开展向南水北调系统先进典型、模范移民干部、优秀共产党员、丹江口市均县镇党委副书记刘峙清学习活动；举办“身边的榜样”先进事迹报告会，学习胥元霞、曹桂英、李耀忠立足本职、服务南水北调工程的先进事迹，自觉以身边熟悉的先进典型为榜样，找差距，定目标，当先锋，形成了浓厚的比学赶超氛围，达到了明确方向、推进工作、鼓励先进、鞭策后进的目的。

（四）创新活动载体，丰富活动内容

创先争优的目标确立之后，争、创过程中是否有创新，是否能搭建起围绕中心、结合实际、特色鲜明、操作性强的活动载体就成为十分关键的因素。结合南水北调工程建设实际，以又好又快推进南水北调中线干线建设为目标，开展“破解难关战高峰、持续攻坚保通水”的劳动竞赛活动，充分调动参建各方和广大党员的积极性。围绕国务院南水北调办党组审定的各部门各单位2011年工作实绩考核指标，组织开展党员公开承诺活动，层层签订《党组织承诺书》和《党员承诺书》，并将党支部承诺事项与党员承诺事项公示于众，接受群众监督。以亮标准、亮身份为主线，在直属机关开展“党员先锋岗”活动，量化了“服务一线联系群众”“熟悉政策和技术标准”“熟悉工程一线”“熟悉业务流程”“工作行为规范”和“遵纪守法”等考评项目，提高了党员自觉服务的意识。

（五）找准作风建设这个突破口

1. 坚持在深入查找作风方面存在的问题上下工夫

针对干部队伍存在的推诿扯皮、不思进取等作风问题，组织各级党组织和广大党员开展了“南水北调工程建设高峰期、关键期”大讨论活动。在大讨论活动中，通过采取党性分析总结、工作作风剖析、民主评议讨论等形式，深入开展批评和自我批评，全面查摆作风方面存在的问题，进一步认清了按期实现东、中线一期工程通水目标的重要意义，提出了强化“五种作风”的要求：①强化求真务实的作风，形成实干创新的风气；②强化清正廉洁的作风，形成秉公为政的风气；③强化联系群众的作风，形成为民办事的风气；④强化艰苦奋斗的作风，形成勤俭节约的风气；⑤强化勤思爱学的作风，形成积极进取的风气。

2. 坚持在深入调查研究、指导工程建设一线上下工夫

调查研究是科学决策的前提和基础，是加强作风建设的应有之义。创先争优活动开展以来，国务院南水北调办大力开展调查研究工作。根据职责分工，办领导坚持深入南水北调工程在建工程工地、征地移民安置现场，及时了解在机关难以听到看到和意想不到的新情况、新问题，现场解决了一大批涉及工程建设的重要问题。实施“百名机关干部下工地”活动，切实转变机关干部高高在上、不切实际的作风。对优秀青年干部，采取在工程现场一线蹲点、在征地移民工作一线任职等做法，真心诚意为工程建设一线服务，树立办机关“走在前、作表率”的作风和形象。

3. 坚持在督办落实上下工夫

督办是推动决策落实、确保政令畅通的重要手段，是顺利实现决策目标的重要保证。加强督办工作，①明确机构职能，科学划分事权。根据工作实际，国务院南水北调办对机关、直属单位职责交叉、职能不明确的事项进行了重新界定，明确了各部门各单位的职责，做到责、权、利相统一。②加强对督办的组织领导。专门成立督办室，配备了专人，对督办事项落实情况进行跟踪，及时反馈落实情况。③建立了督办信息系统。对国务院南水北调办重点工作逐一在督办信息系统中进行登记，明确责任单位和办理时限，确保每件领导批示和交办事项都能落到实处。④建立督办考核制度。制订实施了《国务院南水北调办重要事项督办办法（试行）》，为全面强化督办工作的力度提供了制度保障。

4. 坚持在监督考核上下工夫

建立健全监督考核评价工作机制，对于干部能否树立和落实科学发展观与正确的绩效观，形成“有事干、愿意干、能干好”的机关氛围，具有重要的导向和激励约束作用。结合南水北调工程建设实际，国务院南水北调办在创先争优活动中对监督考核机制进行了探索和实践。

（1）落实考核的任务。通过把党中央、国务院有关重大决策以及国务院南水北调建委会第五次全体会议和2011年建设工作会议的各项工作部署分解为30项重点工作，下达到各司局、处室和岗位，使每项工作都有明确的责任人员，每名干部都承担具体工作。

（2）建立考核制度。制定出台《国务院南水北调办办管干部年度考核办法（试行）》，围绕南水北调工程建设进度、工程质量、投资控制、征地移民、治污环保、科技攻关以及内部管理等七项任务，编制《2011年度业务工作考核指标》和《2011年度思想政治考核指标》，并将考评结果作为领导班子建设和干部选拔任用的重要依据，体现干与不干不一样，干好干坏不一样。

（3）加强对工程建设的监督考核。出台了《南水北调工程建设管理问题责任追究管理办法（试行）》《南水北调工程合同监督管理规定（试行）》，实行严格的责任追究，以此来促进质量和合同管理，保证工程安全、质量安全。

（4）加强工程建设监督管理。成立南水北调工程建设稽察大队，以“飞检”方式，对工程建设质量、进度、安全进行检查，及时、准确地发现工程建设中存在的问题，形成了质量监管的高压态势，确保令行禁止、政令畅通。

五、创先争优活动取得的成效

自2010年6月开展创先争优活动以来，国务院南水北调办党组高度重视、精心组织、周密安排，带领各级党组织紧紧围绕南水北调工程建设的中心工作开展创先争优活动，取得显著成效，增强了广大党员的政治意识、责任意识、大局意识和争先意识，全面推动了机关党的建设积极健康发展，有力地促进南水北调工程建设顺利实施。

（一）大抓工程进度，落实“三定、两会、一查”新措施

坚持把工程进度作为各项工作的重中之重，抓紧抓好。以建委会确定的通水目标为硬约束，以各项目标任务为硬指标，倒排工期，保证年度建设任务的完成。采取“三定、两会、一查”新措施。“三定”是定工程进度计划、定进度责任和定奖惩；“两会”是每月召开工程进度汇报会，每季度召开进度协调会，了解和解决进度问题；“一查”是对工程建设进度不定期进行检查。

（二）狠抓质量安全，落实“两整顿、两加强”新措施

坚持盯住质量安全问题不放松，确保施工管理到位，监督检查到位，问题处理到位，对质量安全责任一抓到底，绝不姑息。采取“两整顿、两加强”新措施。“两整顿”是整顿工程建设监理队伍，整顿原材料进出环节，确保监理队伍扎实负责，原材料质量可靠；“两加强”是加强质量监管队伍建设，加强对质量问题的处罚力度，落实好相关的质量处罚制度。

（三）严抓投资控制，落实“两严格、一严肃”新措施

坚持牢牢把住投资控制的各个关口，堵塞跑冒滴漏的各种渠道，杜绝随意增加投资，保证资金的合理使用。采取“两严格、一严肃”新措施。“两严格”，是严格初步设计、设计变更的审查，严格管理资金的收支，特别是支出，绝不允许浪费投资；“一严肃”是严肃执行财经纪律，防止贪污腐败案件发生。

（四）细抓征地移民，落实“两制度、两机制”新措施

坚持用以人为本的理念统领征地移民工作，对涉及移民群众生产生活的房屋、基础设施建设等各个环节的工作，坚决做到细之又细，慎之又慎。妥善处理征地移民群众的各种诉求，及时化解各种矛盾。采取“两制度、两机制”新措施。“两制度”是建立丹江口移民进度定期商处制度和移民矛盾纠纷定期排查化解制度；“两机制”是建立移民权益保障机制和移民上访快速处理机制。

（五）深抓治污环保，落实“一考核、两协调”新措施

坚持人与自然和谐相处的科学理念，认真落实“先节水后调水，先治污后通水，先环保后用水”的原则，彻底摸清影响治污环保成效的制约因素，针对存在的突出问题和薄弱环节，研究具体对策，提出深化水污染治理的保障措施。采取“一考核、两协调”新措施。“一考核”是在东线安排一批深度治理项目、加快截污导流、城镇污水处理厂和配套管网建设基础上，建立东线治污考核长效机制。“两协调”就是协调加快《丹江口库区及上游水污染防治和水土保持规划》实施步伐和《丹江口库区及上游经济社会发展规划》编制工作，协调落实总干渠两侧水源保护区划定方案，实现建设清水廊道、绿色廊道的目标。

（六）强抓技术攻关，落实“两依靠、两强推”新措施

坚持采取集中组织各方面的技术力量，对突出的、重大的技术难题强力开展重点攻关，为工程建设提供可行的技术支撑和保障。采取“两依靠、两强推”新措施。“两依靠”是依靠以南水北调专家委员会为代表的专家队伍提供技术方案，依靠以水利部水规总院为代表的技术审查队伍审批方案；“两强推”是强推经南水北调专家委员会审议、水利部水规总院审定的技术方案，强推先进的技术与设备，充分发挥其在质量保证中的作用。

创先争优活动是党的基层组织建设的一项经常性工作，也是加强党的先进性和纯洁性建设的有效载体和有力抓手。国务院南水北调办通过不断深化对创先争优活动的认识，围绕保持党的先进性和纯洁性，引导、激励基层党组织和广大党员围绕南水北调工程建设深入持久地开展创先进、争优秀，扎实工作、开拓进取，取得了优质高效推进工程建设的优异成绩。

第六节　党的群众路线教育实践活动

2013 年 7 月至 2014 年 1 月，根据中央统一部署，国务院南水北调办党组在中央第 31 督导

组的指导下，认真开展党的群众路线教育实践活动（以下简称教育实践活动），切实加强全体党员群众路线教育，强化全心全意为人民服务的根本宗旨，把以人为本、执政为民的理念落实到具体工作中，有力地促进了南水北调工程又好又快建设。

一、开展党的群众路线教育实践活动的重大意义

党中央对教育实践活动高度重视，习近平总书记多次作出重要指示，中央政治局常委会、中央政治局会议多次进行研究。4月11日、19日，习近平总书记先后主持召开中央政治局常委会议、政治局会议，审议通过了《关于在全党深入开展党的群众路线教育实践活动的意见》。5月9日，中央印发了这个《意见》。为加强领导和指导，中央成立了领导小组及其办公室。6月18日，党的群众路线教育实践活动工作会议召开，习近平总书记发表了重要讲话，对教育实践活动进行了深入动员、全面部署，为全党开展好教育实践活动提供了重要遵循，指明了正确方向。

（一）开展群众路线教育实践活动，是实现党的十八大确定的奋斗目标的重要保障

党的十八大提出，在中国共产党成立100年时全面建成小康社会，在新中国成立100年时建成富强民主文明和谐的社会主义现代化国家。党的十八大之后，党中央又提出实现中华民族伟大复兴的中国梦。全面贯彻党的十八大精神，实现党的十八大提出的奋斗目标和中国梦，要求全党同志必须有优良的作风。优良作风是我们党历来坚持的理论联系实际、密切联系群众、批评和自我批评以及艰苦奋斗、求真务实等作风。加强和改进党的作风建设，核心问题是保持党同人民群众的血肉联系；马克思主义执政党的最大危险就是脱离群众。能否保持党同人民群众的血肉联系，决定着党的事业的成败。要实现党的十八大确定的奋斗目标和中国梦，必须紧紧依靠人民，充分调动广大人民群众的积极性、主动性、创造性。开展群众路线教育实践活动，就是要使全党同志恪守根本宗旨，发扬优良作风，为实现十八大确定的奋斗目标凝聚力量。

（二）开展群众路线教育实践活动，是保持党的先进性和纯洁性、巩固党的执政基础和执政地位的必然要求

执政能力建设是执政党的一项根本建设；保持发展先进性和纯洁性是马克思主义政党建设的永恒主题；巩固党的执政基础和执政地位，是党的建设面临的根本问题和时代课题。保持党的先进性和纯洁性、巩固党的执政基础和执政地位，最重要的就是要靠党的群众路线。能否坚守群众路线这条“执政生命线”，检验着党的执政信念，考验着我们党的执政能力。深入开展党的群众路线教育实践活动，就是坚持党要管党、从严治党，增强广大党员干部的宗旨意识和群众观念，以思想作风建设促进党的各方面建设，增强党自我净化、自我完善、自我革新、自我提高的能力，净化党的肌体，净化党的队伍，夯实党的执政基础，巩固党的执政地位，增强党的创造力凝聚力战斗力，永葆党的先进性和纯洁性。

（三）开展群众路线教育实践活动，是解决群众反映强烈的突出问题的重要举措

十多年来，国务院南水北调办广大党员干部贯彻执行党的群众路线情况是好的，赢得了南水北调工程沿线人民群众的赞成和支持。但是从全局来看，党内脱离群众的现象仍不同程度地

存在，一些问题还相当严重，群众深恶痛绝，反映十分强烈。中央明确提出，这次教育实践活动要着力解决“四风”问题，即坚决反对形式主义、官僚主义、享乐主义和奢靡之风。习近平总书记在讲话中专门对聚焦“四风”问题的重要性、必要性作了阐述，对聚焦“四风”问题的种种表现作了详尽的列举、深刻的剖析和刻画，令人振聋发聩、发人深省。“四风”问题看得见、摸得着，是当时作风建设中最具普遍性的问题，是迫在眉睫、非解决不可的问题，是损害党群干群关系的重要根源。开展群众路线教育实践活动，就是要对作风之弊、行为之垢来一次大排查、大检修、大扫除，进一步密切党群干群关系，提振精气神、拧成一股劲。

（四）开展群众路线教育实践活动，是又好又快建设南水北调工程的迫切需要

南水北调工程是落实科学发展观、贯彻群众路线的生动实践，是惠民利民的民生工程、民心工程。自2002年开工建设以来，通过不断完善机制，大力倡导“求真务实、清正廉洁、联系群众、艰苦奋斗、勤思爱学”之风。建设过程中，国务院南水北调办建立了一系列符合南水北调工程实际的管理体制和机制，把政策的严肃性与执行的灵活性结合起来，妥善处理中央、地方和群众的利益关系；坚持群众路线，尊重移民意愿，实行开发性移民方针，建立“四位一体”的移民房屋质量监督体系，督促落实后期帮扶措施；面对复杂的质量管理形势，采取了一些务实措施，狠抓严管，通过“三查一举（稽察大队飞检、专项稽察、站点巡查和有奖举报）”、建立质量信用档案、质量责任终身制、关键工序考核、五部联处、开展“三清除一降级一吊销”监理专项整治等措施，保持了质量监管高压态势；针对东、中线治污实际，编制并实施了东线治污补充规划，研定了库区“一河一策”治理方案。

正是因为坚持了群众路线，并发扬“严、深、细、实、廉”的作风，实事求是地研究解决工程建设中遇到的各种问题，才保证了南水北调工程建设顺利推进，取得了阶段性成果，并经受住了国家有关部门的全面审计。但同时也应看到，工程建设中还存在不少困难和风险，有些问题长期存在但迟迟发现不了，有些问题长期窝在基层，既不解决也不上报，有些问题反映上来了，但久议不决、一拖再拖，有些问题提出了解决方案，但脱离实际、操作性差，有些质量常见病犯了改、改了犯。这反映出国务院南水北调办干部队伍作风建设亟待进一步加强。开展群众路线教育实践活动，就是要发扬求真务实，敢抓敢管的作风，认真查找和解决作风不实问题，以优良的作风确保南水北调工程又好又快建设。

二、党的群众路线教育实践活动的指导思想、目标要求和组织领导

国务院南水北调办党组高度重视党的群众路线教育实践活动。5月21日，国务院南水北调办党组召开会议，集体学习了《中共中央关于在全党深入开展党的群众路线教育实践活动的意见》并进行了认真的讨论。5月23日，国务院南水北调办召开机关和直属事业单位副处级以上、中线建管局部门正职以上领导干部会议，传达学习中央关于群众路线教育的文件精神。中央党的群众路线教育实践活动工作会议召开后，6月24日，国务院南水北调办党组就召开会议，传达学习习近平、刘云山等中央领导同志的重要讲话，并对国务院南水北调办开展教育实践活动准备工作进行专题研究部署，决定成立国务院南水北调办教育实践活动领导小组及办公室，研究制定了《国务院南水北调办党的群众路线教育实践活动实施方案》，明确了教育实践活动的指导思想、目标要求和组织领导。

（一）教育实践活动的指导思想

国务院南水北调办党的群众路线教育实践活动的指导思想：高举中国特色社会主义伟大旗帜，坚持以马列主义、毛泽东思想、邓小平理论、“三个代表”重要思想、科学发展观为指导，全面贯彻落实党的十八大精神，紧紧围绕保持党的先进性和纯洁性，以为民务实清廉为主要内容，以“照镜子、正衣冠、洗洗澡、治治病”为总要求，以贯彻落实中央八项规定精神为切入点，以加强作风建设、突出反对“四风”为聚焦点，用整风精神切实加强全体党员马克思主义群众观点和党的群众路线教育，强化全心全意为人民服务的根本宗旨，把以人为本、执政为民的理念落实到南水北调工程建设各项工作之中，为推动南水北调工程又好又快建设提供坚强的思想政治保障。

（二）教育实践活动的目标要求

国务院南水北调办党的群众路线教育实践活动的主要任务是教育引导党员干部树立宗旨意识，增强群众观点，弘扬优良作风，解决突出问题，保持清廉本色，使党员干部思想进一步提高、作风进一步转变，党群干群关系进一步密切，为民务实清廉形象进一步树立。总体目标是“党员干部受教育、工程建设上水平、人民群众得实惠”。在整个教育实践活动中，要求切实注意以下几个方面。

1. 把握总要求

这次教育实践活动要贯彻“照镜子、正衣冠、洗洗澡、治治病”的总要求。“照镜子”主要是对照党章、查找不足；“正衣冠”主要是端正行为、维护形象；“洗洗澡”主要是除思想之尘、祛行为之垢；“治治病”主要是对症下药、治病救人。这个总要求是相互联系的有机整体，各有侧重、相互关联，核心是解决问题，增强自我净化、自我完善、自我革新、自我提高能力。国务院南水北调办党组要求各级党组织和广大党员对此要系统理解、全面把握，切实贯穿到教育实践活动的全过程、各环节。

2. 把握切入点、聚焦点

切入点是贯彻落实中央八项规定，聚焦点是加强作风建设，突出反对形式主义、官僚主义、享乐主义和奢靡之风。国务院南水北调办要切实做好抓推进、抓深化、抓巩固、抓持久的工作，使党的作风建设取得明显成效，促使党员干部切实做到为民务实清廉。

3. 把整风精神贯穿始终

这次教育实践活动，中央强调贯彻整风精神，国务院南水北调办要认真落实。坚持正面教育为主，引导党员干部坚定理想信念，增强公仆意识。坚持批评和自我批评，敢于揭短亮丑，改正缺点、修正错误。坚持开门搞活动，请群众参与，让群众评判，受群众监督。

4. 着力解决突出问题

要落实为民务实清廉要求，努力解决影响和制约南水北调工程又好又快建设的突出问题，解决党员干部党性党风党纪方面群众反映强烈的突出问题。教育引导党员干部深入实际、深入基层、深入群众，察实情、出实招、办实事、求实效；教育引导党员干部克己奉公，勤政廉政，保持昂扬向上、奋发有为的精神状态；教育引导党员干部艰苦朴素、精打细算，勤俭办一切事情。

5. 提高南水北调工程建设水平

通过教育实践活动，把群众路线的要求具体转化为推进南水北调工程建设的坚强意志、维护群众利益和实现移民安稳致富的正确思路、促进防污治污和生态保护的政策措施、综合协调和加强管理的实际能力，转化为党员干部增强党性修养、提高思想觉悟、转变工作作风的自觉行动，努力把南水北调工程建成一流工程、廉洁工程、生态工程、利民工程、和谐工程。

6. 注重建立长效机制

作风问题具有反复性、顽固性。要注重健全长效机制，把教育实践成果巩固下来、坚持下去，确保改进作风、联系群众的常态化长效化。要梳理现有制度，注意把中央要求、实际需要和新鲜经验结合起来，边实践、边总结，对实践检验行之有效的要长期坚持下去，对不适应新形势新任务要求的制度和规定要及时修订完善。这次教育实践活动不分阶段、不搞转段，从一开始就注重健全长效机制，把教育实践活动成果巩固下来、坚持下去。

（三）教育实践活动的组织领导

开展党的群众路线教育实践活动是党的政治生活中的一件大事，一定要认真贯彻落实中央部署，体现中央要求，高度重视，统筹安排，精心组织，确保取得成效。

1. 提高认识，牢牢把握指导思想和总要求

在全党深入开展以为民务实清廉为主要内容的党的群众路线教育实践活动，是党的十八大作出的战略部署，是以习近平同志为总书记的党中央坚持党要管党、从严治党的重大决策。开展党的群众路线教育实践活动，是促进南水北调工程又好又快建设的难得机遇和强大动力。要把党的群众路线教育实践活动作为国务院南水北调办的一项重要工作，精心组织实施。要把中央文件提出的教育实践活动的指导思想和总要求贯穿教育实践活动的始终，把反对形式主义、官僚主义、享乐主义和奢靡之风作为重点，以整风精神解决作风方面的突出问题，保持党同人民群众的血肉联系，确保教育实践活动健康深入开展。

2. 加强组织领导，建立领导责任制

教育实践活动在国务院南水北调办党组领导下进行，自觉接受中央督导组的指导检查。国务院南水北调办专门成立了党的群众路线教育实践活动领导小组及领导小组办公室和督导组，研究制定实施方案和具体措施，健全工作机制，及时了解情况，加强协调督导，总结推广经验，做好与中央督导组的联系汇报沟通工作。明确各单位一把手是教育实践活动的第一责任人，要求亲自抓、负总责，带头学习，带头实践，发挥好表率作用，确保教育实践活动落到实处。

3. 发挥基层党组织战斗堡垒作用和党员领导干部表率作用

国务院南水北调办党组要求各级党组织充分发挥战斗堡垒作用，积极探索有效形式，确保广大党员全体参与、全程参加教育实践活动，始终把深入学习、解放思想，立足实践、解决问题，创新管理、完善机制，依靠群众、讲求实效和领导带头、正面教育等贯穿于教育实践活动全过程。各级党员领导干部在教育实践活动的各个环节都应把自己摆进去，认真参加教育学习，深入调查研究，主动查找和剖析问题，积极研究提出解决办法，充分发挥表率作用。

4. 注重舆论宣传，营造良好氛围

教育实践活动充分利用南水北调网站、南水北调报刊、工作简报等宣传阵地，及时跟进反

映宣传教育实践活动的进展和成效，特别是教育实践活动中的好做法、好经验、好典型，加强活动交流，加强正面宣传和舆论引导，并通过典型曝光、事件评述等方式，发挥监督警示作用，为教育实践活动创造良好的舆论环境和文化氛围，促进教育实践活动深入开展。

5. 结合业务工作，促进工程建设

国务院南水北调办党组要求，要把党的群众路线教育实践活动与工程建设工作有机结合起来，切实增强责任感和使命感，以求真务实的精神、高度负责的态度、创新有为的举措，把群众路线教育实践活动融入到南水北调工程建设实践中；要抓实抓细抓好，力戒形式主义、花架子，切实做到学习教育不流于形式，深入基层不走过场，解决问题务求实效；要切实筑牢党员干部为民务实清廉的思想基础，增强党员干部做好群众工作的自觉性，以虚促实，以人促事，转变作风、强化队伍，在工程建设实践中受教育、提高为群众工作的能力和水平，做到两手抓、两不误、两促进，在教育实践中促进南水北调工程又好又快建设，切实把南水北调工程建设成惠民利民的民生工程。

三、党的群众路线教育实践活动的方法步骤

国务院南水北调办关于党的群众路线教育实践活动参加范围为办机关、直属事业单位和中线建管局的全体党员干部，重点是司局级以上领导班子和处级以上党员领导干部。教育实践活动从 2013 年 7 月 4 日开始，集中教育时间不少于 3 个月。着力抓好以下三个环节。

（一）学习教育、听取意见

搞好学习宣传和思想教育，深入开展调查研究，广泛听取干部群众意见。本环节主要抓好三项重点工作。

1. 学习培训

通过个人自学、集中培训、专题辅导等多种形式组织党员干部进行学习。

（1）组织党员干部自学。认真学习中国特色社会主义理论体系，学习党章和党的十八大报告，学习习近平总书记系列重要讲话，学习党的历史和优良传统，学习《论群众路线——重要论述摘编》《党的群众路线教育实践活动学习文件选编》《厉行节约、反对浪费——重要论述摘编》，开展理想信念、党性党风党纪和道德品行教育，开展中国特色社会主义宣传教育，开展马克思主义群众观点和党的群众路线教育等。既要通读学习材料，又要精读重点篇目。为党员干部购置学习书籍。

（2）组织集中学习。办党组中心组和各单位领导班子要组织集中理论学习，学习方式为举办专题辅导讲座，举办学习成果交流座谈会，组织党风廉政建设警示教育等。各单位还结合工作实际，组织好本单位党员干部的学习，注意丰富学习形式，创新学习载体，提高学习培训的效果，使广大党员进一步深化对群众路线的精神实质和根本要求的理解。

2. 深入调研

在深入学习提高的基础上，通过召开座谈会、问卷调查、个别访谈、相互交流等形式，认真组织开展调查研究活动，注意选择正反两方面的典型事例进行深刻剖析。

（1）办党组成员结合工作分工，确定联系点和调研内容，着重围绕反对“四风”、密切联系群众和在南水北调工程中发扬优良作风，带队开展调查研究，广泛听取干部群众意见。

(2) 机关各司、事业单位、中线建管局领导班子，也深入开展开展调查研究，广泛听取意见，着重梳理出本单位在贯彻群众路线方面存在的主要问题。

(3) 全体党员干部结合自己的岗位和实际工作认真听取相关意见。

3. 开展专题讨论

(1) 党组中心组专题讨论。紧密联系南水北调工程建设实际和思想实际，围绕贯彻落实中央八项规定，密切联系群众，建设惠民利民南水北调工程开展讨论。

(2) 各党支部（党委）、党小组专题讨论。引导广大党员干部特别是领导干部适应新时期、新阶段工程建设的新形势、新特点，克服形式主义、官僚主义、享乐主义和奢靡之风，进一步加深对群众路线的深刻理解，真正把南水北调工程建设成民生工程。

（二）查摆问题、开展批评

围绕为民、务实、清廉要求，通过群众提、自己找、上级点、互相帮，认真查摆形式主义、官僚主义、享乐主义和奢靡之风方面的问题，进行党性分析和自我剖析，开展批评和自我批评。本环节主要抓好三项重点工作。

1. 召开领导班子专题民主生活会

国务院南水北调办党组和各单位领导班子要围绕贯彻落实中央八项规定，密切联系群众，建设惠民利民的南水北调工程确定主题，召开一次高质量的专题民主生活会。

(1) 民主生活会前，主要负责同志与班子成员逐一谈心，班子成员之间相互谈心，办党组成员和各单位领导班子成员之间相互谈心，交换看法，认真听取群众意见，领导班子及每个班子成员都对照为民务实清廉撰写对照检查材料，查摆贯彻群众路线方面存在的突出问题，做好充分准备。

(2) 会上，领导班子成员结合分工，重点查找班子和个人在贯彻落实群众路线方面存在的突出问题，查找党性党风党纪方面群众反映强烈的突出问题，深刻分析原因，开展严肃认真的批评与自我批评。

(3) 会后，在规定范围通报民主生活会情况和对照检查材料。各单位民主生活会欢迎民主党派、无党派人士和群众参加；国务院南水北调办督导组列席，加强指导。

2. 召开党员干部专题组织生活会

各党支部（党委）召开专题组织生活会，每个党员都参加所在党支部或党小组召开的专题组织生活会。

(1) 会前按照群众路线要求和南水北调工程建设的需要，围绕中心工作、主要任务开展思想和工作作风对照检查，认真做好准备。

(2) 会上畅所欲言，各抒己见，“一人谈，众人评”，实事求是地总结、批评与自我批评，分析查找自身差距和不足。

(3) 会后针对存在的问题，提出改进措施和办法，明确努力方向。通过参加专题组织生活会沟通思想，加深了解，消除隔阂，增进团结，强化党员意识，提高党性修养。

3. 组织民主评议

各级党组织认真组织开展民主评议，广泛征求党员、群众对领导班子和党员领导干部的意见。

（1）通过召开座谈会、书面征集意见等形式，组织党员群众和有关方面代表进行评议。评议着重看对群众路线的认识深不深、查找的问题准不准、原因分析得透不透、改进措施可行不可行。

（2）民主评议结果按照要求在一定范围内公开。

（三）整改落实、建章立制

针对作风方面存在的问题，提出解决对策，制定和落实整改方案；对一些突出问题，进行集中治理。要抓住重点问题，制定整改任务书、时间表，实行一把手负责制，并在一定范围内公示。注重从体制机制上解决问题，使贯彻党的群众路线成为党员干部长期自觉的行为。本环节主要抓好三项重点工作。

1. 制定整改落实方案

（1）国务院南水北调办党组和各单位领导班子整改落实方案应以对照检查报告为主要依据，针对查摆出来的突出问题，按轻重缓急和难易程度，分别提出整改落实的目标、方式和时限要求，明确分管领导、分管部门，使整改落实工作有章可循，责任到人，便于操作。

（2）国务院南水北调办党组整改落实方案制定后，向全办党员、群众公布，接受监督。各单位领导班子整改落实方案向本单位党员、群众公布。

（3）广大党员干部围绕制定、实施整改落实方案，积极建言献策，同时制定自己的整改落实方案，努力转变作风、改进工作，进一步密切同群众的联系。

2. 集中解决突出问题

（1）通过学习实践活动，国务院南水北调办党组和各单位领导班子进一步明确促进南水北调工程又好又快建设的工作思路、工作方向和工作方法，切实解决查找出来的突出问题。解决问题突出重点，重实际、说实话、办实事、求实效，多为社会、为人民群众办看得见、摸得着、促进南水北调事业科学发展的实事，树立“负责、务实、求精、创新”的良好形象。

（2）强化正风肃纪，紧扣为民务实清廉要求，坚决改进形式主义、官僚主义、享乐主义、奢靡之风方面存在的问题，下大力气杜绝形式主义、官僚主义、文山会海、铺张浪费等沉疴顽疾，减少不必要的环节和程序，靠实干推动发展，以优良的作风取信于民。

（3）加强领导班子建设，严格教育管理干部，对软、懒、散的领导班子进行整顿；对存在一般性作风问题的干部，立足于教育提高，促其改进；对群众意见大、不能认真查摆问题、没有明显改进的干部，进行组织调整；对于重大违纪违法问题，及时移交纪检监察机关或有关方面严肃查处。

（4）提高群众工作能力，注重深入基层、深入群众，摸清情况、摸清底数；注重倾听民意、集中民智，科学决策、民主决策；注重顺应群众意愿、回应群众呼声，直面困难，化解矛盾，切实解决问题。

3. 完善体制机制

（1）清理完善现有制度。各单位对贯彻党的群众路线已有制度进行认真清理，根据新的需要和新的实践，对改进调查研究、服务基层群众、厉行勤俭节约、严格压缩行政经费支出、规范出国（境）管理、严控公务用车使用、实施节能减排措施、精简会议、改进文风会风等规章制度加以补充、修改和完善。

(2) 建立长效机制。认真学习掌握党的方针政策和国家法律法规，充分运用学习调研和分析检查成果，勇于突破制约南水北调各项工作的体制机制束缚，积极稳妥地推进体制机制创新和制度建设，努力解决制度缺失和体制障碍等突出问题，推进改进工作作风、密切联系群众常态化长效化。

四、党的群众路线教育实践活动的主要做法

国务院南水北调办教育实践活动紧紧围绕保持党的先进性和纯洁性，以为民务实清廉为主要内容，以“照镜子、正衣冠、洗洗澡、治治病”为总要求，以贯彻落实中央八项规定为切入点，以加强作风建设、突出反对“四风”为聚焦点，结合南水北调工程建设实际，认真组织开展各环节工作。

(一) 强化组织领导，注重宣传引导

中央党的群众路线工作会议召开后，国务院南水北调办党组迅速召开会议，认真传达学习习近平等中央领导同志的重要讲话和中央文件精神，积极开展动员部署，坚持高起点、高标准、高质量，保障教育实践活动有序开展。

1. 办领导高度重视并身体力行

国务院南水北调办党组书记、主任鄂竟平多次听取办教育实践活动进展情况汇报，作出具体安排部署，并主持召开座谈会听取意见和建议，带头学习讨论，带头剖析检查，带头谈心交心，带头开展批评和自我批评，带头整改落实，切实担负了一把手的责任。国务院南水北调办党组成员按照分工及时指导教育实践活动的开展，并认真参加各项活动，起到了表率作用。

2. 认真开展动员部署

(1) 建立健全活动领导机构。成立了教育实践活动领导小组，国务院南水北调办党组书记、主任鄂竟平担任组长，其他党组成员为副组长，落实了领导责任；领导小组下设办公室，负责教育实践活动日常工作；领导小组派出督导组，负责督促检查活动开展情况。

(2) 制定并印发了领导小组及其办公室工作规则，对工作职责、会议制度、公文审批、调查研究等方面作出了具体规定。

(3) 按照中央要求，全面把握活动内容、步调，事先制定了教育实践活动实施方案，明确了活动的指导思想、目标要求、方法步骤和组织领导。

(4) 进行深入动员，让每个党员领导干部对活动要求了然于心，2013年7月4日召开了动员大会，要求把教育实践活动作为头等大事和重要工作，加强组织领导，精心组织实施；按照办党组的要求，机关各单位都结合实际制定了本单位的具体方案，进行了再动员和再部署。

3. 扎实做好宣传工作

为扩大活动的辐射范围，便于群众监督，及时发现经验和问题，在南水北调门户网站开辟活动专题，在中国南水北调报进行专门宣传，编印领导小组及其办公室活动简报、会议纪要，及时传达中央关于教育实践活动的重要会议、文件精神，反映教育实践活动进展和成效，宣传各级党组织开展教育实践活动的经验和特点，加强交流，相互借鉴，通过正面宣传和舆论引导，为教育实践活动创造了良好的舆论环境和文化氛围。

（二）认真组织学习，广泛听取意见

国务院南水北调办认真做好学习教育、听取意见环节的工作，积极主动开展学习讨论，深入广泛开展调查研究，多方面听取干部群众的意见建议。

1. 坚持把学习贯穿教育实践活动始终

国务院南水北调办党组带头学，基层单位党组织组织广大党员深入学，保障学习时间，保证学习内容。采取个人自学和集体学习相结合的方式，认真学习《中共中央关于在全党深入开展党的群众路线教育实践活动的意见》和习近平总书记系列重要讲话、中央教育实践活动历次会议、党的十八届三中全会精神，认真研读教育实践活动的规定文件和学习材料，开展专题研讨，做到入脑入心，深化理解，增强宗旨意识和群众观念，自觉把思想和行动统一到中央部署要求上来。教育实践活动期间，党组中心组集中学习达 17 次，每次半天。

2. 聚焦“四风”广泛听取意见建议

坚持开门纳谏，采取走出去、请进来的办法，党组成员以深入工程一线调研、到活动联系点参加学习、飞检以及召开不同层面座谈会、问卷调查、网络征集、个别访谈、相互交流等方式，围绕“四风”问题，广泛听取意见。先后书面征求建委会部委成员单位意见，分别召开机关各司、直属单位领导干部、党外同志、青年同志座谈会，面对面听取意见，深入到沿线省（直辖市）南水北调、征地移民、治污环保机构，以及勘测、设计、施工、监理单位召开座谈会，听取意见和建议。活动中召开不同层面座谈会 10 余次，征求到 16 个方面的意见建议 600 余条，经梳理归类为 81 条。通过“回头看”，九成以上干部职工认为征集意见充分或基本充分。在做好对党组及党组成员意见建议征集的同时，各司各单位也认真开展了对本司本单位领导班子及班子成员的意见征集工作，结合各自业务工作，深入基层一线调研，随时听取一线声音，为现场施工、监理单位解决实际问题，以实际行动践行党的群众路线。针对一线反映的资金紧张、会议检查多、设计变更慢等问题，专门开展以“缺不缺、亏不亏、变不变、多不多、慢不慢、行不行”为主题的大调研。

（三）深刻剖析检查，开展批评与自我批评

在查摆问题、开展批评环节，办党组要求直面问题，不回避矛盾，务必找出产生问题的深层次原因。围绕为民、务实、清廉要求，通过群众提、自己找、上级点、互相帮，认真查摆“四风”方面的问题，进行党性分析和自我剖析，开展批评和自我批评。

1. 深入开展谈心交心活动

党组主要负责同志与党组成员之间、党组成员相互之间、党组成员与分管部门负责同志之间深入开展谈心交心，既主动谈自己存在的“四风”问题，也诚恳地指出对方存在的“四风”问题。其中，党组成员之间先后进行了 3 轮集中谈心；党组成员共开展谈心 58 人次；党组书记鄂竟平与每名正司级以上党员领导干部都进行了谈心，共计谈心 16 次；有的党组成员谈心对象扩展到副处级干部。机关各单位也积极开展谈心活动，力求谈深谈透，通过谈心交换看法、沟通思想，化解矛盾、增进团结，提高认识、正视问题。

2. 深刻剖析检查并撰写对照检查材料

办机关处级以上干部在学习讨论、征集意见和深入谈心的基础上，紧密联系思想、工作和

生活实际，联系成长进步经历，对照为民、务实、清廉，按照衡量尺子严、查摆问题准、原因分析深、整改措施实的要求，深刻剖析检查，研究提出整改落实、建章立制的思路措施，形成对照检查报告，并按要求进行了通报。办党组对照检查报告由党组书记鄂竟平主持起草；对照检查报告在报中央第31督导组审核前，党组集中讨论了3次；在报中央督导组审核后，按要求修改了3次；报中央教育实践活动领导小组办公室审核后，又按要求修改了1次；从初稿到定稿，先后修改了10余次。办党组成员的个人对照检查材料，均修改7次以上。

3. 召开专题民主生活会和组织生活会

（1）办党组带头召开领导班子专题民主生活会。专题民主生活会上，鄂竟平代表办党组汇报国务院南水北调办教育实践活动开展情况，办党组遵守党的政治纪律、贯彻中央八项规定精神、转变作风等方面的情况，办党组在“四风”方面存在的突出问题以及原因，今后的努力方向和改进措施；并带头开展批评与自我批评。每名班子成员在开展自我批评后，班子其他成员逐一发言，对其提出批评意见，“一个一个地过”。办党组成员认真贯彻整风精神，结合个人思想和工作实际，以对党、对自己、对同志、对工作负责的态度，以敢于揭短亮丑的勇气、触及灵魂的精神、纠偏改过的决心，开门见山、坦诚相见，进行了严肃认真、积极健康的批评和自我批评，揭了硬伤、碰了软肋，相互批评所提意见数计20余条，达到了红红脸、出出汗、治治病的预期效果。中央第31督导组的同志在点评办党组专题民主生活会时给予了肯定。11月6日，鄂竟平主持召开会议，通报了办党组专题民主生活会情况，中央第31督导组派同志参加，办领导、近期退出班子的老领导、机关正处级以上党员干部、直属单位主要负责人参加会议。

（2）各司各直属单位按照要求召开了领导班子专题民主生活会和党员干部专题组织生活会，司局级民主生活会共计11次，组织生活会共计29次，部分党组成员参加了分管司局的民主生活会。处级以上党员领导干部都按要求写出书面检查材料，司局级领导干部除召开专题民主生活会外，还以普通党员身份参加了所在党支部的专题组织生活会并进行了点评，为进一步增进党性原则基础上的团结，着力加强党组班子自身建设、强化党员意识、提高党性修养奠定了基础。

4. 组织群众评议

针对教育实践活动前两环节工作，教育实践活动办在机关全体公务员和直属事业单位、中线建管局机关全体干部职工范围内组织开展了“回头看”民主评议活动。民主评议结果显示，广大干部职工对教育实践活动效果基本满意，持肯定和比较肯定态度的达90%以上。

（四）切实整改落实，建立长效机制

国务院南水北调办认真做好整改落实、建章立制环节的工作，针对作风方面存在的问题，制定和落实整改方案，对一些突出问题进行专门治理，注重从体制机制上解决问题，使贯彻党的群众路线成为党员干部长期自觉的行为。

1. 认真制定“两方案一计划”

对教育实践活动中查摆剖析出来的问题，特别是专题民主生活会查找出来的问题，进行了深入分析研究和归纳梳理，制定了党组整改方案、专项整治方案和制度建设计划，按轻重缓急和难易程度，分别提出整改落实的目标、方式和时限要求，明确分管领导、分管部门，责任到人，并在内网进行公示，接受广大干部群众监督。

2. 切实加强整改

边学边查边改，即知即改，立行立改，强化正风肃纪，下大力气杜绝沉疴顽疾，减少不必要的环节和程序，整改取得了积极成效。对学习理论不够、调查研究重形式、决策脱离实际、接受基层警车开道、会议多文件多、跟踪问效不够、干部重使用轻培养、关心干部不够、事关南水北调健康运行的长远问题、事关确保南水北调水质的长远问题、事关南水北调总体布局建设的长远问题等11个方面问题进行了整改。开展了整治文山、整治会海、整治检查评比泛滥、整治“门难进、脸难看、事难办”等机关作风问题、整治公款送礼吃喝和奢侈浪费、整治三公经费开支过大、整治侵害群众利益行为等7个方面的专项治理。

(1) 切实整治文山会海。精简会议活动和文件简报，严格控制会议数量和规模，减少发文数量，控制发文规格和文件篇幅，规范文件报送程序和格式。尤其是改进新闻报道和宣传，简化办领导出席会议、考察调研的新闻报道，进一步压缩新闻报道的数量、字数。2013年7至12月较上年同期减少主任办公会22个。

(2) 严控“三公”经费。重新修订经费支出管理办法等制度，严格执行预算，严禁超预算或无预算安排支出；严格公务接待标准，不得报销任何超范围、超标准以及与相关公务无关的费用；对国内差旅作出明确规定，按规定标准安排交通工具和食宿；规范出国（境）管理，严格按照程序标准安排团组活动，节约办团。2013年“三公”经费支出在上一年压缩的基础上再减5%。

(3) 积极推进节约型机关建设。开展绿色办公，完善节能减排措施，努力节水、节电、节油、节纸。双面用纸，信封、复印纸再利用，低碳出行，利用自然光照，人走灯灭，减少空调开放，开展光盘行动，树立“厉行节约、从我做起”的观念，营造“节约光荣、浪费可耻”的氛围。

(4) 清理整顿表彰奖励活动。对各类达标、评比、表彰、评估和相关检查活动进行了清理整顿，取消表彰活动5项，进一步端正了工作作风，克服了形式主义，减轻了基层和群众的负担。

(5) 开展公务用车问题专项治理。积极开展专项治理重点检查，探索公车管理机制，将历史遗留下来的2台超编车辆按程序移交至国管局资产管理司。

(6) 进一步加强基层党建工作。建立健全了基层党的组织体系，切实关心基层党员干部的思想、工作和生活。

(7) 独创性地实施了“飞检”。飞检是一种转变工作作风、打破常规的做法，事先不通知、不要求被检查单位事前准备、不要求被检查单位汇报，由国务院南水北调办自主安排检查。飞检不允许被检查单位迎来送往，不允许被检查单位安排车辆、伙食和住宿；事前工作安排完全保密，过程中发现的问题公开亮相给被检查单位，听取被检查单位不同意见的申诉，事后确定的事实严厉实行责任追究。飞检及时发现质量缺陷，及时查认责任，及时进行处理，务实高效，对南水北调工程建设质量保证起到了重要作用。

3. 做好建章立制工作

充分运用学习调研和分析检查成果，按照于法周延、于事简便的原则，加强整体规划，着力重点突破，围绕解决“四风”方面的突出问题，做好规章制度的“废、改、立”工作，积极稳妥地推进体制机制创新和制度建设，在南水北调工程建设中形成内容科学、程序严密、配套完备、有效管用的制度体系和为民务实清廉的长效机制，努力解决制度缺失和体制障碍等突出问题，推进改进工作作风、密切联系群众常态化长效化，使贯彻党的群众路线成为党员干部长期自觉的行为。

（1）做好现行规章制度的梳理。各司各单位根据自身职责和业务特点，认真梳理规章制度，共清理出规章制度和内部管理办法 757 个，维持不变 630 个，占 83%；废止 57 个，占 8%；修订完善 70 个，占 9%；新制定 35 个。

（2）重点做好反对“四风”的制度建设，推进改进工作作风、密切联系群众常态化长效化。根据中央八项规定精神和《党政机关厉行节约反对浪费条例》《党政机关国内公务接待管理规定》等有关文件要求，制定了《国务院南水北调办机关行为准则》，就会议活动、文件简报、公务用车、办公用房、调查研究、因公出国（境）、资源节约等方面做出了详细规定，全面规范机关工作人员行为；修订了党组工作制度、党组中心组学习制度、因公出国（境）管理规定、经费支出管理办法等一批制度，对反对“四风”的内容以制度形式固化下来，形成长效机制。

五、党的群众路线教育实践活动的成效和体会

教育实践活动历时半年多，在办党组的直接领导下，各级党组织高度重视、精心组织、周密安排，紧紧围绕南水北调工程建设的中心工作开展活动，认真查找“四风”方面的突出问题，深刻剖析自己，切实整改落实改进，取得积极成效，实现了“党员干部受教育、工程建设上水平、人民群众得实惠”的总体目标。2014 年 1 月 24 日，国务院南水北调办召开了教育实践活动总结大会，系统总结了教育实践活动的成效，明确了今后的努力方向。

（一）教育实践活动的成效

教育实践活动取得了积极成效。

（1）广大党员干部切实受到了一次党的群众路线的深刻洗礼。每名党员干部更加全面深刻地理解群众路线的内涵和外延，坚定了理想信念，增强了政治定力，强化了政治意识、责任意识、大局意识和宗旨意识，并积极在工作中践行，以最大的决心、最强的力度、最好的状态，积极推进工程优质高效又好又快建设。

（2）各级党组织的战斗堡垒作用进一步增强。党员干部充满生机活力，党组织的凝聚力和战斗力提高，增强了自我净化、自我完善、自我革新、自我提高的能力，形成了良好的组织基础。

（3）工作作风进一步改进，工作效率进一步提高。通过整治文山会海，控制三公经费，改进调查研究等措施，形成了人心思进、风清气正的氛围，进一步弘扬了求真务实、清正廉洁、联系群众、艰苦奋斗、勤思爱学五种作风，进一步弘扬了“负责、务实、求精、创新”的南水北调核心价值理念。

（4）进一步密切了党群干群关系，提高了群众工作的能力和水平。在工程建设中处处坚持以人为本，例如维护征地移民群众合法权益，节假日组织慰问一线建设者和移民群众，严肃查处补偿款不按标准及时足额发放问题，及时支付参加工程建设的农民工工资，关心一线职工等等，在治污环保、征地移民、质量监管等各个方面切实从群众的根本利益出发，切实建设惠民

利民的南水北调工程。

（5）有力促进了南水北调工程建设。教育实践活动对南水北调工程建设起到了指导、保障、护航和推动作用，激发出广大党员干部前所未有的热情干劲和昂扬向上、奋发有为的精神状态，系统上下努力改进工作作风，少讲空话，多干实事，东线一期工程于2013年11月15日提前通水，2013年12月25日中线主体工程基本完工，工程建设呈现持续向好的态势。

党组认为，尽管教育实践活动整体上取得了积极成效，但也存在一些不足，主要是：个别党员干部思想认识不到位，没有学深学透；有的征求意见不深入不全面，查摆问题不聚焦不具体；有的自我批评不深不严，相互批评不痛不痒。这些都需要在今后的工作中切实加以改进。

（二）教育实践活动的体会

（1）要始终坚持领导带头。国务院南水北调办各级党组织在教育实践活动中，切实保障一把手是教育实践活动第一责任人，亲自抓、负总责，坚持领导带头学习讨论，带头自我检查，带头深刻剖析，带头撰写对照检查报告，带头开展批评与自我批评，身体力行，树立榜样，有力地推动了活动的开展。

（2）要始终把握正确的方向。以为民、务实、清廉为主要内容，以“照镜子、正衣冠、洗洗澡、治治病”为总要求，以贯彻落实中央八项规定精神为切入点，以加强作风建设、突出反对“四风”为聚焦点；坚持问题导向，坚持开门纳谏，坚持谈心交心，坚持开展批评和自我批评；把握好时代发展的脉搏，与学习习近平总书记系列重要讲话、党的十八届三中全会精神、中央经济工作会议精神等紧密结合。

（3）要始终与业务工作紧密结合。把群众路线的要求具体转化为推进南水北调工程建设的坚强意志、维护群众利益和实现移民安稳致富的正确思路、促进防污治污和生态保护的政策措施、综合协调和加强管理的实际能力，在工程建设中反对“四风”，切实做到“转作风、摸实情、办实事、促建设”。

六、进一步巩固和扩大教育实践活动成果

国务院南水北调办教育实践活动在党中央的正确领导下，在中央第31督导组的指导帮助下，成效显著。通过学习实践活动，提高了思想认识、改善了干部作风、解决了突出问题、创新了体制机制、促进了工程建设。“四风”具有顽固性、反复性，其形成“冰冻三尺，非一日之寒”，其根除也非一朝一夕之功，只有高举“准、狠、韧”利剑，锲而不舍、驰而不息地抓下去，才能克服“四风”顽疾，保证教育实践活动善始善终、取信于民。我们要进一步巩固和扩大教育实践活动的成果，在南水北调工程建设中深入贯彻党的群众路线。

（一）继续加强理论武装，增强宗旨意识和党性修养

“四风”问题的总根源在思想，要牢固树立正确的世界观、人生观和价值观，强化宗旨意识，加强党性修养，坚定理想信念，筑牢思想防线。

（1）要更加深入地学习中国特色社会主义理论体系，学习党的十八大和十八届三中全会精神，学习习近平总书记系列重要讲话，提高政策理论水平。

（2）要自觉在政治上、思想上、行动上与以习近平同志为总书记的党中央保持高度一致，

不断增强政治定力，提高抵御各种风险和经受各种考验的能力，正确理解和认真贯彻落实中央各项战略决策和部署，提高执行党的路线方针政策的能力。

（3）要不断强化使命意识、责任意识，强化自省、自重、自警、自励，牢记为人民服务的宗旨，端正政绩观和发展理念，站稳群众立场，树立群众观点，把精力和心思集中到干事创业上，真心为民办事。

（4）要提高用先进理论指导工作实践、统筹工作大局的能力，努力把南水北调工程建成质量可靠放心的工程、移民稳定致富的工程、管理阳光廉洁的工程。

（二）继续加强作风建设，打造为民务实清廉的干部队伍

国务院南水北调建委会第七次会议已经明确了今后一个时期的工作目标和任务。能否圆满完成这些任务，实现预定目标，干部队伍的素质和状态是决定因素。面对更为复杂的局面和难度不断增大的工作任务，继续加强作风建设是南水北调工程建设取得最后胜利的关键所在。要进一步提倡求真务实、清正廉洁、联系群众、艰苦奋斗、勤思爱学的五种作风，进一步弘扬“负责、务实、求精、创新”的南水北调核心价值理念，建设为民、务实、清廉的干部队伍，努力使广大党员干部特别是领导干部成为政治坚定、作风优良、纪律严明、勤政为民、恪尽职守、清正廉洁的骨干和模范。

（1）要敢于负责。面临工期紧、任务重、困难多的形势，必须敢负责、能碰硬，要以食不甘味、夜不能寐，如坐针毡、如临深渊的责任感和紧迫感，敢抓敢管，敢作敢为，强化担当意识，树立大局观念，始终保持蓬勃向上的朝气、开拓进取的锐气、勇争一流的志气、攻坚克难的勇气。

（2）要求真务实。少讲空话，多干实事。做到踏踏实实、扎扎实实、老老实实，有一说一，有二说二，摸实情，出实招，办实事，求实效，在工作部署上务实，在工作目标上务实，在工作思路上务实，在工作方法上务实，真正下工夫解决实际工作中的矛盾和问题。

（3）要精益求精。始终强化细节意识，培育和发扬精细作风，自觉养成抓细节的习惯，切实增强善抓细节的本领，从大处着眼、细处着手，处处留心，时时细心，事事精心，把工程建设细节谋划好、打造好、展示好。

（4）要勇于创新。要不畏艰难、大胆探索、勇于开拓、攻坚克难，在尊重客观规律、运用客观规律的基础上坚持走创新之路，在体制机制上创新，在工作思路上创新，在工作方式上创新，在技术攻关上创新，以改革创新的精神推进南水北调工程建设和运行管理。

（三）继续密切联系群众，建设惠民利民的民生工程

南水北调是利国利民的工程，建设南水北调工程本身就是贯彻党的群众路线的生动实践，必须始终如一地坚持党的群众路线。

（1）要牢固树立群众观念。把一切以群众利益为重作为一种理念、一种常态、一种追求，在南水北调工程建设中始终站在群众的立场上，把群众放在主体位置，时刻做到权为民所用，情为民所系，利为民所谋。

（2）要坚持深入基层服务群众。广大党员干部应静下心来，扑下身子，深入一线、沉到基层，增强同群众的密切联系，倾听民意，集中民智，认真了解群众的要求和期待，从基层群众

中汲取智慧和力量。

（3）要为群众办实事好事。每一个工作细节都要从群众的切身利益出发，每一个工程项目都要为群众带来实实在在的好处，切实解决群众关心的实际问题，切实维护好群众的根本利益，努力建设好惠民利民的民生工程，赢得群众对南水北调工程建设的信任和支持，以实际行动践行党的群众路线。

国务院南水北调办党组认为，实现通水大目标尚需付出艰苦的努力，必须要有一支素质优良、作风过硬的队伍。国务院南水北调办将在党中央、国务院的正确领导下，把教育实践活动的成果以制度的形式固化下来、坚持下去，转变成广大党员干部的自觉意识，转化为党员干部增强党性修养、提高思想觉悟、转变工作作风的自觉行动，始终坚定不移地反对“四风”，时刻警惕“四风”变相反弹，形成推进南水北调工程又好又快建设的强大动力，精心组织促进度，高压监管保质量，深化治污保水质，强化帮扶稳移民，严控资金提效益，确保东、中线工程如期通水、有序调度、健康运行、永续北送，造福沿线群众，并不断推进东线二期、西线前期工作，争取早日开工建设，最终形成“四横三纵”的水资源大格局，为实现中华民族伟大复兴的中国梦作出更大的贡献。

第七节 “三严三实”专题教育

2015年5—12月，按照办党组部署，直属机关党委根据《中共中央办公厅印发〈关于在县处级以上领导干部中开展“三严三实”专题教育方案〉的通知》（中办发〔2015〕29号）精神，认真组织实施了“三严三实”专题教育。

一、加强组织领导和工作部署

办党组认为，结合南水北调工程建设管理和党员干部队伍实际，开展“三严三实”专题教育，是坚决贯彻中央决定、确保中央号令不折不扣得到执行的重要保证，也是推动南水北调事业科学健康发展的内在要求和重要抓手，对于加强干部队伍作风建设，践行“负责、务实、求精、创新”的南水北调核心价值理念，提高工作质量和工作效率，促进南水北调工程建设管理又好又快发展具有积极的推动作用。

（一）加强组织领导

办领导高度重视“三严三实”专题教育并身体力行。中央作出“三严三实”专题教育部署后，办党组迅速召开会议，认真传达学习中央文件精神，积极部署有关工作，坚持高起点、高标准、高质量，保障专题教育有序开展。办党组书记、主任鄂竟平多次听取情况汇报，作出具体指示和安排部署，并带头讲党课，带头学习讨论，带头谈心交心，带头剖析检查，带头开展批评和自我批评，带头整改落实，切实担负了一把手的责任。办党组成员、副主任张野、蒋旭光等都按照分工及时指导专题教育的开展，并认真参加各项活动，起到了表率作用。机关各司各单位党组织主要负责同志把抓好专题教育作为履行党建主体责任的重要任务，坚持两手抓、两促进，扎实推进专题教育。

（二）积极进行工作部署

（1）制定实施方案。按照中央通知精神，办党组制定印发了《国务院南水北调办开展“三严三实”专题教育实施方案》，部分直属单位据此制定了自己的实施方案。

（2）为党员干部购置了中央规定的学习书籍并布置学习。主要包括《习近平谈治国理政》《习近平关于党风廉政建设和反腐败斗争论述摘编》《习近平关于全面依法治国论述摘编》《领导干部“三严三实”学习读本》和《优秀领导干部先进事迹选编》《领导干部违纪违法典型案例警示录》等书籍。

（3）积极向中组部、中央国家机关工委请示汇报，建立工作联系，争取工作指导。

（4）扎实做好宣传工作。加强正面宣传引导和督促指导，充分发挥中国南水北调报、南水北调门户网站等作用，反映专题教育情况，宣传各级党组织开展教育的经验和特点，加强交流，相互借鉴，努力营造良好的舆论环境和文化氛围。

二、组织党员领导干部讲好“三严三实”专题党课

5月下旬至6月上旬，办直属机关党员领导干部集中讲授了“三严三实”专题党课。通过讲党课发挥带学促学作用，引导党员干部深入学习习近平总书记系列重要讲话精神，深刻领会中央精神，深刻理解“三严三实”的重大意义和丰富内涵，把握实质和要义，清醒认识“不严不实”问题的具体表现和严重危害，明确整改任务和努力方向。

1. 党组领导带头讲党课

鄂竟平5月26日以《开展好“三严三实”专题教育，以优良作风推进南水北调事业健康发展》为题讲授专题党课，为“三严三实”专题教育扎实开局。张野6月8日以《践行“三严三实”，加强党性修养》为题为投计司、建管司、监管中心、设管中心、中线建管局、东线总公司干部讲授专题党课。蒋旭光6月2日以《加强作风建设，切实整改问题》为题为综合司、征移司、监督司党员干部讲授专题党课。

2. 机关各司各直属单位党组织负责人讲党课

各单位负责人紧密联系南水北调实际和本单位党员干部思想、工作、生活和作风实际，联系“不严不实”的具体表现和严重危害，联系“三严三实”的实践要求和努力方向，讲授“三严三实”专题党课。机关党委及时参加了各司各单位的党课教育。

三、认真组织开展三个专题学习研讨

6—11月，组织党员干部开展了“严以修身”“严以律己”“严以用权”三个专题的学习研讨，大致每两个月1个专题。通过专题学习研讨，深入学习习近平总书记系列重要讲话精神，学习党章和党的纪律规定，读原著、学原文、悟原理，学习先进典型事迹，汲取违纪违法案件中的教训。

（一）开展“严以修身”专题学习研讨

6—7月开展了严以修身专题研讨。

（1）举办辅导报告。结合办党组中心组年度学习计划和“严以修身”专题研讨要求，6月

16日邀请中央党校政法部李雅云教授作了《民法刑法的理论与实践》专题辅导报告。

（2）办党组开展专题学习研讨。办党组中心组先后于6月15日和7月14日开展了“严以修身”专题讨论；各司各单位汇报了第一专题学习研讨情况。党组中心组于7月20日专题学习了中央组织部关于认真学习贯彻习近平总书记重要指示精神的通知精神、习近平总书记在浙江和贵州考察调研期间的重要讲话、在中央全面深化改革领导小组第十四次会议上的重要讲话、在会见全国优秀县委书记时的重要讲话。

（3）各司各直属单位开展专题学习研讨。大家按照办党组中心组学习研讨模式，联系本单位工作和党员干部思想作风实际，认真开展学习研讨，初步查找了“严以修身”方面“不严不实”的问题。

（4）褒扬先进，树立典型，表彰“两优一先”。结合纪念建党94周年，7月1日召开了直属机关党建工作总结暨“两优一先”表彰会，表彰了综合司党支部等6个先进党支部，杨益等34名优秀共产党员，严丽娟等30名优秀党务工作者。

（5）召开座谈会推进专题教育扎实开展。7月22日，蒋旭光主持召开“三严三实”专题教育座谈会，听取机关各司各直属单位工作进展情况汇报，对下一步专题教育工作提出要求。

（二）开展“严以律己”专题学习研讨

8—9月开展了严以律己专题研讨。

（1）举办辅导报告。结合专题内容，8月18日，邀请中央党校党史教研部主任谢春涛教授作《学习习近平总书记关于全面从严治党论述》学习辅导报告。

（2）办党组开展专题学习研讨。办党组中心组先后于8月18日和9月15日两次开展了“严以律己”专题讨论，学习中组部关于深入开展“三严三实”专题教育的有关通知精神，学习中央有关典型案例通报，开展警示教育；各司各单位汇报交流了第二专题学习研讨情况。

（3）各司各直属单位开展专题学习研讨。大家查摆了“严以律己”方面，特别是遵守党的政治纪律和政治规矩方面存在的“不严不实”问题。

（4）按照党组要求，9月16日直属机关党委专门发出通知，要求各司各单位组织党员干部认真学习习近平总书记9月11日在中央政治局第26次集体学习时的重要讲话精神，深入查找“严以律己”方面存在的“不严不实”问题。9月18日，直属机关党委再次召开各党支部（党委）有关负责同志会议，交流“三严三实”专题教育开展情况，布置继续深入查摆“不严不实”问题。

（5）组织党员干部赴教育基地参观学习，接受革命传统教育和理想信念教育。7月30日，办机关组织党员干部110余人赴顺义区焦庄户地道战遗址纪念馆进行学习参观，重温地道战历史。

（6）结合纪念抗战胜利70周年，组织党员干部观看电影《开罗宣言》，接受爱国主义和革命传统教育。

（7）印发了《国务院南水北调办贯彻落实全面从严治党要求实施意见》，成立了党建工作领导小组。

（8）选编印发了《党员干部违纪违法典型案例警示录》和《工程建设领域腐败案件选编》，作为“三严三实”专题教育辅助警示教材供党员干部学习。

（9）根据中央国家机关工委印发的《中央国家机关工委办公室关于开展法治人物与法治故事宣传展示活动的通知》（国工办发〔2015〕38号）要求，组织各党支部（党委）积极申报法治人物与法治故事，向中央国家机关工委推荐了《新乐非法穿越南水北调工程案件追问——南水北调工程安全如何保护》《山东省南水北调条例开启了地方南水北调依法管理工作的先河》两个法治故事和环境保护司干部鲁璐、北京市南水北调拆迁办副主任谢飞、北京市南水北调大宁管理处干部徐大怀、中线建管局河南分局鹤壁管理处副处长李合生等4个法治人物。

（三）开展“严以用权”专题学习研讨

10—11月开展了严以用权专题研讨。

（1）举办辅导报告。结合专题内容，10月23日，邀请中央党校党建教研部主任王长江教授作《关于全面从严治党和严以用权的几个问题》学习辅导报告。

（2）办党组开展专题学习研讨。办党组中心组先后于10月23日和11月10日两次开展了“严以用权”专题讨论；各司各单位汇报交流了第三专题学习研讨情况。

（3）各司各直属单位开展专题学习研讨。在学习研讨、提高思想认识的基础上，重点围绕落实岗位职责，认真查找在严以用权、真抓实干上存在的突出问题。

（4）组织学习了中央组织部关于深化县级“三严三实”专题教育着力解决基层干部不作为乱作为等损害群众利益问题的文件，教育广大党员干部认真履行岗位职责，坚决杜绝慵懒散奢和不作为乱作为现象，实实在在谋事创业做人，履职尽责创佳绩，做好南水北调各项工作。

（5）组织各司各直属单位集中梳理查摆存在的各种“不严不实”问题，并列出问题清单。

（6）积极配合中央第十五巡视组有关工作，根据中央巡视组指导意见，依据党章和《中国共产党纪律处分条例》，对5名违纪党员作出严肃处理，分别给予党内警告或严重警告处分。

四、召开“三严三实”专题民主生活会和组织生活会

12月，以践行“三严三实”为主题，办党组和各司各直属单位分别召开了党员领导干部民主生活会和党员组织生活会。党员领导干部对照党章等党内规章制度、党的纪律、国家法律、党的优良传统和工作惯例，对照正反两方面典型，联系个人思想、工作、生活和作风实际，联系个人成长进步经历，联系南水北调工作实际和个人思想实际，联系党的群众路线教育实践活动中个人整改措施落实情况，深入查摆“不严不实”问题，进行党性分析，严肃认真开展批评和自我批评。

（1）认真组织了学习。重点学习了十八届五中全会精神，举办了辅导报告，召开了五中全会学习情况交流会，11位司局长作了交流发言；学习了《中国共产党廉洁自律准则》《中国共产党纪律处分条例》，举办了辅导报告和知识竞赛。

（2）广泛征求意见建议。坚持发扬民主、开门纳谏，通过书面、召开座谈会、设置意见箱等形式广泛征集意见建议，梳理归纳为40条意见建议。同时，办党组和各司各单位都认真查找了践行“三严三实”方面存在的突出问题，列出了问题清单。

（3）深入开展谈心谈话。做到“三必谈”，党组主要负责同志与党组成员之间、党组成员

相互之间、党组成员与分管部门负责同志之间深入开展谈心谈话。党组成员谈心谈话共计30次，有的党组成员直接谈心到副处级干部。司局级党员领导干部也都广泛开展了谈心谈话，征求意见和取得谅解。

（4）按中央巡视组要求积极整改。积极配合、全力协助做好巡视工作，全面如实地反映情况，办党组和各司各单位都对中央巡视组提出的意见建议虚心接受，对巡视期间发现的问题立行立改，积极主动地整改落实。

（5）深刻剖析检查，撰写对照检查材料。办党组对照检查报告由党组书记鄂竟平主持起草，经党组集中讨论后定稿；党组成员均自己动手撰写了个人对照检查报告。

（6）召开专题民主生活会和组织生活会，严肃认真开展批评与自我批评。12月24日，办党组民主生活会上，办党组成员认真贯彻整风精神，鄂竟平带头，每位班子成员都对照党章、中央八项规定和“三严三实”要求，围绕自身存在的突出问题，开展自我批评，深刻剖析自我，班子其他成员再逐一提出批评意见。大家开门见山，直奔主题，坦诚相见，有什么问题就说什么问题，既达到了红脸出汗的预期效果，又增进了党组班子自身的团结。办党组认为，通过召开民主生活会，经受了党内组织生活的严格锻炼，思想上受到了深刻的教育。各司各单位领导班子民主生活会和党员专题组织生活会也都严格按照要求召开，取得了预期的效果。

五、强化整改落实和立规执纪

国务院南水北调办处以上党员领导干部坚持边学边查边改，切实解决“不严不实”的突出问题。

（1）办党组带头整改，对征求到的意见建议、查找的“不严不实”的问题以及民主生活会上查摆出来的问题进行了认真梳理分析，结合中央巡视组反馈意见，对照党章、中央八项规定和“三严三实”要求，列出了整改清单，制定了《国务院南水北调办党组2015年度“三严三实”专题民主生活会整改方案》（国调办党〔2016〕5号），在加强理想信念教育、加强机关党的建设、谋划工程长远发展、规范工程运行管理、关心干部职工需求等方面切实抓好整改落实工作，真正解决“不严不实”的问题，在深化“四风”整治、巩固和拓展党的群众路线教育实践活动成果上见实效，在守纪律讲规矩、营造良好的政治生态上见实效，在真抓实干、推动南水北调事业发展上见实效。

（2）机关各司各直属单位针对专题研讨过程中查出的“不严不实”问题清单，认真制定整改措施，一项一项解决，一项一项落实，结合业务工作实际建制度、立规矩，强化刚性执行，注重从体制机制上解决问题，推动践行“三严三实”要求制度化、常态化、长效化。

（3）根据中央第十五巡视组反馈意见，对机关公务员参评职称、直属事业单位违规发放津补贴、个人重大事项报告、档案管理、基层党建工作薄弱、个别人员公车私用等问题进行了专项整治，严格正风肃纪。对存在“不严不实”问题的领导干部，立足于教育提高，促其改进，对个别干部进行了批评教育、诫勉谈话、组织调整等组织处理。

六、认真总结经验，巩固专题教育成果

国务院南水北调办把开展“三严三实”专题教育作为从严管党治党的重要举措、机关党建

的重要内容和经常性教育的探索实践，将其融入领导干部经常性学习教育，与“三会一课”、中心组理论学习、领导干部民主生活会等党建工作形式密切结合起来，与巩固党的群众路线教育实践活动成果密切结合起来，周密安排部署，强化责任落实，扎实有效推进，取得了积极成效。

（一）“三严三实”专题教育的特点

（1）坚持以上率下。办党组带头开展“三严三实”专题教育，坚持高标准、严要求，以坚定的信念、决心、行动发挥示范带动作用。机关各司各单位领导班子成员立足本单位实际开展专题教育，努力当好忠诚、干净、担当的标杆。坚持领导带头学习讨论，带头自我检查，带头深刻剖析，带头撰写对照检查报告，带头开展批评与自我批评，身体力行，树立榜样，有力地推动了专题教育的开展。

（2）突出问题导向。在专题教育过程中，党员干部牢固树立问题意识，把发现问题、解决问题贯穿专题教育全过程。认真对照党纪国法，对照正反面典型，对照党的群众路线教育实践活动中个人整改措施落实情况，联系个人思想和工作实际，深入查摆“不严不实”问题，紧盯问题及具体表现，逐条逐项梳理分析，边查边改、即知即改。

（3）注重务求实效。围绕南水北调工程建设管理大局，把专题教育作为推动工作和队伍建设的重要契机和有效抓手，使专题教育与南水北调工程建设管理各项日常工作有机融合起来，坚持两手抓、两促进，教育引导各级党员领导干部加强党性修养，打牢思想根基，改进工作作风，推动“三严三实”专题教育与南水北调建设管理工作相辅相成，共同发展。

（二）“三严三实”专题教育的成效

（1）提高了思想认识。通过深入学习贯彻党的十八大和十八届三中、四中、五中全会精神，深入学习贯彻习近平总书记系列重要讲话精神，教育引导广大党员干部把思想和行动统一到中央部署和要求上来，统一到习近平总书记系列重要讲话精神上来，党性修养进一步提高。

（2）查摆和解决了“不严不实”的问题。对照“严以修身、严以用权、严以律己，谋事要实、创业要实、做人要实”和“对党忠诚、个人干净、敢于担当”的要求，聚焦党员干部队伍建设实际，认真查找和切实解决“不严不实”方面存在的突出问题，引导广大党员干部把“三严三实”作为修身做人用权律己的基本遵循和干事创业的行为准则，争做践行“三严三实”要求的好党员好干部。

（3）工作作风进一步改善。专题教育在推动真抓实干、治理庸懒散奢现象、提振队伍精气神、营造良好政治生态上收到了明显效果，进一步弘扬了求真务实、清正廉洁、联系群众、艰苦奋斗、勤思爱学五种作风和“负责、务实、求精、创新”的南水北调核心价值理念。

（4）有力促进了南水北调各项工作。把开展“三严三实”专题教育激发出来的严作风和实精神体现在工作中，着力规范运行管理，积极落实“三先三后”，切实抓好尾工建设，协调推进后续工程，通水运行开局良好，供水用水、生态保护、环境改善、抗旱减灾等方面综合效益逐步显现，南水北调工作在一些重点领域、重要方面实现了新突破，呈现出稳中向好、难中有进的良好态势。

国务院南水北调办党组要求各级党组织和广大动员干部要以“三严三实”专题教育为契

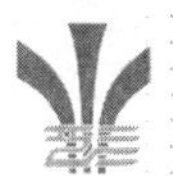

机，持之以恒地抓好作风建设，在党中央、国务院的坚强领导下，围绕协调推进“四个全面”战略布局，聚焦五大发展理念，全面从严治党，加强机关党的建设，在“十三五”规划开局的新起点上，勇于担当，主动作为，开拓进取，扎实工作，努力推动南水北调事业不断向前发展，为全面建成小康社会做出新的更大贡献。

第六章 群众工作

第一节 概述

工会、共青团、妇联是党领导下的群众组织，是党联系人民群众的桥梁和纽带，是国家政权的重要社会支柱，是所联系群众合法权益的代表者和维护者。在革命、建设和改革的各个时期，工会、共青团、妇联充分发挥了团结动员群众、宣传教育群众、联系服务群众的独特优势和重要作用。

国务院南水北调办直属机关工会、团委、妇委会，作为直属机关党的群众工作的重要组织和工作力量，在中央国家机关工会联合会、团工委、妇联的指导下，在直属机关党委的直接领导下，坚持以邓小平理论和“三个代表”重要思想为指导，认真贯彻落实科学发展观，按照法律和章程独立自主开展工作，在保障直属机关干部群众主人翁地位，维护干部群众合法权益，丰富干部群众文化生活，有力调动广大职工、青年、妇女参与南水北调工程建设这个中心工作上做出了重要贡献。

一、着力强化引领带动，服从服务南水北调工程建设

国务院南水北调办直属机关工会在南水北调系统组织开展了以“创先争优保通水，岗位建功做贡献”为主题的劳动竞赛活动。活动紧密围绕南水北调东、中线一期工程通水目标，结合工程“高峰期”“关键期”“攻坚年”的阶段特点，以转变工作作风、提高工作效率为重点，按照“突出重点推进度、突出高压抓质量、突出帮扶稳移民、突出深化保水质、突出监控管资金”的总体部署和“讲协作、讲实干、讲廉洁”的工作要求，动员和激励广大干部职工立足岗位、提升素质、岗位建功、争创一流，在全系统形成创先争优的良好氛围。

直属机关团委以“又好又快推进南水北调工程建设”这个主题，扎实组织开展推动“青年文明号”创建活动，发动青年在加快推进工程建设、实现建委会确定的总体建设目标中发挥生力军和突击队的重要作用。在活动中充分利用“全国青年文明号”“全国青年安全生产示范岗”、中央国家机关“五四红旗团委”、中央国家机关“五四青年奖章”等先进青年和集体的模

范带头作用，深入开展“青年先锋岗”活动，动员广大青年为掀起南水北调工程建设新高潮、实现东、中线一期工程通水目标建功立业。

直属机关妇工委认真贯彻落实全国妇联《关于在妇联组织和广大妇女中深入开展创先争优活动的意见》精神，以妇女组织建设“坚强阵地”和“温暖之家”，广大妇女“巾帼创新功、岗位争优秀”为主题，引领和激励女干部职工以昂扬的精神和饱满的热情投身南水北调工程建设伟大事业，掀起比学赶超热潮。

二、着力加强理论武装，切实提高所联系群众整体素质

直属机关工青妇组织认真做好干部职工、青年、妇女群众的教育培训工作，采用群众喜闻乐见的形式和载体，做好思想政治工作，帮助所联系群众提高思想道德素质和科学文化素质。

2012年，直属机关工会部署开展了“创先争优、服务工程、迎接十八大”公文写作技能大赛活动，印发《公文写作技能大赛评审工作规则》《公文写作技能大赛评分标准》，并对有关作品按16类公文进行评选，共评选出一等奖16篇、二等奖27篇、三等奖31篇。在此基础上，将35篇公文上报。经中央国家机关工委大赛评委会评比，推荐选送的35篇公文分别获得一、二、三等奖和优秀奖。

直属机关团委通过召开座谈会、主题思想教育活动等方式，加强团员青年的理想信念教育。先后组织召开了“发挥青年干部作用，献身南水北调伟大事业”“弘扬伟大长征精神，献身南水北调伟大事业”、纪念“五四运动”90周年等大型主题座谈会，开展“我与祖国共奋进”主题活动，组织青年干部赴革命圣地西柏坡、参观《复兴之路》大型主题展览等活动，进一步坚定团员青年的理想信念，增强了团员青年的民族自信心和自豪感，增进了团员青年为南水北调工程伟大事业奉献青春的责任感和使命感。

直属机关妇工委组织女职工深入学习《中华全国妇女联合会章程》《中央国家机关妇女工作委员会工作条例》《中华人民共和国妇女权益保障法》《中华人民共和国婚姻法（修正草案）》《中国妇女发展纲要》《女职工劳动保护规定》等法律法规，使每位妇女同志做到懂法、用法、守法。按照全国妇联关于在广大妇女中开展“颂党恩、跟党走，做党的好女儿”主题宣传教育活动的总体部署，积极组织全体女干部职工参加了全国妇联开展的“学习党的历史　展示巾帼风采”活动。通过活动，使广大女干部职工深入了解中国共产党诞生到中华人民共和国成立的革命史，以及中国共产党带领全国人民开展社会主义建设，探索中国社会主义建设道路的伟大历史进程，激发女干部职工爱党、爱祖国、爱人民的情怀，提高了思想认识水平。积极组织女干部职工参加“读书·实践·成才”活动，举办“女性·婚姻·家庭”专题知识讲座和“在构建社会主义和谐社会中发挥女干部作用”为主题的培训会，使她们在现实生活中能够正确处理好工作、婚姻和家庭的关系，以更加旺盛的精力和饱满的热情投入到南水北调工程建设各项工作中。

三、着力强化权益保障，积极促进和谐机关建设

直属机关工青妇组织把维护干部职工、青年、妇女群众的合法权益作为十分重要的工作，帮助他们解决实际困难和问题。

直属机关工会在职工经济适用房配售、职工伙食保障等关系职工切身利益的工作中，积极

向有关部门献计献策，保障了职工的切身利益。通过各种途径和形式切实帮助有困难的职工家庭，看望生病住院的职工，送去关心和爱护。坚持为未婚职工牵线搭桥，帮助他们喜结良缘；关心职工子女，力所能及帮助他们解决入学、就医等困难；积极争取有关部门支持，为服务多年的聘用制职工适当增加收入，并且促成建立起增加收入的机制。

直属机关团委组织开展“青年文化季”活动。组织团员青年赴中直机关工委房山训练基地开展“挑战自我，熔炼团队，增强共青团员意识”的拓展训练活动。组织团员青年参加了青年管理知识、法律知识等讲座，拓宽青年的管理知识面。

直属机关妇工委坚持每年为女职工专项健康检查，做好妇女常见疾病的预防、宣传及档案管理工作。根据医生的建议督促患病女职工进行复检，努力保障女职工的身体健康。关心职工子女成长教育，组织参加了中央国家机关职工未成年子女教育报告会。在每年“六一”儿童节，机关妇工委都为符合年龄条件的职工子女送上节日慰问，鼓励他们好好学习、希望他们健康成长。组织参加心理健康专题讲座，邀请心理学教授讲授相关知识和进行心理咨询，教育大家提高心理健康意识，学习自我缓解压力的方法，激励妇女同志积极进取、奋发向上，增强自信心和影响力。

四、着力搭建各项活动载体，丰富职工精神文化生活

机关工青妇组织充分发挥工、青、妇等群众组织的特点，积极开展群众喜闻乐见，有益身心健康，增进交流和理解的各类活动，为又好又快推进南水北调工程建设提供强大的精神动力和思想保障。

直属机关工会组建了机关乒乓球队、足球队、篮球队、羽毛球队，积极组织各种形式、各种层次的比赛，如足球赛、乒乓球赛、棋牌赛等活动。机关工会还积极组织职工参加中央国家机关职工运动会、中央国家机关“喜庆十八大赛诗会”活动等，取得了良好的成绩；坚持以勤俭节约、自娱自乐的原则，组织开展新春文艺联欢活动。通过各类活动活跃了机关工作气氛，丰富了职工文化生活，强健了体魄、凝聚了人心。

直属机关团委坚持每年开展保护母亲河义务植树活动，在永定河畔、南水北调中线北拒马河暗渠工程现场栽下了几千棵绿树，以实际行动履行植树义务，促进南水北调绿色长廊、生态长廊建设；联系机关青年实际，组织开展“勤于学习、善于创造、甘于奉献”主题实践活动，组织团员青年到中线京石段应急供水工程滹沱河倒虹吸工程施工现场、山东济平干渠工程现场、西四环暗涵施工、PCCP管道生产现场等考察学习，组织推荐优秀青年团员参加了中央国家机关团工委组织的百村调研实践活动等，先后组织“纪念‘五四’青年节暨青春为南水北调闪光”和“纪念‘五四’青年节暨学雷锋，争做南水北调优秀青年”主题演讲会，活动有声有色，受到了青年的欢迎。

直属机关妇工委每年坚持以“三八”国际劳动妇女节为契机，开展了一系列活动。例如，开展主题为“了解新农村，增强爱国情”活动，组织赴留民营生态农场学习参观活动；以“深入基层，服务工程”为主题，组织女干部职工深入工程建设一线，考察调研了中线京石段漕河渡槽段工程；学习了“全国五一巾帼标兵”胥元霞的先进事迹。另外，还结合实际，组织女职工观看电影，开展登山游园，参观农业生态园，组织羽毛球、保龄球、游泳等体育运动，丰富了职工精神文化生活，增进了女同志之间的了解和友谊。

这些年的实践证明，直属机关工青妇工作得到了机关干部职工的认可，兼职的工青妇干部队伍是一支有活力、有凝聚力、有战斗力的队伍。

第二节　工　会　工　作

一、机关工会组织建设综述

2003 年 6 月，国务院南水北调办成立伊始，便积极开展机构完善工作。2004 年 4 月，在机关党委的直接领导和中央国家机关工会联合会的指导下，国务院南水北调办机关工会第一届委员会及经费审查委员会成立。机关工会按照《中华人民共和国工会法》（以下简称《工会法》）、《中国工会章程》及相关规章制度正式开展工作。

（一）机关工会组建

按照《工会法》《中国工会章程》《中央国家机关工会工作办法》等法律法规的要求，机关工会在组织建设中的主要情况如下。

1. 机关工会组建过程

机关工会组建工作严格按照《中央国家机关工会工作办法》规定程序进行。一是制定组建方案。鉴于国务院南水北调办是新成立的单位，首届机关工会的组建方案由机关党委研究制定，经办党组同意，并报中央国家机关工会联合会批准。二是由机关党委提出主席、副主席及经费审查委员会主任建议人选名单，并报中央国家机关工会联合会批准。由机关各司、各单位提出委员（含经费审查委员会）建议人选名单。三是召开全体会员大会，实行差额选举，正式选出机关工会委员会及经费审查委员会，再由机关工会委员会选举主席、副主席及经费审查委员会主任。四是将选举结果报中央国家机关工会联合会批准。

2. 机关工会委员的产生

根据《中央国家机关工会工作办法》的相关要求，经咨询有关部门意见，借鉴相关单位做法，结合办机关机构设置情况具体酝酿人选。由于国务院南水北调办编制较少，机关工会没有专职人员编制，所有委员均是兼职。

为便于开展工作，按照中央国家机关工会联合会相关要求，第一届机关工会主席由机关一名副司级干部兼任，副主席及委员、经费审查委员会委员由各司、各单位业务干部兼任，经费审查委员会主任由一名副主席兼任。

在机关工会人员构成上，主要考虑两方面的因素：一是考虑委员的广泛性，即由各司、各单位推举委员候选人；二是尽可能体现委员的代表性，如有处级干部、有一般工作人员、有合同制人员，并且按要求有一定比例女同志等。实践证明，这适合机关工会工作实际，也收到了预期效果。

3. 机关工会的换届

机关工会换届按照《工会法》及《中国工会章程》规定，每届工会任期 3～5 年。从国务院南水北调办工作实际出发，第一届机关工会任期选定为 5 年。至 2009 年 5 月，第一届机关工会任期届满，按期进行换届。当时，国务院南水北调办及所属单位已经基本组建就绪，且人员也在不断增多，与刚组建时相比有了较大的变化。在机关党委领导下，在中央国家机关工会联合会指导下，第二届机关工会结合当时机关及直属单位实际情况进行酝酿和调整。换届工作同样比照上一届组建程序及做法进行，顺利产生了第二届机关工会委员会及经费审查委员会，继续开展工会工作。

2014 年 6 月，第二届机关工会任期届满，机关工会进行了第二次换届，产生了第三届机关工会委员会及经费审查委员会。会议听取并审议了机关工会主席刘岩所作的机关工会第二届委员会工作报告和工会副主席、经费审查委员会主任杜丙照所作的经费审查委员会工作报告。会议选举产生了机关工会第三届委员会委员和经费审查委员会委员。办机关各司、各单位工会会员代表共 70 余人参加了会议。

在第一、第二届机关工会工作期间，随着国务院南水北调办直属单位的陆续组建，其相应的工会组织也先后成立，根据所属单位实际情况，基层工会组织的设置采取机关各司设工会小组，事业单位设分工会，企业单位设工会。

4. 机关工会所属基层工会组织建设

国务院南水北调办直属机关有 7 个司、3 个事业单位、2 个企业。这些机构是随着工程建设的进展陆续组建和完善的。相应地，各单位的工会组织也陆续成立。其中，机关各司设立工会小组，各事业单位设立分工会，各企业（中线建管局、东线总公司）设立工会。在基层工会组织建设方面，机关工会主要责任为：配合、协助基层党组织，督促、指导组建事业单位分工会、企业工会；参与基层工会换届工作，及时审批组建方案和选举结果；建立基层工会组织台账，随时掌握会员变化情况。

机关工会及其直属工会组织格局见图 6-2-1。

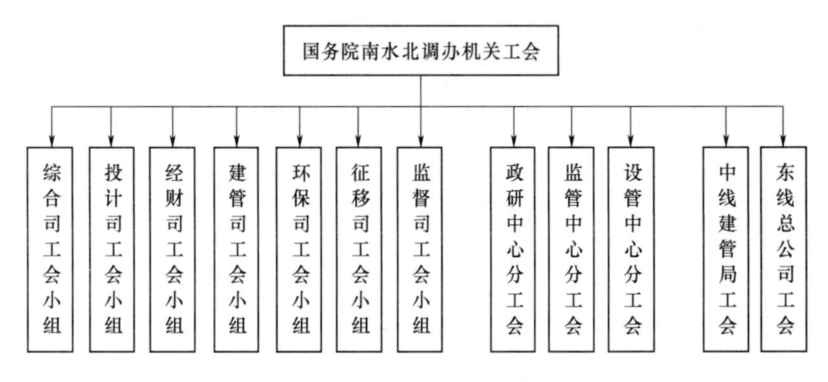

图 6-2-1 国务院南水北调办机关工会组织示意图

历届机关工会委员会、经费审查委员会组成人员名单如下：

第一届工会委员会成员名单（2004—2009 年）

主　席：刘岩

副主席：王宝恩、张景芳

委　员：马会峰、朱涛

2004 年，马会峰因工作调离，增补郭海丰为工会委员。

第一届工会经费审查委员会成员名单（2004—2009年）

主　任：张景芳

委　员：孙卫、赵世新

第二届工会委员会成员名单（2009—2014年）

主　席：刘岩

副主席：王宝恩、杜丙照

委　员：韩占峰、肖军、赵世新、张德华、张杰、胡玮、杨栋、王宁新

第二届工会经费审查委员会成员名单（2009—2014年）

主　任：杜丙照

委　员：张明霞、吴燕燕

第三届工会委员会成员名单（2014年—　　）

主　席：刘岩

副主席：由国文、杜丙照

委　员：严丽娟、李益、周波、白咸勇、鲁璐、曹继文、魏伟、张德华、李立群、宿耕源

2017年，增选肖军为工会副主席。

第三届工会经费审查委员会成员名单（2014年—　　）

主任：杜丙照

委员：张明霞、梁宇

（二）机关工会的定位

机关工会工作是机关党组织群众工作的重要组成部分。工会组织是参加人数最多、影响广泛的群众组织。为此，机关工会必须定位准确，在党组织的领导下，围绕机关中心工作，服务大局，并通过服务、参与和协调方式做好工作，积极组织开展相关的活动。

1. 服务

所谓服务，就是要求机关工会必须着眼于机关工作的全局，加强对机关中心工作的配合，针对机关的热点、难点及职工的需求点，搞好各方面服务。

2. 参与

所谓参与，就是在机关党委领导下促进机关民主制度建设，组织职工参与机关内部相关事务的民主监督和民主管理，充分调动职工参加机关建设的积极性。

3. 协调

所谓协调，就是配合有关部门积极协调好职工的切身利益，努力为职工说实话，办实事，解决实际困难，增强机关的凝聚力和向心力。

4. 组织活动

所谓组织活动，就是按照上级要求，围绕自身职能，组织开展各项活动（包括文体活动，劳动竞赛等)。

(三)机关工会的职责

根据《中央国家机关工会工作办法》的规定,机关工会的职责是:

(1)坚持用马列主义、毛泽东思想、邓小平理论、“三个代表”重要思想和科学发展观武装广大职工,协助机关党组织搞好职工理论学习。

(2)紧密围绕机关中心工作开展有自身特色的活动,促进机关中心任务的完成。

(3)代表职工利益,依法维护职工的合法权益。

(4)组织职工参与机关内部事务的民主管理和民主监督,保障职工的知情权、参与权和监督权。推进机关政治文明建设,保障职工民主权利的实现。

(5)协调和督促行政部门做好机关有关社会保险、劳动保护等工作。提高法律监督、法律咨询等形式,为职工提供法律服务。与有关部门协商解决设计职工切身利益的问题,为职工谋取福利。

(6)配合党组织教育职工努力学习科学文化知识和法律知识,不断提高中国的思想道德、职业道德水平和综合素质。

(7)开展适合机关特点的文化体育活动,推进机关精神文明建设。

(8)深入开展机关建设“职工之家”活动,把工会建成广大职工信赖的“职工之家”。

(9)依法收好、管好、用好工会经费,管理好工会财产。

(10)加强机关工会自身建设,推进工会工作的制度化、规范化。加强对基层工会组织工作的指导和会员的会籍管理工作。

履行以上职责,机关工会就要努力服务中心工作,服务机关建设,服务职工需求,切实加强自身建设。机关工会工作可概括为以下几个方面。

1. 服务保障

长期以来,中央国家机关工会联合会总结出了机关工会工作“三服务一加强”的工作思路,即:服务中心工作、服务机关党建、服务干部职工、加强自身建设。而核心就是服务,既找准了党的中心工作和干部职工的需求点,也找准了机关工会工作的基本定位,努力把机关工会建设成服务型群众组织。

2. 维护权益

机关工会是依法维护机关干部职工合法权益的群众组织,担当着工会会员“娘家人”的角色,必须时刻牢记保障职工合法权益这项职责。具体有三方面:教育、培训职工了解自身合法权益;针对损害职工合法权益的情况要及时介入,依法维权,促进机关内部和谐;保障工会会员内部的各项权利,如休假权、接受培训权、参加活动权等。

3. 凝心聚力

机关工会在机关党委领导下,承担着凝心聚力的使命。通过开展积极向上、情趣健康的各类文体活动,使机关职工才华得以展现,并通过比赛增加集体主义意识;关心困难职工、雪中送炭,让职工感受家的温暖;会员结婚生子过生日及时祝贺,让职工感到家的幸福和快乐。

总之,机关工会组织建设是机关工会的基础性工作,是开展工会工作的前提。机关工会组织建设必须坚持和依靠党的领导,依靠机关广大职工的支持。

二、工会工作原则、思路

国家机关的工会工作是机关党务工作的重要组成部分，是群众工作的重要载体。做好机关工会工作既是机关整体工作的需要，也是机关工会履行职责的具体体现。做好机关工会工作应围绕以下原则开展。

（一）加深对工会工作的总体认识

对机关工会工作要有正确的认识，这是做好机关工会工作的思想基础。对于从事机关工会工作的同志，无论是兼职还是专职，都必须热爱工会工作、清楚工会工作，对工会工作有基本的理论素养和思想认识。

1. 对机关工会工作重要性的认识

一要认识到工会组织是组成国家行政机关组织这一整体的不可或缺的一部分，是机关群众组织中人数最多的组织，是在机关党委领导下，在国家机关工会联合会指导下，做好群众工作，是党组织联系群众的桥梁和纽带，既肩负着党组织的嘱托，也肩负着广大职工的期望。二要认识到做好工会工作是构建和谐机关的重要方面，也是为构建社会主义和谐社会添砖加瓦。三要认识到做好工会工作，可以更好地维护职工合法权益及民主参与的权利，可以更好地丰富职工的文体生活，更能增加集体的凝聚力，更多地体现党和政府对职工的关心。

机关工会工作是党的群众工作的重要平台，也是机关工作的重要内容，更是从一个角度体现和践行党的群众路线的重要阵地。因此，做好机关工会工作政治意义十分重大。

2. 对机关工会工作职责内涵的认识

机关工会工作职责的内涵十分丰富，主要包括以下四个方面：维护职工合法权益；参与民主监督；搞好职工福利；组织开展各项文体活动。在这些职责中，维护职工合法权益和参与民主监督是机关工会工作的首要职责，必须牢记在心。而搞好职工福利和组织开展各项文体活动是机关工会工作的经常性任务，也是机关工会开展活动的重要载体。因此，机关工作始终要围绕上述认识来具体开展。只有这样，才能正确把握好机关工会工作的大方向，才能使机关工会的各项职责很好地落实，并且恰如其分地发挥好机关工会的作用。

（二）机关工会工作的总体原则

1. 找准位置，服务全局

在这方面要注意：由上述职责看出，机关工会是国家行政机关不可缺少的一个群众组织；机关工会的工作是重要的和有意义的，它的意义要体现在服务全局上。这就是说，机关工会在开展工作时，必须注意要“到位不越位，切实不表面，服务为主线”。

例如，当机关的中心工作任务很忙时，工会就不宜频繁组织开展大规模的文体活动，而要在后勤保障、关心职工福利上多做工作。当机关工作正常有序时，机关工会就可以适时组织些活动，活跃机关气氛。

总之，就是要时刻想着围绕中心，服务大局，审时度势。从事工会工作的同志，尤其是工会负责同志必须树立全局意识，时刻明了全局的动向。在此前提下，才能顺利地做好具体工作。

2. 发挥特点，做出亮点

所谓发挥特点，就是要在自身的职责范围内谋划事情，尤其是要研究什么工作是机关工会特有的、擅长的工作，在这方面多谋事。这样做既名正言顺，又得心应手，也更容易做出成绩，取得支持，办出效果。

所谓做出亮点，就是要根据本单位的情况，根据人员及现有条件的优势，突出重点，扬己之长，展现风采。例如，职工中喜欢足球、乒乓球的多，就重点扶持，争取取得好名次，以增加单位凝聚力和集体荣誉感。

3. 主动协调，争取支持

机关工会在开展活动时，所需人员、场地、资金等条件有限。在这种客观情况下，还得有所作为，就必须主动汇报，主动沟通，争取党组织和业务部门的支持。

4. 大处着眼，小处入手

从大处着眼，就是要有通盘的计划，研究制定出相应的目标和措施，有步骤地加以实施，从而使各项工作做到胸中有数。

从小处入手，有两层意思：一是先易后难，能做的先做，解决小问题总比解决大问题容易，便于见效；二是认识到小事也是好事，莫以善小而不为。

（三）具体做法

1. 注意宣传，取得理解和支持

要搞好工会工作，必须得到广大职工的更多支持和积极参与，这就要靠工会干部多宣传、多鼓动，抓住各种机会表达和动员，谋划和开展既适合机关实际也为大家喜闻乐见、踊跃参加的工会活动，以诚心、热心和实效取得会员的理解与支持。这样，机关工会的工作才能获得更多的帮助，才能使工会工作顺利开展。

2. 统筹兼顾，把握好轻重缓急

（1）兼顾各项职能，做到全面履职，任何一项职责都不能偏废。因为这是党组织交给的任务，也是广大职工的期望。哪项职能没履行，都是不作为的表现。

（2）兼顾轻重，把该做的事情和现实的情况分类排队，突出重点，确保重点，不能胡子眉毛一把抓。例如，发现职工中遇到的困难带有普遍性时，就应该及时汇报，并且配合机关党委及相关部门做好工作，力所能及地帮助解决问题。

（3）兼顾时间，就是要研究什么时候做什么事，把握好最恰当的时机安排相应的活动会更顺利，也能取得好的效果。

3. 关心群众，送温暖献爱心

关心群众是党的传统。在新时期，党组织把更多关系群众具体工作交由工会去做。这既是工会的职责，也是党组织的信任，机关工会责无旁贷，一定要全力做好。关心群众是具有广泛内涵的，工会的确能在这方面发挥独特作用，例如，为困难职工送温暖，看望病人，看望亲属去世的职工等事项都会体现出工会的作用，这些事直接面对群众，而且往往是雪中送炭，情暖人心。因此，机关工会一定要重视这些事，努力把党组织的温暖，工会的关心及时地送到职工中去。

4. 群策群力，众人拾柴火焰高

（1）发挥工会干部的中坚作用。工会委员是经选举产生的，具有广泛民义。我们注重发挥

每个委员优势，相互支持，相互帮助，相互补台，形成工作合力。同时，做好工会干部与积极分子的引导、激励工作，分别于2008年、2017年先后两次对工会工作先进集体、先进个人进行了表彰，以调动其工作的积极性、主动性和创造性，为工会工作提供组织保障。

（2）要充分调动机关工会干部的积极性。一方面，在国家机关中，工会干部一般都是兼职的，要在做好本职工作的同时，还要额外付出时间和精力来做工会工作，的确是很不容易的；另一方面，这些同志有的是相应级别的干部，工作经验多，协调能力强，本身又有各自的专长和人格魅力。因此，如果能够发挥好他们的优势和作用，让大家出主意、想办法、抓工作，对做好机关工会的工作至关重要。

（3）工会组织要善于发动群众，运用群众的力量开展工作，充分发挥群众的积极性和创造性。发现那些有特长、有热心的同志，使他们成为文体活动的带头人。例如，有些女职工喜欢瑜伽，就可以让们组织开展瑜伽训练。有年轻职工喜欢踢球，就让他组织足球队。这样，他们既喜欢活动，又热心服务，那些活动必定会开展起来，而且会越搞越红火，越搞越出彩。作为工会组织，只需在经费、后勤上给予必要的保障就可以了。

所以说，众人拾柴火焰高。谁说的办法对群众有好处，就照谁的建议办。工会工作是服务大家的，也要靠大家群策群力，机关工会的任务就是要做好穿针引线，协调实施的工作。

机关工会的工作，虽然不是机关工作的中心，但也是一项必须做好而且很有意义的工作，也是大有可为的。作为工会干部，无论是专职还是兼职，都承载着党组织和群众的信任。因此，必须干一行爱一行，干一行琢磨一行，准确把握机关工会工作的基本原则，并在此指导下开展好各项具体工作。

三、参与民主监督

党的十六大报告指出："加强对工会、共青团、妇联等人民团体的领导，支持他们依照法律和各自章程开展工作，更好地成为党联系广大人民群众的桥梁和纽带。"习近平总书记强调：工会工作要顺应时代要求，适应时代变化，善于创造科学有效的工作方法，把竭诚为职工服务作为工会工作的出发点和落脚点，全心全意为广大职工服务，让职工群众真正感受到工会是"职工之家"，工会干部是职工最可信赖的"娘家人"。这充分体现了党中央对群众团体的重视，也阐述了工会等群众团体在发挥桥梁和纽带作用方面的特殊地位。机关工会在实际工作中，要善于结合自身实际情况，积极参与职工伙食委员会、落实职工年休假制度以及聘用制员工劳动合同签订等活动，参与民主监督和民主管理，切实保障职工的合法权益。

（一）参加办党组民主生活会征求意见会

国务院南水北调办党组每次在召开民主生活会前，都征求机关工会的意见，机关工会把平时收集整理的群众意见和建议及时向办党组反映。多年来，通过这一形式，机关工会的工作更加得到办党组的重视，群众提出的许多问题得到解决。如遇工会重大活动，办领导均及时指示并出席参加，工会补助经费也逐年增加。事实证明，办党组和办领导的支持是顺利开展工会工作的重要保障，也是解决工会困难的重要途径。

（二）积极参与职工伙食委员会工作

民以食为天。搞好伙食工作，是机关后勤保障的重要内容，是职工安心工作的物质保障。

为及时收集和反映职工在伙食方面的意见和建议，国务院南水北调办成立了伙食委员会，主任由工会主席担任，部分工会委员参加。伙食委员会不定期召开会议，针对职工反映的问题提出意见和建议。通过这一形式，加强了对伙食问题的监督和管理，多年来，机关食堂从未出现过食品安全问题，从而保障了广大职工的身体安全和健康安全。

（三）参与监督职工年休假工作

按照中央国家机关工委的要求和有关规定，广大职工必须执行年休假制度，机关工会积极参加并监督执行这一制度。①工会参与了年休假的安排工作，会同有关部门研究年度休假时间、地点、方式等事宜；②组织职工开展休假、短期修养活动，充分利用公休日到郊区活动，既放松身心，又增进友谊；③按要求及时向中央国家机关工会联合会上报职工休假活动的情况报告，积极落实有关政策规定。

（四）监督聘用制员工劳动合同的签订情况

聘用制员工是构成机关队伍的一部分。机关工会根据国家法律法规及工会职责，对国务院南水北调办聘用制员工劳动合同签订及履行情况进行监督，重点监督保险条款等有关内容，严格按照《中华人民共和国劳动法》等规定逐条落实。有关部门根据工会的意见进行了合同完善，保障了聘用制员工的合法权益。

四、维护职工合法权益

维护职工合法权益是工会的基本职责。《中华人民共和国工会法》规定：“中华全国总工会及其各工会组织代表职工的利益，依法维护职工的合法权益”；“工会在维护全国人民总体利益的同时，代表和维护职工的合法权益。”《中华人民共和国劳动合同法》规定：“工会应当帮助、指导劳动者与用人单位依法订立和履行劳动合同，并与用人单位建立集体协商机制，维护劳动者的合法权益。”《国务院南水北调办机关工会工作办法（试行）》规定：“机关工会依法维护职工的合法权益不受侵害。工会有权就涉及职工合法权益的问题进行调查”；“职工合法权益受到侵害时，工会应当支持职工依法提出申诉控告、申请仲裁、提起诉讼，并协助提供法律帮助”。这些为机关工会维护职工权益提供了法律、法规、制度等层面的依据。

国务院南水北调办机关既有公务员会员，也有事业编制、企业编制的工会会员，还有聘任制合同工会员。机关工会从工作实际和会员状况出发，注重分别从这三个方面以多种形式维护职工的合法权益。

（一）发挥会议决策作用

机关工会成立以来，在国务院南水北调办直属机关党委的领导下，在中央国家机关工会联合会的指导下，按照《工会法》及相关规章制度开展工作，并通过工会会员（代表）大会，组织职工参与民主决策、民主管理和民主监督。

2009 年 6 月 18 日，国务院南水北调办机关工会会员大会召开，审议通过第一届工会工作报告和经费审查工作报告，选举产生新一届工会委员会委员和经费审查委员会委员。

2014 年 7 月，国务院南水北调办组织召开首届工会会员代表大会，听取机关工会工作报告

和经费审查工作报告，通过了工作报告的决议。

机关工会的成立，以及会员（代表）大会的召开，为职工参与民主决策、民主管理和民主监督，建立了联络的纽带和桥梁。机关工会通过参加党组织民主生活会、民主党派人士座谈、问卷调查等各种方式，积极建言献策，反映职工呼声，为工程建设决策和机关运转管理做出了贡献。

此外，机关工会本身也重视会议研究，每年制定年度计划、总结工作以及遇有重大事情都召开全委会研究决定，并且形成相应的会议纪要。

（二）关心职工诉求

国务院南水北调办非常重视职工利益，经常听取和反映职工的意见和要求，关心职工的生活，帮助解决困难。通过办党组民主生活会的途径，积极反映职工在医疗、交通、餐饮等方面的需求，并协助有关部门开展相关工作。例如，努力协调解决职工的后顾之忧；积极协助有关单位，在职工医疗保险尚未落实的情况下，解决部分职工的医疗困难；积极参与职工午餐的调研、供应等工作，确保职工午餐的质量和安全。

此外，根据机关工作实际情况，把工会委员会全体会议、工会工作会议、“三八”妇女节座谈会等会议作为重要的载体和形式，邀请办领导到会，与职工代表座谈，听取群众意见，了解基层员工诉求。加强与机关各司工会小组，事业单位分工会，中线建管局、东线总公司工会负责同志加强沟通，及时掌握职工的思想状况，了解职工在工作、学习和生活的实际困难，听取职工对工会工作的意见，为机关工会工作的顺利开展创造条件，提供了民意支持和工作借鉴。除了固定联系对话制度，工会还定期或不定期走访基层，通过调研和座谈等形式，了解职工群众的诉求，正确对待各方面意见，积极向办领导和职能部门反映情况、提出建议，并及时向职工群众反馈问题处理情况，扩大了职工群众的参与权、知情权和监督权。

例如，2005年中线建管局工会配合有关部门，通过“我为中线工程献计策”活动和发动群众征集意见和建议，收集各类意见和建议201条，经梳理汇总为68条，被局党组采纳，取得了很好的效果。

（三）维护职工权益

职工利益无小事。在日常工作中，国务院南水北调办注重通过平等协商和集体合同制度，协调劳动关系，维护职工劳动权益。协助机关人事部门和直属单位，积极推动事业单位人事制度改革工作，反映群众的呼声，为事业单位改革发展尤其是人事制度改革出谋划策，确保事业单位职工队伍的稳定。

工会作为职工群众组织，把维护职工权益作为重要工作内容。在工作中，各级机关工会组织经常深入职工中间，了解职工的合理诉求，听取职工的意见建议，在融洽工作关系、建设和谐机关方面进行了有效尝试。

例如，中线建管局是国务院南水北调办管理的企业，工会在维护职工权益方面也开展了卓有成效的工作。①正确把握维权方向。积极组织工会委员和骨干学习工会法，用科学理论武装头脑。②学习维权知识。组织工会委员调研学习，学习其他单位在维权等方面成功经验和做法，为本单位员工服务。③在维权上积极作为。组织工会委员和员工代表，协助局有关部门审议员工休假制度，对制度逐条逐句地推敲，提出合理化建议。组织工会委员和员工代表协助局有关部门审定全员劳动合同制度和签订劳动合同，提出合理化建议和意见，使员工合法权益进一步得到维护；成立“劳动争议调解委员会”，其中，工会委员占80%，充分展现了工会在维护职工合法权益、稳定职工队伍、促进劳动关系和谐方面的积极作用。④正确对待员工提出的意见和建议，积极向局党政领导和职能部门建议。对于能够实施的，积极推动，以利问题的解决；对于尚不具备条件的，向员工作出解释，化解矛盾。

五、改善职工福利

《国务院南水北调办机关工会工作办法（试行）》规定：“协助和督促有关部门办好职工集体福利事业，审议机关职工集体福利的有关事项并监督执行。”

国务院南水北调办机关工会自成立以来，一直高度重视职工的福利，并在法规规定的权限内，根据工会经费状况，力所能及地改善职工福利，使广大职工感受到党组织的温暖。

（一）开展“送温暖”活动

每年元旦、春节期间，机关工会都积极配合机关党政组织开展迎新春“送温暖”活动，机关党委和有关部门的负责同志与困难党员、职工代表进行座谈，为困难党员、职工发放慰问金，取得很好的效果。

近几年，尤其是在群众路线教育中，各级工会组织进一步加大了对困难职工的帮扶力度，切实解决工会会员的生活保障问题。国务院南水北调办着重从以下几方面开展工作：

（1）全面摸排。详细了解工会会员的实际生活状况，帮助查找生活中存在的问题和困难，建立了困难职工档案，为有针对性开展扶持工组奠定基础。

（2）认真统计。通过各级工会组织，传达中央国家机关工会联合会、国务院南水北调办机关工会关于扶持工作的统筹安排，便于其更好开展工作。

（3）严格审核。机关工会按照有关条件、规定、标准等，对申报困难职工进行甄选核实，及时反馈审核结果，全过程纳入经费审查的工作日程，做到了条件满足、标准严格、尺度统一。

（二）关心职工健康状况

当前，社会发展日新月异，经济发展全面提速，各行各业的从业人员工作节奏明显加快，伴随而来的就是心理压力加大，工作任务紧张，很多人在精神上和身体上处在亚健康状态。国务院南水北调办职工由于工作任务重、压力大，这方面的也是客观存在。针对这一情况，机关工会举办了多次健康讲座，聘请专家、医生来办机关讲课。例如，聘请心理学专家讲解如何管理情绪，排解心理压力，以健康的心态投入工作和生活中。又如，针对机关职工长期伏案工作的特点，聘请医生讲解颈椎病的预防、治疗和康复知识。这些讲座很有针对性，收效良好，并且深受职工群众的欢迎。

机关工会还对机关职工状况进行全面汇总、分析和研究，对职工心理健康也按要求做了问卷调查，并向中央国家机关反映有关情况和工作建议。根据工作需要，及时看望慰问患病住院的职工。多年来，共举办健康讲座4次，心理健康讲座3次，参加工会联合会健康大篷车活动

1次。

近几年，针对雾霾频发、空气质量不理想的问题，国务院南水北调办机关工会及时购买发放口罩等防护用品，为职工身心健康提供安全防护。

（三）及时发放慰问金

根据机关工作实际，及时做好职工生育、生日祝贺、婚丧嫁娶等慰问工作。具体如下：对患病住院的职工给予看望或补助，费用标准300元；对家属、子女患病造成家庭生活困难的职工，给予1000元补助，或组织职工募捐给予补助；对遭遇父母、岳父母、公婆去世等不幸事件的职工，给予1000元补助，或组织职工募捐给予补助；对人均收入低于北京市最低生活保障标准的困难职工，经工会组织评定，给予200元以上的补助；对因参加工会组织的活动出现的伤病情况给予慰问和适当的补助；对参加义务献血等社会公益活动的职工给予1000元以上的奖励；对新婚职工表示祝贺，发放贺金500元；对职工生日表示祝贺，发放贺金200元并赠送贺卡；对按计划生育政策生育的职工，发放贺金500元。

发放慰问金的数额虽少，但情义无价，让广大职工感受到工会组织的关心，体现出集体的温暖。

（四）丰富业余文化活动

组织开展观看主旋律电影、参观重点成果展览等，让大家了解时政、学习先进人物，弘扬主旋律，引导教育职工敬业爱岗。每年元旦、春节期间，机关工会组织职工文化交流活动或趣味运动会，促请职工参加猜谜语、扑克升级、棋牌等活动，使大家在活动中深化感情，交流信息，增进理解，也营造了和谐融洽、积极向上的机关文化。

中线建管局工会经常举办文化交流活动，开展日常体育活动，开展“送温暖”活动，组织开展健康体检等，为促进职工身心健康创造条件。还积极组织开展“送文体器材到工地”“文体活动到工地”“送电影到工地”等活动；为青年职工婚姻牵线搭桥，并举办集体婚礼，既营造了良好氛围，又节俭高效，为职工减轻了经济负担；结合每年的“八一”建军节，召开复转军人座谈会，邀请复转军人敞开心扉畅谈，体现了党组织对军人的关心；积极开展“阳光助学”活动，为家庭困难职工孩子上学排忧解难，赞助困难职工的孩子，使职工感受到了大家庭的温暖；认真做好职工劳动安全卫生工作，督促基层单位及时发放劳保福利和农民工工资，努力维护和谐稳定的工程建设环境；认真落实婚姻服务工作和计划生育工作，对全局女同志情况进行摸底和统计，保障女职工的生育、产假及休息权，维护好女职工的特殊权益。

六、开展文体活动

开展职工文体活动是机关工会重要工作之一，是提高职工凝聚力、强身健体的重要平台，是活跃工作氛围、提高工作效率的重要方式。机关工会成立十几年来，制定制度，组建机构，完善措施，积极开展了一系列的文体活动，得到了职工的好评。

（一）制定制度

研究制定了《国务院南水北调办机关工会工作办法（试行）》和《国务院南水北调办机关

工会经费审查委员会工作规则》，明确“办公室机关工会紧密围绕机关中心工作开展有自身特色的文体活动，促进机关中心任务的完成。”2010年3月19日，机关工会委员会召开全体委员会议，研究讨论并通过《国务院南水北调办机关工会财务管理办法》（机工〔2010〕6号），及时转发全国总工会、中央国家机关工会联合会等相关工作文件，为规范工会工作提供了丰富的制度依据。

在具体活动中，制定和完善了羽毛球比赛规则、保龄球比赛规则、乒乓球比赛规则、棋牌赛比赛规则、趣味运动会比赛规则、乒乓球室管理规定等一系列比赛细则，规范了文体活动。

（二）组建机构

为了活跃职工生活，增强职工体质，使职工以更加充沛的精力投入到工作当中，国务院南水北调办机关工会组建了文体活动协会及组（队），并代表机关参加有关竞赛。先后组建了足球队、篮球队、乒乓球队、羽毛球队、桥牌队等，明确了各队负责人，开展了一系列训练和比赛活动。

多年来，乒乓球队、羽毛球队、足球队等坚持了常年训练。机关工会在综合司、经济与财务司等部门帮助支持下，完善了乒乓球室，更新了设备，为乒乓球队正常训练创造了条件；机关工会在经费紧张的情况下，保持了羽毛球队常年训练必需的场地租赁，使得羽毛球队伍不断壮大。

机关工会通过组建并完善机构，保障了大家喜欢并积极参与的文体活动能够长期坚持下去。

（三）开展活动

1. 中央国家机关“公仆杯”年度乒乓球比赛

自2005年开始，积极参加中央国家机关工会联合会会组织的年度“公仆杯”乒乓球比赛，先后共参加9次。组队分部级队、司局长队和处级队。从最低级C级队开始，比赛成绩逐年提高。2008年，司局长队从C级队晋级B级队；2009年，司局长队从B级队晋级A级队。

2. 参加中央国家机关职工运动会

按照中央国家机关工委办公室《关于举办中央国家机关第二届职工运动会的通知》（国工办发〔2005〕25号文）的要求，国务院南水北调办高度重视，组团参加了运动会，并取得佳绩。代表团共40人（包括正副团长），其中运动员35人、工作人员5人（含领队）。

2005年8月28日，在中央国家机关第二届职工运动会首场比赛项目——桥牌比赛活动中，桥牌代表队经过了近8个小时的奋力拼搏和6轮的较量，经受了技术、战术、心理等综合素质的考验，取得第6名的好成绩。在颁奖会上，中央国家机关工会联合会对国务院南水北调办成立以来首次参加大型活动所取得的骄人成绩给予了高度评价。

在2010年举办的中央国家机关第三届职工运动会比赛中，国务院南水北调办代表队参加了扑克升级、桥牌、象棋、羽毛球和乒乓球5个项目的比赛。代表队积极准备，刻苦训练，顽强拼搏，取得优异成绩。其中，羽毛球项目获得女子双打冠军，创造国务院南水北调办参加中央国家机关运动会的最佳成绩；桥牌项目获得团体总分第4名，继2009年在中央国家机关联赛中升入乙级后实现又一重大突破；乒乓球项目司局级代表队水平稳步提高，发挥优异，再次进

入十六强；扑克升级项目名列第 12 名；象棋项目名列第 41 名。代表队在比赛中所表现出的不怕吃苦、拼搏向上、团结进取的积极状态，体现出干部职工良好的精神风貌，展现了国务院南水北调办的良好形象，赢得了运动会组委会、各项目裁判及兄弟单位的一致好评，被组委会授予“最佳风貌奖”。

2015 年，办机关工会牵头参加中央国家机关第四届职工运动会，组织 54 名职工参加了广播操、桥牌、羽毛球和乒乓球等竞赛项目。广播操方面，选拔出 15 名队员参赛，广大队员以热情饱满的精神状态，展现出了南水北调人的精神面貌，赛出了风采，获得了优胜奖的好成绩。桥牌方面，选派 4 名队员参加，获得了甲级队第 7 名的佳绩。羽毛球方面，派出了由 20 名运动员、教练员组成的代表队，在有 116 个部委参加的团体比赛中，获得了甲组团体优秀奖；在单项比赛中也取得可喜成绩，佘为为获得专业退役组女单第 3 名，李长春、冯国一获得 50～60 岁年龄组男双第 9 名。乒乓球方面，组织 15 名干部职工参加了部级单打、厅局级团体和处级团体 3 个项目的比赛，厅局级干部代表队获得 B 组小组第 2 名，处级干部代表队也发挥出了良好水平。

3. 职工趣味文化活动

为进一步建设机关和谐文化，繁荣群众性文体生活，提高职工身体素质和身心健康，更好地服务南水北调工程建设，坚持“趣味性、娱乐性、参与性、大众化”的原则，机关工会于 2012 年 9 月举办了首届职工趣味运动会。比赛项目为双人夹球接力、托球跑、定点发球和大丰收 4 个项目。办领导和各部门、各单位负责人全部参加运动会。

2013 年之后，国务院南水北调办每年都分别组织开展了“迎新春”文化暨趣味运动会活动，取得了沟通思想、增进友谊的预期效果。

4. 中央国家机关西长安街片羽毛球比赛

中央国家机关工会联合会于 2009 年 5 月 13—14 日在北京举办西长安街片“迎接新中国成立 60 周年，为中国加油”羽毛球联赛，片区 12 个部委 100 多名运动员参加比赛。国务院南水北调办羽毛球队刻苦训练，顽强拼搏，密切协作，精心排兵布阵，取得了片区第 2 名的好成绩。

5. 棋牌比赛

棋牌比赛是机关工会开展文体活动的重要形式之一，主要项目有扑克牌、桥牌、象棋、围棋、五子棋等。国务院南水北调办注重平时组织开展类似的交流活动，增加职工的参与率，扩大活动的覆盖面，提高了广大职工的爱好和情趣。

国务院南水北调办多次积极组队参加中央国家机关组织的各种桥牌比赛，并取得了喜人的成绩。

2005 年，在中央国家机关职工运动会比赛中，桥牌比赛项目取得前 6 名。

2009 年，在中央国家机关第九届桥牌团体赛中，国务院南水北调办首次组队参加比赛，参加了丙级的角逐，以总分第 3 名的好成绩顺利晋级乙级队。

2010 年，在中央国家机关第三届职工运动会桥牌项目比赛中，国务院南水北调办代表队精心组织，团结拼搏，取得了团体总分第 4 名的好成绩。这也是桥牌队自 2009 年在中央国家机关联赛中成功升入乙级后实现的又一重大突破，赢得了宝贵的积分和荣誉。在扑克升级项目比赛中，代表队发扬团结协作、敢打敢拼的精神，力克众多对手，在 72 个部委代表队中排名第

12位。

2013年，在中央国家机关工会联合会主办，国家体育总局棋牌运动管理中心、中国象棋协会承办的2013年中央国家机关“公仆杯”象棋团体赛中，国务院南水北调办代表队在比赛中再创佳绩。经过2天7轮的激烈争夺，获得团体第17名的好成绩，荣立团体优秀奖第1名。选手高玉刚以7轮5胜的成绩，荣获比赛组委会设立的个人奖银奖。

6. 新春联欢会

国务院南水北调办成立以来，连续举办了11届新春联欢会，机关工会承担了文艺节目的组织和筹划工作，文艺节目均为职工自创、自编、自演，包括歌曲演唱、器乐演奏、歌舞、小品、相声、哑剧、快板等，弘扬了建设者的风采，讴歌了南水北调人热爱事业的奉献精神，深受职工欢迎。

7. 组织开展公文大赛写作比赛

按照中央国家机关工会联合会的统一部署，国务院南水北调办于2012年积极组织开展“创先争优、服务工程、迎接十八大”公文写作技能大赛活动。为把这项活动搞得深入扎实，机关专门成立了公文写作技能大赛领导小组，负责活动的组织领导和奖项评定。机关公文写作技能大赛领导小组组长由杜鸿礼担任，副组长由卢胜芳、刘岩、杜丙照担任。活动专门印发《公文写作技能大赛评审工作规则》《公文写作技能大赛评分标准》，并对有关作品按16类公文进行评选，共评选出一等奖16篇、二等奖27篇、三等奖31篇。在此基础上，将35篇公文上报。经中央国家机关工委大赛评委会评比，推荐选送的35篇公文分别获得一、二、三等奖和优秀奖。

2016年3月，机关工会在组织职工参加了中央国家机关工会联合会组织的第二届公文大赛活动，评选上报了32篇公文参评。

8. 组织开展“喜庆十八大赛诗会”

2012年，为庆祝党的十八大召开，中央国家机关工会联合会组织“喜庆十八大赛诗会”活动，国务院南水北调办积极响应，并由机关工会组织。在此次赛诗会中，共1人获二等奖，3人获三等奖，8人获优秀奖。

9. 组织开展“万步走”健身活动

为响应党中央、国务院关于广泛开展全民健身运动的号召，增强职工的健康意识，锻炼职工体魄，凝聚力量，根据中央国家机关工会联合会关于《“天天健步走 每天一万步”倡议书》通知精神，办机关工会于2015年10月开始组织开展健步走活动。机关工会根据工作实际，精心组织，周密部署，制定了详实的活动计划。

为鼓励广大职工踊跃参加，养成锻炼身体的习惯，机关工会借鉴有关单位的经验，为参与活动人员配发计步器，并在“万步网”上开辟国务院南水北调办“万步走”活动专区，为每位职工开设了个人空间，实施了有奖竞走，竞赛分为个人竞赛和团体竞赛两个部分，并设置了相应的奖项。

为使该项活动与工作紧密结合，突出南水北调工程特点，将此项“万步走”活动以“千里水脉，润泽华夏”命名，分别以南水北调东、中线路线进行设置，采用虚拟的活动路线进行竞赛，既形象直观，又体现了南水北调文化。

根据2016年第一季活动统计和分析情况来看，共有130人参加第一季健步走活动，获奖人

数为92人，获奖比例高达70.8%。广大职工踊跃参与，热情高涨，成绩突出，身体得到了有效锻炼，取得了良好的效果。

为确保健步走活动的延续性，激励更多的干部职工加入到健步走的队伍中，机关工会在第一季活动结束后延续开展了健步走第二季活动，有更多职工参加到了活动中。

七、开展劳动竞赛

干部职工的工作激情是南水北调事业发展的内在动力和活力源泉。南水北调工程自开工建设以来，各参建单位结合工作实际，以各种形式开展劳动竞赛，为推动南水北调各项工作做出了重要贡献。

（一）组织开展劳动竞赛活动

1. 国务院南水北调办组织的劳动竞赛情况

2012年3月28日，国务院南水北调办机关工会和中线建管局联合向机关各司、直属各单位，各省（直辖市）南水北调办（建管局），河南、湖北省移民办（局），江苏、山东东线治污办和各项目法人单位发文（机工〔2012〕6号），部署在南水北调系统开展以“创先争优保通水，岗位建功做贡献，向党的十八大献礼”为主题的劳动竞赛活动。活动紧密围绕南水北调东、中线一期工程通水目标，结合工程“高峰期”“关键期”“攻坚年”的阶段特点，以转变工作作风、提高工作效率为重点，深入落实办党组“突出重点推进度、突出高压抓质量、突出帮扶稳移民、突出深化保水质、突出监控管资金”的总体部署和“讲协作、讲实干、讲廉洁”的工作要求，动员和激励广大干部职工立足岗位、提升素质、岗位建功、争创一流，在全系统形成创先争优的良好氛围。

竞赛内容主要包括两方面：①争创劳动竞赛先进集体，重点围绕加快工程建设进度、保证工程建设质量、注重管理创新等环节开展竞赛，充分展示南水北调工程建设职工队伍团结奋进、拼搏奉献的良好风貌；②争当劳动竞赛先进个人，以开展岗位练兵、技能比武、合理化建议、技术攻关等主要活动形式，倡导敢为人先、开拓进取、甘于奉献的敬业精神，不断提高职工的责任感、使命感和荣誉感，充分展示南水北调工程建设者勇于创新、积极进取的精神风采。

劳动竞赛对先进集体、先进个人提出了明确的评选条件。先进集体方面要求：①认真贯彻执行党的路线、方针、政策，注重思想政治和作风建设，学习氛围浓厚，积极进取，领导班子坚强有力，职工队伍团结和谐；②坚持民主管理和科学管理，管理体系健全，管理制度完善，管理措施到位，管理行为规范，在技术创新、管理创新等方面取得显著成效，出色完成工程建设和各项工作任务；③强化质量管理，注重安全生产，严格遵守质量安全工作规程规范，无质量事故，工程质量优良率达到85%以上，无质量责任事故，无伤亡事故；④重视职工素质教育和业务技术培训，有员工培训计划，积极开展职工文化建设；⑤积极履行社会责任，积极开展学雷锋活动，开展“送温暖、献爱心”活动，积极参与各类社会公益事业，与驻地群众关系融洽；⑥努力为职工办好事实事，认真做好困难职工帮扶救助工作，积极解决职工关心的食堂、活动室等切身利益问题，不断改善职工劳动条件，并得到职工群众认可。

劳动竞赛先进个人方面，要求模范遵守国家的法律法规和国务院南水北调办制定的各项规章制度，具有良好的职业道德和较强的工作能力，在工作岗位上兢兢业业、做出突出贡献，符合下列条件之一：①在工程建设管理中积极提出合理化建议，创造了先进的工作方法或技术改造成果，提高了工作效率，降低了工作成本，产生了明显的经济效益和社会效益，具有较高的推广价值，对工程建设具有积极的促进作用；②在本单位（部门）是技术尖子、岗位能手，并能在工作岗位上发挥骨干作用，成绩突出；爱岗敬业、主人公意识强，立足本职、扎实工作，默默奉献，具有“老黄牛”精神，受到职工广泛赞誉；③在质量管理和安全生产过程中，及时发现问题及时处理险情，为工程建设避免重大损失；④在其他方面工作中做出突出贡献。

为加强对劳动竞赛活动的组织领导，国务院南水北调办成立了劳动竞赛委员会。劳动竞赛委员会主任由于幼军担任，副主任由杜鸿礼、刘岩、韩连峰担任。劳动竞赛委员会办公室设在机关工会。

南水北调参建单位高度重视此次劳动竞赛活动，将劳动竞赛纳入重要工作日程，主要负责人亲自指导和组织，确保劳动竞赛有计划、有部署、有落实、有检查，并且与创先争优活动及干部职工教育、精神文明建设、党组织建设考评等活动有机结合起来，务求劳动竞赛取得实际效果。有关单位还根据生产工作任务和干部职工队伍实际，结合党员公开承诺、岗位承诺、年度工作指标考核等情况，制定切实可行的工作方案，细化年度各项任务，进一步明确劳动的具体内容形式、措施和途径，把竞赛活动的重点放在一线工作机构和工作岗位，确保竞赛活动覆盖到南水北调工程建设工作的各个环节，切实增强劳动竞赛的针对性和实效性。各单位加强劳动竞赛的宣传工作，积极宣传竞赛中涌现出来的先进集体、先进个人和突出业绩，及时总结和交流劳动竞赛的经验，形成岗位建功、创先争优的良好氛围，扩大劳动竞赛在南水北调系统乃至全社会的影响力。

此次劳动竞赛期间，各参赛单位结合工程实际，认真落实劳动竞赛各项部署，比完成任务、赛工程进度，比科学管控、赛工程质量，比以人为本、赛帮扶稳定，比机制体制、赛水质达标，比防范教育、赛安全生产，比遵纪守法、赛廉政建设，比态度作风、赛工作水平，收到了预期效果。

2. 南水北调系统开展劳动竞赛情况

除国务院南水北调办组织劳动竞赛活动外，系统内各单位也根据各自特点及工程进展情况分别组织了劳动竞赛。如中线建管局、河南省南水北调办、江苏水源公司、湖北省南水北调建管局等单位也以不同方式单独组织开展了劳动竞赛活动。

2011 年 5 月 13 日，东线江苏水源公司在南京召开“我为率先通水立新功”劳动竞赛动员大会，全面分析当前江苏段工程面临的建设形势，决定从 5 月份开始，在江苏段在建工程中广泛、深入、持久地组织开展重点工程劳动竞赛，进一步调动各参建单位和广大建设者的积极性和创造性，激发和挖掘潜在能量，激励先进，惩戒后进，大力开创“比、学、赶、帮、超”的良好建设氛围，努力适应江苏段工程建设高峰期和确保 2013 年汛前如期建成通水关键期的需要。东线江苏水源公司在劳动竞赛取得明显成效：①加强组织领导，成立劳动竞赛工作领导小组，由公司主要领导任组长，分管领导任副组长，各有关部门主要负责人为领导小组成员，定期研究劳动竞赛工作；②精心组织实施，研究制定了《江苏南水北调工程建设“我为率先通水立新功”劳动竞赛活动方案》，明确提出以质量、安全、进度为核心，以争创一流管理、

一流监理、一流施工为项目建设要求，以建设“优质、高效、优美、廉洁”工程、确保率先建成通水为总体目标，从进度、质量、安全、综合管理等4个方面开展劳动竞赛；③深入宣传发动，通过召开劳动竞赛动员大会，对劳动竞赛活动作了具体部署，得到了参建单位和参建职工积极响应，及时宣传报道劳动竞赛开展情况，扩大了劳动竞赛活动对工程建设的深入持久影响。

此次活动部署要求各参建单位高度重视，精心组织，扎实有效的开展各项工作：①现场建设管理单位要成立相应的组织机构，认真按照公司的要求和部署，明确专人，具体负责劳动竞赛各项工作；②现场建设管理单位要召集各参建单位开专题会议，分析研究并细化分解劳动竞赛目标任务，根据年度建设目标泵站工程分汛前具备试运行条件、年底具备水下验收、年底试运行三类，河道工程分汛前通水、年底通水两类，制定切实可行、便于操作的竞赛实施方案下发各参建单位；③在工地现场，各参建单位要分别悬挂劳动竞赛横幅、标语，营造了浓厚的竞赛氛围，比科学指挥、比规范有序、比管理创新、比资源节约、比服务奉献；④确保奖励资金落实到位，各现场建设管理单位要严格按照劳动竞赛要求，合理分配奖励资金，对奖励资金严格监管，确保资金发放到一线工人手中；⑤各参建单位对劳动竞赛中涌现出的先进事迹和先进个人，好的经验和做法及时进行表彰宣传，最大限度地发挥了劳动竞赛促进工程建设这一积极作用。

2010年9月，中线建管局分别在郑州市和石家庄市召开中线工程“奋战一百天，全面完成目标任务”劳动竞赛动员大会。会议提出劳动竞赛目标：在确保工程质量、安全的前提下，全线完成工程投资36亿元，达到年度投资的40%以上，完成土石方开挖6839万m^3，土石方回填2519万m^3，混凝土浇筑238万m^3。黄羑段工程的交叉建筑物基本完成，渠道工程衬砌全面启动；邯石段工程的小型交叉建筑物基本完成，大型建筑物完成过半，渠道工程衬砌开始启动；天津干线天津境内主体工程基本完成，河北境内工程竞赛期间完成箱涵28km，年底累计完成50km。这次劳动竞赛自9月10日起，至12月18日结束。劳动竞赛要求工程质量等级达到优良，不发生一般及以上质量事故，不发生一般及以上安全生产事故，基本达到国务院南水北调办文明工地标准。据了解，这次劳动竞赛坚持精神鼓励和物质奖励相结合的原则，加强劳动竞赛的过程考核，定期或不定期组织劳动竞赛情况检查，评选表彰在劳动竞赛活动中涌现出来的先进集体和先进个人。从优胜施工单位中评选出一、二、三等奖，一等奖奖励50万元，二等奖奖励20万元，三等奖给予10万元的奖励。优胜施工单位项目经理将授予“南水北调中线干线工程奋战一百天、全面完成目标任务劳动竞赛优秀项目经理”荣誉称号。

为落实国务院南水北调办关于加快工程建设和开展劳动竞赛的指示精神，充分调动参建各方的积极性，确保工期建设目标的实现，中线建管局于2011年9月15日至2012年6月25日，在中线干线工程全线范围内开展“破解难关战高峰、持续攻坚保通水”劳动竞赛活动。9月8—9日，中线建管局先后在郑州、石家庄召开中线干线工程劳动竞赛动员大会。同年，积极开展评选全国五一巾帼标兵活动，从中线干线一线推荐一名女员工作为全国五一巾帼标兵候选人参加评选活动。并在石家庄召开了学习劳模现场报告会，劳模代表作了典型发言，先进人物、单位代表讲话，鼓舞了士气，极大地调动职工和广大建设者的积极性和创造性。

河南省南水北调办也多次组织开展劳动竞赛。2010年5月25日，南水北调中线工程河南段劳动竞赛动员大会在郑州召开。会议要求：坚持公开、公平、公正的原则，要奖惩兑现，奖优罚劣，阳光透明，通报公布结果，真正比出好坏、比出优劣、比出高低，把劳动竞赛作为推动工作的抓手、载体和手段，逐步走上规范化、制度化的轨道。争取通过劳动竞赛，提高建管水平，创造和谐环境，加快工程进度，提高工程质量，确保安全生产，开创河南段工程建设热火朝天的新局面。

（二）南水北调系统参加上级工会劳动奖状及劳动奖章评选工作

2009 年，中央国家机关工会联合会印发《关于表彰中央国家机关五一劳动奖状先进集体和五一劳动奖状先进个人的决定》，中线建管局漕河建管部荣获中央国家机关“五一劳动奖状”，中线建管局原河南直管建管部部长高必华被评为中央国家机关“五一劳动奖状先进个人”。

2010 年，中线建管局原河南直管建管部部长高必华，被评为全国“先进工作者”称号，荣获全国“五一劳动奖章”。这是南水北调系统职工第一次获得此项殊荣。2010 年 4 月 26 日，国务院南水北调办召开南水北调系统全国先进工作者座谈会，要求在南水北调工程全线学习高必华的先进事迹，促进南水北调工程建设形成新高潮。

2013 年，根据《中华全国总工会关于表彰全国五一劳动奖状、全国五一劳动奖章和全国工人先锋号的决定》，江苏水源公司被授予全国“五一劳动奖状”，岳修斌被授予全国“五一劳动奖章”。

2014 年，国务院南水北调办推荐的中线建管局河南直管建管局荣获中央国家机关“五一劳动奖状”，中线建管局河南直管建管局副局长蔡建平、国务院南水北调办建设管理司工程建设处处长马黔荣获中央国家机关“五一劳动奖章”。

2015 年，协调推荐中线建管局河南直管局副局长、南阳项目部部长、惠南庄建管部部长蔡建平荣获“全国劳动模范”光荣称号，开创了办机关获此项荣誉的先例。

八、工会经费管理

为管好用好工会经费，做到“用得合理，群众满意”，更好地为会员群众服务、为发展工会事业服务，国务院南水北调办机关工会成立以来紧紧围绕南水北调工程建设的中心任务，按照《工会法》及上级工会和直属机关党委的要求，积极开展各项工作。

（一）工会经费使用管理原则

工会财务管理工作严格贯彻国家财经政策，认真执行工会财务制度，遵守财务纪律。工会财务工作根据《工会法》及国家有关方针政策和财经纪律，研究制定并下发了《国务院南水北调办机关工会财务管理办法》等文件，转发了中央国家机关工会联合会《工会财务会计管理规范》《关于调整工会经费上缴办法的通知》等文件，进一步规范了财务工作。工会经费坚持做到“年初有预算，年终有决算”；各项经费使用合理，账目及经费管理严格有序、账款相符、手续齐全完备，建立和逐步完善各项财务管理制度。根据中央国家机关工会联合会的要求，认真编报工会经费预决算，定期向工会组织及工会主席报告财务收支情况。

各单位工会均对工会经费单独建账，进行独立核算，经费开支由工会主席“一支笔”审批。工会经费主要用于职工开展文体活动、为职工送温暖献爱心等活动，有效地保障了工会会

员的合法权益，保证了工会经费的专款专用。

（二）工会财务管理情况

机关工会成立以来，围绕工会工作任务，坚持为广大职工群众服务，为工会自身建设服务的方针，实行财务预、决算制度。根据工会工作任务安排，本着量入为出、留有余地、节约办事的原则，年初编制预算收支表，报经费审查委员会和上级工会审批后执行。年末，编制会计决算报表，将预算执行情况进行对比分析，找出超支、节约的原因，在下年的预算中进行调整。

在工会财务管理上，制定了严格的工会财务管理制度，建立健全财务管理组织程序。实行会计和出纳分工核算，会计由财务部人员兼任，独立核算，核对账目，做到报账手续健全，符合规定，记账不错不乱，结账及时、准确，报表真实、无误。在财务报销上，须有经办人、证明人、报销人三人签字，工会主席审核之后，才给报销。

在重大财务开支项目上，主动请有关党政领导把关。例如，开展大型文体活动，购置物品，都事先进行认真研究、测算，制定费用计划，报有关领导审批后才进行。在经费使用上坚持从严控制的原则。该花的钱、该办的事，要办好、办实；不该花的钱不花，能少花的钱少花。总之，要瞻前顾后，既要满足开展活动的需要，又要兼顾长远和奉行节约的原则。

按照有关要求，工会财务工作进一步加强了预算管理，同时合理分配经费，充分发挥工会经费的使用效果。工会经费主要用于为职工提供切实服务、维护职工合法权益、为职工分忧解难、开展文体活动等方面，更多的干部职工从中受益。

（三）工会经费审计情况

机关工会经费审查委员会成员都是经过工会会员大会选举出来的。经费审查委员会行使监督审查工会财务和工会固定资产的职权，能充分体现工会的自身建设，是在广大职工群众监督之下进行的，能让广大职工感觉到工会的财务和固定资产管理是公开的，是取之于民、用之于民，为广大职工群众服务。

深入基层了解情况，掌握工会经费在收、管、用方面的情况和存在的问题。不断总结经验，找出差距，提高工会经费审查开展和管理的水平。定期开展经费审查活动，发挥经费审查委员会组织的职能作用。通过对工会经费收支和有关经济活动的审查，监督其贯彻执行党和国家的财政政策、法规、纪律以及工会财务工作的方针和规章制度。从而收好、管好、用好工会各项经费。

中央国家机关工会联合会分别于2009年、2012年、2015年对国务院南水北调办机关工会经费进行了审计。之后，机关工会按照要求，及时向中央国家机关工会联合会上报了审计意见整改结果报告。就机关工会经费总体而言，审计工作机构认为，机关工作制定了财会工作规章制度，办理了工会法人资格证书，建立独立的财务账户，财务手续实行主席“一支笔”签字。2012年，中央国家机关工会联合会对国务院南水北调办机关工会给予通报表扬。

2015年，机关工会组织各级工会组织开展财务大检查工作，印发中央国家机关工会联合会相关工作方案。机关各级工会组织及时组织开展相关工作，并积极报送财务大检查工作报告。中央国家机关工会联合会组织审计后认为：机关工会财务管理规范，财务收支平衡，开展了多项文体活动、送温暖等维权活动，会计核算基本符合工会会计制度规定，工会经费使用符合国家法律法规有关方面的规定。

（四）工作成果

机关工会按照全国总工会和中央国家机关工会联合会的要求，积极配合各项工作，坚持依法拨缴经费，不断完善各项财务制度，加强工会经费收缴和财务管理等各项工作，得到了广大干部职工和上级工会组织的充分肯定。而且，工会经费收入实现了大幅增长，支出结构合理、专款专用，量入为出、精打细算，内部管理进一步加强，财务工作更加规范有序。

工会经费审查委员会制定颁布并严格执行《国务院南水北调办机关工会经费审查委员会工作规则》，配合研制印发《国务院南水北调办机关工会财务管理办法》，为经费审查工作提供了制度保障。同时，严格按照经费审查与监督有关规定，独立履行审查监督职责。从保证会员利益的高度，多次组织对工会各项经费的收支情况和财产管理进行审查监督，多次调阅财务账册、凭证和各类报表，对工会预算、决算及经费使用方向进行审议，确保工会经费的合理使用，促进工会廉政建设。每年年初、年末，经费审查委员对工会经费收支情况的合法性、真实性、完整性进行审查，对工会经费预算控制指标执行情况、执行过程和结果、财务核算情况及时提出意见和建议，以提高工会经费使用效益。

机关工会2006—2014年曾连续获得中央国家机关工会财务工作先进集体优秀奖，并在2010—2013年度工会经费审计工作中获得上级奖励。

九、工作经验体会

机关工会是在直属机关党委领导下开展群众工作的群众组织，机关工会工作是机关党务工作的重要组成部分，做好机关工会工作既是机关整体工作的需要，也是机关党组织做好群众工作的重要平台。

（一）要正确认识机关工会职责

一要认识到工会组织是组成国家行政机关组织这一整体的不可或缺的一部分，是机关群众组织中人数最多的组织，是在部门机关党委领导下，在国家机关工会联合会的指导下，党组织联系群众的桥梁和纽带，既肩负着党组织的嘱托，也肩负着广大职工的期望。二要认识到做好工会工作是构建和谐机关的重要方面，也是为构建社会主义和谐社会添砖加瓦。三要认识到做好工会工作，可以更好地维护职工合法权益及民主参与的权利，可以更好地丰富职工的文体生活，更能增加集体的凝聚力，更多地体现党和政府对困难职工的关心。

机关工会工作是党的群众工作的重要平台，也是机关工作的重要内容，更是从一个角度体现和践行党的群众路线的重要阵地。因此，做好机关工会工作政治意义十分重大。

在正确履行上述职责方面，应注意以下两个方面：①要认识到机关工会是行政机关应当依法建立的群众组织，是党组织开展群众工作的有力助手和密切联系广大职工的桥梁和纽带；②机关工会的工作是重要和有意义的，机关工会任何工作意义最终都要体现在服务全局上。因此，必须依靠党组织领导，依靠广大职工群众参与，审时度势，努力把工会工作融入到机关的中心工作中，在中心工作的大氛围下，按照自身的职责和优势主动开展工作。

只有正确认识并很好地履行职责，才能在平时的工作中做好应该管、可以管、管得好的事情，做到到位不缺位、不越位；也只有准确把握好自身的职责，才能正确把握好机关工会工作的大方向，才能使机关工会的各项职责很好地落实，并且恰如其分地发挥好机关工会应有的作用。

（二）要了解机关工会及机关职工的特点

做机关工会工作，在准确把握职责的基础上，还要正确了解自身的特点，做到知己知彼，才能尽力而为、量力而行。机关工会有以下几个特点。

（1）从单位会员结构情况看，①级别高、学历高，如国务院南水北调办机关处级以上领导干部就占50%以上，大学本科以上人员占90%以上；②人员来自五湖四海，外地的职工比例大，尤其是年轻同志，平时生活及子女照顾上相对缺少家庭的帮助；③除公务员外，还有一部分合同聘任制人员（如司机、文秘等），而且相对困难的职工主要集中在这部分人员中；④职工中具有一些文体专长的同志，这也是机关工会必须掌握和高度重视的一点。了解会员结构的目的是根据不同群体的特点来策划不同的工作内容及方式方法。

（2）会员利益需求多元化。从单位会员的利益需求分析，总的来讲，机关职工也像社会上其他人一样都有精神和物质利益需求。由于工作岗位及个人情况等因素的不同，职工的需求侧重点也有差异。针对职工的利益需求特点，工会应该分类排队，并且对正当的诉求给予反映和帮助解决。

（3）机关工会干部多为兼职。这一点在行政机关是普遍现象，机关工会干部全部是兼职。这种模式有利有弊，好处在于工会干部大都是某个部门的领导，有一定的组织能力，而且工作中人手不够时便于调动本部门会员参与；弊端在于很难保证专心致志地思考和实施工会工作，也不利于工会工作的连续性，更多的是靠大家的责任心和奉献意识，很难保证工作的力度和效果。但在实践中，在工会会员中，有很多同志热心工会工作，他们或是有文体爱好，或是有服务热情，这些同志既是工会工作的积极分子也是工会工作的依靠力量，是对工会干部的补充。

（4）从机关工会的地位和条件看，在现有的实际状况下，要出色地履行好职责是很不容易的，必须千方百计地发挥主观能动性才能够取得切实的效果。知道这一特点，制定工作目标和开展工作时就要脚踏实地，而不能好高骛远。例如，尽量办花钱少、参加人员多的活动，像跳绳比赛、踢毽比赛、健步走等，花费不大，参与人多，“短平快”中也有欢乐。

（5）从物质条件上分析，机关工会也应善于发现和利用本单位的有利条件。例如，虽然办公楼在运动场地和设施上先天不足，但楼道空场较多、较大，这就为机关工会开展活动提供了可资利用的场所。在这方面要注意发现和见缝插针，而不能怨天尤人和“等靠要”。

综上分析了机关工会的一些特点，目的是在开展工会工作时做到心中有数，扬长避短。一方面，要了解现实的客观条件，把需要和可能结合起来，使工作目标和要求切合实际；另一方面，也要积极发挥主观能动性，谋事在人，努力在现有条件下把工会工作做得有声有色。

（三）必须依靠党组织和群众支持

工会工作是党的工作的重要部分，党的领导是工会工作的最大优势，机关工会组织建设也是如此。无论是成立组织、机构换届，还是基层组织建设，以及制度建设、队伍建设，都必须在机关党组织的领导和指导下开展。只有这样，才能保证机关工会组织建设工作方向正确；也只有这样，才能在机关工会组织建设中克服困难、解决问题，确保机关工会各项工作的健康发展。

要搞好工会工作，必须依靠国务院南水北调办党组和机关党委领导支持，依靠中央国家机关工会联合会指导和支持，依靠广大会员支持和帮助。办党组十分重视机关工会工作，办领导对机关工会每年的工作计划和工作总结都做有篇幅较长的批示，肯定成绩，提出希望作，明确要求，并且多次对机关工会工作作出具体指示。直属机关党委每年都将机关工会工作列为会议议程研究部署，并且随时给予具体指导。国务院南水北调办综合司在工会活动时间、场地、困难职工慰问等方面给予指导和支持，经财司在经费补贴、经费审查等方面给予大力支持和指导。各司各单位领导在人力物力上始终给予大力支持，这些都是做好工会工作的根本保障。

要搞好工会工作，必须得到广大会员的更多支持和积极参与，这就要靠工会干部多宣传，多鼓动。抓住各种机会动员，谋划和开展既适合机关实际也为大家喜闻乐见、踊跃参加的工会活动，以诚心、热心和实效取得同志们的理解与支持。这样，机关工会的工作才能获得更多的帮助，才能使工会工作顺利开展。

2016 年 1 月 7 日，国务院南水北调办党组书记、主任鄂竟平及党组成员、副主任、机关党委书记蒋旭光主持召开专门会议研究群团工作，听取机关工会工作汇报，肯定了机关工会的成绩，提出了希望和要求，并且对机关工会工作作出明确指示。

鄂竟平要求：机关工会必须认真学习领会和贯彻落实习近平总书记在群团工作会议上的讲话精神，充分认识到机关工会的职责，发挥工会的作用，当好党组织联系广大职工的桥梁和纽带；工会工作要紧密围绕国务院南水北调办中心工作和工程进展来部署和开展，服务中心，服务工程，服务广大职工，尤其是在建设队伍、了解职工思想状况方面要全力配合党组织做好工作；积极开动脑筋使工作再上新台阶，工会工作也要按照供给侧改革的思路，想方设法为职工提供更多更好的服务内容，更多地组织开展职工欢迎的文体活动，凝心聚力，让职工心情更加舒畅，更加健康愉快，让南水北调这个大家庭更加兴旺红火；机关工会要主动与共青团组织、妇女组织沟通、协调和配合，发挥各自特点和优势，互相帮助，形成合力，共同为机关队伍建设增光添彩。

南水北调东、中线一期工程已经建成通水，显现出很好的效益。南水北调全体职工正按照“稳中求好，创新发展”总体思路努力工作。工会工作也要围绕这一思路认真履职，在直属机关党委的领导下，在中央国家机关工会联合会的指导下，在广大职工的支持下，不断努力，为服务中心、服务工程、服务职工做出更多的贡献。

第三节　青　年　工　作

一、团组织建设

共青团是中国共产党领导的先进青年的群众组织，是广大青年在实践中学习中国特色社会主义和共产主义的学校，是中国共产党联系青年群众的桥梁和纽带，也是中国共产党的助手和

后备军。共青团组织的主要职能是组织青年、引导青年、服务青年、维护青年合法权益，不断巩固和扩大党执政的青年群众基础。

根据国务院南水北调办特点和青年工作需要，组建青年组织并开展相关工作，有利于更好地团结和引导南水北调青年，充分发挥生力军和突击队作用，积极投身南水北调伟大事业，为推动工程又好又快建设贡献青春和力量。2004年3月2日，在国务院南水北调办机关党员大会上，孟学农要求按共青团的章程，尽快组建机关共青团组织，充分发挥共青团组织在机关建设和各项工作中的桥梁和纽带作用。

在国务院南水北调办机关党委的关心和领导下，在中央国家机关团工委指导下，2004年9月，国务院南水北调办组织召开了机关团员青年大会，选举产生了第一届共青团国务院南水北调办机关委员会（简称机关团委）。

（一）筹备召开第一次团员大会，选举成立机关团委

在国务院南水北调办机关党委和中央国家机关团工委的关心指导和大力支持下，2004年3—8月，国务院南水北调办成立了机关团委筹备组，并积极开展筹建工作，经过精心筹备，9月正式成立机关团委。

1. 开展筹备工作

（1）组建筹备组。为加强办机关团员青年工作，机关党委成立后的第一次全体会议就研究决定成立国务院南水北调办机关团委，要求先期组建了团委筹备组，开展有关团员青年工作并积极筹备召开第一次团员大会。

（2）酝酿候选人。根据实际情况，团委筹备组在广泛征求意见的基础上，酝酿产生机关团委委员候选人名单，并经机关党委第五次全体会议审议通过。

（3）筹备团员大会。在中央国家机关团工委的指导下，在机关党委领导下，按照第四次机关党委关于9月成立机关团的有关要求，筹备组积极筹备此次大会，并正式履行选举产生机关团委的有关手续。中央国家机关团工委正式回函同意成立国务院南水北调办机关团委并召开第一次团员大会。

2. 召开团员大会，成立第一届机关团委

经请示中央国家机关团工委同意，2004年9月27日，国务院南水北调办组织召开了机关团员青年大会，中央国家机关团工委书记刘涛到会指导。会议选举产生了国务院南水北调办第一届机关团委。办机关团委委员候选名单由办机关团委筹备组广泛酝酿协商后提出，报办机关党委批准后提交团员大会正式选举。大会选举采用无记名投票方式，通过直接差额选举产生。

根据团员大会选举结果，9月27日下午，机关团委会召开了第一次全委会，选举产生了机关团委书记、副书记，在报中央国家机关团工委同意后，国务院南水北调办机关团委正式成立。国务院南水北调办第一届机关团委（2004—2009年）由5人组成，设书记1人、副书记1人、委员3人。

书　记：井书光

副书记：胡周汉

委　员：何韵华、普利锋、赖斯芸

（二）探索国务院南水北调办共青团和青年工作思路

时任国务院南水北调办党组副书记、副主任、机关党委书记的孟学农对机关青年工作提出明确要求：要自觉地把团的建设融入到党的建设工作总体格局之中，努力培养一支勤于学习、善于创造、甘于奉献的青年干部队伍，使他们在火热的南水北调工程建设实践中建功立业，岗位成才。

十多年来，机关团委根据机关党委的要求，结合不同时期共青团和青年工作实际，围绕南水北调工程建设的中心任务，研究确定符合南水北调系统团员青年特点的工作思路、目标原则和工作任务。

1. 指导思想

以邓小平理论、“三个代表”重要思想、科学发展观为指导，认真贯彻落实党的十六大、十七大、十八大会议精神和共青团十五大、十六大、十七大会议精神，落实办党组和机关党委关于机关青年工作的有关要求，按照团中央、中央国家机关团工委的有关部署，以“勤于学习，善于创造，甘于奉献”为鞭策，紧紧围绕南水北调工程建设大局，不断加强机关青年工作，为办机关各项事业的发展做出应有的贡献。为推动南水北调工程又好又快建设，推动全面小康社会建设、加快推进社会主义现代化贡献智慧和力量。

2. 总体工作思路和目标

中国共产主义青年团在现阶段的基本任务是：坚定不移地贯彻党在社会主义初级阶段的基本路线，以经济建设为中心，坚持四项基本原则，坚持改革开放，在建设中国特色社会主义的伟大实践中，造就有理想、有道德、有文化、有纪律接班人，努力为党输送新鲜血液，为国家培养青年建设人才，团结带领广大青年，自力更生，艰苦创业，积极推动社会主义物质文明、政治文明和精神文明建设，为全面建设小康社会、加快推进社会主义现代化贡献智慧和力量。

结合新时期青年工作任务，国务院南水北调办机关团员青年工作的总体思路是：自觉将机关团的建设融入机关党的建设总体规划格局之中，在办党组和机关党委的正确领导下，紧紧围绕机关党的中心工作，依照法律、共青团的章程和国务院南水北调办有关制度，独立自主、创造性地开展工作，采用适合青年特点的、照顾青年的各项特殊要求的、关心青年的切身利益和问题、生动活泼的方法去进行工作，开展活动。

目标：努力培养一支“勤于学习、善于创造、甘于奉献”的机关青年干部队伍，使他们在火热的南水北调工程建设实践中建功立业，岗位成才。

3. 工作任务

（1）结合机关青年党员多的实际，更好地发挥党的助手作用，使团员青年工作更加紧密地围绕国务院南水北调办机关党的事业开展。共青团是党的后备军，是机关建设的有生力量。要结合机关党建工作的中心任务开展工作，自觉地以团的建设服务于党的建设，充分发挥团员青年工作的作用，发挥党联系青年的桥梁和纽带作用，不断增强党在青年中的群众基础，形成团员青年工作与机关党建工作积极配合、协调一致、服务大局的良好局面。

（2）积极探索团员青年工作新的实现形式，促进机关团员青年活动的项目化、系列化。要根据办机关实际和青年的特点，不断实现团员青年工作在思路上、工作方式上、自身建设上的创新，丰富活动内容。要依照法律和章程创造性地开展工作，要采用适合青年特点的、照顾青

年的各项特殊要求的、关心青年的切身利益和问题、生动活泼的方法去进行工作，开展活动；要把思想建设、组织建设和作风建设有机结合起来，通过形式多样的活动不断推进团员青年工作有效开展。

(3) 竭诚服务机关青年，为青年成长创造条件，搭建平台。要把提高青年的能力作为加强团的建设的着力点，以服务促进建设，以服务求活跃。机关团委委员均是兼职人员，有利于更直接地、有针对性地服务于机关各司青年，更有利于为他们的成长创造条件。机关团委要坚持竭诚为青年服务的原则，不断提高服务青年的能力和水平。

(4) 紧紧围绕南水北调工程建设大局，不断提高青年投身南水北调工程建设的能力和积极性。深入发动和团结带领机关青年为完成南水北调工程建设目标任务多做贡献，在火热的南水北调工程建设的伟大实践中建功立业，岗位成才。

(5) 加强学习，创造学习型团组织。加强马列主义、毛泽东思想、邓小平理论和“三个代表”重要思想的学习，重点围绕树立科学发展观，不断提高政策理论素养；不断加强《行政许可法》等法律法规和业务知识学习，进一步打牢业务功底。要通过学习型团组织的创建，不断提高青年的政策理论水平、依法行政的水平和业务水平，进一步提高机关青年为南水北调事业服务的能力。机关团委要按照学习型、服务型团组织的要求，加强学习能力和服务能力建设。

(6) 积极与机关工会、妇女组织合作。积极探索新的工作机制，加强与机关工会、妇女组织紧密配合，通力协作，搞好工作配合，形成优势互补。

(三) 组织召开第二次团员大会，顺利开展团委换届

为进一步推动国务院南水北调办共青团建设和青年工作的开展，按照直属机关党委的有关部署，依据《团章》的有关规定，2009 年，机关团委在直属机关党委和中央国家机关团工委的领导和指导下，组织筹备并于6 月 16 日召开了机关全体团员大会，选举产生了共青团国务院南水北调办公室直属机关第二届团委，审议了机关团委工作报告，通过了《关于机关团委工作报告的决议》。时任国务院南水北调办党组成员、副主任、直属机关党委书记的李津成出席大会并讲话，直属机关党委常务副书记杜鸿礼、中央国家机关团工委副书记张璐到会指导。随后新一届直属机关团委召开了第一次全委会，选举产生了直属机关团委书记、副书记，报中央国家机关团工委批准后正式成立新一届直属机关团委。第二届机关团委（2009—2014 年）由 7 人组成，设书记 1 人、副书记 2 人、委员 4 人。

书　记：井书光

副书记：张元教、曹玉升

委　员：何韵华、熊雁晖、杨栋、张晶

新一届直属机关团委根据工作安排，指导各基层团组织结合各自的实际情况按程序做了相应的调整和完善。团员大会的胜利召开进一步激发了团员青年立足本职、岗位建功的积极性，加强了团组织的建设，为团员青年迎接新的更大的挑战提供了组织保障，进行了动员。

(四) 组织召开第三次团员代表大会，开展换届选举工作

根据《团章》有关规定，按照新一届直属机关党委有关工作部署，组织开展换届选举有关工作。一是于 2014 年 4 月 20 日前组织完成了办机关、直属事业单位团支部换届，以及中线建

管局团委换届准备的有关工作；二是于2014年4月底完成了国务院南水北调办机关第三次团员代表大会的筹备工作。

2014年5月8日，国务院南水北调办直属机关召开了第三次团员代表大会。时任办党组成员、副主任、直属机关党委书记的于幼军出席会议并讲话，时任办直属机关党委常务副书记杜鸿礼、中央国家机关团工委组宣部负责人东磊出席会议。大会选举产生了国务院南水北调办直属机关第三届团委，审议了井书光代表直属机关团委所作的工作报告，通过了《关于直属机关团委工作报告的决议》。办机关各司、直属事业单位、中线建管局团员和团干部代表40余人参加会议。

会后，新一届直属机关团委召开了第一次全体会议，选举了书记、副书记，研究了加强和改进机关团建工作的意见。新一届直属机关团委由9名委员组成，设书记1名、副书记3名。

书　记：马永征

副书记：熊雁晖、高立军、陈晓楠

委　员：张晶、张栋、周波、鲁璐、侯坤

（五）加强基层团组织建设

根据国务院南水北调办共青团和青年工作的实际，机关团委的服务范围为办机关、直属事业单位及中线建管局的团员青年。国务院南水北调办机关团委于2004年开始，积极研究并组织推动了有关基层团组织建设的有关工作。先后于2005年指导成立了国务院南水北调办机关团支部、政研中心团支部；于2006年指导中线建管局成功召开机关团员大会，批准成立中线建管局机关团委。至此，国务院南水北调办机关团委及其基层组织机构框架已基本建立并正常开展工作。在此基础上，积极研究指导中线建管局机关团委成立下级团组织，不断完善团的组织机构体系。

截至2015年年底，国务院南水北调办机关、直属事业单位及中线建管局共有团支部（团委）20个，团干部58人，35周岁及以下团员青年907人，占干部职工总人数的64%。

（六）创建五四红旗团组织

为促进团组织建设，推动青年工作开展，激励广大团员青年勤奋学习、扎实工作、多做贡献，国务院南水北调办机关团委根据中央国家机关团工委关于五四红旗团委（支部）的有关标准，积极开展创建工作。经过全体团员青年的共同努力，2007年机关团委、中线建管局团委分别被中央国家机关团工委评为“中央国家机关五四红旗团委”“中央国家机关五四红旗团组织创建单位”。同时，在当年共青团全国基层组织建设领导小组办公室组织开展的第八批“全国五四红旗团委创建单位”评选活动中，机关团委还被确定为第八批“全国五四红旗团委创建单位”。以上荣誉的获得，进一步增强了国务院南水北调办团组织对青年的吸引力、凝聚力，也为各级团组织进一步发挥服务青年、引导青年献身工程建设搭建了平台。

二、团干部队伍建设

共青团干部作为团组织的骨干，是青年工作的组织者、实施者、推动者。团干部队伍建设直接关系到党的方针、政策、路线在青年工作中的落实，也直接关系到团组织在青年中的影响

力和社会上的公信力。因此，加强和完善共青团干部队伍能力素质建设，对于全办各级团组织更好地引领广大团员青年，投身建设南水北调工程伟大事业，推动工程又好又快建设具有十分重要的意义。

国务院南水北调办有团干部58人，其中，直属机关团委委员9人。机关团委以及下属各级基层团组织的委员基本上都是兼职人员，这种直接“从群众中来”的团干部队伍配置模式，十分有利于直接、有针对性地为广大团员青年服务、为南水北调工程建设中心工作服务。但由于是兼职开展团的工作，客观上也会受到时间紧、业务工作繁忙等不利因素的影响。为打造一支作风好、能力强的团干部队伍，机关团委采取了多种方式渠道，全面增强团干部队伍整体素质、强化团干部队伍建设。

(1) 坚持率先垂范，加强理论学习。按照坚持竭诚为青年服务的原则，不断提高服务青年的能力和水平，要求青年们做到的，机关团委的同志们自身先做到，如先进性教育中带头主动学习，起到了率先垂范的作用。

(2) 积极选派团干部参加各种培训。2005年，经报机关党委同意，选派两名团干部参加团中央组织的团干部国际研修培训班；2007年，先后派团干部参加了中央国家机关团委组织开展的“走进创新企业”“走进统计”等多个考察培训活动；2008年，组织推选国务院南水北调办参加共青团中央国家机关代表会议代表，参加了“学习实践科学发展观，团员青年在行动”培训和交流活动；组织南水北调系统4个中央国家机关青年文明号集体负责人参加了中央国家机关青年文明号负责人培训班；2014—2015年，选派多名团干部参加中央国家机关“根在基层”调研实践活动。通过各种培训活动拓宽了团干部的视野，提高了团干部的综合素质。

(3) 加强与兄弟单位团组织的横向交流和学习。派团干部参加了中央国家机关团工委组织开展的“走进部委”系列活动，向先进的兄弟单位学习，不断开拓服务青年的新思路。同时，积极组织团干部参加集体活动，增加了机关、事业单位、中线建管局、北京市南水北调建管中心、山东省南水北调建管局等单位团干部的交流，增强了大团队意识。通过交流学习拓宽了团干部的视野，提高了团干部的综合素质，也加强了与兄弟单位团组织的联系。

三、政治理论学习

国务院南水北调办机关团委十分重视团员青年的政治理论学习，始终把加强政治理论学习作为统一思想、增进共识、提高水平、夯实基础的重要环节来抓紧、抓实、抓好。从机关团委成立以来，根据南水北调工程建设面临的新形势、新任务和新问题，结合新时期共青团和青年工作的新特点，围绕一些重要的政治理论问题开展了专题学习活动。

（一）开展增强共青团员意识主题教育活动

按照团中央和中央国家机关团工委的统一部署，2005年10月10日至12月26日，在中央国家机关团工委、督查组和办机关党委的领导和指导下，国务院南水北调办在机关、直属事业单位和中线建管局共青团员中广泛开展了以学习实践“三个代表”重要思想为主要内容的增强共青团员意识主题教育活动，圆满完成了增强共青团员意识主题教育活动各阶段、各环节的工作任务，取得了预期的效果。

1. 工作开展情况

根据共青团中央《关于在全团开展以学习实践“三个代表”重要思想为主要内容的增强共

青团员意识主题教育活动的意见》（中青发〔2005〕26号）和中央国家机关团工委《关于印发〈关于在中央国家机关开展以学习实践“三个代表”重要思想为主要内容的增强共青团员意识主题教育活动实施方案〉的通知》（国团工发〔2005〕8号）的统一部署，结合国务院南水北调办共青团和青年工作实际，2005年10月10日至12月26日，国务院南水北调办机关团委组织开展了增强共青团员意识主题教育活动。

（1）成立组织机构。为加强对增强共青团员意识主题教育活动的组织领导，经请示国务院南水北调办机关党委同意，参照先进性教育的经验，机关团委正式发文成立了主题教育活动领导小组和办公室，并分别成立办公室和中线建管局两个学习小组，明确两位负责人联系和督促两个小组的工作。

（2）深入宣传发动。2005年10月13日，机关团委组织召开增强共青团员意识主题教育活动动员大会。会议传达了孟学农、杜鸿礼的有关批示精神。井书光作了动员讲话，胡周汉主持会议并介绍了增强共青团员意识主题教育活动的实施方案。

（3）制定实施方案。为切实开展好增强共青团员意识主题教育活动，根据中央国家机关团工委有关通知精神，研究提出了增强共青团员意识主题教育活动实施方案，报经机关党委和中央国家机关团工委同意后按步骤实施。

（4）开展主题实践活动。根据实施方案，先后开展了团员喜闻乐见的主题实践活动。2005年10月13日，组织机关各司、事业单位、中线建管局团员青年参加了“心理健康专题讲座”。10月14—16日，主题教育活动领导小组组织团员青年开展了拓展训练活动。12月2—5日，组织了“激情促建设，青春献工程”主题团日活动。

（5）加强信息交流和宣传。一是制发了专门简报，通过简报通报活动开展情况，并向上级组织报告情况。共出简报10期，其内容多次被中央国家机关团工委增强团员意识主题教育活动内部情况通报转载。二是专门开通增强团员意识主题教育活动网页，使团员青年通过网站及时了解活动开展的相关信息。

2. 主要做法

（1）深入思想发动，激发广大团员投身增强共青团员意识主题教育活动的内在动力。国务院南水北调办坚持把提高广大团员参加增强共青团员意识主题教育活动的思想认识，激发广大团员青年的内在动力贯穿于这次教育活动的始终，采取各种有效形式，深入进行思想动员。①准确把握增强共青团员意识主题教育活动的政治方向。始终注重紧紧围绕学习实践“三个代表”重要思想这条主线，紧扣团结引导广大团员青年“永远跟党走”这一主题，从而牢牢把握住教育活动的政治方向。②召开动员大会，进行全面部署。10月13日，机关团委召开增强共青团员意识主题教育活动动员大会，介绍了增强共青团员意识主题教育活动的实施方案。全面部署之后，各小组也结合自己的实际分别召开动员会，营造了良好的活动氛围。③加强宣传，把握舆论导向。通过简报和网站加强交流，及时宣传教育活动的开展情况，解答学习活动中的有关问题，统一思想认识，从而把握正确的舆论导向。

（2）统筹安排，周密部署，扎实推动主题教育活动顺利开展。①强化组织领导。为加强对主题教育活动的组织领导，经请示机关党委同意，机关团委正式成立了主题教育活动领导小组和办公室，并分别成立国务院南水北调办和中线建管局两个学习小组，明确相应的负责人。②制定实施方案。根据中央国家机关团工委有关通知精神，机关团委组织开展了专项调查，深

入了解和掌握团员队伍和团组织的基本状况，明确了所需解决的主要问题，并在此基础上研究提出了增强共青团员意识主题教育活动实施方案。该方案报经机关党委和中央国家机关团工委同意后按步骤实施。③加强督查指导。按照中央国家机关团工委《关于转发团中央〈团员意识教育活动督查考核标准〉的通知》精神，井书光、胡周汉分别负责中线建管局组和办公室组的联系工作，在实施过程中加强督查。

（3）吸收部分青年党员参加，发挥了示范带动和指导作用。国务院南水北调办在2005年上半年成功开展了党员先进性教育活动，青年党员参加了教育全过程，接受了以学习“三个代表”重要思想为主要内容的党的先进性的系统教育，取得较好的成效。此次开展的增强团的意识主题教育活动也是以学习实践“三个代表”重要思想为主要内容。在增强团员意识主题教育活动中，吸收部分28岁以下的党员干部参加。实践证明，吸收年轻党员参加增强团员意识主题教育活动，有利于他们在团员中起到示范带动和指导作用，有利于他们将自己在党员先进性教育活动中的经验直接传授给青年团员。

（4）坚持党建带团建的工作思路，在党组织的指导下开展教育活动。教育活动之初，机关团委及时向机关党委领导请示，之后又正式向机关党委报告了活动的计划和实施方案并获得批准，因此，这项教育活动从开始就得到机关党委的大力支持。在整个教育活动中，机关党委领导多次询问活动进展情况，进行具体指导。在实施过程中，各团组织以主题教育活动为契机，积极争取相关领导的支持。机关团委开展的系列活动，如拓展训练、东线考察等，更是得到机关党委、机关各司、山东省南水北调建管局、中线建管局等有关方面的大力支持。

（5）以开展活动为载体，增强教育活动的生动性和实效性。机关团委根据机关青年人的特点，不断探索团员青年工作在思路上、工作方式上和团组织在自身建设上的创新，把团的思想建设、组织建设和作风建设有机结合起来，适时开展了团员喜闻乐见的实践活动，使主题教育活动更加生动有效。10月13日，组织机关各司、事业单位、中线局团员青年参加了“心理健康专题讲座”。10月14—16日，主题教育活动领导小组组织团员青年开展了拓展训练活动，综合司领导应邀参加了此次活动。12月2—5日，组织“激情促建设，青春献工程”主题团日活动，组织团员青年赴山东济平干渠工程现场进行了考察、学习和调研。

（6）构筑信息平台，加强交流和互动。①制发了简报。通过简报通报活动开展情况，起到督促和指导作用。同时，也以简报的形式及时向上级组织报告情况。共编发简报12期，其内容多次被中央国家机关团工委增强团员意识主题教育活动内部情况通报转载。②专门开设增强团员意识主题教育活动网页。网页的开设，一方面使团员青年通过网站及时了解活动开展的相关信息；另一方面通过开设“知识问答”栏目，解答团员青年提出的种种问题。同时，开设“领导讲话”栏目，及时通报有关领导的重要讲话，使青年团员把握正确的政治方向。

（7）认真按照实施方案抓好落实，保证增强共青团员意识主题教育活动取得实效。学习过程中，各小组认真按照实施方案抓好落实。①抓住关键。把工作重心放在调动团员内在的积极性上，最大限度地调动广大团员参与教育活动的主动性和自觉性。②突出重点。把握好学习教育的内容，加强马列主义、毛泽东思想、邓小平理论和“三个代表”重要思想的学习，加强党的基本路线的学习，加强团的基本理论学习。③抓好反馈。认真开好民主生活会，开展批评与自我批评，边学边改，边议边改，使每名团员青年思想上受到触动，认识上得到升华，素质上得到提高。④形式多样。通过讲座、座谈、考察、活动等多样的形式，确保了学习的实效。

3. 取得的成效

通过开展增强共青团员意识主题教育活动，国务院南水北调办广大团员青年的政治意识、组织意识和模范意识有了明显提高；基层团组织建设有所加强，团组织的凝聚力、创造力和战斗力进一步增强；团员青年工作进一步活跃。

（1）团员政治意识、组织意识和模范意识有了明显提高。①团员理想信念进一步坚定。通过一系列的学习和实践活动，团员青年进一步坚定了跟党走中国特色社会主义道路的信念，增强了在政治上、思想上和行动上与党中央保持高度一致的自觉性，增强了实践“三个代表”重要思想的自觉性。②团员对团组织的认同感和归属感不断增强。通过召开组织生活会、主题团日重温入团誓词、拓展训练、参观抗日战争纪念馆等一系列活动，增强了团员同志对团组织的认同感和归属感。③团员的模范意识得到进一步加强。团员青年努力成为执行党的路线、方针、政策的模范，执行国家关于南水北调工程建设的有关政策的模范，在各自的工作岗位上勤奋工作的模范，刻苦学习的模范，遵纪守法的模范和开拓创新的模范，并将这种模范意识转化为做好南水北调工程建设各项工作的责任感和使命感，有效地促进了各项工作的开展。

（2）加强了基层团组织建设，团组织的凝聚力、创造力和战斗力有所增强。此次团中央号召在全团系统开展的以学习“三个代表”重要思想为主要内容的增强共青团员意识主题教育活动，是加强团的基层组织建设的一项重大举措。通过这次教育活动，进一步推动和促进了团组织的建设。通过组织这次主题教育活动及一系列主题实践活动，进一步提高了团组织的吸引力、凝聚力；通过激发团组织的创造力和战斗力，进一步提高了团组织服务青年的能力、积极性和热情。

（3）积极探索团员青年工作新的实现形式，促进团员青年活动的项目化、系列化。在增强团的主题教育活动中，把团的思想建设、组织建设和作风建设有机结合起来，创新工作思路和方法，通过形式多样的活动不断增强团的活力，活跃工作，使增强团员意识主题教育活动取得实效。团组织的服务能力、学习能力、合作能力和服务青年、服务党政工作大局的意识得到进一步提高。

（二）学习贯彻十七大精神

为深入学习贯彻党的十七大精神，把团员青年的思想认识统一到十七大精神上来，把智慧和力量凝聚到实现十七大确定的各项任务上来，努力搞好南水北调工程建设各项工作，2007年11月9日，国务院南水北调办机关团委组织召开了学习贯彻党的十七大精神动员会。会议要求各级团组织、广大团员青年，要把深刻领会、广泛宣传、全面贯彻十七大会议精神作为当前和今后一个时期全系统团组织的首要的政治任务来抓，周密部署、精心组织。会后，各级团组织按照要求，通过召开座谈会、知识竞赛、主题团日活动等多种形式，迅速在全系统掀起了学习贯彻十七大会议精神的热潮。

（三）组织团员青年深入学习实践科学发展观

2008年，以国务院南水北调办和各单位全面开展深入学习实践科学发展观活动为契机，结合共青团和青年工作实际，机关团委组织开展了“学习实践科学发展观，推动青年岗位建功”主题实践活动，制定了活动实施方案，并按照活动实施方案的安排，进行深入思想发动，

精心布置、认真实施。按照要求，各团支部积极发挥引导带动作用，广大团员青年也发挥了敢想、敢闯、敢干的精神，主动融入活动，使团员青年在这次重大活动中切实受到了教育，为以崭新的姿态迎接南水北调工程建设新高潮，推动岗位建功，成长成才做好了理论和思想准备。

（四）组织开展创先争优活动

2009年，为深入贯彻落实中央创先争优活动领导小组、共青团中央《关于在基层团组织和团员中深入开展创先争优活动的意见》精神，根据直属机关党委的指示精神和《国务院南水北调办直属机关深入开展创先争优活动实施方案》的部署要求，机关团委研究制定了深入开展创先争优活动实施方案，经请示机关党委批准后正式印发实施，在机关团组织和团员中组织开展创先争优活动。

2012年，为进一步推进国务院南水北调办共青团和青年创先争优，又好又快地推动南水北调工程建设，一是结合深入学习贯彻胡锦涛在纪念中国共青团成立90周年大会上的讲话精神，根据中央创先争优活动领导小组、共青团中央和办直属机关党委的有关要求，于2012年6月5日印发了《关于认真学习贯彻胡锦涛总书记讲话精神，进一步推进基层团组织团员青年创先争优活动的通知》；二是转发了《共青团中央关于在广大团员青年中广泛开展向张丽莉、沈星同志学习活动的通知》（中青发〔2012〕7号）和《共青团中央关于开展青少年基本道德规范教育实践活动的通知》（中青办发〔2012〕24号）。通知下发后，各团支部（团委）根据机关团委的统一部署，把学习贯彻胡锦涛讲话精神、学习贯彻两个文件，和进一步推进基层团组织团员青年创先争优活动结合起来，深入组织青年、发动青年，充分发挥了青年的生力军和突击队作用，在加快推进工程建设、实现国务院南水北调建委会确定的总体建设目标中做出积极的贡献。

（五）学习贯彻胡锦涛重要讲话

2008年5月4日，组织召开青年座谈会，学习领会胡锦涛在北京大学庆祝建校110周年师生座谈会上的重要讲话精神，号召全体青年同志大力弘扬爱国主义精神，把爱国热情转化为立足岗位、刻苦学习、发奋工作、支持奥运的实际行动，转化为全面推动南水北调工程又好又快建设的巨大动力。

2011年7月8日，组织召开团员青年座谈会，学习胡锦涛在庆祝中国共产党成立90周年大会上的重要讲话精神，并围绕在南水北调工程建设的高峰期和关键期，充分发挥团员青年作用，推动工程又好又快建设进行了交流。

2012年，为深入学习贯彻胡锦涛在纪念中国共青团成立90周年大会上的讲话精神，扎实推进国务院南水北调办基层团组织和团员青年创先争优，又好又快地推动南水北调工程建设，根据中央创先争优活动领导小组、共青团中央和国务院南水北调办直属机关党委的有关要求，印发了《关于认真学习贯彻胡锦涛总书记讲话精神，进一步推进基层团组织团员青年创先争优活动的通知》，对深刻领会胡锦涛重要讲话的精神实质，进一步推进基层团组织和团员青年创先争优进行了部署。

各级团组织根据部署，本着服务工程建设大局、服务青年成长成才的原则，紧紧围绕贯彻落实科学发展观，又好又快推进南水北调工程建设这个主题，精心设计特色鲜明、务实管用的活动载体，扎实推进活动的深入开展。具体包括：①深入组织开展了主题读书活动。结合南水北调工程实际，以学习贯彻胡锦涛重要讲话精神、迎接十八大召开等为契机，通过学文件、读著作、听讲座、举办座谈交流等，深入开展好青年读书活动，不断提高团员青年的学习能力和综合素质。②扎实推动青年文明号创建活动。以南水北调系统青年文明号创建活动为载体，发动青年在加快推进工程建设、实现建委会确定的总体建设目标中发挥生力军和突击队的重要作用。③组织开展了青年先锋岗活动。结合南水北调工程通水倒计时的新形势、新任务，充分利用全国青年文明号、全国青年安全生产示范岗、中央国家机关五四红旗团委、中央国家机关五四青年奖章等先进青年和集体的模范带头作用，深入开展“青年先锋岗”活动，动员广大青年为掀起南水北调工程建设新高潮、早日实现东、中线一期工程通水目标建功立业。④深入开展学雷锋活动。把学雷锋活动与创先争优活动、“树典型·学榜样·赶先进”活动等紧密结合起来，紧紧围绕南水北调工程建设中心任务，通过学习宣传雷锋事迹与雷锋精神、开展“学雷锋争做南水北调优秀青年”、开展“岗位学雷锋”、开展学雷锋志愿服务，以及选树宣传学雷锋青年典型等形式多样的活动，使学雷锋活动常态化、常效化。

（六）学习贯彻十八大精神

为深入学习贯彻十八大精神，于2012年12月21日转发了《共青团中央常委会议关于深入学习宣传贯彻党的十八大精神，狠抓团的自身建设团结动员广大团员青年在全面建成小康社会进程中充分发挥生力军作用的决议》（中青发〔2012〕15号），要求各团支部（团委）要认真学习、深刻领会党的十八大精神，立足当前工程建设的中心工作，用十八大精神武装头脑、指导实践，为又好又快地推进南水北调工程建设，保证如期实现通水目标贡献力量。

此外，在十八大召开前，在南水北调网站上开设了十八大专栏，组织青年学党史、知党情，交流学习体会，迎接十八大的顺利召开。十八大召开期间，组织观看视频、读报、浏览网页等，及时掌握大会动态，关注最新时政。十八大召开后，积极组织青年同志学习会议文件，参加各层次的辅导报告，学习领会十八大精神，并结合十八大精神的学习贯彻，落实到加快推动工程建设中，在工程建设实践中进一步深化了对十八大精神的学习，发挥了青年突击队和生力军的建设骨干作用。

党的十八大以来，以习近平同志为核心的党中央十分重视青年工作、关心青年成长。习近平总书记通过座谈、演讲、回信等多种形式寄语青年。很多寄语已经成为经典名句，如“人生的扣子从一开始就要扣好”“青春是用来奋斗的”。习近平总书记关于青年工作的重要论述，全面系统、内涵丰富。直属机关团认真组织带领青年，结合各自所在单位开展“两学一做”学习教育，认真学习习近平同志系列重要讲话精神，尤其是紧密结合时代特征，利用微信群、QQ群等学习习近平系列重要讲话，坚定了南水北调青年永远跟党走、献身南水北调事业的信心和决心。

四、团的思想建设

思想建设是党的建设的首要任务，也是团的建设的首要任务。国务院南水北调办机关团委在认真研究分析团员青年思想动向和思想变化规律的基础上，着力围绕南水北调工程建设中心

任务，通过召开座谈会、主题思想教育活动等方式，加强团员青年的理想信念教育，强化团员青年的思想作风。

（一）组织召开系列青年干部座谈会

1. 组织召开“发挥青年干部作用，献身南水北调伟大事业”青年干部座谈会

2006年8月10日，组织召开主题为“发挥青年干部作用，献身南水北调伟大事业”青年干部座谈会，以激励机关广大青年在南水北调工程建设中发挥更大作用。张基尧出席座谈会，并结合自己的工作经历和体会做重要讲话。

张基尧在讲话中指出，南水北调工程是世纪性的跨流域特大型水利工程。同时也是一项生态工程，是事关中国经济社会可持续发展的工程，是造福子孙后代的伟大事业。投身南水北调工程这一伟大事业是同志们的正确选择。青年同志们正是为南水北调这一伟大事业而从祖国的四面八方来到这个战斗的集体，同志们一定要有克服困难、迎接挑战的思想准备，在艰苦、复杂的环境中锻炼成长。只有用做得最好的标准来严格要求自己，才能真正把南水北调的事情干好，才能在实际的工作中得到更大的锻炼。

2. 组织召开“弘扬伟大长征精神，献身南水北调伟大事业”青年干部座谈会

2006年11月17日，以纪念长征胜利70周年为契机，组织召开主题为“弘扬伟大长征精神，献身南水北调伟大事业”的青年干部座谈会。张基尧出席座谈会并作重要讲话。

张基尧指出，70年前，红军长征的伟大胜利震惊世界，谱写了壮丽篇章，培育了伟大的长征精神。对从事南水北调各项工作的青年来说，纪念长征，就是要继承光荣传统，发扬伟大长征精神，同心同德、艰苦奋斗，不怕困难、勇往直前，为南水北调伟大事业贡献青春与智慧，实现人生价值。

张基尧就青年干部如何在南水北调工程建设中进一步传承和弘扬长征精神，塑造南水北调精神提出四点要求：①坚持为人民服务的宗旨，坚定以科学发展观为指导献身南水北调事业的信念；②密切联系群众，紧密联系实际，实事求是，锐意进取，开拓创新；③增强大局意识，团结四面八方创建和谐环境，形成和谐共建的局面；④发扬艰苦奋斗的工作作风，培养攻坚克难的坚强意志。

座谈会上，青年干部踊跃发言。大家谈到，南水北调工程是一项举世瞩目的伟大工程，为青年成长、成才提供了广阔的舞台。南水北调青年在新形势下弘扬伟大长征精神，就要在自己的岗位上坚定信心，不断克服南水北调工程建设中遇到的技术、管理、协调的种种困难和挑战，立足本职，为实现工程建设目标而努力奋斗；要顾全大局，艰苦奋斗，开拓创新，不断实现人生价值，让青春在南水北调事业中闪光；要在传承伟大长征精神的基础上塑造南水北调形象，在创造南水北调工程巨大物质财富的同时，创造巨大的精神财富。

3. 组织召开纪念“五四”运动89周年青年干部座谈会

2008年4月30日，国务院南水北调办机关召开纪念“五四”青年节青年干部座谈会，张基尧、李津成出席座谈会并作重要讲话，机关各司青年干部参加了座谈。

张基尧在讲话中分析了中国经济社会发展面临的国际国内形势和任务，指出南水北调工程建设为青年干部成长成才提供了广阔的舞台，希望青年同志抓住机遇，加强实践，提高素质，早日锻炼成材。张基尧要求青年：一要珍惜机会，感恩社会；二要担承责任，建树诚信；三要

勤奋学习，学以致用；四要摒弃浮躁，真抓实干。座谈会上，青年同志们一致认为，南水北调这项伟大的事业，为青年成长、成材提供了广阔的舞台。对自己能有机会参与这项造福当代、惠及千秋的伟大事业并为之奉献青春和智慧而感到骄傲和自豪。

4. 组织召开纪念“五四”运动90周年青年座谈会

2009年5月4日，国务院南水北调办在河北保定组织召开纪念“五四”运动90周年座谈会暨青年工作表彰会。李津成出席会议并作重要讲话。

李津成指出，隆重召开纪念“五四”运动90周年座谈会，就是要回顾历史，进一步弘扬伟大的“五四”精神，激励广大南水北调青年同调水沿线各省市人民一道，满怀信心地为全面推进工程建设、开创工程建设新局面而不懈奋斗。青年同志们一致认为，南水北调工程这项伟大的事业，为青年成长、成才提供了广阔的舞台。对自己能有机会参与这项造福千秋的伟大事业并为之奉献青春和智慧而感到骄傲和自豪。纷纷表示，要把办领导的殷切期望化成高昂的斗志和百倍的信心，更加自觉地肩负起历史赋予南水北调青年的光荣使命，进一步弘扬“爱国、进步、民主、科学”的“五四”精神，在新的历史时期，抓住机遇，把握时机，坚定信心，迎难而上，努力工作，奋发有为，为迎接新的建设高潮，推动南水北调工程又好又快地建设贡献新的力量。

5. 组织召开纪念“五四”运动92周年青年座谈会

2011年4月29日，国务院南水北调办直属机关团委在中线穿黄工程建设工地，组织召开主题为“弘扬‘五四’精神，建功南水北调”青年座谈会，纪念“五四”运动92周年。

会议首先传达了办党组书记、主任鄂竟平对青年同志的节日问候和期望；肯定了青年建设者们在任务重、困难多的情况下，勇挑重担，在推进南水北调工程建设各项工作中积极创先争优，发挥了突击队、生力军的重要作用；希望南水北调青年要在已有成绩的基础上，更加珍惜机会，在工程建设中大胆实践，发挥更大作用。来自南水北调办事机构、项目法人和项目建设管理单位的代表，交流了各自的“青年文明号”创建等创先争优工作经验，并就如何在工程建设的高峰期和关键期，进一步充分发挥青年文明号等先进集体和优秀青年的积极性，在推动工程建设中主动创先争优，在推动南水北调工程又好又快建设中发挥生力军和突击队作用，提出了意见和建议。

6. 组织召开第三次团员代表大会，会后召集新当选的直属机关团委委员座谈

2014年5月8日，组织召开了国务院南水北调办机关第三次团员大会，对机关团委进行换届。选举产生了第三届直属机关团委，由9名委员组成。会后，召开了新当选的直属机关团委委员座谈会，对下一步如何开展好团委工作及人员初步分工做了安排和部署。

（二）组织开展主题思想教育活动

1. 纪念“五四”运动85周年系列活动

2004年，以纪念“五四”运动85周年为契机，结合南水北调工程建设实际开展了系列活动。一是在“五四”前夕，国务院南水北调办机关团委筹备组精心组织机关35岁以下青年赴革命圣地西柏坡，重温“两个务必”，接受革命传统教育；二是通过组织观看《立党为公、执政为民报告会》录像，学习先进人物的模范行为和无私奉献的崇高品德，加强机关青年勤奋学习，脚踏实地，埋头苦干，拼搏奉献，廉洁自律的自觉性。

2. 纪念“五四”运动86周年和抗日战争胜利60周年系列活动

2005年，组织开展了纪念“五四”运动86周年和抗日战争胜利60周年系列活动。组织国务院南水北调办机关各司、事业单位及中线建管局团员青年，以团支部为单位，学习中央国家机关工委“关于中日关系形势的宣传提纲”，并将各支部学习情况汇总后报机关党委，中央国家机关工委紫光阁网站对此进行了报道。配合纪念抗日战争胜利60周年，先后4次组织团员青年参观了相关专题展览。

3. 组织“我与祖国共奋进”主题活动

2007年，围绕“我与祖国共奋进”主题，在团员青年中深入开展回顾辉煌成就，展望美好前景，坚定理想信念，始终爱党爱国等宣传活动。先后组织开展了深入学习“胡锦涛致青年的一封信”、参观《复兴之路》大型主题展览等思想教育活动。通过理论学习和思想教育活动，进一步坚定了团员青年的理想信念，增强了团员青年的民族自信心和自豪感，增进了团员青年为南水北调工程伟大事业奉献青春的责任感和使命感。

4. 纪念新中国成立60周年和“五四”运动90周年开展系列活动

2009年，以纪念新中国成立60周年和“五四”运动90周年开展系列活动。先后两次组织国务院南水北调办机关、直属事业单位及中线建管局团员青年赴河北省易县登革命传统教育基地狼牙山，赴天津参观革命传统教育基地平津战役纪念馆、周恩来邓颖超纪念馆，并分别召开了青年座谈会。通过参观革命传统教育基地，重温了革命先烈的英雄事迹，加深了对先烈的崇敬，感受到了新中国解放的来之不易，增强了自身建设南水北调工程、贡献社会主义建设的历史责任感和使命感。

5. 开展“弘扬‘五四’精神，建功南水北调”主题活动

2011年4月29日，机关团委在中线穿黄工程建设工地，组织召开主题为“弘扬‘五四’精神，建功南水北调”青年座谈会，纪念“五四”运动92周年，学习杨善洲模范事迹和崇高精神，交流青年创先争优工作经验，就如何在工程建设的高峰期和关键期，进一步增强责任感、紧迫感和使命感，充分发挥青年文明号等先进集体和优秀青年的积极性，在推动工程建设中主动创先争优，在推动南水北调工程又好又快建设中发挥生力军和突击队作用进行了座谈。

6. 组织开展学雷锋活动

2012年，为了实现以学雷锋活动带动青年岗位建功、推动南水北调工程建设，机关团委根据《中共中央办公厅关于深入开展学雷锋活动的意见》（中办发〔2012〕7号）精神，对学习、传承和弘扬雷锋精神，激发团员青年立足岗位建功、推动工程建设进行了部署。活动以传承和弘扬雷锋精神为主题，以服务工程建设为重点，围绕“五个突出”，通过学习宣传雷锋精神、开展主题实践活动、选树宣传先进典型等方式，广泛开展学雷锋实践活动和社会志愿服务活动，形成学习雷锋精神、争当先进模范、推动工程建设的良好局面。主要工作和活动包括：

（1）学习宣传雷锋事迹与雷锋精神。组织广大团员青年通过读书、报告会、参观等形式，学习雷锋和雷锋式模范人物的先进事迹，学习新时期雷锋精神的时代内涵，增强学雷锋的主动性、自觉性。在南水北调网站上开设专题网页、组织网上交流讨论等，使雷锋事迹和雷锋精神在团员青年中广为知晓。

（2）开展“学雷锋，争做南水北调优秀青年”倡议活动。发起“学雷锋，争做南水北调优秀青年”活动的倡议，号召团员青年深入贯彻落实国务院南水北调办“强化五种作风，形成五

种风气”和“讲协作、讲实干、讲廉洁”的要求，发挥团员青年在推动工程建设中的生力军作用，围绕中心、立足本职，从身边做起，从点滴做起，争做“学雷锋，争做南水北调优秀青年”活动的践行者、倡导者，工程又好又快建设的推动者。五四前组织召开一次演讲比赛。

（3）围绕中心任务，开展“岗位学雷锋”活动。引导团员青年认真学习践行雷锋精神，立足本职岗位，争创一流业绩，发挥示范作用。依托全国青年文明号、中央国家机关青年文明号、国务院南水北调办青年文明号，围绕工程建设进度、质量、安全等开展竞赛和比武，深化“岗位学雷锋”主题活动，引导青年职工爱岗敬业、奉献社会，提升青年职工的职业素质和职业精神。

（4）开展学雷锋志愿服务，营造和谐施工环境。发挥中线建管局项目部基层团组织的积极作用，围绕工程沿线广大群众特别是困难群众的实际需求，组织青年志愿者开展便民利民、结对帮扶、敬老助残等学雷锋志愿服务活动，增进参建单位与当地人民群众的和谐，主动争取他们对工程建设的支持，为工程顺利建设营造良好的施工环境。

（5）选树宣传学雷锋青年典型。结合中央国家机关青年五四奖章、国务院南水北调办青年文明号等评选活动，在系统内选树、宣传一批可亲、可敬、可学的新时期雷锋式青年先进个人和先进集体。邀请这些青年典型座谈讲述成长奋斗历程，宣传立足本职岗位、推动工程建设的经验和先进事迹，引导团员青年深刻理解和大力弘扬雷锋精神，献身南水北调工程建设伟大实践。

2013年3月15日，为纪念毛泽东等老一辈革命家为雷锋同志题词发表50周年，进一步弘扬雷锋精神，推动工程建设，组织团员青年赴中华世纪坛参观“永远的雷锋”大型主题展。

7. 组织开展“弘扬‘五四’精神，共筑中国梦”青年活动

为进一步弘扬“五四”精神，号召团员青年深入学习贯彻十八大报告和习近平总书记有关“中国梦”的讲话精神，推动南水北调工程建设，于2013年5月3—4日组织开展了“弘扬‘五四’精神，共筑中国梦”青年主题活动。活动包括召开“弘扬‘五四’精神，共筑中国梦”青年座谈会，参观济南战役纪念馆、解放阁，考察济平干渠和东线穿黄河工程等。

座谈会上，与会团员青年重温了习近平总书记2012年11月29日在国家博物馆参观“复兴之路”展览，以及2013年3月17日在十二届全国人大一次会议闭幕式上有关“中国梦”的讲话。同时，围绕“中国梦”内涵到底是什么，如何实现“中国梦”，青年应为实现“中国梦”做些什么等，进行了交流座谈。大家一致表示：①坚信在党中央国务院的领导下，只要坚持走中国特色社会主义道路、坚持弘扬中国精神、坚持凝聚中国力量，“中国梦”一定能够实现；②要进一步弘扬“五四”精神，艰苦奋斗、奋发有为，把个人的理想融入到民族复兴伟大实践，在实现“中国梦”中实现个人的人生价值；③要立足本职岗位，建功立业，把南水北调工程建设成为优质、廉洁、利民的工程，为“中国梦”添砖加瓦。

在济南战役纪念馆，团员青年参观了纪念馆收藏的原战斗部队的军史、师史、团史以及当时诸首长、指战员和亲历者撰写的回忆录等大量实物，了解了济南战役的发展形势及中央军委的决策过程，观看了全景画馆的战斗仿真实景。在解放阁，团员青年认真观看了阁内展示的解放济南的各阶段图示，重温了济南历史上八天八夜的艰苦战争历史。通过参观学习，团员青年们深切感受到了解放军将士们一往无前的英雄气概和浴血拼搏的精神，对革命英烈英勇奋战的精神有了更加深刻的认识和理解，也更坚定了为“中国梦”的实现奉献青春、抛洒热血的责任

感和使命感。

团员青年还沿南水北调东线调水线路，实地考察了济平干渠渠首闸、东线穿黄河工程备调中心、济平干渠刁山坡渠段等工程，了解了东线工程建设和通水准备的有关情况。通过实地考察和听取讲解，团员青年进一步坚定了完成国务院南水北调办“东线保通水、中线保收尾”年度目标任务的决心和信心。

8. 加强政治学习，组织道德教育专题讲座、开展知识竞赛

2014年，把学习贯彻十八届三中、四中全会精神作为年度工作的首要任务。直属机关团委专门下发通知，对各团支部（委）深入学习贯彻十八届三中、四中全会精神，进一步推动工程建设提出明确要求。

为贯彻落实国务院南水北调办2014年精神文明创建工作要点有关开设道德讲堂的要求，弘扬社会主义核心价值观，培养干部职工的道德情操，于2014年5月23日组织广大干部职工聆听了由中国人民大学艺术学院音乐系副教授刘璞主讲的“中外名曲赏析”专题讲座。机关各司、各直属事业单位及中线建管局机关干部职工认真聆听了讲座。

2015年，团委把学习贯彻十八届四中、五中全会精神作为年度学习的首要任务，团委班子成员按照机关党委的统一部署和要求认真学习，并带动青年同志开展学习讨论。深入学习贯彻《中共中央关于加强和改进党的群团工作的意见》，组织两次集中研讨，努力把思想和行动统一到中央的要求上来，并落实到团的工作调整上来。

2015年，为进一步贯彻落实中央关于“从严治党”的要求，机关党委于12月11日举行《中国共产党廉洁自律准则》《中国共产党纪律处分条例》学习知识竞赛。通过生动活泼知识竞赛检验了各级党组织学习《准则》和《条例》情况，促进了全体党员干部职工对准则和条例的学习理解，也丰富了职工文化生活。

通过这一系列的活动，进一步激发青年投身南水北调工程建设事业的积极性和热情，增强为国家作贡献和为人民服务的坚定信念。

五、主题实践活动

围绕南水北调工程建设的中心任务，根据青年特点，积极开展工作，组织开展有影响、有实效、有意义的活动，带领团员青年在活动中受教育、起作用、作贡献、长才干。

（一）考察调研

2004年，联系机关青年实际，组织开展“勤于学习、善于创造、甘于奉献”主题实践活动，组织团员青年到南水北调中线京石段应急供水工程滹沱河倒虹吸工程施工现场考察学习和熟悉工程建设情况，并在施工现场接受艰苦奋斗的实践教育。

2005年，针对不少青年同志到南水北调工地一线机会少的实际，组织团员青年于12月上旬赴山东济平干渠工程现场进行了考察、学习和调研，增强了对南水北调工程的感性认识，有效地增强了团员青年投身工程建设的自豪感、责任心。

2006年9月1日，组织开展主题为“发挥青年作用，献身南水北调伟大事业，支持新农村建设”实践活动，组织团员青年考察西四环暗涵施工、PCCP管道生产现场，参观了韩村河社会主义新农村建设，听取韩村河的发展史。

2008年5月10—11日，组织团员青年参观考察红旗渠活动，教育鼓舞团员青年深入学习红旗渠精神、弘扬红旗渠精神，进一步发扬艰苦奋斗，自力更生的优良传统，以更加积极的姿态投身南水北调工程建设伟大事业。组织团员青年赴河南安阳段工程开展学习调研，探讨团员青年立足本职岗位、增强服务本领，推进工程建设的新思路、新办法和新举措。

2009年5月4日，组织国务院南水北调办机关、直属事业单位和中线建管局团员青年实地考察了南水北调中线漕河渡槽工程。8月28日，组织团员青年赴南水北调天津段施工现场，实地考察直管和委托项目。

2011年4月29日，组织办机关、直属事业单位和中线建管局团员青年实地考察了南水北调中线穿黄隧洞、中线穿黄三标高填方段工程等。此外，组织推荐优秀青年团员参加了中央国家机关团工委组织的百村调研实践活动等。

2014年，团委积极组织参加“根在基层·情系民生”调研活动。9月1—5日，组团赴江苏宝应县射阳湖镇中心卫生院调研，与卫生院的医务人员同吃同住、同工同勤，采取工作体验、人物访谈等形式，亲身感受基层医务人员工作、生活状态及基层医疗服务水平。

2014年9月15—20日，团委书记马永征参加了由中央国家机关工委组织、相关部委30余名团委书记为团员的“根在基层——情系天山”调研活动。调研团划分为4个分团，国务院南水北调办参加第四分团赴新疆生产建设兵团第八师石河子市调研。

2015年5月，开展“守纪律、讲规矩、促成长”主题团日活动。根据中央国家机关团工委的工作安排和要求，组织直属机关青年赴河南安阳红旗渠开展“守纪律、讲规矩、促成长”主体团日活动。机关各司、直属单位43位青年代表参观了全国廉政教育基地——红旗渠纪念馆，实地感受了绝壁除险、单人双手扶钎凿石等修建红旗渠时的施工方式，观看了影像话剧《红旗渠》，聆听了“红旗渠精神与‘三严三实’”专题讲座，深刻体会了修建红旗渠大军战太行时的艰辛不易，以及工程参建人员的纪律性，进一步加深了对南水北调工程伟大意义的认识，强化了“守纪律、讲规矩”的意识。

通过实地考察调研，让广大团员青年近距离感受了工程的伟大和建设者的奉献拼搏精神，进一步激发了团员青年参与这项造福千秋的伟大事业并为之奉献青春和智慧的责任感和自豪感。

（二）演讲会

1.“纪念‘五四’青年节暨青春为南水北调闪光”主题演讲会

2010年5月5日，国务院南水北调办组织“纪念‘五四’青年节暨青春为南水北调闪光”主题演讲会。李津成出席活动并讲话。

此次演讲活动紧紧围绕贯彻中央国家机关团工委关于学习型组织建设有关部署开展，目的是引导机关青年自觉树立“全员学习、终身学习，工作学习化、学习工作化”的理念，提高团员青年的学习能力和综合素质，教育青年自觉运用科学发展观武装头脑、指导实践、推动工作，在又好又快推进南水北调工程建设中发挥更大作用。来自办机关、直属事业单位和中线建管局的24名青年同志参加了此次演讲比赛，其中，孙义等3人获得一等奖，冯正祥等6人获得二等奖，宋滢等9人获得三等奖，高原等6人获得优秀奖。

2.“纪念‘五四’青年节暨学雷锋，争做南水北调优秀青年”主题演讲会

为进一步学习、传承和弘扬雷锋精神，激发广大团员青年深入学习实践社会主义核心价值

体系，立足本职，岗位建功，推动工程建设。2012年5月4日，国务院南水北调办组织“纪念‘五四’青年节暨学雷锋，争做南水北调优秀青年”主题演讲会。

于幼军代表办党组和鄂竟平向全体青年同志致以节日的祝贺和问候。他强调，青年同志围绕“学习雷锋精神”这个主题做的精彩演讲，展现了南水北调青年建设者的热情、自信和勇气，体现了青年建设者的理想抱负、进取意识和奉献精神。此次活动开展得有声有色，十分成功。

于幼军在讲话中指出，南水北调工程建设已经进入关键期和高峰期，是三年决战的关键之年。年初召开的国务院南水北调建委会第六次会议和南水北调系统工作会议，对2012年各项工作进行了全面安排。他希望全系统的青年同志按照办党组提出的工作部署和要求，把“雷锋精神”融入到南水北调工程建设工作中去，按照“突出重点推进度、突出高压抓质量、突出帮扶稳移民、突出深化保水质、突出监控管资金”的要求，立足本职，从自身做起，从点滴做起，扎实工作，做雷锋精神的践行者、倡导者和南水北调工程建设的推动者。

此次演讲活动按照直属机关党委学雷锋活动的总体部署，以学习、传承和弘扬雷锋精神，立足岗位建功为宗旨，号召广大团员青年行动起来，用工作实绩践行雷锋精神。来自办机关、直属事业单位和中线建管局的22名青年同志参加了此次演讲比赛，其中，周波等3人获得一等奖，鲁璐等6人获得二等奖，刘德莉等9人获得三等奖。

会后，机关团委汇编青年演讲会上的演讲文稿，汇编了《纪念“五四”青年节暨学雷锋争做南水北调优秀青年主题演讲文萃》。

3. 贴近青年需求，开展“燃青春激情、创调水伟业”演讲比赛

2015年4月，在“五四”运动96周年来临之际，为继承和发扬“五四”精神，号召广大团员青年积极投身南水北调事业，实现自身价值，中线建管局组织以“燃青春激情、创调水伟业”为主题的迎“五四”演讲比赛决赛，局机关和各分局共推选69人参加比赛，经过初赛，共有16名选手进入决赛。决赛于4月28日在郑州举办，选手们通过激扬慷慨地演讲，抒发了对工作生活的热爱，展示了南水北调青年人不畏困难、积极向上的精神品质。经过激烈的角逐，赛事分别产生了一、二、三等奖。

本次比赛首次利用视频会议系统进行全线现场直播，各评委对选手的表现进行了现场点评。在比赛过程中，还通过视频系统与现地管理处人员进行互动交流，极大地调动了广大青年参与此类活动的积极性。

4. 举办“青春在南水北调闪光”演讲比赛

为迎接第97个“五四”青年节，5月4日，国务院南水北调办机关团委举办了“青春在南水北调闪光”青年演讲比赛。党组书记、主任鄂竟平观看比赛并向获奖青年颁奖，党组成员、副主任蒋旭光出席并讲话。

鄂竟平对此次活动给予了充分肯定，表扬了参赛选手在演讲中展现出的青春活力、饱满热情、竞赛精神以及在南水北调工程建设管理工作中作出的贡献，希望直属机关团委今后多举办此类活动，发挥青年聪明才智，激励青年工作热情，活跃机关工作氛围。

蒋旭光代表办党组向南水北调全系统的青年同志致以节日的问候，高度肯定了青年同志在南水北调工程建设和运行管理工作中作为生力军发挥的重要作用，鼓励广大青年积极踊跃投身到南水北调工程的伟大实践中去，坚定理想信念，爱岗敬业，善于学习，务实创新，负责担当，为南

水北调工作开创“稳中求好、创新发展”的新局面奉献青春力量，做出更大的贡献。

来自办机关、直属事业单位、中线建管局、东线公司的13名选手参赛，100余名观众聆听了演讲。比赛现场严肃活泼、紧张激烈，经过评委的认真评判，中线建管局周芳、赵连珍2名选手获一等奖，政研中心罗敏等4名选手获二等奖，办机关白麟等7名选手获三等奖。

（三）其他活动

2004年，按照中央国家机关团工委的总体部署，结合国务院南水北调办的实际，机关团委积极组织开展了具有青年特色的“青年文化季”系列活动，加强办机关青年文化建设，不断提高青年的政策理论水平和文化素养。

2005年，为进一步增强机关团组织的凝聚力、战斗力和创造力，增强机关团员青年的团队意识和开拓精神，国务院南水北调办机关团委组织机关各司、事业单位和中线建管局团员青年赴中直机关工委房山训练基地开展了“挑战自我，熔炼团队，增强共青团员意识”的拓展训练活动。

2014年12月，为庆祝南水北调东线工程通水一年、中线工程顺利通水，促进职工交流，展现南水北调人“健康活力、团结拼搏”的风采，直属机关团委组织承办了“通水杯”拔河比赛。机关各司、直属单位共计12个队，80多人参加比赛，鄂竟平、张野出席活动。2015年12月，团委继续承办了第二届“通水杯”拔河比赛，鄂竟平、张野再次出席活动并为获奖队颁奖。

2015年6月，直属机关团委组织开展了“守纪律、讲规矩、促成长”、《筑梦中国》纪录片观后感等两大主题征文活动，并按要求向中央国家机关团工委推报5篇“守纪律、讲规矩、促成长”主题的推荐优秀作品，其中1篇获得三等奖、2篇获得优秀奖。

六、学习型团组织建设

学习是共青团工作的主线，是共青团组织的首要任务。国务院南水北调办机关团委按照建设学习型团组织的要求，通过开展青年读书活动、参加知识讲座等，不断加强团组织的学习能力，更好地团结带领广大团员青年为南水北调工程建设中心工作贡献力量。

（一）开展青年读书活动

2004—2005年，按照中央国家机关团工委的总体部署，结合国务院南水北调办的实际，积极组织开展有青年特色的“青年文化季”系列活动，加强机关青年文化建设，不断提高青年的政策理论水平和文化素养。通过积极参加全部十二期青年知识讲座，拓宽青年的管理知识面；通过参加行政许可法答卷和参加行政许可法学习辅导讲座，进一步深入学习和领会行政许可法的精神实质，为更好地实现依法行政打下理论基础；另外，还参加了国家机关英语演讲比赛，青年评优活动，参观博物馆等，这些活动的开展受到机关青年的好评，收到了很好效果。

2006年9月1日，办机关团委组织青年干部开展了主题为“发挥青年作用，献身南水北调伟大事业，支持新农村建设”实践活动暨启动青年读书活动。结合机关青年干部的实际，开展了青年读书活动，为青年读书提供有关教材。

2007年，围绕“读书·实践·成才”主题，以引导团员青年多读书、读好书为牵引，深入

开展学习型团组织创建活动，组织开展了“我读经典原著”系列活动，并请张基尧为团员青年荐书寄语。

2010 年，为在广大团员青年中倡导“爱读书、多读书、读好书”的良好学习氛围，研究制定和印发了《关于开展读书活动的通知》（机团〔2010〕3 号），开展青年读经典著作、听名家讲座等读书活动。在中国南水北调网上开设“青年读书活动”专栏，定期组织开展好书推荐、新书速摘、读书心得交流等活动，搭建青年干部读书学习交流平台。

通过开展青年读书活动，营造了健康向上的学习氛围，达到了在团员青年中大兴勤奋学习之风的目的。

（二）组织参加知识讲座

2004 年，组织团员青年参加了全部十二期青年管理知识讲座，拓宽青年的管理知识面。通过参加行政许可法答卷和参加行政许可法学习辅导讲座，进一步深入学习和领会行政许可法的精神实质，为更好地实现依法行政打下理论基础。

2005 年，每周日组织青年参加中央国家机关团工委组织的法律知识系列讲座、哲学知识系列讲座和国际关系系列讲座，共近 30 余次。通过这些系列知识讲座，拓宽团员青年的知识面，增强团员青年的政策理论水平、依法行政的水平和业务水平，进一步提高团员青年为南水北调事业服务的能力。

2006 年，组织机关团员青年参加了中央国家机关团工委每周日组织的青年知识系列讲座。

2007 年，积极组织团员青年参加中央国家机关团工委开展的“青年学国学经典系列讲座”。

2008 年，组织团员青年参加中央国家机关团工委开展的“中央国家机关青年金融知识系列讲座”。

2014 年，为贯彻落实国务院南水北调办 2014 年精神文明创建工作要点有关开设道德讲堂的要求，弘扬社会主义核心价值观，培养干部职工的道德情操，组织承办“中外名曲赏析”专题讲座，办机关及直属单位近 100 人参加了讲座。

（三）联学共建活动

2016 年，国务院南水北调办直属机关团委联合北京市南水北调办团委，在中线干线工程的终点——团城湖调节池组织了一次联学共建活动。

活动中，大家先后参观了北京市南水北调工程展室、团城湖明渠广场，开展了“亲水、爱水”环团城湖调节池健步走活动，就新时期如何开展青年工作、团的工作以及在南水北调工程实践中成长成才等主题进行了联学共建交流座谈。大家表示，繁忙的工作之余参加这样的活动，既得到了放松、锻炼了身体，又振奋了精神、加强了交流，尤其是对南水北调工程本身和工程建设运行管理工作进行了再学习、再认识，进一步加深了对所从事工作的认识和理解，深深为南水北调工程建设成就感到自豪，为自己所投身的事业感到骄傲。大家纷纷表示，希望多组织类似活动，增进友谊，促进学习，激励青年职工的工作热情，为南水北调“稳中求好、创新发展”的新实践贡献自己更多的青春力量。

来自办机关团委、团支部、直属事业单位团支部、中线建管局团委、东线总公司团委筹备组、北京市南水北调办团委及部分青年 40 余人参加活动。

七、青年文明号创建活动

为引导广大青年增强适应社会主义市场经济条件下建设南水北调工程要求的自主意识、竞争意识、效率意识、民主法制意识和开拓创新意识，树立以爱岗敬业、诚实守信、办事公道、服务工程和奉献社会的职业道德观，努力提高业务水平和工作能力，争创一流业绩，展现南水北调青年奋发向上的良好精神风貌，为南水北调工程建设做出贡献，国务院南水北调办机关团委研究决定在南水北调系统开展青年文明号创建活动。2006 年年底，结合南水北调工程实际，经请示机关党委同意，成立了南水北调青年文明号创建活动指导委员会，具体指导和组织南水北调青年文明号创建工作。为推动青年文明号创建活动的全面开展，2006 年 12 月 28 日青年文明号创建活动指导委员会向各直属单位、各项目法人单位印发了《关于开展南水北调办青年文明号申报及评选工作的通知》（办青文字〔2006〕1 号），组织开展了第一批青年文明号评选活动。同时考虑到南水北调青年文明号创建活动指导委员会已经成立，2007 年 4 月 28 日以办青文字〔2007〕3 号印发了原由办机关团委印发的《国务院南水北调办青年文明号活动管理办法》（以下简称《办法》）。

根据《办法》规定，之后，每年组织开展青年文明号年度考核和评选表彰活动。2006—2015 年，已先后开展了 9 批国务院南水北调办青年文明号的评选和表彰活动，累计共有 127 个先进青年集体被命名为国务院南水北调办青年文明号（见表 6－3－1～表 6－3－9）。

表 6－3－1　　2006 年度（首批）国务院南水北调办青年文明号名单

序号	国务院南水北调办青年文明号名单
1	葛洲坝集团丹江口大坝加高左岸工程项目部拌和班
2	中线穿黄项目部工程管理处
3	中国水电二局惠南庄项目部
4	江苏省南水北调淮安市淮安四站河道工程建设处
5	江苏省南水北调江都站改造工程建设处
6	山东水利工程总公司南水北调济平干渠工程三十一标段项目部
7	中国水利水电第十一工程局二分局作业三处青年突击队
8	中铁十六局集团南水北调 PCCP 管道工程四标项目部
9	北京市南水北调工程建设管理中心西四环现场项目管理部
10	河北省南水北调工程建设管理局第二工程建设部
11	南水北调安阳段六标工程管理部
12	国务院南水北调办机关车队

表 6－3－2　　2007 年度国务院南水北调办青年文明号名单

序号	国务院南水北调办青年文明号名单
一、新命名	
1	水电三局丹江口工程施工局
2	中线建管局计划合同部合同与造价管理处

续表

序号	国务院南水北调办青年文明号名单
3	中线建管局惠南庄泵站项目部工程管理处
4	江苏省南水北调淮阴三站工程建设处
5	山东省调水工程技术研究中心
6	中水十一局台儿庄项目部土建一队
7	PCCP 现场项目管理部
8	河南省水利第二工程局南水北调安阳段第二施工标段质量检查部
9	国务院南水北调办经财司财务处
二、继续认定	
1	葛洲坝集团丹江口大坝加高左岸工程项目部拌和班
2	中线建管局穿黄项目部工程管理处
3	中国水电二局惠南庄项目部
4	江苏省南水北调淮安市淮安四站河道工程建设处
5	江苏省南水北调江都站改造工程建设处
6	山东水利工程总公司南水北调济平干渠工程三十一标段项目部
7	中铁十六局集团南水北调 PCCP 管道工程四标项目部
8	北京市南水北调工程建设管理中心西四环现场项目管理部
9	河北省南水北调工程建设管理局第二工程建设部
10	南水北调安阳段六标工程管理部
11	国务院南水北调办司机班

表 6-3-3　　2008 年度国务院南水北调办青年文明号名单

序号	国务院南水北调办青年文明号名单
一、新命名	
1	中线建管局河北直管项目建管部运行管理办公室
2	中线建管局工程建设部工程管理处
3	南水北调中线水源有限责任公司综合部综合处
4	山东大禹工程建设有限公司南水北调济南市区段输水工程施工 5 标项目经理部
5	南水北调东线江苏水源有限责任公司计划发展部
6	北京市南水北调建设管理中心应急供水办公室
7	北京市南水北调建设管理中心党务宣传部

续表

序号	国务院南水北调办青年文明号名单
8	河北省南水北调工程建设管理局计划合同部
9	河南省南水北调办公室司机班
10	河南省南水北调中线工程南阳试验段项目部工程技术部
11	山东黄河工程集团有限公司二级坝泵站工程项目经理部
12	国务院南水北调办监督司综合处
二、继续认定	
1	中线建管局河南直管项目建设管理部工程管理处
2	中线建管局计划合同部合同与造价管理处
3	中线建管局惠南庄泵站项目建设管理部工程管理处
4	中国水利水电第二工程局惠南庄泵站项目经理部
5	水电三局丹江口工程施工局
6	葛洲坝集团丹江口大坝加高左岸工程项目部拌和班
7	山东省水业发展研究院
8	江苏省南水北调江都站改造工程建设处
9	中铁十六局集团南水北调 PCCP 管道工程四标项目部
10	北京市南水北调工程建设管理中心西四环现场项目管理部
11	PCCP 现场项目管理部
12	河北省南水北调工程建设管理局第二工程建设部
13	南水北调安阳段六标工程管理部
14	河南省水利第二工程局南水北调安阳段第二施工标段质量检查部
15	中水十一局台儿庄项目部土建一队
16	国务院南水北调办经财司财务处
17	国务院南水北调办司机班

表 6-3-4　　2009 年度国务院南水北调办青年文明号名单

序号	国务院南水北调办青年文明号名单	推荐单位
一、新命名		
1	信息中心技术处	中线建管局
2	工程运行管理部综合与调度处	
3	综合管理部新闻中心	
4	天津直管建管部合同管理处	

续表

序号	国务院南水北调办青年文明号名单	推荐单位
5	丹江口大坝加高电厂机组改造安装工程项目部工程技术部	中线水源公司
6	综合部	东线山东干线公司
7	中国水利水电第五工程局有限公司穿黄隧洞工程项目经理部	
8	山东水利工程总公司南水北调两湖段长沟泵站枢纽工程项目经理部	
9	江苏省江都水利工程管理处宝应站工程管理项目部	东线江苏水源公司
10	江苏省水利建设工程有限公司南水北调东线一期泗洪站枢纽工程项目经理部	
11	大宁现场管理部	北京市南水北调建管中心
12	南水北调中线工程辉县段七标项目部质检科	河南省南水北调建管局
13	南水北调焦作2段一标工程技术部	
14	南水北调焦作2段五标项目工程管理部	
15	南水北调兴隆水利枢纽工程建管处工程部	湖北省南水北调工程建设管理局
16	南水北调干线工程建设管理处	天津市水利工程建设管理中心
17	南水北调工程建设监管中心稽察一处	直属事业单位团支部
二、继续认定		
1	计划合同部合同与造价管理处	中线建管局
2	工程建设部工程管理处	
3	河南直管项目建设管理部工程管理处	
4	惠南庄泵站项目建设管理部工程管理处	
5	中国水利水电第二工程局惠南庄泵站项目经理部	
6	河北直管项目建设管理部工程运行管理处	
7	水电三局丹江口工程施工局	中线水源公司
8	葛洲坝集团丹江口大坝加高左岸工程项目部拌和班	
9	南水北调中线水源有限责任公司综合部综合处	
10	山东省水业发展研究院	东线山东干线公司
11	山东黄河工程集团有限公司二级坝泵站工程项目经理部	
12	中铁十六局集团南水北调PCCP管道工程四标项目部	北京市南水北调建管中心
13	北京市南水北调工程建设管理中心西四环现场项目管理部	
14	PCCP现场项目管理部	
15	北京市南水北调建设管理中心应急供水办公室	
16	北京市南水北调建设管理中心党务宣传部	

续表

序号	国务院南水北调办青年文明号名单	推荐单位
17	河北省南水北调工程建设管理局第二工程建设部	河北省南水北调建管局
18	河北省南水北调工程建设管理局计划合同部	
19	河南省南水北调办公室司机班	河南省南水北调建管局
20	南水北调安阳段六标工程管理部	
21	南水北调安阳段第二施工标段质量检查部	
22	河南省南水北调中线工程南阳试验段项目部工程技术部	
23	国务院南水北调办经财司财务处	办机关团委
24	国务院南水北调办监督司监督处	

表 6-3-5　2010 年度国务院南水北调办青年文明号名单

序号	国务院南水北调办青年文明号名单	推荐单位
一、新命名		
1	综合管理部秘书处	中线建管局
2	人力资源部人事处	
3	河北直管项目建设管理部保定管理处	
4	河南直管项目建设管理部工程技术处	
5	天津直管项目建设管理部工程管理一处	
6	江苏省南水北调金湖站工程建设处	东线江苏水源公司
7	江苏省泰州市南水北调卤汀河拓浚工程建设处	
8	南水北调东线山东干线有限公司信息办	东线山东干线公司
9	山东黄河工程集团有限公司邓楼泵站枢纽工程项目经理部	
10	北京市南水北调建设管理中心工程管理部	北京市南水北调建管中心
11	河北省南水北调工程建设管理局第五工程建设部	河北省南水北调建管局
12	河北省水利水电第二勘测设计研究院第二设计代表组	
13	南水北调中线工程安阳九标项目部质检科	河南省南水北调建管局
14	南水北调中线工程焦作 2—3 标项目部土方开挖作业队	
二、继续认定		
1	计划合同部合同与造价管理处	中线建管局
2	工程建设部工程管理处	

续表

序号	国务院南水北调办青年文明号名单	推荐单位
3	河南直管项目建设管理部工程管理处	中线建管局
4	河北直管项目建设管理部工程运行管理处	
5	信息中心技术处	
6	工程运行管理部综合与调度处	
7	南水北调宣传中心	
8	天津直管建管部合同管理处	
9	水电三局丹江口工程施工局	中线水源公司
10	葛洲坝集团丹江口大坝加高左岸工程项目部拌和班	
11	丹江口大坝加高电厂机组改造安装工程项目部工程技术部	
12	南水北调中线水源有限责任公司综合部综合处	
13	山东省调水工程技术研究中心	东线山东干线公司
14	东线山东干线公司综合部	
15	江苏省江都水利工程管理处宝应站工程管理项目部	东线江苏水源公司
16	江苏省水利建设工程有限公司南水北调东线一期泗洪站枢纽工程项目经理部	
17	北京市南水北调工程建设管理中心西四环现场项目管理部	北京市南水北调建管中心
18	大宁现场管理部	
19	PCCP 现场项目管理部	
20	北京市南水北调建设管理中心应急供水办公室	
21	北京市南水北调建设管理中心党务宣传部	
22	南水北调干线工程建设管理处	天津市水利工程建设管理中心
23	河北省南水北调工程建设管理局计划合同部	河北省南水北调建管局
24	河南省南水北调办公室司机班	河南省南水北调建管局
25	南水北调安阳段六标工程管理部	
26	南水北调安阳段第二施工标段质量检查部	
27	河南省南水北调中线工程南阳试验段项目部工程技术部	
28	南水北调焦作 2 段一标工程技术部	
29	南水北调焦作 2 段五标项目工程管理部	

表 6-3-6　　2011 年度国务院南水北调办青年文明号名单

序号	国务院南水北调办青年文明号名单	推荐单位
一、新命名		
1	中线建管局计划合同部计划统计处	中线建管局
2	中线建管局审计稽察部稽察处	

续表

序号	国务院南水北调办青年文明号名单	推荐单位
3	河北直管建管部人力资源处	中线建管局
4	河南直管建管局工程管理处	
5	江苏省睢宁二站工程建设处工程科	江苏水源公司
6	江苏省南水北调解台泵站工程管理项目部	
7	山东省南水北调韩庄运河段工程建设管理局	山东干线公司
8	中国水利水电第十三工程局有限公司南水北调鲁北段大屯水库工程项目经理部	
9	北京市南水北调工程执法大队	北京市南水北调建管中心
10	南干渠现场项目管理部	
11	南水北调中线漳古段 SG13 标施工项目部	河北省南水北调建管局
12	南水北调中线漳古段 SG6 标施工项目部	
13	河北省南水北调工程建管中心质量安全部	河北省南水北调建管中心
14	南水北调中线工程郑州一段一标测量部	河南省南水北调建管局
15	南水北调中线工程白河倒虹吸项目部	
16	南水北调中线工程新卫三标项目部	
17	湖北省南水北调兴隆枢纽工程建设管理处机电设备科	湖北省南水北调建管局
18	湖北省引江济汉工程建设管理处工程科	
二、继续认定		
1	中线建管局信息中心技术处	中线建管局
2	中线建管局计划合同部合同与造价管理处	
3	中线建管局综合管理部秘书处	
4	中线建管局工程建设部工程管理处	
5	中线建管局人力资源部人事处	
6	中线建管局工程运行管理部综合与调度处	
7	中线建管局南水北调宣传中心	
8	河北直管建管部工程运行管理处	
9	河北直管建管部保定管理处	
10	河南直管建管局技术管理处	
11	河南直管建管局郑州项目部工程管理处	
12	天津直管建管部合同管理处	
13	天津直管建管部工程管理一处	
14	葛洲坝集团丹江口大坝加高左岸工程项目部拌和班	中线水源公司
15	丹江口大坝加高电厂机组改造安装工程项目部工程技术部	
16	南水北调中线水源有限责任公司综合部综合处	

续表

序号	国务院南水北调办青年文明号名单	推荐单位
17	江苏省南水北调金湖站工程建设处	江苏水源公司
18	江苏省泰州市南水北调卤汀河拓浚工程建设处	
19	江苏省江都水利工程管理处宝应站工程管理项目部	
20	江苏省水利建设工程有限公司泗洪站枢纽工程项目部	
21	南水北调东线山东干线有限责任公司信息办	山东干线公司
22	山东省调水工程技术研究中心	
23	南水北调东线山东干线有限责任公司综合部	
24	大宁现场管理部	北京市南水北调建管中心
25	北京市南水北调建设管理中心党务宣传部	
26	河北省南水北调工程建设管理局第五工程建设部	河北省南水北调建管局
27	河北省水利水电第二勘测设计研究院第二设计代表组	
28	河北省南水北调工程建设管理局计划合同部	
29	南水北调中线工程安阳九标项目部质检科	河南省南水北调建管局
30	南水北调中线工程焦作 2－3 标项目部土方开挖作业队	
31	河南省南水北调办公室司机班	
32	南水北调安阳段六标工程管理部	
33	南水北调安阳段第二施工标段质量检查部	
34	河南省南水北调中线工程南阳试验段项目部工程技术部	
35	南水北调焦作 2 段一标工程技术部	
36	南水北调焦作 2 段五标项目工程管理部	

表 6－3－7　　2012 年度国务院南水北调办青年文明号名单

序号	国务院南水北调办青年文明号名单	推荐单位
一、新命名		
1	计划合同部招标管理处	中线建管局
2	质量安全部质量处	
3	江苏省南水北调洪泽站管理所	江苏水源公司
4	南水北调东线江苏水源责任公司泗洪船闸管理所	
5	鲁北段大屯水库施工一标项目部	山东干线公司
6	鲁北段大屯水库施工三标项目部	
7	东干渠现场项目管理部	北京市南水北调建管中心
8	中铁十九局南水北调 SG14 标施工项目部青年文明号	河北省南水北调建管局
9	河南省水利第一工程局南水北调中线工程方城六标项目部	河南省南水北调建管局
10	中国水利水电第七工程局有限公司南水北调中线工程方城二标项目部	

续表

序号	国务院南水北调办青年文明号名单	推荐单位
11	引江济汉工程防洪闸湖北大禹项目部	湖北省南水北调建管局
12	兴隆水利枢纽工程中水三局项目部青年奋发队	
13	引江济汉工程拾桥河枢纽武警水电二总队项目部七支队九中队	
14	国务院南水北调工程建设委员会办公室政策及技术研究中心研究处	国务院南水北调办机关
15	南水北调工程建设监管中心建设监管处	
二、继续认定		
1	综合管理部秘书处	中线建管局
2	计划合同部合同与造价处	
3	计划合同部计划统计处	
4	工程管理部工程管理处	
5	人力资源部人事处	
6	审计稽察部稽察处	
7	工程运行管理运行调度处	
8	南水北调宣传中心	
9	天津直管建管部工程管理一处	
10	天津直管建管部合同管理处	
11	河北直管建管部保定管理处	
12	河北直管建管部工程运行管理处	
13	河北直管建管部人力资源处	
14	河南直管建管局郑焦项目部工程管理处	
15	河南直管建管局技术管理处	
16	河南直管建管局工程管理处	
17	信息工程建设管理部技术处	
18	丹江口大坝加高电厂机组改造安装工程项目部工程技术部	中线水源公司
19	南水北调中线水源有限责任公司综合部综合处	
20	江苏省南水北调金湖站工程建设处	江苏水源公司
21	江苏省泰州市南水北调卤汀河拓浚工程建设处	
22	江苏省江都水利工程管理处宝应站工程管理项目部	
23	江苏省睢宁二站工程建设处工程科	
24	江苏省南水北调解台泵站工程管理项目部	
25	南水北调东线山东干线有限责任公司信息办	山东干线公司
26	山东省调水工程技术研究中心	

续表

序号	国务院南水北调办青年文明号名单	推荐单位
27	南水北调东线山东干线有限责任公司综合部	山东干线公司
28	山东省南水北调韩庄运河段工程建设管理局	
29	中国水利水电第十三工程局有限公司南水北调鲁北段大屯水库工程项目经理部	
30	大宁现场管理部	北京市南水北调建管中心
31	北京市南水北调建设管理中心党务宣传部	
32	北京市南水北调工程执法大队	
33	南干渠现场项目管理部	
34	河北省南水北调工程建设管理局计划合同部	河北省南水北调建管局
35	河北省南水北调工程建管中心质量安全部	河北省南水北调建管中心
36	南水北调中线工程安阳九标项目部质检科	河南省南水北调建管局
37	南水北调中线工程焦作2-3标项目部土方开挖作业队	
38	河南省南水北调办公室司机班	
39	南水北调安阳段六标工程管理部	
40	南水北调安阳段第二施工标段质量检查部	
41	河南省南水北调中线工程南阳试验段项目部工程技术部	
42	南水北调焦作2段一标工程技术部	
43	南水北调焦作2段五标项目工程管理部	
44	南水北调中线工程郑州一段一标测量部	
45	南水北调中线工程白河倒虹吸项目部	
46	南水北调中线工程新卫三标项目部	
47	湖北省南水北调兴隆枢纽工程建设管理处机电设备科	湖北省南水北调建管局
48	湖北省引江济汉工程建设管理处工程科	

表6-3-8　　2013年度国务院南水北调办青年文明号名单

序号	国务院南水北调办青年文明号名单	推荐单位
一、新命名		
1	河南直管项目建设管理局南阳项目部合同管理处	中线建管局
2	河北直管建管部财务资产处	
3	河北直管建管部石家庄管理处	
4	南水北调江苏水源公司扬州分公司机关	江苏水源公司
5	南水北调江苏水源公司宿迁分公司机关	
6	山东济南至引黄济青段工程建设管理局双王城水库建管处	山东干线公司
7	南水北调东线山东干线济宁管理局长沟泵站建管处	

续表

序号	国务院南水北调办青年文明号名单	推荐单位
8	北京市南水北调建设管理中心密云水库调蓄工程现场项目管理部	北京市南水北调建管中心
9	北京市南水北调建设管理中心团城湖现场项目管理部	
10	河北省南水北调工程建设管理局第四工程建设部	河北省南水北调建管局
11	南水北调中线工程南阳市段一标项目部	河南省南水北调建管局
12	南水北调中线工程禹州长葛段七标项目部	
13	湖北省南水北调兴隆水利枢纽工程建设管理处船闸管理所	湖北省南水北调建管局
14	湖北省南水北调兴隆水利枢纽工程建设管理处水电站管理所	
15	征地移民司库区移民处	国务院南水北调办机关
16	南水北调工程设计管理中心技术管理二处	
二、继续认定		
1	综合管理部秘书处	中线建管局
2	计划合同部合同与造价处	
3	计划合同部计划统计处	
4	计划合同部招标管理处	
5	工程管理部工程管理处	
6	质量安全部质量处	
7	人力资源部人事处	
8	审计稽察部稽察处	
9	工程运行管理部运行调度处	
10	南水北调宣传中心	
11	天津直管建管部工程管理一处	
12	天津直管建管部合同管理处	
13	河北直管建管部保定管理处	
14	河北直管建管部工程运行管理处	
15	河北直管建管部人力资源处	
16	河南直管建管局郑焦项目部工程管理处	
17	河南直管建管局技术管理处	
18	河南直管建管局工程管理处	
19	信息工程建设管理部技术处	
20	丹江口大坝加高电厂机组改造安装工程项目部工程技术部	中线水源公司
21	南水北调中线水源有限责任公司综合部综合处	

续表

序号	国务院南水北调办青年文明号名单	推荐单位
22	江苏省南水北调洪泽站管理所	江苏水源公司
23	江苏省江都水利工程管理处宝应站工程管理项目部	
24	南水北调东线江苏水源责任公司泗洪船闸管理所	
25	山东省南水北调韩庄运河段工程建设管理局	山东干线公司
26	南水北调东线山东干线有限责任公司信息办	
27	山东省调水工程技术研究中心	
28	北京市南水北调建设管理中心党务宣传部	北京市南水北调建管中心
29	北京市南水北调建设管理中心东干渠现场项目管理部	
30	北京市南水北调工程执法大队	
31	北京市南水北调建设管理中心南干渠现场项目管理部	
32	北京市南水北调建设管理中心大宁现场项目管理部	
33	河北省南水北调工程建设管理局计划合同部	河北省南水北调建管局
34	河南省南水北调办公室司机班	河南省南水北调建管局
35	南水北调中线工程白河倒虹吸项目部	
36	南水北调中线工程方城六标项目部	
37	南水北调中线工程方城段二标项目部	
38	南水北调中线工程焦作 2-1 标工程技术部	
39	南水北调中线工程焦作 2-5 标工程管理部	
40	南水北调中线工程南阳试验段工程技术部	
41	湖北省南水北调兴隆水利枢纽工程建设管理处机电设备科	湖北省南水北调建管局
42	湖北省引江济汉工程建设管理处工程科	
43	引江济汉工程防洪闸湖北大禹项目部	
44	引江济汉工程拾桥河枢纽武警水电二总队项目部四支队九中队（原七支队九支队）	
45	国务院南水北调工程建设委员会办公室政策及技术研究中心研究处	国务院南水北调办机关
46	南水北调工程建设监管中心建设监管处	

表 6-3-9　　2014 年度国务院南水北调办青年文明号名单

序号	国务院南水北调办青年文明号名单	推荐单位
一、新命名		
1	惠南庄建管部惠南庄管理处	中线建管局
2	天津直管建管部工程运行管理处	
3	天津直管建管部徐水管理处	

续表

序号	国务院南水北调办青年文明号名单	推荐单位
4	河南直管建管局综合处	中线建管局
5	河南直管建管局安阳管理处	
6	河南直管建管局邓州管理处	
7	河北直管建管部新乐管理处	
8	河北直管建管部定州管理处	
9	河北直管建管部涞涿管理处	
10	南水北调东线江苏水源有限责任公司数据中心通信网络科	江苏水源公司
11	南水北调东线山东干线济宁局邓楼泵站管理处	山东干线公司
12	北京市南水北调工程建设管理中心计划合同部	北京市南水北调建管中心
13	湖北省引江济汉工程管理局	湖北省南水北调建管局
14	南水北调东线总公司工程运行部	南水北调东线总公司
二、继续认定		
1	计划合同部合同与造价处	中线建管局
2	计划合同部计划统计处	
3	计划合同部招标管理处	
4	工程管理部工程管理处	
5	质量安全部质量处	
6	人力资源部人事处	
7	工程运行管理部运行调度处	
8	南水北调宣传中心	
9	天津直管建管部天津管理处（原天津直管建管部工程管理一处）	
10	天津直管建管部合同管理处	
11	河北直管建管部保定管理处	
12	河北直管建管部工程运行管理处	
13	河北直管建管部人力资源处	
14	河北直管建管部财务资产处	
15	河北直管建管部石家庄管理处	
16	河南直管建管局郑焦项目部工程管理处	
17	河南直管建管局技术管理处	
18	河南直管建管局工程管理处	
19	信息工程建设管理部技术处	
20	河南直管项目建设管理局南阳项目部合同管理处	
21	南水北调中线水源有限责任公司综合部综合处	中线水源公司

续表

序号	国务院南水北调办青年文明号名单	推荐单位
22	江苏省南水北调洪泽站管理所	江苏水源公司
23	江苏省江都水利工程管理处宝应站工程管理项目部	
24	南水北调东线江苏水源责任公司泗洪船闸管理所	
25	南水北调江苏水源公司扬州分公司机关	
26	南水北调江苏水源公司宿迁分公司机关	
27	南水北调东线山东干线枣庄管理局（原山东省南水北调韩庄运河段工程建设管理局）	山东干线公司
28	南水北调东线山东干线有限责任公司信息办	
29	山东省调水工程技术研究中心	
30	山东济南至引黄济青段工程建设管理局双王城水库建管处	
31	南水北调东线山东干线济宁管理局长沟泵站建管处	
32	北京市南水北调建设管理中心党务宣传部	北京市南水北调建管中心
33	北京市南水北调建设管理中心东干渠现场项目管理部	
34	北京市南水北调工程执法大队	
35	北京市南水北调建设管理中心南干渠现场项目管理部	
36	北京市南水北调建设管理中心大宁现场项目管理部	
37	北京市南水北调建设管理中心密云水库调蓄工程现场项目管理部	
38	北京市南水北调建设管理中心团城湖现场项目管理部	
39	河北省南水北调工程建设管理局第四工程建设部	河北省南水北调建管局
40	引江济汉工程防洪闸湖北大禹项目部	湖北省南水北调建管局
41	湖北省南水北调兴隆水利枢纽工程建设管理处船闸管理所	
42	湖北省南水北调兴隆水利枢纽工程建设管理处水电站管理所	
43	国务院南水北调工程建设委员会办公室政策及技术研究中心研究处	国务院南水北调办机关
44	南水北调工程建设监管中心建设监管处	

为确保青年文明号的创建效果，把青年文明号创建活动打造成党政满意、团青欢迎、职工认同的精品活动，国务院南水北调办机关团委，以倡导职业文明为核心，以科学管理为手段，以岗位建功、岗位创优为重点，深化青年文明号创建工作，加大对青年文明号集体的组织、监督和指导力度，对青年文明号实行动态管理。如对于隶属关系发生变化、基本条件不符合、被曝光的青年文明号予以摘牌。通过这些措施，确保了青年文明号的创建效果，进一步推动了青年文明号管理水平和整体质量的提高，各青年文明号集体也在南水北调工程建设中积极发挥了突击队作用。

八、评优创优活动

为营造争先创优的良好氛围，引导团员青年立足岗位、建功成才，国务院南水北调办机关团委通过组织开展青年文明号创建、优秀团员青年团干部和团组织评选表彰，以及推荐优秀青年集体和个人参加上级机关评优等，进一步激发了团员青年的工作热情，为团员青年在南水北调工程建设中多做贡献搭建了良好平台。

（一）优秀团员青年、优秀团干部和优秀团支部（团委）评选表彰活动

为表彰先进、宣传典型，深化“树典型·学榜样·赶先进”主题活动，进一步激励斗志，鼓舞干劲，推动南水北调青年在工程建设实践中建功立业、成长成才，在国务院南水北调办直属机关党委的指导下，2009年国务院南水北调办机关团委认真组织开展了评优创优活动。①研究制定了《2007—2008年度南水北调办优秀团员青年、优秀团干部和优秀团支部（团委）评选表彰工作方案》，经请示直属机关党委同意后，以《关于组织开展优秀团员青年、优秀团干部和优秀团支部（团委）推荐申报工作的通知》形式正式印发各单位，对推优工作进行了部署，提出了明确要求。②成立了评选委员会，对各团组织上报的符合条件的候选团组织和个人进行了民主评议，研究确定了2007—2008年度优秀团员青年、优秀团干部和优秀团支部（团委）建议名单报直属机关党委审定。③结合召开纪念“五四”运动90周年青年座谈会，对获奖团员青年、团干部和团支部进行了表彰。

2011年，组织开展了2009—2010年度优秀团员青年、优秀团干部和优秀团支部（团委）评选表彰工作，共择优评选出2个优秀团支部、15名优秀团干部、30名优秀团员青年，并在“五四”青年节前夕进行了表彰（见表6-3-10）。

表6-3-10　2009—2010年度国务院南水北调办优秀团员青年、优秀团干部和优秀团支部（团委）名单

类别	序号	姓名	所在部门或单位	报送单位
优秀团员青年	1	薛楠	国务院南水北调办综合司	国务院南水北调办机关
	2	王楠	国务院南水北调办综合司	国务院南水北调办机关
	3	马永征	国务院南水北调办投资计划司	国务院南水北调办机关
	4	邓文峰	国务院南水北调办经济与财务司	国务院南水北调办机关
	5	叶颖	国务院南水北调办环境保护司	国务院南水北调办机关
	6	盛晴	国务院南水北调办征地移民司	国务院南水北调办机关
	7	庆瑜	国务院南水北调办监督司	国务院南水北调办机关
	8	刘顺利	国务院南水北调办政策及技术研究中心	事业单位
	9	韩绪博	南水北调工程建设监管中心	事业单位
	10	吴琳	南水北调工程建设监管中心	事业单位
	11	孙斌	中线建管局综合管理部	中线建管局
	12	郭晓娜	中线建管局工程建设部	中线建管局
	13	孙义	中线建管局工程建设部	中线建管局

续表

类别	序号	姓名	所在部门或单位	报送单位
优秀团员青年	14	何可	中线建管局人力资源部	中线建管局
	15	郇婧	中线建管局财务与资产管理部	中线建管局
	16	宁青	中线建管局工程技术部	中线建管局
	17	刘洋洋	中线建管局移民环保局	中线建管局
	18	杨君伟	中线建管局审计稽察部	中线建管局
	19	黄伟锋	中线建管局信息中心	中线建管局
	20	郭芳	中线建管局工程运行管理部	中线建管局
	21	李剑	河北直管项目建设管理部	中线建管局
	22	朱亚飞	河北直管项目建设管理部	中线建管局
	23	张琪	河北直管项目建设管理部	中线建管局
	24	刘旭	河北直管项目建设管理部	中线建管局
	25	郭晓雯	河北直管项目建设管理部	中线建管局
	26	马骏	河北直管项目建设管理部	中线建管局
	27	郝清华	河南直管项目建设管理部	中线建管局
	28	李樑	天津直管项目建设管理部	中线建管局
	29	张文龙	天津直管项目建设管理部	中线建管局
	30	郭文军	天津直管项目建设管理部	中线建管局
优秀团干部	1	杨栋	国务院南水北调办综合司	国务院南水北调办机关
	2	张晶	国务院南水北调办建设管理司	国务院南水北调办机关
	3	熊雁晖	国务院南水北调办监督司	国务院南水北调办机关
	4	刘杰	中线建管局工程建设部	中线建管局
	5	唐涛	中线建管局工程建设部	中线建管局
	6	陈晓楠	中线建管局工程运行管理部	中线建管局
	7	刘浩杰	河北直管项目建设管理部	中线建管局
	8	田杨	河北直管项目建设管理部	中线建管局
	9	刘西永	河北直管项目建设管理部	中线建管局
	10	刘斌	河北直管项目建设管理部	中线建管局
	11	朱梅	河北直管项目建设管理部	中线建管局
	12	李钊	河南直管项目建设管理部	中线建管局
	13	付军	河南直管项目建设管理部	中线建管局
	14	杨晓丹	惠南庄项目建设管理部	中线建管局
	15	李永鑫	天津直管项目建设管理部	中线建管局
优秀团支部（团委）	1		河北直管项目建设管理部团委	中线建管局
	2		天津直管项目建设管理部团支部	中线建管局

2013年，组织开展2011—2012年度优秀团员青年、优秀团干部和优秀团支部（团委）评选表彰工作，共择优评选出优秀团支部（团委）4个、优秀团干部17人、优秀团员青年64人（见表6-3-11）。

优秀团员青年、优秀团干部和优秀团支部（团委）评选表彰活动的开展，在青年中营造了争先创优的良好氛围，收到了预期的效果。

表6-3-11　2011—2012年度国务院南水北调办优秀团员青年、优秀团干部和优秀团支部（团委）名单

序　号	所在部门或单位	获奖单位及个人
一、优秀团员青年		
1	国务院南水北调办综合司	文芳
2	国务院南水北调办综合司	刘悦
3	国务院南水北调办综合司	孙硕
4	国务院南水北调办投计司	王熙
5	国务院南水北调办经财司	周波
6	国务院南水北调办建管司	张俊胜
7	国务院南水北调办环保司	叶颖
8	国务院南水北调办征移司	盛晴
9	国务院南水北调办监督司	邱立军
10	国务院南水北调办政研中心	曹鹏飞
11	南水北调工程建设监管中心	冯晓波
12	南水北调工程设计管理中心	巫常林
13	中线建管局综合管理部	陈晖
14	中线建管局工程管理部	孙义
15	中线建管局质量安全部	余为为
16	中线建管局人力资源部	陈婷
17	中线建管局财务与资产管理部	郇婧
18		林赫楠
19	中线建管局审计稽察部	杨君伟
20	中线建管局移民环保局	刘洋洋
21	中线建管局工程运行管理部	李立群
22		卢明龙
23	中线建管局信息工程建设管理部	马艳军
24		王伟

续表

序　号	所在部门或单位	获奖单位及个人
25	中线建管局河北直管建管部	鞠向阳
26		任旭东
27		李宏硕
28		宋星辉
29		袁思光
30		苑琳琳
31		刘治
32		何雄科
33		朱亚飞
34		阎良
35		尹荣娇
36		李伟东
37		李少鹏
38	中线建管局河北直管建管部	高丽娟
39		李凯
40		高少婷
41		郭晓雯
42		刘海波
43		王浩
44		孟繁浪
45		杜宇峰
46		陈露阳
47		樊伟
48		黄宏艳
49		李超
50		柴悦
51	中线建管局惠南庄建管部	陆严
52		蒋建伟
53	中线建管局河南直管建管局	杨波
54		王伟
55		高黛雯
56		李飞
57		王永刚

续表

序号	所在部门或单位	获奖单位及个人
58	中线建管局河南直管建管局	刘培苑
59		董志斌
60		刘福明
61		楚鹏程
62	中线建管局天津直管建管部	陈鸿运
63		李樑
64		王新野
二、优秀团干部		
1	国务院南水北调办机关团委	张晶
2	国务院南水北调办机关团委	熊雁晖
3	中线建管局机关团委	唐涛
4	中线建管局河北直管建管部团委	曹铭泽
5		王琎
6		刘剑秋
7		和喜凤
8		裴晓辉
9		胡玲玲
10		赵瑾遥
11		徐宝丰
12		张琳琳
13		李春阳
14		赵伦
15	中线建管局惠南庄项目建管部团支部	仲华
16	中线建管局河南直管建管局团支部	付军
17	中线建管局天津直管建管部团支部	李永鑫
三、优秀团支部		
1	中线建管局河北直管建管部	河北直管建管部团委
2	中线建管局河南直管建管局	河南直管建管局团支部
3	中线建管局惠南庄项目建管部	惠南庄项目建管部团支部
4	中线建管局天津直管建管部	天津直管建管部团支部

（二）择优推荐优秀青年集体和个人参加上级团组开展的评优活动

在团员青年创先争优工作的基础上，国务院南水北调办机关团委按照团中央、中央国家机

关团工委等上级单位组织的各种评优创先活动的通知要求，积极组织推荐优秀青年集体和个人参加各种评优活动。自2005年以来国务院南水北调办优秀青年集体和个人累计获得上级表彰40项，详见表6-3-12。

表6-3-12　　国务院南水北调办优秀青年集体和个人获上级表彰情况一览表

<table>
<tr><th>序号</th><th>年份</th><th>获奖青年集体或个人</th><th>奖　　项</th></tr>
<tr><td>1</td><td rowspan="3">2005</td><td>国务院南水北调办机关团委</td><td>中央国家机关“五四红旗团组织创建单位”</td></tr>
<tr><td>2</td><td>李勇</td><td>中央国家机关青联代表</td></tr>
<tr><td>3</td><td>任静</td><td>中央国家机关优秀团员</td></tr>
<tr><td>4</td><td rowspan="3">2006</td><td>中线建管局穿黄工程建设管理部工程管理处</td><td>中央国家机关青年文明号</td></tr>
<tr><td>5</td><td>中国水电二局惠南庄泵站项目部</td><td>中央国家机关青年文明号</td></tr>
<tr><td>6</td><td>唐孟军</td><td>中央国家机关优秀青年</td></tr>
<tr><td>7</td><td rowspan="6">2007</td><td>国务院南水北调办机关团委</td><td>中央国家机关五四红旗团委</td></tr>
<tr><td>8</td><td>国务院南水北调办机关团委</td><td>共青团全国基层组织建设领导小组办公室“第八批‘全国五四红旗团委创建单位’”</td></tr>
<tr><td>9</td><td>中线建管局团委</td><td>中央国家机关“五四红旗团组织创建单位”</td></tr>
<tr><td>10</td><td>中线建管局穿黄工程建设管理部工程管理处</td><td>共青团中央和国家安全生产监督管理局“第五届全国青年安全生产示范岗”</td></tr>
<tr><td>11</td><td>张元教</td><td>中央国家机关优秀共青团干部</td></tr>
<tr><td>12</td><td>赖斯芸</td><td>中央国家机关优秀共青团员</td></tr>
<tr><td>13</td><td rowspan="9">2008</td><td>中线建管局穿黄工程建设管理部工程管理处</td><td>共青团中央2007年度全国青年文明号</td></tr>
<tr><td>14</td><td>中线建管局惠南庄泵站项目建设管理部工程管理处</td><td rowspan="2">中央国家机关“奉献奥运”先进青年集体</td></tr>
<tr><td>15</td><td>中线建管局漕河项目建设管理部综合处</td></tr>
<tr><td>16</td><td>中线建管局计划合同部合同与造价管理处</td><td rowspan="4">中央国家机关青年文明号</td></tr>
<tr><td>17</td><td>中线建管局惠南庄泵站项目建设管理部工程管理处</td></tr>
<tr><td>18</td><td>中线建管局漕河项目建设管理部综合处</td></tr>
<tr><td>19</td><td>中线建管局穿黄工程建设管理部工程管理处</td></tr>
<tr><td>20</td><td>朱涛</td><td rowspan="2">中央国家机关优秀青年</td></tr>
<tr><td>21</td><td>于澎涛</td></tr>
</table>

续表

序号	年份	获奖青年集体或个人	奖　项
22	2009	中线建管局河北直管项目部运行管理办公室	共青团中央和国家安全生产监督管理总局“第七届全国青年安全生产示范岗”
23		国务院南水北调办经济与财务司财务处	中央国家机关青年文明号
24		国务院南水北调办直属机关团委	中央国家机关工委组织部、中央国家机关团工委评为“国庆60周年群众游行活动优秀组织单位”
25		魏伟	中央国家机关工委组织部、中央国家机关团工委评为“国庆60周年群众游行活动优秀队员”
26	2010	李耀忠	中央国家机关青年五四奖章
27		中线建管局团委	中央国家机关五四红旗团委
28		何韵华	中央国家机关优秀共青团干部
29		刘杰	中央国家机关优秀共青团员
30	2011	中线建管局河南直管部团支部	中央国家机关五四红旗团支部
31		曹玉升	中央国家机关优秀共青团干部
32		孙义	中央国家机关优秀共青团员
33		中线建管局河北直管部工程运行管理处	中央国家机关青年文明号
34		中线建管局信息中心技术处	
35	2012	中线建管局河南直管项目建设管理局技术管理处	中央国家机关青年文明号
36		中线建管局保定管理处	
37		殷立涛	中央国家机关青年五四奖章
38	2013	中线建管局河南直管项目建设管理局技术管理处	中央国家机关青年文明号
39		中线建管局保定管理处	
40	2014	陈晓楠	中央国家机关青年岗位能手

九、社会公益活动

为拓宽共青团和青年活动思路，增强团员青年的社会责任感和公益意识，国务院南水北调办机关团委通过组织开展“保护母亲河”义务植树活动、献爱心活动等，让青春力量在公益事业中闪光。

（一）“保护母亲河”义务植树活动

自国务院南水北调办成立以来，机关团委按照直属机关党委的部署，连续七次组织开展了

春季植树活动。

2005年，配合先进性教育活动的开展，机关团委具体承办了国务院南水北调办与北京市水务局、北京市南水北调办4月1日联合开展的“保持共产党员先进性共建植树活动”。在张基尧、孟学农带领下，90多名党员干部在永定河滞洪水库连通闸平台挥锹铲土植树护绿，一上午植树600余棵。

2006年4月7日，国务院南水北调办机关团委和北京市南水北调办、北京市南水北调建管中心、永定河管理处共同组织团员青年，在永定河畔开展了主题为“增强共青团员意识，树立社会主义荣辱观”的联合义务植树活动。来自国务院南水北调办机关各司、直属各单位、中线建管局的40多名团员青年和来自北京市南水北调办、北京市南水北调建管中心、永定河管理处的40余名团员青年参加了这次联合义务植树活动。青年同志们热情高涨，干劲十足，在现场专业工作人员的指导下挥锹铲土，细心栽植树苗，精心培土踩实，一上午植树近500棵。

2007年3月30日，国务院南水北调办机关团委组织开展了主题为“保护母亲河——绿色和谐你我同行”的联合义务植树活动。来自国务院南水北调办机关各司、直属各单位、中线建管局的30多名团员青年和来自北京市南水北调办、北京市建管中心、永定河管理处的40余名团员青年参加了这次联合义务植树活动，植树500余棵。此次活动既推动落实了“保护母亲河”的生态环境公益活动，也使青年同志们在活动中加强了沟通和交流，增进了友谊。广大团员青年一致认为，通过参加绿化植树劳动，不仅践行了社会主义荣辱观，为构建和谐社会贡献了一片绿色，而且进一步增强了立足岗位、奉献南水北调事业的使命感。

2008年3月29日，结合迎接京石段奥运会应急通水，国务院南水北调办和北京市南水北调办在永定河畔联合组织开展以“保京石通水，迎绿色奥运”为主题的义务植树活动。李津成、张野与办机关各司、直属事业单位、中线建管局和北京市南水北调办、北京市南水北调建管中心、永定河管理处共100余人参加了这次义务植树活动，共植树700余棵。

2009年，为继续推动“保护母亲河”行动的开展，4月3日，办机关团委、中线建管局机关党委联合承办在南水北调中线河北省和北京市交界的北拒马河暗渠工程现场举行义务植树活动。张基尧、李津成、张野和100余名干部职工一起来到植树现场，共种植松树、杨树、楸树等300余棵，以实际行动履行植树义务，促进南水北调绿色长廊、生态长廊建设。

2010年，为不断推动“保护母亲河”行动的深入开展，4月16日，国务院南水北调办机关与中线建管局联合组织干部职工，赴京石段惠南庄泵站绿化区开展义务植树活动。李津成、张野和办机关、直属事业单位、中线建管局有关负责同志和干部职工共100余人参加了植树活动，共完成300余株树苗的栽种任务。

2014年4月8日，国务院南水北调办机关、直属单位干部职工在北京市南水北调团城湖调节池岸边开展义务植树活动。国务院南水北调办党组书记、主任鄂竟平，办党组成员、副主任张野、蒋旭光、于幼军，北京市领导夏占义参加植树。植树活动中，数十名干部、职工齐心协力，精心将上百棵柳树、松树等树苗栽植在团城湖调节池岸边，为首都的南水北调水源地根植一片绿色，涵养一湖清水，促进南水北调绿色长廊、生态长廊建设添砖加瓦。

2015年4月14日，国务院南水北调办组织赴中线涞涿段工程现场开展主题为“弘扬生态文明，建设绿色渠道”的义务植树活动。鄂竟平、蒋旭光与机关各司、直属事业单位、中线建管局的百余名职工共同参加了植树活动，共种植松树200余株。

2016年4月6日，国务院南水北调办在中线易县段开展主题为“推动绿色发展、打造美丽渠道”的学雷锋志愿植树活动，直属机关团委承办。国务院南水北调办副主任蒋旭光与办机关、直属事业单位企业干部职工一起参加植树活动，共种下500余株树苗。植树活动激发了大家的热情。中午，大家在座谈中围绕落实绿色发展理念、推动南水北调工程发挥包括生态效益在内的综合效益展开热烈讨论。大家谈到，南水北调工程通过提供优质安全的生活用水，为提升北方人民生活水平、增进人民福祉提供可靠的供给，通过置换出的水改善生态环境，推动生态文明建设。同时，通过植树造林，绿化渠道，可以进一步强化绿色发展理念，提高广大干部职工保护生态环境的意识，倡导南水北调系统干部职工从我做起，从建设每一块绿地做起，为改善生态环境尽一份力，为推进美丽中国建设做出南水北调人的贡献。

2017年4月1日，国务院南水北调办在中线惠南庄泵站管理区内开展义务植树活动。国务院南水北调办副主任陈刚、张野带领办机关、直属单位60余名干部职工参加植树，樱树、西府海棠、白皮松等300余株树苗在园区内“安家落户”。

通过联合植树，使各单位团员青年同志们在活动中加强了沟通和交流，增进了友谊。广大团员青年一致认为，通过参加绿化植树劳动，不仅以自身实际行动践行了科学发展观观，巩固了绿色生态和社会公益意识，而且进一步增强了热爱祖国、辛勤劳动的社会主义荣誉感，增强了立足岗位、奉献南水北调事业的使命感和责任感。

（二）献爱心活动

2008年，机关团委积极组织开展抗震救灾献爱心活动。组织发动团员青年以交纳“特殊团费”的形式主动为四川灾区捐款。办机关、事业单位和中线建管局的90名团员青年累计缴纳“特殊团费”共3058元。同时，南水北调系统4个获得中央国家机关青年文明号的青年集体还积极响应中央国家机关团工委“关于组织开展‘中国，挺起脊梁’青春献祖国行动”的号召，集体捐款2万元，以实际行动支援了灾区人民。

2012年4月19日，根据办机关团委“弘扬雷锋精神、奉献南水北调”主题活动部署，河北直管建管部团委组织青年职工代表来到唐县南水北调希望小学开展了“学雷锋、向南水北调希望小学献爱心”主题活动。青年职工代表在学校内地打扫了校园公共设施，清理了校园内的废弃物品，与学生们开展了形式多样的活动，使学生们进一步了解了南水北调工程的意义。大家还为孩子们送去了自发捐赠的书包、图书和文具，送去一份爱心。

第四节　妇　女　工　作

一、组织队伍建设

（一）组织建设

国务院南水北调办直属机关妇女组织是群众组织，在直属机关党委和中央国家机关妇工委的领导下开展工作，是党组织联系女干部职工的桥梁和纽带，基本职能是代表和维护妇女的合

法权益，促进男女平等。

1. 国务院南水北调办妇女组织形式

国务院南水北调办妇女组织的工作范围为办机关和直属事业单位、中线建管局、东线公司。

在直属机关党委直接领导和具体指导下，根据中央国家机关妇女工作委员会（简称中央国家机关妇工委）关于成立妇女组织的要求，结合国务院南水北调办女干部职工人数，确定妇女组织的形式为妇女工作委员会。2005年1月，国务院南水北调办机关妇女工作委员会（简称机关妇工委）正式成立。为便于组织和开展工作，办机关各直属事业单位和中线建管局分别成立妇女工作小组。

2. 机关妇工委成立程序、妇女工作干部产生形式

在机关党委领导和具体指导下，按照《中央国家机关妇女工作办法》，国务院南水北调办妇女工作干部，遵循"体现不同妇女群体的代表性，并具有一定的妇女群众基础"的原则，采取"直属机关党委提出人选，征求直属机关全体女干部职工意见"的方式产生。主任、副主任人选体现"在妇女群众中具有较高威望，热爱妇女工作，具备较高思想政治水平、思想道德素质、参政议政能力和组织领导能力"，经妇工委全体委员会议选举产生。

机关妇工委的上级主管部门是中央国家机关妇工委。按程序规定，国务院南水北调办成立妇工委、换届及主任、副主任、委员人选均经机关党委审核同意，报请中央国家机关妇工委审批。

3. 第一届机关妇工委组织结构

第一届机关妇工委于2005年1月组建，由5名干部组成，兼顾了机关、各事业单位的代表。主任由张景芳担任，副主任由谢民英担任，委员：边玮、李笑一、何韵华。

2005年2月，组建了办机关妇女工作小组、政策及技术研究中心妇女工作小组、建设监管中心妇女工作小组、中线建管局妇女工作小组，各小组选举产生了组长、副组长。随着南水北调工程设计管理中心的成立，又及时成立了设计管理中心妇女工作小组、选举产生了组长。5个妇女基层组织的成立，使国务院南水北调办各级妇女组织得到全面健全充实。

4. 第二届机关妇工委组织结构

根据《中央国家机关妇女工作办法》和《国务院南水北调办第一届机关妇女工作委员会工作规则》，第一届机关妇工委任期4年。按照直属机关党委的统一工作部署，机关妇工委于2009年完成了换届工作，产生了第二届机关妇工委。第二届机关妇工委由7名干部组成，比上届增加了2名，其中增设1名副主任、1名委员。

第二届机关妇工委主任由张景芳担任，副主任有谢民英、李笑一，委员有边玮、何韵华、熊雁晖、吴燕燕。第二届机关妇工委在第一届基础上具有更广泛的代表性，同时增加了党员委员人数。

第二届机关妇工委组建后，基层妇女组织设立办机关、政研中心、监管中心、设管中心和中线建管局5个妇女工作小组，各妇女工作小组组长和副组长同步进行改选或重新确任。

5. 第三届机关妇工委组织结构

根据《中央国家机关妇女工作办法》和《国务院南水北调工程建设委员会办公室第二届机关妇女工作委员会工作规则》，第二届机关妇工委任期5年。按照机关党委的统一工作部署，机关妇

工委于2014年完成了换届工作，产生了第三届机关妇工委。第三届机关妇工委由7名干部组成，主任由谢民英担任，副主任由李笑一、孙卫担任，委员有何韵华、熊雁晖、陈梅、李小卓。

第三届机关妇工委组建后，基层妇女组织设立办机关、政研中心、监管中心、设管中心、中线建管局、东线公司6个妇女工作小组。各妇女工作小组组长和副组长也同步改选或重新确任。

（二）队伍建设

2005年机关妇工委成立之初，办机关、直属事业单位、中线建管局有女干部职工32人，其中处级女干部5人；2014年5月，全部女干部职工249人，其中办机关及直属事业单位副司局级女干部2人、处级女干部15人，中线建管局担任中层职务女职工31人。

1. 人员情况

（1）2005年度。2005年年初，国务院南水北调办共有女干部职工32人，其中机关公务员8人、合同制聘用人员7人，直属事业单位9人，中线建管局8人。女干部担任处长2人、副处长3人。

从年龄结构看40～49岁的7人，30～39岁的6人，30岁以下19人；从政治面貌看，党员18人，其他14人；从学历学位情况看，硕士研究生11人，本科12人，专科及以下9人；从职称情况看，教授级高工1人，副高9人，中级4人，初级9人，其他9人。

（2）2012年度。2012年末，国务院南水北调办有女干部职工184人，其中办机关公务员、合同制聘用人员24人，直属事业单位13人，中线建管局147人。机关及事业单位女干部担任副司局级职务2人、正处级5人、副处级8人；中线建管局女职工担任中层职务25人。

184名女干部职工占国务院南水北调办干部职工总人数的17.5％。从年龄结构看50岁以上的12人，40～49岁的33人，30～39岁的71人，30岁以下的68人。从政治面貌看，党员102人，其他82人。从学历学位情况看，博士及硕士研究生37人，本科127人，专科及以下20人。从职称情况看，教授级高工7人，副高46人，中级46人，初级26人，其他59人。

（3）2014年度。2014年5月，国务院南水北调办有女干部职工249人，其中机关公务员、合同制聘用人员24人，直属事业单位女职工15人，中线建管局女职工210人。机关及事业单位女干部担任副司局级职务2人、正处级5人、副处级10人；中线建管局女职工担任中层职务31人。

249名女干部职工占国务院南水北调办干部职工总人数的16.2％。从年龄结构看50岁以上的21人，40～49岁的39人，30～39岁的102人，30岁以下的87人。从政治面貌看，党员134人，其他115人。从学历学位情况看，博士及硕士研究生47人，本科157人，专科及以下45人。从职称情况看，教授级高工7人，副高49人，中级68人，初级37人，其他88人（见图6-4-1）。

（4）2015年度。截至2015年12月31日，国务院南水北调办有女干部职工317人，其中机关公务员、合同制聘用人员25人，直属事业单位女职工16人，中线建管局女职工259人，东线总公司13人，退休职工4人。机关及事业单位女干部担任副司局级职务2人、正处级5人、副处级10人，中线建管局女职工担任中层职务41人，东线总公司女职工担任中层职务4人。

313名女干部职工（不含退休）占国务院南水北调办干部职工总人数的19％。从年龄结构看50岁以上的20人，占比7％；40～49岁的48人，占比15％；30～39岁的145人，占

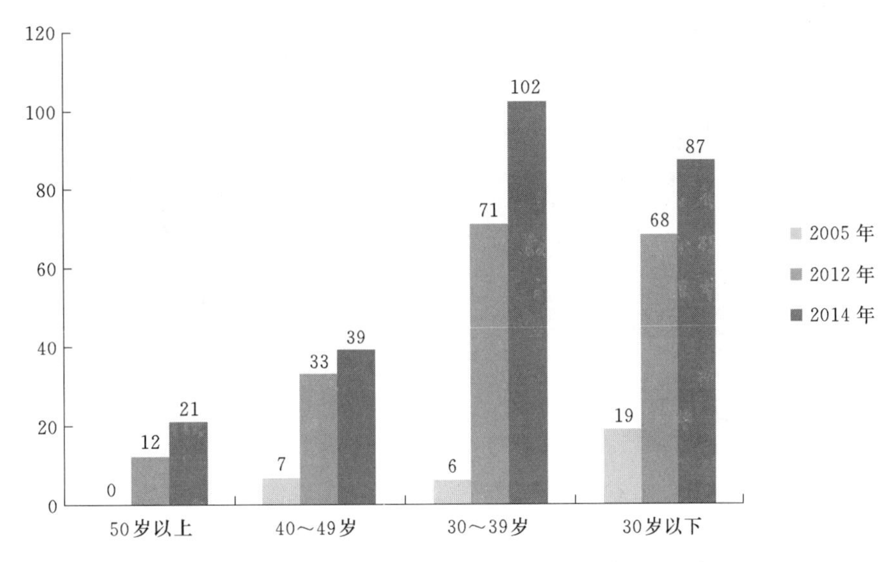

图 6-4-1　女职工在年龄结构方面变化情况（单位：人）

比 46%；30 岁以下的 100 人，占比 32%。从政治面貌看，党员 172 人，占比 54%；其他 141 人，占比 46%。从学历学位情况看，博士及硕士研究生 65 人，占比 21%；本科 194 人，占比 62%；专科及以下 54 人，占比 17%。从职称情况看，教授级高工 12 人，占比 4%；副高 60 人，占比 19%；中级 92 人，占比 29%；初级 68 人，占比 22%；其他 82 人，占比 26%（见图 6-4-2）。

2. 妇女发展

国务院南水北调办女干部职工总体呈现人员占比少、业务干部多、学历层次高、综合素质好等特点。2005—2015 年女干部职工发展情况分析如下：

（1）在发展中不断成长壮大。女干部职工队伍随着南水北调工程建设的发展而成长。国务院南水北调办 2003 年正式成立，2005 年机关妇工委成立时，国务院南水北调办及直属单位仅有女干部职工 32 人。11 年来，通过招聘录用、考察调入等方式引进女干部职工 285 人，在岗 313 人（其中：综合及人事管理 50 人，经济财务 25 人，工程运行管理 230 人，移民环保 8 人），为成立初期的 9.9 倍。从增长情况看，机关及事业单位由 24 人增加至 41 人，增加 17 人；中线建管局由 8 人增加至 259 人，增加 251 人；从工作岗位看，主要增加工程建设及运行管理、公务员和综合文秘人员（见图 6-4-3）。

数据显示：随着工程建设的推进，女干部职工不断充实发展，分布在南水北调工程建设各个岗位，女性人才队伍的壮大，改变了职工队伍的结构，女职工队伍的健康发展，在南水北调工程建设领域发挥着不可替代的作用。

（2）在实践中提升技术力量。2015 年与 2005 年末相比，女性专业技术干部较 2005 年增长 209 人，其中：教高增加 11 人，副高增加 51 人，中级增加 88 人，初级增加 59 人（见图 6-4-4）。

数据显示：南水北调系统技术型女性较多，女性人才队伍一方面通过充实技术人员增加技术力量，另一方面在工程建设实践中不断提升专业技能。

（3）在政治上积极追求发展。截至 2015 年 12 月，女性走上处级以上领导岗位 62 人，较

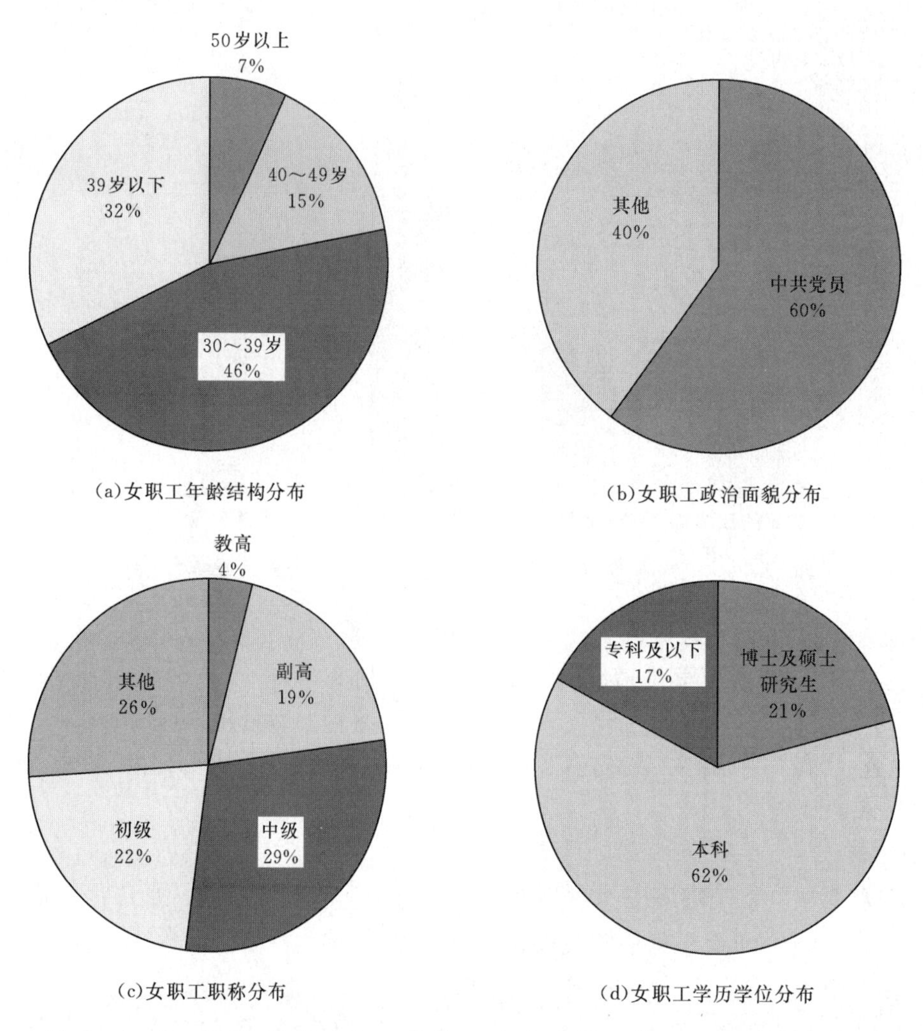

图 6-4-2　2015 年度女职工年龄、政治面貌、学历、职称分布情况

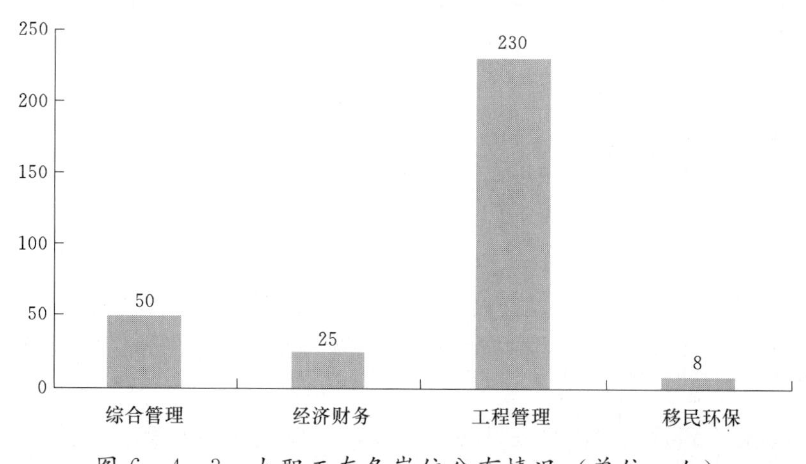

图 6-4-3　女职工在各岗位分布情况（单位：人）

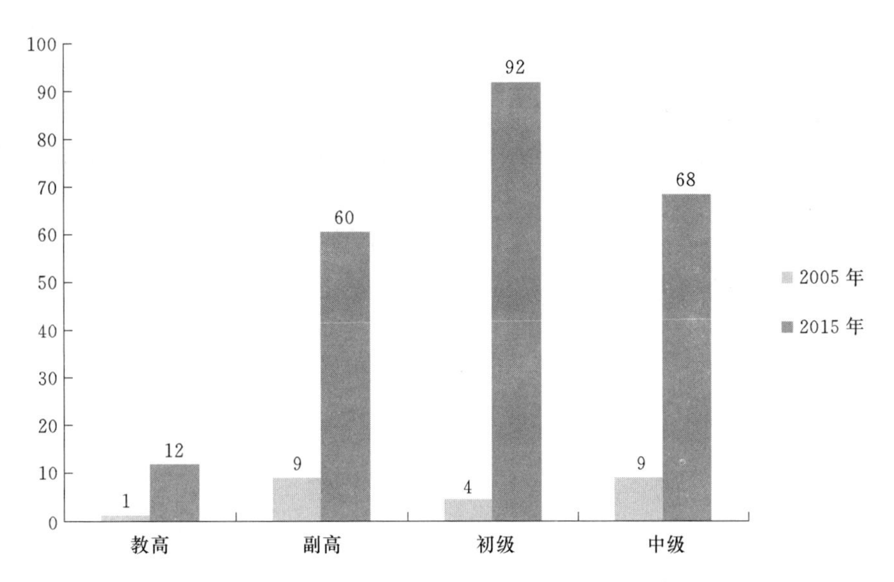

图 6-4-4　女职工在职称方面变化情况（单位：人）

2005 年增长 57 人。

数据显示：南水北调系统女干部职工的成长环境不断优化和成熟，女干部职工具有一定的政治发展和职业发展需求，通过自身努力和组织培养，走上领导岗位，在工作中勇挑重担，实现自我超越。

（4）在教育培训中提升综合素质。从学历学位情况看，2015 年 12 月在岗的 313 位女干部职工中，本科及以上学历 259 人，占比 82%（见图 6-4-5）。

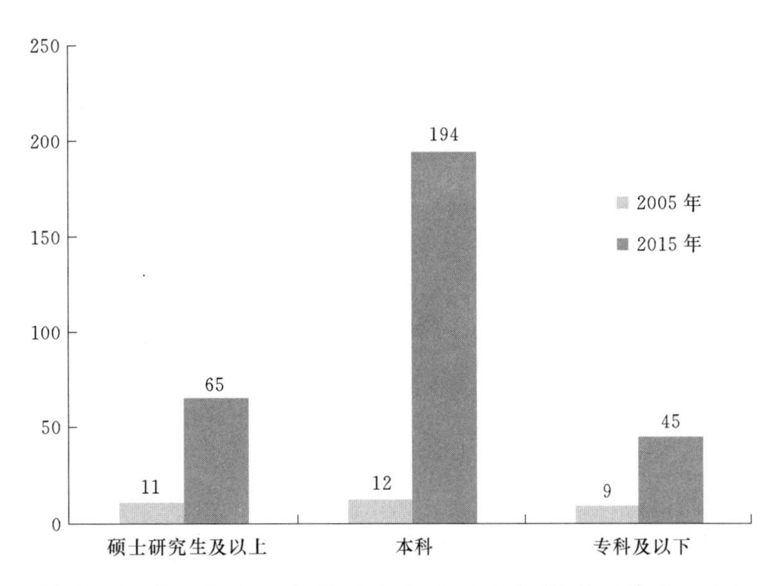

图 6-4-5　女职工在学历分布方面变化情况（单位：人）

数据显示：国务院南水北调办女干部职工具有学历层次高，队伍年轻化的特点。女干部职工普遍重视学习培训，工作之余积极开展有意义的“增氧”活动，不断提升内在素质和知识水平。

3. 成长规律

南水北调工程投资大、战线长、技术复杂、涉及专业广、利益群体多、社会关注度高、政治影响大，工程建设时间紧、任务重，广大南水北调工程建设者面临艰巨挑战，妇女职工踊跃投身南水北调工程建设，发挥了积极的作用。综合分析南水北调办女干部职工的成长、成才，具有以下规律。

（1）德才兼备、以德为先是女干部职工成长的基础。机关妇工委积极引领女干部职工发扬“自尊、自信、自立、自强”精神，从2005年至2016年年底有380余人次的女干部职工受到全国妇联、中央国家机关工会、中央国家机关妇工委、中央国家机关团委、国务院南水北调办及其他部门的表彰和奖励，女干部职工用自己的真心和热情，在良好思想品德意识中成长。

（2）融入事业、立足岗位是女干部职工成长的途径。国务院南水北调办积极培育女干部职工追求事业发展并实现自己的人生价值理念，女干部职工以南水北调工程建设为中心，将党和国家对南水北调工作的要求贯彻落实到具体工作中，力求在平凡的岗位上做出不平凡的业绩。大家努力探寻打破常规的新思路、新方法，化解工作中遇到的困难与矛盾；在岗位工作中承受着高强度、高负荷的压力，在珍惜为南水北调工程奉献的机会中执着追求，出色完成各项工作任务；营造出成事中成长，成长中成事的良好氛围。随着女性比例在南水北调系统的上升，女干部职工承担的工作越来越多，发挥的作用越来越大，部分综合素质好、工作能力强、业绩突出的女干部被选拔到重要岗位，得到了更多的锻炼机会和工作空间。

（3）热爱家庭、内外兼顾是女职工成长的追求。中国妇女素有敬业乐群、仁爱善良、勤劳质朴、聪慧贤达等优秀品质和优良传统，在传承社会文明、弘扬时代新风、增进家庭和美等方面具有独特优势和无可替代的作用。多年来，国务院南水北调办女干部职工坚持社会主义核心价值观，继承和发扬中华民族的传统美德，认真履行法定义务、社会责任和家庭责任，在和谐社会建设、和谐机关建设和精神文明创建活动中发挥主力军作用。面对南水北调工程建设、运行管理工作量大、任务重、急事多的实际困难，女干部职工用和谐的思维认识事物、解决问题和处理矛盾，在事业和家庭的不断平衡中做好身份与角色的转换，灵活调整时间和精力分配，多年来，许多少女变为妻子、成长为母亲，她们在单位爱岗敬业、勤学苦干，在家里相夫教子、孝顺父母，无私奉献，用女性特有的细腻、体贴、坚忍把工作和生活安排得井井有条、有节奏、有起伏，充分诠释了南水北调人对事业的追求，对生活的思考和对职业的深厚情感。

（4）提高素质、增强能力是女干部职工成长的条件。机关妇工委成立以来，积极推行多层次，多渠道的学习和培训，其内容涉及时事政治、业务知识、工作能力、家庭保健等各个方面，其方式也多种多样，在学习培训中拓展知识，增长见识，挖掘潜能潜质，提高女干部职工综合素质。各单位（部门）采取挂职锻炼、轮岗交流等办法，将女干部选派到重要岗位工作交流锻炼，累积经验，增长才干，培养复合型妇女人才。同时，女干部职工还主动自我加压，积极参加继续教育，通过在职研究生学习、成人教育、专业资格考试等多种途径，不断更新知识、完善提高。

（5）克服障碍、跨越关口是女干部职工成长的关键。无论是南水北调工程建设的高峰期、关键期，还是运行管理初期，全体女干部职工淡化性别意识，克服生活、身体等诸多困难，积极投身于进度质量监管、资金控制、文化宣传等各项工作中，表现出豁达乐观、奋发进取的精神风貌。她们深入工程一线，不惧阻力开展进度质量监管工作，为南水北调工程实现通水目标

保驾护航；她们带病坚持开展技术咨询、研究工作，着力解决工程建设中的重点和难点技术问题；她们克服上有老、下有小的家庭困难，任劳任怨，耐心细致地履行岗位职责，为工程质量、进度、安全、移民、环保有序进行提供保障；她们闯过了善意关照的误区，打消社会对于女性难担重任的偏见，在南水北调工程建设中不断进取和成长，造就了“铿锵玫瑰”的靓丽风景。

二、工作规则

（一）工作思路

机关妇工委成立后，积极开展工作，经全体委员会议研究讨论，明确机关妇工委工作思路为：在机关党委的领导下，认真贯彻落实机关党委和中央国家机关妇工委的工作部署，紧密围绕南水北调工程建设中心任务，充分发挥女干部职工的作用；加强女干部职工政治理论和业务知识学习，全面提高女干部职工的素质，引领女干部职工立足本职、岗位建功；贯彻落实男女平等的基本国策，依法维护女干部职工的合法权益；积极开展内容丰富、形式多样的活动，促进和谐机关建设；积极发挥国务院南水北调办党政部门联系女干部职工的桥梁和纽带作用。

（二）工作规则

为规范机关妇工委工作，依据《中华人民共和国妇女权益保障法》《中华全国妇女联合会章程》《中央国家机关妇工委工作办法》等，并结合国务院南水北调办妇女组织实际情况，机关妇工委研究确定了工作规则。工作规则在妇女工作主要职责、组织制度、工作制度、经费等方面进行了规定。经机关妇工委全体委员会审议通过，并报机关党委审批后，于2005年2月24日印发了《国务院南水北调办第一届机关妇女工作委员会工作规则》（机妇〔2005〕2号），使妇工委工作从一开始就做到规范化和制度化。2009年、2014年完成换届工作后，根据国家有关制度修订情况和妇女组织实际工作需要，对工作规则进行了修改完善，并经全体委员会审议通过和报直属机关党委审批后，于2009年12月8日印发了《国务院南水北调办第二届直属机关妇女工作委员会工作规则》（机妇〔2009〕6号），2014年7月22日印发了《国务院南水北调办第三届直属机关妇女工作委员会工作规则》（机妇〔2014〕11号），为妇工委工作顺利开展提供了进一步的制度保障。

1. 关于工作责任

机关妇工委主任主持全面工作；副主任协助主任开展相关工作；组织委员负责承办基层妇女组织建设和每年“三八”节庆祝活动等组织工作具体事宜；宣传委员负责承办宣传、教育、培训、学习等女职工自身能力建设的组织工作具体事宜；保健委员负责承办女职工文艺活动、保健组织工作具体事宜；权益委员负责了解掌握女职工工作、生活困难和要求，承办维护妇女权益和为女职工“送温暖”等具体工作事宜；各妇女工作小组组长、副组长配合做好相应工作。

2. 关于工作计划

机关妇工委根据机关党委和中央国家机关妇工委的年度工作部署，并本着实事求是、量力而行、尽力而为的原则，每年年初制定年度工作计划，明确年度工作具体任务。年度计划经直属机关党委批准后实施，年末根据本年度工作开展情况进行年终工作总结。

3. 关于活动开展

机关妇工委负责组织落实机关党委和中央国家机关妇工委布置的工作及组织开展有关重要活动，各妇女工作小组负责组织开展日常活动并可单独开展活动，活动情况和结果需及时报告机关妇工委。

4. 关于工作经费

机关妇工委坚持勤俭办事的原则，做好经费预算和经费使用。机关妇工委统一组织活动的经费由办机关予以解决，或由各妇女工作小组所在单位共同承担；各妇女工作小组组织开展活动的经费由其所属单位予以解决。

三、思想教育

（一）加强理论学习，提高政治素质

1. 认真学习贯彻党的十六大、十七大、十八大、十九大精神

组织全体女干部职工认真学习党的十六大、十七大、十八大、十九大报告等重要文件。党中央一贯高度重视妇女工作和妇女事业的发展，十六大、十七大、十八大、十九大报告对促进我国妇女事业的发展都做出了重要部署，对切实加强新形势下党的妇女群众工作提出了新的要求。通过学习研讨，畅谈感想和体会，积极引导广大女干部深入思考在南水北调工程建设中应发挥的积极作用，坚持党对妇女工作的领导，积极推动妇女工作健康发展和妇女事业全面进步。

2. 开展学习党史活动，提高思想认识水平

为纪念中国共产党成立90周年，按照全国妇联关于在广大妇女中开展“颂党恩、跟党走，做党的好女儿”主题宣传教育活动的总体部署，积极组织全体女干部职工参加了全国妇联开展的“学习党的历史 展示巾帼风采”活动。通过活动，使广大女干部职工深入了解中国共产党诞生到中华人民共和国成立的革命史，以及中国共产党带领全国人民开展社会主义建设，探索中国社会主义建设道路的伟大历史进程，激发女干部职工爱党、爱祖国、爱人民的情怀，坚定走中国特色社会主义道路的信心，同时使广大女干部职工从中汲取有益的智慧和营养，提高了思想认识水平。

3. 组织开展中国特色社会主义道路理论体系学习

按照机关党委工作部署，组织广大女干部职工认真学习邓小平理论、“三个代表”重要思想以及科学发展观在内的中国特色社会主义理论体系。这一理论体系，凝结了几代中国共产党人带领人民不懈探索实践的智慧和心血。通过系统学习这一理论体系，使国务院南水北调办广大女干部职工全面认识了发展是硬道理，发展是党执政兴国的第一要务；深入了解了党探索中国特色社会主义道路经历的艰难曲折过程和我国改革开放30多年来取得的伟大成就——实现了人民生活从普遍贫穷到总体小康的历史性跨越，实现了从计划经济体制到社会主义市场经济体制的历史性跨越，实现了从封闭半封闭走向融入世界的历史性跨越；以及我国经济社会发展到了全面深化改革时期，需要深入贯彻落实以人为本、全面协调可持续的科学发展观。从思想上坚定了理想信念，只有坚持中国共产党的领导和中国特色社会主义道路，才能夺取全面建设

小康社会新胜利，谱写人民美好生活新篇章，实现中华民族的伟大复兴。

（二）加强思想教育，坚定理想信念

1. 积极参加共产党员先进性教育活动

在共产党员先进性教育活动中，广大女干部职工深刻学习和领会“三个代表”重要思想，深入开展贯彻落实科学发展观活动，并将科学发展理念应用与南水北调工程建设实践。通过参加共产党员先进性教育活动，使广大女干部职工受到了一次深刻的马克思主义教育，进一步提高了女干部职工对我国经济稳定发展时期保持共产党员先进性的认识，进一步增强了建设好南水北调工程的信心和决心。

2. 牢固树立正确的荣辱观

积极动员女干部职工学习中央关于构建社会主义和谐社会的决定和胡锦涛关于社会主义荣辱观的重要论述，牢固树立马克思主义的世界观、人生观、价值观，坚持正确的权力观、地位观、利益观，进一步提高认识，坚定理想信念。把善于学习作为一项基本功，把增强学习意识和培养学习能力放首位，帮助广大女干部职工学习新知识、掌握新理论，全面提高广大女干部职工的综合素质。

3. 积极开展创先争优活动

为深入贯彻落实中央创先争优活动领导小组、全国妇联《关于在妇联组织和广大妇女中深入开展创先争优活动的意见》精神，充分认识妇女组织开展创先争优活动的重要意义、总体要求和主要内容，结合南水北调工程建设实际，配合机关党委做好妇女组织开展创先争优工作，机关妇工委制定了深入开展创先争优活动实施方案。机关妇工委组织开展创先争优活动以妇女组织建设“坚强阵地”和“温暖之家”，广大妇女“巾帼创新功、岗位争优秀”为主题，从妇女组织实际出发，充分发挥妇女组织和广大妇女的重要作用，努力达到“推动科学发展、促进社会和谐、服务妇女群众、加强基层组织”的具体要求，紧紧围绕南水北调工程建设中心工作，动员女干部职工立足本职建新功，在推动南水北调工程又好又快建设、促进社会和谐、加强基层组织的实践中做出新的贡献。

4. 积极参加党的群众路线教育实践活动

在机关党委组织开展的党的群众路线教育实践活动中，广大女干部职工认真学习中央领导系列重要讲话精神，认真研读教育实践活动规定的文件和学习材料，进一步提高思想认识。坚决贯彻落实中央改进工作作风、密切联系群众“八项规定”，改进调查研究、精简会议活动、精简文件和厉行勤俭节约等。积极参加群众路线教育实践各环节活动，坚定正确的世界观、人生观和价值观，从思想上抵制形式主义、官僚主义、享乐主义和奢靡之风，进一步改进工作作风，坚持南水北调负责、务实、求精、创新精神，以高度的责任感和使命感做好南水北调工程建设有关工作。

5. 积极参加“三严三实”专题教育

机关妇工委抓住开展“三严三实”专题教育的时机，在办机关和直属单位各妇女组织中进一步转变思想观念，强化群众意识，改进工作作风，提高工作水平，切实保持和增强各妇女组织的政治性、先进性、群众性，组织动员广大妇女干部更加紧密地团结在党的周围，为实现“两个一百年”奋斗目标、实现中华民族伟大复兴中国梦的贡献自己的力量。在实际工作中坚持发扬“负责、务实、求精、创新”的南水北调精神，努力完成各项业务工作，为推进南水北调工程建设和运行管理迈上新台阶作出应有的贡献。

6. 贯彻落实党的群团工作会议精神

机关妇工委认真贯彻落实中央党的群团工作会议精神，特别是习近平总书记系列重要讲话精神，深刻认识群团事业是党的事业的重要组成部分，党的群团工作是党通过群团组织开展的群众工作，是党组织动员广大人民群众为完成党的中心任务而奋斗的重要工作。用习近平总书记讲话精神统一思想和行动，切实增强做好工作的责任感和紧迫感。各级妇女组织对照中央要求，以“三严三实”的态度，剖析检查“四化”问题是否有痕迹；政治性、先进性和群众性是否充分体现；创新性、主动性和开拓性是否有差距；在群众中是否有威信和影响力，找到不足并切实整改，坚持问题导向，增强自我革新的勇气，更好地履职尽责；积极发挥模范带头作用，率先垂范，做好表率，切实发挥好党政部门联系女干部职工的桥梁和纽带作用，为进一步开创国务院南水北调办妇女工作的新局面而奋斗。

（三）加强政策法规学习，提高妇女工作水平

1. 深入学习有关政策法规

机关妇工委成立后，为使女干部职工了解掌握我国现行的与妇女及妇女工作有关的政策法规，保障自身权益并依法开展工作，及时收集整理了《中华全国妇女联合会章程》《中央国家机关妇女工作委员会工作条例》《中华人民共和国妇女权益保障法》《中华人民共和国婚姻法（修正草案）》《中国妇女发展纲要》《女职工劳动保护规定》等法律法规，编印成《妇女工作政策法规手册》，分发到每位女干部职工深入学习，使每位妇女同志做到懂法、用法、守法。机关妇工委还密切关注国家和上级机关关于妇女工作新政策、新法规的出台，及时组织学习和贯彻《中央国家机关妇女工作办法》《女职工劳动保护特别规定》等，规范和指导妇女工作。

2. 认真学习中国妇女十大、十一大精神，明确发展目标

中国妇女第十次全国代表大会是高举中国特色社会主义伟大旗帜，以邓小平理论和“三个代表”重要思想为指导，深入贯彻落实科学发展观，解放思想、开拓创新、求真务实，团结动员全国各族各界妇女为夺取全面建设小康社会新胜利而努力奋斗的一次大会。中国妇女十大工作报告从“六大经验”“六大目标”“五个重点领域”“五个方面创新”等全面总结了在党的坚强领导下改革开放30年来特别是中国妇女九大以来我国妇女运动的发展成就和基本经验，科学地规划了今后五年妇女发展的目标，并对妇女工作的主要任务、创新思路和举措作出部署。中国妇女第十一次全国代表大会全面贯彻落实党的十八大精神，大力宣传男女平等基本国策，大力宣传广大妇女在国家政治、经济、文化、社会、生态文明建设中的作用，大力宣传各级妇联组织建设“坚强阵地”“温暖之家”的成功实践和重要成果，动员和凝聚亿万妇女同心共筑中国梦。机关妇工委通过组织认真学习和深入贯彻中国妇女十大、十一大会议精神，统一思想，深化认识，激发斗志，增强信心。把妇女工作融入到党和政府的工作大局中思考，谋划妇女工作新开局，努力打造妇女工作品牌，推动妇女工作新的发展。在充分认识广大妇女的重要作用和做好新形势下妇女工作的重大意义的前提下，最大限度地调动广大妇女的积极性、主动性、创造性，更好地发挥妇女在开展党的群众工作中的重要帮手作用，将党的期望、妇女群众的期盼落实到服务中心、服务工程、服务妇女的实际工作中。

3. 依据有关政策，创造性地开展工作

为深入宣传贯彻党和政府关于妇女工作的方针、政策，及时研究解决妇女工作中带有方向性、政策性的重大问题，依照《中华人民共和国妇女权益保障法》和相关章程独立自主、创造性地开展工作。在构建社会主义和谐社会的伟大进程中，加强和改进妇女群众工作，以真理引导妇女思想、用真情温暖妇女心灵、用真心维护妇女利益为准则，切实把妇女群众的思想引导工作做深、做细、做实，不断提高妇女的思想道德素质，自觉维护安定团结的局面，帮助女干部职工正确理解党和国家的大政方针，正确对待前进中的困难和问题，正确处理个人利益和集体利益、局部利益和整体利益、当前利益和长远利益的关系，不断增强对中国特色社会主义事业发展的信念和信心。

四、巾帼荣誉

国务院南水北调办广大女干部职工深入学习实践科学发展观，积极开展创先争优活动，紧密围绕南水北调工程建设中心工作，大力发扬自强不息、艰苦奋斗、开拓创新的时代精神，立足本职、建功立业，为推动南水北调办“两个文明”建设和创造和谐机关、建设南水北调工程做出了应有的贡献，涌现出了一批品德高尚、业绩突出的优秀女干部、女职工。为了表彰先进、树立榜样，充分发挥先进人物的示范带头作用，引领和激励国务院南水北调办女干部职工以更加昂扬的精神和饱满的热情投身南水北调工程建设的伟大事业，机关妇工委组织开展或根据上级组织部署开展了多项先进、优秀的评比表彰工作，在女干部职工中掀起比学赶超热潮，把创先争优活动引向深入。同时，通过选树典型、宣传先进，积极为女干部职工成长进步搭建平台，创造条件。

（一）巾帼荣誉，彰显南水北调建设者风采

按照上级组织的统一工作部署，机关妇工委积极组织女干部职工参加各种评优选先工作，向上级组织推荐国务院南水北调办的优秀妇女干部、职工，宣传、展示南水北调女工作者的事迹和风采。几年来获得上级组织表彰的有：

（1）2007 年，设管中心副主任张景芳被评为中央国家机关优秀女领导干部；中线建管局工程技术部李静被评为中央国家机关优秀女科技工作者。

（2）2010 年，中线建管局河北直管建管部王英撰写的《女干部职工健康成长的角色冲突》和设管中心汪敏撰写的《浅议新形势下女性干部成长的关键因素》2 篇论文，获得中央国家机关妇工委组织的“成长·成才·成功”征文活动优秀论文表彰。

（3）2011 年，机关妇工委被授予中央国家机关优秀妇女组织荣誉称号；中线建管局河南直管建管部胥元霞荣获中华全国总工会授予的“全国五一巾帼标兵”称号，被授予中央国家机关“巾帼建功先进个人”荣誉称号。

（4）2012 年，办机关征地移民司盛晴、中线建管局宣传中心胡敏锐 2 个家庭被中华全国妇女联合会、全国五好文明家庭创建活动协调小组授予“第八届全国五好文明家庭”荣誉称号。

（5）2013 年，机关妇工委荣获 2012 年中央国家机关妇女工作效果奖。

（6）2013 年，办机关经济与财务司孙卫荣获中央国家机关书香“三八”征文三等奖。

（7）2014 年，中线建管局河北直管建管部石家庄管理处副处长王秀贞家庭，荣获“第九届

全国五好文明家庭”称号。

（8）2014年，国务院南水北调办由国文、邓杰、何韵华、盛晴、王秀贞5位同志在中央国家机关妇工委组织的家庭建设好经验评选活动中荣获“最佳经验奖”，直属机关妇工委荣获优秀组织奖。

（9）2015年，国务院南水北调办经济与财务司财务处被全国妇联授予“全国三八红旗集体”荣誉称号。

（10）2015年，国务院南水北调办机关妇工委在中央国家机关妇工委组织的“《动漫急救》进家庭”活动中获优秀组织奖，12名职工获得急救知识竞赛优胜奖。

（11）2015年，在全国城乡妇女岗位建功活动中，北京市南水北调办团城湖管理处的化全利因事迹突出，荣获“全国巾帼建功标兵”荣誉称号。

（12）2016年，国务院南水北调办严丽娟家庭、谢静家庭荣获“第十届全国五好文明家庭”称号。中线建管局向德林家庭荣获全国“最美家庭”称号。

（二）巾帼建功，凝聚工程建设正能量

参照中央国家机关妇工委工作办法，国务院南水北调办每3年进行一次巾帼建功的评选表彰。经各妇女工作小组民主推荐、机关妇工委全体会议审议、人事部门审核并报机关党委批准，分别于2008年、2011年和2014年“三八”节期间表彰了国务院南水北调办2005—2007年度、2008—2010年度、2011—2013年度“三八红旗手”和“优秀妇女工作者”共计52人次（见表6-4-1～表6-4-3）。机关妇工委号召广大女干部职工要以受到表彰的先进个人为榜样，学习她们服务大局、爱岗敬业、甘于奉献、积极进取、开拓创新的品格和精神，学习她们尊老爱幼、家庭和睦的良好美德，在推动国务院南水北调办各项工作中，在构建社会主义和谐社会中，树立新风尚，创造新业绩，争做时代新女性，为如期实现南水北调工程建设目标做出新的更大贡献。

表6-4-1　国务院南水北调办2005—2007年度“三八红旗手”和“优秀妇女工作者”名单

单　位	三八红旗手（7人）	优秀妇女工作者（3人）
办机关	何韵华、谢民英	
政研中心	陈梅	边玮
监管中心	曹雪玲	李笑一
设管中心	汪敏	
中线建管局	曹桂英、胥元霞	高春萍

表6-4-2　国务院南水北调办2008—2010年度“三八红旗手”和“优秀妇女工作者”名单

单　位	三八红旗手（14人）	优秀妇女工作者（6人）
办机关	欧阳琪、孙卫、李菲	边玮、熊雁晖
政研中心	肖慧莉	陈梅

续表

单　位	三八红旗手（14人）	优秀妇女工作者（6人）
监管中心	张明霞、曹雪玲	李笑一
设管中心	阎红梅	汪敏
中线建管局	胥元霞、崔晔、曹桂英、王晓燕、杨晓丹、胡兴华、左丽	吴燕燕

表6-4-3　国务院南水北调办2011—2013年度“三八红旗手”和“优秀妇女工作者”名单

单　位	三八红旗手（17人）	优秀妇女工作者（5人）
办机关	孙卫、刘云云、张晶、任静	邓杰、何韵华
政研中心	杨晓婧	
监管中心	苏丹	李笑一
设管中心	阎红梅	汪敏
中线建管局	郭晓娜、秦颖、李小卓、李静、鲁晶、陈秀菊、张同颖、崔晔、王小燕、曹桂英	吴燕燕

（三）男女平等，巾帼不让须眉

国务院南水北调办广大女干部、职工大力弘扬南水北调精神，和男同志承担着同等重要的工作，充分体现了男女平等，在推动南水北调工程建设中大施才干，在本职岗位上做出了贡献。

据初步统计，从2003年国务院南水北调办正式成立至2016年年底，机关及直属单位女干部、职工除获得各级妇女组织的表彰奖励外，还在与男同志同等条件下获得了各类荣誉表彰共计410余人次（见表6-4-4）。

表6-4-4　国务院南水北调办女干部职工获奖情况统计表

序号	奖　项　名　称	人次
一	各级妇女组织表彰	
1	全国五一巾帼标兵	1
2	全国三八红旗集体	1
3	中央国家机关优秀妇女组织	1
4	中央国家机关优秀女领导干部	1
5	中央国家机关优秀女科技工作者	1
6	中央国家机关巾帼建功先进个人	1
7	中央国家机关妇女工作效果奖（2012年度）	1
8	中央国家机关妇工委“书香三八”征文三等奖	1

续表

序号	奖　项　名　称	人次
9	中央国家机关妇工委“成长·成才·成功”论坛优秀论文	2
10	中央国家机关妇工委《女职工劳动保护特别规定》知识竞赛“优秀组织奖”	1
11	中央国家机关妇工委《女职工劳动保护特别规定》知识竞赛“先进个人奖”	5
12	中央国家机关妇工委家庭建设好经验“最佳经验奖”“好经验奖”	31
13	中央国家机关纪工委、妇工委“最美家风故事”“最美家书手札”“最美家教短篇”	9
14	中央国家机关家庭助廉行动优秀组织奖	2
15	中央国家机关妇工委“《动漫急救》进家庭”活动优秀组织奖	1
16	国务院南水北调办三八红旗手	38
17	国务院南水北调办优秀妇女工作者	14
	小计	111
二	其他各类表彰	
1	第八届全国五好文明家庭	2
2	第九届全国五好文明家庭	1
3	第十届全国五好文明家庭	2
4	全国行政事业单位资产清查工作先进个人	1
5	全国“六五”普法中期先进个人	1
6	中央国家机关优秀共青团员	1
7	中央国家机关青年五四奖章	1
8	中央国家机关优秀交换员	11
9	中央国家机关公文写作技能大赛优秀奖	3
10	中央国家机关工会联合会公文写作优秀奖	1
11	中央国家机关“我与十八大”征文优秀奖	1
12	国家统计局统计质量评比特等奖	1
13	国务院南水北调办京石段应急供水先进个人	1
14	国务院南水北调办优秀公务员	24
15	国务院南水北调办优秀共产党员	22
16	国务院南水北调办优秀党务工作者	10
17	国务院南水北调办文明职工	57
18	国务院南水北调办文明家庭	34
19	国务院南水北调办工会积极分子	1
20	国务院南水北调办优秀工会工作者	2
21	国务院南水北调办优秀团员青年	53
22	国务院南水北调办优秀共青团干部	17

续表

序号	奖　项　名　称	人次
23	国务院南水北调办系统宣传工作先进个人	7
24	国务院南水北调办系统基建统计先进个人	4
25	国务院南水北调办系统资金管理先进个人	10
26	国务院南水北调办机关合同聘用制职工优秀工作者	27
27	国务院南水北调办公文写作竞赛一、三等奖	4
28	国务院南水北调办“我与南水北调”征文优秀奖	1
29	国务院南水北调办“立足本职 岗位建功”征文二、三等奖	2
30	国务院南水北调办青年演讲三等奖	3
31	中央党校中央国家机关分校优秀毕业学员	1
32	中央国家机关党校优秀论文	1
	小 计	307
	合 计	418

五、多彩活动

机关妇工委以提高女干部职工素质、丰富女干部职工生活、愉悦女干部职工身心为宗旨，以促进业务工作开展为目的，组织了形式多样的活动，得到了女干部职工的一致好评。

（一）组织“三八”节主题活动

开展纪念“三八”节主题活动是机关妇工委每年工作的重点之一。多年来，机关妇工委通过组织形式多样的活动，使女干部职工度过了一个个快乐而有意义的节日。

1. 召开座谈会，表彰先进，交流经验，鼓励女干部职工岗位建功

2008 年 3 月 8 日，机关妇工委组织召开了纪念“三八”国际劳动妇女节座谈会，李津成和杜鸿礼出席会议，与大家一起庆祝节日。会上宣读了关于表彰南水北调办 2006—2008 年度“三八红旗手”和“优秀妇女工作者”的决定，获奖代表交流了工作经验，杜鸿礼代表机关党委作了讲话，他充分肯定了机关妇工委和广大妇女同志在办党组的统一领导下，勤奋学习、努力工作、积极奉献，在举世瞩目的南水北调工程建设各项工作中取得的成绩。他希望机关妇工委：要继续深入学习贯彻党的十七大精神，用马克思主义中国化的最新理论成果武装头脑；要进一步动员和组织女干部职工紧紧围绕南水北调工程建设这个中心，勤奋学习，努力实践，艰苦磨炼，岗位成才；要进一步动员和组织女干部职工弘扬“半边天”精神，在文明创建活动中更好地发挥主力军作用；机关妇工委要积极主动了解女职工思想动态，反映女职工正当的利益诉求，把妇工委建设成为女职工之家；要加强机关妇工委自身建设和妇女干部队伍建设，以改革创新精神开创妇女工作新局面。

2011 年 3 月 8 日，机关妇工委组织召开了纪念“三八”国际劳动妇女节座谈会，办领导和机关党委领导出席会议并讲话。座谈会上传达了中央国家机关妇工委《关于表彰中央国家机关巾帼建功先进集体、先进个人和优秀妇女组织、优秀妇女工作干部的决定》精神，表彰了国务院南水北调办2008—2010年度“三八红旗手”和“优秀妇女工作者”，宣传学习了中央国家机关“巾帼建功”先进个人胥元霞的先进事迹，获奖个人和女职工代表交流了工作经验和体会。于幼军代表办党组和机关党委，充分肯定了机关妇女组织和广大妇女同志在创先争优活动和推进南水北调工程建设各项工作中所取得的成绩，强调了女同志在南水北调工程建设高峰期和关键期中起到的重要作用。他希望妇女组织继续引领广大女同志围绕南水北调工程建设中心工作，深入推进创先争优活动，深化“坚强阵地”和“温暖之家”建设；希望广大女同志加强学习、提高素质，更好地适应南水北调工程建设需要；立足本职、创先争优，在推进南水北调工程建设中建功立业；传承美德、弘扬新风，做社会文明进步的促进者。

2. 组织到工程建设一线考察学习，增强责任意识和服务意识

为纪念2012年“三八”国际劳动妇女节，机关妇工委于2012年3月7日组织开展了主题为“深入基层，服务工程”的学习调研活动。女干部职工深入工程建设一线，考察调研了南水北调中线京石段漕河渡槽段工程，学习了“全国五一巾帼标兵”胥元霞的先进事迹。杜鸿礼出席活动，并代表于幼军向广大女干部职工致以节日的问候和祝福。他说，党和政府历来高度重视妇女工作，妇女同志始终是国家建设的骨干力量，发挥着不可替代的作用，南水北调系统的女干部职工更是南水北调事业不可或缺的中坚力量，办党组一直以来十分重视发挥女同志的作用，广大女干部职工巾帼不让须眉，在各自岗位上做出了突出的成绩。他希望大家认真贯彻办党组部署，学习“全国五一巾帼标兵”胥元霞的先进事迹和崇高精神，努力工作，为早日实现南水北调全线通水目标贡献力量。通过学习调研，女干部职工加深了对南水北调工程的认识和了解，增强了建设南水北调工程的责任意识和使命感，纷纷表示要立足本职、兢兢业业，更好地为基层服务、为工程建设服务，为如期实现南水北调工程通水目标贡献自己的力量。

3. 组织游园娱乐活动，促进身心健康

针对机关工作女同志长期坐办公室、体育锻炼少的实际情况，以“三八”妇女节为契机，组织女干部职工进行户外活动，参观农业生态园和植物园，组织羽毛球、保龄球、游泳等体育运动。活动中，大家一改平日在办公室紧张、严肃面貌，彻底放松身心。通过活动，既锻炼了身体，又增进了女同志之间的了解和友谊，交流了感情。大家纷纷表示节日过得健康、活泼、有意义，表示将以更加饱满的热情投入到南水北调工作中去。

“三八”节期间，通过组织观看以“弘扬社会公德、体现家庭美德”为主题的反映现代都市女性生活的影视教育片，进一步加强家庭文化建设和思想道德建设，发挥女职工在家庭中营造幸福生活、涵养和谐环境、构筑家庭文明的主导作用，引导女职工用和谐的思维、态度、方式来认识事物、对待困难、解决问题，培养科学、健康、文明的生活理念，以促进国务院南水北调办机关知荣辱、讲正气、促和谐的良好风尚形成。通过组织观看中国革命历史题材舞剧，使女干部职工深入了解中国共产党领导全国人民经过艰苦卓绝的奋斗建立新中国的革命历程，更加珍惜今天的美好生活，同时欣赏了艺术陶冶了情操。通过组织开展“我自立、我美丽”主题活动，办机关妇工委为女干部职工献上了一份特殊的爱心，希望她们保持健康体态、美丽仪容、优雅风度，从自身做起、从点滴做起，以体现女性自我保健意识和自我形象设计的完美结合，更好地反映出她们良好的文化修养和文化品位。

4. 开展健步走活动，增强干部职工身体素质，彰显女干部职工风采

从2015年开始，办机关妇工委组织开展以“走出健康，走出幸福，亲近自然，陶冶情操”为

主题的健步走系列活动。活动开展使大家在繁忙的工作之余得到放松，锻炼了身体，振奋了精神，增强了凝聚力，受到广大干部职工的热烈欢迎。参加活动的妇女干部纷纷表示，要以此次健步走活动为起点，坚持锻炼身体，走出门、迈开腿，参与健身、永葆健康，精神饱满地干事创业。

（二）组织赴留民营生态农场学习参观活动

2009年，为隆重庆祝中华人民共和国成立60周年，大力唱响共产党好、社会主义好、伟大祖国好的时代主旋律，深刻体会我国改革开放30年取得的伟大成果，机关妇工委组织开展了主题为“了解新农村，增强爱国情”的赴留民营生态农场学习参观活动。留民营生态农场是我国率先实施生态农业建设和研究的试点单位，自1982年以来，在北京市环境科学研究院和各级政府的大力支持和帮助下，通过大力开发利用新能源、保护生态环境、调整产业结构，留民营从一个贫穷落后的村庄建设成为文明富庶、环境优美的现代化新农村，形成了以沼气为中心的农、林、牧、副、渔协调发展的生态系统，获得了“全球环保五百佳”“全国创建文明村镇工作先进单位”等称号。在留民营生态农场参观活动中，观看了介绍留民营发展变化的资料片，参观了小康之家、高温厌氧发酵沼气站、生态农业科普展馆、村庄公园等，并到有机蔬菜示范基地亲身进行农业生产实践。通过此次活动，从留民营由一个贫穷落后的村庄在国家大力开发利用新能源、保护生态环境、调整产业结构等一系惠农政策的指导下，已建设成为以沼气为中心的农、林、牧、副、渔协调发展、文明富庶、环境优美的现代化新农村巨大变化的缩影中，深深体会到改革开放30年取得的伟大成果，亲身感受到改革开放以来党的惠农富农政策给农村带来的巨大变化，感受到基层党组织在农村建设和农业发展中发挥的重要作用，进一步深刻认识到中国特色社会主义在实践中彰显出无可比拟的制度优势。大家深受鼓舞，进一步激发了爱国热情，纷纷表示要立足本职、兢兢业业、奋发有为，为又好又快建设南水北调工程和服务新农村建设贡献新的力量。

（三）积极参加中央国家机关干部职工庆祝新中国成立60周年大型歌会活动

2009年，为迎接中华人民共和国成立60华诞，政研中心、监管中心、设管中心和中线建管局女干部职工积极配合机关工会参加了中央国家机关工委在北京举办的“歌唱祖国——中央国家机关干部职工庆祝新中国成立60周年大型歌会”活动。“歌唱祖国”大型歌会作为国务院中央国家机关庆祝新中国成立60周年开展的一次大型群众性爱国主义教育活动，旨在开展热爱党、热爱祖国、热爱社会主义的教育，抒发中央国家机关广大干部职工喜迎国庆的豪迈心情。她们在本职工作忙、演出时间紧、排练任务重的情况下，克服困难、踊跃参与、认真排练，自始至终保持了高昂的演唱热情和良好的精神风貌，作为国务院南水北调办机关干部群众的代表参加了西长安街片区方阵的演出，圆满完成了演出任务，受到了领导的好评。

（四）加强资源管理，建立健全人才储备

党在十七大报告中提出“重视培养选拔女干部”，这是对妇女发展的重视和支持。根据全国人才工作会议精神，按照干部管理权限分别建立各种层次的女性人才档案，开发女性人才资源，实现人才库的动态管理，保证女领导干部的选用来源。对德才兼备素质好、管理水平高、业务能力强，具有领导才能和示范作用的优秀女性，及时向所在单位和有关部门推荐，配合党

政部门做好培养选拔女干部工作；对基本素质好、有发展潜力、有培养前途、有专业特长、甘于奉献的优秀女性，为其搭建自身发展平台，作为后备干部资源储备；提高女干部、女职工参政议政能力，营造有利女性人才成长的良好环境，以促进各类优秀女性拔尖人才、后备人才、岗位人才脱颖而出，推进女性人才工程建设，为南水北调事业造就更多优秀女性。

为及时掌握女职工基本信息变化情况，更好地开展妇女工作，机关妇工委按照工作计划，对直属机关女职工基本信息进行了采集，通过填写《南水北调办直属机关女职工基本信息采集表》和《女职工基本信息汇总表》，建立了办机关女性公务员、合同制聘用女职工，直属事业单位在编女职工、合同制聘用女职工，中线建管局女职工（含编制外女职工）基本情况信息档案系统，并对每年女干部职工的人事变动等情况进行数据变更统计，及时掌握女干部职工的自然情况，为人员管理和干部选拔工作提供了便捷条件和依据，也为中央国家机关妇工委即将启动的"中央国家机关女干部职工基本信息数据库"建设奠定了工作基础。

（五）认真组织参加"成长·成才· 成功"论坛论文和书香"三八"征文活动

为做好新时期妇女工作，落实中央组织部有关培养选拔女干部文件精神，探索和把握中央国家机关妇女工作和女干部职工全面健康可持续发展的基本规律，更好地发挥机关妇女组织在帮助女干部职工成长、成才、成功方面的作用，2010年，中央国家机关妇工委组织开展了"成长·成才· 成功"论坛论文活动。按照中央国家机关妇工委通知要求和机关党委领导指示，机关妇工委广泛动员，组织各妇女小组征集论文。通知下发后，各妇女小组组织干部职工积极参与、踊跃投稿，共收到论文17篇。经过妇工委委员集体讨论研究、精心筛选，择优选出中线建管局河北直管建管部王英撰写的《女干部职工健康成长的角色冲突》和设管中心汪敏撰写的《浅议新形势下女性干部成长的关键因素》两篇论文上报中央国家机关妇工委参加论坛选拔，得到了中央国家机关妇工委的优秀论文表彰。

为进一步推动中央国家机关广大女干部职工深入学习贯彻党的十八大精神，展示女干部职工立足本职、巾帼建功的业绩和风采，2013年3月，中央国家机关妇工委与人民网、红旗出版社、中国妇女报社联合开展了以学习贯彻党的十八大精神为主题的书香"三八"征文活动。机关妇工委按照中央国家机关妇工委的工作要求认真组织了论文的撰写和推荐工作，经财司孙卫撰写的《最幸福的事》一文获得三等奖。

（六）认真组织开展"家庭建设好经验"征集活动

为发挥妇女在弘扬中华民族家庭美德、树立良好家风方面的独特作用，全面落实在中国妇女十一大上党中央祝词中提出的"广大妇女要尊老爱幼、勤俭持家、自立自强、科学教子，树立家庭文明新风尚"的要求，中央国家机关妇工委按照全国妇联的部署，开展干部职工家庭建设好经验、好做法征集活动。按照中央国家机关妇工委通知要求和机关党委领导指示，机关妇工委广泛动员，组织各妇女小组征集家庭建设好经验。通知下发后，国务院南水北调办广大干部职工积极参与、踊跃投稿，共收到稿件61篇。经过妇工委全体委员讨论研究、精心筛选，择优选出55篇上报中央国家机关妇工委。通过公众网络投票推选，由国文、邓杰、何韵华、盛晴、王秀贞5位同志的经验在中央国家机关妇工委组织的家庭建设好经验评选活动中荣获"最佳经验奖"，有26名同志的经验获"好经验奖"，直属机关妇工委荣获优秀组织奖，受到了

中央国家机关妇工委表彰。

（七）为灾区献爱心，关注母亲水窖工程

长期以来，坚持“大地之爱·母亲水窖”捐助活动。在中国西北黄土高原省、区的部分地区，由于自然和历史的原因，极度缺水。为了帮助那里的人们特别是妇女迅速摆脱因严重缺水带来的贫困和落后，在全国妇联的领导下，中国妇女发展基金会实施了一项计划，即向社会募集善款，为西北缺水地区捐修混凝土构造的水窖，使她们能利用屋面、场院、沟坡等集流设施，有效地蓄积到有限的雨水，以供一年之基本饮用水。办直属机关妇工委带领办广大女干部职工积极参与“大地之爱·母亲水窖”公益活动，以一个母亲的心愿，圆一个孩子的梦想，给西北地区的孩子送上一份真挚的爱。在国务院南水北调办组织的为灾区“送温暖、献爱心”活动中，广大女干部职工积极为灾区群众捐赠救灾款、棉被褥、棉衣裤、毛衣裤、御寒大衣等，及时向灾区人民送去了温暖和爱心。

（八）深入工程一线调研，提升女干部业务管理能力

2015 年 10 月，办机关妇工委组织 23 名女干部职工开展了江苏段工程运行管理情况专题调研。调研期间，大家实地参观了江苏境内水利枢纽、泵站工程的运行管理情况，考察了洪泽湖及其生态治理现状；学习了江苏水源公司工程制度体系、管理模式等运行管理经验。调研结束后，基层女干部职工结合自身工作特点进行深入思考，机关妇工委汇总大家体会建议，形成了专题调研报告并提交办机关党委。调研活动增强了女干部职工对东线一期工程通水运行后发挥社会、经济、生态效益的认识和理解，了解了工程运行管理现状，大家将思考收获落实到具体岗位工作中，为推动后续工作开展将发挥积极作用。办机关妇工委在本次活动中与大家在工作、生活等方面进行了广泛的沟通交流，鼓励大家用实际行动落实南水北调“负责、务实、求精、创新”的核心价值理念，为工程平稳运行做出更大贡献。

（九）促进文明家庭建设

家庭是社会的细胞，文明家庭是构建文明社会的重要基础。女性在家庭中具有重要的凝聚作用、调谐作用和价值导向作用。因此，女性在文明家庭的建设中具有重要的作用。

为了充分发挥妇女同志在家庭中的工作优势，崇尚家庭美德，让家庭更加和睦温馨，机关妇工委重点组织开展了“家庭助廉”“《动漫急救》进家庭”“节能减排进家庭”活动。以家庭作为防腐倡廉文化的建设核心，加强家庭助廉和成员自律意识的提高，维护道德权力尊严、家庭健康幸福；以动漫形式，掌握急救方法；以健康文明、节约环保的生活方式、生活模式，改变当前家庭生活中存在的与节能减排要求不相适应的观念和行为方式，树立节能减排的科学观念，倡导文明健康、简约环保的生活方式，推进节能减排，促进家庭文明、健康、和谐发展。

1. 深入开展家庭助廉行动，筑起反腐倡廉的家庭防线

2015 年 2 月以来，办直属机关纪委、直属机关妇工委按照中央国家机关纪工委与中央国家机关妇工委联合印发的《关于在中央国家机关各部门深入开展家庭助廉行动的通知》（国妇工发〔2015〕6 号）要求，紧密结合“三严三实”专题教育活动，以“清风正气传家远”为主题，认真组织发动广大干部职工参与“家庭助廉”行动和寻找“最美家庭”系列活动。直属机关纪

委、直属机关妇工委组织职工赴中国妇女儿童博物馆参观了“传承与新风——中国好家风好家庭”展览，参加国家安全部、人民银行家庭建设好经验展示学习观摩活动，组织征集干部职工家风故事、家训格言、家书手札、家教短片等作品参加“中央国家机关最美家庭”评选。直属机关妇工委推选朱梅等20名同志的“最美家风故事”、管玉卉等20名同志的家训格言和肖军等3名同志的家教短片，经直属机关党委、机关纪委审查后，上报中央国家机关妇工委参加评选。经网上投票，中央国家机关妇工委专门评审组评选并会同中央国家机关纪工委审核，报中央国家机关工委审定，并在紫光阁网站上公示后，国务院南水北调办朱梅、纪晓辉、赵宝印、张存有4位同志作品荣获“最美家风故事”，陈梅、孟令广、刘四平3位同志作品荣获“最美家书手札”，肖军、李卫华2位同志作品荣获“最美家教短篇”，办直属机关妇工委获优秀组织奖。2015年9月8日，中央国家机关纪工委、中央国家机关妇工委在财政部礼堂隆重举办“中央国家机关家庭助廉行动颁奖仪式”暨“清风正气传家远”家风展示活动，办直属机关纪委、直属机关妇工委和获奖职工参加了活动，大家感到“最美家庭故事”震撼人心。直属机关妇工委按照机关党委进一步部署，通过网站、报纸对获奖同志的事迹进行了广泛的宣传，要求获奖同志在今后的家庭建设和本职岗位上更加遵纪守法、廉洁奉公，以实际行动带动身边的党员干部，在家风建设上做出表率，并将以家庭工作为主要载体，引领广大干部职工构建崇德向善、崇俭尚廉的良好家风家教，为营造良好政治生态发挥积极作用。

2. 积极组织职工参加中央国家机关妇工委开展的“《动漫急救》进家庭”活动

组织国务院南水北调办广大干部职工学习掌握日常生活中可能遇到的溺水、火灾等60种危及生命健康的急救知识和方法，在此次活动中开卡率和知识竞赛平均成绩均在中央国家机关中名列前茅，共有12名职工获得急救知识竞赛优胜奖，机关妇工委在此次活动中获优秀组织奖。通过参与这项活动，使职工进一步体会到了机关党委和妇工委对职工家庭幸福平安的关爱。

（十）积极参加“恒爱行动——百万家庭亲情一线牵”公益活动

为贯彻落实第二次中央新疆工作座谈会精神，落实全国妇联有关部署，中央国家机关妇工委2014年、2015年开展“恒爱行动——百万家庭亲情一线牵”公益活动。国务院南水北调办妇工委按照中央国家机关妇工委的要求，积极组织职工干部家属参与到为新疆少数民族家庭献爱心活动中，职工们克服人手少、工作忙的困难，利用中午休息、晚上和周末的时间，用手中的针线编织起一件件毛衣、毛裤、围巾等，架起爱心传递的桥梁纽带，为促进社会和谐、民族团结贡献自己的一份力量。

六、学习培训

（一）加强专业理论学习，提高业务工作水平

为充分发挥女同志的聪明才智，机关妇工委针对南水北调工程建设管理工作实际，积极倡导科学知识学无止境，鼓励自学成才、参与业务培训。以座谈会等多种形式，组织女职工开展学习、工作体会交流，相互沟通，相互学习，使“女工之家”成为一个团结、和谐、向上的集体。为了使女干部职工更快、更好地适应工程建设发展的要求，努力提高驾驭实际工作的能力

和水平，要求大家加强对政策法规、专业技术理论、技术规程规范的学习和应用，积极拓宽知识面、调整知识结构，在本职岗位上创造一流业绩。

（二）组织学习培训活动

机关妇工委积极组织女干部职工参加“读书·实践·成才”活动，以进一步提高办机关女干部职工的文化素养和综合素质。为推进“读书·实践·成才”主题活动的深入开展，机关妇工委与机关团委共同组织女职工参加中央国家机关在京举办的“女性·婚姻·家庭”专题知识讲座、“在构建社会主义和谐社会中发挥女干部作用”为主题的培训会，使她们在现实生活中能够正确处理好工作、婚姻和家庭的关系，以更加旺盛的精力和饱满的热情投入到南水北调工程建设各项工作中，更好地发挥女干部在构建社会主义和谐社会中的作用。各妇女小组还分别为女干部职工购买多类图书，鼓励并引导她们多读书、读好书。

（三）参加中央国家机关妇女工作干部培训

为提高中央国家机关妇女干部工作水平，增加妇女对中国发展的时代责任感，充分发挥柔性领导力，重视身心健康等方面，中央国家机关妇工委组织了相关专题培训，学习有关政策法规，交流工作经验，了解女性、女领导的成才经历和工作生活等。

1. 参加《中华全国妇女联合会章程》专题讲座，并座谈交流工作经验

《中华全国妇女联合会章程》是妇女工作的规范和行动的依据，中央国家机关妇工委邀请妇联儿童部部长邓丽做了《中华全国妇女联合会章程》专题讲座。机关妇工委参加了专题学习和经验交流，学习好的工作思路和方法，汲取行之有效的成功经验，有针对性地借鉴到妇女工作中，使妇女工作水平上层次：①找准党组织的出发点和落脚点，以党政所需为原则，围绕大局找准定位；②在做好常规工作和服务性工作的基础上，倡导工作创新，开创工作新局面；③落实党建带妇建、妇建服务党建，开展有内涵、有意义的品牌活动；④抓好巾帼建功以及各类创先争优活动，为女性人才脱颖而出创造条件；⑤围绕基本国策，加强维权意识的落实；⑥加强妇女工作重要性和影响力的宣传。

2. 2010年，参加“中国发展的时代责任”和“柔性领导力”专题培训

培训班邀请了中国民族贸易促进会执行会长刘延宁和中国移动通信管理学院院长张学红授课，她们结合自身工作实践，对“中国发展的时代责任”和“柔性领导力”进行深入浅出地讲解。中国社会科学院人口与劳动经济研究所副研究员郜夏珍从她自身经历出发，对中央国家机关女性如何更好地履行社会、家庭等全方位责任进行了生动诠释。培训后进行了分组讨论，大家结合各自的工作和生活，畅谈了感想和收获，并踊跃提出提升机关妇女工作效果的思路和建议。

3. 2011年，参加“优秀女性人才的成长与社会贡献力论坛”

该论坛由中国人才研究会主办、妇女人才专委会和中央国家机关妇工委承办。中国人才研究会副会长吴德贵做了《中国女性人才成长规律探讨》的主旨报告，载人航天工程空间应用系统总指挥、中国科学院空间科学与应用总体部主任高铭谈了时代女性如何平衡事业和家庭的冲突，在科技领域成长成才的经验；国务院参事、中国人民大学附属中学校长刘彭芝介绍自己如何把人大附中办成世界一流学校，以及教育界女性的成长历程；中国工程院院士、总参某研究

所总工程师陈左宁谈了自己矢志强军报国，勇攀科技高峰，追求美好人生的感受；中国聋儿康复研究中心副主任万选蓉围绕母亲、老师、社会工作者三个角色讲述了自己在付出爱与智慧的同时更增强了社会责任感；中国就业促进会副会长、国际劳工组织性别平等局前局长张幼云谈了自己在外交、就业促进等不同领域不断学习、前行的历程；中国科学院院士、兰州大学副校长郑晓静讲述了自己紧密结合国家、地区发展大局，在科研岗位的奋斗故事。她们的成长经历引起大家共鸣，也使我们深受教育和启迪，增加了为南水北调事业做好工作的决心。

4.2013年，参加“理想·健康·中国梦”健康管理论坛

该论坛由全国总工会女职工工作专家委员会、中国妇女报社联合举办。全国总工会女职工工作专家委员会主任丁大建作了发言，强调健康管理对女职工事业和家庭的重要性；北京大学公共卫生学院刘民教授做了“新时期的健康管理知识”的讲座。通过参加这次健康管理论坛活动，对女职工如何发挥自身优势，规划自己及家庭的理想、事业和健康保障，在单位及家庭中开展健康管理，为单位的持续发展、为家庭的和谐幸福，创造一个健康的工作生活环境有了新的认识和体会。

5. 2014年，参加“中央国家机关妇女工作干部培训班”

培训班听取全国妇联党组成员、书记处书记焦扬关于“在新的历史坐标中定位妇女工作”的报告及国家行政学院教授关于“传统文化与女性素质提高”的报告，通过培训交流，提高了我们在新形势下做好妇女工作的认识，学习了各单位开展妇女工作好的做法和经验，坚定走中国特色社会主义道路的信念，为南水北调工程打造出一支高素质的妇女干部职工队伍打下基础。

（四）参加国外培训，开阔视野

1. 赴美参加“提高性别平等意识”培训团

2009年10月，机关妇工委派员参加了全国妇联组织的赴美国“提高性别平等意识”培训团。在美国期间的11次培训讲座涵盖了美国妇女在政治、经济等领域争取平等权利的历史、现状、问题以及所做的各项努力，较为系统地总结了美国妇女组织在政治、法律、就业、个人发展、家庭生活、贫困家庭儿童援助等各方面为妇女提供切实帮助的经验和做法。结合办机关实际，总结出妇女工作可以借鉴的思路和做法：①充分发挥妇女组织的优势，扩大妇女组织的影响力和渗透力；②提高主动争取法律保障的意识；③充分利用社会资源提高工作的专业化程度；④以工作项目化、项目实事化推进工作目标的落实；⑤更加重视培训在引导、帮助妇女方面的作用。

2. 赴德参加“关于非政府组织的运作与管理”培训团

2011年9月，机关妇工委派员参加了全国妇联组织的“关于非政府组织的运作与管理”培训团，前往德国进行了为期21天的培训。这次培训重点是学习德国非政府组织运作理念和管理模式、德国联邦妇女议会与下属妇女组织的组成和工作方式等相关内容。在德国学习期间，培训团专题拜访了德国联邦妇女议会、德国妇女联合会、德国天主教妇女联合会等德国非政府组织，对非政府组织运行管理的经验进行交流和探讨，对德国非政府组织的运作理念、运行体制、妇女维护权益的具体措施有了系统的了解，德国成熟的非政府组织管理模式和工作经验为我们的妇女工作提供了借鉴。

七、维护权益、关心职工

维护女干部职工权益是机关妇工委的重要职责之一。多年来，机关妇工委在“三八”节放假、妇女专项体检、关注下一代成长、关心孕期和哺乳期女职工等各项工作中认真落实有关制度政策，维护女职工权益，认真组织好送温暖、高考咨询等活动，切实保障女职工利益。

（一）组织女职工专项健康检查

为保障办女职工的身体健康，做到治病与保健相结合，达到无病防病，有病早发现、早医治的目的，在直属机关党委和业务司局的大力支持下，机关妇工委合理确定参检项目，顺利组织了历年女职工专项健康检查。通过专项体检工作，大家充分感受到办党组对女职工的关心和爱护，体会到党组织维护女职工合法权益和特殊利益的温暖，设身处地为女职工办实事、办好事的扎实作风。女职工纷纷表示，一定要树立“自尊、自信、自立、自强”的精神，尽职尽责地做好本职工作，保持积极向上、健康乐观的精神状态，不断增强体质，提高自身素质，在南水北调工程中充分发挥“半边天”的作用，为南水北调工程建设尽到自己的一份力。机关妇工委在实际工作中不断总结工作经验，做好妇女常见疾病检查的预防、宣传及档案管理工作。根据医生的建议督促患病女职工进行复检，努力保障女职工的身体健康。

（二）关心职工子女成长教育

关心培养下一代是每位家长的义务，教育子女健康成长是父母的头等大事。机关妇工委十分关心职工子女的成长、教育工作，2005 年组织参加了中央国家机关职工未成年子女教育报告会。报告会上，儿童教育专家通过分析未成年孩子的心里，结合实例对孩子教育问题做了非常精彩的报告，使女职工深受启发。为了发挥女同志在子女教育中的优势，组织各妇女小组观看了报告光盘，并推荐给男同志观看，大家普遍反映卢勤的报告非常好，使同志们在子女教育方法上得到启迪。

在每年“六一”儿童节，机关妇工委都为符合年龄条件的职工子女送上节日慰问，鼓励他们好好学习，希望他们健康成长。坚持为应届高考学生家长提供帮助，主动联系有高考子女的职工参加高考政策咨询会，尽力提供解决疑难问题的方法和途径。

（三）开展“送温暖”活动

机关妇工委通过各种途径和形式切实帮助有困难的职工家庭，看望生病住院的职工，送去关心和爱护。

（1）关心、慰问孕期、产期女职工。机关妇工委对孕期女职工非常关心，经常询问了解身体状况，并与孕妇单位领导沟通，建议在确保孕妇身体健康安全的情况下合理安排工作。机关妇工委组织对产期女职工进行慰问，送去营养品、宝宝装等，带去组织的关心和姐妹们的问候和祝福。妇工委始终保持与女干部职工交流、沟通渠道的畅通，及时了解她们的困难和需求，倾听她们的心声，使她们从内心深处真切感受到了妇女组织的温馨、真诚和爱护。

（2）为女职工提供健康服务。机关妇工委通过一系列活动的开展、服务性工作的深入，为广大妇女同志提供了较为细致、周全的服务。针对女性心理健康、疾病预防和美容保健等方面，收集、订阅了相关的资料和期刊供大家学习参考；凡有女职工生病或住院，机关妇工委一定到医院或家中探望，关心她们的康复情况，主动帮助她们解决实际困难；组织参加心理健康讲座，邀请心理学专家讲授相关知识和进行心理咨询，教育大家提高心理健康意识，学习自我缓解压力的方法，激励妇女同志积极进取、奋发向上，增强自信心和影响力。

八、经验体会

机关妇工委自成立以来，在直属机关党委和中央国家机关妇工委的领导、关心和支持下，充分发挥妇女组织在党组织与女职工之间的桥梁和纽带作用，把围绕南水北调工程中心工作、服务建设及运行管理工作大局为基本，以全面提高女职工素质，依法维护女职工权益，充分调动女职工积极性和创造性为目的，开展了一系列内容丰富、形式多样的活动，为构建和谐有序的南水北调工程运行环境做出积极贡献。

（一）领导重视，部门支持，为妇女工作提供保障

为充分调动广大女职工参与南水北调工程建设的积极性和创造性，发挥女干部职工在不同岗位和专业领域的作用，办党组十分重视和关心妇女工作，从妇女组织的组建开始，直属机关党委就给予高度重视和精心指导，机关妇工委委员分别来自办机关、事业单位、中线建管局和东线总公司。其次，建立健全了基层妇女组织，除设立机关妇工委外，机关各司局、直属事业单位和中线建管局均相应成立了基层妇女组织，一共6个妇女工作小组。由此形成了纵向到底、横向到边的妇女组织网络，哪里有女职工，哪里就有妇女组织，夯实了妇女工作基础。在妇女活动中，国务院南水北调办领导多次参加女职工的座谈会、考察学习活动，积极指导妇女工作。机关妇工委在得到办领导、直属机关党委关怀的同时，还得到各单位、各部门的大力支持，各单位、各部门不仅在人员配备、机构设置、时间安排上给予帮助，还为妇女工作提供经费支持，使各级妇女组织的维权工作、活动安排更有保障。

十多年来，机关妇工委在紧紧围绕工程建设中心工作的同时，组织机构越来越健全，工作思路越来越开阔，工作方法越来越完善，多次得到上级妇女组织的表彰奖励。

（二）加强学习，领会精神，充分把握妇女工作方向

党的十七届五中全会、十八大报告均指出“坚持男女平等基本国策，保障妇女儿童合法权益”“支持工会、共青团、妇联等人民团体充分发挥桥梁纽带作用，更好反映群众呼声，维护群众合法权益”，为妇女工作提供了行动指南，提出了更高要求。

十多年来，机关妇工委认真学习党中央及上级妇女组织有关文件精神，积极宣传党和政府关于妇女工作的方针、政策，在直属机关党委的领导下，明确了国务院南水北调办妇女工作的方向：以南水北调工程建设为中心，团结并带领女干部职工在南水北调工程建设中奉献智慧和力量；把妇女组织建设成为“党开展妇女工作的坚强阵地和深受广大妇女信赖和热爱的温暖之家”。

妇女组织健全后，机关妇工委按照上级妇女组织的有关规定和要求，结合工作实际，制定了《国务院南水北调办机关妇女工作委员会工作规则》，明确了妇女工作任务和职责，规范了组织制度和工作制度。

十多年来，国务院南水北调办妇女工作在构建的工作体系中有序运转，做到了层层有组织、事事有人抓、困难有人管、服务能到位。

（三）克服困难，多措并举，为女职工办实事、办好事

国务院南水北调办各单位人员编制精干，为满足群众工作要求，直属机关党委号召“大家的事情大家做”，让每位女职工成为妇女工作的组织者、参与者、实践者。各位委员和妇女组长全部为兼职，在做好本职工作的同时，充分发挥自身的积极性、创造性，为女职工办实事、办好事。

结合南水北调工程实际，机关妇工委根据不同年龄段女性家庭生活和身心健康的特点，开展各项活动，采取“以活动吸引人，以服务凝聚人”的方式帮助女职工保持良好的身心状态，更好地服务于南水北调工程建设，做到妇女活动与工程建设“两不误、两促进”。连续十二年机关妇工委组织办机关、事业单位开展“三八节健康日”活动，组织女职工座谈、表彰、参观等；每年组织专项体检，为女职工建立健康档案，增强自我保健意识；每年不定期组织女职工赴社会主义新农村、赴基层一线学习参观；按照各级组织的要求，积极开展“送温暖、献爱心”活动，为母亲水窖，为汶川等地震灾区送去南水北调人的关爱。

机关妇工委一直注意倾听女职工的心声，掌握大家的思想动态，急女职工所需，尽妇工委所能，在政策允许范围内，推动解决大家关注的问题。如为女职工配备必需的专门用品，为哺乳期女职工建立哺乳室，反映聘用制女职工在医疗、生育方面的实际困难，组织高考咨询报告会等。

各项活动的开展，增强了妇女组织的凝聚力，使广大女职工感受到“女工之家”的关心与温暖。

（四）创先争优，树立典型，鼓励女职工岗位建功

国务院南水北调办女干部职工分布在工程建设的各个领域，具有业务干部多、学历层次高等特点，在工程建设、家庭生活等各个方面发挥着“妇女半边天”的重要作用。

面对工作重、家务忙的现实，机关妇工委积极引领女干部职工树立爱岗敬业的工作理念，通过先进典型事例感召全体女干部职工岗位建功。2012年，胥元霞荣获“全国五一巾帼标兵”和中央国家机关“巾帼建功先进个人”称号；2014年，王秀贞家庭被中央国家机关推荐为“全国五好文明家庭”；2015年，经济与财务司财务处被全国妇联授予“全国三八红旗集体”荣誉称号。社会各界的肯定鼓舞了国务院南水北调办女干部职工的工作热情，机关妇工委因势利导、积极挖掘优秀女性的先进事迹，通过座谈会、报告会等形式，发挥先进典型的示范、辐射作用，营造优秀女性人才脱颖而出的平台。十多年来，女干部职工立足本职、建功立业，受到中央国家机关及国务院南水北调办等部门的表彰和奖励多达410人次，成为南水北调工程建设中一道亮丽的风景线，更体现了在南水北调工程建设的磨炼和洗礼中，造就了一支具有过硬专业本领、良好综合素质、执着事业追求的女性人才队伍。

（五）立足全局，多面培养，搭建女职工成长成才平台

女干部职工的成长和培养一直得到各级领导的高度重视，多年来，机关妇工委以提升女职

工素质为主线，从内强素质、外树形象入手，推行多层次，多渠道、多形式的学习、培训和调研。学习内容涉及时事政治、业务知识、工作能力、家庭保健等各个方面；培训形式包括参加全国妇联组织的美国、德国经验交流培训、举办各类专题讲座、深入工程一线调研，学习好经验、好做法等，方式多样，紧扣实际。

从培训层次来看，既针对兼职妇女工作者，又关注广大女干部职工。对妇女工作者的培训，重点关注好思路、好方法，有针对性地借鉴到南水北调妇女工作中，提高妇女工作水平，推动妇女组织工作上层次、上台阶；对女干部职工的学习培训，重点针对提升女性维权意识，掌握时事动态，宣传妇女工作的重要性和影响力等内容，讲求提高综合素质，更注重挖掘女职工的潜能潜质，为女性人才脱颖而出创造条件。

在多渠道学习培养的基础上，机关妇工委还认真完成上级妇女组织对女性人才研究的各类调查工作，及时更新、上报女干部职工基本信息档案，为女性人才的管理和选拔提供便捷信息。

第七章　精神与人文风貌

第一节　概　　述

南水北调工程是当今世界上最大的调水工程，是事关发展全局和保障民生的重大工程，是优化水资源配置的战略性基础设施，惠及数亿群众。在党中央、国务院的领导下，南水北调全系统把建设南水北调工程作为推动科学发展、践行群众路线、为人民群众谋福祉的生动实践，发动群众、依靠群众、凝聚群众力量，攻克了一道道难关，打赢了一场场硬仗，确保了工程顺利实施并如期通水发挥效益。这里面离不开各级党委、政府的正确领导和组织实施，更凝聚了数十万南水北调建设者的付出和艰辛。

南水北调工程点多、线长，东、中线一期工程包含单位工程2700余个，建筑形式多样，对施工技术和施工组织要求多样。有的渠段开工晚、工期紧、任务重、难度大。工程沿线涉及地方利益主体众多，协调难度大，尤其是穿越主城区的一些渠段，棘手疑难问题突出，协调任务艰巨。南水北调中线工程调水线路1432km，沿线共布置各类建筑物1800余座，跨越铁路41处，跨渠公路桥1219座，穿渠建筑物479座，穿越大、中河流219条。桥梁建设既关乎地方经济发展，又涉及广大群众生产生活，高填方、高地下水位、煤矿采空区、膨胀土、穿越城区等渠段相互交织，实施难度大，问题的复杂性、任务的艰巨性、工期的紧迫性都是严峻考验。为了确保工程顺利实施，如期实现通水目标，从中央到地方都把建设好南水北调这一“国字号”民生工程作为一项重要的政治任务和头号重点工程，充分发挥密切联系群众的政治优势，发动群众、依靠群众，攻坚克难。南水北调数十万建设者把建设好南水北调工程作为光荣神圣的使命和义不容辞的责任，战风霜、斗严寒，夜以继日地战斗在工程建设一线，用一根根钢筋、一舱舱混凝土浇筑起一条人工天河。沿线广大人民群众舍小家为国家，无私奉献。

南水北调系统管理人员切实转变工作作风，创新机制，坚持问题在一线发现，矛盾在一线解决，切实为工程建设排忧解难。国务院南水北调办领导经常出入工程建设一线，一路轻车简从，及时发现并解决工程建设中出现的问题，率先垂范，南水北调系统上行下效，形成紧密联系实际，一切为了工程建设、一切确保如期通水的良好氛围。例如，针对合同管理力量不足的问题，组织专家到施工单位咨询服务，现场辅导，开展工程变更集中治理活动，缓解施工单位资金紧张压力，鼓舞参建者士气；深入开展劳动竞赛活动，重奖重罚，充分调动广大建设者的积极性；深入开展桥梁引道建设专项整治活动，组织征迁、设计、监理、施工等有关各方，现场研究，优化方案，方便群众出行，维护群众利益，营造群众理解、支持、服务工程建设的良好氛围；针对配套工程穿越工程和管材供应等制约因素，专门成立协调督导组，指导和帮助各省市加大协调力度。工程沿线各省市南水北调部门坚持例会制度、督察制度和周报、日报制度，及时发现问题，切实解决问题。

工程参建各方把支部建在班组，堡垒设在前沿，以党组织的先进性凝聚广大干部群众和建设者的智慧和力量。南水北调战线数万名建设者默默无闻、夙夜奋战在建设一线，"五加二、白加黑"成为工作常态，"比学赶帮超"成为自觉行动，他们不畏艰难，不辞辛劳，大胆创新，勇于攻关。他们既是指挥员，又当战斗员，成为工程建设的脊梁。

一个个党员干部在南水北调工程建设的战场上树立了一面面旗帜，成千上万名建设者在一面面旗帜引领下，奋勇争先，克难攻坚，掀起了一场波澜壮阔的建设热潮。

穿黄工程隧洞盾构始发和到达极易发生涌水、涌沙事故，或造成隧洞坍塌。广大建设者在施工中攻克了7项在国内外具有挑战性的技术难题。特别是安装盾构机时遇到冒顶，随时有淹没盾构机的危险，十几名党员不顾在河床底下被流沙掩埋的危险勇敢上前堵住缺口，避免了一次重大事故的发生。党员干部彰显了在急难险重任务面前的模范带头作用。

沙河渡槽是南水北调中线规模较大、技术难度较复杂的控制性工程之一。沙河渡槽属于大型薄壁混凝土空间结构，采用现场预制架槽机架设施工方法，即在地面预制重达1200t的槽身，在槽墩上架设门式架槽机完成槽身架设，每一槽向前推进则要采用槽上架槽的施工方法，即将架槽机架设在只有35cm厚的槽身薄壁上，在吊装槽身架设在下一个槽墩上。沙河渡槽的建设者们不但实现了每月从预制3榀到14榀的重大突破，而且实现了误差不超过1cm的精准架槽。

南水北调中线平顶山穿越焦柳铁路西暗渠工程，是南水北调中线重点控制工程之一，工期只有17个月。该工程穿越深度在铁轨下20.5m，采用双层顶进方案，这在顶进施工中十分罕见。进行上层顶进，首先要在铁路上将铁轨架空。焦柳铁路运输繁忙，每天有260多列列车运行，平均行车间隔7分钟。架空施工只能抓住零星的间隔时间，零敲碎打，机具、人员搬上撤下，高峰时300多人集中在只有86m的架空范围内作业。顶进施工要先预制一座52.2m长、35m宽、8.5m高，重达8678t的一座6孔连续框架式格构梁作为上层结构，一次顶入铁路线下。下层结构采用6节11.6m高、23m长的预制分离式框架桥作为南水北调的过水通道，分三列在上层结构下部顶进。顶推的结构物宽度及吨位接近目前国内同类工程最大值。特别是中线位置控制，梁体水平姿态调整，操控精度达到毫米，众多设备的协调更是一个复杂的系统工程。年过60岁、具有18年顶进施工经验的项目经理徐开富，带领大家创新工艺，提高工效，确保质量。他身先士卒，坚持跟班作业，和大家一起战高温、斗酷暑，站好最后一班岗。特别是上层顶进施工的整整60天，徐开富吃住在工地，几乎每天凌晨两点左右都到现场巡视，为的是进度，为的是质量，为的是安全。2012年9月25日，工程上部8678t的格构梁成功地以零误差顶进就位。2013年7月26日，工程下部三孔顶进圆满完成，标志着平顶山西暗渠顶进工

程胜利完工。

正是千千万万个像大禹式的普通建设者，让南水北调工程加速推进，在中华大地上构筑起了一条新时代的人工运河，铸就了南水北调工程建设的辉煌成就。2013年东线一期工程建成通水，2014年中线一期工程建成通水，滚滚东流的长江水改变流向向北方地区不断流淌，滋润着干涸的北方地区并带来无限的生机和活力，这条生命之河将继续哺育着数以亿计的华夏儿女继续在这片古老的神州大地上生存繁衍，续写着光辉灿烂的历史。

南水北调东、中线一期工程全长近3000km，需要永久征地90多万亩，涉及北京、天津、河北、江苏、山东、河南、湖北7省（直辖市），25个大中城市，150多个县（市、区）、近3000个行政村（居委会），搬迁水库移民及沿线群众近60万人。移民工作号称“天下第一难”。党中央、国务院领导高度重视南水北调工程移民工作，多次专门强调移民搬迁安置是南水北调工程的关键。在工程建设之初，即建立了建委会领导、省级政府负责、县为基础、项目法人参与的管理体制。河南、湖北两省及涉及丹江口库区移民工作的地方各级党委、政府分别成立了高规格的库区移民搬迁安置指挥部，湖北省各级党委、政府一把手始终把库区移民工作摆在重要议事日程，把移民安置当作“天大的事”。河南省委、省政府把南水北调中线工程作为全省的头号工程，把征地移民工作当作特别紧迫、非常敏感的重要政治任务，省直有关单位成立了包县工作组，市包县、县包乡、县乡干部包村包户，形成了一级抓一级、层层抓落实、指挥强有力的工作格局。

在移民工作中，河南、湖北两省动员组织近10万名干部投身移民工作，涌现出了众多无私奉献、舍己为国的动人事迹，铸就了感人肺腑的南水北调征地移民精神，塑造了南水北调人的良好形象。工作中广大移民干部洒下泪水、汗水，甚至血水，有的高效组织，团结协作，全力保障征地移民工作；有的以身作则，身先士卒，发挥“领头雁”作用，带头实施搬迁；有的长期工作在移民搬迁工作第一线，直面矛盾，攻坚克难；有的深入移民群众，宣讲正常，以自己的实际行动维护和执行党的政策；有的视移民为亲人，心系群众，不顾劳累，长期带病坚持工作，甚至倒在了移民搬迁工作岗位上……广大党员干部在国家重点工程面前，舍小家，为国家，用自己的实际行动，充分发挥了榜样和示范带头作用。

移民工作被称为世界难题，难在故土难离。丹江口库区30多万移民抛家舍业，物质生活可能好转，可是他们失去了精神的故乡，割断了绵延数千年的亲情、文化和风俗习惯的脐带。在移民迁安这场战役中，广大从事移民工作的干部经受住了考验。有的家在眼前，却翻山越岭，走村串户，长年累月难回趟家；有的嗓子哑了，就依靠手势指挥，依靠手机短信进行交谈；有的面对群众的一时误会和不冷静，做到了打不还手、骂不还口，甚至被围困在瓢泼大雨之中，仍然耐心细致地给群众作解释工作；有的儿女生病无法照看，父母去世无法尽孝，甚至妻子重病去世还不知道……

刘峙清自2009年起担任湖北省丹江口市均县镇党委副书记，负责全镇移民的后勤保障和信访维稳。2011年4月因劳累过度突发脑出血，倒在南水北调中线工程移民工作一线，年仅42岁。均县镇作为丹江口水库湖北库区最大的移民乡镇，移民人数多、任务重、时间紧，维稳任务异常艰巨。据统计，在22批次的移民外迁过程中，刘峙清累计负责调配三轮车上千辆次、民工近万人次、客货机动车辆近千台次；他52次赴枣阳、宜城，完成了2300多户9100多人次的移民搬迁护送任务。作为一名基层一线的移民干部，刘峙清为丹江口库区移民工作尽心尽力，鞠躬尽瘁，充分发挥了先锋模范带头作用。他丰富的精神内涵，以对党和人民无限的忠诚，赢得了移民干部和群众的尊敬和爱戴，感染和激励着南水北调工程建设者。

上过战斗前线并荣立三等功的淅川县老城镇移民干部安建成，分包着安洼村移民搬迁工作。2012 年 6 月 29 日，当他指挥推平道路时，推土机无意蹭了一户移民家的坟边。冲动之下，移民一把揪住他的衣领，抡起巴掌就朝他脸上打。眼见围观群众越来越多，安建成强忍住内心的委屈和眼中的泪水，对着坟头恭敬地说："老人家，乡亲们要搬迁了，今天惊动您了，我安建成给您老磕头谢罪!"随后，他又拿起铁钎小心地给坟边填了些土。目睹此情此景，移民很是感动，紧紧握住他的手，连声说对不起。

吃苦在前的是移民干部、忍辱负重的是移民干部，令人感动的是移民干部，默默奉献的是移民干部！南水北调移民迁安这样艰巨复杂的大事能静悄悄地圆满完成，关键是背后有一批务实重干的干部队伍，有一种新的为民之风。34.5 万库区移民，四年任务两年完成，不掉、不漏、不亡一人，创造了水利移民史上的奇迹。

在干线征迁工作中，广大征迁干部吃住在现场、奋斗在一线，党员征迁户率先搬迁，有效破解了干线征迁难题。焦作市解放区东于村支书张卫均有病顾不上就医，累倒在征迁一线，住院手术期间还与村干部研究征迁工作，通过电话做征迁户的思想工作。山阳区恩村一村委会主任赵趁意在两次征迁中都是第一个签订协议，第一个搬迁，并组织亲戚朋友带头拆迁。焦作市马村区西韩王村党员陈贺龙侄儿婚期临近，他就动员先把房子卖掉，在村委找一间办公室作临时婚房，婚礼改在村委大院举行，并亲手写一副对联："南水北调利国利民，婚事新办支持国家，"横批是"和谐征迁"。叶县常村镇养凤沟村女支书刘雪华，在征迁的关键时刻病倒在床，不能动弹，但听说有人阻工，她强忍疼痛，让人把她抬到南水北调工地上，现场协调解决问题。在广大征迁党员干部的感召下，南水北调沿线数十万征迁群众拆掉了祖祖辈辈居住生活的家园，为南水北调工程让路，确保了工程得以顺利实施。

丹江口库区移民、湖北省团风县黄湖移民新村党支部书记赵久富带头搬迁。中线工程移民工作开始之初，十堰市郧县余嘴村被定为首批搬迁的移民试点村，在该村担任了 26 年村支部书记的赵久富以大局为重，主动放弃留下来的名额，离开年迈的母亲，带头第一个搬迁，并带领外迁村民走上致富路。赵久富既是移民，又是移民干部，成为库区移民舍小家顾大局、为这一跨世纪工程奉献牺牲的时代缩影，并当选央视 2014 年"感动中国"人物。

正是广大移民干部的榜样作用，有力促进了"顾大局、讲奉献、肯吃苦、能战斗"的南水北调征地移民工作队伍的形成，有力地促进了南水北调工程征地移民工作的开展。他们是南水北调工程建设者崇高品格的生动体现，是时代的宝贵财富，是激励广大征地移民干部团结奋斗、勇往直前的强大精神力量。

第二节 建设者风采

南水北调东、中线一期工程历时十余年，涌现出一大批先进集体和先进个人，众多的先进集体和先进个人，为东、中线一期工程如期建成通水做出了突出贡献，集中展示了"负责、务实、求精、创新"的南水北调精神。

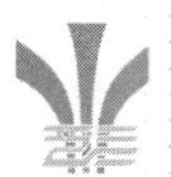

一、精神文明建设团队风采

（一）北京市南水北调工程建设管理中心

北京市南水北调工程建设管理中心承担南水北调中线北京段工程建设任务，工程于2003年12月开工建设，至2008年4月具备通水条件。工程起点自房山拒马河，终点颐和园团城湖，全长80.4km，除末端800m团城湖明渠外，全部为地下管涵，共分为10个单位工程。

北京市南水北调工程建设管理中心坚持科技创新、机制创新、管理创新，提高凝聚力、战斗力，经过四年多的奋战，圆满实现建设目标，建设成果显著，主要表现在两方面。

（1）攻坚克难。攻克西四环暗涵建设难关，穿越立交桥23座；攻克隧洞爆破难关，破解松软石质塌方难题；攻克工程穿越难关，穿越大小河流32条，穿京石高速、京广线等24处公路、铁路；攻克岩石高强度爆破难关，爆破岩石52km。

（2）技术创新。首次采用直径4m的超大口径PCCP输水技术，设计、生产、运输、安装都无先例可循；浅埋暗挖技术创新发展，开创城市交通主干线下施工最长纪录；创新高难度穿越记录，创北京市浅埋暗挖穿地铁车站最小沉降记录，南水北调北京段创新技术116项，申请注册专利技术12项，产生新技术标准3项。

南水北调中线北京段工程最早建成、最早发挥效益，已成为北京市重要的供水生命线，运行安全稳定，工程质量通过了输水运行考验。2014年12月12日，南水北调中线一期工程正式通水。作为工程建设法人，清醒地认识到，在后通水时代，所面临的工程建设和运行管理任务更重、难度更大。北京市南水北调工程建设管理中心将深入学习领会中央和国家领导对通水工作的重要指示精神，全力以赴搞好配套工程建设管理，努力践行“负责、务实、求精、创新”的南水北调核心价值理念，敢于担当，勇于创新，为圆满完成工程建设目标任务而努力奋斗。

（二）河北省南水北调工程建设管理局

干一项工程，树一座丰碑。河北建管局在南水北调工程建设中，用水利人特有的奉献精神、艰苦付出，精细管理，铸就了一座座精品工程，质量优良、运行安全、投资可控，在中线工程建设中享满赞誉，先后获得了优秀建设单位、质量管理先进单位、安全生产先进单位、文明建设优秀单位、宣传工作先进单位、中国水利大禹奖、河北省“燕赵杯”等多项奖励。

1. 加强进度管理，确保按期建成

十二年来，河北建管局发扬团结合作、迎难而上的精神，明确责任、分解目标、克难攻坚，确保了各个节点目标的顺利完成。在工程进度管理中主要采取了以下措施：①建立进度目标责任制，签订责任书，明确建设任务、进度目标、奖惩措施等；②实行领导分工负责制，主管领导坚守现场，关注节点工程，及时解决问题；③积极开展劳动竞赛，调动参建各方的积极性；④按照国务院南水北调办下发的建设进度目标考核办法，每月、季、年对参建单位进行目标考核，对工程进度进行动态管理；⑤对施工过程中出现的制约工程建设的各种问题，及时进行梳理，明确责任人和解决时限，实行销账式管理制度；⑥建立联络协调机制，积极给铁路、公路、地方征迁等相关施工单位创造条件。

2. 加强质量管理，创建一流工程

按照国家法律和规程规范规定，严格执行国务院南水北调办对工程质量提出的要求，努力提高全员质量管理意识，警钟长鸣，常抓不懈，并加大检查力度，确保工程质量全过程受控。对关键工序专人值守，关键项目重点督导，对施工人员加强技术培训。形成建管、设计、监理、施工“四位一体”，狠抓工程质量，奖惩措施分明，全面提升质量管理水平。

3. 加强安全管理，实现零事故

为切实抓好安全生产工作，与各参建单位签订了安全生产责任书，举办了安全生产培训班，树立了全员安全意识，将安全生产责任制落实到每一道工序和每一个参建职工。实施重点监控，严格把守各道生产工序，严格查找安全生产隐患，严格堵塞安全生产漏洞。同时加强检查监管力度，经常对施工现场进行专项安全生产检查，按照“四不放过”原则，对检查出的问题进行监督整改，确保安全生产处于受控状态，整个工程建设期，实现安全生产零事故。

4. 加强征迁协调，为工程建设创造条件

在征迁安置工作中，认真履行参与职能，配合地方政府做好征迁安置工作，保证了工程建设的顺利进行。在永久占地征用中，积极协调各方关系，配合地方征迁主管部门，出动了大量机械设备清理地上附着物，签订土地移交协议书，随时接收已征用地。在临时占地征用中，结合现场情况进行优化，尽量占用荒山、荒坡、荒沟、窑坑等未利用土地。

5. 加强合同管理，严格投资控制

严格执行合同，控制工程投资，主要采取了以下措施：①统一思想，在保障进度、质量、安全的条件下，将工程费用控制在目标之内；②精心招标，166 个招标项目确保了招标额不突破预算，对于总体投资控制，起到了重大作用；③严格现场签证管理，控制好工程量变化；④加强变更管理，尽最大可能减少变更；⑤认真执行国家相关规定，严格工程单价审定；⑥充分依靠监理，提高监理人员政治素质、管理水平、自我控制能力，规范监理工作程序，堵塞工作漏洞，减少人为失误。

6. 加强财务管理，为工程建设提供资金保障

把财务管理工作做到精细，用严谨的程序管钱，用严密的制度堵塞漏洞，确保资金安全，为实现工程建设的目标。①加强投资计划管理，认真编报资金需求计划，避免资金过量沉淀，减少贷款利息损失；②加强内控制度建设，确保建设资金安全；③严格价款结算审核程序，认真执行“六审一批”制度，确保工程款计量无误；④加强银行账户管理，保证建设资金专款专用，并对施工单位银行账户实施监管，掌握资金流向。

河北南水北调工程建设管理局的全体职工，在十二年的南水北调工程建设中，努力拼搏，圆满地完成了工程建设任务，用艰辛的付出把举世瞩目的宏伟蓝图绘制在燕赵大地，实现了水利人的梦想。

（三）南水北调东线山东干线有限公司

南水北调东线山东干线有限责任公司始终围绕建好管好东线一期山东段工程为核心开展工作，攻坚克难、创先争优，圆满完成了工程建设任务、提前实现了全线通水目标，顺利完成了各年度调水任务，有力保障了工程安全平稳运行。

1. 攻坚克难，按期完成干线主体工程建设任务

紧紧围绕“如期实现通水目标”推进工程建设进度。优化进度计划，深化劳动竞赛，实行挂牌督办，强化现场管理，坚持月度考评，加大奖惩力度，压茬推进验收，于 2012 年底基本

完成干线主体工程建设任务，于2013年顺利通过试通水、试运行检验，于2013年11月15日实现通水目标；共新建超低压大流量泵站7级、总库容1.67亿m^3调蓄水库3座、流量$100m^3/s$的穿黄河枢纽工程1处，新建扩挖输水渠道520km，新（改）建桥、涵、闸、倒虹吸等建筑物1500座。山东段工程累计完成投资231.30亿元，占国家批复总投资的94.98%。在全力加快工程建设进度的同时，突出高压抓质量，注重预防保安全，单位工程优良率达到100%，分部工程优良率达到94%，均优于国务院南水北调办提出的质量控制指标，保持了开工建设以来无安全事故的良好态势。工程建设期间，济平干渠工程荣获2008年年度中国水利工程最高奖“大禹奖”。正式通水前夕，国务院南水北调建委会专家委员会组织国内著名院士、专家，经过现场检查评估认为：山东段工程试通水及试运行期间，工程运行正常、可靠，经受了检验，质量总体优良，具备全线通水运行条件。该公司始终把科技创新作为保证工程质量、加快工程进度、节约工程投资和提高工程效益的重要内容来抓，加强技术攻关与科技创新，取得了多项成果，为工程建设管理提供了有力支撑。

2. 主动协调，圆满完成国家下达的各项调水任务

公司认真做好上下游、工程沿线、各受水区以及有关流域机构、地方水利工程体系的衔接沟通工作，圆满完成国家下达的各项调水任务。在2013—2014年第一个调水年度，山东段工程成功实施了试通水、试运行和年度调水三次通水运行，共计运行125天，调入东平湖水量约2亿m^3，泵站累计运行约7000台时，工程运行处于安全稳定状态，实现了工程安全、输水安全、水质安全。在2014—2015年第二个调水年度，共运行72天，完成3.28亿m^3（净水量2.306亿m^3）调水任务。另外，2005年12月至2013年底通过济平干渠累计向济南小清河生态补水3亿多m^3；2014年通过南水北调工程向南四湖下级湖应急生态补水8069万m^3，并向小清河生态补水、潍坊北部地区应急调水3000万m^3，有力地支持和配合了全省抗旱、生态保护工作，极大地扩展了南水北调工程的影响。

3. 多措并举，全力促进干线工程管理上水平

工程建成通水后，公司着力在建机制、抓现场、保安全上下工夫，工程管理日趋规范、形象面貌焕然一新。

（1）探索构建精细化现代企业管理制度。狠抓队伍建设、制度建设，出台了有关管理制度47项，确立了干线公司绩效考核、联合稽查督办、管养分离、运行费用内部预算管理等机制，规范工程管理，倒逼管理工作由建设向运行转变。

（2）突出抓好千分制考核，不断提高现场管理水平。出台《现场管理千分制考核办法（试行）》，明确各现场管理局是第一责任主体，建立责权统一、奖罚分明的督导考核机制，确保现场管理责任到位、落实到位。

（3）加强安全监测工作，确保工程管理安全。针对平原水库、泵站、渠道及建筑物等三大类工程，编制了安全监测指南，为推动标准化施工、规范化管理发挥了重要作用；结合设计文件，对四大类18项2959台（套）监测设备工作状况进行了排查，对发现的问题逐项抓好整改落实。组织编制的《南水北调渠道运行管理规程》，由国务院南水北调办正式发布实施。

4. 加强廉政建设，确保了“三个安全”

公司严格执行项目法人制、建设监理制、招标投标制、合同管理制，按照基本建设程序和国家有关文件和规定开展工程建设。加强投资控制，严格资金管理，按照合同要求和规定的程

序做到适时、适度、合法付款，并严格控制工程设计变更，有效控制了投资规模。高度重视加强党风廉政建设和反腐败工作。在工程建设中推进“工程合同”与“廉政合同”同签制度，在签订工程建设合同的同时，签订工程廉政责任书，开创了山东省重点工程廉政建设的先河，同时在建设、监理、设计、施工等单位组织开展了治理商业贿赂自查自纠活动，有效的拒绝和避免了商业贿赂现象。国家发展改革委、审计署、国务院南水北调办组织的多次检查、稽查、审计，都没有发现一起贪污、行贿受贿、挪用等案件，无违法乱纪现象，确保了工程建设“工程、资金、干部”三个安全，实现了“工程优良、资金优化、干部优秀”三个目标。

（四）河南省南水北调中线工程建设管理局建设管理处

建设管理处主要负责中线建管局委托河南省建设管理项目和配套工程的建设管理，以及河南省配套工程运行管理工作。南水北调中线干线委托建设管理渠段全长429km，沿途布置各类交叉建筑物806座，土建施工合同额190.3亿元；配套工程输水线路总长1000km，由南水北调总干渠39座分水口门引水，向11个省辖市、34个县（市、区）的83座水厂供水，概算总投资150.2亿元。河南省南水北调工程施工战线长、交叉建筑物多、协调任务重，而且与河北段、北京段相比，开工最晚，再加上高填方、高地下水位、煤矿采空区、膨胀土等渠段相互交织，实施难度非常大，工程建设任务十分艰巨。

自工程开工以来，建设管理处领导班子作风民主，抓大事、顾大局、讲奉献、挑重担，紧密团结、带领全处同志共同扎实工作。全处同志心往一处想，劲往一处使，工作中努力做到开拓创新，求真务实，尽职尽责，任劳任怨，不计得失。紧紧围绕全力推进南水北调工程建设这个主题，牢记现场就是战场，始终把工作重点放在一线，不管是刮风下雨还是盛夏寒冬，无论是正常上班还是节假日，每月坚持大半时间在现场，“5＋2、白＋黑”已成为全处同志的工作常态。白天深入工地、调查研究，夜晚审阅资料、处理内业，对工程建设中出现的新情况、新问题和技术难题，努力协调有关各方给予解决，保证了工程建设顺利推进和周边群众的稳定，做到了文明施工、环境和谐。由于工作实绩突出，南水北调建设管理工作得到了河南省政府和国务院南水北调办领导的充分肯定。

1. 突出重点，严抓严管，按期保质完成工程建设任务

为如期完成“2013年主体工程完成，2014年汛后通水”，以及“配套工程与干线工程同步建成、同步通水、同步达效”的目标，建设管理处积极采取措施，组织参建各方克服了夏季多雨、冬季雨雪低温以及原材料大幅涨价、砂石料供应紧张等诸多不利因素影响，死盯跨渠桥梁建设、膨胀土（岩）处理、渠道混凝土衬砌以及配套管材供应和穿越工程等施工重点，紧盯关键项目和关键线路，加强现场管控，督促施工标段优化方案，加大投入，想方设法延长有效作业时间，提高施工工效，确保按期完成了各阶段节点目标任务；把工程质量、生产安全、度汛安全以及渠道充水期间的安全保卫工作作为重中之重，持续高压，严加监管。组织参建各方深入开展“安全生产年”“防坍塌”专项整治、质量集中整治、监理专项整治，以及跨渠桥梁、混凝土冻胀冻融、渠道衬砌、大型渡槽、排水系统等专项质量排查整治活动，增加了检查人员和检测设备，成立了飞检大队和巡查大队，对干线和配套工程从原材料到工程实体质量进行不间断检查，对安全隐患进行全面排查，对参建单位的质量安全管理行为进行全方位跟踪检查，对发现的质量问题和安全隐患督促及时整改并严格责任追究，确保了工程质量优良和生产安

全。经过上下共同努力，河南段干线主体工程于2013年12月25日提前6天胜利完工；2014年5月底，与通水相关的附属项目全部完成；2014年6—11月充水试验及试通水期间，干线工程经受住了近7m高水位的检验，并向平顶山市应急调水5010万m^3，提前发挥了工程效益；2014年9月29日通过了国务院南水北调办组织的全线通水验收，经国务院南水北调专家委员会专家质量评估，结果为优良工程；2014年12月12日南水北调中线工程正式通水，一渠清水如期北送；2014年12月15日，河南省配套工程正式通水，实现了与干线工程同步通水、同步达效的目标。

2. 建章立制，规范管理，确保配套工程安全运行

建设管理处按照河南省南水北调办统一部署，克服人员少、供水点多、线路长、自动化系统尚未投入使用等困难，不等不靠，加强沟通协调，积极推进配套工程运行管理。先后制定印发了《河南省南水北调受水区供水配套工程供水调度暂行规定》《河南省南水北调受水区供水配套工程维修养护管理办法（试行）》《河南省南水北调工程突发事件应急预案》等，使运行管理逐步走向制度化、规范化；编制了试通水调度运行方案，并在试通水前组织人员对所有线路运行管理和现地操作人员进行了设计交底培训，切实提高了运管人员和调度操作人员的素质；为加强水量调度计划管理，进一步规范了月水量调度方案和计划的编报、水量调度流程等，且督促各省辖市（直管县、市）严格执行，使水量调度有据可查；加强沟通协调，建立了与干线工程管理单位、受水区用水单位之间的联络协调机制，建立了应急保障机制，上下联动，落实调度计划，确保了工程安全运行，发挥效益。

（五）河南省南水北调中线工程建设管理局南阳段建设管理处

南阳段建设管理处作为河南省南水北调中线工程建设管理局的现场派出机构，承担南水北调中线干线工程南阳市段、膨胀土试验段、白河倒虹吸和方城段共4个设计单元的现场建设管理任务。在各级政府及有关部门的大力支持下，南阳段建设管理处全体干部职工弘扬战天斗地的红旗渠精神和“献身、负责、求实、创新”的南水北调精神，认真履职尽责，克服战线长、工期紧、技术条件复杂等一系列困难，在参建各方的共同努力下，圆满完成南阳段各项建设任务，顺利实现2014年汛后通水的目标。

1. 克难攻坚，圆满完成南阳段各项建设任务

南阳段工程线路全长97.62km，穿越南阳市4区1县，渠道全部处于膨胀土地区，沿线河流、铁路、公路交叉众多，水文地质条件复杂，主体工程于2011年3月开工，战线长、工期紧，要和其他段同步建成难度很大。面对压力和挑战，建设管理处全体同志迎难而上，心往一处想，劲往一处使，高标准，严要求，按照上级部署采取了一系列行之有效的措施。

（1）千方百计抢抓施工进度。根据合同要求强化各单位进度目标管理，明确进度责任，增强服务意识，严格奖惩。建设管理处班子成员带头深入一线，靠前指挥，及时协调处理、解决影响工程进度的各类问题。全处同志均划分进度责任片区，各标段还明确1～2名责任人，对重点标段，派驻现场工作组加强督导，对施工过程中影响工程进度的征迁、环境、组织、方案、材料供应等各类问题，做到及时发现、及时协调、及时解决，大大提高了工作效率，保证了南阳段进度目标的实现。

（2）突出高压狠抓工程质量。“百年大计，质量第一”，南水北调工程是世纪工程，千秋伟

业，对工程质量提出了更高要求，更是来不得半点马虎。南阳段建设管理处在开工之初，即按照要求建立健全了质量管理体系，注重过程控制，强化现场管理，责任分工明确，严把原材料进场检验和工序验收，对发现的质量问题均要求即整即改，强调任何时间、任何情况下都不能以牺牲质量来换取进度和效益。在各方共同努力下，建设期间南阳段未发生一起质量事故，工程质量始终受控，为通水近一年来工程始终平稳安全运行打下了坚实基础。

（3）防微杜渐，细抓安全生产管理。安全生产，责任重于泰山。南阳段战线长、工期紧，施工交叉多，安全生产工作更是任务繁重，建设管理处坚持“安全第一，预防为主，综合治理”的方针，始终把安全生产作为一项主要工作来抓。首先通过细化安全生产目标，层层落实责任制。做到岗位职责明确，人事对应，不留死角，在南阳段形成一个“横到边、纵到底”的安全生产管理体系。其次是狠抓各项规章制度的落实，通过组织安全生产专项检查、隐患排查、安全生产培训以及召开安全例会、安全生产专题会等形式，常抓不懈，始终绷紧安全生产这根弦不放松，工程建设期间未发生一般等级以上安全事故，工程安全生产处于受控状态。

（4）加强沟通协调，共同努力营造和谐建设环境。和谐建设环境是工程建设顺利推进的重要保障，建管处通过深入开展文明工地创建以及积极参与“双创双评”活动，与南阳市、区县、乡各级征迁机构加强沟通，创新工作思路，深入现场详细了解问题根源，吃透政策，坚持原则，实事求是，以大局为重，充分依靠当地政府和征迁部门，及时处理各种因素造成的阻工和施工影响等问题，共同维护了良好的施工建设环境，有力推动了南阳段工程建设。

2. 思想作风过硬，干净做人，踏实做事，勇于担当

思想作风过硬是一支队伍干事创业的基础，建设管理处全体干部职工在工程建设过程中，认真贯彻落实党的十八大和习近平总书记系列重要讲话精神，深入开展党的群众路线教育实践活动，不断提高思想认识，切实转变工作作风，模范执行党的路线、方针、政策以及南水北调工程建设的各项规章制度，规范管理，严格要求，科学组织，团结协作，努力提高政治素养和业务素质，始终把党风廉政建设贯穿到各项工作中，坚持“两手抓”，一手抓工程建设，一手抓廉政建设，做到了两手抓，两手硬。面对种种困难，全处同志勇于担当，勤于实践，紧紧围绕工程建设目标，多措并举，一级带着一级干，一级做给一级看，涌现出了陈建国、高发勇等先进模范人物。在全体建设者的艰苦努力下，南阳段不仅出色地完成了建设任务，在整个建设过程中从未发生重大安全、质量责任事故，全体同志无违法违纪现象发生。南阳段建设管理处也多次受到国务院南水北调办，以及河南省政府、团省委、水利厅党组、省南水北调办的表彰。

南阳段建管处将进一步理清思路、转变作风、突出重点、强化措施，团结全处同志，干净做人，踏实做事，高标准、高质量地完成后续各项工作，向党和人民交上一份满意的答卷。

（六）中线建管局河南分局

河南分局（原河南直管建管局）作为中线建管局的派出机构，现有正式职工500人。建设期间负责河南段约300km直管和代建项目建设。

自2005年9月穿黄工程开工以来，河南分局全体干部职工团结一致，砥砺前行，奋勇拼搏，紧紧围绕中心任务，精心组织，科学安排，持续攻坚，圆满完成了河南段直管代建项目工程建设任务，为全线通水工作目标的实现奠定坚实的基础。通过不断完善质量管理体系，加强

安全生产警示教育，确保工程建设的质量安全；率先构建资金供应、投资控制两套风险预警体系，从现场资金供应、控制投资指标、保障资金安全三方面实行风险管理；为加快工程进度，优化工序交接，有效缩短主要工序施工时间，实现了多项重大技术突破和创新；抓好重点工程项目施工建设，加强资源配置，按时保质完成了各阶段的建设任务。其中，穿黄隧洞、沙河渡槽、湍河渡槽、焦作城区段等关键性控制工程全部由河南分局直接管理建设，其施工环境复杂，工程技术难度大，创造了多项世界之最。曾先后获得中央国家机关“五一劳动奖状”、中央国家机关“基层服务型党组织”、中央国家机关“最具活力团支部”、中央国家机关“青年文明号”等各类奖项表彰。历经十年，河南分局已成为一支团结向上、敢打胜仗的集体，致力为南水北调中线工程安全平稳运行保驾护航。

（七）中线建管局河北分局

河北分局（原河北直管建管部）负责河北境内总干渠建设、运行调度及安全管理工作，历经十年的风雨历程，紧紧围绕“北保通水，南促建设，求真务实，勇创一流”的工作主线，以质量安全为根本，以投资控制为重点，大力推进工程建设，同心协力，砥砺前行，圆满完成通水目标任务。

建设初期，河北分局纳精英、聚贤才，组建起了一支作风过硬、技术精湛、管理一流、团结奋进的工程建设管理人才队伍，为工程建设管理工作奠定了坚实的基础，也为河北分局的建功立业提供了有力的人才保障。建设高峰期，河北分局领导班子充分发挥指挥、协调作用，组建攻坚团队，整合优势资源，破解技术难题，理顺施工环境，合理安排进度，严格管理质量，狠抓安全生产。各职能部门与现场管理处密切配合，上下联动。通水前的攻坚阶段，河北分局全方位统筹，细致严密制定工程管理计划，组织各施工单位通力配合，保障施工人员、设备、资金及时到位，精心组织，周密安排，开展多种形式的劳动竞赛等一系列行之有效的办法和措施活动，保质量、保安全、保进度。在十余年艰苦奋斗的建设历程中，相继获得了全国总工会、中央国家机关工委、国务院南水北调办、中线建管局各种表彰奖励 350 多项。千里丹江润燕赵，一渠碧水送京津，十年的风雨历程铸就了南水北调这一百年大计的世纪精品工程。

（八）中线建管局工程维护中心

工程维护中心（原工程管理部）先后负责南水北调中线干线工程建设进度、质量、安全、验收、建设协调、土建和绿化工程维护、工程防汛和应急抢险等工作。该部门一直处于工程建设和运行管理前沿阵地，工作任务繁重、人员少、压力大，为此部门非常注重理论学习和作风建设，积极践行“负责、务实、求精、创新”的南水北调核心价值观，团结协作，争先创优，敢打敢拼，急工程之所急，想工程之所想，一切工作以服务工程现场为宗旨。几年来，建立完善了工程建设和运行管理制度体系，为规范加强工程管理行为打下了坚实的基础；科学计划，统筹安排，有序推动，确保了中线干线工程 2014 年底主体工程完工和 2015 年汛后通水目标如期实现；高度重视、常抓不懈，严把工程验收关，为工程安全通水打下了良好的基础；深入研究，开拓创新，积极开展工程维护，不断加强应急体系建设，为工程安全平稳运行保驾护航。由于工作成绩突出，部门曾先后 21 次被国务院南水北调办或中线建管局评为先进集体，部门员工曾多次荣获“突出贡献人物”、优秀员工、优秀党员、先进个人等荣誉称号。

（九）中国水利水电第四工程局有限公司南水北调中线一期工程总干渠沙河南——黄河南段沙河渡槽工程一标项目部

该项目部主要负责沙河渡槽渠道工程、沙河渡槽下部结构工程、沙河梁式渡槽工程、大郎河渡槽下部结构及大郎河梁式渡槽工程施工。渡槽预制是南水北调中线沙河渡槽施工的“重中之重”，该项目部逐一击破各个施工节点难题和风险，为中线一期工程顺利通水提供了有力保障。施工前期，由于受预应力张拉试验影响，严重制约施工进度，渡槽预制只能平均每月4榀，该项目部组织研究施工方案，优化施工工艺，在保证质量的前提下，狠抓工序衔接和作业时间，24小时盯班，采用工厂化、标准化预制，渡槽生产能力逐月递增，最高峰单月预制达14榀。渡槽架设施工中，该项目部积极开展工艺创新，采用重载转向、槽上运槽、大型设备整体转线等世界一流技术，用缩短了渡槽架设工期。该项目部施工过程中多次获得科技创新奖、科技进步奖，其中两技术获国家实用新型专利，并多次获得了中线建管局、中国电建集团有限公司等嘉奖。

（十）南水北调中线水源有限责任公司综合部

丹江口大坝加高工程是南水北调中线工程关键性、控制性和标志性工程，是国内最大的加高改造工程。工程施工难度大、技术要求高、度汛标准高、施工环境复杂、质量非可控因素多。南水北调中线水源有限责任公司认真履行项目法人职责，攻坚克难，历经十年，按期优质完成了工程建设任务。2014年12月12日，丹江口水库正式向北方供水，使几代南水北调人的梦想变成了现实。

南水北调中线水源有限责任公司综合部作为工程建设和公司管理高效运转的核心部门是公司各项工作正常运作的“枢纽”，是联系上下、沟通内外、协调左右的“桥梁”，是展示工作状态、体现精神风貌的“窗口”。十年来，综合部按照公司总体部署，紧紧围绕公司党政中心工作，充分发挥协调、管理、服务等职能，全力做好牵头、督办、落实工作，不断提高谋事、办事、管事水平，为工程建设的正常进行提供了充足的动力和可靠的保障。

（十一）安徽省南水北调东线一期洪泽湖抬高蓄水位影响处理工程建设管理办公室

安徽省南水北调洪泽湖抬高蓄水位影响处理工程是南水北调东线一期工程的内容之一。根据国务院南水北调办的初步设计批复，安徽省南水北调项目主要建设内容包括：新建、拆除重建及技改52座排涝（灌）站，总装机容量29963kW。疏浚开挖骨干排涝河沟和泵站配套排涝河沟16条。批复工程总投资37493.39万元，总工期26个月。项目区涉及蚌埠市五河县、滁州市的凤阳县和明光市、宿州市的泗县，由安徽省南水北调东线一期洪泽湖抬高蓄水位影响处理工程建设管理办公室（简称安徽省南水北调项目办）负责组织实施。

1. 规范工程建设管理

在项目的建设管理工程中，安徽省南水北调项目办严格按照国务院南水北调办有关建设管理规定及水利工程建设基本建设制度，积极统筹、协调项目建设。首先是做好工程建设沟通协调，全力推进建设进度。安徽省南水北调工程主要为淹没影响处理工程，为补偿性工程。虽然

安徽省南水北调工程点多面广、零星分散且工程规模均较小，但是作为南水北调工程一个组成部分，坚持严格按照南水北调主体工程的要求开展各项工作。其次是严格按照国务院南水北调办有关招标管理要求，认真组织招标工作。再次是加强监督检查，规范建设管理。工程的建设过程中，安徽省南水北调项目办以评比考核、监督检查为抓手，从制度建设到现场施工管理严格把关工程管理。

2. 严格工程资金管理

安徽省南水北调项目办从项目伊始就建立健全资金账户管理、工程价款结算、工程造价审计、建管费使用管理等十多项财务管理制度，在工作中严格执行国务院南水北调办经济财务规章制度和项目管理“四制”要求，严格执行投资静态管理和动态控制，加强日常内部审计和财务监督，全省工程资金管理安全高效，财务收支规范有序，平均单项工程投资节约在10%以上。

3. 狠抓工程质量

首先是落实责任、规范质量制度。安徽省南水北调项目办和现场建管单位从完善管理体系、层层落实质量责任明确质量目标。其次是严格控制、做好现场管理。始终将现场质量控制作为工程建设的主题加强现场原材料进场、基础处理工程等关键部位和环节的质量控制。再次是强化监督、严格质量检查。认真落实国务院南水北调办布置的质量整治活动，联合省、市水利质量监督站进行质量管理监督，检查落实施工单位的质量保证措施和监理单位的现场质量控制行为。第四是狠抓整改、质量形势平稳。对施工过程中发现的各项质量问题严格进行整改，在后续工程中汲取经验和教训。已实施的工程经自检、抽检，总体质量合格，未出现质量事故和重大质量隐患，工程建设质量处于受控状态。

4. 多措并举确保安全生产

首先，高度重视安全工作。树立“以人为本、安全发展”的理念，坚持“安全第一、预防为主，综合治理”的方针，以控制重大事故，防范遏制安全事故为目标，及时贯彻国家、地方有关安全生产的方针政策。第二，开展多种形式的安全生产教育。召开安全生产专题会议，组织参建人员观看安全生产警示教育电影等，通过会议、检查、文件、短信等各种形式不断提高各参建单位安全生产意识。第三，加强职守，做好安全生产专项活动。加强了汛期、施工高峰期、节假日等安全生产事故易发时段的安全生产管理工作。按照国务院南水北调办的统一部署，相继开展了“南水北调工程预防坍塌事故专项整治”等活动。第四是开展安全生产考核，以评促建。按照《南水北调工程建设安全生产目标考核管理办法》开展安全生产年度考核，督促各参建单位落实安全生产措施。通过各级参建单位的共同努力，安徽省南水北调项目自开工以来未发生一起一般及以上等级安全事故，为工程建设营造了安全稳定的环境。

5. 注重运行维护管理，工程效益充分发挥

安徽省南水北调工程主体工程已全面完成，已建设完成的工程均及时移交给运管单位。工程运行管护能力和水平是工程效益发挥的关键，为此，安徽省增补项目中安排了部分管护设施，为工程运行管护提供保障。通过几个汛期考验，南水北调工程在防汛抗洪中发挥了良好的效益，保证了南水北调东线一期工程水质和水量及效益的良好发挥，造福当地，受到广大干部群众的赞扬。

二、精神文明建设个人风采

（一）一线建设者风采

他们奋战在南水北调工程一线，他们肩负着工程建设的重要使命，承载着进度、安全的关键责任，他们尽职尽责、顽强拼搏，为南水北调工程谱写了血与泪的建设诗篇。

1. 王金建，山东省南水北调工程建设管理局总工程师

作为骨干力量，从山东省水利厅选调到新成立的山东省南水北调工程建设管理局任计划财务处处长，全过程参加了南水北调东线一期山东境内工程建设。身为一班之长，他身先士卒、严谨细致、勤奋务实、忘我工作、全力协调，满怀豪情地带领团队奋发努力，圆满完成了主体工程前期工作、投资计划管理、财务管理、统计分析、审计和配套工程规划、前期工作组织协调及审查审批等各项急难险重工作任务，为南水北调东线一期山东境内主体工程提前建成通水和工程效益发挥做出了突出贡献。

（1）求真务实、攻坚克难，高效完成了前期工作任务。南水北调山东境内工程，点多、线长、面广，各方面利益矛盾交织在一起，涉及政策、工程技术等问题复杂。前期工作是整个工程建设的前提和关键环节，工作要求标准高、时间紧、任务重、困难大。为切实提高设计质量，加快设计进度，王金建创造性地开展工作，针对南水北调山东境内工程特点和前期工作组织架构，积极探索创新前期工作管理模式，组织制定了初步设计管理“五定三抓”工作措施，构建了初步设计项目管理体系，实行了初步设计目标管理责任制，确保了前期工作质量进度。

（2）顾全大局，勇挑重担，全力协调推动工程建设。王金建具有强烈的事业心和高度的责任感。他注重学习，讲究方法，善于从全局思考、谋划和推进工作。面对困难和挑战，他拼搏进取，勇于担当，以扎实的工作作风和劲头，狠抓工作落实。南水北调东线一期山东境内工程沿线有12处穿越铁路、410座跨渠桥梁和1000余条电力设施需要新建、迁建。其方案编制审查任务重，涉及行业部门单位多，协调难度大。为突破严重制约前期工作的“老大难”问题，王金建勇挑重担，想尽千方百计，寻求各种途径，用心动情主动沟通，积极协调，终于赢得了铁路、交通、电力等部门的理解、支持、配合，并与铁路、交通、电力等部门建立了联席会议工作会商机制，既为前期工作顺利开展打下了坚实基础，也为后续工程建设创造了条件，从而确保了工程建设顺利实施。

（3）爱岗敬业，勇于奉献，积极献身南水北调事业。王金建爱岗敬业，忘我工作，甘于奉献。在前期工作审查审批阶段，工作头绪多，处里还没招来人，他一马当先，不畏艰辛，一门心思扑在工作上，经常加班加点，没日没夜地连轴转。2007年6月的一天深夜，因连续长时间加班工作、过度疲劳，引起心肌劳损，导致心绞痛，被妻子送到医院急诊住院治疗，待病情有了些缓解，他便主动要求出院又立即投入到紧张的工作之中。

（4）政治过硬，廉洁奉公，模范遵守反腐倡廉各项规定。作为一名有三十多年党龄的党员领导干部，王金建政治立场坚定。在思想上、政治上和行动上始终同党中央保持高度一致，模范执行党的路线、方针、政策以及中央、国务院关于南水北调工程建设的决策部署。始终牢记全心全意为人民服务的宗旨，清清白白做人，干干净净做事，坦坦荡荡为官，时刻自重、自省、自警、自励；时刻保持谦虚谨慎、戒骄戒躁的工作作风；坚持依法依规办事，严于律己，

洁身自好，清正廉洁，无任何违纪违法行为。

王金建的优异表现，得到了各级领导和干部群众的充分肯定，连续多年被评为山东省水利厅直属机关优秀共产党员和优秀党务工作者，所带领的计划财务处（财务部）20余人的工作团队多次被国务院南水北调办评为各项业务工作先进集体，2012年、2013年被评为山东省南水北调系统先进集体，处内多名同志多次受到表彰奖励。

2. 程德虎，中线建管局副总工兼河南分局副局长

多年来，他在工作岗位上倾注着自己的热情，爱岗敬业，用过硬的专业技术带领同事奋斗在工程建设一线，用积极、乐观的自身魅力感染着身边的每一个人。

作为一名共产党员，程德虎在思想上、行动上始终与党中央保持高度一致，自觉贯彻落实党的群众路线和三严三实要求，自2004年进入南水北调中线建管局以来，工作上作风严谨、勤勉工作、任劳任怨，生活上廉洁自律、朴实勤俭、待人随和，作为中线建管局技术负责人，解决了制约工程建设的一系列重大关键技术难题，为南水北调中线干线工程建设做出了突出贡献。

身为中线建管局副总工程师，程德虎坚持工程建设技术先行。他牵头编制了南水北调中线干线工程的多项技术规定和管理办法，为统一设计原则、标准，规范勘测设计管理做了大量工作。2012年，中线工程掀起大干高潮，工程现场的技术问题成为制约工程进度的重要因素，就在现场一筹莫展的关键时刻，他毅然放弃北京机关的优越条件，主动支援一线，挑起了河南段技术工作的重担，先后主持解决了穿黄隧洞、大型渡槽、倒虹吸、膨胀土渠道等重大技术难题。

程德虎工作作风严谨，干起工作来雷厉风行，效率极高。在工程建设的主战场上，遇到困难时总是用专业的工作技术和积极的工作态度带领同事走出困境，他用自身的魅力感染着身边的建设者。工程转入通水运行期，他仍旧保持着高昂的斗志，多次获得优秀党员、优秀员工、突出贡献人物等各级各类荣誉，他所带领的技术管理团队也多次获得“先进集体”、中央国家机关“青年文明号”等荣誉称号。

3. 李英杰，中线建管局河北分局副局长

总是奔波在工程工地上是大多数人对李英杰的印象，工程建设期间，在工地一住就是几个月，哪里有困难哪里就有李英杰的身影，名副其实的“以工地为家”。

作为一名优秀共产党员，李英杰严格贯彻执行中央“八项规定”，坚决反对“四风”，认真践行“三严三实”要求，工作中他也时刻以共产党员的标准要求自己，身先士卒。

2006年8月，李英杰投身南水北调工程建设，一直扎根于工程一线，在漕河渡槽段工程和邯石段工程建设管理中，精心组织，攻坚克难，积极开展和推动“亮点部位”“亮点标段”“质量年”“安全生产月”“奋战一百天，全面完成目标任务”“样板工地创建”“决战三个月，实现大目标”等一系列活动，促进主体工程如期完工、35万V永久供电工程全线投用、充水试验等节点目标顺利完成，有力保障了全线通水大目标如期实现。近十年来，先后荣获安全生产优秀个人、优秀共产党员和文明员工、优秀建设者、工程质量管理先进个人、优秀员工、突出贡献人物等多项荣誉。

“守护清水北送是我们的责任。”这是李英杰常说的一句话，他是这么说也是这么做的。忆往昔峥嵘岁月，展未来继往开来，李英杰将继续为南水北调事业的全面发展而奋斗！

4. 李卫东，淮河水利委员会治淮工程建设管理局副总工、南水北调东线工程建管局局长

十余年来，李卫东投身南水北调工程建设，发扬艰苦奋斗、连续作战和献身精神，始终坚守在工程建设一线，严于律己、身体力行、扎扎实实、勤勤恳恳、任劳任怨。高标准、严要求完成各项工程建设任务。他与全体职工齐心协力、不畏困难、科学管理、奋力拼搏，保证了各项工作的开展，取得苏鲁省际工程建设佳绩，苏鲁省际工程提前完成了建设总目标，工程优质安全，顺利通过了国务院南水北调办主持的全线通水验收，并于 2013 年 10—12 月实现了全线通水目标。

苏鲁省际工程包括台儿庄、蔺家坝二座大型泵站（均为Ⅰ等），大沙河闸（Ⅰ等）、杨官屯河闸（Ⅰ等）、姚楼河闸（Ⅰ等）、潘庄闸（Ⅱ等）、骆马湖水资源控制（Ⅲ等）等五座大中型水闸工程。作为东线建管局总工、局长面对省际工程诸多技术难题，本着对工程高度负责的态度，深入一线、积极探索、会同设计、监理、施工单位和有关专家共同研究工程施工技术难题，采用新技术、新工艺，提出一系列技术措施，经过多方的共同努力，许多技术难题被破解，有效地推动工程建设。其中《大型低扬程立式泵出水流道试验研究》分获 2006 年淮委科技一等奖和 2007 年安徽省科技三等奖，《狭窄河道复杂地基地质条件下悬臂式小跨度双排挡水钢板桩围堰关键技术研究及实践》获 2013 年淮委科技三等奖。

2013 年南水北调东线工程实现全线通水后，工程进入初期运行阶段。面对工程运行管理单位未明确等困难和苏鲁省际工程复杂局面，李卫东坚定信念，勇于担当，积极面对，注重协调好各方关系，努力做好工程运行管理工作，取得了良好的结果。正式通水以来，苏鲁省际工程设备运转正常，工程运行稳定，总体运行情况良好，未发生质量事故和安全故障。经过国务院南水北调办的多次飞检，保证了南水北调东线工程调水的正常进行。

李卫东与时俱进、深入钻研业务，主持完成了《南水北调东、中线一期工程完工项目待运行期管理与维修养护标准研究报告》编制工作，作为课题组技术负责人，完成了《南水北调待运行期工程管理维护方案编制导则（试行）》的编制，导则能涵盖南水北调东、中线一期工程复杂、多样的工程类别，并具备简单、容易掌握的特点，为南水北调东、中线一期工程完工项目待运行期管理与维修养护提供了一个切合实际可行的标准。

5. 冯启，北京市南水北调东干渠管理处主任

北京市南水北调中线干线 PCCP 管道工程全长 50 余 km，为国内首次长距离应用内径达 4m 的大口径预应力钢筋混凝土管，设计参数精准、制作工艺复杂、运输机械专业、焊接安装困难。面对困难，冯启初生牛犊不怕虎，变压力为动力，白天跑现场、晚上想方案，上午组织专家会、下午随机开展讨论会，带领南水北调建设者们，直面问题，迎难而上。

为确保完成京石段应急供水工程通水总目标，冯启积极响应百日大战施工动员令，面对数百万石方没有丝毫动摇，一方面找专家、定方案，一方面说服施工单位尽早大干。在他的感召下，施工单位每天高峰期派出 220 多辆运输车往返三四次不间断运送石渣，最终完成既定目标，没有在北京留下一个工程节点。以顽强的毅力和集体的智慧完成了被国务院南水北调办领导称为“不可能完成的任务”。

6. 陈俊田，河北省南水北调工程建设管理中心工程技术部副部长

南水北调工程建设以来，陈俊田先后参与建设南水北调中线蒲阳河渠道倒虹吸项目（S33）施工和南水北调中线一期工程天津干线保定市 1 段工程建设管理。在南水北调蒲阳河渠道倒虹

吸工程施工中，他以实现蒲阳河倒虹吸项目2007年年底主体完工，确保实现2008年4月通水目标的政治责任心和强烈使命感，统筹兼顾、突出重点，精心组织、抓住关键，合理安排、攻坚克难。他同项目部技术人员在总结水平布料机技术基础上，将水平状态下的布料机增加一段可更换的支腿，并采用电机减速器驱动辅助卷扬机牵引相结合的方法，解决了蒲阳河倒虹吸斜坡段混凝土输送和布料机运行的问题；他还结合工程地形实际，决策倒虹吸进出口管身段采用增加模板套数的跳仓施工方法来满足工期要求，使蒲阳河倒虹吸管身段在2007年5月24日全部封顶；他参与制定的渠道简易拉模施工方法，有效解决了蒲阳河倒虹吸渠道段短不易采用大型衬砌机衬砌的问题。这些行之有效的措施，使该项目节约了投资，提高了工效，也使主体工程提前34天完成了中线建管局计划。且施工过程中未发生质量事故、一般及以上安全事故和严重违法乱纪事件；工程现场组织有序，文明施工和环境保护较好，并获国务院南水北调办2006年、2007年度“文明工地”称号，S33标施工项目部获国务院南水北调办2006年、2007年度“文明施工单位”称号；S33标施工项目部还获中线建管局“决战京石段、大干一百天”劳动竞赛三等奖；同时获河北省南水北调工程建设管理局2007年“安全生产优胜单位”和“优秀建设单位”称号等多项荣誉，并在2008年9月18日参加临时通水调度以来，工程运行正常。他本人也因工作成绩突出于2008年被河北省水利工程局授予“2007年度南水北调十大优秀建设者”荣誉称号，被河北省南水北调工程建设管理局评为“优秀建设者”。于2009年被国务院南水北调办授予“南水北调中线京石段应急供水工程建成通水先进个人”称号。

2009年5月，他被河北省南水北调办从河北省水利工程局抽调到河北建管中心，从事天津干线保定市1段工程的建设管理工作。从工程招投标开始，到工程正式通水运行，他始终全身心地投入到南水北调工程建设中来，没有一丝的懈怠。他积极参与编制了保定市1段工程各个阶段劳动竞赛实施方案，并在实施过程中严格按照要求注重“常布置、常检查、常督促、抓落实”，在监理周例会、中心月协调会上精心安排，使保定市1段形成了“以日保周、以周保月、以月保季、以季保年”的劳动竞赛氛围。保定市1段工程主体施工5个标段、2个监理标段都不同程度地获得了劳动竞赛奖励，建管中心也在项目法人组织的各年度考核中名列前茅，主体工程也于2012年底按计划圆满完成。工程质量是工程建设的重中之重。作为中心工程质量和安全生产、文明施工的具体督办部门，他带领工程技术部一班人，按照中心制定的质量目标严把原材料进货关，定期不定期进行抽查，并在保定市1段砂石骨料进货检查中建议采用“四联单”方式；对重要隐蔽工程验收严格把关，验收不合格的坚决不能通过，不符合验收规定的坚决要求进行整顿。在安全生产和文明施工管理上，他定期不定期组织安全大检查，对不满足安全施工条件的坚决进行停工整顿，并进行通报批评，情节严重的报中心主任进行严肃处理，停止工程计量审核，确保了安全生产无事故，实现了安全生产目标。他本人也荣获了国务院南水北调办“南水北调工程建设2011年度安全生产管理优秀个人”的荣誉称号。

7. 刘秋生，北京市南水北调团城湖管理处泵站管理所所长

刘秋生自2006年进入北京市南水北调系统，在南水北调中线干线北京段工程建设管理和市内配套工程的运行管理期间先后承担着相关工作，获得了领导的信任和同事的认可。

南水北调工作初期，他敢于吃苦，勇于挑战，遇到难题不退缩、不言败，敢于对工作中的困难发起挑战，先后在组织安排的各工作岗位完成岗位目标。

在团城湖管理处工作期间，他配合领导在管理处成立之初迅速搭建起运行管理框架，确保

从建设向管理转型期间的工作进展。2014年北京段管线全线停水检修期间，刚刚做完腰椎手术的他，身体里打了四根钢钉，仍亲自带队下井，人力排查输水管线的“大病小情”。接手泵站所后，他经常奔走于各个泵站，抓建设，找问题，每一处工地上都留下了足迹与汗水。

“干好人生平凡事 ，奉献力量在基层”，自加入南水北调以来，他一直工作在一线，为安全平稳迎接冀水、江水进京贡献自己的力量。

8. 程金明，临沂市南水北调中水截蓄导用工程管理处工程科科长

程金明自参加工作以来，一直工作在工程建设及工程管理第一线，参加了南水北调工程建设管理以及多项大中型水利工程建设，心系水利、心系民生，兢兢业业，默默奉献，工作积极主动，业务素质高，责任心强，有较高的创新能力和思想政治素质，已成为水利技术业务骨干之一。

程金明积极参与临沂市南水北调工程建设，主要参与了郯城蒋史旺，罗庄丁庄、永安，兰陵王庄、芦祚、粮田等8座橡胶坝以及南涑河、陷泥河清淤、吴坦河扩挖等工程建设工作。他严格执行项目法人责任制、招标投标制、建设监理制、合同管理制“四制”管理，做好招标投标等前期准备工作和工程施工管理工作，科学制定施工组织方案，搞好施工现场工作的协调，严格抓好质量、安全，保证了各项工程顺利竣工。工程投入使用后，积极抓好南水北调工程运行管理工作，牵头对南水北调工程管理处下辖的郯城、罗庄、兰陵、引祊入涑等“三所一办”14处闸坝工程进行了规范化工程管理，建立健全规章制度，制定管理目标考核办法，实行管理责任制，进行管理设施改造提升，培训工程管理人员，逐步推动各管理单位实现工程管理规范化。2014年，在程金明的主持下，南水北调工程管理处下辖的引祊入涑工程管理办公室成功创建省级水利工程管理单位，2015年又成功创建省级水利风景区和市级花园式单位，年均生态供水2.5亿m^3，发挥了重要的防洪效益、生态效益、民生效益。

他业务素质较高，创新能力强，工程建设中，积极进行工程技术创新及新技术、新工艺的推广应用工作。在岸堤水库加固工程中，创新采用清淤机进行10m深水下清淤。在跋山水库加固工程施工中，采用固结灌浆结合化学灌浆处理放水洞衬管裂缝；溢洪道挑流鼻坎浇筑碳纤维钢筋混凝土防冲；运用丁乳砂浆进行闸墩保护翻新，防止冻融破坏；坝前压重试验采用抛石挤淤工艺。柳杭橡胶坝工程施工中，创新应用高强螺栓进行坝袋锚固等。工程新技术的应用，有效地保证了质量，缩短了工期，节约建设资金600多万元。学术上积极进取，获山东省科技进步奖二等奖一次，发表学术论文12篇，有2项合理化建议受山东省水利厅表彰，专业技术岗位上成绩较为突出，2004年作为有突出贡献的中青年人才，经市人事局审查，破格晋升高级工程师。

9. 郭忠，山东省南水北调工程建设管理局建设管理处处长

自2002年12月南水北调东线一期山东段工程开工建设以来，郭忠能够紧紧围绕工程建设管理的目标任务，恪尽职守，勤奋工作，创新实干，较好地确保了省南水北调工程的建成通水。

工作中，郭忠重视政治理论学习，能够认真学习践行科学发展观，积极创先争优，自觉在思想、政治、行动上与党中央保持高度一致，以实际行动贯彻落实上级有关南水北调工程建设的决策部署。为圆满实现山东境内工程的建设任务，郭忠牢固树立了以南水北调事业为重的大局意识，舍小家、顾大家，经常深入工程现场一线，全身心地投入到南水北调工程建设中，积

极为各参建单位排忧解难，协调解决困难，全身心地推进工程的加快发展，几乎全部节假日都是在工程现场过的，表现出了良好的思想政治素质。

为实现国务院南水北调办和省政府确定的建设目标，郭忠能够坚持把加快工程建设管理、实现通水目标作为首要任务，周密部署，科学安排，狠抓管理。为加快工程建设进度，他注意认真组织指导各参建单位认真研究编制施工进度计划，采取组织召开进度协调会、专家咨询会、驻点蹲靠帮导、现场检查督导等多种形式，及时帮助解决工程建设过程中存在的困难和问题，并组织开展劳动竞赛活动，实施了赶工奖考核奖惩，为工程的如期建成完工创造了良好条件，进度管理工作多次受到国调办的表扬和肯定。在安全生产工作方面，他负责意识强，安全生产工作抓得紧。他组织编印的山东省南水北调工程安全技术读本，有效地提高了全体参建人员的安全生产意识和操作技能。他定期组织召开安全生产工作会议，组织层层签订安全生产责任书；在敏感时期，及时部署做好安全生产工作，组织开展有针对性的检查、排查活动；及时组织各参建单位编制工程度汛方案和防汛预案，加强技术审查，组织防汛度汛演练，落实防汛组织领导、值班制度和安全生产督查检查制度，确保了工程安全度汛。工程建设期间，山东南水北调安全生产连续13年未发生责任事故，他也多次被国务院南水北调办授予工程建设质量管理先进个人及安全生产监管先进工作者荣誉称号。山东段工程如期建成后，他继续发扬建设期顽强拼搏、攻坚克难的良好作风，认真组织各现场管理单位积极排除工程建设期的遗留问题，跑遍了工程所有现场，组织排查影响通水的所有问题，为通水任务完成作出了贡献。他工作作风扎实，受到各级领导和参建各方的一致好评。

10. 陈建国，河南省水利第一工程局方城六标项目部经理

自南水北调中线方城六标开工建设以来，陈建国把全部精力投入到工程施工中。面对战线长（所在标段长7.55km）、开工晚、地质条件复杂（地下水、膨胀土、淤泥等）、施工难度大、工期紧等重重困难，他团结带领项目部一班人，锐意创新，克难攻坚，顽强拼搏，攻克了一个又一个难题，出色完成了南水北调工程建设任务，比国务院要求的时间提前28天。

（1）舍小家，保工程，义举动中原。南水北调是国家重点工程，工期要求极为严格。陈建国以按时完成施工任务、确保通水大目标为己任，全身心扑在工程上，精心组织推进工程建设，不讲条件、不讲代价、不讲困难，有效组织项目部一班人加大投入，日夜奋战，克服重重困难，终于使工程按施工节点完成了阶段性建设任务，保证了全线通水目标的实现。然而，他个人在家庭和亲情方面做出了巨大牺牲。刚开工的2011年，陈建国的大哥和母亲两位亲人相继离世，他都因忙于组织施工而未能回去看亲人最后一眼，料理完亲人后事，他擦干眼泪重又回到工地。2011年底，年迈多病的父亲在老家无人照料，身体每况愈下，他把父亲接到工地，一边照料父亲，一边建设南水北调，演绎了忠孝两全的佳话。

（2）敢冲锋，做表率，凝聚战斗力。方城六标建设任务重，工期紧，只有与时间赛跑，与困难决战才能取得工程建设的胜利。为此，陈建国发扬共产党员的先锋模范带头作用，一心扑在工地，全年坚守工地340多天，带领全体参战人员“五加二，白加黑”，没有节假日，日夜奋战。他的值班经常是“全白加前夜”，问题不过夜，每天工作16小时以上。冬季夜间巡查施工，他让团队成员负责前半夜，把最冷、最难熬的后半夜留给自己；项目取得成绩时，他把荣誉让给他人，施工中出现问题时，他主动担责。在施工期几次抗洪抢险中，他身先士卒，靠前指挥，积极组织人员机械进行抢险，同时协助兄弟标段抢险救灾，减少了工地损失，凝聚了人心。同时，他还积极带领技术干部学习新的技术知识，召开技术专题研讨会，解决技术难题，坚持“传、帮、带”，培养年轻技术人员。注重在一线发展党员，先后培养了5名入党积极分子，吸收2名技术人员入党，较好地发挥了党员在施工中的表率作用。

（3）善创新，敢克难，进度保领先。方城六标的地质条件复杂，施工难度大。面对各种严峻考验，陈建国不唯上，不唯书，只唯实，组织项目团队成员，不等不靠，敢于创新，一切从实际出发，一切从有利于工程进度、保证工程质量出发，在此基础上，什么样的方法都敢试、敢闯。方城六标在南阳段创下了5个第一：第一个学习并购置使用甩块式碎土机，第一个采用水泥改性土路拌法施工，第一个尝试薄膜覆盖填筑土料，第一个使用桥梁预制蒸汽养护，第一个采用场地集中桥梁预制……创新成为方城六标的进度领先的秘密武器。正是由于创新，方城六标的进度始终保持领先，在南阳段进度排名中，先后六次获得第一；在南水北调中线建管局组织的劳动竞赛中两次获得一等奖。

（4）施铁腕，抓质量，铸精品工程。陈建国深知，质量是南水北调工程的生命，一定要拿出建自家房子的精神，把南水北调真正建设成为千秋伟业工程。本着这种理念，陈建国健全了质量管理体系，严把各个环节的质量关，加强质量管理的过程控制，从源头上杜绝质量事故的发生。同时，以身作则，加强质量巡查，发现问题“冷酷无情”，铁面无私，及时果断从严处理，责令整改到位。2012年8月的水泥改性土回填施工中，他巡查发现一个作业队的第15层土压实度不合格，拒绝说情，果断推倒重来；2012年年底，在预制桥梁时发现一处孔洞，立即组织相关人员现场办公，按照责任分工进行处罚，并把问题部分进行了整改；2013年9月，对某衬砌作业队10m宽衬砌面板漏振问题，果断召开“扒仓”现场会，当场把不合格的混凝土扒掉，并对责任人进行了处罚。由于陈建国制度严，查得细，认得真，方城六标工程质量始终保持优良。据统计，方城六标经评定的单元工程全部合格，优良率达94%。尤其是南水北调中线通水后，方城六标渠道经受住了长时间高水位运行的考验，表现出了良好的质量。

由于陈建国在南水北调工程建设中表现突出，成绩优异，事迹感人，其所在的方城六标被国务院南水北调办树为南水北调中线工程标杆建设单位；陈建国的事迹先后被《河南日报》、人民网、《光明日报》、新华社等主流媒体相继报道，传遍大江南北，国务院原副总理回良玉、国务院南水北调办主任鄂竟平对陈建国事迹相继作出批示；国务院南水北调办、南水北调中线建管局、河南省南水北调办相继发出通知，要求南水北调系统学习陈建国先进事迹，加快工程建设。几年来，陈建国也获得了一系列荣誉：2012年被推选为“感动中国”候选人，并作为“感动中原”特别奖的代表受到河南省委、省政府主要领导的接见；2013年获河南省道德模范提名奖、河南省五一劳动奖章、河南省重点项目先进个人、“感动中原”十大年度人物、中央电视台全国十大三农人物；2014年获得全国五一劳动奖章并参加全总表彰大会；之后，又被评为“全国劳动模范”“南水北调东、中线一期工程建成通水先进工作者”。陈建国的事迹也被搬上银幕，是反映南水北调工程主旋律电影《天河》中的原型人物之一；中央电视台大型纪录片《水脉》中也讲述了陈建国的感人事迹。

11. 秦水朝，河南省南水北调中线工程建设管理局平顶山段建设管理处总工程师

2005年9月，秦水朝被调到河南省南水北调中线工程建管局，先后在安阳、南阳、许昌和平顶山段建管处主抓工程质量和安全生产工作，同时在平顶山段建管处还分管施工环境协调工作。在工程质量管理方面，他高度重视，时刻把“第一是工程质量、第二是工程质量、第三还

是工程质量”放在心上，无论是原材料供应厂家的考察比选和产品进场检验，还是建设中工程实体的工序巡查检查，分部、单位和合同项目完工验收均严格管理，督促层层落实责任制，一丝不苟，精益求精，铁面无私，在其负责的参建单位中无人不知，无人不晓，人送外号“勤扫描”。在安全生产方面，他头脑中时刻绷紧安全这根弦，工作中重在控制源头，布置检查到位，消除隐患，把人人讲安全、时时想安全、事事为安全、处处要安全贯彻始终，施工期间安全受控。在环境协调方面，针对线性工程协调难度大的特点，他深入一线提前掌握影响施工环境问题，入村入户调查阻工原因并逐一登记，约设代找省移民办，急事急办特事特办，齐心协力做好沿线施工环境工作。

12. 王博，中线建管局河北分局临城管理处处长

没有什么豪言壮语，王博那黝黑的脸庞沾染着十年工程建设的岁月风霜，镌刻着南水北调难以磨灭的印记。他先后参与了南水北调中线干线工程漕河段、高邑元氏段、临城段工程建设与运行管理工作。

2006年12月，王博任漕河建管部合同管理处副处长，结合工程现场，有力推动了工程变更与结算工作的顺利开展。2010年12月，任河北直管建管部工程管理二处处长，主持高邑元氏段建管工作。当时正值工程建设的高峰期、关键期，任务重，工期紧，技术难题层出不穷，他不畏艰难，迎难而上，带领同事及时解决了工程建设中遇到的各类施工难题，顺利完成了包含槐（一）、槐（二）、北沙河倒虹吸等六座大型河渠交叉建筑物在内40余km长的工程建设任务。

2014年2月，他兼任临城管理处处长，面临着管理用房交地时间晚、工期时间紧等诸多难题。他身先士卒，多方协调，妥善解决难题，实现了当年10月管理用房提前入住的目标。他协调地方政府及时解决了占地遗留、市政10kV高压线路、市政自来水管网接入等难题。近十年来，他多次获得优秀员工、质量管理先进个人、进度管理先进个人，所在处室多次获得进度、合同管理等先进集体的称号。

如今，工程平稳运行，王博将一如既往地带领着同事们守护着一渠清水奔流向北。

13. 唐文富，中线建管局北京分局惠南庄管理处处长

1994年7月参加工作的唐文富，现在是南水北调中线干线惠南庄管理处处长。他自觉践行“三严三实”，严格遵守中央八项规定和各项规章制度，认真贯彻落实党的群众路线，自2007年调入南水北调中线建管局惠南庄建管部（现北京分局）工作以来，爱岗敬业、勤勤恳恳、兢兢业业，坚持严谨求实、精益求精的工作作风，积极努力，扎实工作，是践行“负责、务实、求精、创新”南水北调核心价值理念的典型代表。

唐文富是惠南庄建管部主要技术骨干，参与或主持编制了机电及金结设备管理办法、设备运行操作规程、巡视检查制度及突发事件应急预案等多项工程建设及运行管理规章制度；参与或组织编制了惠南庄泵站机电设备调试及试运行方案、变频器技术供水系统改造方案等重大技术方案，并组织实施；在泵站试运行过程中，负责协调、解决运行值班、检修维护、水情调度等方面的问题，保证了试运行工作有序进行；在工程运行管理工作中，认真落实运行管理职责，严格执行调度运行相关规定，切实落实安全生产责任制及责任追究制，不断提高运行人员管护能力和应急处置能力，确保了所辖工程安全、稳定、可靠运行，实现了所辖工程运行安全、工程安全、水质安全目标。

（二）巾帼不让须眉

她们是活跃在南水北调工程的靓丽风景，她们舍小家为大家，以真挚的情、满腔的爱，为实现南水北调中线工程按期通水的目标作出自己的贡献，为南水北调工程描绘了一抹柔美的色彩。

1. 李梅，河北省石家庄市南水北调工程建设委员会办公室总工程师

自2003年投身南水北调工作以来，李梅牢固树立为人民服务的思想，认真执行党的路线、方针、政策和国务院关于南水北调工程建设的相关决策部署，坚持原则，踏实工作，爱岗敬业，公道正派，无论在南水北调前期设计、征迁安置和建设协调等工作岗位上，她始终以扎实的工作作风、优异的工作成绩，受到各方面的普遍好评，多次被评为先进工作者，受到嘉奖，并记三等功一次。

（1）积极配合做好总干渠前期工作。在总干渠开工前，李梅积极参加到南水北调前期工作中，与设计单位一同，对总干渠石家庄段线路布置方案比选、渠渠交叉、左岸排水和公路工程进行了现场核实和方案优化，结合总干渠沿线8个县（市）区实际，对交叉建筑物的设计方案提出合理意见。在南段前期工作中，她及时总结已开工京石段工程征地拆迁中出现的问题并向设计单位反映，使征迁安置规划做得更实更细，最大限度地保证群众的切身利益。为用足用好南水北调对道路交叉工程的建设政策，她组织完成了石家庄段沿线130多座跨渠桥梁的实地勘察，就桥梁建设方案，多次与交通、规划、建设等部门进行协商，达成一致意见，同时，她积极跑办，最大限度争取上级部门和项目法人的支持，以使跨渠桥梁建设适应地方经济发展需要。

（2）努力做好征迁工作，为工程早日开工创造条件。2003年12月、2005年5月中线滹沱河倒虹吸、古运河暗渠工程在石家庄先行开工，面临单位正在组建、人员少的情况，她不畏难、不退缩，自我加压，毅然承担起了征迁重任，在上级领导的大力支持和县（区）的配合下，保证了该两项工程的先期开工。

2005年6—7月，她组织京石段3个县（市）区进行征迁培训，在有关部门的配合下，冒高温、战酷暑，加紧开展了占地实物外业核查工作。2006年3月，她组织指导3个县（市）区根据各自任务与投资规模，再次对2005年征地核查成果进行了核实。为避免因不同县（市）区、不同工程、执行不同的补偿标准而出现矛盾，影响征迁安置工作的顺利开展，她多次组织3个县（市）区对农村安置、补偿标准等敏感问题进行了统一，使征迁实施方案更加切合实际，更具有可操作性。

在京石段征迁实施阶段，被占地居民的房屋和工副业设施拆迁政策性强，群众有许多要求，她和同志们深入现场了解情况，对群众的要求进行认真分析，采取“拆迁评估”“证据保全”“先行清场”等措施，保证房屋拆迁、企业搬迁补偿的公平、公正、合理，减少拆迁补偿的矛盾，进而保证工程按期进场施工。为了维护施工秩序，她与基层干部一道，一方面宣传工程的重大意义，讲解国家的征地政策，争取群众的理解和支持；另一方面及时向建设单位反映，在工程进场施工的同时，立即开展了农村生产生活的恢复，减少了工程建设对群众的影响，取得了良好的效果。

2009年10月，按照工作部署，邯石段石家庄段征迁工作开始启动，她及时组织6个县

（市）区的征迁培训，历时1个月完成了占地实物外业核查工作，随后，组织有关人员连续作战，依据征迁实施方案编制大纲，经过20多天的努力，编制完成6县（市）区的征迁实施方案。经过反复征求有关县（市）区意见，确定了征迁补偿标准和投资。在此基础上，又组织6个县（市）区编制完成了征迁兑付方案，及时开展了补偿兑付，实现了2010年2月本市南段全线具备开工条件的征迁工作目标。在征迁实施中，李梅常说“拆迁工作再难，只要懂得尊重群众，从群众的利益出发办事就不难。”

2012年是南水北调工程建设的关键期和高峰期，为给工程建设保驾护航，她集中解决了一批征迁难点问题。在各建管单位积极配合下，倒排工期，挂图作战，挂账销号，全力推进征迁和建设环境工作，经过艰苦细致的工作，陆续解决了鹿泉市南杜村、桥西区电化厂、华柴生活区、栗东橡胶厂、赞皇南邢郭桥引道施工临建房屋拆迁等征迁等难题，为工程建设扫清了障碍。

2013年是南水北调中线攻坚年，她几乎放弃了所有节假日休息，全力投入到征迁遗留问题和建设环境协调工作中，对此她从无怨言，始终坚持在工作一线，保证主体工程建设目标的实现。

多年来，经过她和同志们的努力，共完成永久征地2.76万亩、临时占地约2万亩，拆迁各类房屋约14.2万m^2等，有力保障了南水北调工程的顺利实施，如期建成。

（3）做好协调工作，为工程建设创造良好环境。在总干渠实施中，她还分担了工程建设环境协调工作，由于部分群众对南水北调政策不理解以及对占地、拆迁补偿等方面存在争议，不断有人对施工队伍正常的施工进行阻挠，一些群众情绪激动，如处理不妥可能会激化矛盾。为此，她与县（市）区同志们一次次到施工现场做群众的思想工作，耐心向群众解释南水北调工程的相关政策，对于涉及多方的复杂问题，直接组织召开协调会议，通过多方对话协调解决施工中出现的各类问题，化解矛盾。同时，为营造良好和谐的施工环境，她配合有关处室协调市公安局成立了南水北调维护工程建设环境巡察组，坚持每周到沿线巡查一次，协调和督导地方、部门及时解决矛盾隐患，确保社会稳定和正常的建设秩序。

李梅多年来甘于奉献，任劳任怨，不争名利，不计得失，在平凡的岗位上为南水北调工程建设做出了不平凡的贡献。

2. 巢坚，北京市南水北调工程建设委员会办公室综合处主任科员

巢坚2004年大学毕业后便投身南水北调工作，作为北京市南水北调办的一名普通工作人员，更作为南水北调这一世纪工程、惠民工程的建设者，她始终牢记使命光荣、责任重大，十年如一日，以高度的荣誉感、责任感、紧迫感，时刻践行综合管理部门为工程服务、为基层服务、为一线服务的工作准则，在公文处理、应急值守、信息报送、文稿起草、制度建设、活动组织等方面做了大量卓有成效的工作，有力保障了南水北调中线干线北京段工程的顺利建成、平稳输水、安全运行，在经历和见证北京市南水北调工程建设每一个重要时刻的同时，也把青春烙入了“十年耕耘路，引得清水来”丰碑。

3. 刘皓瑾，河北省永清县水务局南水北调办公室主任

刘皓瑾勤勤恳恳、兢兢业业，在南水北调这个平凡的工作岗位上，恪尽职守，埋头苦干，不辱使命，带领全体工作人员攻坚克难，圆满完成了征迁任务，受到各级领导和群众的一致好评，展现了南水北调基层征迁人员的风采，树立了巾帼不让须眉的典型形象。

（1）坚持原则，守候乡情。南水北调天津干线工程需对徐街村48户、56所居民房屋进行拆迁，拆除各类房屋6748.37m^2。房屋拆迁本来就是“难啃的骨头”，何况该村还是她外婆家驻地，和她有亲属关系的就有7户，其难度可想而知。

刘皓瑾坚持用宣传统一思想、以真情融化坚冰、用公平换来理解、以行动换得支持，房屋拆迁进展较为顺利，但让她困扰的事也时有发生。有人曾为拆迁补偿之事找到她父母，希望给予优惠照顾。因事前她已和家人打过招呼，母亲婉拒了对方，事后，母亲为得罪了乡亲很是郁闷。她却说：“妈，您做得对！这个口子坚决不能开，否则其他户的工作就没法做了，他以后会慢慢理解的。”

（2）讲究方法，灵活机动。征迁工作涉及千家万户，问题错综复杂，要求基层工作者，既要有足够的耐心，又要讲究方式方法；既要分析症结，抓住要害，又要把握时机，找准突破口；既要坚持原则，不能越界，又要机动灵活，有效推进。

天津干线需拆除蔬菜大棚43个、45480m^2。大棚的结构、作物、管理、收益各异，如果以同一标准进行补偿，势必造成失衡而影响拆迁工作。刘皓瑾提议进行综合评估，作为补偿依据，得到征迁各方的一致赞同。然而工作人员多次去动员拆迁，依旧阻力重重，这时她才明白，光有评估还不能解决问题。此时正值作物生长旺季，农户投入已达8成，收成却未达1成。他们侍奉蔬菜比子女还要精心，此时拆除，如同剜他们的心头肉。本着和谐征迁的原则，经过走访和咨询，她又提出3个月后再行拆除的建议。事实证明，此举并未影响施工总体进度，且使农户利益最大化，受到农户的普遍认可，拆除工作得以顺利进行。同时对其他征迁工作起到有力的促进作用。

（3）无怨无悔，甘于奉献。自征迁工作开展以来，刘皓瑾一直征战在一线，早出晚归，几乎没休过节假日，她顶严寒、冒酷暑，经常一身土两脚泥，农民家里、田间地头总能看到她的身影。曾有好心人提醒：“征迁又苦又累，还得整天跟老百姓着急、生气，一个女同志，何苦受这份罪呀！”她却说：“能赶上史无前例的南水北调工程是自己的荣幸，领导把任务交给自己，是对自己的信任，绝不能让领导失望！”极强的责任心和使命感，一直是支撑她忘我工作的精神支柱和力量源泉。刘皓瑾工作上兢兢业业，有口皆碑。提起家人，她却深感愧疚。虽然征迁现场就在“家门口”，但为了工作，母亲崴脚造成骨折，父亲骨性关节炎不能走路，她都没能在身边伺候，甚至没能第一时间赶回去探望。她一心忙于工作，对儿子疏于关心，以至一度得不到儿子的理解。

如今滚滚长江水化作涓涓细流经过家乡的土地，刘皓瑾希望自己就是这滚滚江水里的一滴，为滋养家乡的土地尽自己的微薄之力。

4. 聂素芬，河南省南水北调中线工程建设领导小组办公室经济与财务处处长

聂素芬在工作中积极践行社会主义核心价值观，模范遵守国家法律法规和有关政策，严格执行南水北调工程建设的各项规章制度，爱岗敬业、开创进取、求真务实、任劳任怨，有较强的使命感和高度的责任心，扎实推进各项工作，较好地完成了各项工作任务。

（1）积极协调理顺与国务院南水北调办、中线建管局、河南省财政厅、水利投资公司等相关单位的财务关系，积极筹措建设资金，为河南省南水北调干线工程和配套工程建设顺利进展提供有力资金保证。

（2）建立健全本单位财务管理、会计核算等方面规章制度，增强制度的适用性，使每项经

济业务的处理有法可依、有章可循。树立依法理财的观念，使国家有关法律、法规和单位内控制度得到切实有效的贯彻执行。建立了资金使用各环节、资金占用各形态的层层把关、分级负责、相互制约、责任明确的财务资金安全控制体系。

（3）完善支付程序，加强支付过程的管理控制。在工程价款结算办法中明确工程价款结算条件、支付程序和审批要求。支付过程中，严格按照基本建设程序、批复初步设计概算、施工合同和工程进度核拨资金，做到工程价款支付程序合规、手续完备、数字准确、拨付、及时、控制有效。

（4）加强建管费支出预算管理，有效控制建管费和“三公经费”支出。本着从实际出发、节约使用、从严控制的原则，依据概算批复建管费数额，制定合理的建管费支出控制指标，核定下达省建管局机关及各项目建管处年度建管费支出预算，有效控制了建管费和“三公”经费开支。

（5）坚持原则、秉公办事、严格把关，有效保证资金安全。加强会计基础工作，严格执行工程建设资金管理有关规定，合理分布和使用基本建设资金，努力提高资金使用效率。加强会计监督与资金监管，做到“收有凭、支有据”，努力使每一笔经济业务经得起时间的验证和各方的监督检查，有效保证资金安全。

（6）高度重视、全力配合，抓好各级审计的配合与整改工作。南水北调工程投资规模大、工程战线长、涉及主体多、方方面面关注度高，各级各类审计不断。各级各类审计中，她及时协调联络相关处室、相关单位的人员向审计人员解释说明情况、与审计单位充分交换意见，以使审计机构做出客观公正的评价；审计报告下发后，立即按照职责分工进行整改任务分解，明确责任、限定时间，逐条认真整改，做到事事有结果、件件有落实。上述历次审计、检查中，办（局）未出现违法违纪问题。国家审计署和省审计厅都给予了充分肯定。

聂素芬热爱本职工作，潜心钻研业务，勇于开拓创新。作风优良、品德高尚，坚持党和人民的利益高于一切，树立了正确的人生观、世界观和价值观。严于律己、清正廉洁、科学管理、依法从政，是工程建设财务管理的行家里手，为南水北调中线工程建成通水做出了突出贡献。所在处室多次被国务院南水北调办评为资金管理先进单位，其本人也多次被评为全国南水北调系统资金管理先进个人。

（三）后方建设者风采

他们是南水北调工程的共同参与者，他们奋战在工程建设的大后方，他们坚守岗位、勤恳敬业，为工程进度、质量、资金安全保驾护航。

1. 陈曦亮，河北省南水北调工程建设委员会办公室投资计划处处长

在南水北调工程建设中，陈曦亮始终牢记全心全意为人民服务的宗旨，牢记保障工程建设、维护群众利益的崇高责任，团结和带领同事们，与中线建管局密切配合，深入工程建设一线，与市、县以及专项迁建单位的同志们一道，克服困难，协调解决了一系列征迁问题，完成了永久占地10.6万亩、临时用地11.5万亩的征迁任务，既维护了群众利益，保障了工程沿线社会稳定，又保障了施工单位按时进场，保障了工程建设进度，保障了中线工程建成通水，为南水北调工程建设做出了贡献。

（1）坚持体制、创新机制。河北省2003年12月开始建设中线京石段应急供水工程，2008

年建成并向北京市应急供水。在京石段工程建设征迁工作中，遇到了许多前所未有的困难，但经过各级共同努力，攻坚克难，保障了工程建设。2009 年天津干线、邯石段工程开展征迁工作，为有针对性的将曾经制约京石段工程建设的问题，消化在天津干线和邯石段工程开工前，陈曦亮创新机制，深入到工程建设一线，做深做细做实各项征迁工作：①配合市县提早动手开展实物指标核查勘界，做好征迁安置规划审查、审批等前期工作。②研究制定了临时用地征用、使用、复垦、退还工作意见，落实临时用地退还激励机制，使工程建设临时用地及时退还，节省了延期补偿；③在实施方案编制中，把应纳入地方财政的部分永久征地耕地占用税与征迁补偿资金统筹使用，解决了南水北调工程与其他工程执行征地区片价形成的差异问题，最大限度的保障了群众利益，为顺利开展征迁工作创造了条件。

（2）创优环境，保障建设。在征迁工作中，陈曦亮认真落实办领导要求，在创优工程建设环境上下功夫，始终围绕妥善解决影响工程建设和社会稳定的突出问题，开展征迁工作。哪里出现影响工程建设的问题，征迁工作就做到那里；哪里出现影响群众生产生活的问题，征迁工作就做到那里。2011 年 11 月以来，河北省南水北调办每年对工程建设存在的征迁问题建立台账，逐一协调，逐一解决，解决一个，销号一个，为工程建设创造无障碍施工环境。邯石段华北柴油机厂拆迁、北杜村小树林征迁、沙河褡裢机场征地、电力专项迁建、压覆矿产补偿、管理处征地、天津干线徐街村、东李家营房屋拆迁、工程占地边角地处理等问题，都是建立在台账上的问题。在各级党委政府的高度重视下，各部门的大力支持下，多次到现场与中线局紧密配合，与市县乡村同志们一道，攻坚克难，勇于担当，啃硬骨头，反复协调研究解决问题。

（3）严于律己，依法办事。南水北调征迁工作涉及面广，任务艰巨，投资量大，情况复杂，社会关注度高，因此工作中要严格依法依规办事，严格按程序办事，确保资金安全，确保干部安全。在具体工作中，陈曦亮把这些要求落实在行动上：①把南水北调工程征迁资金管理的法律、法规、政策吃透，划好框框边界，指导基层工作，与同志们一道在边界内活动；②紧紧依靠审计监督，把国务院南水北调办组织的历次内审、审计署组织的审计，作为学习政策、提高政策水平的良好机会，对于内审发现的问题及时组织市县整改，并举一反三纠正类似问题，指导下步工作，防止内审发现的问题再发生；③按程序办事，本着对国家、单位、个人负责的原则，对于初步设计之外征迁问题的处理，按照设计单位提出方案，地方、建管、施工、监理认可，省办审批（重大变更中线建管局同意，国务院南水北调办审批）的程序解决，并将问题处理过程每个环节形成的资料完整存档，备查，接受审计的监督，使征迁问题处理在阳光下操作。

2. 徐鹏，山东省滨州市南水北调工程建设管理局副局长

在干线工程建设运行期间，徐鹏积极参与干线征迁、运行环境保障、新闻宣传等工作，成绩显著。

（1）给领导当好参谋助手。及时总结工作经验，就干线征迁、环境保障、新闻宣传等工作提出建议，为领导在南水北调工作方面做好参谋工作。在前期干线工程征迁经验基础上，向领导提出了“县为主体，分级负责”的工作方式，把各项任务层层分解，落实到人。干线工程建设运行期间，未出现任何上访等不稳定事件，保证了滨州市干线工程的正常运行。提出“请进来，走出去”的宣传方式，加强宣传发动，充分利用新闻媒体的舆论导向作用，广泛利用报刊、网络、电视、电台等平台，高强度、多形式、全方位的宣传南水北调工程的重大意义，对

工程进展进行实时报道，使国家政策深入人心，形成了支持南水北调工程建设的浓厚氛围。

（2）参与干线工程相关工作。在干线工程中，积极参与干线征迁、土地确权、运行环境保障等工作。深入一线乡镇、村庄了解群众情况，维护群众的合法权益，主动化解矛盾纠纷，及时妥善处理征迁问题。滨州市在全省第一个实现无障碍施工，自开工以来未出现任何集体上访等不稳定事件，连续四年被评为“全省南水北调环境保障工作先进单位”；与国土部门密切配合，做好土地确权工作，2014年3月份滨州市在全省第一个全部完成干线工程5253亩用地确权发证工作。做好主体工程运行环境保障工作：①做好调水环境保障，参与干线工程第二次调水安全运行检查工作，开展了为期一周的集中检查、治理，保障第二阶段供水正常运行；②协调处理遗留问题，积极协调沿线乡镇、村庄和相关企业单位，解决干线征迁遗留问题，维护干线运行环境；③参与征地移民验收工作，指导博兴、邹平两县整理征地移民档案41卷，于2014年7月完成征地移民档案专项验收，12月完成征地移民县级验收。

（3）扎实做好南水北调宣传工作。为了更好地宣传南水北调工程的重要意义，采取“请进来、走出去”的新闻宣传方式，为南水北调工程建设营造了良好的舆论氛围，形成了支持南水工程建设的社会合力。

《齐鲁晚报》《鲁北晚报》《滨州日报》《鲁中晨报》《鲁北周刊》等媒体，先后对滨州市南水北调工程进行了报道，刊出了诸如《滚滚长江水奔流到滨州》《引来长江水，解了滨州“渴”》等一系列生动详实的专题报道，人民网、凤凰网、大众网等网站都予以转载，让广大市民深入了解了南水北调工程的社会意义。

3. 耿子鑫，河北省保定市南水北调工程建设委员会办公室综合处处长

耿子鑫2004年起参加保定市南水北调工作。无论是在保定段总干渠征迁安置工作，天津干渠征迁安置工作还是在京石段应急供水安全保卫工作中，他都不辞辛劳，任劳任怨，顽强拼搏，全身心地投入到岗位工作中，为保定市南水北调系统干部职工树立了榜样，为保定境内征迁安置工作的顺利开展立下了汗马功劳。

唐河倒虹吸、漕河渡槽段是国家决定先期开工的京石段控制性工程，两项目的征迁安置工作是在工程建设征地补偿和移民安置工作管理办法尚未出台和国家批复的征地补偿标准、税费计列与实际情况和法律法规冲突较多的情况下进行的。为如实掌握两工程的占地实物指标数量和基本情况，从2004年6月至12月，他带队组织设计、监理、建管单位和当地南水北调办及土地、林业、乡镇村的有关人员，开展了唐河倒虹吸、漕河渡槽段的征迁实物量核查工作。为两项目的征地拆迁和移民安置工作及工程如期开工奠定了基础。

在开展总干渠的征迁安置过程中，作为保定市南水北调办综合处长，他始终把深入宣传有关政策、营造良好征迁安置工作氛围作为赢得群众推进工作的第一要务牢牢抓在手上，而且活化宣传载体，巧妙灵活开展宣传工作，让群众喜闻乐见。他带队组织督导沿线各县（市）宣传工作，通过设立永久性专栏、书写宣传标语、给每个被征迁户发放明白纸、出动宣传车、编印工作简报等组织开展了形式多样的宣传活动。征迁工作高峰期，他组织编写工作简报每天一期，做到了工作信息的及时传递和报送。他组织开展的这些工作优化了南水北调的舆论环境和政策环境，营造了征迁安置工作良好氛围，推动了总干渠征迁安置工作的顺利开展，保定市南水北调宣传工作多次被省南水北调办表彰。

2008年9月，京石段首次向首都应急供水。耿子鑫具体负责组建了应急通水安全保卫队

伍，在沿线落实了429名应急供水安全巡视员，明确了“以跨渠桥梁为中心兼顾上下游渠道”的看护原则。为加大宣传，营造应急供水安全保卫工作氛围，他起草了《南水北调京石段建成通水宣传提纲》《南水北调保定段应急供水通水宣传口径》，向沿线各县（市）发放，营造了良好氛围。他组织开展的各项安保工作对于维护南水北调社会形象，保障社会稳定及应急供水安全起到了重要作用。

2009年8月授命负责天津干线征迁工作后，他组织沿线各县（区）开展了核查工作，对占压各户土地形状四至关系进行了附图登记以确保退还顺利。为确保工程及时开工，他带领技术指导组沿线巡回指导，解决标准细化、设计变更等问题，并帮助各县对拆迁困难户开展深入细致的思想工作，努力实现和谐拆迁。为维护群众合法利益，他狠抓临时用地复垦，对各县（区）复垦进度实行了周报告和周调度制度，形成了复垦工作的高压态势。对施工单位投入的复垦攻坚力量、县乡政府环境优化提出了明确具体的要求，为复垦退地工作最后冲刺注入了强大动力。对复垦退还中出现的设计不足问题以及造成的边角地问题，他不等不靠，组织各县（区）南水北调办及时制定方案，采取货币补偿的原则，安排征迁资金给予了合理补偿，最大限度地消除阻挠复垦施工和土地退还的影响。由于他组织的各项工作措施得力，2013年5月实现天津干渠临时用地全部退还，同时及时妥善解决了复垦缺陷等征迁后期问题，确保了天津干渠正常通水。

4. 孙向鹏，河南省南水北调中线工程建设管理局环境与移民处工程师

孙向鹏工作以来，始终以确保高质量完成本职工作和保证南水北调水质安全为目标，在各级领导的悉心指导和密切关怀，以及全处同志的全力配合和支持下，认真学习、明确职责、扎实工作，圆满完成了各项目标任务，自身的业务能力和综合素质也得到锻炼提高。

（1）认真学习，不断提高政治素养。作为一名党员，他坚持严于律己，深入学习马列主义毛泽东思想邓小平理论科学发展观和习近平总书记系列重要讲话；刻苦钻研业务知识，并运用于工作实践，特别是在争先创优活动中，认真学习，勤于思考，积极主动，自觉从人生观、世界观的角度认真反思，对找到的问题有针对性地在工作中努力改正，带头树立党员形象。

在平时的工作和学习当中，能够严格遵守中央八项规定和省委二十条，注重落实党风廉政建设责任制：①牢固树立正确的世界观、人生观、价值观，打牢廉洁从政的思想道德基础，筑牢拒腐防变的思想道德防线；②发扬艰苦奋斗、求真务实的优良传统和作风，重实干、办实事、求实效。③严于律己，发挥模范带头作用。

（2）爱岗敬业，甘于吃苦。作为一名年轻人，他热爱自己的专业和工作，在办公室岗位的工作中表现出了非常强的主动性和积极性，遇到再困难的工作也会主动承担，从不推诿、从不拒绝，从不退缩。在从事南水北调工作期间，具有强烈的责任感和使命感，能够模范遵守劳动纪律，发扬忘我牺牲精神，经常加班加点工作，不叫苦，不怕累，勤勤恳恳，任劳任怨，不讲条件，不讲价钱，无怨无悔全身心投入南水北调工作。为了保证南水北调的水质，他几乎每个月都要深入到各个地市跟随各个部门进行调研，从酷暑到寒冬，从河南省最北的安阳市到最南端的南阳市都跑的轻车熟路，一年出差在外的时间更是数不胜数，但为了完成工作他从来没有任何怨言。

（3）公道正派，强化素质修养。在生活和工作过程中，他时刻注意自我约束，加强团结，热心助人，热情接待、诚恳待人。同时，在经过不断学习、积累和提高后，也具备了比较丰富

的工作经验，能够从容地处理日常工作中出现的各类问题，组织管理能力、综合分析能力、协调办事能力和文字言语表达能力等方面，经过锻炼都有了很大的提高，保证了本岗位各项工作的正常运行，在实施各项本职工作的过程中，没出现过明显失误。在完成工作的同时他也积极参加各级组织的业务培训，努力提高自身业务素质，具备较强的专业心，责任心。能够认真遵守各项规章制度，努力地提高工作效率和工作质量，基本上保障了工作的正常开展。

（4）主要业务工作成绩。按照职责分工，他主要从事南水北调水质保护工作。在丹江口水源区主要负责推进《丹江口库区及上游水污染防治及水土保持“十二五”规划》（以下简称《“十二五”规划》）实施，总干渠两侧水源保护区主要负责新上马开发项目环境影响专项审核工作。经过他和大家的共同努力，丹江口水库水质保护工作取得了明显成效。从监测数据看，丹江口水库陶岔取水口水质稳定保持在Ⅱ类。主要工作包括：①认真开展《“十二五”规划》项目的督导检查；②拟定《“十二五”规划》实施工作目标责任书；③拟定河南省《“十二五”规划》实施考核办法并举办考核办法培训班；④认真开展水源区《“十二五”规划》执行情况考核工作；⑤严格把关总干渠水源保护区内新上马开发项目环境影响专项审核。

孙向鹏始终以“踏踏实实工作，勤勤恳恳做人”的信条，认真履行着一名环保人的职责。在南水北调工作的时间里，在各方面最大限度的发挥着自己的能力，实现着自己的价值，真心诚意地对人，全心全意地工作，把做好本职工作作为自己最大的职责和最高的使命。

5. 何占峰，北京市南水北调工程质量监督站监督二室副主任

何占峰参加南水北调工程建设以来，一直从事质量监督工作。九年来，面对质量监督员这平凡的工作岗位，张坊等地偏远的工作地点，每天穿梭于施工现场这艰苦的工作条件，上下基坑、穿梭隧洞繁重的体力消耗，他始终勤勤恳恳、爱岗敬业。他已从潮气蓬勃的青年男子，变成现在年近不惑之年的中年男子，为南水北调工程建设付出了青春与汗水。

他参与编写的《南水北调中线一期北京PCCP管道工程施工质量评定验收标准（试行）》荣获了2006年北京市水务科技进步一等奖、北京市南水北调办优秀成果一等奖；《北京市南水北调配套工程大宁调蓄水库工程质量评定规定》《北京市南水北调配套工程南干渠工程质量评定规定》《北京市南水北调配套工程验收实施细则》《引水管线工程施工质量检验与评定标准》荣获北京水务科技进步三等奖。2008年他被评为北京市水务局“奥运安保”先进个人，并被评为北京市“南水北调北京段优秀建设者”；2010年、2011年连续被评为北京市市南水北调办质量管理先进个人；并获得2014年度北京南水北调办颁发的“先进工作者”称号。

6. 郭彬剑，河北省邯郸市南水北调工程建设委员会办公室规划建设处处长

多年来，郭彬剑始终恪尽职守，忘我工作，为南水北调中线工程如期通水做出了积极贡献。邯郸市累计完成永久征地1.75万亩、临时用地2.35万亩，生产安置人口12088人。特别是在2009年年底首批永久征地中，邯郸市仅用16天就高标准完成了除市区段以外的73.3km、1.57万亩的征地清表任务，创造了南水北调征迁“邯郸速度”。

（1）勤学缜思，吃透政策，胸有成竹增自信。郭彬剑在系统、认真地学好南水北调征迁安置有关文件、规定的同时，还广泛学习了土地管理法、水法、土地承包法等相关法律法规；利用开会、培训时机，主动虚心请教，多方了解邯郸市在建工程的征迁补偿政策和标准，并在此基础上，牵头拟定了中线邯郸段总干渠征迁实物核查工作方案、征迁补偿实施方案、全市征迁工作动员大会方案、征迁督导检查工作方案、征迁验收奖励办法等一系列征迁工作方案，为邯

郸市征迁工作的迅速开展和顺利推进奠定了坚实的基础。

(2) 善打胜仗，勇闯“雷区”，攻坚克难保工期。征迁工作千头万绪，涉及广大群众的切身利益，稍有不慎，极易引发矛盾和上访事件发生。中线工程邯郸段开工后，需要协调解决的地方事务问题很多，且解决起来非常困难。例如：邯郸县霍北村，由于部分群众对征迁安置政策理解不透，一度阻止进地施工长达10个月，为解决这个问题，他协同邯郸县南水北调办的同志，连续20多天深入到该村挨家挨户地做工作，耐心宣传解释，帮助选择安置用地，力所能及地帮助解决一些生活困难，说哑了嗓子，磨破了嘴皮，最终在各级各部门的共同努力下，实现了顺利进地施工。像这样的硬骨头为数不少，如新征临时用地8870亩、霍北桥电力线路迁建、永年张窑村阻止断路施工、邯钢高压电力线路迁建、青兰渡槽新增取土场、跨渠桥梁引道新增征地、邯钢路国防光缆迁建等，都历历在目，刻骨铭心。

(3) 用情工作，永争一流，倾负韶华永无悔。郭彬剑怀着满腔的热情，带着感情投入到工作中去。在征迁实物核查中，牵头制定了“五到位、三公开”的工作方法，在征迁兑付工作中，采取了“明、细、实”的三字诀工作法，确保公开公正公平，这是对群众的负责之情；参与制定了由地方和建管等多方参加的联席会议制度，减少了民扰和扰民问题的发生，这是对大局的负责之心。

为使江水润古赵，倾负韶华永不悔，他是这样想的也是这样做的。今后他将取长补短，再加压力，继续为中线工程通水运行做出新的更大的贡献。

第三节　移民和移民干部风采

一、移民风采

（一）移民整体情况

南水北调中线工程从大坝加高扩容后的丹江口水库陶岔渠首闸引水，淹没影响涉及河南、湖北两省6个区县的40个乡镇、441个村，影响土地面积307.7km²，需搬迁河南和湖北两省移民34.5万人，其中河南16.4万人、湖北18.1万人。河南16.4万移民安置到6个省辖市的25个县（市、区）208个安置点，湖北18.1万移民安置到7个省辖市的23个县（市、区）和3个直管市441个安置点。

水库移民是困扰全世界水利工程的共同难题，被形容为“天下第一难”。南水北调丹江口库区移民搬迁工作规模之大、时间之短、移民之多、强度之高，前所未有。

总体来看，其困难体现在五个方面：

(1) 丹江口库区移民群众为了国家大局和大多数人的利益而异地搬迁，面临着生产、生活、环境和文化等诸多困难。因此，要切实维护好他们的利益，让他们从受影响者变为受益者，把这次搬迁安置变为库区群众改善生产生活条件的机遇，从“要我搬”转变为“我要搬”。

(2) 丹江口库区移民时间短，搬迁量大，两年多搬迁安置34.5万人，尤其是外迁比例大，近2/3移民需要外迁，搬迁强度前所未有。三峡工程实际搬迁农村移民55.06万人，从1993年

到2008年历时17年，平均每年3.24万人；河南省黄河小浪底水库总共搬迁农村移民14.8万人，从1991年到2002年历时11年，每年约1.35万人。南水北调丹江口库区农村移民34万多人，却要在两年的时间内完成搬迁安置，河南、湖北两省每年要各搬迁8万人左右，每省每天平均要搬迁200人左右。

（3）丹江口库区移民搬迁安置是二次，甚至三次移民，新老移民交织，问题积累较多，情况错综复杂，人均实物指标少，给合理补偿、移民身份认定等带来很大难度。丹江口水库20世纪50年代动工兴建，60年代初开始移民，70年代大坝加高，很多移民二次后靠。为了国家发展，为了南水北调工程，移民老乡付出了太大的牺牲，而且不仅是一代人，甚至两代、三代人，都为此作出了奉献和牺牲。

（4）移民诉求随着时代不同而不断变化。新时期，随着国家整体实力的提升，移民对于房屋、土地等实物的补偿标准应随之提高。时代在发展，需求在提升，社会多元化、需求差异化趋势明显，移民群众的诉求也呈多元化趋势，而且随着安置阶段的不同发生变化。这次大规模移民搬迁是在我国全面落实科学发展观、经济社会高速发展、改革攻坚和各种矛盾凸显的重要时期进行的，民主化程度明显提高，移民思想比较活跃、信息渠道比较多，愿望和诉求也比较多。移民群众与社会成员一样，有权利享受改革发展成果，随着国家整体实力的提升，对于房屋、土地等实物的补偿标准应随之提高。

（5）现阶段移民群众既注重物质补偿，也逐步重视精神和文化需求。移民群众在关注涉及个人直接利益补偿的同时，也很看重精神文化方面的需求。这就要求移民工作以人为本，注重民生，尊重移民的意愿，对移民“高看一眼，厚爱一分”，这与世界银行等国际组织提出的在移民中“把人放在首位”是一致的。

移民搬迁安置是南水北调中线工程的关键。党中央、国务院领导高度重视，明确实行“建委会领导、省级政府负责、县为基础、项目法人参与”的南水北调工程征地移民管理体制。移民搬迁工作始终坚持以人为本理念，顺应和尊重移民意愿，制定合理惠民的移民补偿补助政策，并不断调整完善。在工作实践中，不折不扣地执行落实到位，把维护移民群众合法权益放在首位。以往对房屋等补偿固守“三原”的原则（即原标准、原规模、原功能），这次南水北调移民贯彻以人为本、实事求是的原则，研究制定惠民政策。对人均住房低于$24m^2$的给予专门补助，确保人均住房不低于$24m^2$。同时，保证农村移民每人有一份耕地，要让移民群众都成为南水北调工程建设的受益者，努力把南水北调移民搬迁建成惠民工程、民生工程。

在移民搬迁中，河南、湖北两省认真贯彻落实国务院南水北调建委会的各项决策部署，把移民工作当作改善民生、推进科学发展的重要内容来落实，广泛征求移民群众意愿，尊重移民群众选择，引导移民参与，发挥群众监督作用，实现了科学搬迁、和谐移民。各个移民安置点都成为当地建设社会主义新农村的示范点。通过不懈努力，丹江口库区34.5万移民搬迁任务圆满完成，国务院南水北调建委会确定的“四年任务，两年基本完成”移民搬迁目标如期实现。移民群众总体稳定，在安置区生产生活安稳有序，在享受国家对水库移民后期扶持政策的同时，当地政府制定了帮扶丹江口库区移民发展的指导意见，通过多渠道整合资源，采取综合措施帮扶移民，确保移民尽早实现“能发展、可致富”。

在移民工作中，涌现出了一大批优秀党员移民干部，他们不怕吃苦，不怕困难，不计得失，忘我工作，把心血全部放在移民身上。其中，18名移民干部积劳成疾，累倒在工作岗位上。他们是移民工作中的模范人物，默默奉献，鞠躬尽瘁，用汗水、泪水和生命铺就了移民搬迁的和谐之路。他们胸怀坦荡，淳朴博爱，用实际行动彰显出勇于牺牲、敢于担当的内在优秀品质，展现了新时期党员干部大公无私、无怨无悔的高尚情操。移民干部群体的先进事迹，是一切以大局为重、时刻以国家为重的意志品格的生动体现，不仅震撼着搬迁群众的心灵，而且更加激励了南水北调工程建设者的斗志，有力地保障了国家重点工程建设，对弘扬优良传统、塑造时代精神具有积极促进作用。

（二）移民顾全大局牺牲精神

南水北调工程是优化我国水资源配置的重大基础设施，事关中华民族兴旺发达的长远利益，是国家的大局需要，是民族的发展需要，更是缺水地区人民的现实需要。对此，广大移民特别是丹江口34.5万库区移民，胸怀祖国利益，肩负民族大义，情系缺水地区，不惜牺牲个人利益，背井离乡，挥泪大搬迁，以重大财产和精神牺牲，支起了中线工程建设的基石。这充分体现了移民舍小家、为国家、无私奉献的崇高境界，体现了他们服从大局、忠于祖国的爱国精神。

没有哪个人愿意离开生于斯养于斯的故土，没有哪个人愿意离开世世代代艰苦创业建成的家园，没有哪个人愿意背井离乡饱尝搬迁之苦，没有哪个人愿意不远万里到外地谋生。移民难，难在“故土难离”“热土难却”。故乡和土地，对于有深厚泥土情怀的人们是心中永远难以割舍的眷恋。为了国家利益、为了重点工程建设，为了北方人喝上甘甜的长江水，从未离开家乡的人们，有的不远千里，远迁他乡，告别生育养育他们的故乡，有的兄弟姐妹就此别过，亲情、友情、乡情从此被隔断，从近在咫尺到远在天涯。临行前，告别好友亲朋，跪别列祖列宗，泪洒“送行宴”，库区的一草一木、一砖一瓦都想装入行囊，这不是生死离别，更似生死别离。自古伤离别，何况这些从未远行的人们！一句“北方人渴了，不搬不行！”其中些许无奈，亦有自豪，更是深情，那是对祖国、对北方人民的一份真情和大义，是那么的质朴和可爱。因为搬迁，移民失去了原有的房屋和土地等实物性财产，这些可以在短时期内恢复，甚至比以前更好，但重要的是他们的社会网络、地缘亲情被打破，这种无形资本和情感是难以用数字来衡量、用金钱来补偿的。面对巨大的奉献和牺牲，他们是那么的坦然和平淡，没有豪言壮语，没有苛求回报，只有默默无闻的付出，一切是那么简单而自然。

丹江口库区大部分移民都是第二、第三次，甚至第四、第五次搬迁。丹江口水库20世纪50年代动工兴建，60年代初开始移民，70年代大坝抬高，很多移民二次后靠。再加上本次搬迁，他们的生活始终没有稳定下来。1990年，长江水利委员会开始进行大型实物指标调查，库区的发展受到了限制。国务院于2003年专门对丹江口库区下达了“停建令”，移民群众的整个生活提升、生产发展以及对农村公众资源的享受，都受到了客观条件的限制。库区的移民不能再建新房，因此移民群众基本上都是住在简陋的房子里，移民群众不能享受柏油路、有线电视，一些学校、卫生室，国家也不能投入建设等，库区的经济还停留在20多年前的水平。为了国家发展，为了南水北调宏伟工程，丹江口库区移民群众牺牲得太多太多，不仅是一代人，甚至两代人、三代人。“国家需要你搬，小利益就要服从大利益”成为他们的指导思想；“俺们已经搬迁了多次，也不差这一回了”成为他们的行动指南；“故土难离也得离，穷家难舍也要舍”成为他们毅然决然的行动。

湖北省十堰市郧县龙门堂村待迁移民刘纪仙家房屋既低矮又破旧，朴实的农民说：“移民

他乡是国家工程建设的需要，该留的可以留，该走的一定要走。为国字号工程让路，是天经地义的事情。”他的一番话代表了广大移民的心声。

因为多次搬迁，河南省淅川县农民何兆胜被称为移民“活标本”。1958年，丹江口水库开始修建，23岁的何兆胜移民去了青海。因当地生存环境恶劣，几年后，一家人历尽艰辛回到家乡。1964年11月，丹江口一期工程复工。1966年3月，30岁的何兆胜带着父母、妻子和三个孩子共7口人再次离开故乡。几年后，因为生活窘迫，何兆胜再次返乡。去年6月26日，75岁高龄的何兆胜第三次离开家乡，和镇上的几千名移民一起，搬迁到了500km外的河南辉县市常村镇。为了南水北调工程，这位朴实的农民带领一家人一生义无反顾地颠沛流离。

河南省南阳市淅川县香花镇刘楼村村民赵福禄，多年前在丹江边开饭店做丹江鱼生意，搬迁前他已经投入600多万元，饭店营业面积2000多m^2，每年收入80多万元。安置地是个普通的平原农区，搬迁就意味着这一切就会付之东流。总投入600多万元，年收入80多万元，这对一个普通的农民家庭来说可能就是一个天文数字。然而在国家民族利益需要的时候，他表现出来的是一种国家至上，大局为重的精神。

刘纪仙、何兆胜、赵福禄是千千万万个移民群众的典型代表。在面临“小利”和“大义”的选择时，34.5万移民群众舍“利”取“义”，充分展示了广大移民群众的伟大牺牲奉献精神，集中体现了广大移民群众顾全大局、舍家为国的爱国精神，体现了以国家利益为最高利益，以民族大义为最高道义的新境界。

（三）移民乐观创业精神

半个多世纪以来，广大移民群众始终秉承自强不息之精神，在祖辈生活的家园里战天斗地，繁衍生息，生生不已。搬迁到安置地之后，他们继续秉承艰苦奋斗、勇于创新的可贵品质，自力更生，不等不靠，敢闯敢冒，用聪明才智和勤劳的双手，再建新家园，开辟新天地，加快融入当地社会，用超凡的智慧、高远的眼界、宏大的气魄，为未来展开了一幅美好画卷。

34.5万移民群众把搬迁当作国家为移民创造“可发展、快致富”的有利契机，在国家“以人为本、移民利益至上”的政策带动下，自力更生，艰苦创业，建设自己美好的新家园。移民们面对陌生的新环境，没有茫然，没有胆怯，不等不靠，而是迎难而上，自强不息，用生命和汗水新建自己的家园，用奋斗开辟新天地。虽然这一困苦的道路较为漫长，但是他们始终无怨无悔，用奋斗改写现状，谱写出一部艰苦奋斗的创业史，创造了中国移民的骄傲。

从河南省淅川县盛湾镇搬迁至唐河县东王集乡，移民乡亲们为南水北调中线工程让出大路，鱼关村作为全省十大试点之一出了名。

王文华率先给全村老少爷们“做个发展的样子”。刚搬到新家，大家天天吃菜是个问题，另外，从移民新村步行到集镇，也不过十来分钟的路程，大棚种菜是条发展致富的路子。王文华从淅川老家亲戚那里借了两万元，特意选在村口处3亩地建起4个大棚，种上有机蔬菜，用鸡粪、牛粪做底肥，深翻地、细耙埂，他带着家人忙个不停。2010年春节前，王文华就尝到了收获的甜头，光番茄就卖了近万元，还不说那些丰收的茄子、芹菜了。“‘山晕子’也会大棚里种菜。”王文华闯出的经验，让村里庄稼老把式们自信起来。在老家，他们都是种地好手，山上撒芝麻、绿豆，河滩种花生、苞谷，就是没在这么大一块肥田里耙细埂种蔬菜。

移民朱建会紧随其后，别具一格地搞起了立体养殖，引来清水建起池塘，塘里养起丹江大鲤鱼，四周分门别类栽上时令蔬菜，圈里是正在育肥的架子牛、大肥猪，粪便就是最好的有机肥。搬迁快三年，鱼关移民发展形成了3个“三分之一”的格局：三分之一搞养殖，村里50头以上的养猪场总共16家；三分之一在家搞种植，已有15个塑料大棚；三分之一出门打工学技术，积累资金返乡创业。

在河南省淅川县曾开过饭店的吴建海，脑子聪明，善抓机遇。他觉得，来到迁入地开一家以丹江野生鱼为卖点的饭店，一定生意不错。于是，他拿出国家补助的几万元移民，在自己新家摆了几张桌子，饭店就这样开张了。由于是移民，迁入地辉县的方方面面都给予了很大的帮助和关照。开业之后，靠着诚信经营和鲜活的野生丹江鱼，生意稳中有升。为了南水北调工程，他们舍小家顾大家，告别了祖祖辈辈生长的地方来到辉县，到了新的居住地，他们把辉县当成自己的故乡，和善良友好的辉县人民和睦相处，努力奋斗，共建美好新家园。

河南省中牟县姚湾村村支书姚根怀带领村里的党员到山东寿光等地考察。从被誉为“中国蔬菜之乡”的寿光考察回来后，姚湾移民新村建起了380亩的高效水产养殖基地和几十亩的日光温室大棚。河南省枣阳市惠岗村移民丁光宴开拓致富思路，利用国家每年给移民的资金补助和提供的优惠政策，开了一个小卖部，生意不错，走上了致富的路子。

湖北黄湖新区的曹林芬移民，利用创业贴息贷款，建设了蘑菇和木耳，每年有十来万元的收入。湖北省团风县黄湖移民新区建设了工厂化育秧基地，成立了云丰农机合作社、蘑菇种植协会、养鸭协会和养鱼协会，并打开了第二产业的关卡，招商引资，建立了团风县电池科技公司，积极探索各种致富途径。

团风县团风镇安阳村村支书郑勇是致富的号召人，原本在郧县县城开餐馆，但他放弃了收入可观的餐馆，毅然担起了移民创业的“大家长”。村民在郧县老家的土地和团风不一样，村民不适应新土地的耕种，水稻、大棚蔬菜都是全部承包出去，村民要发展只能尝试新的行业。通过新的摸索，安阳村全村养野鸭的共7户总4万只，养鱼的共6户，年收入高的有十多万元。

31岁的轩德红，在搬迁前和丈夫两人在深圳打工，她自己在超市当营业员，夫妻俩一月加起来才3000余元。搬到新家后，她结束打工生涯，选择自主创业。2011年3月6日，她加盟的黄商超市正式开业，前期投资就十多万，随着超市规模的扩大和百货品种的增加，连续投入资金。开业一年多，减去全家人的开销和进货成本，净收入三四万元。

以上例子只是移民勤奋致富的缩影。在政府的政策支持和大力帮扶下，通过自己的辛勤劳动和不懈探索，移民们广开思路，乐观创业，迅速融入新的生活环境，并积极走上了发展致富的新路。

二、移民干部风采

（一）移民干部整体情况

2009年8月3日，河南省南水北调丹江口库区移民安置指挥部办公室正式挂牌。指挥部下设办公室，作为指挥部的日常办事机构，负责移民迁安工作的组织、协调、指导、监督检查和服务。办公地点设在省政府移民办，内设综合组、协调组、建设组、宣传组、稳定组。各组人员从河南省直有关单位抽调，与原有工作岗位脱钩，实行集中统一办公。同时，南阳市、淅川县也成立了相应组织。

湖北省于2002年1月成立了丹江口市南水北调协调服务领导小组、丹江口市南水北调水资源保护领导小组，两个小组一套班子两块牌子，领导小组从各市有关部门抽调了20余人，下设4个工作组。

移民搬迁是一场硬仗。破解“天下第一难”，移民干部们在实践中创造了一个个难题“宝典”：“六讲八对比”“对接四步法”“十项保障措施”，等等，确保了34.5万移民的和谐搬迁。

移民迁出难，工作到位就不难。移民干部总结出“六到户”工作法——政策宣讲到户、干部走访到户、问题解决到户、矛盾调解到户、议题公示到户、群众征议到户。为了做通移民工作，有的移民干部踏遍了移民村庄的每一个角落。

移民建房难，把好关就不难。湖北、河南两省采取“双委托”办法，让移民户与移民迁安委员会签订协议，迁安委员会再与迁入地政府签订协议书。有的移民新村的房子地基偏了5cm，群众代表、质检员都签了字同意，再加一砖进行整改，但是移民干部为了保证移民群众利益，坚决要求拆除重建。

正是有这样一大批勤勤恳恳的移民干部，把群众当父母、视移民为亲人，与时间赛跑，在超负荷之中创新方法，在超高压下负重挺进。在移民迁安工作中，每一个基层组织都是一个战斗堡垒，每一个党员都是一面旗帜。他们进村包户、风雨无阻，忍辱负重、带病工作，用信念和忠诚塑造了新时期共产党员的光辉形象，谱写了一曲感天动地的移民壮歌。

在这场“不漏、不伤、不亡”一名移民的搬迁战役打胜的过程中，却有18名移民干部积劳成疾，累倒在工作岗位上。他们是：

马有志，河南省南阳市淅川县委机关党委副书记；

郭保庚，河南省南阳电视台外宣部主任；

赵竹林，河南省南阳市宛城区高庙乡东弯村党支部书记；

武胜才，河南省南阳市淅川县香花镇柴沟村党支部书记；

马保庆，河南省南阳市淅川县香花镇土门村组长；

王玉敏，河南省南阳市淅川县上集镇司法所副所长；

范恒雨，河南省南阳市淅川县九重镇桦栎扒村党支部书记；

魏华峰，河南省南阳市淅川县上集镇魏营村组长；

李春英，河南省南阳市淅川县上集镇干部；

刘伍洲，河南省南阳市淅川县上集镇干部；

陈新杰，河南省南阳市淅川县香花镇白龙村乌龙泉组长；

金存泽，河南省南阳市淅川县滔河乡干部；

刘峙清，湖北省丹江口市均县镇党委副书记；

马里学，湖北省丹江口市六里坪镇马家岗村委会文书；

程时华，湖北省丹江口市均县镇怀家沟村党支部书记；

刘小平，湖北省丹江口市水利电力物资站经营部经理，市移民内安抗旱服务队干部；

谭波，湖北省丹江口市均县镇党委委员、副镇长；

陈平成，湖北省丹江口市移民局六里坪移民工作站。

他们是移民工作中的模范人物，默默奉献，鞠躬尽瘁，用汗水、泪水和生命铺就了移民搬迁的和谐之路。他们胸怀坦荡，淳朴博爱，用实际行动彰显出勇于牺牲、敢于担当的内在优秀品质，展现了新时期共产党员干部大公无私、无怨无悔的高尚情操。

（二）移民干部拼搏奉献精神

移民可爱、干部可敬、共产党伟大，这是在移民现场经常听到的感叹。移民可爱表现在以国家利益为重上，干部可敬更多的是广大移民工作者对事业献身负责的精神。他们对移民工作严谨负责、不惜一切、勇于献身的工作作风，是社会主义荣辱观要求下“艰苦奋斗、服务人民、辛勤劳动”的具体行动。要在两年时间完成原本计划四年的移民任务，搬迁的批次、规模和强度超过了长江三峡和黄河小浪底工程，在中国和世界水库移民史上都是前所未有的，其间的矛盾和困难可想而知。完成这样艰巨的任务，没有广大移民干部拼搏奉献的工作作风将寸步难行。

马有志，淅川县县委机关原党委副书记，主动请缨到马蹬镇向阳村任移民工作队队长，他平易近人的工作作风给当地百姓留下了难忘的印象。群众说：“来了马有志，移民就不难。”可惜这位党的好干部壮志未酬身先死。2010 年 4 月 15 日，他在去查看移民新村的途中，突发脑出血。临终前他给妻子打电话：“我是农民的儿子，我为农民走了，我走后不要惦记我。”

淅川县高庙乡的青山绿水，诉说着又一段故事。“尽快把土地分到户，送走移民再歇。”谁也没有想到，这句话成了村支书赵竹林的遗嘱。2010 年 1 月 2 日，赵竹林闭上了双眼，年仅 37 岁。去世前 3 小时，他还在开“分地会”。在移民新村建设封顶施工关键阶段，有天突然晕倒了，但为了让群众住上“放心房”，他都没有休息，也没去检查身体，而是咬牙坚持，直到因劳累过度去世。

湖北省丹江口市均县镇党委副书记刘峙清是一个不体贴的丈夫、一个不着家的父亲，确是一个贴心移民的干部。2011 年 4 月 1 日，从早上 7 点钟就有移民等着找他反映问题，一直忙到晚上 9 点 10 分，忘记了吃降压药，疲惫的他刚站起身准备回家，突然感到一阵眩晕。他下意识地想从口袋里掏出降压药，却什么也没有摸到……年仅 42 岁的汉子永远倒在了移民工作的岗位上。

湖北省丹江口市六里坪镇马家岗村文书马里学一心扑在移民工作中，家里的农活全部扔给妻子一人。由于他不怕工作量大，不怕工作难做，能吃苦，不抱怨，凭着扎实的工作，多次获得镇党委、政府的表彰，也得到了移民群众的认可。但是，就在他填写移民户合同时，感觉身体不适，突发动脉血管破裂出血，抢救无效，永远告别了心爱的移民工作。

这仅仅是几名优秀党员移民干部代表。在移民工作中涌现出了一大批优秀党员移民干部，他们不怕吃苦，不怕困难，不计得失，忘我工作，把心血全部放在移民身上。

广大移民干部怀着高度的政治责任感和强烈的事业心，长期奋战在移民工作一线，加班加点、夜以继日地工作，无私奉献，鞠躬尽瘁。其事迹感人泪下，催人奋进，他们的精神更是我们社会主义核心价值取向的典范。

（三）移民干部务实负责精神

河南省委、省政府始终把移民迁安工作作为一项重要的政治任务和阶段性中心工作，作为“一把手工程”，实行“一票否决”。要求全省各级党委、政府始终站在讲政治、讲大局的高度，站在关注民生、改善民生的高度，把移民工作作为贯彻落实科学发展观和检验执政能力、执政水平的重要标准，集中优势资源，采取得力措施，坚决打赢打好这场硬仗。南阳、淅川等市、

县党政一把手挂帅，分管领导现场指挥，亲力亲为，形成目标一致、高效运转的指挥体系，为移民迁安提供了坚实的政治基础和组织保障。

河南省充分发挥各级各部门的职能作用，从2009年7月开始，河南省实行了库区移民迁安包县工作责任制，省直25个厅局，均由一名副厅级实职干部带队，由5～7人组成工作组，分别驻扎在有移民迁安任务的25个县（市、区），驻村蹲点，一包到底。各市、县也实行了市包县、县包乡、县乡干部包村包户的逐级分包制度。

在移民迁安过程中，各个工作组都充分发挥了督促检查、协调迁安、政策帮扶的重要作用。特别是在移民集中搬迁过程中，省里明确了各市县和省直各部门的职责分工，每批次都有各级移民安置指挥部的精心部署、统筹安排，都有各级移民干部和各部门工作人员的现场协调和跟踪保障。

各级各部门一切服务移民、一切为了移民、一切围绕移民，提供周到服务，特事特办、急事急办，不讲条件、不讲价钱，纵向一致、横向同心、合力攻坚。

湖北省移民搬迁安置坚持“优越、优先、优厚”的原则。优越，就是各级政府和领导干部对移民要高看一眼，大力宣传移民的奉献精神，在全社会营造尊重移民的良好氛围；优先，就是国家和湖北省出台的各项涉农优惠政策，要在移民中优先落实；优厚，就是与其他群众同等享受的各种待遇，移民要适当优厚。

湖北省各安置区地方政府把移民当亲人，真正做到5个“舍得”：舍得拿最好的地方，舍得拿最好的土地，舍得拿最强的领导，舍得拿最优惠的政策，舍得拿钱补贴。

全面落实移民安置、补偿政策到位与否，是关系移民成败的前提。湖北省对人均耕地、居民点人均建设用地、移民宅基地等标准等都有详细规定，把这些规定通过张贴文件或广播电视明示广大移民。移民动迁之时，这些安置政策基本兑现到位。

补偿政策还包括移民迁出地房屋、附属建筑补偿费，搬迁运输费，零星树木补偿费，其他项目补偿费，房屋装修补助费，奖励费等。丹江口库区县级政府将移民个人实物指标和补偿标准公示后，制成移民个人补偿明白卡，将资金明白卡发给每家每户，移民通过资金明白卡领取各类补偿，而且心里明明白白、亮亮堂堂。

湖北省还想到移民到达当地后“水土不服”的问题，经过多次协调，外迁移民安置点由最初的510个减少为194个，让村民们尽量集中，有利于形成“邻居还是那些邻居”的氛围，更有利于移民尽快融入安置地。

从规划开始，湖北省就提出要把移民新村与社会主义新农村建设结合起来，把移民新村建设成为社会主义新农村建设的示范村，实现移民“可致富”的终极目标。

移民干部认识到，移民工作本质是做人的工作，是在非自愿前提下做人的利益调整工作。认真倾听移民的诉求，诚心对待，耐心说服，细心开导，是移民干部做好思想工作的法宝。

为了不耽误移民夏收，移民干部赵竹林带领移民代表和当地党委政府一道对涉及5个行政村31个村民小组的1640亩生产用地，逐块进行丈量。麦播前，他多方协调，积极组织，对所有耕地进行了统一播种。“一定要让移民平安迁安，和谐迁安”，自从他主动请缨负责移民迁安工作那一刻起，他就把这个沉甸甸的责任扛在了肩上。连续工作五昼夜，也不叫一声苦；昏倒在地被人送进医院，也不说一声累；一家一户做工作，从不皱一下眉，用自己负责务实精神诠释了一个基层移民干部在国家行动中的坚强党性。

移民干部王玉敏得知一位移民因建筑队欠他工资要债未果，闹情绪不搬迁。王玉敏拖着患有多种疾病的身子，顶着烈日骑车赶到20多公里外的县城找到包工头，经过两个多小时的工作，为那位移民讨回2000多元的工钱。移民感动得流着泪连声感谢，高高兴兴按时搬迁。在移民迁安的1000多个日日夜夜中，56岁的王玉敏跑遍了15个移民村的沟沟坎坎、村村寨寨，认真负责的排查矛盾、解决纠纷，让移民不带积怨地离开家乡，奔向新生活。

正是这些移民干部凭着负责务实的理念，对移民的诉求认真倾听，充分体谅移民的难处，设身处地地为移民着想，真心沟通，认真负责，化解矛盾，保证了移民的顺利搬迁。

（四）移民干部亲民廉洁精神

河南省把移民新村建设成为社会主义新农村的示范村，在用足用够国家有关政策、力争每一分钱都用在刀刃上的基础上，积极争取协调各项支农惠农政策和新农村建设资金，优先倾斜于库区移民，放大移民安置政策效应。河南省委、省政府专门印发了《河南省南水北调丹江口库区移民安置工作实施方案》，制定出台了一揽子支持移民安置的优惠政策。省直36个部门都根据要求制定了具体细化措施，向移民征迁安置市、县作出了倾斜支持，直接帮扶移民资金20.92亿元。

河南省结合社会主义新农村建设，在国家批复规划设计的基础上，结合实际，高起点规划，高标准设计，努力把移民新村建设成为社会主义新农村的示范村。

河南省在搬迁安置过程中，坚持尊重移民的意愿、尊重移民的知情权，坚持刚性政策、亲情操作，让移民参与搬迁安置的全过程，既消除移民群众的种种顾虑，又促进移民工作的顺利开展。

在搬迁前，广泛深入宣传移民政策、搬迁安排、奖励制度及各地对移民群众的支持与厚爱，形成积极搬迁、支持搬迁的浓厚氛围。根据移民新村建设进展情况和库区移民的生活习惯，积极征求各方意见，提前制定了详细的工作预案和操作流程，具体分解为46个关键环节和规定动作，对待年老体弱、临产孕妇、高危病人等特殊群体，逐一进行登记造册。坚持群众不理解不搬迁、问题不解决不搬迁，条件不具备不搬迁、方案不周密不搬迁、政策不到位不搬迁。一方面严格按照预定的工作预案和操作流程，统一组织车辆，统一装车时间，统一行车线路，移民统一佩戴标牌，安排专门的装车卸车人员，每车派出人员一路跟随护送，交警、医疗人员全程跟随，保证不出意外；另一方面，采取得力措施，免除路桥通行费，免费提供午餐，提供周到细致服务，确保平安、顺利、和谐搬迁。

对移民最为关心的建房问题，河南省移民安置指挥部办公室等部门专门下发《河南省南水北调丹江口库区移民新村建设工程质量和施工管理办法》，核心是建立“政府监督、中介监理、企业自控、移民参与”四位一体的监管体系。移民村迁安组织及移民群众代表提前介入，从新村选址、新村规划到户型选择、房屋建设，全过程参与，对工程质量进行监督管理，及时发现并提出工程建设中出现的各种质量问题。

河南省把每个移民新居率先建成当地新农村的示范村：在户型选择方面，从社会上广泛征集美观实用的230户型设计方案，经专家论证后精心选出了46个获奖设计方案编印成册，发放到每个市县和移民村，让移民群众精挑细选、优中选优。

在新村布局、房屋造价、施工队伍招标等方面充分征求移民群众意见，积极组织移民代表

全程监督，始终坚持统一征地、统一规划、统一标准、统一建设、统一搬迁、统一发展的“六个统一”指导思想；严格实行政府监督、中介监理、企业自控、移民参与的“四位一体”质量监督体系；严格把好招投标关、市场准入关、材料进场关、监测检验关、竣工验收关“五道关口”；认真落实每月一次监督互查、关键时间节点评比奖惩、搬迁前省市县三级验收的“三项机制”，使移民新村建设质量始终处于受控状态。

在建好移民房屋的同时，新村基础和公益设施同步实施，移民学校、村部、卫生室、超市一应俱全，沼气、垃圾池、养殖园、污水处理工程配套完善。

每户移民都由包户干部领到新家，还有一张连心卡。进门先看到一个大礼包，有面条、肉、油，炉火都事先生好。一个个移民新村拔地而起，一排排整齐的楼房，文化广场，水泥马路，学校、幼儿园、超市等公共设施一应俱全。

为了移民，河南省南水北调办、省移民办工作人员的手机号码向全省移民公开，接到电话督促协调工作不隔天、不过夜；大部分工作人员每天晚上都是办公到十一二点，没有过过一个完整的星期天、节假日，没有让一份批件过夜处理；每年春节，都分头带队深入移民村，和移民一起度过。

针对移民搬迁到新的安置地后，生活比较单调，心情比较复杂，心理比较脆弱的特点，移民帮扶工作增加了心理疏导、促进社会融合等方面。河南省卫生厅专门举办了南水北调丹江口库区移民健康知识与心理干预技术培训，对移民搬迁前后常见的人际关系敏感、抑郁、焦虑、强迫等心理问题进行有针对性的疏导。

湖北省采取“双确认”“双委托”的模式，解决移民最关心的住房问题。“双确认”“双委托”模式即由安置区、库区政府组织移民选点、对接，确认房（户）型，建房面积和楼层，再由移民户与移民迁安理事会、移民迁安理事会与安置区政府签订委托建房协议，最后由安置区政府统一负责组织实施。整个建房过程，移民迁出地概不参与，实行行政监管、工程监理、移民代表参与“三位一体”的质量监督机制。湖北省住房建设厅与省移民局联合，整合市县建设部门力量，组建了一支专业的质量监管队伍，构筑了一张严密的质量监督网，对移民建房全过程监管，免去了移民生产生活的后顾之忧。

移民入住新居后，各安置点组织力量对所有移民房屋、基础设施及公共服务设施、土地整理等项目进行了全面检查，对存在的各种质量缺陷问题进行认真整改，直到移民满意。无论库区还是安置区，都充分发挥移民主人翁精神，广泛听取移民的意见，最大程度的满足移民意愿，保障了前期选点对接的顺利进行。

在“优越、优先、优厚”原则的支持下，湖北省各级移民干部带着爱心、热心、责任心，心往一起想，劲朝一处使，倾情服务移民。一切想着移民，一切为了移民，一切服务移民，“三个一切”贯穿湖北省“三心”行动的整个过程。

湖北省还做到每个安置点都有工作组定点服务，1000人以上的安置点配备3名干部，500人左右的安置点配置2名干部。工作组和移民同吃同住同劳动，两个月后待移民融入当地生活后才撤离，切实保证了移民的诉求得到满足，能够融入当地的生活。

加强移民资金监管，国家对移民资金实行稽察制度。征地补偿和移民安置资金实施专账管理、专款专用，封闭运行，直达移民户和建设单位。各级地方政府严格政策公示制度，让各项移民政策落实到位。对征地移民的调查、补偿、安置、资金兑现等情况，以村或居委会为单位及时张榜公示，接受群众监督。

在执行政策过程中，实行阳光操作保障公平。管好用好每一分与移民有关的钱，实行“五支笔”联审。工程承包拨款申请，需经工程指挥、移民专干、乡镇财税会计、移民工作站长及乡长共同审核签字。涉及移民切身利益的移民身份认定、实物登记、补偿资金兑付等，都予以公示。

当移民干部遇到确定移民身份、核定搬迁人口这一难题时，遇到自己的亲属是否核定为移民的情况，移民干部丝毫不顾及个人利益，以身作则，严格执行政策和有关规定，切实保证了移民信息核定工作的顺利进行。

移民干部程时华做移民工作遇到的第一个问题就是确定移民身份、核定搬迁人口。由于据上一次人口调查已经6年，怀家沟村有新出嫁的姑娘、有新出生的孩子，还有户口在村里人不在村里的，情况比较复杂。程时华自己的女儿上一次登记时在册，2006年出嫁，村民们都在看着程时华如何处理这一关系到经济补偿的问题。“我女儿出嫁了，不能登记！内弟没在这儿居住，不能登记！”他的表白掷地有声。在他以身作则的带领下，怀家沟村的村民顺利外迁。

移民干部谭波在移民点建房过程中，率领工作组除指导移民理事会按要求严格监督建房质量外，还经常去安置地对建房进度和质量进行察看，确保移民们满意。在解决移民相关问题时，作为工作组组长，谭波历来直面矛盾不回避，积极促使矛盾在一线得到化解。在移民实物指标核实过程中，他亲自严格把关，确保移民实物指标核查无误，严谨细致的作风保障了移民群众的切身利益。

一切为了移民群众，一切依靠移民群众。移民干部扎根没日没夜、无怨无悔，“磨破嘴皮子，泡烂鞋底子”，以真心换取群众的理解，以真情融化群众心中的坚冰，打开了移民心锁。

在移民安置点选择、安置房屋建设等问题上，落实移民参与权。“保姆式”全程服务，移民搬迁过程中，从孕妇、危重病人等特殊人口护送到货物装卸，从生产生活问题解决到帮扶就业、发展致富，移民干部用真心、真情切实为移民服务，确保了移民工作的顺利进行。

第四节　沿线群众反响

一、总体情况

自20世纪80年代以来，黄淮海平原发生持续干旱，缺水范围不断扩大，缺水程度不断加深，缺水危机日趋严重。80年代初期，缺水范围仅限于京津冀局部地区，到2000年缺水率超过10%的面积已发展到62.7万km^2，城市缺水问题日趋严重。持续20多年的水资源短缺，对经济社会和生态环境都产生了重大影响。

由于长期干旱缺水，尽管各地特别是黄淮海平原地区都加大了节约用水的力度，但仍然不得不过度开发利用地表水、大量超采地下水，不合理占用农业和生态用水以及未经处理的污水，以维持其经济社会的发展，造成黄河下游断流频繁，淮河流域污染严重，海河流域基本处于“有河皆干、有水皆污”和地下水严重超采的严峻局面。黄河、淮河和海河三大流域的水资源开发率都已分别高达67%、59%和超过94%，水资源承载能力与经济社会发展和生产环境保

护之间的矛盾日趋尖锐。

北方地区持续干旱，严峻的缺水局面造成了巨大经济损失。尤其在1999－2000年，北方发生了严重的连续旱灾。海河的主要河流多数断流，中小水库干涸。河北农村大片土地龟裂，庄稼枯死。河南郑州、洛阳、许昌等地，河流断流，池塘见底，农作物大面积减产。淮河流域的持续干旱，使供水和航运都受到严重威胁。北京、天津、石家庄、邯郸、邢台、衡水、沧州、廊坊、郑州、焦作、平顶山、济南、德州、威海、烟台、廊坊等大中城市发生供水危机，特别是天津市用水告急，不得不第六次引黄应急，烟台、威海等城市被迫限时限量供水，造成严重的经济损失和不良的社会影响。而且研究表明，黄淮海流域水资源总量呈减少趋势。

随着经济社会的进一步发展，城市化进程的不断加快，人民生活质量的进一步提高，广大群众生态环境保护意识的增强，社会各界要求尽快解决缺水问题的呼声越来越高，普遍认为南水北调工程是实现21世纪黄淮海流域可持续发展的重要战略问题。黄淮海流域水资源短缺和经济社会发展、生态环境保护之间的矛盾，是仅靠节水和挖掘当地水资源潜力难以解决的。因此，必须在持续加大节水力度和污水资源化的同时，实施南水北调工程，以水量丰沛的长江为水源依托，进行大范围的水资源合理配置，缓解黄淮海流域日益尖锐的水资源供需矛盾。

在这种情况下，2002年8月23日，国务院第137次总理办公会议审议并原则通过《南水北调工程总体规划》。10月，中共中央政治局常委会审议通过《南水北调工程总体规划》，并要求抓紧实施。12月23日，国务院正式批复同意《南水北调工程总体规划》。并于2002年12月27日，南水北调工程开工建设。经过十余年艰辛建设，南水北调东、中线一期工程分别于2013年、2014年建成通水，成就中华民族的世纪夙愿和伟大梦想，为沿线亿万群众送上生命之水、幸福之水、和谐之水。

受水区的广大群众心怀感恩之心，期盼南来之水。一方面，表达自己对水源区人民奉献的感激；另一方面积极建设配套工程，以实际行动节水爱水，珍惜来之不易的水资源。水源区移民群众和干部无私奉献，胸怀大局，为了南水北调工程做出了巨大的牺牲，无怨无悔。

二、对沿线发展的促进作用

南水北调工程是缓解我国北方地区水资源短缺和生态环境恶化状况，实现水资源优化配置的重大战略性基础设施。建设南水北调工程是党中央、国务院在统筹考虑新世纪我国经济社会发展要求，统筹考虑人与资源、环境全面、协调、可持续发展要求的基础上做出的重大决策。它的实施，将在很大程度上提高北方地区的水资源承载能力，遏制并改善日益恶化的生态环境，对保障北方地区经济社会的可持续发展，促进生态文明和“美丽中国”目标的实现，都具有十分重大的意义。南水北调工程具有显著的社会效益、经济效益和生态效益，其表现在供水、抗旱、航运、除涝等方面。

（1）解决饮用水问题，缓解地下水超采局面。工程的总体任务是构筑“南北调配，东西互济”的大水网格局，解决北方地区的水资源短缺问题，增强了当地的水资源承载能力，促进经济社会的发展和城市化进程。工程规划最终年调水规模为年调水量448亿m^3，受水规划区约5亿人受益。仅东、中线一期工程直接供水的县级以上城市就有253个，直接受益人口达1.1亿人。工程整体供水区域控制面积达145万km^2，约占中国陆地面积960万km^2的15%。同时，将为这些地区经济结构调整包括产业结构、地区结构调整创造机会和空间。

（2）改善生态环境，为建设“美丽中国”作贡献。在南水北调通水前，维持供水区正常经济社会发展，必须大量超采地下水。据有关部门统计，南水北调供水区每年大约超采 76 亿 m^3 地下水，其中深层地下水约 32 亿 m^3。地下水的连年超采，导致地面沉降、海水入侵、地下水污染。因水资源短缺而严重超采地下水，是当前北方地区生态环境最大的问题。东、中线一期工程通水后，每年可向供水区增加 133 亿 m^3 供水，虽然供水主要满足城市需水，但通水后可以使地下水超采的局面得到有效缓解，同时每年还可以增加生态和农业供水 60 亿 m^3 左右，使北方地区水生态恶化的趋势初步得到遏制，并逐步恢复和改善生态环境。因此，南水北调工程最大的效益实际上是生态效益，是将生态文明建设融入国家重大基础设施建设的一个范例。

（3）超前谋划，提前治理，探索污染治理的新路子。南水北调工程吸取流域污染治理的经验教训，在污染治理、环境保护等方面积极探索，从调整经济结构入手，动用法律、行政、经济、民间等手段，走出了科学规划、提前治污、保护生态的新路子，为其他流域污染治理树立的标杆。山东省通过截蓄导用联合调度，21 个截污导流项目每年可消化中水 2.06 亿 t，削减 COD 近 5 万 t、氨氮 3000 多 t。在生态环保方面的经费投入，进一步调动政府、企业和群众治理污染、保护环境、改善生态的积极性。东线工程可研阶段总投资中，治污工程投资所占比例高达 32%。东线治污工作总资金将达 350 亿元，中线丹江口库区及上游水污染防治和水土保持投入 189 亿元。南水北调治污环保工作的顺利开展，不仅大幅度提高沿线和水源水质，而且改善了工程沿线周遍环境，使南水北调工程惠及更多的人民群众。

（4）改善人民生产生活状况。国家利益至上。为了保护北方人民的生命之水，丹江口库区可爱可敬的 34 万余移民群众舍小家，为大家，毅然决然远迁他乡，重建家园。移民搬迁之后，可能面临生产生活方面的一些困难，但从近期反映和长远发展来看，具有更加重要的意义。不仅可以使库区群众走出贫困，从根本上改善移民群众的生产、生活条件，同时，在交通、就业、教育、医疗等方面，得到前所未有的改善。很多移民群众反映，住房条件相对迁出地而言提前了 10 年，发展机遇的改善提前了 15 年。此外，南水北调工程沿线已完工的泵站、干渠、截污导流等工程已经在防汛、抗旱、灌溉、生态等方面发挥重要作用。东、中线工程的建成通水，对保障城市供水安全发挥重要作用。

三、群众反响和评价

受水区群众热切期盼南来的长江水，对南水北调工程这一千秋伟业，他们采用各种渠道表达自己的欣喜、期盼之情，以感恩的心迎接长江水，以节水的实际行动珍惜来之不易的水资源，促进人水和谐，建设生态文明的美丽中国。

（一）北京市反响和评价

长期以来，北京水资源严重短缺。密云水库是北京市自来水最大的水源，最大储水量是 43 亿 m^3，但常年储水量就在 10 亿 m^3 左右，排除 4 亿 m^3 的死库容，能取用的不到 7 亿 m^3。北京市年平均用水量约 37.4 亿 m^3，2012 年北京市人口达到 2069 万，人均占有水资源只有 $180m^3$。按照人均 $1000m^3$ 为缺水和不缺水的分界线衡量，北京是严重缺水的。近年来，北京每年超采地下水将近 5 亿 m^3。

南水北调中线北京段主体工程建成后，北京市一批南水北调市内重大配套工程陆续开工，

开工建设了郭公庄水厂、南干渠、东干渠、第十水厂等一批重大工程。南水北调中线工程为受水区开辟了新的水源，改变了供水格局。北京市城区供水中南水占比已超过70%。据权威部门统计，共有超过2亿m^3南水储存到北京的密云水库、怀柔水库、十三陵水库和大宁调蓄水库。“存”下的南水将对北京市水资源调配，实现水源丰枯互济，扩大南水供水范围起到重要作用。

北京市遵循“喝”“存”“补”的原则，利用南水北调，助推生态文明建设。利用南水向中心城区河湖补充清水，与现有的再生水联合调度，增强了水体的稀释自净能力，改善了河湖水质。向怀柔应急、潮白河、海淀山前等水源地试验“补”入2.5亿m^3南水，各应急水源地每日压减地下水开采26.5万m^3，累计压采超过1亿m^3，地下水下降速率减缓，补水区生态环境得到明显改善。促进“三先三后”的落实，坚持做到“不截污、不给水”，形成了治污倒逼机制。据北京市自来水集团的监测显示，使用南水北调水后自来水硬度由原来的380mg/L降至120～130mg/L。市民普遍表示自来水水质明显改善，水碱减少，口感变甜。

北京人民充分意识到南水北调工程调水的不易和水资源的紧缺。他们结合自己的日常生活，采取各种手段节约用水，循环用水，以实际行动珍惜南来的“调水”。他们认为，为了南水北调工程，30多万移民做出了巨大的奉献牺牲，作为受水区，应该切实采取措施节水爱水。从普通的居民到大学生、老年人，纷纷表示要为节水贡献自己的一份力量。有的大学生设计了雨水收集系统，利用小区地形，收集沿途和顶棚的雨水，将这些水装在收集池中，再在池子中安装一套喷灌系统，“这样既可以排涝，还能浇灌绿地，一举两得。”他们在居委会和街道办的帮助下，小区在部分道路上铺设了透水砖，利用上述原理将雨水再利用，灌溉小区绿地。老大爷、老大妈的节水经验讲起来更是滔滔不绝，连连说：“人家奉献了那么多，我们北京人应该做得更好。”

南水北调工程从规划论证到成功建设，历时50年。这是一项事业，一项用大半生完成的事业。北京人民深切地感受到，来自五湖四海的十余万南水北调工程建设者，怀揣着同一个梦想——“让北京人民喝上一口清江水”。他们为了支持国家建设，千万人舍小家顾大家，一次次地背井离乡，他们在默默付出。他们这种无私奉献的精神也感染着北京人民。北京老百姓意识到了建设者们为北京做出的贡献，身为受益者，由衷地感受到更应该从现在做起珍惜水资源，为南水北调贡献自己的力量。

（二）天津市反响和评价

天津是中线工程的重要受益者。引江通水前，作为一个特大城市，天津城市生产生活主要依靠引滦单一水源，有很大的风险性。引江通水后，天津在引滦工程的基础上，又拥有了一个充足、稳定的外调水源，中心城区、滨海新区等经济发展核心区实现了引滦、引江双水源保障，城市供水“依赖性、单一性、脆弱性”的矛盾得到了有效化解，城市供水安全得到了更加可靠的保障。经历了海河水、滦河水和南水北调水的水源切换，天津市民感受到自来水由涩变甜，生活幸福指数大为提升。

当天津人民通过报刊了解了众多移民工作中可歌可泣的故事，亲眼看到了许多移民现实生活的难处和可喜的变化。作为一名受水城市的人民，切实感受到了库区人民的牺牲和无私奉献，体会到了未来引入津城的汉江水是多么得来之不易。

河南、湖北举全省之力做好移民工作，把移民工作办成民心工程、惠民工程，让移民留得住，生活得好。不仅把移民的新家建的宽敞舒适，而且帮移民找到就业致富之路。移民的生活水平不但没有下降，还或多或少比以前有了很大提高。许多移民新村都建成为社会主义新农村示范样板，这里的移民安居乐业，幸福美满。作为受水区的天津人民表示由衷的欣慰。

丹江口水库作为中线水源地，这里湖水水质保持在二类水以上标准，完全符合国家规定的南水北调标准。库区百姓自觉保护水源，为确保水源持久清洁达标，主动弃粮种橘，杜绝使用高毒农药，大量兴建人工湿地，防止生活污水造成污染。他们的所作所为不仅营造出生态新家园，而且保护了北调的水源，让天津人民对水质放心。天津人民被他们的行动感动。

（三）河北省反响和评价

南水北调中线工程分配给河北省净水量34.7亿m^3，占受水区平水年可供水量的50%，为当地地表水可供水量的2倍，为供水区提供了稳定可靠的优质补充水源，这将从根本上改变受水区长期缺水的局面，对保障人民群众身体健康，提高人民生活水平和质量创造了必要条件，对受水区经济社会起到充分的保障和巨大的推动作用，并将极大地改善受水区的生态环境。据测算，中线工程对河北省创造的年直接经济效益约达100亿元，其宏观的社会环境效益更为显著。

1. 改善城镇居民用水现状

南水北调工程，将首先改善河北省京津以南地区城镇居民生活用水现状。河北属水资源极度匮乏省份，人均水资源占有量307m^3，低于国际公认的人均500m^3“极度缺水”标准，为全国平均值的1/7，80%以上地区生活饮用水主要取自地下，有些地区水质得不到保障。邯郸、沧州等地百姓对一渠清水表现出了迫切渴望。

地方病高发区或与当地水质有关，长江水到来或可降低发病率。磁县、涉县两个县是全国食管癌的高发区。从当年开始，有关专家还对太行山一带的地下水源进行拉网式普查，发现一些地区三氮含量超标，而它又是致癌物之一。食管癌发病原因存在争议，大致受水、饮食习惯和遗传因素影响。虽然食管癌发病与水质有多大关系还不清楚，但优质的长江水到来后，必定会大大提升当地居民饮用水质量。

借长江水规划城乡一体供水网络，解决部分农村饮水不安全问题。东光县个别地区高氟病严重，为解决群众饮水不安全问题，依托南水北调工程，东光县规划了总投资3.56亿元的“一库十八厂”城乡一体化供水网络，其中包括已经建成的观州湖水库，城区2个水厂以及16个农村集中供水水厂。沧州市配合农村饮水安全工程，规划沧州地区每个乡镇都要建一个小水厂，从县城水厂通过管道接到乡镇水厂，再通过管网通达到村。沧州人民从此告别高氟水、苦咸水，喝上安全水。

河北省居民生活用水普遍不足，南水北调将提供足量、优质的饮用水。以石家庄为例，该市为严重资源型缺水城市，人均水资源量约为全国平均水平的1/10，市区供水主要依靠岗南水库和黄壁庄水库。南水北调每年分配石家庄市7.82亿m^3水，相当于岗南、黄壁庄等12座大中型水库的可用水量，基本能满足城市生活用水需求。

经预测，2020年河北省南水北调受水区城镇人口将达到2570万人左右。南水北调为受水区居民提供可靠的水源，可满足城镇发展需求，促进城市化进程。同时结合农村饮水安全工程建设，可解决66个县市约450万人长期饮用高氟水的问题。届时，将有3000多万人喝上优质

丹江水，对提高广大群众的健康水平和生活质量将起到显著作用。

2. 提供稳定的工业水源，促进工业基地建设和经济发展

按照河北省国民经济发展规划，在充分考虑节约用水，努力降低万元产值用水量的前提下，工业用水也要增加10多亿m^3。这些工业发展用水，特别是重大工业项目的用水靠当地水解决已不可能，只有靠外流域调水才能解决。

中线工程建设，将从根本上改善受水区投资环境，加快改革开放的力度，促进老工业基地的改造和发展，激发受水区的传统优势和潜力，促进生产力布局合理调整，建设和发展新的工业基地，保障区域乃至全省经济持续、快速、健康发展。

随着河北省经济步入快速发展期，县域经济、工业园区发展迅猛，对水的需求量也逐渐增大，水资源问题成了制约发展的主要因素之一。水权就是发展权。南水北调工程对河北省工业的影响，远远超过人们的预期。

河北群众表示，南水北调中线通水后，就会放开手脚，朝着生态化、现代化的方向发展，有了水，工业园区的发展后劲就更大。南水北调中线工程将为河北省提供30亿m^3的外来水源，其中60%左右用于工业，按河北省当前工业增加值用水量每万元28m^3计算，预计每年可产生工业增加值6400亿元，必将对河北省工业发展产生积极而深远的影响。

3. 显著改善农业生产条件，增加农业发展后劲

中线工程确定的供水原则是以大中城市工业供水为主，直接分配给农业的供水量很少，但对农业生产条件的改善仍十分显著：①中线工程直接分配给河北省农业用水量13.73亿m^3，可发展和改善常年直接灌溉面积28万hm^2，可增产粮食20亿kg；②中线工程向城市工业提供用水的同时，可置换城市工业超采地下水量和挤占农业用水量，间接增加农业供水量；③中线工程向城市工业的供水量，约有65%，计有20亿m^3排入城市下游河道，在搞好城市排放水治理后，中线水二次利用，可发展常年灌溉面积约53.3万hm^2，增产粮食20亿kg。总之，中线工程直接、间接为农业增加的供水量将为发挥受水区的土地、光热资源优势、改善受水区的土地、光热资源优势、改善受水区农业灌溉条件，抗御干旱缺水灾害、促进农业健康稳定发展。

衡水市是全国重要的粮食高产区，9个县市区被列入国家千亿斤粮食增产计划，拥有多个国家级粮棉生产基地。长期以来，为了保证城市供水，衡水市一直在以牺牲生态用水、农业用水为代价。因此，农业潜能远远没有释放，农业后续产业的优势难以发挥。南水北调工程实施后，被占用的农业用水将会置换出来，使农业生产环境得到改善，综合生产能力将迅速提升。南水北调工程实施后，将为衡水市的邓庄园区、饶阳蔬菜、阜城西瓜、深州花生和果品等特色农业、高效农业和农副产品深加工的发展创造更加有利的条件。

4. 控制地下水开采，促进生态环境的改善

多年来，河北省已累计超采达1000亿m^3以上，地下水水位不断下降。由于长期持续的地下水过量开采，已经导致了地下水位大幅下降、地下水流场发生变异、地下水位降落漏斗、地面沉陷、海水入侵淡水含水层、地下水质污染等环境地质灾害，特别是东部地区由数千年乃至上万年补给形成的深层淡水遭到长期开采和超采，严重透支了子孙水。南水北调的实施，利用江水代替地下水，将为华北地下水的修复提供有力保障。在严格控制用水需求增长的基础上，河北省将充分利用南水北调中线一期工程引江水及其他代替水源，合理配置受水区各种水源，实施地下水压采。力争通过10年的努力，大幅消减地下水超采规模，地下水超采基本得到遏

制，城市水生态环境有所改善，农村水生态环境恶化趋势得到有效控制，将从根本上改变地下水长期严重超采局面，逐步抬升地下水水位，改善和避免因地下水位大幅度下降带来的一系列环境地质灾害。中线工程建成后，可为后代保留必要的应急水源，对供水区环境的重大改善具有深远的意义。

中线总干渠在沿京广铁路各大中城市上游形成一条南水长461km、输水流量440～80m^3/s、水面宽75～35m的人工河流，并通过多条输水干渠向东部长年输水，注入白洋淀、千顷洼、大浪淀、文安洼等平原洼淀调蓄，形成河、渠、淀联成一体的地表水网络系统，使供水区地表水环境得到明显改善。可防止土地荒漠化，改善地表水质，恢复发展水产养殖，恢复部分航运和水上旅游业，改善河口生态，实现供水区"常有水、水长清"的良性循环，综合环境效益十分可观。

南水北调将为河北安上天然"大空调"，沿线将建起生态文化旅游产业带。林业和气象学家称，一定数量的水资源、绿地资源对局部气候会产生很大影响，营造小气候，和周边环境形成良性循环。据专家估算，工程完工后，石家庄市境内水面面积将超过1000万m^2，绿地面积2000万m^2。大量的绿地和水面，可以有效地调节空气的温度、湿度，并将有效降低风沙和噪音的侵袭，相当于安装了天然"大空调"。同时，南水北调中线将建设生态文化旅游产业带，以南水北调中线大型工程景观为依托，融合沿线周边地区生态文化旅游资源，把中线的山水、古迹、工程景观串成风景长廊，同时积极开展区域统筹和分工协作，促进周边旅游资源的开发、文化资源的利用和生态种养殖业的发展。

(四) 江苏省反响和评价

南水北调工程项目的陆续建成，将保证沿线城镇生活用水，提高沿线的防洪排污能力，改善水生态环境，提高京杭运河水运能力，江苏沿线亿万群众正从中受益。

1. 防洪除涝效益明显

宝应站2005年建成即投入运行，在2006年、2007年连续两年投入里下河排涝运行，累计抽排里下河涝水2.02亿m^3，发挥了巨大的社会效益；江都站改造工程边运行边改造，经过3年努力，江都三站、四站基本改造完成，工程分年度分批投入运行，累计抽排涝水和向北方输水21亿m^3，发挥了巨大的防洪排涝和调水等社会效益；淮安四站输水河道工程新河段于2006年汛前即完成水下工程，当年也发挥巨大的排涝效益，运西河及白马湖段于2007年汛前完成水下工程，工程累计排泄白马湖地区涝水2.8亿m^3，为白马湖地区排涝和向白马湖补水发挥了作用；刘山、解台两站节制闸工程自2007年开始投入运行，连续3年调度、宣泄上游沂沭泗洪水累计达16亿多m^3；位于苏鲁交界处江苏境内的骆马湖水资源控制工程，自2007年投入运行，先后多次经受中运河滩面行洪考验。江苏境内工程相继建成投入运行，在当地的水资源调配和防洪排涝等方面发挥了巨大的作用，保卫了人民群众的生命财产安全。

2. 增加供水能力

南水北调东线工程建成后，江苏省江水北调供水能力不仅没有削弱，而且会得到加强。东线一期每年36亿m^3新增调水中，保证江苏自用的达19亿m^3，占53%。南水北调东线工程建设，增加了现有江水北调工程的供水能力，对于资源型缺水的江北而言，起到了"补血"的作用，不仅保证了苏北粮仓，而且优化了投资环境，促进了城市建设和发展。

徐州位于南水北调江苏段的末梢，群众对新增水源望眼欲穿。该市水利局负责人说，东线启用后，徐州地区每年用江水量可在原 8 亿 m^3 的基础翻一番，丰县、沛县两县过去以小麦和玉米为主，到时可扩种水稻。

3. 增强航运能力

2013 年江苏段工程建成后，抽江能力可达到 $500m^3/s$，抽江规模多年平均达 89 亿 m^3，最高年份可达 157 亿 m^3，相当于 5 个洪泽湖或 25 个骆马湖的总蓄水量。作为南水北调东线输水主干线的京杭运河，更多的水被注入其中，水源得到有效补给，水位相应提高，将明显提高航运能力，促进北粮南运、北媒南运，为加速经济流通提供更为便捷的通道。

4. 促进环境治理

治污和水质保护是调水的前提。南水北调工程规划论证阶段就确立了“先节水后调水、先治污后通水、先环保后用水”的原则，把治污环保工作放在突出的位置来抓，并实施了《南水北调东线工程治污规划》。根据治污规划，江苏、山东两省分别制定了 41 个控制单元治污实施方案，对规划确定的治污项目进行了优化和适当调整。

江苏省把调水源头取水口划为饮用水源保护区，实施农业面源污染控制、引江河道与湿地保护、生态林网与生态廊道、生态环境监测预警系统建设，并在输水沿线地区建设生态农业示范县。南水北调工程的实施有利促进了江苏省水环境治理的进程。运河沿线城市的人居环境也得到极大改善。“运河之都”淮安市于 2012 年获得国家环保模范城市称号，成为全国第一个按新指标体系通过国家环保模范城市考核的地级市。原来以脏乱差闻名的“煤都”徐州，也以碧湖、绿地、清水打造成为宜人居住的绿色之城。

（五）山东省反响和评价

作为东线一期工程最主要的受水省份，南水北调工程对于严重缺水的山东而言，其经济、生态方面的意义不同一般。

1. 增加供水能力

山东省多年平均水资源总量 303 亿 m^3，人均水资源占有量 $322m^3$，不足全国平均水平的 1/6，不足世界平均水平的 1/25，远远低于国际公认的维持一个地区经济社会发展所必需的人均 $1000m^3$ 水资源量的临界值，属严重缺水地区。山东是经济大省，用占全国 1.09％的水资源，养活 7.1％的人口，生产出 8.4％的粮食，创造了 10％强的 GDP。但资源型缺水，已成为制约山东经济发展的最大“瓶颈”。

南水北调东线一期工程首先调水到山东半岛和鲁北地区，并为向河北、天津应急供水创造条件。受水区共涉及山东省 17 个市中的 13 个市（不含泰安、日照、莱芜、临沂）的 68 个县（市、区），每年可为山东省调引长江水 15 亿 m^3。长江水出东平湖后一路东流山东半岛，一路自流向北，在地下 70m 的地方从黄河河床下穿过，与黄河立体交叉后进入鲁北地区。487km 的南北输水干线和 704km 的东西输水干线（包括部分引黄济青和胶东调水干线），在齐鲁大地上编制出“T”字形大水网框架，连接各省各地市和跨地市的输、蓄、配水工程，形成庞大的输水网络，可基本实现山东境内的淮河、黄河、海河和胶东半岛四大流域的水资源统一调度，达到水资源南北调剂、东西互补的供水目标，为全省经济社会快速、持续、稳定的发展提供可靠的水资源支撑。

2. 提高防洪、航运水平

济平干渠2002年12月27日成为南水北调首个开工项目，2005年底全线建成并试通水运行一次成功，发挥了显著的综合效益，已排洪涝水、送生态水约5亿多m^3。山东省将南四湖至东平湖段工程调水与航运结合实施，可实现按三级航道由东平湖直接通航至长江，使京杭运河通航从济宁市延伸到东平湖，在满足输水的同时大大提高了沿线地区的水上运输能力，为沿线经济社会发展增添了新的动力。台儿庄泵站与台儿庄城区排涝结合实施，使台儿庄城区排涝由20年一遇标准提高到50年一遇，有力促进了当地城区发展。梁济运河济宁城区段工程与地方排涝和水生态建设工程结合实施，南水北调工程建设可以带动济宁市城市建设发展，济宁市城市建设又会促进和保障南水北调工程建设，对提高当地排涝能力，改善生态环境，建设生态旅游景观都有显著作用，凸显了综合效益。

3. 促进水质改善

为解决水质问题，根据山东省的“治、用、保”流域污染综合治理策略，纳入主体工程建设的21项中水截蓄导用工程已全部投入运行，使山东省7个市的30个县市区直接获益，每年可消化中水2.06亿t，削减COD近5万t、氨氮3000多t，增加农田有效灌溉面积200万亩；另外，原有河道、洼地等建成了水域景观和湿地系统，提升了工程沿线的生态环境质量，增强了当地城市建设和经济建设的动力。实施南水北调工程后，城市工业、生活用上长江水，可以把挤占农业、生态与环境用水退还给农业、生态与环境，农业缺水、生态与环境的恶化问题也将逐步改善，城市地下水漏斗区、平原浅层地下水漏斗区、沿海区咸水入侵面积将逐步减少，人口、经济、社会与资源、环境、生态将实现协调发展。为进行水土保持和堤防防护工作，济平干渠工程沿线渠道两侧共植树56万株，绿化草皮超过300万m^2，形成宽近100m、长90km的景观绿化带，为改善生态环境发挥了作用。

4. 有效地拉动经济持续增长

东线一期工程在山东境内投资干线工程为110.03亿元，胶东地区引黄调水工程为27.89亿元，全省一期配套工程为101.5亿元，再加上水污染防治工程103.36亿元，南水北调东线一期工程在山东省内总投资达342.78亿元。一期工程2002年底开工至全部完成平均每年投资70亿元，按2001年统计资料每年可拉动山东省国内生产总值GDP增长率0.28个百分点。南水北调工程途经山东全省17个地市中的15个，受水区达全省139县市区中的104个，工程完成后，将给山东带来巨大的经济效益。

5. 促进水资源的优化配置

南水北调工程在水资源方面的影响绝不仅仅是水量的增加，其理念和操作模式将对山东带来深刻的影响。南水北调工程将在水资源的开发、利用、治理、配置、节约和保护等方面，实行全过程的统一管理。这种统一管理的理念和现实操作的探索，都将直接为当地的水资源统一管理提供借鉴，从而有利于促进山东省统筹研究和解决供水、用水、治水问题。

南水北调工程调来的水将按照经济规律和市场规则分配使用。这种水资源运行管理模式，同样在理念和现实操作经验方面将引领山东深入探索和实践，其突出的示范作用也会促进多种手段优化配置和使用水资源，特别是经济手段在配置水资源中的运用。

6. 加大产业结构调整

南水北调工程的实施强调先节水后用水，这种指导性的思路和供水价格的现实体现，其示

范和教育意义必定会促进对节水型社会建设意义的理解和认识，原有产业会在经济杠杆和现实示范下作出向节水产业方向的调整，从而促进山东省节水农业、节水工业、节水服务业的发展，高耗水项目会得到控制，节水器具会备受青睐。

7. 带来更多的就业机会

无论是在建设期还是运行期，南水北调工程都将有助于缓解山东省现代化进程中的就业压力。在工程建设期，巨额的投资不仅直接吸纳数量可观的劳动力就业，而且随着相关产业的连带发展会创造更多的就业机会。南水北调东线工程建设期内，工程建设可使山东省平均每年增加3万～6万个就业机会，山东省国内生产总值增长率提高0.2个百分点。特别是在工程建成后的运行期，随着广大受水区水资源条件的不断改善，会吸引更多的投资者在工程沿线投资，将会带动一些产业扩大发展，从而进一步扩大就业机会，吸纳更多的劳动力就业。

总之，南水北调工程不仅给山东省提供更可靠的水资源保障，还在投资拉动、改善环境与生态、促进产业机构调整、增加就业机会以及治水理念、施工技术、工程建设管理模式等诸多方面产生深刻的影响。

（六）河南省反响和评价

作为南水北调中线工程的水源地和受水区，河南省境内既有渠道工程，又有水源工程、渠首工程和配套工程，是渠道最长、占地最多、文物点最多、投资最大、计划用水量最大的省份，也是任务最重、责任最大的省份。南水北调中线一期工程在河南建设用地58.3万亩，需搬迁安置21.1万人，静态投资约670亿元，分配河南水量37.69亿m^3，配套工程估算静态总投资90.15亿元。南水北调中线工程对河南经济社会发展具有举足轻重的地位，是河南千载难逢的发展机遇。工程的实施对缓解河南水资源严重短缺局面，促进河南经济社会全面、协调、可持续发展具有十分重要的意义。

1. 解渴43座缺水城镇

河南是全国水资源严重短缺的省份之一，全省水资源量为413亿m^3，人均水资源占有量420m^3，相当于全国平均水平的1/5，总体上属于资源型缺水。现状城市供水是靠挤占农业用水、超采地下水和牺牲环境用水得以维持的。河南省受水区内规划供水城镇为43座，其中11座省辖市、7座县级市和25座县城，这些区域可以说是河南城市集中、人口密集的经济发达地区，也是水资源严重紧缺地区。根据《河南省南水北调城市水资源规划》，河南省受水区城市在合理开发当地地表水、适量开采地下水、用好国家分配的引黄水、大力挖掘节水潜力、充分考虑污水资源化工程和部分返还挤占的农业用水的前提下，到2010年仍缺水29.7亿m^3，到2030年缺水量将达到49.7亿m^3。南水北调中线工程建成后，分配给河南省的用水计划37.69亿m^3，可用水量31.6亿m^3，这将极大地解决河南省水资源的供求矛盾。同时，南水北调供水采用准市场运作，用水要根据市场交换原则进行计价收费，水价会有一定程度的提高，将会提高人们的水商品、水市场及节水意识，促进河南省节水型社会的建设。

2. “消费”增加河南财富

投资拉动、需求拉动、出口拉动是推动河南省经济发展的三驾马车，投资对经济的拉动作用已为近几年河南省经济快速发展的事实所证明。南水北调中线工程静态投资1367亿元，其中河南省境内投资约670亿元，动态投资将会更多。这必将极大地拉动河南省经济增长。首先，可有效地拉动建材需求。初步估算，河南省总干渠工程需水泥 250 万 t、钢材 44.5 万 t、沙石料 1300 万 m^3，可为建材企业创造利润约 5 亿元。其次，可以给建筑业提供大量的商业机会和发展空间。再次，将增加河南省施工税、建材税等税收 10 亿元以上。最后，对电力供应、建筑器材、交通运输等有显著促进作用，并进一步刺激相关产业和关联产品的发展。这些仅是对经济拉动的直接效果，按照投资对经济拉动乘数原理，其间接对经济增长的拉动将更加可观。

3. 加快沿线工业化进程

南水北调工程的兴建，为河南缺水地区丰富的土地、矿产资源的开发建立了基础，可促进当地工业和第三产业的发展。由于用水状况改善，河南省缺水地区投资环境也将得到改善，这将吸引大批国外资金投入到本地区的原材料、能源和重化工等项目上来，逐步形成产业发展优势。

4. 助推中原城市群崛起

河南省正在全力推进城市化进程和实施中原城市群发展战略，河南沿南水北调受水区城市市区的总面积大概有 5787km^2，城市建成区总人口 1134 万人，沿线城市化进程对中原城市群崛起意义重大：①南水北调中线工程实施后，能够使受水区的城市有相对充足可靠的水源，使各城市在进行建设时能有更大的选择余地和空间；②受水城市将不再谋求超采地下水，工业、居民生活和城市环境用水将不允许使用中深层地下水，城市建设发展环境也会得到极大改善；③调水工程将促进受水区经济发展，从而加速农村人口向附近小城市和城镇转移；④调水工程的建设，将形成以工程为纽带的新兴城镇，这在我国大型水利工程建设中不乏先例，黄河上的三门峡、青铜峡、刘家峡、龙羊峡都是以大型水利工程为依托而发展起来的新型城市或城镇。

5. 改善河南省农业发展环境

南水北调工程在河南省的主要受益区，是农业受旱面积最集中的区域，兴建南水北调工程，将南方地区丰富的水资源引到北方缺水地区，将有效地解决非农产业与农业、城市与乡村的争水矛盾，在缓解城市供水矛盾的同时也会缓解农村的干旱问题，这将极大地改善受水区农业生产条件，增强抗御干旱灾害的能力，发挥土地、光热资源优势，对促进沿线缺水地区农业稳定、高产、健康发展，保障河南省粮食安全有着重要意义。同时，农业和农村经济的发展将会增加农民收入。因此，南水北调工程也是解决缺水地区农村经济发展滞后、城乡差距拉大的重要措施。

6. 每年增加 6 万个就业机会

南水北调工程在河南省有巨大投资，按每 5 万～10 万元投资创造一个就业机会估算，中线工程在建设期每年将为河南省增加 6 万个就业机会。同时，在工程完成以后，吸纳就业的因素会不断增加，如具有开发价值的土地和矿产资源的开发将吸纳一部分劳动力就业；因水资源供给增加而能够扩大生产规模的产业及成长起来的新兴产业也将吸纳一部分劳动力就业。

7. 改善沿线人民生活质量

加高丹江口水库大坝，可以通过搞好移民安置规划，合理确定环境容量，采取以外迁为主的安置方式，改善移民的生产生活条件。结合水源区水污染防治和水土流失治理，实施坡耕地退耕还林、还草，加强梯田建设，可使库区生态环境得到修复，达到良性循环。南水北调工程的实施，还将有效地解决居民生活用水不足的问题，改善部分地区的水质状况，减少高氟水、

苦咸水和其他含有对人畜不利的有害物质的自然水对人民群众健康的损害，将会使人民群众的生活质量得到提高。

8. 保护地下水源，减少地质灾害和环境灾害的发生

供水后，沿线空气质量得到改善，用水矛盾缓解，生态用水会相应增加，水流的自净功能会有所改善，因缺水而萎缩的湖泊、水库、湿地也会部分重现生机，沿线植被状况会有所修复，用于绿化、营造水体、清污等环境建设和治理的水源会相应增加，这些都会带来一定的生态环境效益。

9. 有利于形成新的自然人文景观带，有效带动旅游业的发展

南水北调中线工程的建成并投入使用，不仅使中原腹地由南到北开膛破肚、增加了一条浩浩荡荡的清水走廊、绿色长廊，而且有利于打造并形成以南水北调为纽带、南北方向的黄金旅游线路，形成新的旅游热点。河南省焦作市，就将中线干渠的一脉清水引进了家门，沿渠两岸修建了100m宽的绿化带，让曾经的一座“中原煤城”，变身为人居环境优美的“水城”，城市面貌明显改善，焦作也成为中线上唯一一座干渠穿城而过的城市。

（七）湖北省反响和评价

1. 改善库区移民生活环境

南水北调中线湖北库区移民顺利迁入地的新家时，所在村的领导及时向每户移民递上“亲情联系卡”，妥善安排移民的生产、生活，帮助移民尽快融入当地环境，安居乐业。朴实的移民群众看到整洁宽敞的房屋，看到每个家庭都安装了农村数字电视和电话，水、电、路等基础设施俱全，村里还特意建了水塔，他们连声称好，由衷的感慨这里的生产生活条件比过去得到了改善，气候等也能够适应，感谢政府为他们所做的一切。他们纷纷表示，为了一江清水送北方，移民光荣，虽然背井离乡，但是新的家园对自己的发展与未来也许更有利，要通过自身努力和辛勤劳动，在政府的帮助下，走上发展致富的路子。

2. 文物得到妥善保护

南水北调中线工程丹江口水库湖北淹没区，位于汉水中游，地处鄂、豫、陕交界处，是我国历史上开发较早的地区，也是南北交通和文化交流的重要区域，蕴藏着丰富的文物资源。从远古时代的遗存到新石器时代遗址，从夏商周三代到汉唐盛世至元明清时期，都有重要的考古发现，是探索研究人类起源、发展以及中华文明等重大课题的关键区域之一，具有十分重要的科学、历史、文化价值。

丹江口水库加坝后，正常蓄水位从157m提高到170m，淹没面积扩大约300km^2，达1050km^2。库区的文物保护单位都得到了较好的保护，包括列为世界文化遗产名录的武当山古建筑群组成部分的遇真宫、冲虚庵、襄府庵等古建筑等。

3. 汉江中下游四项补偿工程发挥效益

兴隆水利枢纽下闸蓄水，抬高水位，兴隆灌区70万亩农田受益。不仅如此，当地还通过兴隆河尾水闸补水给田关灌区。湖北省南水北调管理局兴隆建管站负责人介绍，工程自蓄水开始，共蓄水4亿多m^3，水位由以前的31.55m上涨至目前的35.57m，壅高水位超过4m，回水达到78km。在春播中，沙洋、天门、潜江沿线居民和社会用水十分充足，抗旱用水达到18亿m^3，解决了280万亩耕地抗旱用水问题。

汉江通航千吨级船舶。兴隆枢纽所在的沙洋至红旗河段，航道浅滩水深只有1m多，只能通航500t级以下船舶，整个汉江船舶标准化、系列化程度低，运力明显不足。而兴隆枢纽建成后，水库的回水，可使河段的通航等级达到1000t级航道。兴隆水利枢纽四台机组装机容量为4万kW，每年可提供2.25亿kW·h电量。

引江济汉工程干渠全长67.23km，从荆州市龙舟垸引入长江水，在潜江市高石碑镇兴隆水利枢纽工程下游注入汉江，一线横贯荆州、荆门、仙桃、潜江四市。据湖北省南水北调工程建设管理局引江济汉建管处负责人介绍，这条人工运河设计航运能力为1000t级，即核载1000t以下的船只，将来可通过运河这条捷径，往来于荆州、襄樊之间，其中往返荆州和武汉的航程缩短了200多km，往返荆州与襄樊的航程更是缩短了600多km。

改善生态江汉平原更润泽。引江济汉干渠水面宽约百米，长67km，相当于在江汉平原增加了一座面积近7km^{2}的湖泊，给沿途土地补充大量地下水。这将对江汉平原的气候产生一定影响，并对生态系统起到改良作用，江汉平原的气候、土地将变得更加润泽、富饶。工程竣工后从长江引入的31亿m^{3}水量补入汉江，9亿m^{3}水量补入东荆河，不但可缓解汉江枯水季节的航运能力，也可改善东荆河的水质，减少东荆河的水华现象。

第五节 工程景观和文化

一、工程景观情况

（一）东线工程景观

南水北调东线工程依托京杭大运河，建设了13级梯级泵站将长江水调往北方地区。京杭大运河就像一条项链，串起了一颗颗美丽的珍珠。众多的文化遗产、自然风光、革命遗址、历史名城等形成了中华大地上独特的风景线。沿着京杭大运河一路走过，一个个旅游景点让人目不暇接。沿着京杭大运河从北往南，新北京、新奥运带给人强烈的现代气息，千年的古都让人无限向往；再往南，微山湖上的渔家生活令人难以忘怀；“二十四桥明月夜”的扬州刚刚带给你无尽的遐思，江南水乡的小桥流水又能让你不忍离去，最终你会陶醉在堪比人间天堂的苏杭美景之中。沿线分布着济宁、徐州、淮安、扬州、无锡、苏州、杭州等著名的旅游城市，单是这些城市的如诗如画也足以让人心驰神往。

大运河本身就是一道美丽动人的风景线。例如位于泗阳县的运河印象（运河风光带）水利风景区，地处泗阳县的主城区京杭大运河两岸，西起泗阳运河一桥，东至泗阳翻水站，全长2.6km。景区以堤为骨，以水为系，以林为体，携运河沿线景色之秀美，溶现代水利工程之雄伟，集自然生态景观与悠久运河文化为一体，构成了一幅锦绣的风光画卷。景区的主要水利工程依托——大运河，水面宽阔，绿波荡漾，景色宜人。在绿叶婆娑的盛夏，运河大堤似两条绿色的蛟龙，俯卧在河道两岸，蜿蜒绵长。河道上，南水北调提水泵站枢纽工程蔚为壮观、气势磅礴，三线船闸每天迎来送往，笛声阵阵。景区内运河广场、意杨林、船坞遗韵、工业遗存、浅水嬉石、阳光草坡等景点的有机组合，完美体现了“文风绿都、动感水城、人水和谐”的主

题与理念。其中，占地 1.5 万 m^2 的运河广场，视野开阔，给游客以驻足休息的空间。景区汇历史文脉、生态景观、功能业态于一体，集览胜、游憩、娱乐、演艺、休闲、聚会等多种功能于一身。

再比如著名的淮安古运河水利风景区，是国家水利风景区，位于淮安市区，自古运河杨庄五岔河口至楚州区穿运地涵，长度 30km，面积 $30km^2$。坐落在古运河岸边上的老城淮安（楚州），曾与杭州、苏州、扬州并称四大都市。景区内设码头镇、九龙口、港口、读书广场、大闸口、现代都市、淮楚生态、河下、三湖、淮安水利枢纽等十多处景点。其中，淮安水利枢纽总面积 $333.4hm^2$，其陆地面积 $113.4hm^2$，由 4 座大型电力抽水站、11 座涵闸、4 座船闸、5 座水电站等 24 座水工建筑物组成。这里既是南水北调东线工程输水干线的节点，又是淮河之水东流入海的控制点，具有泄洪、排涝、灌溉、南水北调、发电、航运等综合功能。淮安水利枢纽壮观奇特，气势宏伟，工程数量多、密度大、种类全、功能复杂，水文化丰厚，为国内罕见，堪称水利工程博物馆，是新中国治淮成就的缩影和真实写照。2004 年 7 月，淮安水利枢纽已被水利部评为国家水利风景区。站在淮河入海水道水上立交桥头，极目远望，河道纵横，绿地如茵，入海水道大堤像两条巨臂，护卫着水上立交；上部航槽承接京杭运河南北航运，船队浩荡，往来如梭；下部 15 孔巨大涵洞已没入水中，自西向东沟通了淮河入海水道；进出口段采用新颖的水泥砌块护坡，整齐美观，更增添了淮安枢纽工程的风采。桥头堡建筑钢索缆桥，犹如彩练当空，将现代工程与淮安古运河文化融为一体，成为淮安水利风景区的重要景观。外形新颖的工程管理综合楼，已成为淮河入海水道管理及水文监控中心。

工程沿线的 13 级梯级泵站，经过精心的园林设计和规划，也陆续开发成具有各自特色的水利风景区，在景区既可饱览泵站工程的宏伟壮观，观看泵站开启江水奔涌的豪迈气势，远眺船闸船队列队而过的壮阔景观；又可以在泵站景区缓缓前行，欣赏园中的亭台楼阁，鸟语花香；还可以参观泵站机组的运行，阅读相关技术介绍，进行水利知识科普教育等。例如著名的江都水利枢纽风景区，地处历史文化名城扬州东郊，是南水北调东线工程的源头，其中江都抽水站规模和效益为远东之最，世界闻名。旅游区占地 $160hm^2$，集科普教育、观光游览、休闲健身于一体，以宏伟的水利工程、丰富的自然植被、秀美的江河水景著称。由枢纽工程北望，广袤的苏北平原河网密布，稻菽千重，素有鱼米之乡的美称。空中俯视，四面环水，站闸相连，气势磅礴，犹如水中巨龙；步入其中，佳木郁葱，鸟语花香，亭榭楼台，又似世外桃源。更有源头纪念碑、园中园、明珠阁、江石溪碑亭等景点缀其间，俨然一幅人与自然和谐的美丽画卷。

（二）中线工程景观

南水北调中线工程规模宏大、气势雄伟、形式多样，在工程设计建设阶段，非常注重工程建设、建筑环境及周边文化的结合，专门委托清华大学建筑学院于 2008 年编制了《南水北调中线干线工程建筑环境规划》，对工程沿线的土地利用、生态环境保护、景观设施系统、植物配置、科普教育等方面进行了系统规划，力求依托中线工程建设成为一条生态、文化、景观相结合的复合廊道。2012 年，由国务院南水北调办牵头，联合文化部、国家旅游局，组织编制了《南水北调中线生态文化旅游产业带规划纲要》，在建筑环境规划的基础上又筛选了 12 个具有代表性的工程景观，进一步明确了各工程节点的景观规划定位和要点，通过建设旅游文化设施，以实现工程景观与当地文化的完美结合，形成一处处工程景观宏伟、建筑环境优美、文化气息浓厚的新的水利文化旅游景点，既突出了各景观节点的特色，又在整体风格上注重了中线工程全线的连贯性和一致性。

中线工程由南向北分别选取了丹江口大坝、引江济汉与兴隆枢纽、陶岔渠首、沙河渡槽、穿黄工程、焦作城区段、穿漳河工程、洺河渡槽、滹沱河倒虹吸、漕河渡槽、团城湖、曹庄泵站与王庆坨水库共12个工程节点作为代表性的工程景观，包含了大坝、水库、渡槽、隧洞、倒虹吸、明渠等各类工程设施。

(1) 丹江口大坝位于湖北省丹江口市境内汉江与其支流丹江汇合口下游800m处。水工建筑物由混凝土坝、电站厂房、升船机提升系统等组成。大坝加高工程完建后，坝顶高程由过去的162m增加到176.6m，正常蓄水位由157m抬高至170m，水库面积将达到1020km^2。丹江口大坝作为南水北调中线水源头，是重要的标志性建筑和控制性工程。其景观规划定位是，要突出展现大坝工程本身的气势恢宏和丹江口水库的宁静秀美；同时作为南水北调中线工程的源头，还需打造一批建筑景观，突出饮水思源、感恩纪念等主题。其工程景观规划要点包括：对大坝进行坝面景观设计，如涂料上色、灯光照明等；在坝顶上下游两侧各设置一个观景平台，上游一侧能够纵览平湖千里、碧波荡漾的宁静秀美，下游一侧能够俯瞰开闸泄洪、水流汹涌的壮观景象；在大坝附近择址树立“南水北调中线源头”纪念碑；在大坝下游公园内建设一组大型雕塑，以移民和南水北调水源地为主题，为作出牺牲和贡献的广大移民树碑立传等。

(2) 引江济汉、兴隆枢纽工程属于汉江中下游治理工程，是南水北调中线工程的组成部分。引江济汉工程从湖北省荆州区长江龙洲垸河段引水到潜江市高石碑镇汉江兴隆段，地跨荆州区、沙洋县以及潜江市，渠道全长约67km。渠道设计流量350m^3/s，最大引水流量500m^3/s。引江济汉工程是我国建国后新建流量最大、唯一可通航的人工运河，同时也是新中国成立以来唯一可以通航的人工运河，工程沿线包括桥梁、船闸、码头和倒虹吸、节制闸等各项建筑设施，可开发成一条乘船观光水利景观长廊。此外，结合兴隆枢纽开发建设水利风景区。其工程景观规划要点包括：引江济汉工程可常年通行1000t级船舶，堤坝又能通车，可规划建设旅游码头等配套设施，开发建成乘船游览观光线路；在引江济汉工程沿线开发种类多样的水利工程建筑设施观光游览，如沙洋渠段30多km的45座跨渠桥梁，可仿建国内乃至世界各地著名桥梁，形成风格各异的“桥梁博物馆”；引江济汉工程入水口的龙洲垸水闸、泵站和出水口的兴隆枢纽工程规模宏大壮观，遴选合适位置配套建设观景平台、亲水湿地公园等，吸引游人前来观赏现代水利工程和休闲旅游度假；在兴隆枢纽附近建设南水北调广场、大型雕塑等，展示引江济汉、兴隆枢纽与南水北调中线工程的关系，突出展示湖北人民为南水北调中线做出的牺牲以及引江济汉、兴隆枢纽对汉江中下游的重要意义等。

(3) 陶岔渠首枢纽工程位于河南省淅川县境内，是中线输水总干渠的引水渠首，也是丹江口水库的副坝，工程设计为新址重建加电站方案。该工程主要由引渠、重力坝、引水闸、消力池、电站厂房和管理用房等建筑物组成，设计流量350m^3/s，加大流量可达420m^3/s。陶岔渠首作为中线干线的标志和水龙头，景观规划除了展现工程本身的宏伟气势外，需通过打造一批建筑景观，突出饮水思源、爱水护水的主题。其景观规划要点包括：在干渠岸边高地择址建设观景平台，让游客能够饱览开闸放水、激流奔涌的壮丽景观；将环保部陶岔水质自动监测站一

并开发作为陶岔工程景观的一部分，展示水质监测的各项指标和监测过程，以达到宣传水质安全和科普教育的目的；在渠首兴建集移民纪念园、万亩生态纪念林、纪念碑等于一体的南水北调纪念园，突出感恩、纪念、饮水思源、爱护水质的主题等。

（4）沙河渡槽段工程位于鲁山县薛寨村北，该工程跨沙河、将相河、大郎河三条大河，各类交叉建筑物共12座，渡槽1座（统称沙河渡槽），其中大郎河梁式渡槽采用多跨U型3孔连接方式，预应力预制整体吊装，槽墩间距30m，一次吊装重量1200t，是当前国内最大的梁式渡槽。其景观规划定位是中线工程水上“立交桥”，综合流量、跨度、重量、总长度等指标，沙河渡槽是世界上规模最大的渡槽。景观规划要突出展现渡槽工程的宏伟、壮观，以及“水立交”的原理和图景。其景观规划要点包括：在渡槽旁选取适当位置（如闸旁边）建设观景平台，近可俯瞰一槽清水缓缓流动，远可饱览整个槽身蜿蜒于崇山峻岭之间，突出展现工程的宏伟壮观；在渡槽下游的沙河河床内择址建设一座橡胶坝，营造一定的水面面积，一方面展现水体立交的壮丽图景，一方面可开发一些亲水休闲的旅游项目；在观景平台附近建设雕刻有沙河渡槽工程和南水北调工程介绍碑文的纪念碑，让游客能够对工程节点和整个南水北调工程有所了解等。

（5）中线穿黄工程位于郑州市以西约30km处，由南、北岸渠道、南岸退水建筑物、进口建筑物、穿黄隧洞、出口建筑物、北岸新老蟒河交叉工程，以及孤柏嘴控导工程等组成，其中穿黄隧洞长4.25km，双洞平行布置，隧洞内径7m。穿黄工程是中线最重要的控制性工程，是国内首例用盾构方式穿越黄河的工程，其许多技术在国内外均属首次应用，开创了中国水利水电工程水底隧洞长距离软土施工新纪录。穿黄工程在景观规划时突出展现中线工程穿越黄河形成两条大河“水体立交”的壮观景象，同时突出展现工程之难度、技术之复杂，以及中国工程技术人员付出的艰辛和努力，成为集旅游观光、科普教育、文化传承于一体的综合性旅游景点。其景观规划要点包括：在黄河南岸建设观景平台，使游客能够远眺工程穿越黄河的壮观景象；在黄河南岸建设穿黄工程纪念园，园内建设穿黄工程大型雕塑、建设刻有穿黄工程及南水北调工程介绍碑文的纪念碑、1∶1仿真模型展示、施工盾构机械展示等；通过沙盘、动画等声、光、电的方式，充分展现穿黄工程的技术原理、施工难度等。

（6）焦作城区段是中线工程唯一穿越中心城区的高填方渠段。工程全长16.7km，其中中心城区段长度8.8km，该渠段高出市区地面3～10m。其景观规划定位是在确保水质安全和工程运行安全前提下，将其建设成为方便市民城市休闲旅游的亮点景区。其景观规划要点包括：将原来的铁丝网护栏改成石头基座加有机玻璃护栏，让人们可以近水、赏水；在景观带上为拆迁户和移民干部树碑，将他们的名字全部雕刻在两侧的石头基座上面，以供后人感恩纪念；在大堤坝顶建置有观赏价值和文化内涵的雕塑碑刻以及观光游览配套设施等，供市民和游人使用和观赏等。

（7）穿漳工程位于河南、河北两省交界。工程建筑物采用渠道倒虹吸型式，全长1082m，其中倒虹吸管身段轴线长619m，是中线工程水下“立交桥”，是连接河南至河北的咽喉通道，是全线重要的控制性工程。景观规划定位突出展现倒虹吸工程的宏伟、壮观，以及“水立交”的原理和图景，同时与周边的文化景点融合开发水旅游项目。其景观规划要点包括：建设观光平台，使游客能够近看干渠水景，远眺倒虹吸工程穿河全貌；在工程下游的漳河河床内择址建设一座橡胶坝，营造一定的水面，展现水体立交的壮丽图景；挖掘文化内涵，在水面上开发一些亲水旅游项目，如可结合附近的曹操墓遗址、邺城等景区，开发曹操演练水军、西门豹治邺等水上娱乐项目；通过展板、模型、动画等形式生动展现倒虹吸穿越河流的工程结构和物理原理等，达到科普、旅游相互结合的目的；在工程参观区域择址建设雕刻有穿漳工程和南水北调工程介绍碑文的纪念碑，使游客对该工程节点和整个南水北调工程有所了解等。

（8）洺河渡槽位于邯郸市永年县西阳城乡，工程主要由渡槽、节制闸、退水闸、检修闸、排冰闸等建筑物组成，全长829m，是中线工程水上"立交桥"，中线邯石段最大河渠交叉建筑物。景观规划定位突出展现渡槽工程的宏伟、壮观，以及"水立交"的原理和图景。其景观规划要点包括：在渡槽附近建设观景平台，使游客能够远可俯瞰渡槽全貌，近可观赏槽身和水体；在渡槽下游的洺河河床内择址建设一座橡胶坝，营造一定的水面面积，一方面展现水体立交的壮丽图景，一方面可开发一些亲水休闲的旅游项目；在观景平台附近建设雕刻有洺河渡槽工程和南水北调工程介绍碑文的纪念碑，使游客对该工程节点和整个南水北调工程有所了解等。

（9）滹沱河倒虹吸工程位于河北省正定县西柏棠乡，工程总长2994m，倒虹吸部分长2225m，是中线工程水下"立交桥"，景观规划定位突出展现倒虹吸工程的宏伟、壮观，以及"水立交"的原理和图景。其景观规划要点包括：在倒虹吸入口上游建一座观景平台，使游客能够近看干渠水景，远眺倒虹吸穿河全貌；在倒虹吸下游的滹沱河河床内择址建设一座橡胶坝，营造一定的水面，并与退水闸旁的石家庄滹沱河环城水系连成一体，成为几条水系交错纵横的立体图卷；通过展板、模型、动画等形式生动展现倒虹吸穿越河流的工程结构和物理原理等，达到科普、旅游相互结合的目的；在观景平台附近建设雕刻有滹沱河倒虹吸工程和南水北调工程介绍碑文的纪念碑，使游客对该工程节点和整个南水北调工程有所了解等。

（10）漕河渡槽位于河北省保定市满城县境内，总长2300m，最大跨度为30m，距地面最大高度为16m，是一座中线工程水上"立交桥"，中线京石段最大河渠交叉建筑物。景观规划定位突出展现渡槽工程的宏伟、壮观，以及"水立交"的原理和图景。其景观规划要点包括：在渡槽左岸较高的山坡上建设一个观景平台，使游客能够俯瞰渡槽全貌；在渡槽下方择址建设一个观景点，使游客能够仰望槽墩和槽身，近距离感受渡槽建筑物本身的宏大；在渡槽下游的漕河河床内择址建设一座橡胶坝，营造一定的水面面积，一方面展现水体立交的壮丽图景，一方面在水面上开发一些亲水旅游项目，例如可结合附近的易水，开发荆轲刺秦等水上娱乐项目；在观景平台附近建设大型雕塑，展现南水北调中线工程遇山开洞、遇水架桥的宏大气魄，雕塑尺度与这种宏大规模相协调，与工程氛围相协调等。

（11）团城湖节点作为南水北调中线工程的终点之一，有重要的地标意义和纪念意义，主要由团城湖调节池和885米明渠段组成。根据北京市组织编制的《南水北调终端地区景观规划》，输水干渠终端地区185hm^{2}已预留土地的范围内，分为团城湖调节池水源保护区、明渠风景区和南水北调纪念园区三个功能区。该区域的景观规划定位为集南水北调工程总体介绍、节水爱水教育、水知识科普等于一体的城区型人文旅游文化景点、科普教育基地和水利风景区。其景观规划要点包括：建设南水北调纪念广场，营造饮水思源的感恩氛围；建设纪念馆，集中展示南水北调工程介绍、水利知识科普、节水爱水教育等主题；建设南水北调北京地区标志物；加强水景观设计、园林绿化设计和灯光照明设计，形成良好的景观环境及和睦圆满的整体氛围等。

(12) 曹庄泵站是中线天津支线滨海新区供水工程首段一级加压泵站，由泵站调节池、主副厂房、变电站、综合楼等组成。王庆坨水库位于天津市王庆坨镇西部，为平原水库，是南水北调中线一期天津市内配套工程，水库库容4000万m^3，平均坝高8.4m，水域面积约$3km^2$。曹庄泵站和王庆坨水库节点作为南水北调中线工程的终点之一，有重要的地标意义和纪念意义。该节点的景观规划定位为集南水北调工程总体介绍、节水爱水教育、水知识科普等于一体的城区型人文旅游文化景点、科普教育基地和水利风景区。其景观规划要点包括：在曹庄泵站综合楼楼顶建一层观光平台，使游客能够观看泵站全貌；在曹庄泵站设青少年科普教育基地，在综合楼设展厅，结合天津的特色动漫文化，以动漫、4D场景、沙盘等方式展示南水北调宏伟工程，宣传饮水思源、爱水护水知识达到科普、旅游相互结合的目的；在王庆坨水库周围利用泄水闸形成一个大的水面，并与子牙河结合连成一体，结合天津地域文化增加体验性水上项目等。

二、工程对沿线人文景观的提升作用

南水北调工程不仅为沿线提供宝贵的淡水资源，促进经济社会可持续发展，而且其宏大的工程形象、强大的品牌影响力对工程沿线的人文景观也有巨大的提升作用。南水北调工程景观和周边的人文景观相互融合、相互促进、相互提升，共建具有各自特色和强大品牌效应的人文景观长廊。

(一) 古运河、新水道，东线工程对大运河遗产的保护和提升

东线一期工程输水干线长1467km，其中利用已有的河道834km，新挖河道633km。其中长江至东平湖1045km中，大部分利用原有的京杭运河河道。

东线工程是京杭大运河整治的一次机遇。东线一期工程除了对原有的河段进行修缮外，有些河段是在曾经的京杭大运河的线路遗迹上重新开凿的，另外还开凿了一些全新的河段。对航道进行了整治，恢复断流区域的通航，南水北调工程使千年古运河重新焕发青春，为大运河的保护和发展创造条件。

东线一期工程的设计充分考虑了通航要求。首先增加了航运用水量，为保证东平湖以南的河道通航，东线一期工程水量分配中考虑了江苏境内航运用水0.69亿m^3，山东韩庄运河和南四湖的航运用水0.33亿m^3。其次，输水运河按照设计的调水规模和航道等级进行河道整治，如京杭运河济宁段（山东济宁—江苏徐州蔺家坝），全长约130多km，疏浚整修后，主航道由4级标准提高到3级标准，底宽由过去的16m拓宽到50m、水深达到3m，航运保证率也大大提高。通过整治，江都至南四湖段（包括里运河、中运河、不牢河、韩庄运河、南四湖）达到2级航道，水深4～7m。南四湖以北段，也通过通水与航运结合，在实现南四湖向东平湖调水$100m^3/s$的同时，还可实现3级航道通航至东平湖的目标。届时黄河以南从东平湖至长江将实现全线通航，1000～2000t级船舶可畅通航行，新增港口吞吐能力1350万t，换算下来，新增加的运力抵得上新建一条“京沪铁路”。千年古运河由此重新焕发了青春，成为中国仅次于长江的第二条“黄金水道”。

此外，东线一期工程建设所涉及范围内共影响到大运河文物点70处（其中地下文物点56处、古脊椎与古人类文物点6处、地面文物点8处）。对这部分文物保护的原则是尽量保持原有

的风貌，尽量减少对原状的改变。根据不同情况，采取围堤、筑坝、加固、防护等必要的保护措施尽量使文物在原地、原环境之中继续保存下去；对影响大又不能或不应搬迁的石刻题迹以及古建筑等文物遗迹，在原地保护的基础上，可原位升高复制、异地复制或局部异地复制，以保持工程沿线特有的传统文物景观。

南水北调工程文物保护工作始终贯彻“保护为主，抢救第一，合理利用，加强管理”的方针，累计批复东线文物保护投资 1.01 亿元。东线文物保护工作为保持大运河沿线特有的传统文化景观和申报世界文化遗产工作创造了良好条件。

（二）古今融合、提升利用，中线工程旅游文化带应运而生

南水北调中线工程途经中国历史文化的富集区，文物古迹众多、文化遗存丰富、时代跨度较长，从南至北分布有库区的楚都文化、南阳的汉文化、许昌的曹魏文化、郑州的商周文化、安阳的殷商文化、河北的燕赵文化、北京的元明清文化等，可谓一部珍贵、生动的“文明编年史”。中线工程丹江口库区和沿线地区历史悠久，名胜古迹众多，文化资源丰富。全国共有 41 处世界遗产，库区和沿线就有 12 处，占全国世界遗产的 29%；有全国重点文物保护单位 467 处，占已公布的全国重点文物保护单位的 20%；有世界文化遗产 6 处，占中国世界文化遗产的 20%。此外，中线工程本身就蕴含着人与自然和谐统一的文化内涵，同时也展现着中国人民在新时期开展社会主义现代化建设的丰功伟绩，传承着中华民族勤劳勇敢、拼搏创新、奉献进取的伟大时代精神。通过规划建设中线生态文化旅游产业带，将挖掘并发扬南水北调工程本身的文化内涵和时代精神，带动库区及沿线周边文化旅游产业的发展和文化旅游资源的整合，促进沿线文化产业实现跨越式发展。

1. 文化资源的融合与利用

在分析不同城市与地区之间的文化优势、特色与发展潜力的基础上，对文化资源进行规划整合，激活中线工程沿线文化资源要素，规划建设若干中华古都群文化区、文化资源产业化示范区、文化资源产业化创新实验区等，将分散、孤立的文化资源系统化发掘考证，使其建立起有机的联系，规划形成文化资源的整体合力。规划、策划有创意的文化项目，使分散的、单一的文化资源变成系统的、有活力的现实资源，实现资源与资本的无缝对接。结合中线工程 12 个代表性的工程节点，融合周边著名的旅游文化景点，形成 12 个各具特色的旅游文化圈，并在南水北调工程的品牌下串联形成中线旅游文化产业带。

（1）“太极泉宗”旅游文化圈。以做足“水”文章为基础，充分利用丹江口大坝和水库，大力发展水域观光旅游，借助丹江口水库巨大的影响力和辐射力，与武当山、神农架景区等联动发展，着力构建“仙山、秀水、车城、古镇”一体化的旅游发展格局，使其成为自然与人文融合、旅游资源特色明显、资源分布组合良好的自然生态文化旅游胜地。

（2）“楚风水韵”旅游文化圈。大力发展水利工程观光游览和水域风光旅游，将引江济汉工程干渠开发建成乘船游览观光线路，并借助其影响，融合周边的荆楚文化资源，形成一条独具特色的风景文化长廊。

（3）“陶岔开津”旅游文化圈。一方面发挥陶岔渠首作为南水北调中线工程源头巨大的影响力，充分利用丹江口水库得天独厚的天然资源，突出水文化、生态文化；同时，与周边南阳等地的历史文化资源结合起来，将其打造成为集水利考察、生态观光、文化旅游、水上娱乐、

休闲度假为一体的旅游胜地。

(4)“烟波沙河”旅游文化圈。沙河渡槽犹如一条巨龙穿越烟波浩渺的沙河，蜿蜒于崇山峻岭之间，突出展现现代水利工程景观和风景区的秀美，并融入周边的中原文化元素，提升影响力和特色。

(5)“黄河底蕴”旅游文化圈。结合中线工程这一新时期的人工大河从中国华夏民族的母亲河——黄河底部穿越这一壮丽景观，融合周边的旅游文化资源，体现中国的水文化、黄河文化、商都文化、祭祖文化和武术文化等。

(6)“焦作彩城”旅游文化圈。结合焦作市提出的“五彩焦作”发展理念，营造优美的干渠周边绿化景观，同时突出展现旅游文化的丰富多彩，包括都市休闲、自然生态旅游、文化探源等多种类型。

(7)“安阳殷风”旅游文化圈。穿漳工程离中国八大古都之一的安阳市距离很近，具有得天独厚的旅游资源优势。安阳是世界文化遗产殷墟所在地，甲骨文的故乡，《周易》的发源地，中国文字博物馆、曹操墓的所在地，这里流传着文王演易、妇好请缨、苏秦拜相、西门豹治邺、岳母刺字、韩陵定国寺等传说。旅游景点均具有浓浓的历史韵味，旅游圈的建设紧紧围绕安阳“七朝古都”的特色，讲述华夏文明悠久灿烂的文化和历史。

(8)“邯郸秋爽”旅游文化圈。洺河渡槽这条现代化的水利工程穿越古老的历史文化名城邯郸。秋季是邯郸最好的旅游时节，旅游圈突出展现工程水景观的明快清爽和成语典故的文学性、趣味性和休闲娱乐性。

(9)“石城涵今”旅游文化圈。南水北调这一条现代化的人工渠道将新兴城市石家庄和历史悠久的正定县渠紧密地联系在了一起，一古一今，相得益彰，既展现现代化水利工程和城市建设发展的伟大成就，又体现中华历史文化的深厚沉淀。

(10)“金玉穿碧”旅游文化圈。漕河渡槽宛如一条巨龙穿过历史悠久的燕赵大地。工程周边文化旅游资源具有浓厚的历史人文特色，尤其是附近的满城汉墓因出土“金缕玉衣”等稀世珍宝而闻名于世。现代化的水利工程穿越古老的历史文化富集地，从古铄今，既突出展现现代水利工程的宏大气势，又体现中华文明历史的传承与发展。

(11)“团城平湖”旅游文化圈。团城湖节点位于北京著名皇家园林颐和园附近，是中线干线的终点，有重要的地标意义和纪念意义。将现代化的水利园林景观与周边古老的皇家园林景观相互映衬，既展现南水北调工程及现代化建设的伟大成就又体现古都北京悠久的历史文化底蕴。

(12)“饮水思源”旅游文化圈。南水北调工程与现代化大都市天津紧密相连，天津人对水有着特殊情怀，爱水节水惜水意识强烈，一条现代化的人工渠道流到津门，进入千家万户，滋润津沽大地。

2. 博物馆与科普教育基地规划

在全线范围内择址规划建设一处南水北调专题博物馆，采用动画展示、陈列展示、声光电结合展示、场景还原等多种手法，集中展示工程建设、移民搬迁、出土文物，展示改革开放大时代背景下中国人民奉献牺牲、顽强拼搏的崇高精神等，宣传南水北调的经济社会效益、重点工程的科学价值，对中国社会经济协调发展的重要意义，向公众展示南水北调的宏伟形象，传播科学知识、宣传科学思想、倡导科学方法和弘扬民族精神。

规划科普教育基地，包括历史文化教育基地、爱国主义教育基地和科普示范区、南水北调中线重点工程纪念园等若干。规划建设历史文化教育基地和爱国主义教育基地，展现伟大的民族精神；规划建设南水北调科普示范社区，宣传南水北调工程技术和节水护水知识；推出一批关于南水北调中线工程科普教育电视系列片和专题报道，建立南水北调数字科普传播公共服务系统；规划建设南水北调中线重点工程纪念园，通过雕塑、模型、大型机械设备展示、动画模拟、多媒体等多种方式展示工程建设的宏伟壮观景象、工程蕴含的科技价值、建设者们的聪明才智和奉献精神。

3. 文化产业规划

根据沿线文化资源现状以及文化产业发展的结构和形式，文化产业建设“以水为灵魂、以绿色为主线、以文化为底蕴、以产业为载体”，规划若干文化旗舰项目、文化产业集聚区、文化产业创新区、文化产业示范区，建立层级化或网络化的文化产业带格局，促使文化资源的高度凝聚，混合发展，从而形成工程周边文化产业带。

开发文化旅游产品，促进文化旅游服务业发展。加大旅游纪念品的开发力度，拉长旅游链条，增加旅游附加值。旅游纪念品深层次的内涵是文化，鼓励利用当地生产优势，打造具有浓郁工程特色、文化特色和地域特色的旅游商品。如安阳市有气势恢宏的穿漳工程节点，可开发穿漳工程仿真模型纪念品，安阳又有着深厚的人文资源，殷墟、岳飞故里、羑里城都体现了独一无二的地方性，应大力开发体现历史文化的纪念品，发挥剪纸之乡的优势，开发民间窗花、点色剪纸、木板年画等工艺品，此外将具有地方特色、有一定名气的土特产、工业产品一同出售，如岳飞家酒、空心面、双头黄、中药材等。又如穿黄工程是整个南水北调中线的“咽喉”工程，可开发穿黄工程仿真模型纪念品，展示穿黄隧洞的工程原理，其采用的世界上最先进的泥水平衡盾构机也可开发为旅游纪念品，宣传南水北调采用的先进技术，同时开发一些与黄河旅游相关的纪念品，如黄河模型水晶制品、黄河号子纪念品等等。其他如兴隆枢纽、丹江口大坝、陶岔渠首、沙河渡槽、焦作城区段、洺河渡槽、滹沱河倒虹吸、漕河渡槽、团城湖、曹庄泵站等都可包括工程仿真模型、先进工程器械、周边旅游景点纪念品在内的多种旅游产品。

促进文化旅游服务业的发展，优化吃、住、行、游、购、娱等基本要素，在景区形成饮食接待能力，让游客进得来、玩得好、吃得好、住得舒服、行的方便；建立细致的游客服务网络，为散客出游提供方便，解决景点之间的交通问题；打造高档旅游消费，深度开发农家乐，实现配套服务的升级。

加强跨区域协作，打造文化遗产特区。河南安阳、河北邯郸两市交界地带直径约 30km 的范围内，曾经是中国历史上商王朝、后赵、冉魏、前燕、东魏和北齐的都城所在。这一带分布有史前时期的小南海文化、磁山文化、后冈仰韶文化、历史时期的下七垣文化、商王朝都邑殷墟，以及赵王城、西门豹祠、袁绍墓、曹操墓、甄妃墓、邺城、北朝墓群（包括孝静帝墓、兰陵王墓、茹茹公主墓等）、万佛沟、南北响堂山石窟、修定寺、韩琦墓、岳飞庙、袁世凯墓等文化遗产资源。其古文化遗产数量不逊于西安和洛阳，而单位面积内的富集程度远远超过其他地区。我国的中学历史课本中屡屡提及与本区域文化遗产资源相关的历史概念、人物、故事甚至文物本身，如甲骨文、盘庚迁殷、司母戊鼎、胡服骑射、西门豹治邺、曹操、建安文学、洛神赋、岳飞、袁世凯等。其中殷墟作为甲骨文集中出土地和商王朝都邑，已于 2006 年列入世

界遗产名录。作为汉字的故乡，它见证和保存了中华文明最核心的内容。这一地区拥有的全国性古文化品牌，在国内首屈一指。这里西临太行，有漳、洹两水以及南水北调干渠三条水道流经，又有京广铁路、石武高铁、京珠高速和107国道等南北干道通过。综合考虑，南水北调中线工程沿线豫北冀南地区可以考虑规划建设“文化遗产特区”。

第八章　南水北调核心价值理念培育

南水北调工程是我国优化水资源配置的生态工程、民生工程、德政工程，必将造福当代、惠及千秋。建设伟大的南水北调工程，既要创造丰富的物质成果，也要创造宝贵的精神成果。工程开工建设以来，广大建设者团结奋进、开拓进取、兢兢业业、甘于奉献，涌现了一大批可歌可泣的先进人物和事迹，不断形成和发展了具有鲜明特点的南水北调精神和文化。"负责、务实、求精、创新"的核心价值理念是社会主义核心价值体系在南水北调工程建设中的生动体现，是引领和推动南水北调工程又好又快建设的强大精神力量。

第一节　南水北调核心价值理念的文化背景

南水北调，这一饱含着人民意志和民族情怀的伟大构想，是开国领袖毛泽东1952年10月视察黄河时提出的。在60年的论证、规划、设计、建设过程中，经过几代建设者前赴后继、艰苦卓绝的探索与实践，逐渐培育、积淀和形成了以"负责、务实、求精、创新"为主旨的南水北调核心价值理念，它既反映了南水北调建设者相对稳定的文化取向，又具有能切合时代脉搏的新价值内涵。

一、价值理念、核心价值理念与社会主义核心价值体系

任何一个社会形态或社会群体，都有支配自己实践活动的价值理念和核心价值理念。价值理念或价值观是指人们对周围的客观事物（包括人、事、物）的意义、重要性的总评价和总看法，是人们心中的深层信念，是判断是非的标准，是行动遵循的准则。它一方面表现为价值取向、价值追求，凝结为一定的价值目标；另一方面表现为价值尺度和准则，成为人们判断事物有无价值及价值大小的评价标准。价值理念具有相对稳定性和持久性，在特定的时间、地点、条件下，人们的价值观总是相对稳定和持久的；具有历史性与选择性，在不同时代、不同社会生活环境中形成的价值观是不同的，其受社会生产力发展及生产方式的影响；具有主观性和内在性，是个人或集体内心的价值评判尺度，其存在于主体之内，属于主体的心意状态。

核心价值理念或核心价值观，是指社会价值体系中最重要最关键、起主导和引领作用的价

值理念。它具有以下特征：第一，核心价值理念是某一社会群体判断社会事物时依据的是非标准，遵循的行为准则；第二，核心价值理念来源于社会生活实践活动，是人们在认知认同基础上形成的对目标的共同追求；第三，核心价值理念主导个人、集体的思想和信念，对事业的发展起到引领作用。一个国家、民族或社会群体是否拥有广泛认同的核心价值理念，直接影响到其凝聚力和创造力，直接关系到其生存发展的方向和状态。

社会主义核心价值体系是党的十六届六中全会首次明确提出的一个科学命题。社会主义核心价值体系包括马克思主义指导思想、中国特色社会主义共同理想、以爱国主义为核心的民族精神和以改革创新为核心的时代精神、以“八荣八耻”为主要内容的社会主义荣辱观等。社会主义核心价值体系在当代中国社会价值体系中居于核心地位，发挥着主导作用，决定着整个价值体系的基本特征和基本方向。

二、南水北调核心价值理念是社会主义核心价值体系的具体体现

党的十七大报告提出要建设社会主义核心价值体系，增强社会主义意识形态的吸引力和凝聚力，积极探索用社会主义核心价值体系引领社会思潮的有效途径，主动做好意识形态工作，既尊重差异、包容多样，又有力抵制各种错误和腐朽思想的影响。党的十七届六中全会对深化文化体制改革、推动社会主义文化大发展大繁荣作出全面部署，对加强社会主义思想道德建设提出新任务、新要求，提出了建设社会主义核心价值体系的根本任务。

党的十八大报告对社会主义核心价值体系建设提出了新部署新要求，强调“要深入开展社会主义核心价值体系学习教育，用社会主义核心价值体系引领社会思潮、凝聚社会共识”，“倡导富强、民主、文明、和谐，倡导自由、平等、公正、法治，倡导爱国、敬业、诚信、友善，积极培育社会主义核心价值观”。十八大报告用24个字，分别从国家、社会、个人三个层面，高度概括社会主义核心价值观的基本内涵和本质要求，清晰而凝练，不仅展现了党对社会主义核心价值观的全新认识，而且为多元时代凝聚思想共识指明了方向。

2012年3月，中央国家机关工委发出通知要求，宣传各部门、各行业核心价值理念成果，推广培育形成部门核心价值理念的经验做法，增强中央国家机关党员干部践行社会主义核心价值体系的自觉性和坚定性，激励党员干部与时俱进、开拓进取、扎实工作，为推动经济社会又好又快发展贡献智慧和力量。许多部门提出了体现时代精神、反映部门特色、符合行业实际的核心价值理念。行业价值理念的提炼是社会主义核心价值体系从概念到生活、从观念到行动的桥梁，有助于社会主义核心价值体系在各部门、各行业的实践和弘扬，有利于社会主义核心价值观的凝练和形成共识。

正是在这样的契机下，国务院南水北调办党组研究决定，要切实贯彻中央部署，深入总结提炼南水北调核心价值理念，进一步统一思想，形成共识，调动南水北调工程建设者的积极性，推进南水北调工程又好又快建设。为此，南水北调系统广泛发动、深刻总结、全面梳理了60多年来南水北调工程规划、设计、建设过程中形成的精神和文化，归纳提炼了以“负责、务实、求精、创新”为主旨的南水北调核心价值理念。“负责、务实、求精、创新”理念是社会主义核心价值体系在南水北调工程建设中的具体体现。南水北调工程从伟大构想到科学实施，充分反映了社会主义核心价值体系的基本内涵和本质要求，是对社会主义核心价值体系的全面贯彻和生动实践。可以说，南水北调核心价值理念是当代社会主义核心价值体系与历史悠久的

水文化在南水北调工程建设中的有机融合和科学发展，是广大南水北调工程建设者生动实践和伟大创造的文化结晶。

三、南水北调核心价值理念孕育于南水北调工程建设的伟大实践

“负责、务实、求精、创新”理念是南水北调人崇高精神和价值取向的高度总结和概括，也是南水北调工程建设客观实践的真实写照。

1952年10月30日，毛泽东主席视察黄河时提出：“南方水多，北方水少，如有可能，借点水来也是可以的。”这一南水北调的伟大构想拉开了当代中国南水北调工程建设的序幕。在党中央、国务院的坚强领导和亲切关怀下，经过一代代水利科技工作者前赴后继、艰苦卓绝的勘察规划和设计比选工作，历时50年，反复比选50多种方案，最终形成了从长江流域分东线、中线和西线三条线路、三期建设实施的南水北调工程总体方案。

2002年12月，南水北调东线一期工程开工建设，2013年11月建成通水，工程建设历时11年。南水北调中线一期工程2003年12月开工建设，2014年汛后建成通水，工程建设历时11年，河南、湖北两省移民34.5万人。

60多年来，为建设好南水北调这一利国利民的战略性工程，广大建设者在工程规划、建设管理、移民征迁、治污环保、科技创新等方方面面呕心沥血，百折不挠，科学求实，创新创优，团结奋斗，无私奉献，谱写了新时代的治水史诗，为我国水资源的战略调整和科学配置做出了巨大贡献，为中华民族伟大复兴创造了坚实的物质基础和宝贵的精神财富。

伟大工程必然孕育伟大精神。繁荣和发展南水北调文化，总结提炼南水北调核心价值理念，是南水北调建设工作中的一件大事，也是贯彻党的十八大关于社会主义文化建设部署的一项重要内容，对于进一步统一思想，形成共识，更好地调动南水北调工程建设者的积极性，宣传展示南水北调工程和建设者的精神风貌具有重要意义。这是时代的命题，更是实践的呼唤。

四、南水北调核心价值理念总结提炼的基本原则

南水北调核心价值理念是区别于其他社会组织的、不可替代的、最基本、最持久的精神特质，是南水北调人赖以创造和发展的内在动力，是南水北调文化的精髓。总结提炼核心价值理念一般要求具备社会性、时代性、目标性、大众性、包含性、持久性等特征。“负责、务实、求精、创新”理念的总结概括遵循了这个原则要求。

（一）社会性

人的本质属性是社会性，人的任何价值都是社会性的价值。社会性是人生价值取向的最核心的维度。“负责、务实、求精、创新”理念充分体现了党的全心全意为人民服务的宗旨、中国特色社会主义制度的优越性和新的历史时期我国经济社会科学发展的基本要求，也昭示人类社会发展的前进方向。

（二）时代性

时代是一定时期社会经济、政治、文化等状况的总和，是一个客观的历史进程。任何思想理论要想始终保持生命力，就必须与时代发展的进程相一致，反映时代的特征。“负责、务实、

求精、创新”立足于时代基础，在当代社会主义核心价值观指引下融化而成的，应时代需要而生，随着时代发展而深入人心，具有深刻的时代烙印，充分体现了时代精神的特征和要求。

（三）目标性

以人为本，以人类生产生活发展要求为目标导向，以客观效果为标准，凝聚力量，引领和促使组织和个人为此而同心同向努力奋斗。“负责、务实、求精、创新”是南水北调人在工程建设中始终遵循的要求和行动指南，具有明确的方向指引和目标昭示作用。

（四）大众性

“负责、务实、求精、创新”理念源于南水北调工程规划、设计和建设的实践，体现了南水北调人的人生追求和理想信念，其表述形式直接来源于南水北调系统各单位和广大建设者的亲身体验、实践总结和文化认同，是坚持自下而上和自上而下相结合，层层组织发动，广泛征求意见，反复讨论酝酿，得到广泛认同的思想文化结晶。

（五）包含性

“负责、务实、求精、创新”核心价值理念整体融会贯通，意蕴深邃，概括全面，反映准确，内涵丰富，外延宽广，包容性强，具有很强的包含性、深刻性和准确性，是南水北调工程建设更为宏观、更具解释力、更具指导意义的价值理念。

（六）持久性

“负责、务实、求精、创新”具有普适性和永久性，是伟大工程建设实践的结晶，是自从夏禹以来代代相传的民族治水精神、共产党人的为人民服务宗旨和不怕牺牲、排除万难、英勇奋斗精神的集成，具有感召人心、凝聚力量的功能，并世代传承、千秋传颂，促进南水北调事业健康发展的长远生命力。

五、南水北调核心价值理念总结提炼的过程综述

南水北调核心价值理念是南水北调工程建设的思想基础，是南水北调人的精神支持和文化力量。因此，总结提炼南水北调核心价值理念，必须充分尊重和吸收南水北调建设系统各地各部门、各单位广大建设者的意见建议。

（一）党组认真部署

国务院南水北调办党组充分重视南水北调核心价值理念总结提炼工作。2012 年 5 月，按照中央国家机关工委的通知精神，办党组对总结提炼南水北调核心价值理念工作及时进行部署，通过《关于总结南水北调核心价值理念的通知》，在全系统组织开展南水北调核心价值理念总结工作。办领导多次在各种会议上强调提炼南水北调核心价值理念的重要意义，要求全系统干部职工积极参与，群策群力。

（二）深入基层调研

2012 年 8 月，国务院南水北调办直属机关党委就南水北调核心价值理念总结提炼工作组织

人员深入基层、深入群众调研，到北京、天津、河北、河南、山东、江苏、湖北等南水北调沿线省市南水北调工作机构和建设施工单位，主持召开20余次各层次人员参加的座谈会，就南水北调核心价值理念总结提炼工作和表述形式听取意见和建议，获取一手资料和信息。工程沿线各有关单位数百名建设管理者和一线工人参加了座谈。他们结合南水北调工程建设实践和亲身体会，见仁见智，各抒己见，从不同的角度提出了很多很好的意见和建议，为南水北调核心价值理念的提炼积累了宝贵素材。

（三）广泛征集意见

南水北调系统各单位高度重视核心价值理念总结提炼工作，积极贯彻落实国务院南水北调办通知精神，纷纷通过宣传动员、召开座谈会、有奖征文等形式，认真组织发动干部群众集思广益，对南水北调核心价值理念总结提炼工作提出意见和建议。2012年9月，直属机关党委陆续收到南水北调工程沿线18个省直部门和建设单位对南水北调核心价值理念总结提炼工作的意见和表述建议共计22份。这22份初始建议为南水北调核心价值理念总结提炼工作奠定了丰厚基础。

（四）认真总结归纳

直属机关党委在征集意见的基础上，总结归纳了两种表述形式。其一是“科学调水，奉献社会”。认为“科学调水，奉献社会”两个词组由具体到抽象，由微观到宏观，相辅相成、有机统一，高度凝练了南水北调伟大事业的精神内涵。“科学调水”是南水北调人的目标任务和行为取向，含义是坚持科学发展观，遵循科学的认识和方法从事南水北调事业，在尊重自然和社会发展规律的基础上，认真贯彻“先节水后调水，先治污后通水，先环保后用水”的原则，以求真务实和开拓创新的精神，科学地决策、规划、论证、设计和建设管理南水北调工程。科学调水的崇高目标是奉献社会。“奉献社会”是指包括勘测规划、设计、施工、监理、征地移民、治污环保，以及沿线人民群众在内的广大南水北调建设者的精神境界和价值追求，含义是南水北调人用心血和汗水铸就伟大的南水北调工程，对社会和人民做出无私奉献。南水北调工程建成后，将大大缓解我国北方水资源短缺状况，根本解决黄淮海流域部分地区人民群众生产生活用水困难，实现水资源合理配置，促进经济社会和生态协调发展。

其二是“负责、求实、创新、奉献”。认为“负责”是指南水北调人始终保持高度的责任感和使命感，秉持“工程安全、资金安全、干部安全”信念，立足本职、恪尽职守，坚韧不拔、一丝不苟，努力把南水北调工程建设成为“一流工程、廉洁工程、生态工程、利民工程、和谐工程”。“求实”是指南水北调人始终本着求真务实的态度，崇尚科学精神，尊重客观规律，脚踏实地干事业，埋头苦干建工程，贯彻“先节水后调水，先治污后通水，先环保后用水”原则，确保南水北调工程经得起历史和人民群众的检验。“创新”是指南水北调人不畏艰难、勇于开拓，坚持走创新之路，在工程建设管理模式、质量监管体制机制、征地移民体制机制、治污环保体制机制、工程设计及施工技术等方面坚持创新创优，推动南水北调工程又好又快建设。“奉献”是指南水北调人全心全意投入工程建设，爱岗敬业，团结协作，艰苦奋斗，克己奉公，用心血和汗水铸就南水北调不朽事业，为国家繁荣发展、人民生活幸福和民族伟大复兴做出无私奉献。

（五）会议多次研讨

2012年10—11月，国务院南水北调办先后多次召开不同层次的研讨会和座谈会，不同部门、不同岗位的人员参加，集思广益、民主讨论，反复酝酿、深入推敲，进一步深化了南水北调核心价值理念提炼工作。2012年11月19日，鄂竟平主持召开主任办公会议，专题研究南水北调核心价值理念表述形式，机关和直属单位司局级以上领导干部参加了会议。与会同志从南水北调工程建设的实际出发，敞开思路，积极建言，各抒己见，深入讨论，在提交会议讨论的两种表述方案的基础上，初步确定了"负责、务实、求精、创新"的南水北调核心价值理念表述形式。

（六）上下反复酝酿

2012年12月，国务院南水北调办以《关于征求南水北调核心价值理念意见的通知》形式再次向全系统印发南水北调核心价值理念表述建议，征询全系统干部职工对"负责、务实、求精、创新"表述概念的内涵和释义的意见。按照国务院南水北调办部署，系统各单位通过召开研讨会、座谈会等方式，进行充分酝酿讨论，听取广大干部职工的意见，逐步形成共识。通过上下反复酝酿，"负责、务实、求精、创新"的表述形式得到了南水北调系统干部职工的广泛认同。

（七）通知正式公布

2013年1月，国务院南水北调办以《关于印发南水北调核心价值理念及阐释的通知》形式正式向全系统公布南水北调核心价值理念，并通过南水北调网站、《中国南水北调》报等媒体向社会广泛宣传；同时，通过宣传先进人物的事迹和精神，进一步诠释南水北调核心价值理念的深刻内涵。至此，南水北调核心价值理念表述形式最终确定下来。

综上所述，南水北调核心价值理念是广大南水北调建设者无私无畏、创新实践、甘于奉献的伟大精神创造，是南水北调系统集思广益、民主讨论的结晶，具有坚实的实践基础、深厚的思想渊源和广泛的群众基础。

第二节　南水北调核心价值理念的内涵

"负责、务实、求精、创新"是南水北调核心价值理念的高度总结和概括，是南水北调工程建设伟大实践的真实写照。从功能和结构上看，"负责"是基础，从责任的角度涵盖了务实、求精、创新的基本内容，是南水北调人的基本态度；"务实"是灵魂，南水北调工程建设必须实事求是，一切从实际出发，来不得半点虚假；"求精"是特征，是南水北调工程的具体实践要求，是工作衡量尺度和状态；"创新"是精髓，是对务实和求精的进一步升华，是南水北调工程的时代要求和生命所在。这四个方面相互联系、相互贯通，有机统一，构成合理的稳固的价值关系，体现在南水北调工程建设的全过程，凝结了南水北调人的行为取向和价值追求。

"负责、务实、求精、创新"的南水北调核心价值理念，凝练而深邃，质朴而厚重。作为南水北调人面对南水北调工程建设的基本态度和根本立场，它具有以下几个特征：①它是在长期南水北调工程建设实践中形成的主导价值理念，是为广大南水北调干部职工所接受、认同的价值理念；②它是在南水北调工程实践中具有根本性、普遍性、广泛性和主导性意义的价值目标和价值尺度；③它是南水北调系统主流思想意识，是南水北调事业感召群众、凝聚民心、引导舆论、教育干部职工的重要思想武器。

一、“负责”是基础，根植于千百万建设者的担当精神

“负责”就是敢于担当，善于担当，认真履职，踏实敬业，恪尽职守，任劳任怨，永不懈怠，永不退缩。南水北调人始终以对国家、对人民、对历史高度负责的精神，牢固树立责任重于泰山的意识，以确保“工程安全、资金安全、干部安全”为己任，忠于职守、敢于担当、勇于负责，认真履行好每一份职责，做好每一件工作，把好每一个环节，处处体现了负责精神，生动展现了负责任的建设者形象。

（一）确保实现调水方案的最优化规划和设计

南水北调伟大构想提出以来的50年时间里，一代代南水北调工程勘测设计人员不畏艰险、不辞辛苦、不厌其烦，一次次冒着生命危险深入高海拔无人区实地勘察设计，一次次召开咨询会、研讨会、论证会，集思广益，通过反复论证、比选、修改，直至规划思路和设计方案日臻完善。

（二）确保工程建设质量和进度

南水北调东、中线一期工程开工建设10多年来，包括工程建设管理、施工、监理、治污环保、征地移民管理等在内的广大建设者常年坚持“5+2”“白加黑”，抢晴天、干雨天，战严寒、斗酷暑，以江河为邻、以工地为家，以苦为荣、以苦为乐，为了实现工程如期保质保量通水目标，夜以继日地奋战在工程建设一线，谱写了一曲曲动人心魄的当代大禹之歌。

（三）确保全线一盘棋推进工程建设

中央各责任部门、单位，工程沿线各地方政府，牢固树立大局意识、责任意识，全线一盘棋，排除分歧，通力合作，心往一处想、劲往一处使，为了整体利益甘于牺牲局部利益，为了集体利益甘于牺牲个人利益，只要是南水北调工程建设需要，无论是征地拆迁，还是交叉工程、配套建设，都积极主动，配合实施，形成了又好又快建设南水北调工程的和谐共建局面。

（四）确保调水质量

为了实现“一渠清水北送”的要求，水源区及沿线地方各级政府实行治污环保责任制，铁腕治污，绝不手软，特别是通过“截、蓄、导、用”等一系列治污环保措施，加强点源、面源污染监管和环境监控，严格治污环保，以壮士断腕的气魄，对污染企业实施关停并转，决不让生产生活污水影响南水北调，实现了水质持续达标的目标要求。

（五）确保工程征地移民工作顺利实施

工程沿线广大移民干部勇于承担，层层贯彻责任制，包干到村、包干到户、包干到人，与

移民群众结亲戚、交朋友，认真负责，日夜操劳，甚至有的献出了宝贵的生命，及时组织动员广大库区和工程沿线移民群众“舍小家为大家”，远离故土，舍弃家园和事业，义无反顾地为南水北调事业做出了无私奉献。

（六）确保工程建设与文物保护同时推进

广大建设者严格遵循“重点保护、重点发掘，既对基本建设有利又对文物保护有利”的原则，采取各种措施及时保护国家重要文化遗产，甚至不惜改变工程线路为重点文物保护让路，做到了对历史文化、对子孙后代、对国家和人民负责，使南水北调成为现代工程尊重历史、保护文化的典范。

二、“务实”是灵魂，根植于千百万建设者的实干作风

“务实”就是尊重科学、尊重自然，以钢筋、水泥、土石方的实在品格，塑造建设者的思想作风，实打实地干。南水北调人在工程建设中始终坚持一切从实际出发，实事求是地调查研究，科学决策，科学规划，科学建设，时时处处体现出务实的精神和作风。

（一）科学决策、科学规划

为充分发扬民主，保证决策的科学性和正确性，国务院专门成立了南水北调工程审查委员会、工程论证委员会、专家委员会，并且建立了有效的信息沟通渠道，规划和决策中着眼于经济和社会可持续发展的要求，充分听取沿线各级政府和广大人民群众的意见，充分尊重水资源和地理环境等客观规律，充分考虑受水区经济社会和人民群众生产生活近、远期发展需求，充分考虑经济社会发展阶段特点和承载能力，科学确定调水规模、调水线路以及分期建设的总体思路。整个规划设计工作先后有24个不同领域的规划设计及科研单位、6000余人次的知名专家、110多人次院士参与工作，召开100多次研讨会，研究论证了50余种比选方案，前后历时50年。

（二）科学建设、科学管理

为确保南水北调工程经得起历史、社会和人民群众的检验，国务院确立了“先节水后调水，先治污后通水，先环保后用水”的南水北调指导原则和建设“一流工程、廉洁工程、生态工程、利民工程、和谐工程”的要求。在建设过程中，广大建设者紧紧围绕又好又快建设南水北调工程中心任务，始终坚持“三个安全”，即工程安全、资金安全、干部安全的目标要求和“五突出”的工作思路，即突出重点推进度，严格执行工程建设标准、程序和进度计划，层层签订建设目标责任书，落实目标考核奖励办法，实施工程建设进度协调会议制度；突出高压抓质量，强化措施，“三位一体”“三查一举”，严格工程质量监督管理，切实抓好质量安全；突出帮扶稳移民，以人为本，妥善处理征地移民群众的各种诉求，做好土地征用、房屋拆迁、企业搬迁、生产生活道路桥梁建设等群众反映强烈的基本民生问题，确保移民搬得出、稳得住、能发展、可致富，确保沿线人民群众生产生活方便、受益；突出治污保水质，加强治污环保，努力建设清水廊道和绿色廊道，促进人与自然和谐发展；突出监控管资金，做好资金统筹规划，合理筹措安排工程建设资金，切实保障资金供应和资金安全，保证工程建设的顺利实施。

三、"求精"是特征，根植于千百万建设者的进取意识

"求精"就是过程控制，规范管理，精心组织，精心实施，精益求精，一丝不苟，努力建设精品工程、优质工程、美丽工程。南水北调人始终坚持建一流工程、创一流业绩的理念，培育和发扬精雕细刻精神和工艺作风，不论设计、施工、监理，还是建设管理人员，对工程质量、进度问题都紧紧盯住不放松，不容许半点粗放和马虎。

（一）坚持把工程质量作为工程的生命来维护

严格执行国家法规和工程建设标准，坚守"宁肯工程建设流汗，不让工程运行遗憾"的信念，实行质量责任终身制，对质量瑕疵做到"零容忍"，发现质量问题、处理质量事故决不手软。为确保工程建设质量和工程沿线人民群众的切身利益，工程设计人员本着科学求实、精益求精的态度，伴随工程建设的深入，不断深化工程细部设计，绝不放过每一个细节。针对工程实施过程中提出来的问题，及时修改和完善工程建筑物技术设计和工艺要求；甚至为确保某一具体施工技术方案的科学、严谨，不惜三番五次邀请专家专题论证，直至取得共识和最佳效果。为保证工程建设施工质量，办公室创新了"三位一体""三查一举"的质量监管体系和监管机制，主动发现和解决存在的质量隐患，坚持原则，敢于碰硬，哪怕是遭误解、落埋怨也毫不退缩。对发现的质量问题从速从严从重进行责任追究，始终保持质量监管的高压态势，取得了质量监管的明显成效。

（二）坚持精细化管理保证工程建设进度

对工程建设进度实行精细化管理，采取以日保旬、以旬保月、以月保年的进度考评制度和网络计划管理方法，按照"风险性项目、重点性项目、一般性项目"特征，对工程建设态势定期排查，领导分工负责，责任到人，亲自带队督察，发现进度制约因素，及时采取对应措施，重点督促整改，确保工期进度目标。

（三）坚持安稳征迁，为工程建设创造良好环境

南水北调工程沿线地方党委、政府高度重视征地移民工作，精心谋划，精心组织实施，层层落实责任，省、市、县、乡镇层层签订安稳征迁责任状，村村户户建立征补"明白卡"，对补偿实物进行详细的登记、三榜公示，对移民搬迁实行安置点对接、当面落实，对移民房屋建设实行公开投标、移民监督、质量保证，对土地调整和补偿兑付等实行逐户登记、按人落实、张榜公示，做到了和谐征迁、安稳征迁，保障了工程建设需要。

四、"创新"是精髓，根植于千百万建设者的创造力量

"创新"就是尊重客观规律，运用客观规律，围绕又好又快建设南水北调工程中心任务，创立新制度、新办法、新技术、新工艺。南水北调人始终不畏艰难、大胆探索、勇于开拓、攻坚克难，坚持走创新之路，在工程建设管理模式、工程技术和工艺、工程质量监管体制机制、征地移民管理体制和补偿开发机制、治污环保体制机制、投资控制保障机制、工程设计及施工技术等方面都取得了大量的创新成果，推动了南水北调工程又好又快建设。

（一）积极探索工程建设管理体制创新

确立了以业主负责制为核心的建设管理体制，包括招标承包制、监理制、委托制、代建制，以国务院南水北调办协调、国务院有关部门检查指导、省级政府负责的治污环保工作体制和地方政府治污环保责任制，以国务院南水北调建委会领导、省级政府负责、县为基础、项目法人参与的征地移民工作机制，以国务院南水北调办监督司、监管中心和稽察大队“三位一体”和质量监督站（点）巡查、质量问题专项稽查、质量飞检组突击检查、公开受理和奖励全社会对南水北调工程质量监督举报“三查一举”的工程质量监管工作体制机制。

（二）积极探索征地移民政策办法创新

及时合理地提高征地移民补偿标准，将移民新村建设与社会主义新农村建设相结合，将被征迁群众生产生活安置与当地社会经济建设相结合，多渠道安排资金，协调地方在供水、供电、交通、医疗、教育等方面出台扶持政策，使移民群众早日融入当地社会，为实现“搬得出、稳得住、能发展、可致富”创造了政策环境和客观条件。

（三）大力开展工程设计施工技术创新

广大工程技术人员从工程建设实际出发，积极开展科技创新和技术攻关，取得了大批的新产品、新材料、新工艺、新装置等科技进步成果，诸如超长距离、大断面输水渠道设计施工新技术、穿黄隧道掘进和衬砌技术、膨胀土综合处理技术、大口径远距离 PCCP 管道设计和生产施工技术、丹江口大坝加高新老混凝土衔接设计施工技术、超大型渡槽设计施工技术、低扬程大流量泵站设计施工技术和大型平原水库全铺防渗设计施工技术等，攻克了我国水利史乃至世界水利史上的一系列工程技术难题，为工程建设提供了坚实有效的技术保障。

五、南水北调核心价值理念的特点

“负责、务实、求精、创新”的南水北调核心价值理念的形成和发展，有其深刻的社会历史原因，也有其鲜明的时代特征。它在中华民族优秀文化的氛围中形成，在伟大的社会主义制度下发展，在建设有中国特色社会主义新时期升华，体现出显著的人民性、科学性、传承性等基本特点。

（一）人民性

南水北调工程是中国共产党一切为了人民、一切依靠人民执政理念的真实写照，是全心全意为人民服务宗旨的生动体现。南水北调工程建设的目的是缓解北方地区人民生活生产用水困难，与沿线数以亿计人民群众现实和长远利益息息相关。南水北调工程无论是前期工作，还是施工建设乃至今后的运行管理，无论是征地移民，还是水污染治理，都离不开沿线各级党委、政府及有关部门的积极配合和大力支持，离不开沿线广大人民群众和工程建设者团结共建和无私奉献。工程建设中，来自全国各地的十多万名建设者齐心协力，日夜征战，形成了多行业、跨地区人才云集、纵横数千里、持续十余载的超大规模工程建设景象。这个建设过程，是人民利益至上国家民族利益第一原则下科研设计、建设管理与施工人员的大协作，是输水区与受水区人民群众、移民与接受地民众、水源区及沿线环境污染与治理、调水工程与沿线铁路公路军事设施交叉等各种利益关系的大调整，是各种思想、观念、情感文化的大融合。从而，创造了前无古人的南水北调工程和南水北调核心价值理念。

以移民为例。水库移民是困扰全世界水利工程的共同难题，被形容为“天下第一难”。作为南水北调中线工程的水源地，位于河南、湖北两省交界的丹江口水库通过加高大坝进行扩容，因蓄水位抬高，河南、湖北两省需搬迁移民 34.5 万人，安置在两省 16 个省辖市 52 个县（市、区）649 个移民新村。地方各级党委政府和有关部门把移民迁安当作重大政治任务和民心工程，坚持以人为本、科学组织、统筹安排、协调推进，如期完成移民搬迁任务，实现了建委会确定的“四年任务，两年基本完成”的工作目标。广大移民干部不怕吃苦，不怕困难，不计得失，忘我工作，把心血全部放在移民身上，他们默默奉献，鞠躬尽瘁，用汗水、泪水甚至生命铺就了移民搬迁的和谐之路，用实际行动彰显出勇于牺牲、敢于担当的优秀品质，展现了新时期党员干部大公无私、无怨无悔的高尚情操。广大移民舍小家、为大家，远迁他乡、重建家业，生产生活方式发生巨大变化而毫无怨言，展现了崇高的爱国主义精神。丹江口库区移民搬迁工作规模之大、时间之短、移民之多、强度之高，前所未有。河南省移民搬迁的 700 多个日日夜夜，将近 200 个批次的浩荡迁徙，16 万多人的时空转换，投入服务人员 20 万人次。湖北省投入 2 万多名干部，安排 1 万多台次车辆，组织 120 批次搬迁，实现了和谐搬迁。

南水北调工程建设移民工作的重要特点就是以人为本。工程建设中，始终站在移民群众立场上思考问题，用好用活现有移民政策，坚持为移民群众办实事、解难题。提高征地移民补偿标准，针对丹江口库区移民状况研究优惠和扶持政策，对贫困村组安排生产安置增补费，将移民新村建设与新农村建设相结合，出台多方面的扶持政策，加强生产扶持、技能培训和就业扶持，使移民早日融入当地社会，能发展，可致富，把深入细致的思想工作与解决实际困难结合起来，进村入户服务移民群众等。通过一系列措施让移民群众感受到党和政府的关怀。

（二）科学性

中华传统文化的精髓之一，即“天人合一”的理念，主张人与自然和谐相处。南水北调人在科学精神的引领下，大胆创新、勇于开拓，以理念创新为先导，以规划创新为基础，以建设创新为突破，以管理创新为保障，用科学、严谨、求实的态度探索工程建设的内在规律，提出和实施一系列新办法、新措施。南水北调工程从规划到实施，始终坚持“先节水后调水，先治污后通水，先环保后用水”的原则，遵循着投资“适度偏紧”、利益“南北双赢”、规模“循序渐进”、建管“市场经济”的建设方针，突出节水，加强污染治理和水环境保护。在全面编制调水沿线城市水资源规划，合理配置调水区、受水区水资源基础上，确定调水规模。按照统筹兼顾、全面规划、优化比选、分期实施原则，开展工程建设。建立适应社会主义市场经济体制改革要求的建设管理体制和水价形成机制。工程设计方面强调优化，东线工程在江苏省江水北调工程扩大调水规模并延长输水线路的基础上，利用京杭大运河及与其平行的河道逐级提水北送；中线从加高大坝扩容后的丹江口水库引水，沿黄淮海平原西部边缘北上，通过自流进入北京、天津。工程建设管理实行“政府宏观调控、准市场机制运作、现代企业管理和用水户参与”的原则，实行政企分开、政事分开，按现代企业制度组建项目法人，由其对工程建设、管理、运营、债务偿还和资产保值增值全过程负责。工程规划、建设、管理等无不闪耀着科学和

智慧的光辉，是南水北调文化特有品格特征。

总之，南水北调工程建设始终坚持以科学发展观为指导，以人为本，以实现好、维护好和发展好人民群众的根本利益为出发点和落脚点；坚持按自然规律和社会发展规律推进南水北调工程建设，以统筹协调可持续发展的要求和改革创新精神研究解决工程规划、设计、施工、征地移民等建设管理中的问题；坚持“全国一盘棋”的大局意识和团结共建的方针，注重发挥党的政治优势和群众工作优势，调动一切积极因素促进工程建设和社会和谐发展。

（三）传承性

早在史前时代，大禹提出“德惟善政，政在善民”，并流传下为疏导洪水三过家门而不入的佳话，为中华民族的安定和发展打下了根基。1952年10月，一代伟人毛泽东到河南视察黄河，在听取黄河水利委员会主任王化云关于治黄工作的汇报后，毛泽东目送滚滚东去的波涛，说：“南方水多，北方水少，如有可能，借点水来也是可以的。”1958年3月，在中央政治局扩大会议上，毛泽东再次提出引江、引汉济黄和引黄济卫问题。毛泽东的治水思路，通盘考虑了全国用水的现状和将来，提出了南水北调的伟大构想，拉开了南水北调工程的序幕。

经过几十年的规划论证和设计，国家一旦在财力等各方面条件具备，就立即启动了这一民生工程。2000年，中央决定分别在长江下游、中游、上游规划三条调水线路，与长江、淮河、黄河、海河相互连接，构成中国中部地区水资源“四横三纵、东西互济”的总体格局。2002年，举世瞩目的南水北调一期工程开工典礼，在北京人民大会堂和江苏省、山东省施工现场同时举行。在工程建设中，十万多名建设者传承革命战争年代和社会主义建设时期的革命英雄主义精神，耐得住寂寞，抵得住诱惑，关键时刻叫响“让我来”“我先上”的口号，敢于在急难险重任务中当先锋、作表率，以锲而不舍的精神克服困难，攻克了工程建设中的各种困难和问题，创造了前无古人的辉煌业绩。在伟大实践中培育形成的南水北调核心价值理念，是代代相传的民族治水精神和中国共产党全心全意为人民服务宗旨在当代的有机融合和升华。

几十年来，在中国共产党的正确领导下，在历届中央领导的亲切关怀下，一代代南水北调人，为建设好这一利国利民的战略性调水工程，呕心沥血，百折不挠，科学求实，创新创优，团结奋斗，无私奉献，谱写了新时代大禹治水的英雄史诗，唱响了科学调水、造福人民、勇于创造、甘于奉献的时代乐章，为中华民族伟大复兴创造了坚实的物质基础和宝贵的精神财富。

第三节　南水北调核心价值理念的生动实践

治理水患、兴修水利、优化配置水资源，是中华民族一直以来生产生活方式的重要内容，是以农为本的华夏文明的重要组成部分。大禹面对“汤汤洪水之割”的威胁，带领先民“决九川距四海”并且“身执禾锸，以为民先”，把自己的全部身心都奉献给了治水事业。李冰父子，为消除岷江水患，励精图治，艰苦奋斗，科学规划，修建了举世闻名的都江堰，使成都平原成为“天府之国”。历史上史禄修灵渠、郑国修郑国渠、王景治黄河、马臻开鉴湖、西门豹治邺等都传为佳话。宋代范仲淹治理太湖，亲临工地疏浚通江入海水道，使太湖得太平。近代水利专家李仪祉以“要做大事，不做大官”为信条，同桑梓父老兴修关中八渠，使关中走上富裕之路。他们以矢志不渝的精神、艰苦奋斗的作风、造福天下苍生为己任的理念、尊重自然规律的智慧流传千古，不仅对水利事业的发展作出了重大贡献，而且给后人留下了弥足珍贵的精神财富，形成中华民族优秀的水文化。

历代治水精英所表现的精神，为南水北调人继承并发扬光大。南水北调工程从长江下游、中游、上游分别引水，形成东线、中线、西线三条调水线路，与长江、淮河、黄河、海河相互联结，构成我国中部地区水资源“四横三纵、南北调配、东西互济”的总体格局，规划最终调水规模448亿m^3。南水北调工程，国人关注，举世瞩目，具有重大的政治、经济、社会和人文价值。南水北调工程建成后，将大大缓解我国北方水资源短缺状况，根本解决部分地区人民群众生活用水困难，实现水资源合理配置，促进经济、社会和生态协调发展。

一、负责精神镌刻在南水北调工程的一砂一石

南水北调工程是一项规模宏大，投资巨额，涉及范围广，影响十分深远的战略性基础设施；同时，又是一个在社会主义市场经济条件下，采取“政府宏观调控，准市场机制运作，现代企业管理，用水户参与”方式运作的超大型项目集群。东、中线一期工程包含单位工程2700余个，不仅有通常的水库、渠道、水闸，还有大流量泵站，超长超大洞径引水隧洞，超大渡槽、暗涵等。其建设管理的复杂性、挑战性都是以往工程建设中不曾遇到的。南水北调人始终以对国家、对人民、对历史高度负责精神，以确保工程和调水质量为己任，生动体现出负责精神。

（一）忠诚负责，恪尽职守

广大工程建设者牢固树立责任重于泰山的意识，忠于职守，敢于担当，善于负责。不论设计、施工、监理，还是建设管理人员，对工程质量、进度、治污等各种问题都紧紧盯住毫不放松。在质量管理上实行质量责任终身制，严防死守，做到“零容忍”，始终坚守“宁肯工程建设时流汗，不给工程运行留遗憾”的信念。为了保证工程建设质量，宁肯让工程建设进度让路也要反复研究论证施工技术和工艺方案，譬如穿黄隧洞衬砌技术方案和膨胀土渠道处理技术方案，都是经过了一年多时间的反反复复论证推敲和实验取证才确定下来的。为实现“一渠清水北送”的要求，南水北调建设者们铁腕治污，严守闸门，加强点源、面源管理和环境监管，决不让污水进入输水干线。经过沿线广大治污环保工作人员坚持不懈的努力，一度被视为流域污染治理“世界第一难”的东线南四湖流域如今已是波光潋滟、鱼欢鸟唱的清水廊道。

（二）忘我拼搏，艰苦奋斗

南水北调工程是超远距离、跨流域、多线路调水的系统工程，工程集群化，投资规模大，技术要求高，涉及地域广、部门多，利益关系复杂，其挑战性和艰巨性在我国水利史上前所未有。几代勘察设计者本着科学严谨的工作态度，几十年如一日，执着追求，矢志不渝，不畏艰辛，不辞辛劳，一次次冒着生命危险深入高海拔无人区实地勘察，甚至有人献出了年轻的生命；一次次组织论证，召开咨询会、研讨会，征询意见，修改规划思路和论证方案，在长达几十年的论证过程中，不厌其烦，无怨无悔，许多同志直至去世，南水北调都还只是一个美好的梦想。广大建设者怀着建设南水北调，服务祖国和人民的满腔热血，从祖国的四面八方汇聚到

建设工地。他们勤勤恳恳、兢兢业业，晴天一身土，雨天一身泥，就着风沙吃饭，和着衣衫睡眠，以苦为荣，以苦为乐。许多人都有“三过家门而不入”的经历，有的人一连几个春节都在工地度过，以至于家中的亲人产生怨气，年幼的孩子感到陌生，许多人常常带病坚守岗位。他们为了保证工程质量和工程进度，宁肯“亏了我一个，幸福千万家”，吃苦受累落埋怨在所不惜。

（三）团结协作，顾全大局

面对工程建设的紧迫形势，南水北调人心往一处想，劲往一处使，加强协调配合，形成工作合力。

（1）与系统内各单位密切沟通，达成共识。国务院南水北调办重视各方面的声音，通过召开务虚会、协调会以及开展调研等，听取方方面面的意见建议，并将这些意见建议作为下一步工作安排的重点。南水北调系统各单位认真贯彻建委会的各项工作部署，不折不扣地落实各项工作任务。

（2）各部门、各单位互相学习、互相支持。南水北调系统各单位、各部门注重沟通联系，加强了相互学习和取长补短，注意学习借鉴好做法、好经验。在面对设计变更处理、专项设施迁建、施工扰民等涉及多部门的问题时，相关单位和部门都能积极沟通，主动工作，有机衔接，默契配合，避免相互推诿扯皮。

（3）南水北调系统与相关部门、省市联系更加紧密，沟通更加顺畅。国务院南水北调办在交叉工程建设、质量监管等方面都与相关部门建立了协调机制，定期沟通意见，在治污环保上与发改委、环保部多次开展联合调研和督查活动，在审计、用地手续办理等方面都积极与相关部门沟通配合。

（四）胸怀全局，无私奉献

广大库区和干线移民群众从国家大局出发，“舍小家为大家”，毅然搬离故土，为工程让路，甚至有的家庭历经多次搬迁，仍毫无怨言。丹江口水库34.5万移民的成功迁安成为水利移民史上的奇迹。广大移民干部鞠躬尽瘁，成为征迁工作的中流砥柱，甚至有的移民干部因工作劳累心力交瘁，积劳成疾，倒在了昼夜操劳的岗位上，用宝贵的生命诠释了奉献的真谛。水源区人民为保障一库清水按时北送，忍痛关闭了工厂企业；移民群众搬迁，引起生产生活方式发生重大改变，原有经济链中断，面临重新择业困难，新生活地的文化生活习惯有诸多不适应等，但为了国家利益，他们都表现出豁达理性、宽广胸怀和牺牲精神。

（五）攻坚克难，敢于碰硬

在南水北调工程建设进入决战阶段，面临工期紧、任务重、困难多的局面，南水北调系统上下展现出了敢负责、能碰硬的精神风貌。

（1）在困难面前，南水北调人不畏难，敢于迎难而上。库区两省把库区移民“四年任务、两年完成”视为硬任务，在移民搬迁强度如此之高、难度如此之大的情况下，仍然按时保质保量地完成了搬迁工作。东线工程为在2013年底前通水，相关省办、法人都自我加压，提出在三季度就实现通水。中线工程建设施工单位面对膨胀土、大型渡槽、穿黄隧洞等施工难度极大的工程项目，尽力优化技术方案、优化施工组织，确保了主体工程 2013 年底按期贯通。

（2）在问题面前，南水北调人不遮掩，敢于直面担当。质量监管人员面对工程建设中发现的质量隐患，毫不犹豫，绝不妥协，不怕得罪人，不当稻草人，严正指出，严肃追责，严格整改，绝不听之任之，放任自流。

（3）在矛盾面前，南水北调人不回避，不退缩，主动沟通，协调解决。在交叉工程建设、专项设施迁建中，工程建设各有关方面都能积极主动协调，妥善化解矛盾，推进工程建设。例如：现场施工单位积极应对和处理施工扰民、民扰等矛盾，确保工程进度不受影响；搬迁移民工作中广大征迁干部千方百计排查化解矛盾纠纷，消除各种不稳定因素。

二、务实精神贯穿到南水北调工程的一言一行

“水唯能下方成海。”南水北调人遵循水的生存特点，谦逊而扎实地工作。务实精神是南水北调人的重要价值取向。南水北调工程既是缓解北方水资源严重短缺的战略性基础设施，又是节约水资源、保护生态环境、促进经济增长方式转变的重大示范工程。工程建设具有较强的专业性、科学性和系统性，在工程进度、质量安全、投资控制、治污环保、征地移民、关键技术、体制机制等诸多方面来不得半点马虎。南水北调建设系统上下努力改进工作作风，切实做到目标实，做事实，说话实。

（一）工作作风和方法务实

南水北调人工作积极主动，工作作风和方法务实，工程建设中注重实际，不尚空谈，提倡现场发现和解决问题，反对文山会海作风，对工程建设中出现的问题反应迅速，处理果断，结果圆满。

1. 改进调研，轻车简从

更注重调查研究，更注重面向一线。无论是国务院南水北调办还是各省办、法人等，到工程一线调研的时间、频次都很多，有的干部为了解决工程建设中的设计变更、料场问题、专项设施迁建协调等，在工地一蹲就是一两个月，直到问题解决为止。并且，还派出专门机关干部常驻工地，开展现场监管。国务院南水北调办党组领导同志以身作则，到基层调研轻车简从，并根据工程建设的工作性质和特点，独创性地实施了飞检检查、夜查、突击检查，务实高效。调研全部行程都由办机关自行安排，全过程不通知地方和下属单位，不让地方和下属单位人员陪同，发现问题现场解决。

2. 开展质量检查工作专项优化

治理多层次质量问题检查，整合的质量检查计划，统一由监督司牵头协调监管中心和稽察大队制定检查计划。对所检查严重质量问题实行“三位一体”会商机制，统一质量问题定性标准，统一质量问题整改标准，统一发文要求整改。治理质量问题处罚，对所检查严重质量问题实行“三位一体”即时会商机制，统一处罚标准，统一实施责任追究。

3. 精简会议活动、文件简报，开短会，发短文

会议活动方面，国务院南水北调办明确规定全系统工作会议一般不超过两天，主报告一般不超过 8000 字。压缩会议数量和规模，严格控制司局级工作会议，会议只安排与会议内容密切相关的单位及人员参加。文件简报方面，减少发文数量，控制发文规格，控制文件简报的篇

幅，规范文件简报报送程序和格式。简化办领导出席会议、考察调研的新闻报道，规范其他新闻报道，进一步压缩新闻报道的数量、字数。

4. 严控“三公”经费，规范管理

规范出国（境）管理，不安排与工作任务无关的出访，严格按照有关程序、标准安排团组活动，节约办团，审核审批严格把关，严格执行团组信息公开公示制度。开展公务用车问题专项治理，成立了专门机构，制定了国务院南水北调办公务用车专项治理工作实施方案，积极开展专项治理重点检查，主动探索公车管理长效机制。历史遗留下来的2台超编车辆，及时按照程序移交至国管局资产管理司。

5. 开展绿色办公

推进节约型机关建设，完善节能减排措施，“厉行节约、从我做起”，营造“节约光荣、浪费可耻”的氛围。节约用纸，提倡双面用纸，注意信封、复印纸的再利用；节约用油，低碳出行，少开车，提倡自行车和步行；节约用水，宣传号召节约用水，杜绝跑冒滴漏和长流水现象；节约用电，利用自然光照，人走灯灭，办公室、会议室等场所全部使用节能灯具，减少照明设备电耗，减少空调开放时间。改进公务接待，开展光盘行动。

（二）工作部署和内容务实

南水北调人坚持实践是检验真理的唯一标准，深入实际，调查研究，科学决策，不断探求工程建设客观规律，静下心来、扑下身子，深入基层、深入一线，摸实情、出实招、办实事、求实效，从确定工作思路、制定工作目标到每一项具体的工作措施，时时处处体现出求实的精神和踏实的作风。

1. 突出重点推进度，强化管理出实招

一切为了通水目标，一切服务通水目标。南水北调工程建设者紧紧围绕通水目标，找准工作要点，突出工作重点，抓住主要矛盾，主攻薄弱环节，使工程建设全方位提速。

（1）建立进度倒逼机制和分析协调会。与项目法人签订更为合理的年度建设目标责任书，落实进度责任，强化进度考核。重点抓好影响工期的关键项目建设。充分发挥工程进度月分析会和季协调会作用，定期检查考核工程进度落实情况，派员驻点督促实现控制性工程关键节点目标，及时协调解决工程建设中存在的问题。

（2）抓好施工组织优化。抢抓时机，倒排工期，挂图作战，交叉作业，重点抓好膨胀土处理、重要城区段，以及中线穿黄内衬、沙河和湍河渡槽等关键工程建设和关键工序落实。尤其是充分利用汛前和汛后各3个多月的黄金施工期，组织开展大抓进度专项行动，确保易受天气影响的土石方填筑等工程建设目标的实现。充分发挥跨渠桥梁、铁路交叉工程建设协调机制作用，加快开工和建设步伐，加大中线黄河北已建桥梁的移交力度。落实设计变更快速处置机制，及时处理重大设计变更，尤其是突出抓好控制性工程的变更，急事急办，确保工程建设进度。

（3）抓好重点工作。落实安全生产预案体系，健全安全生产监控网络，严格落实安全生产责任制，严防重特大安全事故发生。在抓好干线工程建设的同时，对配套工程科学制定方案，积极筹措资金，扎实组织建设，确保配套工程与干线工程同步运行，充分发挥工程综合效益。严格合同管理，保证合同执行的严肃性，对合同违约行为依据规定进行严格约束和惩处。

2. 突出高压抓质量，严格监管求实效

在工程质量管理上，国务院南水北调办及全体工程建设者树立“严打重防”的理念，痛下决心、硬起手腕，采取“坚决打、反复打、频繁打”的做法，继续保持在质量管理上的高压态势，对各种违法违规行为实行“零容忍”。

（1）建章立制。狠抓《南水北调工程建设质量责任追究管理办法》的贯彻落实，建立质量责任终身追究制，对质量问题严格处罚。与国资委、住房城乡建设部、水利部、国家工商总局建立联席议事机制，加大对责任单位及责任人资质、资格处理力度。狠抓《南水北调工程合同监督管理规定》的贯彻落实，坚决制止工程转包和违法分包，严肃查处以劳务分包为名转嫁工程风险或以劳务分包形式变相分包工程的违规行为，严肃查处截留或转移工程价款、变更索赔处理不及时等违规行为。

（2）加强质量监管。改进和加强政府质量监督、专项稽查、检查、审计、举报等各类质量监督检查手段，形成联动机制。突出“飞检”和举报对工程质量监管的重要作用，实施有奖举报，加大“飞检”力度，对发现的质量问题要及时解决，每3个月要集中处理一批。

（3）建立质量问题处理机制。建立工程质量问题快速、公平评鉴机制，整顿试验检测市场，保证试验检测单位出具可信、公正的检测结果，对疑似质量事故进行追踪和调查。

（4）奖罚分明。落实针对一线工作人员的质量奖罚办法，对关键工序、关键部位的作业人员的工作质量实施现场考核与奖罚，对质量过程控制进行激励。

（5）选树正反典型。以质量监督、稽查、检查、审计和飞检等发现的质量问题信息为基础，建立质量监督信息库和质量管理工作排名机制，加强质量结果考核，曝光各种质量问题责任单位及责任人。树立优质工程典型，示范带动其他参建单位，保护、调动全体参建者关心质量、提高质量的主动性和积极性。

3. 突出帮扶稳移民，征迁安置两促进

国务院南水北调办深入落实“两制度”（工作定期商处制度、矛盾纠纷排查化解制度）、“两机制”（遗留问题巡查督办机制、信访上访联动处置机制），努力做到“两促进”（促进移民发展、促进蓄水前各项准备工作）、“两确保”（确保搬迁后续任务完成、确保社会稳定），帮扶移民群众发展生产，切实为移民办实事，实现征地移民和谐，维护社会大局稳定。

（1）多渠道帮扶移民。整合各类资源，动员社会力量，实现从“搬得出”向“稳得住、能发展、可致富”转变。及时足额兑付补偿资金，尽快划拨生产用地，落实后期扶持政策；以市场需求为导向，加大移民生产、就业技能培训力度，积极帮助移民创业，落实帮扶责任制度；探索制定适合移民发展致富的规划，寻找和推进新的收入增长点；排查化解并妥善解决移民出行、入学、就医等方面的问题，完善新村基础设施运行制度，保障生活质量稳定提高。

（2）做好移民搬迁后期工作。认真总结库区大规模移民经验，全面完成库区移民搬迁任务，完成城集镇、专业项目等迁建任务。开展丹江口库底构筑物清理、卫生清理、林木清理，做好移民档案整理、移交、验收等工作，促进库区移民各项工作扫尾。

（3）做好干线征迁工作。协调电力、电信、油气管道主管部门，督促产权单位积极配合，完成干线各类专项设施迁建任务。落实各类因设计变更新增建设用地，保障工程建设用地需要。加大临时用地的复垦退还力度，督促做好用地组卷报批工作，及时做好干线征迁专项验收，为工程完工验收创造条件。

4. 突出深化保水质，治污环保上水平

（1）东线治污方面，一是东线江苏、山东两省认真实施东线治污规划补充方案中的重点项目，确保早日发挥治污效益。二是配合国家有关部门，加大对东线治污工作监督检查力度，督促深化治理措施的落实。会同有关部门对东线输水干线排污口关闭情况进行检查清理，切实减少污染源。配合水环境主管部门加强沿线水质监测，确保水质稳定达标。

（2）中线水源保护方面，一是加快规划实施步伐。促进《丹江口库区及上游水污染防治和水土保持规划（修订本）》和《丹江口库区及上游地区经济社会发展规划》审批，加强规划实施情况和县域生态环境质量考核工作，督促地方政府落实水源保护责任，加大治污环保工作力度。研究国家实施新的水质监测标准后的应对措施。积极协调组织落实对口协作方案。推动水源区与受水区互助合作，促进水源区经济社会协调发展。二是加大污染治理力度。加大尾矿治理力度，尤其是对于存在重金属污染的尾矿，督促各地摸清情况，建立档案，严格管理；督促地方政府加大污水处理收集管网配套建设力度，确保污水处理厂正常运行；加大入库支流治理力度，确保通水前入库支流断面水质达标。三是完善政策措施。推动有关部门进一步完善对水源区生态补偿各项政策，落实相关配套措施，加大对地方政府治污环保及生态建设工作监督考核力度。进一步落实总干渠两侧水源保护区划定方案，开展沿线两侧生态带建设，确保“一渠清水”北送。

5. 突出监管控预算，严把工程投资关

国务院南水北调办严格执行“两严控”（严控投资总规模、严控变更增加投资），有效控制投资规模，切实强化资金监管，提高资金使用效率。

（1）千方百计优化筹资方案。科学合理测算工程投资总规模，经国家批准的投资总规模一概不准突破。

（2）合理配置和使用资金。集中精干力量，深究细抠工程变更增加投资和工程价差投资，坚决砍掉搭车项目。优化施工组织，严控并减少账面资金积存，减少贷款利息支出，提高资金使用效益。落实投资控制奖惩办法，兑现资金节余奖励，调动各参建单位主动节约的积极性。

（3）加强资金使用的监督和审计，对全系统资金使用情况进行全面核查、全方位内审，加大施工企业和移民征迁的账户监控力度，建立审计、稽查、检查联动机制，堵塞资金管理漏洞，确保资金安全。贯彻国务院南水北调办与最高人民检察院联合发布的《关于在南水北调工程建设中共同做好专项惩治和预防职务犯罪工作的通知》要求，加强廉政建设，加大举报受理和查处力度，建设廉洁工程。

三、求精精神融入到南水北调工程的一草一木

“天下难事，必作于易；天下大事，必作于细。”2500多年前老子说过的话，让我们至今受益。水利是非常复杂、非常精确的自然科学；南水北调工程是世界上最大的调水工程，调水距离最长，技术难度最高，移民搬迁强度最大，具有很强的复杂性、风险性，南水北调工程本身就是精细工程，只容许用事实和数据说话。建设这项工程既是难事，也是大事，任何条件保证不充分，任何环节衔接不严密，都无法保证通水安全，因此，必须从易做起，从细做起，精益求精，细之又细，在求真务实的基础上，还要用精细的精神融入工作，用精确的数据规划建设，用精湛的技术建设工程。

(一)在工程管理上精益求精

1. 精细管理

始终强化细节意识，自觉养成抓细节的习惯，切实增强善抓细节的本领，把细节谋划好、打造好、展示好。从大处着眼、细处着手，处处留心，时时细心，事事精心，严防大而化之。

(1)在制定工作目标、安排工作任务时严密细致。从大处着眼、细处着手，时时细心，时时精心，严防大而化之。在制定工作计划时，周密安排，把部署各项建设目标任务细化落实；在推进工作计划时，把进度细化到月、周、天，确保工程建设任务按期保质保量完成。

(2)在工程建设管理中注重细节。深化“细节决定成败”的认识，将精细管理作为一项基础化、制度化、经常化的工作来抓。经常分析查找工程建设中的风险因素，勇于“吹毛求疵”，从组织措施、技术措施、安全措施等方面认真排查漏洞，消除一切可能存在的漏洞。在推进工作时，对当前情况是什么样子，有哪些瓶颈制约因素，下步的着力点和突破口在哪里，工作如何分阶段有序实施等，都做到深入思考，细致盘算。

(3)在工作具体过程中用心细心。不积跬步无以至千里，不聚细流无以成江海。无论是设计，还是监理，以至施工，每一个环节、每一道工序，都不放过任何一个细节。只有用心做好每个细节，才能成就完美，才能确保工程建设过程中不出现大的意外和反复，才能建设质量优良的放心工程。

2. 严格管理

胸怀大局、注重协作、主动服务，高标准、严要求，不置身事外，不满足于“差不多”“过得去”“还可以”。避免埋身于繁杂的事务性工作，也不当甩手掌柜，既要挂帅，更要出征，深入前沿一线，解决实际问题。

(1)严格要求。工作上高标准，不满足于“差不多”“过得去”“还可以”。始终保持平常之心、平淡之欲、平实之风，确保在冲刺决战过程中多流汗、少“流血”，不“受伤”、不掉队。各项工作都着眼于如期通水这个大目标，瞄准高标准，达到高标准，确保工程建设万无一失。

(2)严格管理。特别是过程管理，以严格的过程管理，来保证结果的完美。要严格执行规程规范，严格按制度办事，决不能“偷工减料”。该管的事儿一定认真管，该抓的工作一定主动抓，绝对不允许放任风险隐患的存在和发展。

(3)严格奖罚。严明组织纪律和工作纪律，对违法违规行为，发现一件，追究一件，必须让责任单位和人员付出相应代价。同时，大张旗鼓地表彰严格管理、作出突出贡献的单位和个人，大力宣传他们在工程建设中的好经验、好做法。

(二)在工程建设中细之又细

细节决定成败。善于把握工程建设的客观规律，依据科学实践，合理统筹利用资源，精细化管理各项工作，掌握工程运行管理的客观规律与内在联系，在工程建设进度、质量、移民、水质和资金的每一个方面、每一个环节，都秉承着求精的理念，管理到位尽职，态度一丝不苟，没有最好，只有更好，好了还要更好。注重细节，落实细节，从细开始，由细而精。

1. 紧盯重点大推进度

在南水北调工程东、中线一期即将通水之际，南水北调人全力以赴加快工程进度，抓重

点、抓节点、抓要点，东线保通水、中线保完工，确保按期通水。

（1）实行“差别化”管理。把力量集中在高风险工程上和主要问题上。在抓好面上工作的同时，排查重点项目，分解关键节点，划清责任单位，死盯重点项目和关键节点，盯死各个节点的责任单位，对青兰高速等工期特别紧张的项目要派驻专门力量，全程紧盯，实时跟踪。

（2）建立体制机制促进度。建立进度计划考核、形象进度节点目标考核和关键事项督办考核相结合的考核管理体系，重点抓好渠道成型和衬砌、桥梁通车、膨胀土改性施工、大型建筑物和自动化建设等主要工程建设目标考核，以奖惩促落实。发挥好风险项目挂牌督导、关键事项督办、重点项目半月会商、进度协调会、铁路交叉工程部办联席会等已有机制作用，及时协调解决资金供应、设计变更、干线征迁、建设环境保障等问题。

（3）加强施工组织。合理安排工序，加大人员、设备投入，实施立体交叉平行流水作业，抢抓施工时机，开展大抓进度专项行动。落实东线通水目标保障措施方案。建立东线通水工作应急预警机制和中线建设形象目标保障应急预警机制，对进展滞后的工作和意外事件及时预警、响应和处置，确保东线通水目标和中线建设形象目标实现。

（4）加强安全建设。加大安全生产监督检查力度，强化重大危险源管理，深入开展“防坍塌、防冰冻、防触电、防中毒、防淹溺、防坠落、防透水、防机械伤害”等安全生产专项治理行动。加快配套工程和中线干渠防洪影响处理工程建设的组织协调工作。

（5）高度重视通水验收工作。适应工程项目大批量、成规模建成的形势，把通水验收作为检验质量、查找问题、补救缺陷的重要环节，通过精心策划、认真组织、把好关口，推动通水验收工作进入快车道。

2. 再加高压严管质量

质量是工程的生命线。越是工期紧张，越注意质量管控。对建设质量问题不枉不纵，严格监管、严肃处理，做到刚性制度、刚性落实、刚性奖惩。围绕“高压高压再高压，延伸完善抓关键”，提高质量监管的主动性、针对性和时效性，严格责任，严控过程，严管重点，杜绝重大事故，减少一般问题。

（1）对已建工程组织全面排查。消除东线工程质量隐患，避免中线工程质量问题叠加。突出薄弱环节监管，强化高填方、改性土、跨渠桥梁、大型控制性建筑物、隐蔽性工程等重点工程实体质量管理，将质量隐患解决在建设过程中。

（2）实行“差别化”监管。对关键工序、重点监管项目和质量关键点，加强质量监管，实行严管严控。对可能因质量问题引发进度风险、影响通水大局的项目，派驻力量专门负责，全方位、全天候跟踪监督，死看死守，严防意外。前移质量监管关口，加强工程建设现场一线质量管理，保障质量管理人员充足配置，从设计交底、原材料进场到施工环节、监理验收等进行全过程控制。

（3）强化“三位一体”的质量监管体系作用。加密检查频次，扩大覆盖范围，强化检查手段，全力发现深层次质量问题。对发现的问题，加快认证速度，加大处罚力度，严惩恶意质量违规行为，并举一反三，限期整改，追踪结果，确保各类质量问题整改到位。

（4）采取专项监管措施。贯彻落实质量问题责任追究、关键工序考核奖惩、质量信用管理、质量关键点管理等方面的制度和办法，开展季度、年度质量信用评价，建立完善质量评价警示机制和质量管理信用档案，构建施工、监理单位质量信誉平台，并强化质量问题约谈工作机制。对质量管理先进单位和个人进行表彰，树立质量管理标杆，及时组织现场观摩学习，提高工程质量管理水平。

（5）加强质量监管队伍作风建设。不断提高队伍素质，切实维护监管工作独立性，提高工作质量和效率。

3. 落实帮扶稳定移民

巩固移民搬迁成果，帮助移民发展生产，促进移民增收致富，使其通过搬迁，发展得更快，生活得更好，幸福感更强，是南水北调人义不容辞的责任。在移民问题上不断地促发展保稳定，抓验收保蓄水，盯尾工保进度。

（1）出台帮扶政策。建立长效工作机制，帮助移民就业创业，积极培育优势产业，促其生产生活发展。认真研究、提前谋划丹江口库区留置人口生产生活发展问题，确保库区社会稳定。在科学预判的基础上，本着“事要解决、源头控制”的原则，主动走近群众，敢于触及矛盾，认真研究、积极回应、妥善处理移民群众合理诉求，解决移民实际困难，维护大局稳定，实现长治久安。

（2）积极引导移民群众。教育引导移民群众发扬自力更生、艰苦创业的精神，依靠自己的聪明才智，勤俭创业，勤奋劳动，勤建家园，避免出现“等、靠、要”的倾向。要以“种养加”为重点，鼓励移民发展各类项目，使项目延伸到村、效益覆盖到户。

（3）做好干线征迁工作。在全面完成一般清理的基础上，集中精力清理重点污染源。抓紧遗留问题处理和专项设施迁建，及时协调新增用地交付，保障工程建设用地需要。规范使用、及时退还复垦临时用地，认真做好用地组卷报批工作，及时做好干线征迁专项验收，为工程完工验收创造条件。及时研究有关措施，积极应对土地管理法修正案通过后，征地移民群众因攀比而引发的潜在不稳定问题。

4. 治保并重提升水质

治污环保事关南水北调工程成败，事关水源区及沿线地区民生改善和社会稳定。南水北调人众志成城，尽职尽责，努力成为一泓碧水的守望者、保护人。全系统深化治污措施，建立长效机制，实现当前和长久的水质目标，确保一渠清水永续北送。

（1）东线方面，实行分区防控、应急管理的新机制，治污环保两手抓，促水质持续向好，保证通水需要。一是及时治理污染。组织对治污规划实施情况进行评估验收。协调环保部门在试通水期间开展水质监测工作，组织第三方对治污规划确定的控制断面水质进行跟踪监测。协调督促重点治污补充项目建设，发挥已建项目治污功效。二是做好工程建设中的环保和水保工作。抓好已建项目的运行维护和配套设施的完善，确保各类设施正常运转和达标排放。三是建立体制机制。制定工程沿线区域水污染防治管理办法，为治污环保提供保障。强化环境执法监管，保持对各类工业园区、重点排污单位、航运船舶环境监管的高压态势，严厉打击违法排污行为。

（2）中线方面，死盯超标河流，实行严格考核。一是加强水源保护。推动落实丹江口水库不达标入库河流“一河一策”治理方案和尾矿库治理工作。督促加快实施《丹江口库区及上游水污染防治和水土保持“十二五”规划》《丹江口库区及上游地区经济社会发展规划》，并建立健全实施考核办法。二是加强水质监测和保护。协调落实对口协作方案，推动水源区与受水区互助合作。推动库区及上游水环境监测能力建设，加强水质变化趋势预测与评估。三是着力建

设生态带。推动开展中线干线生态带建设和生态文化旅游产业带建设，落实总干渠两侧水源保护区划定方案。

5. 安全高效监控资金

严把关口，协调平衡各种利益博弈，处理复杂问题和矛盾，保证资金合理使用，针对审计发现的各种问题，加强整改，堵塞漏洞，确保按规定的程序和制度办事。扎实做好工程建设资金供应和监管，加强资金使用全过程管理，确保投资都用在刀刃上。

（1）优化筹资方案。根据工程建设进度和最终核定的总投资，统筹安排南水北调基金、重大水利建设基金、过渡性资金和项目法人贷款，确保资金供应。

（2）不断提高资金使用效益。加快价差处理、设计变更和合同资金结算速度，保障一线资金及时、足额供给，防止出现因为资金供应中断而影响建设进度的问题。加强变更管理，原则上设计变更不再增加投资。加强工程价款结算管理，特别是对变更索赔项目，要严格支付审核，切实控制工程索赔。加强账面资金的控制，将存量控制在最低限度。

（3）制定规章制度。落实投资控制奖惩办法，在做好已建项目完工决算的基础上，兑现投资节余奖励，调动各参建单位主动节约的积极性。完善资金使用和监管制度，堵塞管理漏洞，确保资金安全。巩固违法分包、转包专项整治成果；研究出台征地移民资金结余使用政策；对全部招投标工作进行清理总结。

（4）加大查处力度。有针对性地查办案件，严肃财经纪律，建设廉洁工程。

四、创新精神体现在南水北调工程的一时一事

创新是民族进步的灵魂，是国家兴旺发达的不竭动力，是时代精神的核心。创新是动力，更是活力。创新体现了南水北调人与时俱进、积极进取的精神状态。面对南水北调工程这样一项前无古人的伟大事业，系统上下敢创新，善创新，为工程建设的顺利进展注入了充足活力。南水北调工程每前进一步都是创新的结果，勇于创新、善于创新，使得南水北调工程众多难题迎刃而解。

（一）创新体现在工作思路和体制机制上

面对工程建设的紧迫局面，南水北调人没有墨守成规、按部就班，而是不断研究和适应新形势，建立新机制，出台新办法。工程建设进度质量管理、征地移民、治污环保、资金监管等各项工作机制、办法，都是在深入研究实际情况的基础上，为适应工程建设需要而创新出来的。

（1）在进度管理上，围绕“突出重点”，在进一步发挥每季度召开的进度协调会作用的基础上，针对重点项目、关键环节建立了重点项目半月会商机制、关键事项督办机制，特别是建立了风险项目挂牌督办制度，由办领导牵头对工期特别紧张的风险项目加强督导，督促限期解决。专门针对设计变更建立快速处置机制，针对铁路交叉工程与铁道部建立部办联席会议机制。此外，以定任务、定责任、定奖惩为目标，签订年度目标责任书，制定进度目标考核体系，出台项目法人和参建单位建设目标考核奖励办法，并特别针对重点项目、风险项目制定风险项目督导办法、关键节点督办考核办法等，督促激励项目法人和现场参建单位加快工程建设。

（2）在质量管理上，突出“高压严管”，不断完善“三位一体”的质量监管工作机制。为进一步提高发现质量问题的能力，国务院南水北调办建立了有奖举报机制，有关省办建立了质量问题暗察暗访机制。为推动质量责任终身制的落实，与住建部、水利部、国资委、工商总局建立南水北调工程质量监管联席会议机制。以落实责任、严肃追责为目标，修订《质量问题责任追究管理办法》《合同监督管理规定》，研究制定有奖举报、关键工序施工质量考核、站点监督、质量终身责任制等专项管理办法。各省办、法人也都以这些办法、规定为基础，分别制定了自身层面的质量管理办法、细则。

（3）在征地移民上，以“确保移民稳定、确保工程建设需要”为目标，通过建立征地移民工作定期商处机制、矛盾纠纷排查化解机制、遗留问题巡查督办机制和信访上访联动处置机制，加强上下联动，确保“事要解决”，各省市也都建立了对移民和搬迁群众的帮扶、维稳和针对征迁工作的现场协调工作机制。组织编制了库底清理技术要求，建立了移民信访重要事项督办制度，针对临时用地退耕复垦确定了“一查四定”（查清临时用地现状，定退还复垦计划、定责任内容、定责任单位、定奖罚事项）的工作安排。通过这些机制共同作用，实现了库区移民总体稳定，促进了征迁遗留问题的解决。

（4）在治污环保上，以“突出深化保水质”为思路，不断完善与相关部门、省市的协调工作机制，发挥部际联席会议的机制作用，开展经常协调、反复协调、各个层面的协调，形成深化治污环保工作的共识和思路，同时强化目标考核机制，以部际联合督查考核作为深化治污环保工作的重要抓手。出台了水源区水污染防治规划实施情况考核办法，并与库区三省签订了实施“十二五”规划的目标责任书，规范了水质监测。从2012年3月开始对水源区49个断面实施逐月监测，编发水质月报，同时研究东线治污规划的验收考核办法以及东线调水水质监测方案和评价办法。

（5）在资金管控上，建立了审计、稽查工作联动机制，与最高检建立了惩治和预防工作联系机制，加强与检察部门、审计部门的沟通联系，促进南水北调系统廉政建设，确保每一笔钱都花在刀刃上。进一步规范了重大设计变更申报和价差调整申报审批程序，进一步明确并严格执行资金拨付有关规定，继续严控账面资金结存，研究出台《投资控制奖惩考核实施细则》。

（二）创新体现在工作方式和方法上

在做好体制机制创新工作的同时，南水北调人也在工作方式方法上不断创新，抓好日常工作的基础上，创造性地开展了一些专项工作、专项行动。

（1）在进度管理上，实行配套工程和主体工程同步进行。各地方配套工程由地方组建项目法人，负责相应配套工程的建设和运行管理。受水区地方政府把南水北调配套工程放在本地区基础设施建设的首位，加快配套工程建设进度，保持与干线工程协调推进，同步发挥效益。配套工程通过多渠道筹资，包括南水北调工程基金、充分利用市场机制吸引社会资金和银行贷款，地方在必要时给予支持。

（2）在质量管理上，开展质量飞检夜检、专项稽查和鼓励举报。开展质量飞检，对原材料和监理队伍进行清理整顿，国务院南水北调办领导带队开展质量集中整治活动，开展进度专项调研活动，对全系统形成触动，促使所有工程建设者进一步增强责任感、紧迫感。开展专项稽查，南水北调工程建设稽察大队、监管中心等单位对所有工程实行飞检式质量检查，重点查找

危及工程结构安全、可能引发严重后果的实体质量问题和违规行为。检查发现危及工程结构安全、可能引起严重后果的工程实体质量问题和恶性质量管理违规行为，对有关责任单位和责任人实施即时从重责任追究和经济处罚。对施工单位、监理单位实施5级从重责任追究。对项目法人、建管单位实施连带责任追究。鼓励举报，南水北调工程建设举报受理中心对有线索的举报在10日内完成调查核实工作。举报中心对举报质量问题查证属实的举报人给予加倍奖励，奖励标准提高到1000元至10万元。在工程沿线树立起举报牌，鼓励群众举报，这在建设领域都没有先例。

（3）在征地移民上，用好用活现有移民政策。提高征地移民补偿标准，在国内率先把水利水电工程征地移民补偿标准由10倍提高到16倍。针对丹江口库区移民状况研究优惠和扶持政策，对原有房补偿不足以修建$24m^2$砖混房屋的建房困难移民，按人均补足$24m^2$进行建房差额补足。对贫困村组安排生产安置增补费。将新移民新村建设与新农村建设相结合，将被征迁群众生产生活安置与当地社会经济建设相结合，多渠道安排资金，协调地方在供水供电、交通通信、医疗教育等方面出台扶持政策，使广大移民群众感受到党和政府的关怀。加强生产扶持，在保证移民生产土地的同时，加强技能培训和就业扶持，促使移民早日融入当地社会，能发展，可致富。充分体谅移民群众的恋土之情、别乡之难，把深入细致的思想工作与解决实际困难结合起来，进村入户服务移民群众。

（4）在治污环保上，建立了水源保护生态补偿机制。对水源区生态环境工程地方负责安排资金和污水垃圾处理费用，在中央财政重点生态功能区转移支付中予以补助。经国务院批准，财政部自2008年开始逐年下达丹江口库区及上游43个县等国家重点生态保护区转移支付资金。2011年，环境保护部、财政部、国务院南水北调办就开展水源区县域生态环境质量考核明确了办法，通过考核生态环境、特别是水环境的变化情况，实施奖惩，督促地方政府将转移支付资金用于生态环境水源保护。

（5）在资金管控上，多渠道筹集建设资金。工程建设资金由中央预算内投资、南水北调工程基金、银行贷款、国家重大水利工程建设基金及地方、企业自筹资金等组成。2005年，由国家开发银行牵头的南水北调主体工程融资银团，与南水北调四个项目法人分别签署了东、中线一期工程贷款合同，为南水北调主体工程建设资金的落实做好融资准备，为工程的顺利实施、如期实现工程建设目标奠定了资金基础。有关项目法人根据工程建设需要，按照贷款合同，陆续使用贷款资金。

（三）创新体现在技术研究和科技攻关上

科技创新是南水北调工程的根基。南水北调工程是迄今为止世界上最大的调水工程，在设计、建设、运行等方面，面临诸多技术挑战，许多硬技术和软科学都是世界级的，是水利学科与多个边缘学科联合研究的前沿领域，工程规模及难度国内外均无先例。面对膨胀土、高填方、穿黄隧洞、大型渡槽等重大技术问题，南水北调人紧紧依靠以专家委为代表的专业技术队伍，一方面在技术创新上努力攻坚，出台了膨胀土改性施工技术方案等一系列工程技术规程规范；另一方面将高填方渠道碾压卫星定位系统等国内外先进技术、先进设备引入到工程建设中，有力保障了工程建设的进度和质量。整个工程建设形势已经明朗，制约工程建设进度的关键障碍逐步减少：膨胀土、高填方、渡槽、预应力等关键技术解决方案均已落实并应用；跨渠桥梁、铁路交叉工程建设协调机制已经建立，铁路交叉工程建设取得重要突破，为如期实现通水目标提供了条件。

（1）丹江口大坝“穿靴戴帽”。丹江口水利枢纽是南水北调中线的水源工程，具有防洪、供水、发电、航运等综合效益，同时也是开发治理汉江的关键工程。丹江口大坝加高工程规模、大坝高度、技术难度在国内外均属少见，对于大坝加高工程设计施工无专门的技术规定，亦无成熟可供借鉴的经验。南水北调科技人员开展技术攻关，以混凝土特性为基础，主要从三方面保证新老混凝土的结合：控制混凝土热胀冷缩，使新浇混凝土变形尽量减少；在老混凝土上切割键槽，使新老混凝土尽量咬合；在老混凝土上打一些锚筋，加强新老混凝土的结合，还对大坝抗震安全问题进行评价，对初期工程帷幕耐久性及高水头下帷幕补灌技术进行研究。丹江口大坝加高工程解决了新老混凝土结合技术难题，提高了中国大坝加高技术水平，具有一定的示范作用和推广价值，对复杂环境下的大坝加高工程设计和施工具有重要的指导意义。

（2）盾构穿越黄河底部。中线穿黄工程将长江水从黄河南岸输送到北岸，工程设计了具有内、外两层衬砌的两条长 4250m 隧洞，内径 7m，两层衬砌之间采用透水垫层隔开。这种结构型式在国内外均属先例，也是国内首例用盾构方式穿越黄河的工程。湍河和沙河渡槽均为三向预应力 U 型渡槽，渡槽内径 9m，单跨跨度 40m，最大流量 $420m^3/s$，采用造槽机现场浇注施工，其渡槽内径、单跨跨度、最大流量属世界首例。

（3）阶梯泵站协调联动。南水北调工程规划的东、中、西线干线总长度达 4350km。正在建设的东、中线一期工程干线总长为 2899km，沿线六省市一级配套支渠约 2700km，总长度达 5599km。东线一期工程全线设立 13 个梯级泵站，具有规模大、泵型多、扬程低、流量大、年利用小时数高等特点，将成为亚洲乃至世界大型泵站数量最集中的现代化泵站群。通过 13 个梯级泵站逐级提水北送，总扬程为 65m。东线工程采用的大型贯流泵关键技术与泵站联合调度优化技术，成功解决泵装置、泵的岩土工程、优化调度等方面问题，实现了阶梯泵站协调联动。

（4）北京西四环暗涵铺设。北京市西四环暗涵是具有两条内径 4m 的有压输水隧洞，穿越五棵松地铁站，这是世界上首次大管径浅埋暗挖有压输水隧洞从正在运营的地下车站下部穿越，创下暗涵结构顶部与地铁结构距离仅 3.67m、地铁结构最大沉降值不到 3mm 的纪录。该工程技术含量高，实施难度大。对超大口径 PCCP 进行系统的研究，解决了超大口径 PCCP 管道工程结构安全与质量控制的关键技术问题。超大口径 PCCP 在南水北调工程中的成功运用，标志着中国在 PCCP 的研制和应用技术等方面取得了历史性突破。

（5）高填方渠防范“挂瀑”。中线工程填方渠道长达 21.86km，属施工技术要求高的工程标段。高填方渠道填高一般都在 8m 以上，局部渠段最高的填筑高度达 23m，相当于六七层楼的高度。高填方渠道建设和运行安全，关系到千百万人的生命安全，绝不能掉以轻心，必须从设计和施工做起，“百年大计，质量第一”。加强高填方渠段的设计优化和专题研究，加强工程薄弱点复核，注意渠道填方段填筑缺口和填土与建筑物的接头问题，严把质量关，检查每个施工环节，坚决杜绝“挂瀑”发生。

（6）攻克膨胀土难关。南水北调中线工程全长 1432km，其中有近 1/3 的渠道要穿越膨胀土地区。“十一五”期间，国务院南水北调办联合相关部门组织联合攻关课题组，从研究膨胀土的基本工程特性和破坏机理出发，先后在中线工程总干渠南阳、新乡段建设了两个现场试验

基地，开展了大规模的现场试验和处理措施研究工作。通过科技攻关，在膨胀土边坡破坏机理、分析理论、试验方法和处理技术等方面取得了大量创新性的成果，成功找到了解决膨胀土渠坡稳定问题的有效途径，在攻克“工程中的癌症”的进程中迈出了坚实的一步。课题成果还显著提高了中国膨胀土理论研究水平，对南水北调中线膨胀土（岩）地段渠道的设计和施工具有重要的指导意义，对于铁路公路等相关行业的膨胀土（岩）工程具有重要的参考价值和应用前景。

第四节　南水北调核心价值理念的主要作用

一个群体、一个团队、一个行业只有清醒地认识到自己所担负使命的重要性和崇高性，才能产生为之奋斗的内在动力和巨大热情；只有明晰自己的价值选择和精神追求，才能有方向上的明确和行动上的坚持。多年来，伴随着南水北调工程建设，“负责、务实、求精、创新”的南水北调核心价值理念已经深深融入南水北调系统广大干部职工团结奋斗、共克时艰的生动实践，已经成为广大干部职工基本的行动指南。南水北调核心价值理念是南水北调人的共同理想和价值追求，是建设南水北调工程的强大动力。总结提炼和培育弘扬南水北调核心价值理念具有重要的实践意义，通过南水北调核心价值理念的培育和弘扬，可以进一步焕发献身激情，增强负责意识，提升求实品格，激发创新活力，达到凝聚人心，统一思想，促进南水北调工程早日造福人民，惠及子孙。

一、承上启下，继往开来，是传承悠久历史与谱写时代篇章的有机统一

弘扬南水北调核心价值理念，有利于中国历史的文化传承。中线工程沿线形成了京津、保定、石家庄、漳河、黄河、淮河上游、南阳盆地等自然文化景观圈。东线工程有相当长的渠段是利用古代运河修整、疏浚、拓宽后输水，有利于维护、发挥好大运河的航运、输水、生态和景观功能，是积极保护该遗产经济、社会价值的重要手段。弘扬南水北调核心价值理念，继承传统文化，弘扬优秀文化，传播先进文化，促进文化创新与交流，推动沿线文化大发展大繁荣，有利于中国历史的文化传承。

弘扬南水北调核心价值理念，有利于弘扬时代的主旋律。南水北调核心价值理念是以改革创新为核心的时代精神的彰显。南水北调核心价值理念在长期工程实践中逐步形成并培育起来，既具有以改革创新为核心的与时俱进、开拓进取、求真务实、奋勇争先的时代精神，又具有鲜明的南水北调特点，深深融入南水北调工程建设的各个方面，不断焕发生命力和创造力。在贯彻落实科学发展观，促进人水和谐的进程中，弘扬南水北调核心价值理念，能引领人们牢固树立爱水、节水、护水意识，为我国水资源合理配置提供恒久的动力。弘扬南水北调核心价值理念，将丰富社会主义核心价值体系的内容，高扬时代主旋律，在弘扬新风正气、引导社会价值取向上发挥导引、表率作用。

二、凝聚共识，统一思想，是激励南水北调人开拓奋进的力量源泉

弘扬南水北调核心价值理念，有利于凝聚共识。“负责、务实、求精、创新”理念是对广

大南水北调工程建设者在工程建设实践中表现出的诸如忠诚为民、负责敬业、科学求实、创新创优、团结协作、任劳任怨、艰苦奋斗、公正廉洁、执着奉献等崇高精神、优良作风和优秀品质的进一步总结概括和提炼。

弘扬南水北调核心价值理念，有利于统一思想。“负责、务实、求精、创新”理念以其对南水北调工程建设规律的深刻认识，为科学调水奠定了思想根基，为调水事业开拓前进树立了精神旗帜，必将更加有利于统一思想和形成共识，起到鼓舞人心、凝聚力量的宣传、引领和教育作用，成为激励南水北调人开拓奋进的力量源泉。正是这样一种精神激励和引导南水北调系统广大干部职工挺身而出，在工程建设中奋力拼搏、无私奉献，谱写了一曲曲感天地、泣鬼神的壮美乐章。

三、指导建设，引领运行，是保障南水北调工程建设和运行管理的精神动力

弘扬南水北调核心价值理念，有利于激励工作热情。马克思曾经说过：理论一经群众掌握，也会变成物质力量。南水北调工程建设任重而道远，迫切需要强大的精神力量凝聚人心、激励斗志。总结提炼和宣传弘扬“负责、务实、求精、创新”的理念，确立理想信念、引领价值追求、激发创造激情，必将激励南水北调人的工作热情和干劲，形成强大的精神动力和文化支持，调动积极性、主动性和创造性，激励党员干部与时俱进、锐意进取、扎实工作。

弘扬南水北调核心价值理念，有利于促进工程建设和运行管理。南水北调核心价值理念具有强大的引领功能、激励功能、凝聚功能，在工程建设时期，必将为南水北调工程不断开创新局面、夺取新胜利，从而又好又快建设，顺利实现通水目标，发挥重要的思想保证作用；在工程运行管理时期，也必将为工程顺利运行凝聚力量，提供有效的精神动力和道德支撑。

四、展示文化，引导舆论，是引领南水北调事业发展的精神指南

弘扬南水北调核心价值理念，有利于引导良好的舆论氛围。南水北调工程经过几代建设者前赴后继、艰苦卓绝的探索与实践，逐渐培育积淀、锻造形成了具有鲜明特点的南水北调精神文化，是社会主义核心价值体系的生动实践。宣传南水北调核心价值理念就是宣传南水北调工程，展示南水北调工程建设者的精神风貌，引导全社会正确认识南水北调工程，引领人们牢固树立爱水、节水、护水意识，形成良好的南水北调舆论氛围。

弘扬南水北调核心价值理念，有利于推动调水事业科学发展。回顾南水北调工程建设的历程，我们可以清晰地看到，工程建设者所谋划的一切工作思路、所推进的各项工作、所实施的各项重大工程，都体现了一种基本的价值取向和价值规范，即“负责、务实、求精、创新”的南水北调核心价值理念。南水北调核心价值理念引导南水北调人从国家利益高度出发，以对国家、对人民、对历史高度负责的态度，求真务实，精益求精，勇于创新，推动南水北调事业科学发展。

五、科学调水，优化配置，是促进经济社会全面发展的强大支撑

弘扬南水北调核心价值理念，有利于制度优势的全面彰显。无论工程规划、勘测、论证阶段的集体智慧结晶，还是丹江口库区移民的全民动员大合唱，无数的艰难与困苦，不尽的血汗

与泪水，诠释了一个国家的意志、一个执政党的信心。东线调水沿线原来“有河皆污”，要在保持经济平稳增长的同时，有效地治理水环境污染。江苏、山东两省人民政府担负起治污主体责任。中央有关部门各司其职，各负其责，团结协作，促使东线水质持续向好。弘扬南水北调核心价值理念，就是弘扬集中力量办大事，有效解决人民群众生产生活中的突出问题，促进南水北调与沿线经济和谐发展，全面彰显社会主义制度优势。

弘扬南水北调核心价值理念，有利于中华民族的繁衍生息。南水北调工程建设前，海河流域出现 5 万 km^2 的漏斗区，成为世界漏斗区之最。北京也出现了 1000 多 km^2 的漏斗区，地面开始沉降，最大沉降已达 1m 多。工程通水后，2015 年北京市地下水位首次出现回升，同比回升了 0.15m。南水北调构筑成“南北调配，东西互济”的大水网格局，可以促进北方地区经济的发展，增强当地的水资源承载能力，有效遏制地面沉降，有利于中华民族的繁衍生息。弘扬南水北调核心价值理念，有助于早日发挥工程效益，解决北方地区的水资源短缺问题，促进经济社会的发展和城市化进程，使广大人民群众受益。

第五节　南水北调核心价值理念的深化宣传

南水北调核心价值理念的表述形式是在工程建设进入冲刺冲锋、决战决胜的关键时期确立的，弘扬“负责、务实、求精、创新”的南水北调核心价值理念，是推动南水北调工程科学建设的重要保障，是实现南水北调工程如期通水目标的迫切需要，是贯彻社会主义文化大发展大繁荣战略部署的必然要求，是凝聚共同理想、践行社会主义核心价值体系的重大举措。为进一步深化对南水北调核心价值理念的宣传，南水北调工程标志标识正式颁布。南水北调标志标识是南水北调工程文化符号，是南水北调工程形象的文化展示，也是南水北调精神文化和核心价值理念的重要载体。必须把弘扬和践行南水北调核心价值理念，作为一项长期的任务，按照铸造灵魂、打牢基础、深化主题、彰显特色的要求，采取多种形式进行广泛宣传，切实把“负责、务实、求精、创新”的南水北调核心价值理念融入工程建设运行的方方面面，为促进南水北调工程又好又快发展提供思想文化支持和精神动力。

一、推动科学认知

正确的价值体系只有被人民群众普遍接受、理解和掌握并转化为社会群体意识，才能为人们所自觉遵守和奉行。

(1) 充分利用中央主要新闻媒体和国家重点新闻网站，中国南水北调网站、中国南水北调报、南水北调手机短信平台等各种载体深化宣传，大力弘扬“负责、务实、求精、创新”的南水北调核心价值理念，宣传一切有利于南水北调工程建设、有利于干部职工幸福的思想和精神，使南水北调核心价值理念始终成为广大干部职工共同的价值追求，使广大干部职工始终保持奋发有为、积极向上的精神状态。

(2) 通过举办报告会、研讨会、座谈会、演讲、文学艺术创作、职工文化艺术展等多种形式，大力宣传“负责、务实、求精、创新”的南水北调核心价值理念，将这种价值理念融化到日常工作的每一个环节、每一个步骤、每一个细节，引导广大南水北调干部职工认真学习，自觉践行，为南水北调工程又好又快建设和平稳运行提供良好的思想保证、精神动力、舆论氛围和文化条件。

（3）高度重视对弘扬和践行南水北调核心价值理念的理论和现实热点问题的研究，深入研究南水北调干部职工思想活动独立性、选择性、变化性、差异性的特点，深入研究社会变革和利益关系调整对干部职工思想观念、价值取向、道德追求和心理特征的影响，深入研究不同层面、不同岗位人的思想追求和价值诉求，深入挖掘和弘扬我国优秀的治水传统文化，推动南水北调核心价值理念的认知认同。

二、注重知行统一

把正确的价值取向转化为人们普遍遵循的行为规范，是南水北调核心价值理念落到实处的根本保障。

（1）把南水北调核心价值理念转化为南水北调人的职业道德。南水北调核心价值理念是一种价值追求，南水北调人的职业道德就是体现这种价值追求的行为标尺和行动准则。践行南水北调核心价值理念就是恪守职业道德，时刻感受南水北调核心价值理念的感染和熏陶，将南水北调核心价值理念内化为价值观念，真心实意地去感知、去认同、去接受。

（2）把南水北调核心价值理念转化为南水北调人的优良作风。在“负责、务实、求精、创新”南水北调核心价值理念的引导下，强化求真务实的作风，形成实干创新的风气；强化清正廉洁的作风，形成秉公为政的风气；强化联系群众的作风，形成为民办事的风气；强化艰苦奋斗的作风，形成勤俭节约的风气；强化勤思爱学的作风，形成积极进取的风气。

（3）把南水北调核心价值理念转化为南水北调人的实践行动。将“负责、务实、求精、创新”的南水北调核心价值理念转化为广大南水北调干部职工日常工作生活的基本遵循，在工程建设、质量安全、投资控制、治污环保、征地移民、技术研发、体制机制创新等方面自觉遵守，努力践行，内化为南水北调人的自觉行动和行为准则。

三、强化导向引领

在世情、国情、水情发生深刻变化的新形势下，更需要以主流意识形态和价值取向去引导多样化的社会思潮和行为追求。弘扬“负责、务实、求精、创新”的南水北调核心价值理念，应注意发挥导向和引领作用。

（1）充分发挥各级领导干部的表率作用。南水北调系统各级领导干部都要以南水北调核心价值理念为镜子，日日照、时时省，以身作则、率先垂范，在南水北调工程建设和运行中认真践行核心价值理念，用自己的模范行动和人格力量做出榜样。

（2）充分发挥先进典型的示范作用。要充分发挥各类先进典型的感召作用，用先进典型的崇高理想凝聚干部职工，用先进典型的先进事迹感召干部职工，用先进典型的高尚情操陶冶干部职工，使南水北调广大干部职工学有榜样、赶有目标、见贤思齐。

（3）充分发挥舆论的导向作用。通过运用各种形式和载体大力宣传践行南水北调核心价值理念的具体行动和突出成效，大力宣传以南水北调核心价值理念为准则推动南水北调工程建设和运行的鲜活经验，为践行南水北调核心价值理念营造良好的舆论氛围。

四、坚持文化熏陶

文化潜移默化地影响南水北调系统干部职工的思想观念、价值判断、道德行为，对于弘扬南水北调核心价值理念具有不可替代的独特作用。

（1）坚持把弘扬南水北调核心价值理念作为南水北调系统新闻宣传媒体义不容辞的责任，用南水北调核心价值理念引领南水北调系统各种文化作品的创作与生产，并将理念鲜明而深刻地体现在文化产品中。

（2）坚持把南水北调核心价值理念体现到群众性精神文明活动创建中，始终围绕践行南水北调核心价值理念部署任务、安排活动、开展工作。积极开展干部职工乐于参与、便于参与、健康有益的文化体育活动，不断推出大家喜闻乐见的文化新形式，使干部职工在文化活动中坚定积极的人生追求。

（3）坚持把南水北调核心价值理念作为单位环境布置的重要内容，努力营造春雨润物细无声的育人环境，陶冶高尚的道德情操。

五、加强制度保障

积极推动南水北调系统各单位把南水北调核心价值理念体现在制度设计、政策制定和行业内部管理之中，形成行之有效的规章制度和长效机制。

（1）充分发挥规章制度的规范作用。通过规章制度，将南水北调核心价值理念外化为行为细则，规范南水北调工程建设的各个方面。

（2）充分发挥规章制度的引导作用。通过规章制度指引南水北调人遵循“负责、务实、求精、创新”的核心价值理念，在纷繁复杂的社会现象和价值观念中分清是非、辨别良莠，校正人生目标，坚守正确的理想信念和道德情操，巩固南水北调人团结奋斗的共同思想基础，把南水北调核心价值理念作为南水北调系统干部职工保持政治立场坚定和思想道德纯洁的“主心骨”。

（3）充分发挥规章制度的激励作用。通过规章制度使践行南水北调核心价值理念的行为得到褒扬和鼓励，使违背南水北调核心价值理念的行为受到贬斥和惩戒，使南水北调系统干部职工的根本价值取向得到广泛认同并保持稳定性连续性。

文明创建大事记

2002年

12月27日，南水北调工程开工典礼在北京人民大会堂和江苏省、山东省施工现场同时举行。这标志着南水北调工程进入实施阶段。国家主席江泽民为工程开工发来贺信。国务院总理朱镕基在人民大会堂主会场宣布工程正式开工，中共中央政治局常委、国务院副总理温家宝发表讲话。会议由中共中央政治局委员、国家计委主任曾培炎主持。

2003年

2月28日，国务院南水北调办筹备组正式成立，开展筹备工作。

7月31日，国务院决定成立国务院南水北调建委会。

8月4日，国务院批准国务院南水北调办主要职责、内设机构和人员编制。

8月13日，中央决定成立国务院南水北调办党组。

8月14日，国务院南水北调建委会第一次全体会议在北京市召开。中共中央政治局常委、国务院总理、国务院南水北调建委会主任温家宝主持会议并发表重要讲话。中共中央政治局委员、国务院副总理、国务院南水北调建委会副主任曾培炎、回良玉出席会议并讲话。国务院南水北调建委会全体成员出席会议。

9月1日，国务院南水北调办开通了中国南水北调网站，成为中国最权威的发布南水北调工程建设信息的窗口。

10月29日，国务院南水北调建委会批准国务院南水北调办提出的《南水北调工程项目法人组建方案》。

12月28日，国务院南水北调办正式挂牌，开始履行“三定”规定赋予的各项职责。

12月30日，南水北调中线京石段应急供水工程——北京永定河倒虹吸工程、河北滹沱河倒虹吸工程同时开工。

2004年

3月2日，国务院南水北调办召开机关党员大会，会议选举产生了第一届国务院南水北调办机关党委，孟学农任书记（兼），杜鸿礼任副书记。

4月7日，中央编办批复同意成立国务院南水北调办政策及技术研究中心、南水北调工程

建设监管中心。

4 月 20 日，国务院南水北调办召开机关工会会员大会，正式选举产生了首届国务院南水北调办机关工会。

4 月 21 日，国务院南水北调建委会专家委员会成立，并在北京召开第一次全体会议，两院院士潘家铮担任第一届专家委员会主任，秘书长为张国良。

4 月 24 日，国务院南水北调办机关团委组织主题为“勤于学习，善于创造，甘于奉献”的机关青年活动，纪念五四运动 85 周年，带领青年职工赴西柏坡参观学习，接受革命传统教育，重温两个务必；组织主题为“勤于学习，善于创造，甘于奉献”的座谈会；深入南水北调施工现场，调研已开工项目——河北滹沱河倒虹吸工程情况。

6 月，国务院南水北调办成立机关精神文明建设指导委员会及工作办公室，委员会由孟学农任主任、杜鸿礼任副主任兼办公室主任，机关各司有关负责同志参加，推动机关文明创建活动的开展。成立了办机关交通安全领导小组、卫生绿化领导小组和计划生育领导小组，明确了工作职责。

7 月 15 日，中线建管局成立。

8 月 3 日，国务院南水北调办印发《国务院南水北调办网站信息管理暂行办法》。

8 月 4 日，国务院南水北调办印发《国务院南水北调办新闻宣传工作管理暂行办法》。

2005 年

2005 年，国务院南水北调办以先进性教育“时代先锋”为主题，表彰了 3 个先进党支部、9 名优秀共产党员、5 名优秀党务工作者。

1—6 月，国务院南水北调办开展保持共产党员先进性教育活动，深入学习，广泛讨论，建立了长效机制，党员队伍思想、组织、作风建设得到了明显加强，有力促进了南水北调各项工作。

5 月 16 日，国务院南水北调办印发《国务院南水北调办政务信息公开管理办法》《国务院南水北调办政务信息公开目录》。

9 月，国务院南水北调办召开纪念抗日战争胜利 60 周年座谈会。

9 月，中央主要新闻媒体按照中宣部组织开展的“经典中国——重点工程篇”系列报道的要求，开辟专栏、安排重点时段集中对南水北调工程进行了报道。

9 月 20 日，中央编办批复同意成立南水北调工程设计管理中心。

9 月 27 日，人民网邀请张基尧做客“强国论坛”，就南水北调工程建设情况与广大网民实时交谈。

10 月 21 日，中央电视台《决策者说》播出南水北调工程专题节目“专访张基尧主任：六问南水北调工程”。

12 月 3—4 日，国务院南水北调办增强共青团员意识主题教育活动领导小组办公室组织开展题为“激情促建设，青春献工程”的主题团日活动。

12 月 26 日，国务院南水北调办召开增强共青团员意识主题教育活动总结大会，机关各司、事业单位和中线建管局的团员青年参加会议。

2006 年

2006 年，国务院南水北调办开展树立社会主义荣辱观主题教育实践活动，用社会主义的基本道德规范教育和引导干部职工增强荣辱观念，明辨荣辱界限，形成“知荣辱、树新风、促和谐”的文明风尚。

2006 年，国务院南水北调办开展纪念建党 85 周年和红军长征胜利 70 周年活动，大力弘扬伟大的长征精神，不断培养党员干部为南水北调工程建设团结奋斗的思想基础，激励党员干部始终保持昂扬向上的精神状态。

2006 年，国务院南水北调办表彰 6 个先进党支部、19 名优秀共产党员、8 名优秀党务工作者。

4 月 7 日，国务院南水北调办机关团委、北京市南水北调工程建设委员会办公室、北京市南水北调工程建设管理中心和永定河管理处共同组织单位团员青年，在永定河畔开展了主题为“增强共青团员意识，树立社会主义荣辱观”的联合义务植树活动。

5 月 10 日，国务院南水北调办印发《南水北调工程文明工地建设管理规定》（国调办建管〔2006〕36 号）。

6 月 28 日，国务院南水北调办召开机关全体党员大会，选举成立国务院南水北调办机关纪委，彭克加任纪委书记。

7 月 26 日，国务院南水北调办印发《关于加强南水北调工程建设声像工作的通知》（国调办综〔2006〕75 号）。

10 月，国务院南水北调办组织第二届职工文化艺术展览。参展作品内容丰富，形式多样，包括书法、绘画、摄影及其他形式的艺术作品共 97 件。

2007 年

2007 年，国务院南水北调办认真组织做好党的十七大代表候选人推选和中央国家机关党代表会议代表的推荐工作，推荐张基尧为十七大代表候选人，杜鸿礼、彭克加为中央国家机关党代会代表。

3 月 30 日，国务院南水北调办机关团委、北京市南水北调工程建设委员会办公室、北京市南水北调工程建设管理中心和永定河管理处共同组织单位团员青年，在永定河畔开展了主题为“保护母亲河——绿色和谐你我同行”的联合义务植树活动。

7 月 1 日，湖北省南水北调博物馆在湖北省十堰市揭牌。

9 月 10 日，国务院南水北调办开展“法律进工程”法律知识竞赛活动。

11 月，国务院南水北调办积极开展“送温暖、献爱心”社会捐助活动，为灾区群众献上一片爱心。

12 月，在共青团全国基层组织建设领导小组办公室组织开展的“全国五四红旗团委创建单位”评选活动中，国务院南水北调办机关团委被确定为“全国五四红旗团委创建单位”。

2008 年

2008 年，中宣部两次将南水北调工程列为重点宣传报道对象（纪念改革开放 30 周年重点、

学习实践科学发展观活动)，通过“经典中国·辉煌30年”栏目和学习实践活动专栏进行报道。

2月22日，国务院南水北调办印发《关于表彰南水北调工程2006、2007年度文明工地的通知》(国调办建管〔2008〕24号)，对文明工地、文明建设管理单位、文明施工单位、文明监理单位、文明工地建设先进个人等进行表彰。

3月26日，南水北调工程建设年鉴编纂工作会议召开，部署2008年度《中国南水北调工程建设年鉴》编纂工作，交流年鉴编纂工作经验。

5月，由国务院南水北调办与中线建管局、河北省南水北调办公室联合倡议，党员干部捐资30余万元人民币共同兴建的河北省唐县封庄村“南水北调希望小学”建成并投入使用，赢得当地群众和社会的称赞。

5月4日，国务院南水北调办机关团委组织召开青年座谈会，学习领会胡锦涛在北京大学庆祝建校110周年师生座谈会上的重要讲话精神，贯彻落实纪念五四青年节青年干部座谈会上的讲话精神。

5月30日，国务院南水北调办印发《南水北调工程建设安全生产目标考核管理办法》(国调办建管〔2008〕83号)。

6月，国务院南水北调办召开纪念建党87周年暨表彰“两优一先”大会，表彰6个先进党支部、21名优秀共产党员、8名优秀党务工作者。

2008年9月至2009年2月，国务院南水北调办开展深入学习实践科学发展观活动，认真组织开展学习调研、分析检查、整改落实等3个阶段11个环节的活动，用科学发展观统领南水北调各项工作。

10月，国务院南水北调办干部职工踊跃向四川汶川地震灾区捐款，先后组织4次捐款活动和1次特殊党费交纳活动，体现了广大党员干部的政治觉悟、责任意识和爱国情怀。

2009年

2009年，国务院南水北调办广泛开展庆祝新中国成立60周年系列活动，先后组织干部职工参观了新中国成立60周年成就展、“内蒙古新疆广西宁夏西藏自治区成就展”和《复兴之路》主题展览；组织干部职工观看献礼主旋律影片《建国大业》；选派干部职工参加了中央国家机关庆祝建国60周年大型歌咏比赛和群众游行活动，加强爱国主义教育。

2009年，国务院南水北调办表彰6个先进党支部、21名优秀共产党员、14名优秀党务工作者。

2009年，中宣部将南水北调工程纳入庆祝新中国成立60周年总体方案。围绕新中国成立60周年成果展示，中央媒体记者集体采访国务院南水北调办领导，新华社、《人民日报》、中央电视台等中央主要新闻媒体和人民网、中国网、中国经济网等国家重点新闻网站对南水北调工程建设成果进行了集中报道。

1月1日，《中国南水北调》报正式创刊，成为宣传党和国家建设南水北调工程方针政策、部署要求的喉舌，传达国务院南水北调建委会决策部署和国务院南水北调办工作安排的重要渠道，弘扬南水北调精神和文化的舆论阵地，联系社会及广大建设者的桥梁和纽带。

3月3日，国务院南水北调办印发《国务院南水北调办新闻宣传工作管理办法》（国调办综〔2009〕18号）。

3月3日，《中国南水北调工程建设年鉴》编纂工作会议在北京市召开，会议交流年鉴编纂工作经验，强化年鉴编纂质量意识，提高年鉴撰写质量和编辑水平。

4月2日，南水北调系统网络宣传工作会议在北京市召开，安排部署南水北调网络展览有关事宜。

4月24日，国务院南水北调办印发《关于表彰南水北调工程质量安全管理先进单位和个人的通知》（国调办建管〔2009〕55号），对2008年度先进单位和个人进行了表彰。

5月15日，中共国务院南水北调办直属机关第一次代表大会召开，会议选举产生第二届国务院南水北调办直属机关党委，李津成任书记（兼），杜鸿礼任常务副书记，彭克加任副书记。会议选举产生第二届国务院南水北调办直属机关纪委，彭克加任书记，韩连峰任副书记。

5月18—23日，国务院南水北调办组织《人民日报》、新华社、中央电视台等中央新闻媒体记者赴南水北调工程现场开展重点宣传报道活动。

6月16日，国务院南水北调办直属机关团员大会胜利召开，大会选举产生国务院南水北调办直属机关第二届团委，审议井书光代表机关团委所作的工作报告，通过了《关于机关团委工作报告的决议》。

6月18日，国务院南水北调办机关工会会员大会召开，审议通过第一届工会工作报告和经费审查工作报告，选举产生新一届工会委员会委员和经费审查委员会委员。

8月28日，国务院南水北调办直属机关团委赴天津市组织开展主题为“与祖国共奋进，伴工程同成长”的迎接新中国成立60周年革命传统教育暨南水北调工程调研和青年干部座谈会。

9月18日，国务院南水北调办直属机关妇工委组织开展主题为“了解新农村，增强爱国情”的赴留民营生态农场学习参观活动。

9月21日，南水北调工程网络展览和网站群顺利开通，以庆祝新中国成立60周年。

12月9日，南水北调系统宣传工作暨网络展览总结表彰会议在江苏省南京市召开，总结南水北调宣传及网络展览工作，并对南水北调宣传工作先进集体和先进个人、网络展览优秀展区和优秀组织单位进行了表彰。

2010年

4月7日，2010年《中国南水北调工程建设年鉴》编纂工作会议在河南省郑州市召开。

5月5日，国务院南水北调办组织“纪念‘五四’青年节暨青春为南水北调闪光”主题演讲会。

5月25—28日，国务院新闻办公室组织俄新社、全俄广播电视公司、日本广播协会等境外媒体和香港《大公报》、香港《文汇报》、新华社、中新社、中国国际广播电台、《环球时报》、《中国日报》、中国网等国内媒体赴湖北，就南水北调中线湖北段工程建设、库区移民安置、水源保护等工作进行集中采访。

5月13日，国务院南水北调办印发《关于表彰南水北调工程安全生产管理先进单位和个人的通知》（国调办建管〔2010〕65号），对2009年度先进单位和个人进行了表彰。

2010年6月至2012年6月，国务院南水北调办开展以创建先进基层党组织、争当优秀共

产党员为主要内容的创先争优活动，充分发挥基层党组织的战斗堡垒作用和党员的先锋模范作用。2012年表彰了6个先进党支部、30名优秀共产党员。

9月20日，中央国家机关第三届职工运动会在北京市圆满落幕。国务院南水北调办代表队团结协作，奋力拼搏，获得本届运动会最佳风貌奖。

11月11日，南水北调系统宣传工作座谈会在湖北省武汉市召开，学习贯彻李克强副总理在南水北调工程建设工作座谈会上的重要讲话精神，研究进一步加强南水北调宣传工作的思路和措施，表彰宣传和普法工作先进，为确保实现通水目标提供舆论保障。

2011年

2011年，国务院南水北调办扎实做好直属机关庆祝建党90周年系列活动，召开纪念建党90周年大会，组织直属机关党员干部参观“复兴之路”大型展览、观看《我们的旗帜》大型文艺演出和电影《建党伟业》，组织“两优一先”代表赴井冈山进行党性教育。

2011年，国务院南水北调办表彰6个先进党支部、26名优秀共产党员、15名优秀党务工作者。

1月，国务院南水北调办成立党风廉政建设领导小组，鄂竟平任主任，张野、蒋旭光、于幼军任副主任。领导小组下设办公室，杜鸿礼任主任，日常工作由直属机关党委承担。

3月29日，《中国南水北调工程建设年鉴》编纂委员会办公室在湖北省襄阳市组织召开南水北调工程建设年鉴编纂工作会议。

4月7日，南水北调宣传中心成立。

4月13日，国务院南水北调办制定并印发《南水北调系统“六五”法制宣传教育工作规划》(国调办综〔2011〕73号)。

4月29日，国务院南水北调办直属机关团委在中线穿黄工程建设工地，组织召开主题为“弘扬‘五四’精神，建功南水北调”青年座谈会，纪念“五四”运动92周年，表彰青年文明号等先进青年集体和个人，交流青年创先争优工作经验。

5月12—20日，由国务院南水北调办和中国作家协会联合举办南水北调作家采访采风活动。采风团奔赴南水北调中线工程建设现场和丹江口库区，实地了解工程建设、移民搬迁、治污环保等工作。

6月，国务院南水北调办举办“身边的榜样”先进事迹报告会，在直属机关号召学习胥元霞、曹桂英、李耀忠立足本职、服务南水北调工程的先进事迹，自觉以身边的先进典型为榜样，找差距、定目标、当先锋。

6月15日，国务院南水北调办印发《关于表彰南水北调工程安全生产管理先进单位和先进个人的通知》(国调办建管〔2011〕126号)，对2010年度先进单位和个人进行表彰。

6月23日，国务院南水北调办直属机关党委组织党员干部瞻仰李大钊烈士陵园，深切缅怀中国共产党主要创始人之一李大钊烈士。

7月8日，国务院南水北调办直属机关团委组织召开团员青年座谈会，学习胡锦涛在庆祝中国共产党成立90周年大会上的重要讲话精神，围绕在南水北调工程建设的高峰期和关键期，充分发挥团员青年作用，推动工程又好又快建设进行了交流。

7月22日，《中国南水北调》报宣传通联工作会议召开。

11月10日，国务院南水北调办门户网站——中国南水北调网站设立普法专题“警示栏”，公布转载社会媒体关于南水北调工程的涉法事务，以警示参建单位和建设者依法建设、依法管理、依法监督。

12月20日，南水北调公益广告在中央电视台黄金时间首播。

2012年

2012年，国务院南水北调办认真做好出席党的十八大代表候选人和出席中央国家机关党代会代表的选举工作，推荐鄂竟平为十八大代表候选人，于幼军、杜鸿礼为中央国家机关党代会代表。

2月21日，首块南水北调工程建设举报公告牌揭牌。设立举报公告牌是向全社会表明，南水北调系统诚心接受社会各界监督，期盼用举报这种快速直接的方式发现并处置工程质量、资金等方面的问题，以保障南水北调工程建设得又好又快。

3月28日，《中国南水北调工程建设年鉴》编纂工作会议在杭州市召开。

4月6日，国务院南水北调办在工程沿线同时举行南水北调东、中线一期工程通水倒计时揭牌仪式，向全社会庄严宣告，南水北调工程进入决战决胜的关键时刻。

4月，由国务院南水北调办和中国作家协会联合举办“南水北调东线行”中国作家采访采风活动。

4月20日，南水北调工程建设举报受理中心正式成立。

4月27日，国务院南水北调办印发《关于表彰南水北调工程安全生产管理先进单位和先进个人的通知》(国调办建管〔2012〕95号)，对2011年度先进单位和个人进行了表彰。

5月，国务院南水北调办推荐选送的35篇公文在中央国家机关公文写作技能大赛中获得奖项。

2012年5月至2013年1月，国务院南水北调办直属机关党委组织开展了南水北调核心价值理念总结提炼工作，通过下基层调研、召开座谈会、听取意见建议等方式，集思广益、民主讨论，反复酝酿、党组议定，最终确定南水北调核心价值理念表述为“负责、务实、求精、创新”，并正式印发全系统学习实践弘扬。

5月4日，国务院南水北调办组织“纪念‘五四’青年节暨学雷锋，争做南水北调优秀青年”主题演讲会。

5月8—18日，国务院南水北调办副主任于幼军带队，国家旅游局、文化部及有关专家组成调研组赴北京、河北、河南、湖北4省（直辖市）开展南水北调中线生态文化旅游产业带规划编制前期调研。

7月8日，记录南水北调丹江口库区移民搬迁过程的专题纪录片《王品兰移民记》在中央电视台首播。

7月11—13日，国务院南水北调办在山东省泰安市召开南水北调宣传工作会议。

7月24日，中国第一部以南水北调移民为题材的电影《汉水丹心》在北京人民大会堂首映。

8月27日，国务院南水北调办召开丹江口库区移民干部先进事迹新闻通气会。

9月7—9日，根据“基层组织建设年”活动的要求，国务院南水北调办举办党支部书记培

训班。

9月14日，南水北调东线工程运行管理机构筹备组成立。

9月21日，国务院南水北调办在机关大楼举行首届职工趣味运动会。

10月8日，全面反映南水北调丹江口库区移民搬迁安置的长篇报告文学《向人民报告——中国南水北调大移民》出版发行。

12月10日，中央电视台网站公布2012年“感动中国”人物评选候选人名单及简要事迹。南水北调工程建设者、河南省水利第一工程局方城六标项目经理陈建国入选为候选人。

12月20日，《南水北调中线生态文化旅游产业带规划纲要》新闻通气会召开。

12月31日，国务院南水北调办向全社会郑重宣告，南水北调东线一期工程开始通水倒计时一周年。

2013年

2月，中央国家机关妇工委表彰2012年妇女工作创意奖、组织奖、效果奖，国务院南水北调办直属机关妇工委荣获效果奖。

3月15日，国务院南水北调办机关团委组织团员青年到中华世纪坛，参观“永远的雷锋”大型主题展览。

4月29日，由国务院南水北调办送播的南水北调公益宣传片《治污环保篇》在中央电视台各频道正式播出。该公益宣传片在中央电视台各频道每日滚动播出20余次，连续播出一个月。这是南水北调公益宣传片继《绿叶篇》《建设者篇》后第三次登陆央视。

2013年5月至2014年1月，国务院南水北调办开展党的群众路线教育实践活动，开展了“学习教育、听取意见，查摆问题、开展批评，整改落实、建章立制”三个环节的工作，加强全体党员群众观点教育，强化全心全意为人民服务的根本宗旨。

5月3—4日，国务院南水北调办机关团委组织开展“弘扬‘五四’精神，共筑中国梦”青年主题活动。活动包括召开“弘扬‘五四’精神，共筑中国梦”青年座谈会，参观济南战役纪念馆、解放阁，考察济平干渠和东线穿黄河工程等。

6月16日，由中央国家机关工会联合会主办，国家体育总局棋牌运动管理中心、中国象棋协会承办的2013年中央国家机关“公仆杯”象棋团体赛在中国棋院闭幕。国务院南水北调办代表队在比赛中再创佳绩。

10月10日，国务院南水北调办印发《关于规范使用南水北调工程标志标识的通知》（国调办综〔2013〕248号），要求沿线有关单位规范使用工程标志标识，展示南水北调工程良好形象，扩大工程在社会上的积极影响。

10月11日，由知名作家裔兆宏创作的南水北调环保治污题材长篇报告文学《美丽中国样本》，由中央文献出版社公开出版发行。12日，国务院南水北调办、中国作家协会和中央文献出版社联合举行《美丽中国样本》创作研讨会。

10月30日，为宣传南水北调东线一期工程通水，中央电视台现场采访录制的系列专题纪录片《东线水事》播出。该纪录片共四集，题目分别是《水往高处流》《源头治污》《解困山东》《湿地的功劳》。连播四周，每周播出一集。

11月1日，国务院南水北调办成立退休干部党支部。

11月，中央国家机关妇工委与人民网、红旗出版社、《中国妇女报》联合开展了以“幸福”为主题的书香“三八”征文活动，国务院南水北调办经济与财务司孙卫的《最幸福的事》一文荣获三等奖。

12月24日，国务院南水北调办直属机关第二次党员代表大会召开，会议选举产生了第三届国务院南水北调办直属机关党委，于幼军任书记（兼），杜鸿礼任常务副书记，彭克加任副书记。会议选举产生了第三届国务院南水北调办直属机关纪委，彭克加任书记，刘杰任副书记。

12月28—29日，中国文联文艺志愿服务团赴南水北调中线工程河南湍河渡槽施工现场和湖北丹江口移民新村，开展以“我们的中国梦——送欢乐下基层”为主题的慰问活动。

2014年

2014年，中宣部将南水北调中线通水及南水北调东、中线全面建成通水列为新中国成立65周年重点宣传内容。

1月7日，丹江口库区淅川县移民精神报告团到国务院南水北调办作报告。

1月12日，南水北调工程建设者陈建国当选中央电视台2013年度“三农”人物。

1月22日，国务院第37次常务会议通过《南水北调工程供用水管理条例》，2月16日公布施行。

2月，国务院南水北调办召开廉政工作会。会后，制定了《国务院南水北调办建立健全惩治和预防腐败体系2013—2017年工作要点》和《国务院南水北调办关于加强廉政风险防控的意见》，办领导与各司各直属单位主要负责人签署廉政建设责任书。

2月，中央国家机关团工委命名表彰2013年度中央国家机关青年岗位能手，中线建管局陈晓楠荣获“2013年度中央国家机关青年岗位能手”。

2月21日，天津市人民政府办公厅转发《南水北调天津市配套工程管理办法》，自4月1日起施行。

4月8日，南水北调工程第四部公益宣传片《移民篇》在中央电视台各频道播出。

4月21日，由国务院南水北调办和中国作家协会联合举办的“梦圆南水北调”中国作家中线行采访采风活动在北京市启动。

4月28日，河南省南水北调工程建设者、河南省水利第一工程局方城六标项目经理陈建国荣获“全国五一劳动奖章”。

5月8日，国务院南水北调办直属机关召开第三次团员代表大会。

6月11日，中线建管局河北直管建管部石家庄管理处副处长王秀贞家庭，荣获“全国五好文明家庭”称号。

6月25日，中央国家妇工委通报家庭建设好经验征集、评选活动结果，授予300名同志“最佳经验奖”，授予35个妇女组织优秀妇女组织奖。国务院南水北调办由国文、邓杰、何韵华、盛晴、王秀贞5位同志荣获“最佳经验奖”，直属机关妇工委荣获优秀组织奖。

7月15日，国务院南水北调办组织党员干部赴中国人民抗日战争纪念馆进行学习参观。

8月20日，中国作家协会会员赵学儒创作的长篇报告文学《圆梦南水北调》出版发行。该书经新闻广播录制为纪实文学联播节目，并在相关频道播出。

8月27日，国务院南水北调办在北京召开南水北调中线水质保护宣传工作座谈会，部署中线水质保护宣传工作。

8月29日，中央国家机关第二届“创建文明机关、争做人民满意公务员”活动先进集体表彰大会在北京市召开，国务院南水北调办征地移民司获“先进集体”称号。

8月30—31日，由中央国家机关工会联合会主办，国家体育总局棋牌运动管理中心、中国象棋协会承办的中央国家机关“公仆杯”象棋团体赛在中国棋院举行。国务院南水北调办选派代表队参加比赛并取得优异成绩。

9月16—25日，国务院南水北调办组织中央10余家主要新闻媒体赴南水北调中线水源区及沿线开展水质保护专题采访活动。

9月，中国作家协会会员裔兆宏创作的报告文学《一江清水北上》以中、英两种语种出版，详细记述南水北调工程治理污染、保护环境、改善生态的艰难历程。

9月30日，南水北调东线总公司成立。

10月3日，中央电视台《焦点访谈》栏目以“凡人丰碑”为题，讲述移民在南水北调工程建设中为国家、舍小家的无私奉献故事。

10月11日，国务院南水北调办组织召开南水北调中线一期工程通水宣传工作会。

10月15日，国务院南水北调办和中央电视台联合举办南水北调工程大型文献纪录片《水脉》新闻通气会。中央和地方27家新闻媒体参会报道。

10月15日，中国作家协会会员梅洁撰写的长篇报告文学《汉水大移民》荣获全国“石花杯”第五届徐迟报告文学奖优秀奖。

10月17日，中央电视台综合频道首次播出南水北调工程大型文献纪录片《水脉》，科教频道、纪录频道、财经频道、中文国际等频道陆续播出。之后，中央电视台多个频道安排重播。观众人数达2亿之多。

10月28日，由国务院南水北调办指导的南水北调主题电影《天河》在北京市首映。

11月15日，北京市委市政府理论学习中心组集体观看南水北调工程题材影片《天河》。

11月24日，国务院南水北调办制定并印发《国务院南水北调办软件正版化工作管理办法》(国调办综〔2014〕306号)。

12月，为迎接南水北调东、中线一期工程全线建成通水，丰富干部职工精神文化生活，国务院南水北调办直属机关党委组织举办“第八届职工文化艺术作品展”。

12月2日，国务院办公厅印发《南水北调工程基金筹集和使用管理办法》(国办发〔2004〕86号)。

12月5日，《光明日报》刊登中国视协电视纪录片学术委员会会长刘效礼评论《水脉》纪录片的署名文章《〈水脉〉流淌着中国故事》。

12月6—11日，中国文联文艺志愿者小分队深入南水北调中线工程沿线，开展“到人民中去——中国文艺志愿者深入基层服务采风活动”。

12月12日，南水北调移民电影《汉水丹心》献映中央电视台。电影以移民干部刘峙清为原型，反映丹江口市移民精神。影片由彭景泉执导，演员陈旺林任制片人并领衔主演。

12月15日，由国务院南水北调办、北京市人民政府联合主办的“饮水思源·南水北调中线工程展览”在首都博物馆开展。

12月16日，中央电视台多个频道开始播出南水北调第五部公益宣传片——《中线工程通水篇》。

12月16日，南水北调移民题材豫剧《家园》在北京市演出。

12月17日，南水北调纪录片《水脉》座谈会在北京市召开。

12月23日，南水北调工程沿线有关省市陆续播出南水北调纪录片《水脉》。北京卫视、新闻、纪实频道，湖北卫视、新闻公共频道，以及河南卫视、陕西卫视等频道播出。

12月27日，中央电视台《焦点访谈》栏目以“为有源头清水来”为题，对丹江口水库水质保护措施及成效进行深入报道。

12月30日，《人民日报》公布2014国内十大新闻，“南水北调中线一期工程正式通水”入选。

12月底，中国互联网新闻研究中心根据网民对2014年中国国内热点新闻的关注度，评出2014年国内十大新闻，“南水北调中线一期工程正式通水”入选。

2015年

2015年，国务院南水北调办开展纪念中国人民抗日战争暨世界反法西斯战争胜利70周年系列活动，组织党员干部参观焦庄户地道战遗址纪念馆。

1月16日，《光明日报》刊登国务院南水北调办副主任蒋旭光的署名文章《节水是南水北调的长期任务》。

1月20日，“南水北调中线工程通水”荣膺为国内十大环保新闻。

1月29—30日，国务院南水北调办举办基层党支部书记落实主体责任专题培训班。

2月6—7日，南水北调工程文物保护专题纪录片《遇真宫重生记》（上、下集）通过中央电视台科教频道《探索·发现》栏目播出。

2月18日，南水北调歌曲《人间天河》在2015中央电视台春节联欢晚会演出，这是南水北调文艺作品首次登陆春晚。

2月28日，湖北省团风镇黄湖移民新村党支部书记赵久富当选中央电视台“感动中国”人物。

3月，南水北调工程纪录片《水脉》英文版在中央电视台播出。

3月1日，全国妇联在北京人民大会堂隆重举行纪念“三八”国际妇女节暨全国三八红旗手（集体）、城乡妇女岗位建功活动先进集体（个人）表彰大会。国务院南水北调办经济与财务司财务处荣获“全国三八红旗集体”荣誉称号。

3月6日，国务院南水北调办直属机关妇工委组织开展以庆祝三八妇女节为主题的玉渊潭公园健步走活动。

3月30日，中央国家机关妇女工作委员会印发《关于中央国家机关妇工委开展“〈动漫急救〉进家庭”活动情况的通报》（国妇工发〔2015〕8号），国务院南水北调办直属机关妇工委获优秀组织奖。

4月，北京市南水北调办公室团城湖管理处的化全利因事迹突出，在全国城乡妇女岗位建功活动中，荣获全国“巾帼建功”标兵荣誉称号。

4月1日，山东省十二届人大常委会第十三次会议通过《山东省南水北调条例》，自5月1

日起施行。这是中国地方省份首部关于南水北调工作的地方性法规。

4月2日，《人民日报》刊登国务院南水北调办主任鄂竟平专访文章《南水北调成在“三先三后”》。

4月3日，南水北调工程大型文献纪录片《水脉》同名图书由中国水利水电出版社公开出版发行。

4月6日，《财经国家周刊》刊登国务院南水北调办主任鄂竟平专访文章《南水北调成败在“三先三后”——专访国务院南水北调办主任鄂竟平》。

4月28日，庆祝“五一”国际劳动节暨表彰全国劳动模范和先进工作者大会在北京人民大会堂隆重举行。中线建管局河南直管局副局长、南阳项目部部长、惠南庄建管部部长蔡建平荣获全国劳动模范光荣称号。

2015年5月至2016年1月，国务院南水北调办开展“三严三实”专题教育，进行“严以修身”“严以律己”“严以用权”三个专题的学习讨论，召开了专题民主生活会和组织生活会，进行了整改落实和立规执纪，将严的精神和实的作风落实到各项具体工作中。

5月29日，国务院南水北调办机关工会主办，中线建管局工会承办的南水北调“通水杯”羽毛球比赛在郑州市中线建管局河南直管局活动中心举行。由机关工会、中线建管局工会、东线总公司工会通过初选推荐的50余名运动员、裁判员参加了比赛，南水北调一线近60名职工现场观摩了比赛。

6月17日，以“拥抱我的梦”为主题的第三届优秀国产纪录片及创作人才扶持项目表彰活动在湖南省长沙市举行，南水北调纪录片《水脉》荣登“优秀系列片”榜单。

6月29日，由中央国家机关工委和国家体育总局主办的中央国家机关第四届职工运动会在国家奥林匹克体育中心开幕。国务院南水北调办组队参加了相关项目的比赛，并获得优异成绩。

7月，国务院南水北调办召开直属机关党建工作总结暨“两优一先”表彰会，表彰6个先进党支部、34名优秀共产党员、30名优秀党务工作者。

7月2日，国务院南水北调办党组印发《南水北调办贯彻落实全面从严治党要求实施意见》(国调办党〔2015〕6号)。6日，成立国务院南水北调办党建工作领导小组，负责对办直属机关党建工作的统一领导、统筹规划、推动落实，鄂竟平任组长，蒋旭光任副组长。

7月10日，由中宣部指导，光明日报社、中国人民大学、中国伦理学会共同主办的“核心价值观百场讲坛”第26场在河南省淅川县举办，中共第十六届、十七届中央委员，中共河南省委原书记，中央马克思主义理论研究和建设工程咨询委员会主任徐光春作题为《社会主义核心价值观与移民精神》的演讲，并与现场观众和网友进行了互动。

8月15日，国务院南水北调办主任鄂竟平应邀出席中央和国家机关“强素质 做表率”读书活动主题讲坛，并作题为《南水北调：资源配置的实践》的演讲。

9月23—24日，南水北调系统机关党建工作座谈会在河南省南阳市召开。

10月13日，丹江口库区移民干部、河南省淅川县西簧乡党委书记向晓丽荣获全国道德模范提名奖。

10月13—16日，国务院南水北调办组织开展“金秋走中线 饮水话感恩”京津市民代表考察中线工程活动。京津市民代表、中央和地方媒体记者等70余人参加活动。

10月20日—11月5日，国务院南水北调办直属机关工会、机关团委组队参加第五届中央国家机关青年篮球邀请赛。

11月1日，中央第十五巡视组巡视国务院南水北调办工作动员会召开。机关各司、各直属单位处级以上干部参加会议。

11月2日，著名作家梅洁的作品《为了润泽北方大地》荣获中国作家协会、人民日报社联合主办的“中国故事”征文奖。

11月2日，由湖北省丹江口市创作的武当神戏《风雨塔灯岩》在北京市首演，演绎了丹江口大坝建设和南水北调库区移民的感人故事，展现了库区移民和移民工作者勇于担当和无私奉献的精神。

11月13日，由北京市南水北调办与首都博物馆联合编著，北京燕山出版社出版的《饮水思源——南水北调中线工程图录（文化篇、建设篇)》荣膺2015第66届美国班尼印制大奖优秀奖。

12月3日，河北省政府第69次常务会议讨论通过《河北省南水北调配套工程供用水管理规定》，10日公布，自2016年2月1日起施行。

12月4日，为庆祝南水北调东中线全面建成通水运行一周年，国务院南水北调办直属机关团委组织举行第二届“通水杯”拔河比赛。

12月11日，国务院南水北调办举行《中国共产党廉洁自律准则》《中国共产党纪律处分条例》学习知识竞赛。

2016年

1月15日，南水北调公益广告《护水篇》在中央电视台多个频道播出。《护水篇》是南水北调公益宣传片系列的第六篇，此片制作于中线工程通水一周年之际，对于通水后时代的节水宣传，以及让社会大众理解中线工程重要意义，支持运行管理工作，有着深远的意义。

1月20日，由中国作协创研部、中国现代文学馆联合主办的《梅洁文学作品典藏》出版座谈会在北京市举行。《梅洁文学作品典藏》由湖北人民出版社出版，含《山苍苍，水茫茫》《大江北去》《汉水大移民》等7篇，共计260余万字。

2月2日，中央第十五巡视组向国务院南水北调办党组反馈专项巡视情况。

3月24—25日，中央纪委驻水利部纪检组组长田野检查汉江水利水电（集团）有限责任公司、南水北调中线水源有限责任公司党风廉政建设工作。

3月28日，国务院南水北调办召开党外人士座谈会，听取直属机关民主党派代表、无党派人士的意见建议。

4月，国务院南水北调办严丽娟、谢静家庭，荣获第十届全国“五好文明家庭”称号。中线建管局向德林家庭荣获全国“最美家庭”称号。

4月，国务院南水北调办直属机关党委《以人为本，改进和加强机关思想政治工作——关于南水北调系统干部职工思想状况的调查》，在中央国家机关党建研究会2015年度机关党建课题研究成果评选中荣获一等奖。直属机关党委荣获课题研究工作组织奖。

4月6日，全国政协文史和学习委员会“南水北调中线一期工程史料征集协作座谈会”在河南省淅川县召开，标志着文史资料的征集工作正式启动。

4月6日，国务院南水北调办在南水北调中线易县段开展主题为“推动绿色发展、打造美丽渠道”的学雷锋志愿植树活动。

4月8日，国务院南水北调办在河南省安阳市召开南水北调宣传工作会议，总结近年来工作，交流经验，安排部署下一步宣传工作任务。

4月19日，国务院南水北调办召开廉政工作会，学习贯彻落实十八届中央纪委六次全会精神和国务院第四次廉政工作会精神，分析南水北调党风廉政建设和反腐败工作形势，安排部署2016年工作。

5月，南水北调工程建设者鲁肃创作的聚焦中线工程建设题材的纪实文学《南水北调过垭口》由河南文艺出版社出版发行。

5月4日，国务院南水北调办直属机关团委举办“青春在南水北调闪光”青年演讲比赛。

5月12日，国务院南水北调办防汛指挥部办公室成立。防汛指挥部办公室设主任1名、副主任2名、工作人员3名，设在建设管理司，具体负责工程建设期运行管理阶段防洪度汛日常管理工作。

5月17日，北京市奥林匹克森林公园内的南水北调展览馆开馆。展览馆总面积约$2800m^2$，通过沙盘模型、图文介绍、智能化多媒体和声光电等手段，展示河南省淅川县的历史文化、自然风光和移民故事，再现南水北调中线工程的建设过程。

5月26日，第八次全国法治宣传教育工作会议在北京市召开。国务院南水北调办推荐的中线建管局河北分局被评为“六五”普法工作先进单位，中线建管局法律事务处副处长秦昊、河南分局副局长王江涛被评为先进个人。

5月31日，东线总公司召开党员大会，总结部署东线公司党建工作，选举产生东线总公司党委、纪委。

6月2—3日，国务院南水北调办举办党支部书记“两学一做”学习教育专题培训班。

6月16日，国务院南水北调办党组主持召开党建、纪检工作联席会议。

6月30日，国务院南水北调办召开庆祝建党95周年暨“两优一先”表彰大会。

7月6日，国务院南水北调办召开干部监督工作会，深入学习贯彻全国组织部长会议精神，研究分析干部监督工作面临的新形势新任务，安排部署工作。

7月8日，国务院南水北调办党组中心组（扩大）专题学习习近平总书记在庆祝中国共产党成立95周年大会上的重要讲话。

7月19日，国务院南水北调办政策及技术研究中心、中线建管局、东线总公司在北京共同组织召开“国外调水工程运行管理学术报告会”。

7月25日，国务院南水北调办党组中心组（扩大）专题学习《中国共产党问责条例》。

7月28日，中央“两学一做”学习教育督导组到国务院南水北调办检查指导“两学一做”学习教育工作。

8月1日，国务院南水北调办召开复转退伍军人座谈会。

8月2日，国务院南水北调办组织党员干部到北京市西城区人民检察院预防职务犯罪警示教育基地学习参观，接受警示教育。

8月8日，国务院南水北调办党组中心组（扩大）专题学习中央八项规定精神并进行研讨，部署深入整治“四风”。

8月12日，国务院南水北调办党组学习刘云山同志在部分地区和部门“两学一做”学习教育工作座谈会上的讲话精神，听取机关“两学一做”学习教育情况汇报，并对下一步工作作出部署。

9月6—9日，国务院南水北调办组织“同饮一江水——水源地豫鄂陕三省群众代表考察南水北调中线工程”活动。来自水源地的河南、湖北、陕西三省30名群众代表，考察线干线天津、北京段及配套工程，与工程受水区城市天津、北京用水市民面对面交流沟通。

9月12日，国务院南水北调办党组扩大会学习习近平总书记重要指示精神和刘云山同志在部分地区和部门“两学一做”学习教育工作座谈会上的讲话精神，听取机关各司各直属单位“两学一做”学习教育情况汇报，并对下步工作作出部署。

9月19日，国务院南水北调办党组召开会议，研究进一步加强保密工作。

10月13日，国务院南水北调办党组中心组（扩大）专题学习中央关于辽宁拉票贿选案及其教训警示的通报，传达学习中央关于部分干部违反八项规定精神有关情况的通报。

10月19日，国务院南水北调办党组中心组（扩大）专题学习红军长征精神并进行研讨，党组书记、主任鄂竟平，党组成员、副主任蒋旭光参加学习。

10月28日，国务院南水北调办党组召开专门会议传达学习党的十八届六中全会精神。

10月31日，国务院南水北调办党组中心组（扩大）专题学习党的十八届六中全会精神。

11月17日，国务院南水北调办党组中心组（扩大）第二次专题学习党的十八届六中全会精神。

11月23日，国务院南水北调办司局级干部专题学习习近平总书记在党的十八届六中全会上的报告和讲话。

12月8日，国务院南水北调办党组中心组（扩大）第三次学习党的十八届六中全会精神并进行研讨，专题学习《关于新形势下党内政治生活的若干准则》和《中国共产党党内监督条例》。邀请中央纪委法规室正局级副主任谭焕民作专题辅导报告。

12月12日，南水北调东、中线一期工程全面通水两周年，中央新闻媒体和国家重点新闻网站进行集中宣传报道。

12月19日，国务院南水北调办召开党组（扩大）会议，传达学习中央经济工作会议精神。

12月22日，国务院南水北调办党组主持召开座谈会，听取机关各司各直属单位、工青妇群众组织和党外人士对办党组和党组成员的意见建议。

12月22日，国务院南水北调办直属机关团委、机关工会共同组织举行第三届“通水杯”拔河比赛。

12月26日，国务院南水北调办党组主持召开会议，传达学习中央农村工作会议精神。

12月26日，国务院南水北调办召开直属机关党委会议，部署推荐提名直属机关党的十九大代表候选人工作。

2017年

1月12—13日，2017年南水北调工作会议在北京召开，表彰南水北调东、中线一期工程建成通水先进集体与先进个人，总结东、中线一期工程全面通水运行以来各项工作，客观分析南水北调工作面临的形势和任务，进一步统一思想，明确任务，推动南水北调事业稳中求好，创

新发展。

1月13日，国务院南水北调办召开2016年度党组民主生活会，以学习贯彻党的十八届六中全会精神为主题，围绕“两学一做”学习教育要求，对照《关于新形势下党内政治生活的若干准则》《中国共产党党内监督条例》，进行党性分析，开展批评和自我批评。

1月16日，国务院南水北调办党组书记、主任鄂竟平主持召开直属机关党建工作述职评议考核大会。

1月16日，国务院南水北调办举行首次新任干部宪法宣誓仪式，8名办管干部和2名机关处级干部参加宪法宣誓。

1月19日，国务院南水北调办组织举办南水北调抗洪抢险先进事迹报告会。

1月20日，南水北调系统党风廉政建设工作会议在北京市召开，深入学习贯彻党的十八届六中全会精神和十八届中央纪委七次全会精神，分析南水北调党风廉政建设和反腐败工作形势，部署下阶段工作。

1月23日，国务院南水北调办召开退休干部新春座谈会，通报2016年南水北调工作情况和2017年南水北调工作安排，并听取退休干部的意见和建议。

2月21日，国务院南水北调办召开南水北调宣传工作专家座谈会，听取各方面专家的意见建议，交流借鉴有关部门和单位宣传工作经验、成果和措施，进一步研究南水北调宣传工作规划。

3月2日，国务院南水北调办党组中心组（扩大）就党的十八届六中全会精神、十八届中央纪委七次全会精神进行专题学习研讨。

3月3日，国务院南水北调办召开党建工作联席第三次会议，通报党支部书记述职评议考核结果，审议通过2017年党建工作要点和党建督办事项，并对2017年直属机关党建工作提出要求。

3月8日，国务院南水北调办直属机关妇工委、机关工会、机关团委联合在玉渊潭公园组织庆三八节健步走活动。

3月10日，国务院南水北调办召开纪检工作联席第三次会议，审议2017年纪检工作要点，听取《问责条例》实施办法、谈话提醒工作办法、《党内监督条例》实施办法编制思路汇报和廉政风险防控手册编制工作思路汇报。

3月15日，国务院南水北调办召开党外人士座谈会，听取直属机关民主党派代表、无党派人士的意见建议。

3月17日，国务院南水北调办印发《关于加强南水北调新媒体平台建设的指导意见》，推进南水北调新媒体建设。

3月20日，国务院南水北调办研究印发《2017—2022年南水北调工程宣传工作规划》。

4月，国务院南水北调办在国家机关事务管理局组织的2016年度目标管理考核中被评为中央国家机关社会治安综合治理优秀单位、交通安全优秀单位。中线建管局被评为中央国家机关平安建设优秀单位。中线建管局水质保护中心被授予全国绿化先进集体荣誉称号。

4月，以“政·能量”为主题的政务网易号大会在北京召开。网易新闻客户端——国务院南水北调办网易号获得“最佳内容政务网易号”殊荣。

4月1日，国务院南水北调办在中线建管局惠南庄泵站管理处园区内开展义务植树活动，共植树300株。

4月7日，中央纪委驻水利部纪检组组长田野检查调研中线建管局河南分局全面从严治党和党风廉政建设工作。

4月17日，国务院南水北调办召开党组扩大会议，传达学习国务院第五次廉政工作会议精神和领导干部报告个人事项有关规定。

4月25日，国务院南水北调办召开党建工作联席第四次会议，学习中央《关于推进“两学一做”学习教育常态化制度化的意见》，传达刘云山同志在中央推进“两学一做”学习教育常态化制度化工作座谈会上重要讲话精神，审议《国务院南水北调办推进“两学一做”学习教育常态化制度化实施方案》。

5月4日，国务院南水北调办机关团委会同机关工会、妇工委举办纪念共青团建团95周年表彰暨“传承·创新·担当·奉献”五四青年朗诵会，并对优秀团员、优秀团干部和优秀团支部进行表彰。

5月9—11日，国务院南水北调办在中国传媒大学举办南水北调系统新闻发布与舆情管理培训班。

5月10日，国务院南水北调办党组组织召开“两学一做”推进会，部署推进“两学一做”学习教育常态化制度化工作。党组书记、主任鄂竟平讲专题党课。

5月26日，中央主要新闻媒体应邀对国务院南水北调办与河北省政府联合开展中线工程水污染事件应急演练进行集中宣传报道。

5月27日，国务院南水北调办直属机关党委召开第22次会议，听取中线建管局党组、东线总公司党委落实派驻纪检组全面从严治党和党风廉政建设调研建议有关情况的汇报，并研究落实工作的措施。

5月28日，国务院南水北调办组织表彰直属机关工会工作先进集体、先进个人，授予16位同志“优秀工会工作者”荣誉称号，授予22位同志“优秀工会积极分子”荣誉称号，授予11个单位或部门“优秀工会组织”荣誉称号。

5月31日，国务院南水北调办召开党建工作领导小组（扩大）会议暨党建工作联席会议第五次会议，对修订的《国务院南水北调办贯彻落实全面从严治党要求实施意见》进行审议。

5月31日，国务院南水北调办印发《南水北调工程舆情应对工作预案》。

6月9日，南水北调东、中线一期工程累计调水量达100亿m^3。国务院南水北调办组织中央主要新闻媒体和国家重点新闻网站进行集中宣传报道。

6月19日，国务院南水北调办党组（扩大）集体观看中央国家机关警示教育片《警钟》并交流心得体会。

6月22日，国务院南水北调办党组书记、主任鄂竟平一行赴河南省社会科学院调研，听取河南省社会科学院对南水北调精神课题研究情况的介绍和南阳市对南水北调精神教育基地情况的介绍。

6月27日，国务院南水北调办组织机关处级以上公务员、直属单位班子成员到司法部燕城监狱集体接受警示教育。

6月30日，国务院南水北调办新媒体平台——微博（博言南水北调）、微信（信语南水北调）、客户端（中国南水北调）正式开通。

7月，为严格党的组织生活制度，国务院南水北调办党组组织制定《国务院南水北调办谈心制度实施办法（试行）》，各单位党组织开展了“谈心周”活动。

7月3日，国务院南水北调办召开直属机关党委会议，研究党建工作。

7月17日，国务院南水北调办召开精神文明委全体会议，听取并审议2017年下半年精神文明建设重点工作，审议并通过2015—2016年度“文明处室”“文明职工”和“文明家庭”拟表彰名单。

7月28日，国务院南水北调办党组中心组（扩大）专题学习中国梦与新发展理念，邀请中国人民大学教授臧峰宇做题为《实现中国梦的文化自信与新发展理念的实践逻辑》专题报告。

7月28日、31日，国务院南水北调办党组分别召开党组第17次会议、党组扩大会议，深入学习、领会、贯彻习近平总书记在省部级主要领导干部“学习习近平总书记重要讲话精神，迎接党的十九大”专题研讨班开班式上的重要讲话精神。

8月2日，国务院南水北调办召开纪检工作联席会第五次会议，审议并原则同意《国务院南水北调办基层党组织监督办法》《国务院南水北调办党组贯彻落实〈问责条例〉实施办法》。

8月3—4日，国务院南水北调办在江苏省南京市召开南水北调系统信访工作培训暨信访工作部署会。

8月31日，国务院南水北调办召开党建工作联席会议第六次会议，听取各单位推进“两学一做”学习教育常态化制度化开展情况以及对“突出‘四个意识’，落实担当精神”主题学习研讨回头看查找出的问题整改建议的意见，审议《国务院南水北调办党组提醒谈话办法》。

9月7—8日，国务院南水北调办组织中央主要新闻媒体，就中线焦作市绿化带建设工作及成效，进行集中采访报道。

9月11—15日，国务院南水北调办组织举办“南水北调一生情”建设者代表回访考察活动，30名建设者代表参加活动。中央主要新闻媒体进行集中宣传报道。

9月18日，南水北调公益广告“效益篇”通过中央电视台多个频道播出，这是南水北调公益广告的第七篇。

9月22日，国务院南水北调办党组中心组（扩大）开展学哲学用哲学专题学习，邀请中央党校哲学教研部教授何建华作专题辅导报告。

10月3日，南水北调中线工程累计调水100亿m^3。中央新闻媒体进行集中宣传报道。

附　　录

南水北调文明创建重要文件目录

1. 国务院南水北调办机关精神文明建设实施意见（办文明委〔2004〕3号）
2. 国务院南水北调办机关创建文明单位管理办法（办文明委〔2004〕4号）
3. 国务院南水北调办机关工会工作办法（试行）（机工〔2004〕4号）
4. 国务院南水北调办机关工会经费审查委员会工作规则（机工〔2004〕4号）
5. 国务院南水北调办机关党委会工作规则（机党〔2004〕3号）
6. 关于领导干部任职试用期满考核的意见（综人外〔2004〕51号）
7. 国务院南水北调办党组关于实行谈话提醒制度的暂行规定（国调办党〔2005〕19号）
8. 国务院南水北调办党员谈心制度（国调办党〔2005〕20号）
9. 国务院南水北调办政务信息公开管理办法（综政宣〔2005〕22号）
10. 国务院南水北调办政务信息公开目录（综政宣〔2005〕27号）
11. 关于加强突发事件应急处理有关工作的通知（综综合〔2005〕74号）
12. 关于加强综合政务信息工作的通知（国调办综〔2005〕102号）
13. 关于进一步规范办公室规章制度制定有关事项的通知（综政宣〔2005〕57号）
14. 国务院南水北调办机关党员日常管理办法（机党〔2005〕19号）
15. 关于开展“法律进工程”活动的通知（综政宣〔2006〕65号）
16. 国务院南水北调办关于加强干部教育培训工作的实施意见（国调办综〔2006〕29号）
17. 国务院南水北调办机关纪律检查委员会工作规则（机纪〔2006〕1号）
18. 国务院南水北调办青年文明号活动管理办法（试行，办青文字〔2007〕3号）
19. 关于开展南水北调工程建设安全生产隐患排查治理专项行动的通知（国调办建管〔2007〕59号）
20. 国务院南水北调办事业单位岗位设置管理实施意见（国调办综〔2008〕26号）
21. 南水北调工程建设安全生产目标考核管理办法（国调办建管〔2008〕83号）
22. 国务院南水北调办政府信息公开指南（综政宣〔2008〕17号）
23. 国务院南水北调办政府信息公开目录（综政宣〔2008〕17号）
24. 国务院南水北调办关于表彰南水北调中线京石段应急供水工程建成通水先进集体和先进工作（生产）者的决定（国调办综〔2009〕1号）
25. 国务院南水北调办新闻宣传工作管理办法（国调办综〔2009〕18号）

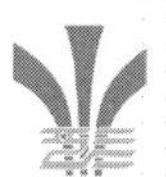

26. 关于外国、台湾、香港和澳门记者采访南水北调工程有关工作的通知（综政宣〔2009〕13号）

27. 关于表彰南水北调“五五”普法工作先进集体和先进个人的通知（国调办综〔2010〕246号）

28. 关于深入推进学习型党支部创建活动的意见（机党〔2010〕6号）

29. 国务院南水北调办机关工会财务管理办法（机工〔2010〕16号）

30. 关于进一步加强南水北调宣传工作的意见（国调办综〔2011〕18号）

31. 南水北调系统“六五”法制宣传教育工作规划（国调办综〔2011〕73号）

32. 南水北调工程突发事件新闻发布应急预案（国调办综〔2011〕292号）

33. 南水北调东、中线一期工程对外宣传标语标牌设置总体实施方案（国调办综〔2011〕248号）

34. 国务院南水北调办党组贯彻党风廉政建设责任制实施办法（国调办党〔2011〕2号）

35. 国务院南水北调办关于预防公务员考录和所属企事业单位招聘中不正之风的实施意见（综人外〔2012〕101号）

36. 贯彻落实中央关于改进工作作风密切联系群众八项规定的实施办法（国调办综〔2013〕36号）

37. 关于规范使用南水北调工程标志标识的通知（国调办综〔2013〕248号）

38. 关于印发南水北调核心价值理念及阐释的通知（国调办机党〔2013〕21号）

39. 国务院南水北调办工作人员因私出国（境）管理暂行规定（综人外〔2013〕9号）

40. 国务院南水北调办门户网站信息管理办法（综政宣函〔2013〕376号）

41. 国务院南水北调办司局级及以下人员因公临时出国（境）管理办法（国调办综〔2014〕5号）

42. 国务院南水北调办党员领导干部讲党课制度（机党〔2014〕13号）

43. 国务院南水北调办主题党日活动制度（机党〔2014〕13号）

44. 国务院南水北调办第三届直属机关妇女工作委员会工作规则（机妇〔2014〕11号）

45. 国务院南水北调办开展“三严三实”专题教育实施方案（国调办党〔2015〕5号）

46. 国务院南水北调办办管干部年度考核办法（国调办综〔2015〕44号）

47. 国务院南水北调办领导干部问责办法（国调办综〔2015〕45号）

48. 人力资源社会保障部、国务院南水北调办关于表彰南水北调东、中线一期工程建成通水先进集体、先进工作者和劳动模范的决定（人社部发〔2016〕39号）

49. 国务院南水北调办党建工作联席会议制度（国调办党〔2016〕15号）

50. 国务院南水北调办纪检工作联席会议制度（国调办党〔2016〕15号）

51. 国务院南水北调办关于加强南水北调新媒体平台建设的指导意见（国调办综〔2017〕35号）

52. 2017—2022年南水北调工程宣传工作规划（国调办综〔2017〕37号）

53. 南水北调工程舆情应对工作预案（国调办综〔2017〕71号）

54. 南水北调推进“两学一做”学习教育常态化制度化实施方案（国调办党〔2017〕8号）

55. 国务院南水北调办贯彻落实全面从严治党要求实施意见（国调办党〔2017〕9号）

56. 国务院南水北调办谈心制度实施办法（试行，国调办党〔2017〕10号）

57. 国务院南水北调办党组贯彻落实《中国共产党问责条例》实施办法（试行，国调办党〔2017〕15 号）

58. 国务院南水北调办基层党组织监督办法（试行，国调办党〔2017〕16 号）

59. 关于表彰国务院南水北调办机关工会先进集体、先进个人的决定（机工〔2017〕9 号）

《中国南水北调工程　文明创建卷》
编辑出版人员名单

总 责 任 编 辑：胡昌支

副总责任编辑：王　丽

责　任　编　辑：吴　娟　沈晓飞　闫莉莉

审　稿　编　辑：王　勤　方　平　吴　娟　沈晓飞

封　面　设　计：芦　博

版　式　设　计：芦　博

责　任　排　版：吴建军　孙　静　郭会东　聂彦环　丁英玲

责　任　校　对：张　莉　梁晓静

责　任　印　制：帅　丹　孙长福　王　凌